Scripta manent. Historia del español, documentación archivística y humanidades digitales

FONDO HISPÁNICO DE LINGÜÍSTICA Y FILOLOGÍA

Vol. 39

Colección dirigida por
Juan Pedro Sánchez Méndez & María Teresa García-Godoy

PETER LANG

Lausanne - Berlin - Bruxelles - Chennai - New York - Oxford

Miguel Calderon Campos
e Inmaculada González Sopeña (eds.)

Scripta manent. Historia del español, documentación archivística y humanidades digitales

Diacronía del español y documentación histórica

PETER LANG

Lausanne - Berlin - Bruxelles - Chennai - New York - Oxford

Bibliographic Information published by the Deutsche Nationalbibliothek
The Deutsche Nationalbibliothek lists this publication in the Deutsche Nationalbibliografie;
detailed bibliographic data is available online at http://dnb.d-nb.de.

Junta de Andalucía
Consejería de Transformación Económica,
Industria, Conocimiento y Universidades

UNIÓN EUROPEA
Fondo Europeo de Desarrollo Regional

Este libro ha sido financiado por FEDER / Junta de Andalucía - Consejería de Transformación Económica,
Industria, Conocimiento y Universidades / Proyecto A-HUM-116-UGR20 (ALEA oriental-XVIII)

ISSN 1663-2648 • ISBN 978-3-0343-4727-3 (Print)
E-ISBN 978-3-0343-4742-6 (E-PDF) • E-ISBN 978-3-0343-4743-3 (EPUB)
• DOI 10.3726/b20916

Verlegt durch Peter Lang Group AG, Lausanne, Schweiz

info@peterlang.com http://www.peterlang.com/

PETER LANG Open

Índice

PRESENTACIÓN

Los años finales del siglo XX marcan el inicio de la lingüística de corpus en español, que arranca con la configuración de los dos primeros corpus académicos de referencia: CREA y CORDE. El proyecto de la RAE se inicia en 1995. La primera versión en línea aparece en 1998. A principios del siglo XXI, los nuevos corpus académicos, CORPES XXI y CDH experimentan mejoras tecnológicas, principalmente relacionadas con la lematización y el etiquetado morfosintáctico.

Pero al mismo tiempo, y de manera muy destacada, se produce un avance muy significativo en la construcción de pequeños corpus especializados que sirven de complemento de los grandes corpus de referencia, tanto en la tipología textual como en las áreas regionales representadas.

Los veintiséis artículos recogidos en *Scripta manent. Historia del español, documentación archivística y humanidades digitales* se inscriben en esta tendencia moderna a la configuración y estudio de corpus diacrónicos de pequeño tamaño, muy centrados en la calidad textual y en la mejora de las herramientas de búsqueda y de análisis.

En el volumen se discuten los resultados y métodos de algunos de los proyectos actuales de generación de corpus diacrónicos digitales de acceso abierto, muchos de ellos surgidos de la cooperación entre equipos internacionales, responsables de la creación de nuevas infraestructuras para el estudio de la historia de la lengua española.

El foco de atención de los artículos de *Scripta manent* está siempre en el aporte de nuevos datos y nuevas herramientas de análisis para la diacronía del español. Nuevos datos procedentes de tipologías textuales infrarrepresentadas en los corpus generales (testamentos, inventarios de bienes, declaraciones de testigos, certificaciones médicas, relaciones de sucesos, epistolarios familiares y femeninos, ordenanzas municipales, compraventas, donaciones, etc.), y frecuentemente tomados de regiones de escasa visibilidad en los corpus de referencia (Islas Baleares, Canarias, Andalucía, El Bierzo, Palencia, el País Vasco y Navarra, entre otras).

Y nuevas herramientas, orientadas a crear, mantener y publicar corpus diacrónicos en línea, como TEITOK, creada por Maarten Janssen, o destinadas al procesamiento de datos textuales y su representación en gráficos y mapas, como LYNEAL (Letras y Números en Análisis Lingüísticos), diseñada por Hiroto Ueda.

El resultado más palpable de todo este esfuerzo de renovación es la presencia en la red de algunos de los corpus que han servido de base para los trabajos del volumen (CHARTA, CODEA, CODCAR, CORHEN, ODE, *Corpus Mallorca* y CORDICan), o sirven de inspiración para otros proyectos de ediciones y corpus digitales.

La mejora de los recursos disponibles para los estudios diacrónicos es notoria en múltiples aspectos: el rigor filológico de las transcripciones disponibles; la presentación simultánea de diferentes ediciones de un mismo texto (edición paleográfica, crítica, normalizada, facsímil), con las posibilidades de comparación y análisis de unas y otras o de usos diferentes en función de las necesidades de los lectores; la mejora de los motores de búsqueda de los corpus en línea, que hacen posible la recuperación cada vez más exhaustiva y precisa de la información requerida; la mejora en la lematización y el etiquetado morfosintáctico de los textos; el mayor rigor de los metadatos cronológicos, geográficos y tipológicos de la documentación; la posibilidad de descarga de los textos que componen los corpus, en consonancia con los postulados de la Ciencia Abierta; la posibilidad de cartografiar los resultados de las búsquedas textuales; la cuantificación y la validación estadística de los resultados, etc.

El volumen se divide en cuatro secciones. La primera, la más breve de todas, contiene dos trabajos, uno sobre periodización, y otro sobre historia de los procesos de sufijación en español, ambos a partir de los datos del corpus CHARTA. En ellos se pone de manifiesto la pertinencia de los corpus diacrónicos especializados para complementar, precisar y aumentar la información disponible en los corpus de referencia.

Las tres secciones siguientes se establecen en virtud de criterios cronológicos. Los trabajos se clasifican en función de su adscripción a algunas de las etapas en las que tradicionalmente se ha dividido la historia de la lengua española: periodo medieval, clásico y moderno-contemporáneo. Tres artículos han planteado dudas sobre dónde debían incorporarse. En estos casos, se ha optado por encuadrarlos en el periodo en el que se basa la mayor parte de la documentación analizada. Así se ha hecho con el artículo "Patrimonio documental y vulcanología en CORDICan" (Corbella y Viña Brito), incluido en el bloque del periodo clásico, pero con documentación canaria también de etapas posteriores. El trabajo de presentación del *Corpus Mallorca* (Enrique-Arias) se incluye en el periodo moderno y contemporáneo, aunque el corpus recoge también alguna documentación del siglo XVII. En el mismo bloque se presenta el artículo sobre "La escritura femenina de mano inhábil en la correspondencia de los siglos XVII y XVIII" (Tabernero Sala), puesto que la mayoría de las cartas de incumplimiento de promesa matrimonial analizadas proceden del setecientos.

Todos los trabajos publicados han pasado por un proceso de revisión externa por pares ciegos, en el que generosamente han participado casi sesenta expertos internacionales de distintas universidades. A todos ellos queremos expresarles nuestra enorme gratitud, porque han contribuido a que el volumen se presente con las máximas garantías de calidad científica e imparcialidad (véase el anexo con el panel de evaluadores).

Por último, queremos agradecer a FEDER (Fondo Europeo de Desarrollo Regional) y a la Consejería de Transformación Económica, Industria, Conocimiento y Universidades de la Junta de Andalucía por haber patrocinado el Proyecto ALEA oriental- XVIII, 2021–2023 (ref. A-HUM-116-UGR20), y haber financiado la publicación de este libro, que se inscribe también en los objetivos del Proyecto ALEA XVIII (P18-FR-695), financiado por las mismas instituciones, y del Proyecto PID2022 - 136256NB - I00 (Ministerio de Ciencia e Innovación - Unión Europea).

En el seno de tales proyectos, los miembros del grupo *Diacronía de la Lengua Española* (DiLEs, HUM-278, UGR) hemos creado un subcorpus de inventarios andaluces del siglo XVIII, para incorporar en el corpus *Oralia diacrónica del español* (ODE, http://corpora.ugr.es/ode) y analizar y cartografiar la situación lingüística andaluza dos siglos antes de que se hicieran las encuestas del *Atlas lingüístico y etnográfico de Andalucía* (1961–1973). Con *Scripta manent* hemos querido compartir nuestra experiencia de compilación de un corpus especializado de pequeño dominio con miembros de una veintena de equipos y proyectos de investigación financiados, formados por filólogos, historiadores y lingüistas computacionales, involucrados en la recuperación del patrimonio documental inédito, en la edición digital de manuscritos y en la generación de nuevas bases de datos para analizar la historia lingüística y cultural desde una nueva óptica.

MIGUEL CALDERÓN CAMPOS
INMACULADA GONZÁLEZ SOPEÑA

PERIODIZACIÓN E HISTORIA DE LA LENGUA ESPAÑOLA EN EL CORPUS CHARTA

Morfología léxica histórica y lingüística de corpus: rivalidad afijal a la luz del corpus CHARTA*

Diachony of Lexical Morphology in the corpus CHARTA: Word Formation and Corpus Linguistics

Cristina Buenafuentes de la Mata
Universitat Autònoma de Barcelona
ORCID iD: http://orcid.org/0000-0001-5931-1290

Resumen: Esta investigación es una contribución a la descripción de la evolución de los procesos de formación de palabras a partir del análisis de los datos que arrojan los corpus. En concreto, se centra en la rivalidad afijal de los sufijos nominalizadores de acción *-ción* y *-miento* a partir de su reflejo en el corpus CHARTA. Los objetivos de este estudio son, en primer lugar, poner en valor este corpus también en el ámbito de la morfología léxica histórica, evidenciando las ventajas que ofrece frente a otros corpus existentes (textos no literarios, fiabilidad de la documentación, etc.) y, en segundo lugar, demostrar que su empleo permite complementar, precisar y aumentar el alcance de la descripción existente sobre la diacronía de los procesos de sufijación en español en situaciones de competencia afijal.

Palabras clave: Rivalidad afijal, morfología léxica histórica, lingüística de corpus, CHARTA, sufijos nominalizadores

Abstract: This research is a contribution to the description of the evolution of word formation processes based on the analysis of corpus data. Specifically, it focuses on the affixal rivalry of the nominalizing suffixes *-ción* and *-miento* as reflected in the CHARTA corpus. The aims of this study are, firstly, to highlight the value of this corpus also in the field of historical word formation, showing the advantages it offers compared to other existing corpora (non-literary texts, reliability of the documentation, etc.) and, secondly,

* La presente investigación ha sido financiada con ayudas del MICINN (PID2021-123617NB-C41 y PGC2018-094768-B-100) y de la Generalitat de Catalunya (2021 SGR 00157).

to demonstrate that its use makes it possible to complement, specify and increase the scope of the description of the diachrony of suffixation processes in Spanish in situations of affixal rivalry.

Keywords: Affixal Rivalry, Historical Word-Formation, Corpus Linguistics, CHARTA, nominalizing suffixes

1. INTRODUCCIÓN

Son mayoritarios los trabajos sobre morfología léxica del español que abordan este objeto de estudio desde una perspectiva sincrónica. Contrariamente, la morfología léxica histórica no ha suscitado la misma atención (cf. Pujol Payet 2013: 9–10), a pesar de que en muchos estudios sincrónicos se acude a la diacronía para describir determinados fenómenos[1]. Sirva como ejemplo que solo un 3 % de las contribuciones publicadas en las actas de los congresos de historia de la lengua española celebrados hasta el momento (es decir, nos situamos de lleno en el ámbito diacrónico) versa exclusivamente sobre la formación de palabras.

A esta escasa atención ha contribuido seguramente, y como señalaba Rainer (1993a: 31) hace casi 30 años, "la falta —ya que el *Diccionario histórico* de la Academia está encallado— de un *thesaurus* lexicográfico al modo del *Oxford English Dictionary* como lo poseen todas las grandes lenguas de cultura occidentales". Aunque en este tiempo se ha avanzado mucho en el estudio diacrónico de la lexicogénesis (cf. Pharies 2002, Lüdtke 2011, Moyna 2011, entre otros), quedan muchos terrenos por explorar para poder situar el análisis histórico de la formación de palabras al mismo nivel que tiene su desarrollo desde el punto de vista sincrónico. En este sentido, la lingüística de corpus está siendo clave para conseguir este objetivo. De hecho, como afirma Enrique-Arias (2009: 14), "hoy en día la investigación de la diacronía de las lenguas iberorromances es prácticamente inconcebible sin recurrir a los grandes corpus diacrónicos, bien como fuente primaria de datos, o para validar hipótesis formuladas a partir de presupuestos teóricos".

1 Sin ir más lejos, la *Nueva Gramática de la Lengua Española* (2009) de la Real Academia Española y la Asociación de Academias de la Lengua Española recurre a la diacronía en muchas de sus descripciones (cf. Echenique Elizondo 2011).

Teniendo en cuenta todo lo expuesto, nuestro propósito general en esta investigación es contribuir a la descripción de la evolución de los procesos de formación de palabras a partir del análisis de los datos que arrojan los corpus. En concreto, quiere dar respuesta a la pregunta de si un corpus diacrónico como CHARTA puede contribuir a una mejor descripción y análisis de la lexicogénesis. Para ello, nos centraremos en la rivalidad afijal de los sufijos nominalizadores de acción *-ción* y *-miento*, y analizaremos las palabras en las que participan según su reflejo en este corpus.

La selección de estos dos sufijos está motivada por dos razones fundamentales. En primer lugar, son los dos sufijos nominalizadores más productivos del español (Bustos Gisbert y Santiago Lacuesta 1999: 4535, NGLE 2009: 346 y 359) y, en segundo lugar, muestran una tendencia a establecer situaciones de concurrencia o rivalidad[2] (Pena Seijas 2003 y 2004), es decir, son "afijos que comparten su significación y que se adjuntan a la misma raíz dando lugar a derivados con igual significado" (Buenafuentes de la Mata en prensa) (*amonestación-amonestamiento, defensión-defendimiento, donación-donamiento*)[3]. Su elección también resulta idónea ya que, a pesar del escaso interés que ha suscitado el análisis de la rivalidad afijal desde el punto de vista histórico, precisamente estos dos sufijos son los que han recibido mayor atención desde la vertiente histórica[4] (Lliteras Porcel 2002, Dworkin 2018, Buenafuentes de la Mata y Raab 2022, Raab 2022), por lo que los resultados de esta investigación, obtenidos a partir de los datos que arroja un corpus como CHARTA, podrán corroborar, complementar o concretar las aportaciones de estos otros trabajos, contribuyendo así al avance del conocimiento de la evolución que experimentan estos dos sufijos en situaciones de rivalidad.

2 Esta competencia también puede darse entre procesos de lexicogénesis, por ejemplo, entre voces parasintéticas y derivadas (*acontecer-contecer*), derivadas y compuestas (*guardameta-portero*) o prefijadas y sufijadas (*rebueno-buenísimo*) (cf. Zacarías Ponce de León 2010).

3 La concurrencia afijal no solo se establece entre derivados formados con *-ción* y *-miento*, sino también de estos con otros sufijos, especialmente con los vocálicos átonos *-e*, -o y *-a* (*apreciamiento-aprecio, culpación-culpa*).

4 La rivalidad afijal entre los sufijos pertenecientes a los *nomina qualitatis* o nombres de cualidad también ha sido profusamente estudiada desde la perspectiva diacrónica (cf. Penny 1987, Santiago Lacuesta 1992, Batllori Dillet 1998 o Raab 2015, entre otros).

Para llevar a cabo este objetivo, se han extraído todas las palabras terminadas en *-ción* y *-miento* (y sus correspondientes alomorfos *-sión, -ión, -zón* y *-mento*) del corpus CHARTA en su forma flexiva singular. Dado que el propósito de esta investigación se centra en situaciones de rivalidad afijal, se han tomado solo aquellas palabras que manifestaban competencia sufijal[5] según su registro lexicográfico en el *Nuevo Tesoro Lexicográfico de la Lengua Española* (NTLLE) e independientemente de que uno de los derivados se atestiguara en CHARTA[6]. El número final de derivados rivales obtenido asciende a 177 (y 1382 documentaciones), lo que constituye el corpus de esta investigación. Estos dobletes han sido sometidos a un análisis desde dos perspectivas, que son las que van a estructurar, en lo que sigue, este trabajo: en primer lugar, desde el punto de vista interno (§ 3.1), se ha examinado su etimología, las propiedades de sus bases, sus alomorfos y su disponibilidad, todo ello con el objetivo de contribuir a una mejor descripción de la evolución de los sufijos *-ción* y *-miento* en situaciones de rivalidad y según su registro en un corpus. En segundo lugar, desde el punto de vista externo (§ 3.2), se han analizado los derivados según tres parámetros: el cronológico, el diatópico y el tipológico-textual, triple enfoque que es posible gracias al diseño del corpus CHARTA.

Sin embargo, antes de abordar el análisis de la rivalidad entre *-ción* y *-miento* desde estos dos puntos de vista, resulta conveniente proporcionar una breve descripción del corpus que se ha empleado, señalando cuáles son sus ventajas e inconvenientes para la investigación de fenómenos de índole lingüística, como la morfología léxica histórica, en general, y las situaciones de competencia afijal desde el punto de vista diacrónico, en particular, cuestiones que son el foco de atención de este trabajo.

---

5 Aparte de la competencia entre *-ción* y *-miento*, también se han seleccionado voces en *-ción* y *-miento* registradas en CHARTA que rivalizan con los sufijos vocálicos átonos *-a*, *-o* y *-e*.

6 Es decir, es posible que uno de los derivados rivales no aparezca documentado en CHARTA, pero se considera un competidor del documentado en el corpus porque figura en el NTLLE.

2. MORFOLOGÍA LÉXICA HISTÓRICA Y EL CORPUS CHARTA

El corpus CHARTA no permite realizar búsquedas por sufijos o prefijos[7]. Sin embargo, como en la mayoría de los corpus (cf. Sánchez Lancis 2022 y en prensa), pueden obtenerse datos relacionados con los procesos de formación de palabras mediante el empleo del asterisco, que representa cualquier grupo de caracteres, precedido del prefijo o seguido del sufijo que interese estudiar. Este es el sistema que se ha empleado en esta investigación (**ción*, por un lado, y **miento*, por otro). Asimismo, los alomorfos de cada sufijo se han extraído a partir del empleo de la barra, sistema que permite la búsqueda de variantes (concretamente, **ión/*sión/*zón/*mento/*çión/*çón*). No obstante, no es este, seguramente, el procedimiento ideal, ya que, por ejemplo, arroja datos que no pertenecen a palabras derivadas (por ejemplo, *ración* o *miento,* del verbo *mentir*) o provoca que haya que conocer de antemano las posibilidades gráficas y alomórficas de los sufijos, pero, al menos, permite explotar los corpus desde el punto de vista morfológico.

Este último escollo que acabamos de señalar se podría soslayar si CHARTA fuera un corpus lematizado. Sin embargo, la búsqueda se debe restringir necesariamente a las formas, lo que, sin duda, es una limitación de este corpus para la investigación de cualquier fenómeno lingüístico, pero especialmente para análisis morfológicos y sintácticos.

A pesar de estos dos aspectos, perfectamente subsanables mediante la aplicación de los avances de la lingüística de corpus, la mayor ventaja que ofrece CHARTA reside en los textos que atesora y en su tratamiento filológico, lo que lo hace preferible a otros corpus diacrónicos, como, por ejemplo, el CORDE o el CDH. De hecho, tal y como señalan Sánchez González de Herrero *et al.* (2013: 4659),

> […] el objetivo de CHARTA es la elaboración de un corpus de fuentes documentales en un marco cronológico y geográfico muy amplio. Quedan al margen, pues, las fuentes literarias, así como los testimonios procedentes de otros géneros

7 El CORPES XXI y el CDH, corpus elaborados por la Real Academia Española y la Asociación de Academias de la Lengua Española, permiten realizar consultas por afijos, si bien los resultados que arrojan no son del todo satisfactorios. Cabe recordar que ambos corpus se encuentra en estos momentos en proceso de desarrollo.

considerados «no literarios», que incluirían los científicos y técnicos, crónicas, libros de viajes, etc., sin que ello signifique que desechemos su importancia y su valor como fuentes de información lingüística.

La presencia más abundante de textos no literarios[8] resulta una clara ventaja para la investigación de la morfología léxica histórica, pues en este tipo de textos pueden permear mejor los neologismos creados en una determinada época y reflejan, de manera más fiel, los usos lingüísticos del momento[9]. Sánchez González de Herrero *et al.* (2013: 4657) dan cuenta de la concepción amplia de documento que vertebra la incorporación de textos en este corpus: "el concepto de documento deja de tener el carácter restrictivo de la Diplomática y da entrada a escritos a veces muy alejados de los rígidos moldes de la oficialidad caracterizados en muchos casos por un mayor grado de inmediatez y cercanía a la oralidad". De este modo, en esta investigación se han podido documentar formaciones, que pudieron ser ocasionales, pero que permiten mostrar la disponibilidad de los afijos en su historia, como en los derivados *assignamiento* (Cuenca?, 1267, Cartas de compraventa y contratos), *abusición* (Teruel, 1418, Cartas de compraventa y contratos) o *açoçación* (Segovia, 1471, Textos legislativos). Por este motivo, el corpus CHARTA es una fuente de gran valor para la investigación en morfología léxica histórica y resulta idóneo, como se va a mostrar en este trabajo, para arrojar luz sobre uno de los aspectos menos analizados desde la perspectiva histórica: la rivalidad afijal.

Otra de las grandes aportaciones de CHARTA es que los textos integrados en el corpus se caracterizan por seguir un estándar de edición (algo que no es común en otros corpus diacrónicos) y por su fiabilidad en cuanto a tres aspectos fundamentales para el investigador en diacronía: su datación, su procedencia geográfica y su tipología textual. Así,

> [...] se trata de textos datados y localizados que suelen proporcionar todas las claves necesarias para la interpretación: lugar (o institución) y fecha de emisión, lugar (o institución) de destino, dato que puede ser tan importante como el anterior, y autor (notario, escribano, etc., con el tipo de intervención que le corresponde). Por este motivo se convierten en fuente segura de información para la fijación y la variación cronológica y diatópica, y para otros aspectos de la variación relacionados con los

8 De hecho, como señalan Sánchez-Prieto *et al.* (2013: 4671) CHARTA pretende "ofrecer una amplia representación del documento archivístico hispánico".

9 Este hecho también hace preferible este corpus a las fuentes lexicográficas, pues, como es bien sabido, muchos neologismos pueden no registrarse en los diccionarios.

componentes sociolingüístico y pragmático. (Sánchez González de Herrero *et al.* 2013: 4660).

Este tratamiento del documento, entendido como fuente de información lingüística insustituible, garantiza que los análisis lingüísticos que se puedan extraer de este corpus no van a desencadenar malas interpretaciones que lleven a conclusiones erróneas[10]. Si bien no hay duda del rigor filológico de los textos de CHARTA y de las ventajas que proporciona al investigador su triple presentación de los textos (transcripción paleográfica, presentación crítica y fotografía del documento), también hay que reconocer que CHARTA no posee, en el estado actual, un equilibrio entre los tres parámetros mencionados, lo que, obviamente debe tenerse en cuenta en el análisis de los datos. De hecho, Sánchez González de Herrero *et al.* (2013: 4660) afirman que

> [...] no podemos olvidar que la distinta proporción de los materiales viene muchas veces impuesta por las circunstancias históricas: por ejemplo, en vano nos afanaremos en buscar en el sur peninsular el mismo número de documentos de los siglos XII y XIII que encontramos en regiones como León, Burgos o Toledo. Tampoco podremos hallar en la Edad Media la variedad de géneros y registros que van haciendo su aparición a medida que avanza la democratización de la escritura y los usuarios se diversifican.

A pesar de la imposibilidad de superar la inexistencia de textos para determinados parámetros y de otros condicionamientos que nacen de la naturaleza de la propia investigación (cf. Sánchez-Prieto *et al.* 2013: 4672–4673), el estado actual de CHARTA refleja un claro desequilibrio que no parece achacable a la ausencia de documentos, sino más bien a que se trata de un corpus en construcción. En el plano cronológico, el 41,18 % de los textos están datados en el siglo XIII frente, por ejemplo, al 15 % de textos del siglo XVI. En el ámbito de la tipología textual, prácticamente el 70 % de los

10 El problema de la escasa fiabilidad filológica de las dataciones en muchos corpus es puesto de manifiesto por Octavio de Toledo y Huerta y Rodríguez Molina (2017: 13), para el caso concreto del CORDE. Sirva como ejemplo el *Poema de mio Cid:* "en este texto se produce la paradoja de que el CORDE lo data en 1140, tras la estela de Menéndez Pidal, pero recurre, en cambio, a la edición de Montaner (1993) para volcar el texto del Poema en el corpus, quien es partidario de una datación hacia 1200 para el Poema. Tal situación causa estupor en el usuario, pues no sabe a qué criterio se atiene el CORDE respecto de las dataciones de las obras, ya que, como se ha visto, no siempre sigue la fecha propuesta en la edición que utiliza".

textos pertenecen a dos tipos textuales: cartas de compraventa y contratos y textos legislativos. En cuanto a la procedencia geográfica, si nos centramos en las distintas provincias, si bien Valladolid y Burgos son las que están más representadas, las diferencias no son tan amplias como hemos notado en otros parámetros, salvo que tomemos la distinción entre España y América: apenas hay un 6 % de textos americanos en CHARTA[11]. La gran ventaja es que el investigador tiene a su disposición estos datos y, por tanto, puede valorarlos según la representatividad que tiene cada resultado obtenido en el conjunto de textos del corpus. En definitiva y como se pondrá de manifiesto en esta investigación, "habrá de ser el usuario el que establezca sus propios parámetros de búsqueda (geográfica, cronológica, etc.) para asegurar la proporcionalidad de la muestra." (Sánchez González de Herrero *et al.* 2013: 4660).

Una vez descritos tanto las ventajas como los posibles inconvenientes del empleo del corpus CHARTA para las investigaciones lingüísticas en general y para la morfología léxica histórica en particular, dedicaremos los siguientes apartados a otro de los objetivos de esta investigación: el análisis tanto interno como externo de los derivados concurrentes formados con los sufijos *-ción* y *-miento* según su reflejo en el corpus CHARTA.

3. ANÁLISIS DE LOS DERIVADOS DESDE EL PUNTO DE VISTA INTERNO

Iniciaremos el análisis interno de los derivados rivales atendiendo a su etimología. Si tomamos los 123 derivados que compiten entre su variante en *-ción* y en *-miento* (y sus respectivos alomorfos)[12], se confirma la conclusión a la que llega la NGLE (2009: 364) respecto a que los derivados en *-miento* que compiten con *-ción* son mayoritariamente de formación romance (en un 99,2 %). Solo hay un caso excepcional en nuestro corpus: *nutrimento* (vs. *nutrición*). En el caso de los derivados en *-ción*, un 69,9 % son de formación latina y solo un 30,1 % se han creado en romance,

11 Los porcentajes corresponden a las frecuencias relativas que proporciona el mismo corpus en https://www.corpuscharta.es/consultas.html.

12 Se descartan aquí los derivados en *-ción* y *-miento* que rivalizan con formaciones en *-a*, *-e* y *-o*.

de modo que es altamente probable que, en situación de competencia, el derivado en *-ción* sea de origen latino (cf. Raab 2022: 9).

Muy relacionado con esta procedencia de los derivados, se encuentran las características de las bases, ya que en un 99,2 % de los derivados en *-miento* la base es patrimonial, lo que es una consecuencia obvia de su formación romance. Sin embargo, los resultados del análisis arrojan un dato de interés respecto a los derivados en *-ción*, pues un 30,1 % tiene una base patrimonial[13]. Se trata de ejemplos como *arbitración*, *azotación*, *dejación*, *otorgación* o *razonación*:

(1) a. Y se obligó que, si por su culpa, negligencia o mal *razonación* el dicho menor reciviere algún daño, lo pagará con su persona y bienes. (*Archivo del Museo Canario*, Inquisición, 131.007, 1604, CODDEC-0008).

b. Y para ello de cadaúno de ellos recivió el juramento de derecho necesario, y habiéndole hecho cadaúno de ellos, y reconocida su firma, y haberse allado presentes a la *otorgación* del dicho testamento [...] (*Archivo Histórico Provincial de Guadalajara*, Protocolo Diego de Yangües, caja 4108/11, 1640, CODEA-0185).

Además, si contemplamos los derivados en *-ción* de base patrimonial según la cronología de su documentación en CHARTA, se advierte que la mayoría de ellos se concentra en los siglos XIII (14 derivados), XVI (14 derivados) y XVII (21 derivados)[14]. Estos datos parecen indicar un aumento del predominio del sufijo *-ción* frente a su rival a partir del siglo XVI, seguramente favorecido porque, además de ser el único sufijo de los dos que puede tener origen latino, también podía adjuntarse a las mismas bases patrimoniales que *-miento*, lo que acabó por minar la disponibilidad de este último.

Una vez analizadas las bases, también es relevante tener en cuenta el comportamiento de los alomorfos de ambos sufijos. El sufijo *-ción* presenta las variantes *-sión*, *-ión* y *-zón*. Todos los derivados con las variantes *-sión* e *-ión* son de formación latina. Aquellas voces en *-sión* documentadas y cuya base es patrimonial constituyen casos de representación gráfica de una pronunciación seseante del sufijo *-ción*. Respecto al alomorfo patrimonial *-zón*, son muy escasos los ejemplos de dobletes

13 El derivado con base patrimonial se crea, en algunos casos, incluso a pesar de la existencia de una variante latina, como en *destruición* (frente a *destrucción*).

14 Los datos para el resto de los siglos que abarca el corpus son los siguientes: s. XIV: 3 derivados; s. XV: 3 derivados; s. XVIII: 11 derivados; y s. XIX: 1 derivado.

(*vendizón-vendimiento, cargazón-cargamiento, obligaçón-obligamiento* y *finaçón-finamiento*) y parecen mostrar también una variante gráfica del sufijo, más que una variante morfológica.

El sufijo *-miento* posee la variante *-mento*, que, según afirman Bustos Gisbert y Santiago Lacuesta (1999: 4575), solo se adjunta a bases cultas. Sin embargo, se han hallado documentaciones en CHARTA de algunos pocos derivados en *-mento* con base patrimonial, como *agraviamento, pedimento, quitamento, robramento* o *vendimento*, fundamentalmente en textos del siglo XIII:

(2) a. Conocida cosa sea por este escrito que yo Petro Joanes fago carta de *vendimento* e de *robramento* a vós deán Domingo Martín [...]. (*Archivo Histórico Nacional*, Clero, Salamanca, carpeta 1883, nº 9, 1251, CODEA-0516).

b. [...] que ívades al monesterio o por muertes algunas de vuestros vezinos o por otras cosas que vos acaeción, que alongávades las señales pora otro día o pora adelante, e esto que es *agraviamento* de los omnes (*Archivo Municipal de Burgos*, 1263, CODCAR-0240).

Su documentación antigua pone de manifiesto que en realidad estas palabras no están formadas por el alomorfo morfológico *-mento*, sino que probablemente son variantes gráficas monoptongadas del derivado correspondiente en *-miento*[15], por lo que se puede concluir que los alomorfos *-sión/-ión* y *-mento* solo rivalizan en derivados de procedencia latina, pues si el derivado es de creación romance las variantes formales que compiten son siempre *-ción* y *-miento.*

Para finalizar con este análisis interno de los derivados rivales, vamos a abordar la disponibilidad de ambos sufijos teniendo en cuenta no la competencia existente entre ellos, sino la que ambos experimentan con otros sufijos, especialmente con los vocálicos átonos *-e*, *-a* y *-o*. De este modo, se encuentran en el corpus derivados en *-miento* que tienen un competidor en *-e* (*cerramiento-cierre*), en *-a* (*cargamiento-carga*) y, sobre todo, en *-o* (*alborozamiento-alborozo, pagamiento-pago, retornamiento-retorno, atropellamiento-atropello*). También *-ción* tiene competidores con sufijos vocálicos átonos en el corpus: *abusación-abuso, trasladación-traslado, culpación-culpa, reservación-reserva, visitación-visita, protestación-protesta, embarcación-embarque*:

15 Cabría analizar si esta variante se debe a una situación de analogía con el sufijo adverbializador *-mente* (cf. Del Barrio de la Rosa 2016).

(3) a. [...] que faga un atajo desde la pared que está agora fecha e se muestra de la parte de fuera que dénde adentro que se forme una pared a diez pies de largo e ahí informe su *cerramiento* de pared como agora la tiene de puerta, [...]. (*Archivo Municipal de Toledo*, A.S. 288, cajón 4º, legajo 1º, nº 4b, 1430, CODEA-0266).

b. Encara que yo ni los míos non podamos dezir, excebir o allegar que a *culpación* o negligencia vuestra se perdió el dito pleito. (*Archivo Histórico Nacional*, Clero, Teruel, carpeta 2935, nº 20, 1445, CODEA-0797).

A pesar de que tanto *-ción* como *-miento* tienen competidores con otros sufijos, como se acaba de señalar, dentro del ámbito de los sufijos de acción rivales, *-miento* presenta mayor disponibilidad que *-ción*: un 35,2 % de los derivados con otros sufijos rivaliza con *-ción* frente al 64,8 % que lo hace con *-miento*. Por consiguiente, a pesar de que *-ción* es el sufijo más productivo del español para las nominalizaciones de acción en general, en situaciones de rivalidad y desde la perspectiva histórica, es mucho más probable que un derivado de acción con otro sufijo tenga un competidor en *-miento* que en *-ción*, lo que indica que *-miento* posee mayor disponibilidad que *-ción* para formar derivados rivales de otros creados con otros sufijos.

4. ANÁLISIS DE LOS DERIVADOS DESDE EL PUNTO DE VISTA EXTERNO

4.1. Plano cronológico

No existe ningún estudio diacrónico que proporcione una periodización de la rivalidad entre *-ción* y *-miento*. Los trabajos realizados desde la perspectiva histórica se basan en periodos muy concretos de la evolución del español. Así, Raab (2022) se centra en el siglo xv, Dworkin (2018) en el español medieval, Buenafuentes de la Mata y Raab (2022) en el siglo xix y Lliteras Porcel (2022) en los siglos xviii a xx[16]. Teniendo en cuenta esta

16 También las fuentes de los datos son de diferente tipo. Solo el estudio de Raab (2022) se basa en un corpus, el DICCA-XV, mientras que Lliteras Porcel (2002) y Buenafuentes de la Mata y Raab (2022) parten de fuentes lexicográficas (si bien este último trabajo también toma en consideración la prensa decimonónica).

situación, un estudio de esta competencia en un corpus como CHARTA, que recoge textos desde el siglo XII al XIX, puede arrojar datos relevantes sobre la periodización de la rivalidad de estos dos sufijos y confirmar si los resultados de estas otras investigaciones realizadas para el español de determinados periodos son extensibles a la historia de la rivalidad de *-ción* y *-miento*. De hecho, señalan Sánchez-Prieto *et al.* (2013: 4671):

> En cuanto al criterio cronológico, cabe señalar que ningún corpus del ámbito de la documentación archivística hispánica tiene, que sepamos, un objetivo de tanto alcance, ya que se pretende recorrer los siglos que median desde la etapa de orígenes de la lengua española, desde 1100 aproximadamente, hasta el siglo XIX inclusive. Esta amplitud temporal otorga especial valor histórico al proyecto, sobre todo en lo que concierne al contacto de lenguas, pues permitirá secuenciar las diversas influencias lingüísticas en Europa y América a lo largo del tiempo.

La mayoría de los estudios coinciden en señalar el predominio de *-ción* frente a *-miento* en la actualidad (cf. Monge 1978, Lüdtke 1978, Rainer 1993b, Amador Rodríguez 2009), lo que parece indicar que, si históricamente se da una rivalidad entre derivados con estos dos sufijos, si esta se resuelve, el ganador suele ser el derivado en *-ción*. Sin embargo, esta afirmación no resulta del todo confirmada por las evidencias diacrónicas. Es cierto que *-miento* experimenta un debilitamiento pero "[...] el retroceso de *-miento* no supone en absoluto el fin de los dobletes" (Lliteras Porcel 2002: 73).

En este sentido, los resultados obtenidos a partir del corpus CHARTA permiten corroborar y completar esta afirmación, tal y como se muestra en la tabla 1:

Tabla 1 *Periodización de los derivados según su frecuencia absoluta*[17] *en CHARTA*

	XII	*XIII*	*XIV*	*XV*	*XVI*	*XVII*	*XVIII*
-ción	0 (0)	105 (3)	89 (2)	120 (5)	166 (5)	100 (4)	114 (5)
-miento	1 (0)	165 (14)	94 (5)	73 (6)	75 (3)	21 (1)	39 (3)

17 Lamentablemente CHARTA no permite extraer frecuencias normalizadas, de modo que estos resultados están sujetos al número de palabras y de textos que posee el corpus para cada periodo temporal. En la tabla se indica el número total de casos por siglo y por sufijo y, entre paréntesis, la cifra de derivados únicos (*types*) según estos mismos parámetros.

Como se puede observar, los derivados en *-miento* predominaban en el siglo XIII frente a sus competidores en *-ción*. Según señala Bossong (1978: 110–111), el sufijo *-miento* "desempeña un papel preponderante en el proceso de elaboración del español antiguo como idioma de cultura y como medio de expresión de los más variados campos de saber humano". Ya en el siglo XIV se acortan las distancias entre las formaciones con *-ción* y *-miento*, hasta que en el siglo XV empieza el retroceso de *-miento*, que va cediendo el terreno a su competidor en los siglos posteriores. Si bien se mantiene su rivalidad desde el XV hasta el XVIII, como afirma Lliteras Porcel (2002), el predominio de los derivados en *-ción* frente a los creados con *-miento* es incuestionable a partir de finales de la Edad Media. En este cambio pudo influir la entrada de latinismos en *-ción* a partir de esa época y la consideración del derivado en *-miento* como anticuado, así como la relación de *-ción* con registros especializados y de *-miento* con usos más corrientes de la lengua (Lüdtke 1978: 278, Lliteras Porcel 2002: 74, Amador Rodríguez 2009: 324).

De todos modos, cabe tener en cuenta que, a pesar del evidente predominio de *-ción* sobre *-miento*, muchos dobletes se conservan hasta la actualidad. De hecho, un 62 % de los derivados concurrentes con estos dos sufijos de nuestro corpus se mantiene hasta el diccionario académico actual (DLE 2014), mientras que en el 23 % de los casos desaparece el derivado en *-miento*; en un 13 %, el derivado en *-ción* y solo en un 2 % desaparecen ambos.

Sin embargo, la conservación de los dos derivados no se efectúa en las mismas condiciones. Un 40 % de los derivados en *-miento* está marcado como poco usado en el DLE (2014) o el diccionario remite a su rival en *-ción*, lo que parece indicar que el derivado en *-miento* no es el preferido. Además, en aquellos derivados concurrentes que no poseen ningún tipo de indicación por parte del diccionario, el derivado en *-ción* es el que tiene un mayor número de acepciones (en el 97,1 % de los ejemplos), mientras que en el caso del derivado rival en *-miento* predomina su uso con una única acepción del vocablo (en un 60 % de los ejemplos). Estos datos permiten concretar el inicio de la preferencia por los derivados en *-ción* a partir del siglo XV, así como afirmar que, a pesar de que en algunos casos se mantengan ambos derivados hasta la actualidad, aquellos formados con *-miento* se consideran anticuados o no preferidos y, además, a diferencia de los formados con *-ción,* no suelen desarrollar nuevas significaciones.

4.2. Plano diatópico

Si al inicio del anterior apartado hacíamos mención a la ausencia de una periodización para esta rivalidad sufijal en las investigaciones diacrónicas que se han centrado en estos dos sufijos, solo el estudio de Raab (2022) aporta informaciones sobre la posible incidencia del parámetro diatópico en la evolución de esta competencia. Dado que el corpus DICCA-XV, empleado por este autor, refleja una modalidad lingüística híbrida, donde pueden destacar, según la tipología textual, aragonesismos y catalanismos, se llega a la conclusión de que "[...] en textos de mayor impronta oriental [...] *-miento* opone una fuerte resistencia y llega a superar a *-ción* en términos de productividad" (Raab 2022: 28).

El corpus CHARTA es, desde el punto de vista de la procedencia de los textos que atesora, más amplio y cubre, por ser un "corpus de corpus[18]", toda la Península y también algunas zonas de América (si bien solo un 6 % son textos americanos, como se ha señalado en § 2). Esto, evidentemente, resulta una clara ventaja para analizar la evolución de los fenómenos lingüísticos a la luz de la variación diatópica. Sin embargo, el mayor escollo con el que se encuentra el investigador a la hora de analizar este tipo de variación es que no hay un equilibrio entre la procedencia geográfica de los textos en CHARTA, según se ha indicado. Por consiguiente, los datos que se extraen a partir de la distribución geográfica deben ser vistos en función de la representatividad de esa procedencia en los textos de este corpus. Para ello, CHARTA permite conocer cuál es la frecuencia relativa (FR) de la procedencia de los textos. Así, las provincias más representadas en el corpus son Valladolid y Burgos (con más de un 10 % de frecuencia relativa), seguidas de Málaga, Sevilla y Toledo (con más de un 5 % pero menos de 10 %). El resto de las provincias tiene una frecuencia relativa por debajo del 5 %. Por tanto, el análisis de los resultados que arroja este corpus en relación con la rivalidad entre *-ción* y *-miento* a la luz de la diatopía debe tener en cuenta esta frecuencia relativa.

18 Los corpus que integran CHARTA y la procedencia de los textos que cubren se pueden hallar en https://www.corpuscharta.es/grupos.html.

Tabla 2 *Derivados en* -ción *(izquierda) y* -miento *(derecha) más frecuentes en función de la procedencia geográfica*

	-ción	***rival*** *-miento*	***FR***		*-miento*	***rival*** *-ción*	***FR***
Málaga	36	8	+5 %	Valladolid	19	21	+10 %
Toledo	23	8	+5 %	Burgos	15	8	+10 %
Venezuela	22	3	-5 %	Madrid	10	12	-5 %
Valladolid	21	19	+10 %	Sevilla	9	12	+5 %
Salamanca	18	7	-5 %	Málaga	8	36	+5 %
Guadalajara	17	6	-5 %	Cáceres	8	16	-5 %
Cáceres	16	8	-5 %	León	8	7	-5 %
Zaragoza	15	1	-5 %	Palencia	8	10	-5 %
Las Palmas	15	1	-5 %	Toledo	8	23	+5 %

Como se desprende de la tabla 2 (izquierda), en las provincias en las que el derivado en *-ción* es más frecuente (por encima de los 15 casos), su rival en *-miento* apenas aparece documentado. Hay una zona que no refleja esta tendencia: Valladolid, una de las provincias con mayor representatividad en CHARTA, que atestigua un número semejante de derivados con ambos sufijos, lo que podría mostrar que una mayor cantidad de textos de otras procedencias podría implicar un menor predominio de *-ción* frente a *-miento*. De todos modos, si se toman en consideración los derivados en *-miento* más frecuentes según su provincia (con más de 8 ocurrencias) (véase tabla 2, derecha), la mayoría de ellos no supera la frecuencia de aparición de los derivados en *-ción*. La excepción es Burgos que, de nuevo, es otra de las provincias más representadas en CHARTA y es la que muestra una ligera tendencia hacia los derivados en *-miento*, a diferencia de la tendencia general que prefiere *-ción*, como se ha señalado. En resumen, en las provincias más representadas la diferencia de frecuencia de aparición de *-ción* frente a *-miento* es semejante o beneficia ligeramente a *-miento*, mientras que las zonas menos representadas en CHARTA exhiben un predominio claro de uso más frecuente del derivado en *-ción*. Sin embargo, la cercanía entre los derivados en *-ción* y *-miento* en las provincias de Valladolid y Burgos quizás tenga más que ver con la intersección del parámetro cronológico: el 50 % de los textos de esa procedencia pertenecen al siglo XIII, centuria en que *-miento* era un sufijo muy productivo (cf. Clavería Nadal 2004).

4.3. Plano tipológico

La tipología textual es otro de los aspectos que puede influir en los registros que se obtienen de los textos que componen los corpus. CHARTA proporciona la clasificación tipológica de los documentos, pero, al igual que se ha señalado para el caso de la procedencia geográfica, tampoco hay un equilibrio en la representatividad de las tipologías. Además, en este caso, el desequilibrio es todavía más acusado, ya que el 77,5 % de los textos que figuran pertenecen a dos únicas tipologías: Cartas de compraventa y contratos y Textos legislativos, como se ha indicado. Atendiendo a la tipología textual, el estudio de Raab (2022), que se basa en un corpus equilibrado según este parámetro[19], concluye que "en el caso de *-ción*, destacan ligeramente los textos jurídico-administrativos (A); en el caso de *-miento*, aquellos científico-técnicos y doctrinales (B), por un lado; y los novelescos y poéticos (D), por otro" (Raab 2022: 14). Para salvar este problema del equilibrio tipológico de CHARTA, se ha analizado la presencia de los derivados rivales dentro de la misma tipología textual[20], tal y como queda reflejado en la tabla 3:

Tabla 3 *Porcentaje de derivados en* -ción *y* -miento *más frecuentes en función de la tipología textual*

Tipología textual	***-ción***	***-miento***
Cartas de compraventa y contratos	59,9 %	57,8 %
Actas y declaraciones	15,15 %	7,3 %
Textos legislativos	13,7 %	32,3 %
Certificaciones	6,18 %	0,3 %
Testamentos e inventarios	3,1 %	1,3 %
Cartas privadas	1,5 %	1,1 %
Estatutos	0,3 %	--
Informes y relaciones	0,3 %	--

19 El corpus DICCA-XV clasifica los textos en 4 tipologías con el siguiente porcentaje: textos del tipo A (jurídico-administrativos) con un 25,14 %; de tipo B (técnicos (tratados) y prosa doctrinal y didáctica), con un 24,84 %; de tipo C (Historiografía y cronística), con un 25,05 %, y de tipo D (Textos novelescos y poéticos), con un 24,97 %. Como afirma Raab (2022: 457), "la distribución muy equilibrada de formas según las cuatro tipologías textuales permite comparaciones no solo cualitativas, sino también cuantitativas".

20 No se van a tomar en consideración, por tanto, las diferencias entre tipologías en un mismo sufijo.

En la mayoría de las tipologías textuales en las que se han hallado ejemplos, es más frecuente el derivado en *-ción* que su rival en *-miento*, salvo en tres. En Cartas de compraventa y contratos, uno de los dos tipos textuales más representados en CHARTA, no hay demasiada diferencia entre la frecuencia de aparición de los dos derivados, lo que volvería a poner de manifiesto que un mayor número de textos implica una menor superioridad del predominio de *-ción* frente a *-miento*. De hecho, ratificaría este hecho que en los Textos legislativos, la segunda de las tipologías más representadas, los derivados en *-miento* superen por más del doble el número de casos de los derivados en *-ción*. Esta preferencia de *-miento* en esta tipología textual parece contradecir lo observado por el estudio de Raab (2022), quien, como hemos señalado, afirma que los textos jurídico-administrativos de su corpus mostraban una preferencia por los derivados en *-ción*. Sin embargo, nuestros resultados apuntan a que la tipología de textos jurídico-administrativos en CHARTA está fragmentada en subtipologías textuales (Cartas de compraventa y contratos, Textos legislativos, Certificaciones, Testamentos e inventarios) que parecen, a tenor de los resultados, comportarse de manera diferente en cuanto al uso de estos derivados, siendo las Cartas de compraventa (igualdad de frecuencia entre derivados) y los Textos legislativos (preferencia por *-miento*) los que se separan del resto.

Finalmente, en la tipología de Cartas privadas, textos más cercanos a la oralidad, a pesar de su poca representatividad en CHARTA y de los escasos ejemplos encontrados, no se observa una preferencia clara por ninguno de los dos sufijos. En este sentido, uno de los aspectos que podrían resultar de interés y que, en el momento actual, no permite CHARTA, pero sí que ofrece, por ejemplo, el corpus CODEA 2015, es poder asociar cada tipología textual con un ámbito de emisión según la escala propuesta por Sánchez-Prieto (2012: 11) que va de la total distancia comunicativa (izquierda) a la inmediatez (derecha): cancilleresco-judicial-municipal-eclesiástico-particular. Los textos legales pertenecen, mayoritariamente, al ámbito de la Cancillería y, por tanto, están en el polo opuesto de la inmediatez comunicativa, lo que parece indicar que el empleo de *-miento* (más frecuente en esta tipología) es lo preferido en contextos formales, cuando deberían ser los derivados en *-ción*, ya que, como se ha señalado, se asocian habitualmente a la formalidad y a registros especializados. Sin embargo, lo que provoca esta preferencia por *-miento* en esta tipología textual, de nuevo, tiene más que ver con que muchos de estos textos sean del XIII y del XIV (concretamente un 73,1 % de este tipo de textos están datados en esta época), siglos en los que *-miento* era más frecuente, como se ha observado.

En cualquier caso, estas consideraciones han de ser necesariamente tomadas con cautela, ya que CHARTA debería contar con datos procedentes de una cantidad más numerosa de textos que reflejen la inmediatez comunicativa (textos particulares), así como la incorporación de esta clasificación en su diseño, siguiendo el modelo del CODEA 2015. Esto haría posible examinar la evolución de esta rivalidad también a la luz de la variación diastrático-diafásica[21].

5. CONCLUSIONES

En esta investigación hemos tratado de poner en valor la utilidad de los corpus lingüísticos para el estudio de la lexicogénesis. Habitualmente, los trabajos de morfología léxica, sobre todo aquellos que se enfocan desde la perspectiva histórica, basan sus análisis en corpus lexicográficos. Creemos haber mostrado que los corpus lingüísticos proporcionan información valiosa sobre la evolución de los procesos de formación de palabras a lo largo del tiempo y que, por consiguiente, resultan fundamentales para un mejor conocimiento no solo de este nivel lingüístico desde la perspectiva histórica, sino también de un aspecto hasta ahora poco estudiado desde la diacronía: la rivalidad entre afijos.

Así, a partir del corpus CHARTA, se ha documentado la rivalidad existente, también a nivel histórico, entre los derivados en los sufijos *-ción* y *-miento* y se ha podido efectuar su análisis desde el punto de vista externo e interno.

---

21 De hecho, señalaban Sánchez-Prieto *et al.* que (2013: 4671) "en el plano sociolingüístico, el objetivo es abarcar toda la variedad posible de registros, desde los más elevados, los propios del diploma oficial (documento público) a los más humildes, atendiendo en este sentido a tipos textuales de interés ya conocidos para el estudio de la transferencia entre oralidad y escritura —como las declaraciones de testigos—, pero también para otros tipos hasta ahora menos explorados". Sin embargo, todavía el corpus no ha conseguido alcanzar ese objetivo, según se ha podido comprobar.

El análisis de los derivados competidores desde el punto de vista externo ha arrojado las siguientes conclusiones relevantes. En primer lugar, que la rivalidad entre estos dos sufijos se limita a *-ción* y *-miento*, por lo que las otras variantes alomórficas que presentan estos dos sufijos (*-ión*, *-sión* y *-mento*) no entran en la competencia. En segundo lugar, los derivados en *-miento* se unen siempre a bases patrimoniales y, por tanto, son de creación romance, mientras que los derivados en *-ción* es altamente probable que hayan sido creados en latín y se hayan incorporado al español por vía del préstamo. En tercer lugar, el sufijo *-ción*, a pesar de ser el único que se une a bases cultas, a partir del siglo XVI se adjunta con mucha más frecuencia a bases patrimoniales, esfera ocupada predominantemente por *-miento* en las centurias precedentes, lo que supone el retroceso de este último sufijo. En cuarto lugar, a pesar del predominio de *-ción* sobre todo a partir del siglo XVI, se ha mostrado que se mantienen ambos derivados hasta la actualidad en un porcentaje muy alto. Sin embargo, el derivado en *-miento* parece conservarse, en la mayoría de los casos, como variante anticuada y, por tanto, no preferida, lo que habitualmente lleva consigo que el derivado no desarrolle nuevas acepciones, frente a su rival en *-ción*. Finalmente, cabe destacar que, a pesar de que, en general, *-ción* es más frecuente, los datos obtenidos a partir del corpus indican que es más probable que los derivados con otros sufijos *nomina actionis* rivalicen con un derivado en *-miento* que con un derivado en *-ción*. Esto muestra que *-miento* estaría más disponible que *-ción* como sufijo rival de otros sufijos, principalmente los vocálicos átonos, aunque en ocasiones acabe perdiendo la pugna en favor de su competidor.

Las conclusiones obtenidas desde el punto de vista externo han sido posibles gracias al diseño del corpus CHARTA, que clasifica los textos atendiendo a tres parámetros: diacrónico, diatópico y tipológico-textual. Esto ha permitido analizar los derivados a la luz de estos tres parámetros y, sobre todo, corroborar y completar los resultados de otras investigaciones que tratan la rivalidad entre estos dos sufijos.

Desde el plano cronológico, se ha proporcionado la periodización de la rivalidad. Así, hay un claro predominio de *-miento* hasta el siglo XIII, pero, a partir del XIV y sobre todo del XV, empieza a ser *-ción* el sufijo preferido frente a su rival, tendencia que se acrecienta en los siglos posteriores y en la que tuvo que ver la gran entrada de latinismos en *-ción* a partir del siglo XVI y su asociación con un registro más culto, frente a -*miento,* que retrocedió al considerarse una variante anticuada y vinculada a usos más corrientes de la lengua.

El análisis del plano diatópico, si bien no puede ser del todo concluyente, pues el corpus no está equilibrado según este parámetro, se ha podido observar que no parece influir la procedencia geográfica del texto, ya que en prácticamente todos los casos se prefiere el derivado en -*ción*. Sin embargo, se ha observado que justo en las dos provincias más representadas en el corpus, Valladolid y Burgos, las diferencias no son tan amplias, lo que apunta a que la cantidad de textos puede influir en que se acorte esa diferencia. De todos modos, si hacemos una generalización, la preferencia por -*ción* se comprueba en todas las provincias con mayor número de derivados con estos dos sufijos, por lo que se puede concluir que la procedencia geográfica no incide en la rivalidad, lo que contrasta con los resultados de otras investigaciones (Raab 2022).

Finalmente, a la luz de la tipología textual, y a diferencia de otros estudios (Raab 2022), los textos legislativos, mayoritariamente cancillerescos y con mayor distancia comunicativa desde el punto de vista de su emisión, se decantan por el derivado en -*miento*, lo que parece contravenir la asociación de este sufijo con los registros menos elevados de la lengua. Sin embargo, esto ha puesto de manifiesto la necesidad de contemplar estos parámetros (diacronía, diatopía y tipología) no aisladamente sino en conjunto. En este caso concreto, la datación de los textos condiciona la preferencia por -*miento* frente a la tipología textual o la procedencia geográfica, pues era el sufijo predominante entre los siglos XIII-XIV y mayoritariamente los textos de esa tipología o los localizados en las provincias más representadas en el corpus pertenecen a esas dos centurias.

En definitiva, esta investigación ha querido evidenciar el valor de un corpus como CHARTA también para el análisis histórico de las rivalidades afijales. A pesar de que presenta algunos problemas totalmente subsanables, el empleo de un corpus con la rigurosidad y fiabilidad filológica de CHARTA, hace viable que la morfología léxica histórica pueda alcanzar el mismo nivel descriptivo que posee la analizada desde el punto de vista sincrónico.

Bibliografía

Corpus

[CHARTA] *Corpus Hispánico y Americano en la Red: Textos Antiguos.* Disponible en: https://www.corpuscharta.es. Fecha de consulta: junio de 2022.

[NTLLE] Real Academia Española (2009): *Nuevo Tesoro Lexicográfico de la Lengua Española*, Madrid: Espasa.

Referencias Bibliográficas

Amador Rodríguez, Luis Alexis (2009): *La derivación nominal en español: nombres de agente, instrumento, lugar y acción*, Frankfurt am Main: Peter Lang.

Batllori Dillet, Montserrat (1998): "Derivación y diacronía", *Estudi General,* 17, 111–143.

Bossong, Georg (1978): "La abstracción como problema lingüístico en la literatura didáctica de origen oriental", *Cahiers de linguistique hispanique médiévale*, 3, 99–132.

Buenafuentes de la Mata, Cristina (en prensa): "Derivación y diacronía: variación morfohistórica en situaciones de competencia afijal", en Elisabeth Gibert, Isabel Pujol, Assumpció Rost y Teresa Tro (eds.), *Linguistica sine finibus*, Girona: Servei de publicacions de la Universitat de Girona.

Buenafuentes de la Mata, Cristina y Matthias Raab (2022): "Variación morfológica en el siglo xix: rivalidad y bloqueo de los sufijos *-ción* y *-miento*", *Iberoromania,* 95, 1, 40–60.

Bustos Gisbert, Eugenio y Ramón Santiago Lacuesta (1999): "La derivación nominal", en Ignacio Bosque y Violeta Demonte (eds.), *Gramática descriptiva de la lengua española*, Madrid: Espasa Calpe, vol. II, 4505–4594.

Clavería Nadal, Gloria (2004): "El castellano del siglo xiii", en Rafael Cano Aguilar (dir.), *Historia de la lengua española,* Barcelona: Ariel, 473–504.

Del Barrio de la Rosa, Florencio (2016): "La distribución de las variantes *-mente*, *-miente* y *-mientre* en el CODEA (1221–1420): espacio variacional y cambio lingüístico", *Scriptum Digital*, 5, 85–102.

[DLE] Real Academia Española y Asociación de Academias de la Lengua Española (2014): *Diccionario de la lengua española*, Madrid: Espasa.

Dworkin, Steven N. (2018): "Suffixal Rivalries in Medieval Spanish: Preliminary Observations on the Fate of Old Spanish Deverbal Abstract Nouns in *-miento"*, *Estudios de Lingüística del Español*, 39, 205–212.

Echenique Elizondo, M. Teresa (2011): "La historia como recurso explicativo y apoyo codificador en la obra académica actual", *Revista de Filología Española*, XCI, 1, 159–170.

Enrique-Arias, Andrés (2009) (ed.): *Diacronía de las lenguas iberorrománicas. Nuevas aportaciones desde la lingüística del corpus*, Madrid / Frankfurt: Iberoamericana / Vervuert.

Lliteras Poncel, Margarita (2002): "Concurrencia histórica de los derivados en *-ción* y *-miento*", en Joaquín García-Medall (coord.), *Aspectos de morfología derivativa del español*, Lugo: Tris Tram, 69–77.

Lüdtke, Jens (1978): *Prädikative Nominalisierungen mit Suffixen im Französischen, Katalanischen und Spanischen*, Tübingen: Max Niemeyer Verlag.

Lüdtke, Jens (2011): *La formación de palabras en las lenguas románicas: su semántica en diacronía y sincronía*, México D. F.: El Colegio de México.

Monge, Félix (1978): "*-Ción*, *-sión*, *-zón* y *-ón*: función y forma en los sufijos", *Estudios ofrecidos a Emilio Alarcos Llorach*, Oviedo: Universidad de Oviedo, vol. II, 155–165.

Moyna, M. Irene (2011): *Compound words in Spanish. Theory and History*, Amsterdam-Philadelphia: John Benjamins.

[NGLE] Real Academia Española y Asociación de Academias de la Lengua Española (2009): *Nueva Gramática de la Lengua Española*, Madrid: Espasa.

Octavio de Toledo y Huerta, Álvaro y Javier Rodríguez Molina (2017): "La imprescindible distinción entre texto y testimonio: el

CORDE y los criterios de fiabilidad lingüística", *Scriptum digital*, 6, 5–68.
Pena Seijas, Jesús (2003): "La relación derivativa", *Estudios de Lingüística de la Universidad de Alicante*, 17, 505–517.
Pena Seijas, Jesús (2004): "Morfología de los nombres de cualidad derivados", *Verba*, 31, 7–42.
Penny, Ralph (1987): "Derivation of Abstracts in Alfonsine Spanish", *Romance Philology*, XLI, 1, 1–23.
Pharies, David (2002): *Diccionario etimológico de los sufijos españoles*, Madrid: Gredos.
Pujol Payet, Isabel (ed.) (2013): *Formación de palabras y diacronía,* A Coruña: Universidade da Coruña (Anexos *Revista de Lexicografía*, 19).
Raab, Matthias (2015): "Los sufijos *-dad, -tad, -icia, -eza, -ez, -tud* y *-dumbre* en voces neológicas del castellano oriental del siglo xv", *Estudios de Lingüística de la Universidad de Alicante,* 2, 299–318.
Raab, Matthias (2022): "La rivalidad entre *-ción* y *-miento* en el romance castellano-aragonés del siglo xv: una aproximación a la morfología léxica desde la dialectología histórica", *Zeitschrift für romanische Philologie*, 138, 2, 1–32.
Rainer, Franz (1993a): *Spanische Wortbildungslehre*, Berlin: De Gruyter.
Rainer, Franz (1993b): "Setenta años (1921–1990) de investigación en la formación de palabras del español moderno: bibliografía crítica selectiva", en Soledad Varela (ed.), *La formación de palabras*, Madrid: Taurus, 30–70.
Sánchez González de Herrero, Mª Nieves, Juan Sánchez Méndez, Ingmar Söhrman y M.ª Jesús Torrens Álvarez (2013): "La Red CHARTA: objetivos y método", en Emili Casanova y Cesáreo Calvo (eds.), *Actas del XXVI Congreso Internacional de Lingüística y Filología Románicas*, Berlín/Boston: De Gruyter, vol. VIII, 4655–4666.
Sánchez Lancis, Carlos (2022): "Corpus diacrónicos del español de España", en Giovanni Parodi, Pascual Cantos Gómez y Chad Howe (eds.), *Lingüística de corpus en español / The Routledge Handbook of Spanish Corpus Linguistics*, London / New York: Routledge, 33–44.
Sánchez Lancis, Carlos (2023): "Corpus para el estudio de la sintaxis del español", en G. Rojo, V. Vázquez Rozas y R. Torres Cacoullos (eds.),

Sintaxis del español / The Routledge Handbook of Spanish Syntax, London / New York: Routledge, 593–604.

Sánchez-Prieto, Pedro (2012): "Desarrollo y explotación del *Corpus de documentos españoles anteriores a 1700* (CODEA)", *Scriptum Digital*, 1, 5–35.

Sánchez-Prieto, Pedro, Micaela Carrera, Carmen Isasi y Paul Spence (2013): "El corpus CHARTA", en Emili Casanova y Cesáreo Calvo (eds.), *Actas del XXVI Congreso Internacional de Lingüística y Filología Románicas*, Berlín/Boston: De Gruyter, vol. VIII, 4667–4681.

Santiago Lacuesta, Ramón (1992): "Derivados en *-or* y en *-ura* en textos medievales", en Manuel Ariza (ed.), *Actas del II Congreso Internacional de Historia de la Lengua Española*, Madrid: Arco/Libros, vol. II, 1337–1353.

Zacarías Ponce de León, Ramón (2010): "Esquemas rivales en la formación de palabras en español", *Onomázein: Revista de lingüística, filología y traducción de la Pontificia Universidad Católica de Chile*, 22, 59–82.

Nuevas aportaciones de la lingüística de corpus a la periodización de la historia del español: el corpus CHARTA*

New contributions of corpus linguistics to the periodization of the history of Spanish: the CHARTA corpus

Carlos Sánchez Lancis
Universidad Autónoma de Barcelona
ORCID iD: https://orcid.org/0000-0001-9111-1563

Resumen: El presente trabajo sobre la periodización del español contrasta, a partir de la lingüística de corpus (cf. Rojo 2021), los resultados obtenidos en Granvik y Sánchez Lancis (2018), en donde se ha llevado a cabo un análisis cuantitativo, denominado agrupamiento jerárquico (cf. Gries y Hilpert 2008, Gries 2009), de una muestra significativa del *Corpus diacrónico del español* (CORDE) de la Real Academia Española, con los datos extraídos, mediante el mismo procedimiento de estudio, del corpus CHARTA (*Corpus Hispánico y Americano en la Red: Textos Antiguos*). Consideramos que la composición documental, no literaria, de CHARTA permite establecer una periodización en principio mucho más cercana a la realidad histórica que la que ofrecen otros corpus en los que predomina el componente literario. Además, desde otro punto de vista, no es posible concebir una periodización fidedigna de una lengua sin tener en cuenta también todo el componente documental que posee. Para ello, se estudia una serie de fenómenos gramaticales, tanto morfológicos —pronombres y determinantes, desinencias y tiempos verbales— como sintácticos —la construcción artículo + posesivo + sustantivo, los casos de interpolación entre el clítico y el verbo, el orden de los clíticos—, con el fin de que sean los datos lingüísticos, y no los extralingüísticos, los que determinen la periodización de la lengua española. Los resultados obtenidos no solo corroboran algunas observaciones establecidas sobre la periodización del español, sino que también aportan nuevos datos y nos hacen

* La presente investigación ha sido parcialmente financiada con una ayuda del MICINN y FEDER (PID2021-123617NB-C41) y de la CIRIT del Comissionat per Universitats i Recerca de la Generalitat de Catalunya (2021 SGR 00787).

cuestionarnos, hasta cierto punto, la validez de las etapas tradicionales denominadas español medieval, clásico y moderno.

Palabras clave: Historia de la lengua española, periodización, Lingüística de corpus, corpus CHARTA, agrupamiento jerárquico

Abstract: This paper addresses the periodization of Spanish. Based on corpus linguistics (cf. Rojo 2021), it contrasts the results obtained from a quantitative analysis named *Hierarchical Clustering* (cf. Gries and Hilpert 2008, Gries 2009) carried out by Granvik and Sánchez Lancis (2018), wherein this method was used to consider a significant sample of the Diachronic Corpus of Spanish (CORDE) of the Royal Spanish Academy. The data for this new analysis were extracted from the CHARTA corpus (Corpus Hispánico y Americano en la Red: Textos Antiguos) using the same study procedure. We believe that the non-literary documentary composition of CHARTA allows us to establish a periodization that, in principle, is much closer to historical reality than the predominantly literary one provided by other corpora. Moreover, establishing a reliable periodization of a language does not seem possible without also considering all the documentary components it possesses. For this reason, we studied a series of grammatical phenomena including both morphological —pronouns and determiners, desinences and verb tenses— and syntactic issues —the construction article + possessive + noun, the cases of interpolation between the clitic and the verb, the order of the clitics—, to ensure that it is the linguistic data instead of the extralinguistic ones which determine the periodization of the Spanish language. The results of our analysis not only corroborate some already established observations on the periodization of Spanish but also provide new data which might call into question the validity of the traditional stages known as Medieval, Classical and Modern Spanish.

Keywords: History of Spanish, Periodization, Corpus Linguistics, CHARTA corpus, Hierarchical Clustering

1. INTRODUCCIÓN

Uno de los problemas pendientes de la historia de la lengua española, pero todavía no solucionado definitivamente, es su periodización mediante criterios básicamente de tipo lingüístico. Ciertamente, no resulta una tarea sencilla determinar lapsos de tiempo en los que se divide el eje temporal de una lengua desde un punto de vista histórico. Si bien los diversos manuales, entre los que destacan el clásico de Lapesa (1981) o los más recientes de Cano Aguilar (2005) y Torrens Álvarez (2018), establecen diversas periodizaciones —castellano o romance primitivo / español arcaico / época de los orígenes (siglos IX-XI), castellano medieval (siglos

XII-XIV), español preclásico (1474–1525), español del/de los Siglo(s) de Oro (siglos XVI-XVII) / la lengua en la España de los Austrias (1474–1700), español moderno (siglo XVIII-español actual), etc.—, en la mayoría de estas todavía siguen pesando más los aspectos externos que los internos a la propia lengua, sobre todo por lo que respecta a la lengua literaria, la cual continúa teniendo un peso fundamental en la delimitación de estos lapsos temporales. De todas formas, ya anteriormente Menéndez Pidal (1942) al menos había cuestionado la división de la historia de la lengua española por siglos, es decir, por lapsos de tiempo de cien años exactos, como así ha aparecido frecuentemente en los manuales al uso —p. ej., se habla del castellano del siglo XIII, el Siglo o los Siglos de Oro (siglos XVI y XVII), la lengua del XVIII, etc.—, por lo que propugnaba segmentaciones temporales más restringidas o precisas. Por todo ello, la cuestión de la periodización ha sido objeto de un número destacado de trabajos en los últimos treinta años[1], sobre todo a partir del artículo de Eberenz (1991), primer autor en replantear claramente el concepto de periodización con criterios exclusivamente lingüísticos, denominados "parámetros esenciales", para establecer los siguientes periodos de la lengua española: "fase antigua de estabilidad" (1200–1450), "etapa media de transformación" (1450–1650) y "fase moderna de estabilidad" (1650-actualidad). Estas etapas fueron matizadas por su complejidad casi veinte años más tarde por el propio lingüista, que además acaba concluyendo que "la periodización supone establecer una cronología absoluta de los cambios, tarea facilitada hoy en día por la disponibilidad de grandes corpus digitalizados." (Eberenz 2009: 196).

La existencia en la actualidad de estos corpus diacrónicos representativos del español (cf. Torruella Casañas 2017, Sánchez Lancis 2009 y 2022) posibilita la aplicación de un análisis cuantitativo denominado agrupamiento jerárquico (cf. Gries 2009), con el fin de conseguir una imagen mucho más precisa de los diferentes períodos históricos de una

1 Además de Eberenz (1991 y 2009), bastantes autores han tratado también el tema de la periodización del español, ya sea de forma general (Marcos Marín 1992 y 1995, Cano Aguilar 1992, Ridruejo Alonso 1993, Martínez Alcalde y Quilis Merín 1996, Sánchez Lancis 1997–1998, 1999 y 2001, Echenique Elizondo y Martínez Alcalde 2000, Buenafuentes 2002a y 2002b, Granvik y Sánchez Lancis 2018, entre otros), o para precisar particularmente etapas ya delimitadas (Serradilla Castaño 2001, Melis, Flores y Bogard 2003, Girón Alconchel 2005 y 2008, Octavio de Toledo y Huerta 2007, Sánchez Lancis 2012, entre otros).

lengua[2]. El agrupamiento jerárquico es un método de análisis, que se emplea para identificar semejanzas y diferencias entre grupos. Gracias al cálculo matemático, es posible establecer un modelo descriptivo que se fundamenta en la semejanza numérica entre distintas categorías, de tal modo que las categorías que presentan un conjunto de datos más semejantes entre sí formarán grupos, los cuales se distanciarán de los grupos de las categorías con datos también similares entre sí, pero diferentes de los anteriores. Por consiguiente, la finalidad de este análisis es hallar, a partir de variables, las similitudes que posibilitan agrupar los datos dentro de grupos lo más homogéneos posible (cf. Cardillo 2015). Sin embargo, como en la periodización lingüística se busca agrupar categorías cronológicamente sucesivas y no solo categorías que comparten rasgos o propiedades, ha sido necesario recurrir a una variante del agrupamiento jerárquico aplicable a la periodización denominada "Variability-based Neighbor Clustering" (VNC), algoritmo desarrollado por Gries y Hilpert (cf. Gries y Hilpert 2008 y 2012, Hilpert 2012), que permite agrupar juntos periodos de tiempo sucesivos que poseen elementos lingüísticos semejantes, diferenciándose así del resto. En nuestro caso, los datos numéricos se han obtenido a partir del análisis de la frecuencia relativa por millón de palabras, es decir, su frecuencia normalizada, de una serie de fenómenos gramaticales representativos diacrónicamente por cada década que compone el corpus estudiado. El resultado del análisis de VNC es un dendrograma. De este modo, cada ramificación señala una cierta diferencia cuantitativa entre décadas contiguas, mientras que las décadas más semejantes según las cifras obtenidas se agrupan juntas, constituyendo un periodo determinado.

2. EL CORPUS CHARTA Y LA PERIODIZACIÓN

El *Corpus Hispánico y Americano en la Red: Textos Antiguos* (CHARTA) es un corpus diacrónico del español de textos archivísticos, formado por 13 subcorpus diferentes, compuesto por 2076 documentos con un total de

2 Para una explicación más detallada sobre el agrupamiento jerárquico y su aplicación a la periodización lingüística a partir de los datos gramaticales de un corpus, cf. Granvik y Sánchez Lancis (2018: 756–758).

1.346.094 formas, que van desde el siglo IX hasta el siglo XIX, si bien los textos en romance aparecen básicamente a partir del siglo XIII. Además, el corpus distingue tres parámetros: cronológico —por años: desde el 822 hasta 1871, aunque existe una gran desproporción, ya que solo el siglo XIII contiene el 41,15 % del total con 554.020 formas, el XIV el 16,17 %, el XVI el 14,54 %, el XV el 11,54 %, el XVII el 6,77 %, el XVIII el 5,91 %, el XII el 1,26 % y el XIX el 0,97 %—, geográfico —por países: España 93,51 %, Venezuela 2,01 %, México 1,70 %, Ecuador 1,17 %, Colombia, Cuba, El Salvador, Guatemala, Inglaterra, Panamá, Portugal, República Dominicana— y tipológico —cartas de compraventa y contratos 39,34 %, textos legislativos 38,17 %, otros 9,19 %, actas y declaraciones 6,68 %, testamentos e inventarios 2,08 %, certificaciones 2,08 %, cartas privadas, estatutos, informes y relaciones, notas breves, recibí—. El valor primordial de utilizar este corpus para hacer un estudio sobre la periodización del español estriba precisamente en su tipología, ya que se trata por entero de textos no literarios, frente a un corpus como, por ejemplo, el CORDE, en donde los textos literarios conforman una gran parte de este. Sin embargo, también hay que tener en cuenta de cara a los resultados la gran diferencia de tamaño entre uno y otro, pues este último ya es un corpus grande cerrado que contiene más de 34.500 documentos con casi 245 millones de formas, mientras que el primero todavía es un corpus pequeño no cerrado, muy especializado, con las consiguientes dificultades para incrementar progresivamente el número de formas. A pesar de ello, es de gran utilidad poder disponer de un corpus como CHARTA para poder observar y contrastar con otros corpus de distinta tipología la evolución de ciertos cambios lingüísticos en la historia del español y, sobre todo, su periodización.

Por ello, en el presente estudio se ha realizado un análisis de la evolución de 13 fenómenos gramaticales, tanto morfológicos como sintácticos, significativos en la diacronía del español por marcar una frontera lingüística temporal, ya sea por representar el fin de una etapa o el principio de una nueva. La finalidad de esta propuesta es que solo sean los datos gramaticales los que sirvan de base para la periodización de la lengua. Los fenómenos estudiados son los siguientes[3]:

3 La elección de los fenómenos gramaticales se ha realizado a partir de los que se estudiaron para la periodización del CORDE en Granvik y Sánchez Lancis (2018). Sin embargo, dadas las características del corpus CHARTA en función de la tipología de los textos que lo componen, no ha sido posible analizar los 27 fenómenos,

(1) Pronombres y determinantes (8)
a) nos > nos otros > nosotros
b) vos > os ~ hos
c) este ~ aqueste ~ aquest > este
d) que / qui ~ qi ~ ki > que
e) so / sue ~ sua ~ su > su
f) quien > quienes ~ qienes ~ kienes ~ qujenes
g) unas
h) las ~ elas > las

(2) Morfología verbal (2)
a) so > soy ~ soi
b) sodes > sois

(3) Construcciones sintácticas (3)
a) la su > su
b) lo no ~ lo non > no lo
c) *r lo he ~ *r lo hé ~ *r lo e ~ *r lo é > lo *ré

2.1. Pronombres y determinantes

El reanálisis y posterior gramaticalización de la secuencia sintáctica formada por el pronombre personal de primera persona del plural "nos" seguido del adjetivo "otros" con valor de exclusividad es un cambio característico en español de finales de la Edad Media, que, según las gramáticas históricas, comenzó en el siglo XIV y acabó por generalizarse en el siglo XVI. En CHARTA se documenta la combinación analítica "nos otros" en el texto paleográfico y la forma sintética "nosotros" en el texto crítico en 94 casos en 49 documentos, de 1414 a 1871, pero no antes del

---

ya que no se habrían obtenido datos cuantitativos de todos ellos, por lo que se han seleccionado los 13 más representativos. Por otra parte, hay que tener también en cuenta que el estudio de estos fenómenos, tanto en el CORDE como en CHARTA, presenta una serie de limitaciones, ya sea por el tamaño del primero o al no estar ambos corpus etiquetados morfosintácticamente, por lo que, por ejemplo, el análisis de la construcción "artículo + posesivo + sustantivo" o de la interpolación entre el clítico y el verbo solo se ha podido realizar en una de sus diferentes combinaciones posibles.

siglo xv —27,66 % (26/10[4]) siglo xv, 59,57 % (56/29) siglo xvi, 4,26 % (4/4) siglo xvii, 1,06 % (1/1) siglo xviii, 7,45 % (7/5) siglo xix—, aunque también se constata su mayor difusión en el siglo xvi. Su primera documentación se puede observar en el siguiente ejemplo:

(4) Sepan cuantos esta carta vieren cómo **nós** e la abadesa, e frairas e convento del monesterio de Santa Clara de Gerca, que es cerca la cibdat de Astorga, estando juntas al nuestro cabillo por son de campana tañida segund que lo avemos de uso e de costumbre de nos ayuntar, otorgamos e conocemos por esta carta que arrendamos a vós Domingo Pascoal, e Antona Janes vuestra muger e a vuestros fijos Diego, e Alfonso, e Catalina, e Aldonça e María, moradores en Val de Rey toda la heredat, e casas, e huertos e todas las otras cosas que **nosotros** por nombre del dicho monesterio avemos en término de Val de Rey so campanas de la eiglesa de Santa María que fue e fincó de María Alfonso, fija que fue de Alfonso Joánez e de María Alfonso de Val de Rey, fraira que fue del dicho monesterio por en todos los días de vuestra vida e de cadaúno de **nós** porque avedes a dar e pagar al dicho monesterio e a **nosotros** por nombre d'él e al que lo ovier de recabdar por **nós** de cada año por ello en renta dos moyos de buen pan, metad trigo e metad centeno, limpio, e seco e medido por la <...> derecha; (CODEA-0432, 1414, España, León, CHARTA).

La forma pronominal "nos otros" > "nosotros" era empleada para la función de sujeto —"**nosotros** [...] avemos"— o como término de preposición —"avedes a dar e pagar al dicho monesterio e **a nosotros**"—, como así se puede comprobar en el ejemplo anterior. Sin embargo, la forma etimológica simple "nos" convive con la anterior con valor mayestático referida a una persona en singular —"**nós** e la abadesa, e frairas e convento [...] otorgamos e conocemos"—, aunque también puede aparecer sin este valor como plural en los mismos contextos preposicionales —"de cadaúno de **nós**"; "lo ovier de recabdar por **nós**"—. Este hecho, a falta de otros datos, podría indicar tal vez que se trataría de un cambio que se difundió más tardíamente en los textos no literarios, como así demostraría este contrato de arrendamiento. De ahí su importancia al tratarse de un cambio que afecta a la morfología pronominal personal.

La evolución fónica del clítico pronominal de segunda persona del plural, tanto acusativo como dativo, "vos" > "os" marca también un punto temporal en la evolución del español. Según las gramáticas históricas, la

4 En x/y, el primer valor indica el número de casos y el segundo el de documentos en los que se halla una determinada forma o conjunto de formas lingüísticas, mientras que el tanto por ciento que le precede hace referencia a su frecuencia relativa.

forma “os” no presenta sus primeros ejemplos hasta el siglo XIV y acaba difundiéndose en el siglo XVI. Sin embargo, en CHARTA, con 126 casos en 40 documentos, se halla, junto a su variante gráfica “hos”, ya desde 1284 hasta 1735, aunque muy esporádicamente tanto en el XIII como en el XV y ya de manera frecuente en el XVI —1,58 % (1/1) siglo XIII, 0/0 siglo XIV, 0/0 siglo XV, 71,43 % (90/32) siglo XVI, 25,40 % (32/6) siglo XVII, 1,59 % (2/1) siglo XVIII, 0/0 siglo XIX—. Su primera documentación en el corpus es la siguiente:

(5) E mando al escrivano público que me embíe <dar> con este mio omne un estrumento público de cual dia <...> **os** fue mostrada esta carta (CODCAR-0519, 1284, España, Jaén, CHARTA).

Por su parte, en el caso del pronombre demostrativo masculino singular de primer grado, interesa constatar el momento en que la forma característica medieval y en gran parte también clásica “aqueste” es sustituida completamente por su variante “este”. En el corpus estudiado, “aqueste” se encuentra en 17 casos en 16 documentos, desde 1233 hasta 1697, por lo que, curiosamente, hasta a partir de principios del siglo XVIII no dejaríamos de hallar esta forma —50,00 % (10/9) siglo XIII, 20,00 % (4/3) siglo XIV, 0/0 siglo XV, 20,00 % (4/4) siglo XVI, 10,00 % (2/2) siglo XVII, 0/0 siglo XVIII, 0/0 siglo XIX—, como se puede observar en los siguientes ejemplos:

(6) a. Ye yo don Elo con mies fiyos, ye yo doña Sancha con mies fiyos **aquesta** carta roboramos ye confirmamos, ye **aqueste** signo en ela mandemos fazer. (CODEA-0416, 1233, España, Zamora, CHARTA).

b. [...] renusciación non vala salvo si la dicha ley no renuscia e yo así lo renuscio, pero sea entendido y entiéndase lo susodicho que sea sin perjuizio de cualquier derecho que la dicha cibdad e yo tengamos en la propiedad de la dicha plaça e **aqueste** derecho quede a salvo. (CODEA-0202, 1531, España, Toledo, CHARTA).

c. y, si la persona a quien se comete esta numerasión no es de muy ajustada consiensia, fuera de los salarios que lixitimamente lleba, puede aprobecharse en gran daño de Vuestra Magestad y encomenderos, reserbando o no entrando a tributar ni numerar a los que se lo pagaren, aunque **aqueste** interés no puede ser muy cuantioso por ser dádibas de indios que tienen poco. (DCEP-0903, 1697, Ecuador, Quito, CHARTA).

El pronombre relativo “qui” es una forma característica del español medieval para remitir a personas, mientras que la variante “que” es empleada, normalmente durante esa misma época, para hacer referencia a elementos no humanos. En este caso, para la periodización importa el momento en que dejan de coexistir ambas formas y "que" pasa a ser el único pronombre relativo. En CHARTA "qui" se halla en 762 casos en 390 documentos, desde 1200 a 1529 —66,66 % (508/296) siglo xiii, 18,50 % (141/70) siglo xiv, 14,04 % (107/20) siglo xv, 0,78 % (6/4) siglo xvi, 0/0 siglo xvii, 0/0 siglo xviii, 0/0 siglo xix—, por lo que presenta una destacada frecuencia de uso durante todo el español medieval, desapareciendo, como era esperable, a principios del siglo xvi, como se puede ver en los siguientes ejemplos:

(7) a. *Notum sit omnibus hominibus tam presentibus quam futuris quod ego* Día Gómez empeñé un solar en Vuelna in loco pernominato *ubi dicitur* Sancta Marina a frater Didacus con suas pertinencias por XX moravedís, en concejo de Orzales; le dio por mañero a Álvar Gonzálvez **qui**·l metió por en el solar <...> él en les le entró por fiador que·l faga coientiur de año e de día. (CODEA-0216, 1202, España, Cantabria, CHARTA).

b. Signo de mí Joán Campi, notario público de la ciudat de Çaragoça, **qui** a las sobredichas cosas juntamente con los testimonios de la carta de arriba nombrados presente fue e en parte según fuero escrebí e lo otro escrebir fize, con <...>, [...]. (CODEA-0798, 1529, España, Zaragoza, CHARTA).

Por lo que respecta a los pronombres posesivos, las gramáticas históricas explican la pérdida de la distinción de género, por ejemplo, en el tercer grado —masculino "so(s)" / femenino "sue(s)" ~ "sua(s)" ~ "su(s)"— en posición antepuesta al sustantivo, con la función de adjetivo o más bien de determinante, ya durante el español medieval. En este caso la forma originariamente femenina "su", fruto de la apócope de la vocal, será la que quedará como variante única para ambos géneros en dicha secuencia. En CHARTA se atestiguan 6081 casos en 1243 documentos del posesivo "su", desde 1162 a 1871 —0,06 % (4/2) siglo xii, 23,63 % (1437/506) siglo xiii, 12,84 % (781/197) siglo xiv, 12,76 % (776/119) siglo xv, 18,89 % (1149/173) siglo xvi, 13,59 % (827/118) siglo xvii, 15,49 % (942/91) siglo xviii, 2,71 % (165/37) siglo xix—, en los que se puede observar a partir del siglo xiii en adelante, y no antes, un alto índice de frecuencia. A continuación, se recoge su primera documentación seguido de un sustantivo masculino ya en el siglo xii, aunque sea de forma un tanto esporádica, y en el mismo fragmento que la forma antigua "so":

(8) D'este fecho son testigos: don Alfonso López e don Joán Alfonso, **so** fijo; e don Sant Garcíez de Salcedo, e don Diego Garcíez de Alfaro, e don Ruy Díaz de Velascor, e don Joán Alfón Carriello, e don Martín de Aivar, e don Gonçalo Gómez de Agüero, e don Ferrant García Çatón, e don fray Domingo de Medina,

doctor de los predigadores; e fray Pedro, **su** compañero, e don Martín de Estella con conseyo de Cañas. (CODEA-0405, 1162, España, Rioja, CHARTA).

En el caso del pronombre relativo, tanto masculino como femenino, "quien", interesa la datación de su forma plural "quienes", ya que, según las gramáticas históricas, esta no se desarrolla hasta los siglos XVI-XVII, durante el español clásico, pues anteriormente tampoco presentaba distinción de número. En CHARTA se halla el pronombre relativo plural "quienes" en 19 casos en 17 documentos, desde 1426 hasta 1840 —5,26 % (1/1) siglo XV, 5,26 % (1/1) siglo XVI, 10,53 % (2/2) siglo XVII, 57,89 % (11/9) siglo XVIII, 21,05 % (4/4) siglo XIX—, por lo que ya es posible datar su aparición, aunque sea de forma muy ocasional, a partir del siglo XV, como se puede observar en el siguiente ejemplo:

(9) Sea manifiesto a todos omes que yo Domingo Rodrigo, carnicero, vezino de Ruvielos, aldea de la ciudat de Teruel, non seducto ni engañado, mas con franco coraçón e agradable voluntat, de mi cierta ciencia vendo e de present livro o quasi livro e en corporal possesión e tenencia pongo de día e non de noche, segunt fuero de la dita ciudat quiere e manda, a vós Joán Çapata, vezino del dito lugar de Ruvielos, qui sodes present e a los vuestros o a **quienes** vós querredes por siempre, es a saber, una viña e tierra yerma que yo é sitiada en el Donatue, término del dito lugar de Ruvielos, que afronta con viña de mí, dito Domingo Rodrigo, vendedor quí desús, e con viña de Pero Marco, e con viña de Estevan, cabrero mayor, e con viña de Estevan, cabrero menor. (CODEA-0796, 1426, España, Teruel, CHARTA).

En relación con los determinantes, resulta también muy significativa la evolución por gramaticalización del adjetivo numeral "un" al valor de artículo indeterminado de manera progresiva durante la época medieval. Para nuestro estudio, por razones operativas de búsqueda en el corpus, con el fin de evitar la presencia de formas gramaticalmente ambiguas, se ha seleccionado el determinante femenino plural "unas", el cual se encuentra en 137 casos en 111 documentos, desde 1179 hasta 1815 —0,72 % (1/1) siglo XII, 25,54 % (35/30) siglo XIII, 17,51 % (24/20) siglo XIV, 15,32 % (21/18) siglo XV, 18,24 % (25/19) siglo XVI, 11,67 % (16/12) siglo XVII, 10,21 % (14/10) siglo XVIII, 0,72 % (1/1) siglo XIX—. En este caso, importa su frecuencia relativa de empleo en los diferentes siglos. Su primera documentación en CHARTA es la siguiente:

(10) Ego doña María de Castañeda vendo vobis doña Eulalia una tierra que avía en carrera del Campo e tomé en precio XV morabetinos e so pagada de precio e de

robra e nichil remansit pro dare e por sennas fue la robra **unas** luvas. (CODEA-0222, 1179, España, Palencia, CHARTA).

Por último, dentro de los pronombres y determinantes estudiados, como complemento del caso anterior aunque por razones diferentes, es interesante además tener en cuenta el artículo determinado, en nuestro estudio a partir de la forma "las", la cual aparece en CHARTA en 10028 casos en 1483 documentos, desde 1174 hasta 1871 —0,11 % (12/4) siglo XII, 39,00 % (3911/736) siglo XIII, 14,79 % (1484/234) siglo XIV, 13,08 % (1312/129) siglo XV, 19,45 % (1951/175) siglo XVI, 7,54 % (757/101) siglo XVII, 5,28 % (530/81) siglo XVIII, 0,70 % (71/23) siglo XIX—. La evolución de su frecuencia de empleo desde su origen pronominal latino a su nuevo valor como determinante durante el español medieval deviene un dato muy significativo en el establecimiento de la periodización, pues no tuvo, según las gramáticas históricas, una difusión general desde un principio en todos los sintagmas nominales, dependiendo a veces de la función sintáctica que estos desempeñaban. Una muestra de su uso ya desde el siglo XII se recoge en el siguiente ejemplo:

(11) *In Dei nomine, amen. Notum sit tam presentibus quam futuris quod* concilio de Confortos e el abat de Santa María de Aguilar ovieron tal vida en uno que la eglesia de Santo Micael e la eglesia de Santa María es una colación e los fijos de la eglesia facen sennas raciones, e los fraires sacan como uno d'elos, e si por aventura no oviere ý filio de la villa que canten los fraires amas **las** eclesias e tomen todo; e otrosí si los fraires no podieren servir **las** eclesias e fijos oviere ý de la eclesia sirvan **las** eclesias e tomen todo. E sobre esto cumpliendo los fijos de **las** eclesias e los fraires ningún omne non aya poder de meter capellano de fora. (CODEA-0207, 1174, España, Palencia, CHARTA).

2.2. Morfología verbal

Por lo que respecta a la morfología verbal, existen dos aspectos de gran repercusión en la historia del español. El primero de ellos es la evolución, por razones en las que todavía hoy no se han puesto completamente de acuerdo las gramáticas históricas, de la primera persona del singular del presente de indicativo de los verbos "ser", "estar", "dar" e "ir" en el paso del español medieval al español clásico. En nuestro estudio, nos centramos en la evolución final de la forma "so" > "soy/soi", contexto en donde CHARTA recoge de esta última 108 casos en 82 documentos, desde 1244 hasta 1853 —5,56 % (6/5) siglo XIII, 3,70 % (4/3) siglo XIV, 9,26 % (10/10) siglo XV, 56,48 % (61/41) siglo XVI, 13,89 % (15/13) siglo XVII, 7,41 % (8/7) siglo XVIII, 3,70 % (4/3) siglo XIX—. Si bien se explica mayoritariamente este cambio como un proceso característico del paso de la lengua medieval a la clásica, resulta llamativo hallar ejemplos en el corpus analizado ya en el siglo XIII, e incluso en los siglos posteriores de la Edad Media, aunque sea de forma muy minoritaria, lo cual no impide que su mayor frecuencia de empleo sea a partir del siglo XVI, como era de esperar. Su primera documentación en el corpus aparece en el siguiente ejemplo:

(12) [...] *et ego Dominus Petrus Servandi, de mandato Munio Felices*, **soy** fiador e manero de defender el cabildo con esta heredade si nul omne fuesse de sus filios o de sos parentes la quisés demandar o de otro omne que les quisés contrariar sobr'ela. (CODEA-0509, 1244, España, Salamanca, CHARTA).

El segundo aspecto relacionado con la morfología verbal, también de gran incidencia temporal, es la evolución de la desinencia general de número y persona de la segunda persona del plural "des" > "is", según las gramáticas históricas ya a partir del siglo XV en las formas llanas y en el XVII en las esdrújulas, aunque solo se tendrá en cuenta la primera. Así, en el corpus, la forma verbal "sodes", que marca el final de una etapa lingüística, se halla en 71 casos en 61 documentos, desde 1224 hasta 1524 —43,66 % (31/31) siglo XIII, 35,21 % (25/17) siglo XIV, 16,90 % (12/10) siglo XV, 4,23 % (3/3) siglo XVI, 0/0 siglo XVII, 0/0 siglo XVIII, 0/0 siglo XIX—. Como se puede constatar por los datos anteriores, la desinencia "des" en las formas llanas presenta una gran vitalidad en CHARTA durante los siglos XIII y XIV, comienza a disminuir su frecuencia en el XV y acaba desapareciendo finalmente a principios del XVI. Los ejemplos de su primera y última documentación en el corpus son los siguientes:

(13) a. *Notum sit presentibus e futuris quod ego Micael, abas Sante Marie de Aguilar, una cum conventu eiusdem loci, de bona voluntate* damus ración ad vós Ferrant Gonzálvez e a vuestra mugier doña Sancha Roíz porque **sodes** nuestros familiares e que la ayades en toda vuestra vida tal ración cada año: (CODEA-0239, 1224, España, Palencia, CHARTA).

b. Yo don Alonso Pérez de Guzmán, duque de Medinasidonia, conde de Niebla, marqués de Caçaça, señor de la noble cibdad de Gibraltar, hago saber a vós el mi contador mayor, e a vós el mi recabdador mayor, e a vuestros lugares tenientes, e a vós los mis armadores, e escrivanos, e mayordomos e otros cualesquier fatores de las mis almadravas de Conil que agora **sodes** e **seredes** de aquí adelante que mi voluntad es de hazer limosna al señor prior, e frailes e convento del monesterio de mi señora santa María de Guadalupe de cadaún año para siempre jamás de quinze dozenas de atunes para provissión del dicho monesterio, [...]. (CODEA-0101, 1524, España, Huelva, CHARTA).

2.3. *Construcciones sintácticas*

Por último, en relación con la sintaxis, hay tres construcciones muy características de una determinada etapa temporal. La primera de ellas es la secuencia formada por "artículo determinado + posesivo + sustantivo", distintiva del español medieval, pero que se desgramaticaliza en el español clásico. En CHARTA se ha analizado la combinación "la su", presente en 131 casos en 102 documentos, de 1255 a 1560 —30,53 % (40/33) siglo xiii, 38,93 % (51/35) siglo xiv, 19,85 % (26/21) siglo xv, 10,69 % (14/13) siglo xvi, 0/0 siglo xvii, 0/0 siglo xviii, 0/0 siglo xix—. Como se puede observar, esta construcción posee una gran vitalidad en el corpus durante todo el español medieval, sobre todo en el siglo xiv, e incluso mantiene también una cierta presencia durante la primera mitad del siglo xvi, aunque significativamente no se encuentra hasta la segunda mitad del siglo xiii:

(14) a. E pues que los reyes d'este señor e d'este rey avemos el nombre e d'él tomamos el poder de fazer justicia en la tierra e todas las onras e todos los bienes d'él nacen e d'él vienen e él quiso guardar **los nuestros derechos**, sin que él es señor sobre todo e puede fazer como él quisiere en todo, por el amor que él nos muestra en guardar **los nuestros derechos**, grand razón es e gran derecho que nós le amemos e que·l temamos e que guardemos **la su onra** e **los sus derechos**, e mayormientre el diezmo que él señaladamientre guardó e retovo pora sí, por mostrar que él es señor de todo e d'él e por él vienen todos los bienes. (CODCAR-0141, 1255, España, Burgos, CHARTA).

b. y que mandará que así les sea guardado y cumplido y que persona alguna no les baya ni pase contra lo susodicho ni quiera cosa alguna ni parte d'ello agora ni en ningún tiempo ni por alguna manera so pena de **la su merced** y de las penas en los dichos previlegios e cartas contenidas, todo lo cual vuestra magestad como rey y señor d'estos reinos a suplicación de los procuradores de cortes que están presentes jura y promete y otrosí confirma y dize. (CODEA-0201, 1560, España, Toledo, CHARTA).

Así, en (14a), el primer caso de este tipo en CHARTA, de principios de la segunda mitad del siglo XIII, proliferan diferentes posibilidades de esta combinación —"los nuestros derechos", "la su onra e los sus derechos"— en un mismo contexto. Sin embargo, en (14b), último ejemplo hallado en el corpus, solo aparece un único caso de esta construcción en este fragmento al tratarse de un texto de finales del segundo tercio del siglo XVI, cuando la secuencia ya se encuentra en declive.

La segunda construcción sintáctica, incluso más característica del español medieval que la anterior, es la que permite la interpolación de elementos lingüísticos, normalmente sustantivos o adverbios, entre el pronombre personal clítico y el verbo en forma personal. Una de las combinaciones más habituales, analizada en el presente corpus, es la que intercala el adverbio de negación "no(n)". Así, en CHARTA, a pesar del tipo de textos que lo componen, la secuencia "lo non/no" seguida de un verbo en forma personal se encuentra en 183 casos —172 "lo non" y 11 "lo no"— en 144 documentos, desde 1231 hasta 1524 —59,56 % (109/86) siglo XIII, 23,49 % (43/36) siglo XIV, 13,66 % (25/17) siglo XV, 3,27 % (6/5) siglo XVI, 0/0 siglo XVII, 0/0 siglo XVIII, 0/0 siglo XIX—. Como se puede apreciar por los datos anteriores, se trata de una construcción claramente medieval, de gran vigor principalmente en el siglo XIII, cuya presencia va disminuyendo progresivamente a lo largo de toda esta época, hasta acabar por desgramaticalizarse en el segundo cuarto del siglo XVI. Se recogen a continuación el primer y el último ejemplo hallados:

(15) a. Mando que todos los que vinieren a mercado a Sant Fagund que den el portadgo assí como dize en la carta del rey don Alfonso, mio avuelo; e si alguna cosa quisieren dezir por que **lo non deven dar**, mando que vengan ante mí. E si non, mando a los merinos que los peindren fata que den so portadgo, o que vengan ante mí mostrar por qué **lo non deven dar**. (CODCAR-0007, 1231, España, Valladolid, CHARTA).

b. E los unos nin los otros no hagades nin hagan ende ál so pena de la mi merced e de diez mil maravedís a cualquier que contra ello fuere e **lo non guardare** nin cumpliere para la mi cámara. (CODEA-0101, 1524, España, Huelva, CHARTA).

Finalmente, la tercera y última construcción sintáctica seleccionada, y en cierto punto también relacionada con la anterior, es la secuencia formada por la intercalación del pronombre personal clítico en la forma perifrástica del futuro imperfecto de indicativo, entre el infinitivo y el auxiliar. Se trata también de una combinación más propia de la época medieval, como se comprueba en el corpus estudiado con "*r lo é", la cual aparece solo en 4 casos en 4 documentos, todos en textos legislativos, en 1268, 1278, 1300 y 1301 —50,00 % (2/2) siglo XIII, 50,00 % (2/2) siglo XIV, 0/0 siglo XV, 0/0 siglo XVI, 0/0 siglo XVII, 0/0 siglo XVIII, 0/0 siglo XIX—, como se puede apreciar en los siguientes ejemplos:

(16) a. E si ál fiziessen, non gelos cosintades e embiátmelo dezir e yo **escarmentar lo é** e **porné** otro en so logar. (CODCAR-0290, 1268, España, Cádiz, CHARTA).

b. Onde vos mando, luego vista esta mi carta, que·l dedes sobre bonos fiadores e, si dar non lo quisiéredes, embiadme la pesquisa que fue fecha contra él e la razón porque·l prisiestes, escripta e seellada con vuestros seellos, e yo **veer lo é** e **mandaré** ý lo que toviere por bien. (CODCAR-0407, 1278, España, Valladolid, CHARTA).

c. E aquello que montare en los pechos que a mí ovieren a dar d'aquí adelante, que los descuenten de la cabeça de la villa o del lugar do ellos fueren vezinos e moradores e que lo cuenten en la cabeça de los pechos que a mí ovieren a dar; yo **recebir lo é** en cuenta. (CODCAR-0700, 1300, España, Burgos, CHARTA).

d. Otrossí tengo por bien que si cartas mías desaforadas algunos mostraren que sean contra los privillegios e cartas que an los concejos de los reyes onde yo vengo e de mí que les yo confirmé, que las tomen los alcalles del logar o los merinos e que non usen d'ellas e que me embíen mostrar el traslado d'ellas en cómo dizen que son contra sus privillegios, e yo **librar lo é** como tovier por bien e fallar que es derecho. (CODCAR-0704, 1301, España, Burgos, CHARTA).

Así como la presencia del clítico pronominal parece condicionar la preferencia por la forma verbal perifrástica analítica y su interpolación en todos estos casos —"escarmentar lo é", "veer lo é", "recebir lo é", "librar lo é"—, su ausencia parece conllevar la selección de la forma sintética, incluso coordinada con la anterior —"porné", "mandaré"—. Por otra parte, llama la atención los pocos casos que se han encontrado de esta construcción en el corpus, todos concentrados en la segunda mitad del siglo XIII y el inicio del siglo XIV, cuando se trata de una secuencia con una mayor frecuencia en otro tipo de corpus que recogen textos medievales. Por tanto, es posible suponer que el género textual que conforma CHARTA tal vez no favorezca una mayor presencia.

3. EL CORPUS CHARTA Y EL AGRUPAMIENTO JERÁRQUICO

Para obtener los datos necesarios para el análisis cuantitativo con el fin de poder realizar su agrupamiento jerárquico, se ha extraído la frecuencia relativa por millón de palabras por década de cada uno de los fenómenos gramaticales anteriores, principalmente desde el año 1200 al estar los documentos redactados claramente en romance, o antes si los datos hallados así lo justificaban[5], hasta 1871, fecha del último texto incluido en el corpus. A los resultados conseguidos se les ha aplicado el algoritmo de VNC para poder dibujar un dendrograma que permita tener una representación aproximada de su periodización. A continuación, se analizan los cuatro árboles obtenidos a partir del análisis de estos fenómenos gramaticales en CHARTA tanto por separado como en conjunto, comparando el resultado con el del CORDE, para poder observar las posibles similitudes y diferencias.

En primer lugar, la combinación de los datos extraídos del estudio de los ocho pronombres y determinantes seleccionados ha permitido obtener el Gráfico 1:

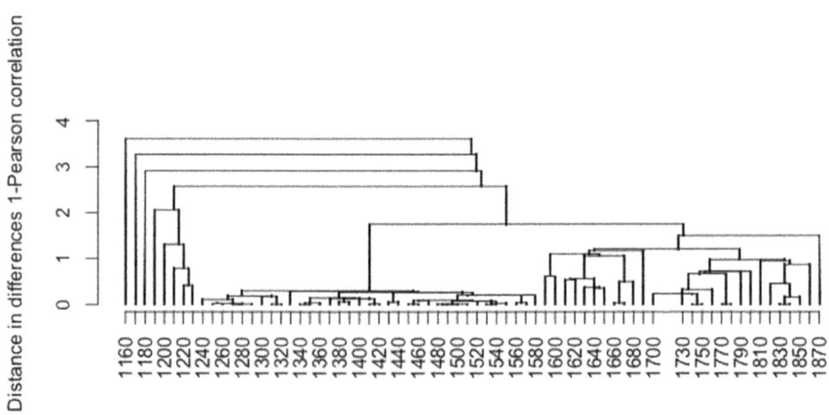

Gráfico 1 *Periodización de CHARTA según las frecuencias relativas de los pronombres y los determinantes*

5 Así sucede con el pronombre posesivo "su", el artículo determinado "las" y el artículo indeterminado "unas", que presentan ejemplos ya desde 1162, 1174 y 1179, respectivamente.

El grupo de pronombres y determinantes es el más numeroso y completo de nuestro análisis, y el que más datos cuantitativos arroja, por lo que los resultados conseguidos tienen una especial relevancia para el establecimiento de periodos históricos. Si se observa detenidamente el dendrograma del Gráfico 1, a pesar de que no todas las décadas contienen datos o incluso un número suficiente de ellos, es fácil comprobar la existencia de una etapa muy bien definida y cohesionada, que iría básicamente desde el año 1240 hasta el año 1550/1580 —podría alargarse hasta 1580, pero no parece tan claro—. Este periodo sería el que representaría las características propias de lo que hasta ahora se ha denominado español medieval. Sin embargo, no sería un bloque único, sino que podría tener tres posibles subperiodos: a) de 1240 a 1320, primera etapa del español medieval, en la que encontraríamos simultáneamente sus formas más características, como "aqueste" y "qui", junto a "os", "su", "unas" y "las"; b) de 1340 a 1420, en la que se produciría el desarrollo de la frecuencia de uso de las anteriores; y c) de 1450 a 1550, en la que, además de hallar los últimos casos de "qui", tendríamos los primeros de "quienes". Aparte de este periodo, es posible establecer otro, de 1590 a 1860, que se podría dividir a su vez en dos más, de 1590 a 1690 y de 1700 a 1860. El primero de estos dos subperiodos se caracterizaría por presentar los últimos casos de "aqueste", mientras que el segundo englobaría ya exclusivamente las formas modernas.

En el caso del CORDE, los datos de los pronombres y los determinantes (cf. Granvik y Sánchez Lancis 2018: 760) permitían establecer una primera etapa anterior, de 1000 a 1130, caracterizada por la baja frecuencia de empleo de "las" y "su", por la ausencia de "quienes" y "nosotros", y el uso esporádico de "este" y "os"; y una segunda etapa, a partir de 1420, con la aparición de "quienes" junto con la disminución de la frecuencia de "qui", desde 1470 con un destacado aumento de empleo de "os" y desde 1550 de "nosotros". Entre medio, de 1140 a 1410 no habría cambios destacables, por lo que también tendría una homogeneidad como etapa histórica.

Si comparamos los resultados del análisis de ambos corpus por lo que respecta a los pronombres y los determinantes estudiados, ciertas coincidencias nos permitirían establecer, en principio y con gran cautela, una frontera temporal en el año 1420, considerado como el fin de las características definitorias de la etapa medieval o el inicio de un nuevo periodo lingüístico, no necesariamente diferente en su totalidad del anterior.

Por lo que respecta a las construcciones sintácticas analizadas, los datos conseguidos han permitido establecer el siguiente dendrograma:

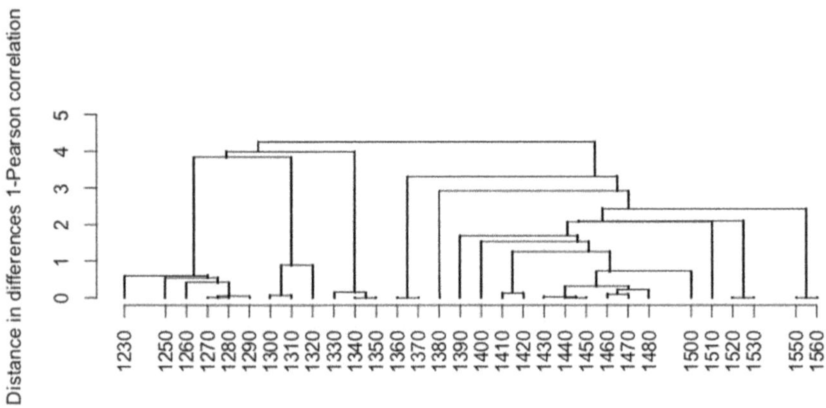

Gráfico 2 *Periodización de CHARTA según las frecuencias relativas de las construcciones sintácticas*

Al ser las dos primeras construcciones sintácticas definitorias del español medieval, es lógico que el resultado obtenido en el árbol muestre un periodo que comprenda casi exclusivamente esta etapa. Sin embargo, resulta interesante constatar que, exceptuando la intercalación del clítico en las formas de futuro perifrásticas, de muy escasa presencia en CHARTA, el resto mantiene en parte su presencia más allá del siglo XV, por lo que podríamos establecer un periodo, a partir de los datos exclusivamente sintácticos, desde 1230 hasta 1530/1560, que coincidiría bastante con el que obteníamos antes con los pronombres y los determinantes, de 1240 a 1550 aproximadamente. En otras palabras, los datos sintácticos permitirían avalar los resultados anteriores.

En el caso del CORDE (cf. Granvik y Sánchez Lancis 2018: 762), si bien el número de construcciones analizadas es mayor, su análisis posibilita establecer también un árbol muy similar al de CHARTA, en el que se establecen dos periodos principales, con bastante variación. La primera etapa va de 1170 a 1520, en la que confluyen los casos de interpolación de la negación entre el clítico y el verbo “lo no(n)” y el empleo del artículo ante posesivo + sustantivo “la su”. La segunda etapa incluiría el resto, de 1530 a 1970, al desgramaticalizarse las secuencias anteriores.

En relación con el análisis de la morfología verbal, dado el escaso número de elementos hallados, ha sido necesario combinar los datos conseguidos con los de las construcciones sintácticas para obtener un dendrograma suficientemente significativo, que presentamos en el Gráfico 3:

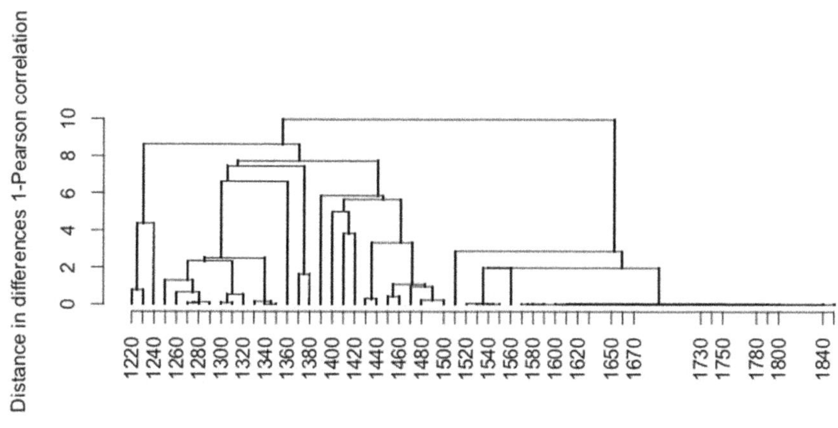

Gráfico 3 *Periodización de CHARTA según las frecuencias relativas de las formas verbales y las construcciones sintácticas*

En este caso, podemos establecer también a partir de los datos de CHARTA dos grandes etapas históricas. La primera va desde 1220 hasta aproximadamente 1500, en la que los rasgos medievales característicos tienen una gran presencia, como, por ejemplo, la desinencia general de número y persona de la segunda persona del plural "sodes", además de la existencia de las construcciones sintácticas anteriores. La segunda comprende desde 1520 hasta 1850, en la que ya prácticamente no perviven las formas medievales y, por ejemplo, predomina la primera persona del singular del presente de indicativo "soy". De nuevo, el año 1520 volvería a marcar una frontera temporal en la periodización del español.

Por su parte, los datos del CORDE (cf. Granvik y Sánchez Lancis 2018: 761–762) en el análisis de las formas verbales permiten distinguir cuatro periodos: de 1150 a 1580, de gran variación; de 1590 a 1670, con el aumento de la frecuencia de la forma "soy" y la práctica desaparición de la forma "sodes"; de 1690 a 1750, en la que dicha desinencia general evoluciona también definitivamente en las palabras esdrújulas; y de 1760 a 1970, en la que se encuentra el sistema verbal actual. Consideramos que la gran disparidad de tamaño y tipología textual existente entre ambos corpus, así como el menor número de formas verbales estudiadas en CHARTA, ofrecen esta diferencia de periodización de la morfología verbal, aspecto que se tendrá en cuenta para estudios posteriores.

Finalmente, se han englobado los datos proporcionados por los 13 fenómenos gramaticales analizados en un solo dendrograma, como se puede ver en el Gráfico 4:

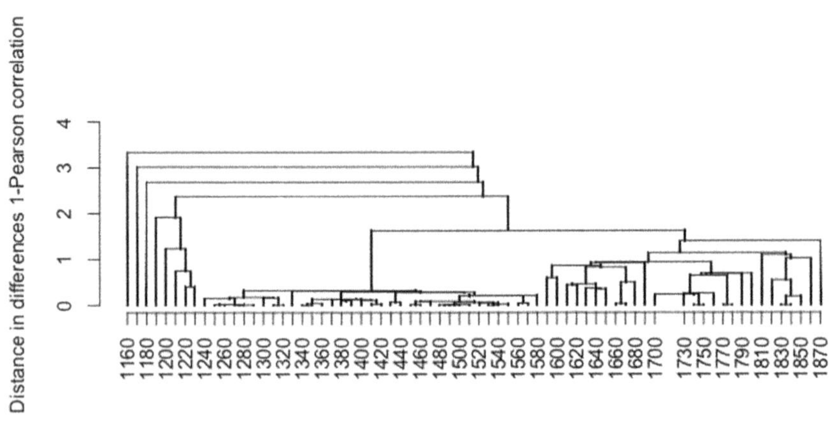

Gráfico 4 *Árbol general de CHARTA basado en las frecuencias relativas de los 13 fenómenos gramaticales*

Como se puede apreciar en este gráfico, se reafirman en gran parte las diferentes etapas históricas definidas antes en el corpus, debido sobre todo al peso en el estudio tanto de los pronombres y los determinantes como de las construcciones sintácticas, los cuales permiten establecer, junto con el análisis de las formas verbales, una periodización. De este modo, obtendríamos dos grandes etapas: una primera periodización, que va desde 1240 hasta 1550/1580, con sus posibles divisiones internas —1240–1320, 1340–1420 y 1450–1550—, que caracterizaría un modelo lingüístico específico y se correspondería, hasta cierto punto, con el denominado español medieval, en donde podría observarse una subetapa final de transición; y una segunda periodización, desde 1590 hasta 1870, también con sus divisiones —1590–1680, 1700–1800 y 1810–1860—, en la que se va perfilando progresivamente el modelo actual, desde una ya clara distinción con la etapa anterior.

Si comparamos estos datos con los obtenidos en el CORDE (cf. Granvik y Sánchez Lancis 2018: 759), a pesar de las diferencias existentes tanto entre los corpus como entre los análisis, salvando las distancias, se observa la repetición de algunas fechas, lo que en principio da cierta validez a los resultados conseguidos tanto en uno como en otro. Así, en el corpus académico se establece en primer lugar un primer periodo de orígenes, de 1000 a 1180, y un extenso segundo periodo, de 1190 a 1970, que se subdividiría en dos etapas, de 1190 a 1410 y de 1420 hasta finales del siglo XX.

4. CONCLUSIÓN

El presente trabajo ha demostrado, en primer lugar, la gran utilidad de la aplicación de la lingüística de corpus al estudio de la periodización de la historia del español. Gracias a la existencia en la actualidad de una mayor variedad de corpus históricos representativos es más fácil aproximarse al pasado de la lengua española. Entre ellos, el *Corpus Hispánico y Americano en la Red: Textos Antiguos* (CHARTA), a pesar de su reducido tamaño, pero gracias a su especialización en cuanto a su género textual, permite, por un lado, obtener una visión del cambio lingüístico desde los textos no literarios y, por otro, convertirse en un corpus de control de los resultados aportados por otros corpus mucho más grandes, como, en el caso que nos ocupa, el *Corpus diacrónico del español* (CORDE).

En segundo lugar, se ha constatado que el estudio de fenómenos exclusivamente gramaticales posibilita el establecimiento de etapas históricas mucho más cercanas a la realidad de la época, en las que el concepto de siglo, como se ha demostrado, ya no tiene sentido, pues la evolución de los distintos fenómenos sugiere la existencia de una sucesión continua de diferentes periodos, en los que de manera progresiva se van abandonando unos elementos para ser sustituidos por otros. De esta forma, es posible establecer en la historia del español grandes etapas que a su vez permiten ser subdivididas en otras de menor duración.

En tercer y último lugar, se ha comprobado también la validez de la aplicación del método de análisis cuantitativo denominado agrupamiento jerárquico para el establecimiento de la periodización, ya que nos permite obtener una visión global más precisa de la evolución de una lengua, que, en definitiva, no es más que la representación del conjunto de textos compilados en un determinado corpus, en este caso CHARTA. En el momento en que CHARTA disponga de un conjunto más equilibrado y mucho mayor de textos para el análisis de un número más elevado y variado de fenómenos gramaticales, podremos avanzar mucho más en el estudio de la periodización de la historia del español.

Bibliografía

Corpus

[CHARTA]: *Corpus Hispánico y Americano en la Red: Textos Antiguos.* Disponible en: http://www.corpuscharta.es. Fecha de consulta: mayo de 2022.

[CORDE] Real Academia Española: *Corpus diacrónico del español.* Disponible en: http://corpus.rae.es/cordenet.html. Fecha de consulta: mayo de 2022.

Referencias bibliográficas

Buenafuentes, Cristina (2002a): "Cambio gramatical y periodización en español", *Res Diachronicae*, 1, 96–105.

Buenafuentes, Cristina (2002b): "Sintaxis y periodización en español", *Res Diachronicae*, 1, 393–398.

Cano Aguilar, Rafael (1992): "La sintaxis española en la época del Descubrimiento", en José Antonio Bartol Hernández, Juan Felipe García Santos y Javier de Santiago Guervós (eds.), *Estudios filológicos en homenaje a Eugenio de Bustos Tovar*, Salamanca: Universidad de Salamanca, 183–197.

Cano Aguilar, Rafael (coord.) (2005): *Historia de la lengua española*, Barcelona: Ariel, 2ª ed.

CARDILLO, Marcelo (2015): *Análisis de agrupamiento jerárquico*, material de enseñanza publicado en Academia.edu <https://conicet.academia.edu/MarceloCardillo/Teaching-Documents> [julio de 2015].

EBERENZ, Rolf (1991): *"Castellano antiguo y español moderno*: reflexiones sobre la periodización en la historia de la lengua", *Revista de Filología Española*, 71, 79–106.

EBERENZ, Rolf (2009): "La periodización de la historia morfosintáctica del español: propuestas y aportaciones recientes", *Cahiers d'études hispaniques médiévales*, 32, 181–201.

ECHENIQUE ELIZONDO, María Teresa y María José MARTÍNEZ ALCALDE (2000): *Diacronía y gramática histórica de la lengua española*, Valencia: Tirant lo Blanch.

GIRÓN ALCONCHEL, José Luis (2005): "Cambios gramaticales en los Siglos de Oro", en Rafael Cano Aguilar (coord.), *Historia de la lengua española*, Barcelona: Ariel, 859–893, 2ª ed. actualizada.

GIRÓN ALCONCHEL, José Luis (2008): "La lengua de un embajador y un marino del siglo XVIII: ¿español moderno ya, o todavía clásico?", en Concepción Company Company y José G. Moreno de Alba (eds.), *Actas del VII Congreso Internacional de Historia de la Lengua Española (Mérida (Yucatán), 4–8 de septiembre de 2006*), vol. II, Madrid: Arco/Libros, 2243–2253.

GRANVIK, Anton y Carlos SÁNCHEZ LANCIS (2018): "Un acercamiento cuantitativo a la periodización en la historia del español", en Mª Luisa Arnal *et al.* (eds.), *Actas del X Congreso Internacional de Historia de la Lengua Española*, vol. I, Zaragoza: Institución "Fernando el Católico", 751–766.

GRIES, Stefan Thomas (2009): *Statistics for Linguistics with R*, Berlin/Boston: De Gruyter Mouton.

GRIES, Stefan Thomas y Martin HILPERT (2008): "The identification of stages in diachronic data: variability-based neighbor clustering", *Corpora*, 3/1, 59–81.

GRIES, Stefan Thomas y Martin HILPERT (2012): "Variability-based neighbor clustering: A bottom-up approach to periodization in historical linguistics", en Terttu Nevalainen y Elizabeth Closs Traugott (eds.), *The Oxford Handbook oh the History of English*, Oxford: Oxford University Press, 134–144.

HILPERT, Martin (2012): "Diachronic collostructional analysis: how to use it and how to deal with confounding factors", en Kathryn

Allan y Justyna A. Robinson (eds.), *Topics in English Linguistics: Current Methods in Historical Semantics*, Berlin: De Gruyter Mouton, 133–160.

LAPESA, Rafael (1981): *Historia de la lengua española*, Madrid: Gredos, 9ª ed.

MARCOS MARÍN, Francisco (1992): "Spanisch: Periodisierung", en Günther Holtus, Michel Metzeltin y Christian Schmitt (eds.), *Lexikon der Romanistischen Linguistik*, vol. VI/1, Tübingen: Max Niemeyer, 602–607.

MARCOS MARÍN, Francisco (1995): "La periodización", en Mª Antonia Martín Zorraquino y Túa Blesa (coords.), *Homenaje a Félix Monge. Estudios de lingüística hispánica*, Madrid: Gredos, 325–333.

MARTÍNEZ ALCALDE, Mª José y Mercedes QUILIS MERÍN (1996): "Nuevas observaciones sobre la periodización en la historia de la lengua española", en Alegría Alonso González, Ladislao Castro Ramos, Bertha Gutiérrez Rodilla y José Antonio Pascual Rodríguez (eds.), *Actas del III Congreso Internacional de Historia de la Lengua Española* (*Salamanca, 22–27 de noviembre de 1993*), vol. I, Madrid: Arco/Libros, 873–886.

MELIS, Chantal, Marcela FLORES y Sergio BOGARD (2003): "La historia del español. Propuesta de un tercer período evolutivo", *Nueva Revista de Filología Hispánica*, 51, 1–56.

MENÉNDEZ PIDAL, Ramón (1942): "El lenguaje del siglo XVI", en Ramón Menéndez Pidal, *La lengua de Cristóbal Colón, el estilo de Santa Teresa y otros estudios sobre el siglo XVI*, Madrid: Espasa-Calpe, 47–84.

OCTAVIO DE TOLEDO Y HUERTA, Álvaro S. (2007): "Un rasgo sintáctico del primer español moderno (ca. 1675–1825): las relaciones interoracionales con *ínterin* (*que*)", en Marta Fernández Alcaide y Araceli López Serena (coords.), *Cuatrocientos años de la lengua del Quijote: estudios de historiografía e historia de la lengua española. Actas del V Congreso Nacional de la Asociación de Jóvenes Investigadores de Historiografía e Historia de la Lengua Española*, Sevilla: Universidad de Sevilla, 421–442.

RIDRUEJO ALONSO, Emilio (1993): "¿Un reajuste sintáctico en el español de los siglos XV y XVI?", en Ralph Penny (ed.), *Actas del Primer Congreso Anglo-Hispano*, vol. I, Madrid: Castalia, 49–60.

Rojo, Guillermo (2021): *Introducción a la lingüística de corpus*, London/New York: Routledge.

Sánchez Lancis, Carlos (1997–1998): "Cambio morfológico y periodización en español preclásico", *Estudi General*, 17–18, 173–199.

Sánchez Lancis, Carlos (1999): "Sintaxis histórica, informática y periodización del español", en José Manuel Blecua, Gloria Clavería, Carlos Sánchez y Joan Torruella (eds.), *Filología e Informática. Nuevas tecnologías en los estudios filológicos*, Lleida/Bellaterra: Milenio/Seminario de Filología e Informática (Universidad Autónoma de Barcelona), 415–446.

Sánchez Lancis, Carlos (2001): "Historia de la lengua, gramática histórica y periodización en español", *Estudi General*, 21, 395–412.

Sánchez Lancis, Carlos (2009): "Corpus diacrónicos y periodización del español", *Cahiers d'études hispaniques médiévales*, 32, 159–180.

Sánchez Lancis, Carlos (2012): "Periodización y cambio gramatical: el siglo xviii, ¿frontera temporal del español?", en Mª Teresa García-Godoy (ed.), *El español del siglo xviii. Cambios diacrónicos en el primer español moderno*, Bern/Berlin/Bruxeles/Frankfurt am Main/New York/Oxford/Wien: Peter Lang, 21–51.

Sánchez Lancis, Carlos (2022): "Corpus diacrónicos del español de España", en Giovanni Parodi, Pascual Cantos Gómez y Chad Howe (eds.), *Lingüística de corpus en español / The Routledge Handbook of Spanish Corpus Linguistics*, London/New York: Routledge, 33–44.

Serradilla Castaño, Ana (2001): "Frecuencia de preposiciones en el régimen de construcciones transitivas: hacia una periodización lingüística de la Edad Media", *Cahiers de linguistique et de civilisation hispaniques médiévales*, 24, 143–165.

Torrens Álvarez, Mª Jesús (2018): *Evolución e historia de la lengua española*, Madrid: Arco/Libros, 2ª ed. actualizada.

Torruella Casañas, Joan (2017): *Lingüística de corpus: génesis y bases metodológicas de los corpus (históricos) para la investigación en lingüística*, Frankfurt am Main: Peter Lang.

PERIODO MEDIEVAL

Una aproximación a los grupos paratácticos en el notariado asturiano bajomedieval (siglos XIII–XV): análisis sintáctico-discursivo

An approach to paratactic groups in Late Medieval Asturian notarial language (13th–15th centuries): a syntactic and discursive analysis

Francisco Alonso de la Torre Gutiérrez
Universidad de Sevilla
ORCID iD: https://orcid.org/0000-0002-3141-0147

Resumen: Este trabajo supone un acercamiento al estudio sintáctico y discursivo del fenómeno de los grupos paratácticos (GP) en la lengua notarial asturiana bajomedieval (siglos xiii-xv). Se acomete el análisis desde los presupuestos teórico-metodológicos de la lingüística de variedades alemana y se incide en la importancia de estos elementos como fenómenos de tradicionalidad lingüística y en el hecho de que la lengua varía no solo de acuerdo con parámetros diasistemáticos, sino que también lo hace en función de las distintas tradiciones discursivas que componen los textos. Asimismo, se valora la idoneidad de etiquetas como las de "grupos modales paratácticos" y "grupos gramaticales paratácticos" que no encajan completamente en la definición de "grupos léxicos paratácticos" (cf. Del Rey Quesada 2021).

Palabras clave: Grupos paratácticos, tradiciones discursivas, lengua notarial bajomedieval asturiana

Abstract: This paper entails an approach to the syntactic and discursive study of paratactic groups (PG) in the Late Medieval Asturian notarial language (13th-15th centuries). German variational Linguistics is taken as a theoretical framework. We defend that the language varies not only according to dialects, sociolects and styles but also according to the different discourse traditions of the texts. Furthermore, the suitability of labels such as "paratactic modal groups" and "paratactic grammatical groups" that do not completely fit the definition of "paratactic lexical groups" is assessed.

Keywords: Paratactic Groups, Discourse Traditions, Asturian Late Medieval notarial Language

1. INTRODUCCIÓN

Un fenómeno lingüístico que caracteriza indiscutiblemente la prosa jurídica es el de los sintagmas no progresivos de Dámaso Alonso (1951[1979]), las tautologías de Jakob Grimm (1828:13–27) o los desdoblamientos léxicos (cf. Díez de Revenga 1999, 2009; Campos Souto 2002), por citar los marbetes terminológicos más comunes. Este tipo de estructuras ha recibido en la bibliografía, en efecto, nomenclaturas y definiciones diversas, en virtud de diferentes factores, tales como los morfosintácticos, léxico-semánticos, estilísticos, entre otros.

En este trabajo se empleará la denominación de "grupos paratácticos" (GP) para aludir a esta construcción, según la terminología y definición propuestas por Del Rey Quesada (2021) en su reciente monografía, hasta la fecha el único tratado dedicado al estudio de los GP desde una perspectiva contrastiva entre lenguas romances en la Edad Media y el primer Renacimiento. La definición según el autor es la que sigue:

> Los grupos paratácticos (GP) son conjuntos sintácticos de dos o más miembros no necesariamente homocategoriales unidos por coordinación copulativa y/o disyuntiva, por mecanismos reformuladores, por yuxtaposición o por una combinación de varias de estas estrategias que establecen entre sí algún tipo de relación semántica, más frecuentemente de (para)sinonimia, hipo-/hiperonimia o antonimia, y que muestran diverso grado de fijación en la lengua. Su estatuto variacional suele ser también diverso: los más fijados en la norma pueden concurrir tanto en el ámbito de la inmediatez comunicativa (*sin comerlo ni beberlo*) como en el de la distancia (*es justo y necesario*), mientras que los que revelan un grado de fijación menor suelen ser más propios de este último ámbito (*con inquietud y desasosiego*) (Del Rey Quesada 2021: 74).

El mismo autor realiza un repaso crítico por la abundante bibliografía sobre el fenómeno en distintas lenguas, de lo cual colige que estos elementos son sintomáticos de tradicionalidad lingüística (para la definición del concepto, cf. *infra* § 6), juicio que ya habían subrayado previamente Díez de Revenga (1999; 2009) y Espinosa Elorza (1996-1997), quienes defienden que algunos de estos sintagmas ostentan en la prosa notarial una clara función pragmática (específicamente, la de aclarar y desambiguar). Como se observa en la definición, no han pasado, asimismo, inadvertidas las implicaciones semánticas y contextuales del fenómeno en cuestión, así como las posibilidades de presentar variación, tanto diasistemática como de construcción formal. Afirma Del Rey Quesada, además, que en la definición de los GP tiene mucho peso el estatuto variacional[1].

Los GP han sido, asimismo, relacionados con las fórmulas, aspecto este que no debe escapar a nuestros objetivos, habida cuenta del carácter formular de muchas de las partes de la documentación jurídica. Del Rey Quesada (2021: 130–131) contrasta las características de las fórmulas, establecidas por Wilhelm (2013), con las de los GP más rutinizados, de donde se deriva que ambos fenómenos comparten su naturaleza supraidiomática y unívoca, pero se diferencian en que no todos los GP muestran un carácter formular ni llevan asociada una función pragmática, aunque sí textual, a diferencia de las fórmulas[2].

Así las cosas, incardinándonos en el marco teórico-metodológico de la lingüística de variedades alemana de filiación coseriana (cf. Koch y Oesterreicher 2007 [1990]), concretamente en los modelos del espacio variacional de las lenguas y de las tradiciones discursivas, de acuerdo con la nueva propuesta de Del Rey Quesada (2021), el tenor del trabajo se escora hacia una aproximación, por cuestiones de espacio, al estudio de los patrones de cambio en lo relativo a las siguientes cuestiones. En primer lugar, desde un punto de vista formal, se examinará si existe alguna tendencia en el corpus al uso de determinados GP en lo que respecta al tipo de palabra, al número de elementos implicados, al tipo de conjunción, al orden de los constituyentes, etc., y si dicha tendencia está motivada por la tradicionalidad lingüística del género, con el objeto de contribuir al exiguo panorama de estudios sobre sintaxis histórica y análisis histórico del discurso en la Asturias medieval y a la construcción de la distancia comunicativa en esta región; en segundo lugar, a partir de los datos arrojados por el CORDE, se estudiará la adscripción de estas unidades a la tradicionalidad discursiva genérica de la documentación notarial, con el objetivo de determinar si cuantitativa o cualitativamente algunos GP caracterizan esta tradición, o a la tradicionalidad discursiva subgenérica, en tanto en

1 Con "estatuto variacional" aludimos al "lugar que ocupa una determinada unidad lingüística en el *continuum* concepcional entre oralidad y escrituralidad" (Del Rey Quesada 2021: 74, n. 106) en el sentido de Koch y Oesterreicher (1990 [2007]).

2 Es cierto que normalmente las fórmulas recubren alguna función pragmática (saludar, solicitar algo cortésmente, etc.), pero debemos preguntarnos hasta qué punto estas funciones pragmáticas no son actos de habla.

cuanto algunos GP son susceptibles de ser documentados en tipos de texto concretos de este género o en zonas discursivas específicas, con el fin de poner de relieve que los GP son fenómenos de tradicionalidad lingüística y que las lenguas, además de por la conocida variación diasistemática, varían en función de las tradiciones discursivas de los textos. Se reflexionará, finalmente, sobre el estatuto variacional que estas unidades ostentan en la lengua del notariado asturiano y se discutirá sobre la idoneidad de las etiquetas de "grupos modales paratácticos" y "grupos gramaticales paratácticos" para ampliar la descripción del fenómeno que nos ocupa. Por todo ello, es obligada la asunción de una perspectiva diacrónica para abordar el análisis de este fenómeno.

Nuestro corpus objeto de análisis consta de las transcripciones realizadas por Fernández Conde *et al.* (1978; 1981; 1987; 1990) y por Sanz y Calleja (2005), y se compone de ochenta y seis documentos notariales originales, de los cuales treinta pertenecen al siglo XIII, treinta al XIV y veintiséis al XV. Se encuentran custodiados en archivos de Oviedo y Avilés, así como el Archivo Histórico Nacional, y en ellos se reproducen, entre otros tipos de testimonio, contratos, ordenanzas municipales, testamentos, arrendamientos o cartas de adopción, cartas de compraventa, pesquisas, etc.

El volumen global de texto analizado asciende aproximadamente a 65.644 palabras, dividido en 17.100 para el Doscientos, 21.653 para el Trescientos y, finalmente, 26.891 en el Cuatrocientos. Por otro lado, la procedencia de los textos seleccionados es fundamentalmente de la zona central: Oviedo, Avilés, Gijón, Castrillón, Siero, Tazones; seis del occidente (Grado, Ceceda y Los Oscos), y otro oriental redactado en Cangas de Onís.

Las lenguas en que están escritos estos documentos son latín, asturiano y castellano medievales, los tres códigos que accedieron a la escrituralidad concepcional en la Asturias del Medievo. La primera de ellas es predominante en los textos de los cuarenta primeros años del XIII. A partir de entonces la documentación se escribe en asturiano, lengua que irá cediendo terreno al castellano desde los años 20–30 del XIV, momento en que el castellano ocupará paulatinamente los ámbitos funcionales de la distancia, sin que ello sea óbice para que la documentación presente una compleja red de hibridismos entre los códigos castellano y asturiano (cf. Alonso de la Torre Gutiérrez 2020).

2. DISTRIBUCIÓN DE GP EN EL CORPUS Y CAMBIOS GENERALES EN LAS TRES SINCRONÍAS ANALIZADAS

El número total de GP hallado en nuestro corpus asciende a 975, distribuidos por centurias de la siguiente manera: 288 (16 %) en el siglo XIII, 328 (15 %) en el XIV y 389 (14 %) en el XV. Se detecta, por tanto, equilibrio en el uso de GP a lo largo de las tres sincronías estudiadas (con un ligero descenso en las frecuencias relativas). Esta diferencia porcentual entre siglos no es significativa cualitativamente, ya que el fenómeno puede interpretarse como una manifestación de elaboración lingüística estable en su evolución diacrónica por lo que a estos textos se refiere.

No obstante, en el siglo XV se desarrollan patrones sintácticos de GP que contribuyen a clarificar y desambiguar el contenido del documento notarial (cf. *infra* ejemplos 7–13). Es conveniente tener en cuenta, en este punto, la reforma del notariado asturiano llevada a cabo en la primera década del siglo XV, que conllevó una remodelación y modernización de la actividad notarial en Oviedo (cf. Vigil Montes 2021) y conformó una red de ocho notarios públicos en la capital asturiana en la segunda mitad del Cuatrocientos (García Arias 1991: 44).

Antes de continuar con el análisis formal de estas estructuras, conviene señalar sucintamente los tipos de relaciones que pueden contraer los miembros o voces-núcleo de los GP. En nuestro corpus estas son de tres tipos, a saber: semánticas, que copan porcentajes situados alrededor del 74–77 % en las centurias estudiadas; gramaticales, que ascienden progresivamente (de un 8 % en el latín y en los textos romances del XIII hasta un 22 % en el XV, con un porcentaje intermedio de 17 % en el XIV) y, finalmente, lineales (cf. Plazaola 2007: 55–61), que habilitan la progresión lógica del discurso y que son constantes en nuestro corpus (alrededor del 12 %), salvo en el Cuatrocientos, que disminuyen hasta el 5 %.

Dentro de las primeras, las semánticas, destaca en todos los siglos y lenguas la parasinonimia (1) (con frecuencias entre el 52 % y el 59 %), a la que siguen la sinonimia, esencialmente de discurso (2), en el siglo XIV (25 %), mientras que en el XIII y XV es la antonimia la que ocupa el segundo lugar (25 %). Las relaciones semánticas por inclusión, esto es, hiperonimia (3) e hiponimia (4), son escasos en todos los siglos, pues no superan el 8 %.

(1) Todo vos lo **damos e otorgamos** entregantrementre con todos sos derechos e pertenençias, dientro e fuera, a monte e a valle, por las razones sobredichas [...] [1321, Oviedo].

(2) Si dalquién este mio fecho quisiés **quebrantar o corromper** [...] seia maldicto de Dios [...] [1266, Oviedo].

(3) [...] la parte que vos copier e venier de los dichos bienes para que los coger e arrendar e demandar **los frutos e esquilmos** dellos, e para que podades otorgar carta o cartas de partida, en mi nonbre e del convento e en vuestro nonbre, a los dichos vuestros hermanos e a cada uno dellos [1431, Oviedo].

(4) [...] por çinquaenta maravedís de bona moneda de a diez dineros el **maravedí o moneda** que tanta vala [...] [1399, Oviedo].

Las relaciones gramaticales muestran, sin embargo, mayor complejidad diacrónica y se localizan en GP verbales y nominales (cf. *infra* explicación y ejemplos 7–12). Las relaciones lineales permiten, por su parte, la expresión de la causalidad (5), de la sucesión de actos y de la glosa de tenor explicativo (6a, 6b) ("relaciones de contigüidad", según Schrott y Issel-Dombert 2016: 148). Creemos que la relación de causalidad sirve para manifestar la presencia del hablante y legitimar su postura enunciativa para asegurar la validez y legalidad de la acción. Dicha relación, como puede comprobarse en (5) y (6), se encuentra en las partes rituales del texto (*notificatio* y *corroboratio*)[3], en las que se deposita la certificación del acto legal.

(5) Connoscida cosa sea a quantos esta carta viren commo yo Morán Pérez de Sandichi **otorgo e connusco** que yo vendiera a vos [...] elos tres quartos de una tierra en Valle de Johán Féliz [...] [1301, Oviedo].

(6) a. Hyo María Pérez de suso dicha esta carta que mandé fazer e en conçello oy leer con mias manos proprias lla **rovro e la confirmo e connosco** en ella esti sinnal [1294, Gijón].

b. Ego Alfonsus [...] **roboro et confirmo et sigillo** meo communio [1214, Oviedo].

3 La división en partes del documento notarial se toma de la Diplomática y concretamente del estudio de Díez de Revenga (1999).

3. NÚMERO DE MIEMBROS QUE CONFORMAN LAS VOCES-NÚCLEO

Como puede comprobarse en la tabla 1, es general la tendencia a conformar GP bimembres, como ya constataron otros investigadores (cf. Del Rey Quesada 2021: 142).

Tabla 1 *Número de miembros que conforman las voces-núcleo de los GP*

Siglo	***XIII***		***XIV***	***XV***
Miembros	***Latín***	***Romance***[4]		
De 2 miembros	89 % (113/127)	92 % (148/161)	91 % (299/328)	89 % (348/388)
De 3 miembros	7 % (9/127)	6 % (10/161)	6 % (21/328)	6 % (24/388)
De 4 miembros	2 % (2/127)	-	2 % (6/328)	3 % (10/388)
De 5 miembros	-	1 % (1/161)	< 1 % (1/328)	1 % (3/388)
De 6 miembros	-	1 % (1/161)	-	-
De 7 miembros	-	-	-	-
De 8 miembros	-	-	-	1 % (4/388)
De más de 8 miembros	2 % (3/127)	1 % (1/161)	< 1 % (1/328)	-
	127	161		
Total de GP	288		328	389

A tenor de los datos objetivados en la tabla 1, es ostensible el equilibro que existe a lo largo de las tres centurias en cuanto al número de miembros que conforman las voces-núcleo de los GP. En el corpus los grupos bimembres dominan con alrededor de un 90 % de las ocurrencias y presentan en su núcleo todas las categorías gramaticales (cf. *infra* Tabla 2) durante todo el arco cronológico estudiado. Con frecuencias relativas de entre 6–7 % se sitúan los GP trimembres cuya voz-núcleo más habitual es el sustantivo. Lo más interesante, creemos, reside en el hecho de encontrar patrones de aparición de GP trimembres comunes a los tres siglos. Por ejemplo, en la esfera del verbo, se repiten las estructuras paratácticas

4 Con la etiqueta "romance" se agrupan los resultados de textos en asturiano. Para las siguientes centurias no se realiza tal distingo, pues alternan ambos códigos en un mismo texto, aunque con intensidad variable.

vender o empeñar o dar en préstamo[5] y *tener, guardar e cumplir*, y en la del sustantivo, el GP *heredades, techos e lantados*. Es muy frecuente igualmente el GP trimembre adjetival *libre e quito e sen enbargo ninguno* en el siglo XIV y *libre e quito e desenbargado* en el XV, en los que se puede apreciar una sinonimia casi perfecta. Son anecdóticos los GP integrados por más de cuatro voces núcleo.

4. CATEGORÍAS GRAMATICALES DE LOS GP

Tabla 2 *Distribución por siglos de las categorías gramaticales de los GP*

	XIII		*XIV*	*XV*
Categoría gramatical	Latín	Romance		
Nombres	28 % (35/127)	44 % (71/161)	30 % (98/328)	32 % (126/389)
Adjetivos	9 % (11/127)	8 % (13/161)	5 % (16/328)	8 % (32/389)
Verbos	43 % (54/127)	37 % (59/161)	47 % (155/328)	51 % (198/389)
Pronombres	7 % (9/127)	-	2 % (8/328)	3 % (13/389)
Adverbios	3 % (4/127)	2 % (4/161)	2 % (5/328)	< 1 % (1/389)
Preposiciones	-	-	1 % (2/328)	1 % (3/389)
Heterocategoriales	11 % (14/127)	8 % (13/161)	13 % (43/328)	4 % (15/389)
Complejos	-	1 % (1/161)	< 1 % (1/328)	< 1 % (1/389)
	288		328	389

Como se observa en la tabla 2, los verbos son las bases morfológicas que contribuyen en mayor medida a crear GP durante las tres centurias, a excepción del XIII romance en que imperan los nombres. Se constatan, empero, distintas frecuencias relativas de GP verbales por siglo y por lengua, dado que en latín y en el siglo XIV se alcanzan frecuencias entre 43 % y 47 %, mientras que en el XIII romance desciende a 37 %, especialmente porque todavía no se han registrado los abundantes GP verbales en oposición gramatical temporal-aspectual de los siglos posteriores, razón por la que los GP verbales ascienden a 51 % en el XV.

5 Puede unirse asimismo mediante una conjunción coordinante copulativa negativa *nen/nin*.

En los tres siglos analizados y en las tres lenguas presentes en el corpus, se hallan GP que llamaremos "grupos paratácticos modales", por cuanto generan oposiciones discursivas modales. Están conformados por bases léxicas remitentes a la posesión, como *pertenecer* (única posibilidad documentada para el latín) (7) o *haber*, *poseer* y otras voces que surgen en los romances (8).

(7) [...] istam vocem quam mihi **pertinet et pertinere debet** in illa totaum vendo et do vobis [1225, Oviedo].

(8) [...] e otros bienes qualesquier que **yo he et aver devo e ovier** a sazón de mio finamiento, que les aya entre los otros mios fillos e fillas e herederos que de mio fincaren, ella e quien sos bienes heredar para sienpre a todos tienpos [1408, Fresno].

Como se puede comprobar, estos GP presentan igualdad de accidentes verbales (mismo número, persona y tiempo) y la general posposición del verbo modal deóntico, *deber* (en algunos casos del XV, *poder*), orden este de herencia latina (cf. Octavio de Toledo 2018: 80), así como, formalmente, la imposibilidad de aparición de elementos interpolados, por lo que cabe interpretar la estructura como un tipo de esquema rutinizado.

La estructura semántica contiene un sujeto que presenta el rasgo de [+ animado] en el caso de *haber*, *tener* y *poseer* o un beneficiario de idéntico valor para *poseer*. Este hecho, junto con la repetición del elemento léxico en la voz-núcleo, habilita una interpretación pragmática en el plano enunciativo. En efecto, se trata, a nuestro juicio, de una reformulación no parafrástica tendente a legitimar la emisión del hablante y a mantener su poder en la comunicación, especialmente si concurre la explicitación del pronombre sujeto (8). Asimismo, es posible detectar efectos pragmáticos en el plano modal, pues hay claramente un compromiso por parte del hablante respecto al grado de obligación —lo cual acarrea un aumento del grado de fuerza ilocutiva—, de suerte que se genera una incidencia en todos los mundos posibles[6]. Textualmente, estos GP suelen atestiguarse como núcleos de oraciones relativas y modales parentéticas,

6 Esta incidencia puede apreciarse igualmente en los GP que contraen oposiciones temporal-aspectuales o que están conformados por conjunción disyuntiva inclusiva o por conjunciones discontinuas. Por otro lado, se toma el concepto de *mundos posibles* de Garrido Medina (1988: 93), quien defiende que la modalidad introduce efectos que han de ser válidos y verdaderos en el mundo real y en otros mundos posibles.

cuyo contenido se orienta a confirmar lo dicho en el segmento textual previo en aras de lograr un grado máximo de explicitación que evite cualquier ambigüedad. Es, por consiguiente, una estrategia de verbalización resultado de una planificación textual y adscribible, por ende, a la escrituralidad concepcional.

La oposición gramatical temporal-aspectual es, en cambio, menos abundante que la modal y está restringida cronológicamente. En efecto, el despegue del esquema se documenta en los años 90 del siglo XIV y su uso es muy fecundo en el siglo XV, si bien ya se halla una ocurrencia en un texto de 1282 y varias en otro de 1375.

(9) [...] dixo que **otorgava e otorgó** de lles non fazer enbargo alguno, por sí nin por otro, so pena de dozientos maravedís de real moneda [...] [1419, Oviedo].

(10) [...] dixo que por la dicha tella e ramo e çéspede le **dava e entregava e dio e entregó** la posisión çevil, real e corporal de la dicha su juguería [...] [1440, Oviedo].

(11) Et luego el dicho vicario dixo que **mandava e mandó** a mí el dicho escrivano, que diese la dicha escriptura una vez o dos o más sygnnada de mi sygnno en pública forma de verbo a verbo, segund que en ella se contenía [...] [1479, Oviedo].

Teniendo en cuenta estos ejemplos, destaca la aparición del esquema en subordinadas sustantivas que vehiculan discursos emitidos por otros, dentro de las cuales se genera un arco temporal logrado, en líneas generales, por la oposición pretérito imperfecto-pretérito perfecto simple y empleado para aquilatar la validez temporal del acto legitimado por la ley y afianzar el grado de compromiso por parte del hablante. No en vano, para lograr este efecto enunciativo, suelen servir de bases léxicas a estos GP verbales que configuran actos compromisorios (10) o directivos (11). Cabe interpretar, asimismo, dichas estructuras como propias de la distancia comunicativa en función del alto grado de retoricidad que exhiben.

Por otro lado, en el ámbito de las formas no personales del verbo, descuellan durante los tres siglos y desde los textos en latín GP que combinan un participio de pasado seguido de la frase preposicional con valor temporal *pro/por* + infinitivo (12). Los miembros contraen, de esta manera, una oposición gramatical temporal con la que se insiste en la totalidad de los bienes que se dan, venden o heredan y en la validez temporal de la acción. El gerundio es, por otro lado, anecdótico y solo se atestigua con los verbos *ver* y *entender* (13).

(12) [...] a nos y pertenez con todos sos derechos e pertenençias, corrales, lavorias, techos, fontes, montes, felgueras, moleras, roças, devisas, **lavrado e por lavrar**, dondo e bravo, dientro e fora, a monte e a valle, volo vendemos commo ia decho ye [...] [1285, Oviedo].

(13) [...] yo, Pero Gonçález, [...] **veendo e entendiendo** que las tierras que nom sont panavles nen guisades de lavrar meter a lanta ye grant proe del monesterio por endelantre, do e otorgo a vos Martiannes de los Valles [...] que lantedes per los reguerales [...] [1273, Oviedo].

Los sustantivos, que son la otra gran categoría morfológica presente en el corpus, no están muy alejados de los porcentajes de los GP verbales, ya que las frecuencias relativas, que suelen ser constantes en el corpus, rondan en los tres siglos el 30 %, a excepción del XIII romance en que hallamos un 44 %.

La mayoría de los GP nominales aparecen, por otro lado, actualizados, especialmente mediante el uso del determinante artículo (solo en romance), cuyas frecuencias ascienden del 24 % en el XIII hasta 30 %-32 % en los siglos posteriores. En el primero prima la actualización de los dos miembros del grupo (14), lo cual también se observa en estructuras muy rutinizadas como (15), mientras que en los siglos XIV y XV impera la actualización del primer miembro sustantivo del GP (16).

(14) Otrassí, mandamos que **el fuero e los privilegios** e las otras cartas que tenemos en thesoro que sean todas dadas per escripto e per cunta a aquellos que tevieren la archa en guarda [...] [1262, Oviedo].

(15) [...] vos damos **el jur e la propiedat** de que fagades ende toda vostra veluntat por sienpre [...] [1310, Oviedo].

(16) Dámosvos en pura donaçión, en **la mellor manera e forma** que de derecho podemos e devemos fazer, una tierra e heredamiento que nos avemos en la Veyga de Pennafró, en tales términos [...] [1394, Grado].

La ausencia de actualizador artículo es escasa en los tres siglos. En el XIII puede documentarse en complementos directos (CD) pospuestos con referencia a nombres abstractos (17) y pervive en centurias posteriores en GP que presentan un grado alto de fijación en sintagmas preposicionales (18) o que están influidos por el alto grado de adverbialización del sintagma (19).

(17) Et yo por vos fazer **bien e merçet** dovos treynta morabetinos de la moneda nuevo que agora mandé fazer [...] [1278, Oviedo].

(18) Sepan quantos esta carta vieren commo **sobre pleito e contienda e demanda** que era entre nos [...] devíemos aver la metad del río de Nalón [...] [1375, Oviedo].

(19) [...] siendo ayuntadas en nuestro cabillo por tava tanida, segund que lo avemos **de uso e de costume**, damos aforamiento a vos Gutier González de Mançaneda [...] [1391, Oviedo].

Son limitados los casos de CD antepuestos en plural sin actualizador, como en (20). Puede influir el hecho de que los focos, en tanto que información nueva, son reticentes a la actualización determinativa.

(20) Hie sobre todo esto, **calumpnias ye endizias** quesse entrellos fezierent devent emendallas ye pechallas al obispo per foro, assí commo for derecho [...] [1247, Oviedo].

El adjetivo posesivo también actualiza frecuentemente nuestros GP nominales. Abundan las referencias a un poseedor o varios poseedores de la primera persona.

(21) [...] e nos pedían merçed quelles diéssemos un logar [...] e le otorgássemos **los nuestros rengalengos e los nuestros derechos** que avíemos en esta tierra sobredicha [...] [1270, Siero].

La nómina de los adjetivos indefinidos ante voces-núcleo de los GP es escueta y reviste a los GP de un carácter totalizador o generalizador: *todo* (22), *todo cuanto* (23) o *cualquier*. Se registra, asimismo, el indefinido *otro* en el último miembro del GP nominal hiponímico, indefinido que introduce la voz más general de la clase (24).

(22) Et por **todos los heredamientos e lantados** que yo he en Valsemondo e Mulles que son y, en Olloniego [1367, Oviedo].

(23) Et porén renunçio **todos quantos derechos e fueros e llees e usos e costumes** escritos e non escriptos [...] [1294, Gijón].

(24) [...] yo, Pero Gonçález, [...] veendo e entendiendo que las tierras que nom sont panavles nen guisades de lavrar meter a lanta ye grant proe del monesterio por endelantre, do e otorgo a vos Martiannes de los Valles [...] que lantedes per los reguerales e por los logares derivados [...] **pumares e castannares e otros árvores maores** [1273, Oviedo].

Seguidos de los GP con base sustantiva, se hallan GP heterocategoriales, que son aquellos cuyos constituyentes presentan categorías morfológicas distintas. Aunque hay un mantenimiento de las frecuencias relativas en los tres primeros siglos, se produce un descenso brusco en el siglo XV hasta el 4 %. No obstante, sí se mantienen en todo el arco cronológico los siguientes esquemas sintácticos: 1) pronombre *vos* coordinado mediante *o* a oración de relativo sustantivada (25); 2) frases preposicionales que contienen un pronombre personal en el primer miembro (26), y 3) un adjetivo determinativo posesivo correferente con el personal en el segundo miembro (27).

(25) Asy que luego de mano por esta carta vos do de la dicha quinta parte de bienes el jur e la propieda e la posisión corporal para que fagades dello en ello a toda vuestra veluntat, **vos o quien vuestros bienes heredar** para sienpre e a todos tienpos, en tanto que mios días sean conplidos [1408, Fresno].

(26) Et si contrariam venerit vobis super hoc, ego salvabo et guaribo vobis inde **per me et per omnia bona mea** cum directo [1225, Oviedo].

(27) [...] et yo, Alfonso Álvariz de Coviano, et yo, Álvar Pérez de la Anespral, so primo, moradores en Colunga, en nomne **dennos et de nuestros hermanos**, por quien obligamos annos et a nuestros bienes que lo otorguen e ayan por firme [...] [1390, Oviedo].

Los adjetivos, que no superan en ningún siglo la barrera del 10 % (especialmente en el XIV, cuando solo se documentan en un 5 %), suponen la cuarta categoría morfológica presente en el corpus[7]. Sobresale en los tres siglos el adjetivo atributivo calificativo en grado positivo y pospuesto (28), mientras que el adjetivo relacional no está ampliamente prodigado en este tipo de textos (29, 30). La gradación superlativa, por su parte, solo se documenta en un texto latino (31). Se puede advertir en los ejemplos cómo la mayoría de los adjetivos inciden en sustantivos propios del campo semántico de las posesiones terrenales heredadas, compradas o vendidas, del dinero y del derecho.

(28) Otrosy renunçiamos e partimos de nos e de cada uno de nos todos los sos derechos, así canónicos commo çeviles, e fueros e hussos e costumes e ordenamientos **viejos e nuevos** [...] [1429, Oviedo].

7 Los datos presentados hasta ahora contrastan con los resultados del análisis de GP en otras tradiciones discursivas medievales de varios romances, pues, aunque en ellas los adjetivos copan porcentajes altos, son los sustantivos la unidad morfológica más presente en los corpus (cf. Del Rey Quesada 2021: 177–178). Recordemos que en el nuestro se privilegian, sin embargo, los verbos. Este hecho obedece a efectos de tradicionalidad lingüística de la lengua notarial.

(29) Et para esto así tener e guardar en la manera que dicha es, renunçiamos todas las lees e ordenamientos e fueros e derechos, **así canónicos commo çeviles**, que por nos avriemos e podriemos aver para yr o pasar contra esta donaçión et contra lo contenido en esta carta. [1934, Grado].

(30) Et obligamos annos e a nuestros bienes que se demanda ovierdes contra nos o contra alguno dennos sobresta razón que vos cunplamos derecho por quales justiçias vos maes quisierdes, **espirituales o tenporales** [1335, Grado].

(31) [...] hereditate que habemus de avis et de parentibus meis de me Fernandus Pardo prope civitate Oveto in villa pernominata Sancta Marina de Petra [...]: molle, terras laboratorias et pro laborare, fontes, montes, exidos, pratis, pascuis, felgarias, roszas, divisas, arboribus, aquis aquarum, dientro e foras, **per suos terminos novissimos et antiquos** [...] [1232, Oviedo].

En el ámbito de los GP pronominales se puede establecer una clara diferencia por lenguas, pues en latín estos GP sí cuentan con una representación más alta (7 %) que en los demás siglos: 2–3 % en el XIV y XV y ninguna para el XIII romance. Abundan los pronombres personales de primera persona (32); los de segunda, en singular (33) o en plural (34), son menos habituales. Es frecuente, asimismo, la combinación de un pronombre personal y un indefinido (34).

(32) Connosçida cosa sea a quantos esta carta viren commo **yo, Loys Ferrándiz de Grado, et yo, María Gonzáliz, sua muller**, arrendamos **de vos, domna Sancha Pitalla** por la graçia de Dios abbadesa del monesterio de San Pelayo de Oviedo, **e de vos, Orraca Ferrándiz, priora**, et el conviento del dicho monesterio, siendo ayuntadas en vuestro cabillo en el dicho monesterio por tabla tannida segunt que lo avedes de uso e de costunbre, todos los hredamientos e lantados e parte de iglesia [...] [1400, Oviedo].

(33) E sy demanda ovierdes contra nos o contra esta razón o parte della, otorgamos de non pedir nin demandar **por nos nin por otro** el traslado desta carta nin la demanda en escripto nin plazo de consello [...] [1400, Oviedo].

(34) Si quiscontrariaverit vobis super hoc **tam ego quam aliquis ex progenie mea vel extranea** [...], sit maledictus a Deo [...] [1215, Oviedo].

Son anecdóticos, finalmente, los casos de GP adverbiales, que inciden, por otro lado, en la localización (35) y en la manera (36) como garantes de una exposición clara y completa del contenido legal, preposicionales (37) y complejos (38).

(35) Esto, commo dicho es, a entreguidat, con controzios e tierras lavradas e por lavrar, domado e por domar, fontes, montes, árvoles, lantados, prados, pastos, felgueras, molneras, roças, devisas, pescaçiones e ríos, **dentro e fuera**, a

monte e a valle, e con todos sus derechos e pertenençias, entradas e salidas, vos vendo por preçio que resçebí de vos [...] [1382, Oviedo].

(36) E yo, Gonçalo Morán, otorgo por mí e por aquéllos que esto por mí heredaren e por aquéllos a quien lo yo dier, conplir esto commo sobredicho ye, **bien e verdaderamientre**, a bona fet, sen enganno [1312, Oviedo].

(37) [...] todos los benefiçios **con cura o sin cura** [...] [1388, Oviedo].

(38) Sepan quantos esta carta de testamiento viren commo yo, Fernán Suárez de Las Murias, jaziendo **doliente del cuerpo e sano de la voluntat** e estando en todo mi seso e mi entendimiento, commo Dios tovo por bien de me lo dar, otorgo e connosco por esta carta de testamiento que fago e ordeno mi testamiento en la mejor forma e manera que devo de derecho [1412, Oviedo].

En (38), puede observarse que en la *notificatio* de la mayor parte de los testamentos de los tres siglos destaca un GP formalmente complejo, conformado por dos adjetivos que entrañan una relación antonímica (*doliente y sano*) de los que dependen dos complementos preposicionales cuyos núcleos, los sustantivos *cuerpo* y *voluntad*, también contraen una relación semántica de antonimia. Estas formaciones son sintomáticas de una prosa ligada a la escrituralidad concepcional.

5. MECANISMOS DE UNIÓN DE LAS VOCES-NÚCLEO DE LOS GP

Tabla 3 *Mecanismos de unión en los GP distribuidos por siglos*

Patrones sintácticos	***XIII***		***XIV***	***XV***
	Latín	Romance		
Conjunción copulativa *e(t)*	72 % (92/127)	75 % (121/161)	77 % (252/328)	71 % (276/389)
Conjunción copulativa *nen/nin*	1 % (1/127)	4 % (6/161)	3 % (11/328)	4 % (16/389)
Conjunción disyuntiva *o*	13 % (16/127)	13 % (21/161)	15 % (50/328)	20 % (77/389)
Conjunciones *e* + *o*	2 % (2/127)	-	< 1 % (1/328)	-
Conjunciones adversativas	1 % (1/127)	-	-	-
Conjunción distributiva *tam...quam*	9 % (11/127)	-	-	-
Conjunción discontinua *también...como*	-	2 % (4/161)	-	-

Patrones sintácticos	*XIII*		*XIV*	*XV*
	Latín	Romance		
Conjunción discontinua *así...como*	-	2 % (3/161)	< 1 % (1/328)	4 % (16/389)
Yuxtaposición	2 % (2/127)	2 % (2/161)	1 % (4/328)	< 1 % (1/389)
Yuxtaposición + coordinación	2 % (2/127)	2 % (3/161)	3 % (9/328)	1 % (3/389)
Total de GP	288		328	389

Diacrónicamente, puede comprobarse en la Tabla 3 cómo en las tres centurias estudiadas priman los GP unidos mediante la conjunción copulativa de polaridad positiva, siempre seguidos de la conjunción disyuntiva *o* (cuyo uso se incrementa en el siglo XV) y de la conjunción copulativa de polaridad negativa, en este orden. Por otro lado, apenas se documenta variación en el uso de la yuxtaposición y de la combinación de yuxtaposición y coordinación, así como en las conjunciones discontinuas. No se han localizado, finalmente, ni elementos de reformulación ni conjunciones discontinuas *e...e* y *o...o*.

La conjunción copulativa *e* puede establecer cualquiera de las relaciones semánticas paradigmáticas que hemos documentado en el corpus (cf. *supra* ejemplos 1–4), las cuales, en algunos casos, pueden ser originadas mediante la aparición de otras conjunciones, en especial *o* y *nin*. La conjunción copulativa de polaridad positiva es, no obstante, privativa de los GP que entrañan relaciones lineales (cf. *supra* ejemplos 5–6). Las relaciones gramaticales construidas por una oposición temporal-aspectual y de modalidad discursiva (cf. *supra* ejemplos 7–13) en el caso de los GP verbales también suelen presentar la conjunción *e* como mecanismo nexual, aunque es posible, pero en menor medida, la conjunción disyuntiva *o*.

Esta última genera esencialmente un significado inclusivo que permite presentar las distintas situaciones que debe cubrir la ley y contribuir, así, a la claridad y precisión en el mensaje[8].

(39) Et nos, siendo çiertos e sabidores destas dichas leyes e derechos, así las renunçiamos, et toda exepçión de fuerça e de enganno, e todo título de restitución e de sinpliçidad et inorançia, e toda aiuda de fuero e de derecho que **nos**

8 Debe recordarse a este respecto que no se ha documentado la variante discontinua *o...o*, especializada en la disyunción exclusiva.

o alguno de nos o otro en nuestro nomne podriemos aver para yr o passar contra lo en esta carta contenido o contra parte dello [1429, Oviedo].

En lo que toca a GP nominales, la conjunción disyuntiva sirve para ligar GP bimembres que establecen una oposición sintagmática gramatical en cuanto al género (cf. González Ollé 1981: 222), en virtud de la cual se incide en la diferencia sexual de los participantes en el acto notarial o de los posibles beneficiarios del pacto[9]. Habitualmente, estos GP están precedidos de un adjetivo determinativo indefinido con valor totalizador o generalizador (*todo* o *cualquier*)[10], hecho que potencia la finalidad pragmática ligada a precisar y aclarar.

(40) E otrossí nos obligamos de vos salvar e guaresçer el dicho corral e la dicha cassa de **todo omne o muller** que vos lo enbargar con derecho para sienpre a todos tienpos [1361, Ceceda].

(41) Otrosy do mala maldiçión ata séttima generaçión a **qualquier fillo o filla** o persona algunna que contra este fecho quisier yr o pasar en algún tiempo nin en algunna manera [...] [1408, Fresno].

La oposición sintagmática gramatical en cuanto al número se logra también con la conexión mediante *o* y, al igual que la inmediatamente presentada, desempeña, debido a la presencia del indefinido *todo*, una función totalizadora orientada a agotar todas las posibilidades interpretativas en el momento de lectura en voz alta y de firma del documento. En nuestro corpus registramos hasta doce ocurrencias, todas ellas, por otro lado, localizables en la centuria del Trescientos.

(42) Et Sancha Ferrándiz desenbargo e do por quitos por esta carta a vos los dichos [...] **todas quantas demandas o demanda açiones o ación** e **derechos o derecho** yo contra vos o contra vuestros bienes he ho podría aver sobre razón de

9 Se trata de un fenómeno ya localizado en los documentos notariales del siglo X que analiza Menéndez Pidal en *Orígenes* (cf. González Ollé 1981: 221). También en otros textos medievales, como en el *Cid*, en las obras de Berceo o en el *Libro de buen amor* se rastrean GP que contraen relaciones de oposición inclusivas que refieren una totalidad, como explican Schrott/Issel-Dombert (2016: 148–153).

10 La RAE/ASALE (2009: § 31.2p) califica estos "elementos coordinados" como grupos sintácticos "estereotipados [...] que sugieren formas de cuantificación universal".

todos los bienes mobles e rayzes que vos avedes e ganastes e heredastes de los dichos Diego Ferrándiz e domna Sancha [1342, Oviedo].

Nótese, asimismo, cómo en los ejemplos presentados la primera voz nuclear se presenta siempre en plural y la segunda en singular. A nuestro juicio, se trata de un tipo de reduplicación léxica y gramatical[11].

En otros casos, con la conjunción *o* se documentan ejemplos de antonimia absoluta, en el sentido de Gutiérrez Ordóñez (1992: 131), para quien un antónimo es la oposición de su término positivo (cf. *infra* estos pares como elementos de tradicionalidad lingüística).

(43) E **la pena pagada e non pagada**, que esta renta o este fecho que vala e sea firme por el dicho tienpo. [1399, Oviedo].

En otro orden de cosas, conviene destacar que se atestiguan GP mediante conjunciones discontinuas que suponen una variante discursiva más marcada que la simple unión por *e~o* o por yuxtaposición, de ahí que se intensifique la importancia de los objetos presentados con vistas a la certificación legal del acuerdo. Se trata, en definitiva, de otra de las estrategias discursivas con las que el discurso gana en precisión.

En una ocasión, aflora el nexo discontinuo *nin...nin* en un GP nominal de cuatro miembros en una distribución de foco contrastivo, situado en la *narratio*, con el que se confiere énfasis y se pretende frenar las consecuencias que atenten contra la validez del pacto, pues la profiliación era una forma de herencia que podía generar reclamaciones de herederos consanguíneos (cf. Sanz y Calleja 2005: § 2.2.2.1.2).

(44) Connosçida cosa sea a quantos esta carta viren commo yo María Pérez [...], sana e em paz, en todo mio seso e en toda mia memoria estando, **nen per miedo nen per forçia**, **nen per torvado seso**, claramentre e de bona veluntat fago carta de donaçión e de bienfecho a vos María Garçía, mia criada [...] [1294, Gijón].

La conjunción copulativa discontinua *tam...quam*, exclusiva del latín y prodigada en esta lengua, une GP siempre bimembres y presenta exhaustivamente

11 En el repaso que hacen Francesc Roca y Avel·lina Suñer (1997–1998: 43–51) sobre los tipos de reduplicación que existen en español (reduplicación por composición morfológica, reduplicación discursiva y reduplicación léxica), no se hace mención al fenómeno que se presenta en los números (42–43).

todas las opciones posibles (RAE/ASALE 2009: § 31.3d). Su empleo obedece, por consiguiente, a la consecución de un mensaje inequívoco y preciso.

(45) Notum sit omnibus **tam presentibus quam futuris** presentem paginam inspecturis quod ego [...] damus et concedimus Deo et monasterio Sancti Pelagii [...] in perpetuum MCC morabetinos de renda [...] et incautamus quod nullus faciat vobis malum vel contrarium super hoc [1222, Oviedo].

Por otro lado, la conjunción *también...como* se emplea escasamente para coordinar GP adjetivales antonímicos en el siglo XIII (46). Este patrón sintáctico de coordinación se agosta en el Trescientos, período en el que, por otra parte, es exiguo el empleo de distributivos en los GP, pero surge en el XV la coordinación de GP adjetivales antonímicos mediante *así...como*, cuya referencia anafórica es siempre *bienes* o *derechos*, dos de los ítems sobre los que más se insiste en este tipo de actos notariales (47, 48).

(46) [...] dovos todo quanto yo e e devo a auer, **tanbién moble commo rayz**, e nomadamentre vos do quanto yo gané del dicho Garçía Maquila [...] [1294, Gijón].

(47) E yo María Alffonso reçebimos los bienes, **assí mobles commo raíces** que del dicho Iohan Nicolás ficaron [...] [1348, Avilés].

(48) Et otrosy renunçiamos de non abrogar por nos nin por otro en nuestro nonbre que aya engapnno o fraude o dolo en esta vençón, et qualesquier otros derechos, **asy canónicos commo ceviles**, e fueros e costumbres, testigos de derecho e segund nuestra orden en esta razón podemos e devemos renunciar [...] [1420, Oviedo].

6. LA TRADICIONALIDAD LINGÜÍSTICA EN LOS GP

El empleo de GP en los textos se revela, en numerosas ocasiones, como un hecho de tradicionalidad lingüística, como Del Rey (2021) ha puesto de manifiesto, especialmente cuando detectamos la repetición de un GP en el corpus en más de 5 ocasiones, convención con que se ha procedido al análisis[12].

La tradicionalidad lingüística se inserta en el nivel histórico de las lenguas, dentro del segundo de los niveles de la conocida tripartición del

12 Para medir la tradicionalidad en nuestros documentos, hemos acudido al corpus CORDE, en el que hemos seleccionado cronológicamente la horquilla temporal de

lenguaje coseriana, y se divide en dos tipos: tradicionalidad discursiva y tradicionalidad idiomática. Dentro de la primera, cabe hablar de tradicionalidad concepcional, que es el concepto más general y permite reconocer el perfil concepcional de los textos en función de los elementos característicos de un ámbito comunicativo de la inmediatez o de la distancia, la tradicionalidad secuencial, que indica las secuencias o tipos de discursos que conforman los textos (narraciones, descripciones, etc.), la tradicionalidad discursiva genérica, que nos interesa en este trabajo y posibilita la identificación de un género en virtud de los fenómenos lingüísticos que lo caracterizan y, finalmente, la tradicionalidad discursiva subgenérica, que, amén de ser el concepto más concreto dentro del ámbito discursivo, permite ilustrar la subdeterminación de un género, por lo que también es de nuestro interés. Además, para evitar un análisis de tradicionalidad en términos absolutos, debe acometerse una distinción entre fenómenos de tradicionalidad cuantitativos, esto es, que caracterizan numéricamente a un género o subgénero, aun cuando potencialmente pueden aparecer en otros, y fenómenos de tradicionalidad cualitativos, que son privativos de un género o subgénero. Dentro del segundo tipo de tradicionalidad lingüística, cabe hablar de la tradicionalidad idiomática, que es normativa (en el sentido coseriano) y se relaciona con formas del hablar adquiridas y frecuentemente fijadas en el sistema lingüístico.

La categoría verbal es la que más ejemplos de tradicionalidad arroja, pues estos son cruciales en la validación y certificación del acto notarial. Consideramos los siguientes GP verbales como ejemplos de tradicionalidad genérica cualitativa, dado que el CORDE ofrece el 100 % de las ocurrencias dentro de la prosa jurídica: los GP en oposición modal *he e aver devo* y *pertenece e pertenecer debe*, los GP en oposición temporal-aspectual *otorgava e otorgó* y *mandava e mandó*, así como *salvar e guarir* y *dar e conceder*.

En cuanto a *dar e otorgar*, *dar e pagar* y *otorgar e conocer*, estos pueden ser considerados igualmente elementos de tradicionalidad genérica cualitativa, dado que, aunque estos moldes paratácticos aparecen en porcentajes inferiores a 10 % en otros universos discursivos de la distancia comunicativa diferentes del jurídico, generalmente prosa histórica y religiosa, evocan claramente la esfera de la lengua notarial.

1200 a 1499, y hemos agrupado los datos en tradicionalidad discursiva genérica y subgenérica, así como en tradicionalidad idiomática.

Integran la tradicionalidad subgenérica cuantitativa los GP verbales *vender o/e empeñar*, en los documentos de compraventa, *quebrantar o corromper*, en la prótasis de oraciones condicionales de la *dispositio* de varias tipologías textuales (carta de arras, ingresos en cofradías, herencias, donaciones, compraventas), *contra ello pasar o lo así non cumplir*, también en la *dispositio*, en la que, finalmente, se halla el GP *la pena pagada o non pagada* a partir de los años 90 del siglo XIV para cartas de compraventa, donación y herencias. Salvo los dos últimos, presentes en un 99 % en la prosa jurídica según CORDE y en un 1 % en otros universos de discurso, los otros GP no son tan habituales en el corpus de control, pues el primero registra un 79 % de apariciones en la prosa jurídica y el segundo se documenta en un 36 % en dicha prosa, género en el que destaca cuantitativamente, seguido de un 22 % de la prosa científica, un 15 % de la prosa histórica y un 10 % de la religiosa, así como de otros universos de discursos menos habituales.

En la categoría de los sustantivos, son candidatos a efectos de tradicionalidad genérica cualitativa por documentarse en CORDE en un 100 % de los casos en la prosa jurídica *derechos y pertenencias* (suele aparecer actualizado por *todos* y *sus*), el *jur e la posesión*, *el jur e la propiedad/propiedat/propriedat* y *heredamientos e lantados*. Asimismo, atestiguamos un solo GP de tradicionalidad genérica cuantitativa: *entradas e salidas*, que se halla en un 97 % en la prosa jurídica, en 2 % en la prosa científica y en menos de 1 % en la prosa histórica y narrativa. Finalmente, el GP *a monte e a valle* es muy habitual en la *narratio* de textos de compraventa y herencias, tal y como además certifica CORDE en su empleo exclusivo en la prosa jurídica, de modo que se trata de un ejemplo de tradicionalidad subgenérica cualitativa.

Los adjetivos también arrojan casos de tradicionalidad subgenérica cuantitativa. Es el caso del GP *libre e quito*, atestiguado en CORDE en un 94 % en la prosa jurídica, en un 4 % en la prosa histórica y en menos del 1 % en prosa narrativa, científica, verso lírico, prosa de sociedad, y el GP *canónicos e ceviles/civiles* (o *assí canónicos commo civiles*), que, según CORDE, es privativo de la prosa religiosa. Creemos que, debido al 100 % de las ocurrencias en CORDE, los GP *libre e quito e desenbargado* y *espirituales e temporales* (o *assí espirituales commo temporales*), habituales en la *narratio* de varios textos de transacciones económicas (compraventas, donaciones, herencias, etc.), son ejemplos de tradicionalidad discursiva subgenérica cualitativa.

En el caso de los adverbios, es el GP antonímico *dientro e fuera* el que copa la mayor parte de las ocurrencias en la *narratio* de los textos de nuestro corpus y el que CORDE registra en un 100 % en la prosa jurídica, de suerte que ello habilita su interpretación como discursivo subgenérico cualitativo[13]. El GP heterocategorial *progenia mea/ mi linnaje o destranna/o* alcanza el 97 % de ocurrencias en la prosa jurídica[14], según CORDE, y un 3 % en el verso lírico, razón por la cual lo interpretamos como un rasgo de tradicionalidad subgenérica cuantitativa, propio de la *narratio, dispositio* y *sanctio.*

Además de los casos presentados, a lo largo de los tres siglos hay GP recurrentes que poseen semejantes relaciones semánticas y que se documentan en las mismas zonas discursivas, aunque experimentan cambios de base léxica: *haber y poseer* en el XIII, *haber e llevar* en el XIV y *haber e tener* en el XV. Ello no obsta para que atestigüemos dichos GP fuera de la horquilla temporal expuesta, pero cuantitativamente son ejemplos escasos.

En otro orden de cosas y de acuerdo con la finalidad de detección de cambios diacrónicos que se ha propuesto al inicio del escrito, cabe añadir que hay GP que gozan de éxito en una centuria, o en un periodo de tiempo que abarca varias decenas de una o dos centurias, cuyo uso, sin embargo, disminuye o puede llegar a desaparecer en otro siglo. Este fenómeno es especialmente llamativo en lo tocante a las categorías verbales y nominales.

El GP *otorgar e prometer* se emplea en el siglo XIII hasta en cinco ocasiones, y en el siglo XIV se documenta en iguales proporciones y siempre en una estructura trimembre, pues *jurar* se incorpora al par, es decir, *otorgar e prometer e jurar.* En la centuria intermedia destaca en cinco ocasiones el uso de *tener e guardar* y de *leer e publicar.* A finales del siglo XIV, concretamente en los años 80, empieza a manifestarse el GP *escreviese e feziese escribir* en oraciones completivas introducidas por un verbo de mandato o ruego conjugado en pasado y llega a alcanzar once ocurrencias en el siglo XV.

En lo tocante a los sustantivos, es llamativo el elevado empleo de GP referentes a autoridades, como *concello e jueces e alcaldes.* Por otro lado,

13 No obstante, se trata de un grupo muy banal en la lengua, por lo que puede ser simplemente casualidad que se documente únicamente en la lengua jurídica.

14 Casi la totalidad de los ejemplos proviene de monasterios leoneses.

la lengua notarial del siglo XV se caracteriza por la creación de GP y por su empleo asiduo en los textos, como *de uso e de costumbre* (siete casos) y *en (la mellor) forma e manera* (seis casos).

Finalmente, creemos que el siguiente GP está fijado en la norma medieval, ya que presenta más de 200 casos en CORDE: el GP *salud e graçia*. Se encuentra en un 97 % en la prosa jurídica, no se atestigua el orden inverso de las voces-núcleo ni la interpolación de elementos entre ellas.

7. CONCLUSIONES

Esta breve exploración de GP en el notariado asturiano bajomedieval nos ha permitido ratificar que el fenómeno responde a claros efectos de tradicionalidad discursiva y que para su correcta comprensión, descripción y análisis es capital tener en cuenta los factores discursivos o contextuales. En efecto, por un lado, el hecho de que los GP verbales sean mayoritarios en este corpus indica que son un rasgo típico de la prosa jurídica, al mismo tiempo que los GP con patrones morfológicos "verbo no modalizado + verbo modalizado" o "verbo en una forma temporal + verbo en otra forma temporal" pueden ser entendidos como característica discursivo-tradicional genérica. Por otro lado, se constata la presencia de GP que inequívocamente funcionan como marcas discursivo-tradicionales subgenéricas vinculadas con zonas discursivas concretas. Formalmente, predominan los GP bimembres unidos mediante conjunción copulativa *e* en los tres siglos.

Los ejemplos de GP verbales y nominales analizados evidencian, además, que es necesario ampliar la denominación de "grupos léxicos paratácticos" propuesta por Del Rey Quesada (2021). En efecto, la razón de dicha nomenclatura reside en que los textos manejados por este investigador, esencialmente literarios, propiciaban la aparición de uniones paratácticas mediante diversas asociaciones de significado orientadas a la consecución de fines pragmáticos y estilísticos ligados a la corriente o proyecto poético de cada autor. En la documentación notarial se detecta, en cambio, una tendencia al uso de esquemas paratácticos que desbordan la simple relación léxica al generar oposiciones modales o gramaticales. Se proponen, por tanto, las nomenclaturas de "grupos modales paratácticos" (*he y haber debo*) y "grupos gramaticales paratácticos" (*otorgaba y otorgué*; *hijos o hijo*) que, en estos textos, funcionan en los planos pragmáticos enunciativo y modal y se encaminan a la consecución de un mensaje claro y preciso.

El estatuto variacional de muchos GP está ubicado en la escrituralidad concepcional, aunque conviene todavía analizar las bases léxicas que componen los miembros de los GP para establecer definitivamente la naturaleza variacional del fenómeno. Entendemos, además, que estos moldes paratácticos son un exponente del proceso de elaboración intensiva al que los romances se vieron abocados en la Edad Media, ejemplo de lo cual es la creación de GP en el siglo xv, especialmente de los GP verbales que establecen una oposición temporal-aspectual. Quizás este hecho pueda deberse a que en dicha centuria los romances peninsulares ya habían desarrollado un elenco de tradiciones discursivas que fueron conquistando el espacio funcional de la distancia comunicativa, como ya puso de manifiesto para el caso del castellano Eberenz (2000). Cabría plantearse a este respecto si el surgimiento y desarrollo de GP en la lengua notarial de los distintos iberorromances sigue las mismas pautas que las aquí expuestas o difiere en algunos aspectos, o incluso si puede establecerse un patrón geográfico y/o textual de propagación del fenómeno.

Bibliografía

Fuentes primarias

Fernández Conde, Francisco Javier *et al.*: *El Monasterio de San Pelayo de Oviedo: historia y fuentes. Tomo I: Colección Diplomática (996–1325)*, Oviedo: Monasterio de San Pelayo, 1978.

Fernández Conde, Francisco Javier *et al.*: *El Monasterio de San Pelayo de Oviedo: historia y fuentes. Tomo II: Colección diplomática (1326–1379)*, Oviedo: Monasterio de San Pelayo, 1981.

Fernández Conde, Francisco Javier *et al.*: *El Monasterio de San Pelayo de Oviedo: historia y fuentes. Tomo III: Colección Diplomática (1379–1449)*, Oviedo: Monasterio de San Pelayo, 1987.

Fernández Conde, Francisco Javier *et al.*: *El Monasterio de San Pelayo de Oviedo: historia y fuentes. Tomo* IV: *Colección diplomática (1450–1546)*, Oviedo: Monasterio de San Pelayo, 1990.

[CORDE] Real Academia Española: *Corpus diacrónico del español.* Disponible en: http://corpus.rae.es/cordenet.html. Fecha de consulta: mayo de 2022.

Sanz, María Josefa y Miguel Calleja: *Litteris Confirmentur. Lo escrito en Asturias en la Edad Media*, Oviedo: Cajastur, Obra Social y Cultural, 2005.

Fuentes secundarias

Alonso, Dámaso (1951[1979]): "Sintagmas no progresivos y pluralidades: tres calillas en la prosa castellana", en Dámaso Alonso y Carlos Bousoño (eds.), *Seis calas en la expresión literaria española (Prosa–Poesía–Teatro)*, Madrid: Gredos, 21– 41.

Alonso de la Torre Gutiérrez, Francisco (2020): "Análisis gráfico-fonético de documentos notariales escritos en Asturias durante los siglos xiii, xiv y xv", *Res Diachronicae*, 18, 63–85.

Campos Souto, Mar (2002): "Las duplicaciones léxicas en una traducción cuatrocentista: herencia e innovación", en Alexandre Veiga y Mercedes Suárez Fernández (eds.), *Historiografía lingüística y gramática histórica. Gramática y léxico*, Madrid/ Frankfurt a.M: Iberoamericana/ Vervuert, 87– 99.

Del Rey Quesada, Santiago (2021): *Grupos léxicos paratácticos en la Edad Media romance. Caracterización lingüística, influencia latinizante y tradicionalidad discursiva*, Bern *et al.*: Peter Lang, Studia Romanica et Linguistica 66.

Díez de Revenga Torres, Pilar (1999): *Lengua y estructura textual de documentos notariales de la Edad Media*, Murcia: Real Academia de Legislación y Jurisprudencia de Murcia.

Diez de Revenga Torres, Pilar (2009): "La lengua notarial en el contexto social de la Edad Media", *Cuadernos del CEMyR,* 17, 39–50.

Eberenz, Rolf (2000): *El español en el otoño de la Edad Media: sobre el artículo y los pronombres*, Madrid: Gredos.

Espinosa Elorza, Rosa María (1996–1997): "Los sintagmas no progresivos en textos medievales y clásicos. Revisión crítica", *Anuario de Lingüística Hispánica,* 12–13, 41–54.

García Arias, Xosé Lluis (1991): "Situación llingüística a lo cabero'l sieglu xv", *Lletres asturianes*, 42, 35a-45b.

Garrido Medina, Joaquín (1988): *Lógica y lingüística*, Madrid: Síntesis.

González Ollé, Fernando (1981): "La negación expresiva mediante la oposición sintagmática de género gramatical. El tipo *sin dineros ni dineras* y sus variantes", en *Logos Semantikos. Studia Linguistica in honorem Eugenio Coseriu*, vol. IV, Madrid/ Berlín *et al.*: Gredos/ De Gruyter, 215– 237.

Grimm, Jacob (1828): *Deutsche Rechtsalterthumer*, Gottingen: Dieterichschen Buchhandlung.

Gutiérrez Ordóñez, Salvador (1992): *Introducción a la semántica funcional*, Madrid: Síntesis.

Koch, Peter y Wulf Oesterreicher (2007 [1990]): *Lengua hablada en la Romania: español, francés e italiano* [versión española de Araceli López Serena], Madrid: Gredos.

Octavio de Toledo y Huerta, Álvaro S. (2018): "¿Tradiciones discursivas o *tradicionalidad*? ¿Gramaticalización o sintactización? Difusión y declive de las construcciones modales con infinitivo antepuesto", en José Luis Girón Alconchel, Francisco Javier Herrero Ruiz de Loizaga y Daniel M. Sáez Rivera (eds.), *Procesos de textualización y gramaticalización en la historia del español*, Madrid/ Frankfurt a.M.: Iberoamericana/ Vervuert, 79–134.

Plazaola Castaño, Elena (2007): "Los sintagmas no progresivos en la *Brevísima relación de la destrucción de las Indias* de Bartolomé de las Casas: un análisis semántico y discursivo de la semejanza", *Boletín Hispánico Helvético*, 9, 39–67.

Real Academia Española (2009): *Nueva gramatica de la lengua española*, Madrid: Espasa.

Roca, Francesc y Avel-lina Suñer (1998): "Reduplicación y tipos de cuantificación en español", *Estudi General*, 17, 37–66.

Schrott, Angela y Sandra Issel-Dombert (2016): "Fraseología y tradiciones discursivas en textos literarios: entre filología y lingüística de corpus", en M. Teresa Echenique Elizondo y María José Martínez Alcalde (eds.), *Fraseología española: diacronía y codificación*, Madrid: CSIC, 145–169.

Vigil Montes, Néstor (2021): *La modernización de la escribanía capitular ovetense (1436–1460)*, Oviedo: RIDEA.

WILHELM, Raymund (2013): "Le formule come tradizioni discorsive La dinamica degli elementi formulari nella *Vita di santa Maria egiziaca* (XII – XIV secolo)", en Claudio Giovanardi y Elisa De Roberto (eds.), *Il linguaggio formulare in italiano tra sintassi, testualita e discorso. Atti delle Giornate Internazionali di Studio Universita Roma Tre, 19–20 gennaio 2012*, Napoli: Loffredo, 213–268.

La interacción del registro y la variación geográfica en la difusión de los pronombres *nosotros*, *vosotros* en castellano medieval*

The interaction of register and geographic variation in the diffusion of the pronouns nosotros, vosotros *in Old Spanish*

MARINA GOMILA ALBAL
Universitat de les Illes Balears
ORCID iD: https://orcid.org/0000-0003-1522-7657

Resumen: El objetivo de esta investigación es reexaminar el reemplazo de los pronombres del castellano medieval *nós*, *vós* por *nosotros*, *vosotros* prestando especial atención a la distribución geográfica y de registro de las variantes. Para hacerlo, se usará una selección de textos literarios cuya información geográfica y cronológica sean conocidas, así como textos documentales del CODEA+ de diferentes niveles de formalidad. Los resultados de la distribución geográfica de los pronombres en los textos literarios y en los documentales muestran que *nosotros* y *vosotros* se originan en el oriente peninsular, probablemente por el contacto con el catalán, que usa las formas reforzadas *nosaltres*, *vosaltres* desde época más temprana. Desde ahí, las nuevas variantes se difunden hacia el oeste. Sin embargo, los patrones de difusión son diferentes dependiendo de la proximidad al foco geográfico del cambio. Los datos parecen sugerir dos vías de entrada de los pronombres reforzados *nosotros*, *vosotros* en castellano medieval. En el este, donde empieza el cambio, las formas innovadoras podrían haberse difundido "desde abajo", desde los textos menos formales. Esto puede interpretarse como un cambio que tiene lugar en aquellas zonas en las que se produce un contacto de lenguas con el catalán y el occitano durante un tiempo prolongado. En el oeste, por otro lado, las nuevas formas se difundirían "desde arriba". Es decir, en las zonas más alejadas del foco geográfico del cambio, las variantes innovadoras llegan como formas de prestigio a través de los textos más elaborados.

Palabras clave: Pronombres, variación geográfica, registro, CODEA+

* Esta investigación se enmarca en el proyecto PID2020-116863GB-I00 financiado por MCIN/AEI/10.13039/501100011033/FEDER "Una manera de hacer Europa". La autora se ha beneficiado de un contrato predoctoral del Ministerio de Ciencia, Innovación y Universidades (FPU17/00087).

Abstract: The purpose of this research is to re-examine the replacement of the Old Spanish pronouns *nós*, *vós* by *nosotros*, *vosotros* with particular focus on the analysis of the geographical and register distribution of these forms. To do so, I use a selection of literary texts of known geographical origin, as well as legal texts from CODEA+ representing various levels of formality. The geographical data from both the literary and legal texts shows consistently that *nosotros* and *vosotros* originate in the east of the peninsula. Most likely this change took place as a result of language contact with Catalan, which used compound forms *nosaltres*, *vosaltres* from an earlier date. From there, the new forms spread further towards the west. Nonetheless, register patterns are different depending on the level of proximity to the geographic focus of the change. The data suggests two possible contrasting paths for the introduction of the reinforced pronouns *nosotros* and *vosotros* in Old Spanish. In the east, where the change first took place, the innovative forms spread "from below", from the less formal texts. This can be interpreted as a change that takes place in areas where there is prolonged language contact via bilingualism with Catalan and Occitan. In the west, on the other hand, the new pronouns spread "from above", that is, in the areas furthest from the focus of change, the innovative variants arrived as prestigious forms that were first disseminated through elaborated texts.

Keywords: Pronouns, geographic variation, register, CODEA+

1. INTRODUCCIÓN

Los factores que influyen en el cambio lingüístico son variados y complejos. Examinar estos factores y cómo interactúan entre ellos es imprescindible para entender de forma completa las circunstancias que influyen en la difusión o adopción de las variantes lingüísticas. Tradicionalmente, en el estudio de la gramática histórica, se ha prestado atención a factores internos del cambio lingüístico como el valor semántico o el contexto sintáctico, y el principal factor externo ha sido, como es de esperar, la variación diacrónica. En la última década, se ha reivindicado el papel de la variación diatópica en el estudio de la historia de la lengua con el objetivo de establecer los patrones de difusión de los cambios en el espacio geográfico (Fernández-Ordóñez 2011). Y, más recientemente, según se está afinando la metodología de corpus, se está considerando el uso de tipologías textuales de diferentes registros para ver la difusión de las variantes lingüísticas en el espacio social (Del Barrio de la Rosa 2018; Sánchez-Prieto Borja 2012: 11; Serrano Marín 2018: 82–83).

El factor del registro, al que la lingüística histórica puede acceder solo de forma limitada a través de textos más o menos elaborados, y el factor diatópico se combinan en los dos modelos de difusión por el espacio geográfico propuestos por Sánchez-Prieto Borja (2012: 12). Este autor plantea dos posibles patrones: uno de difusión areal para los cambios desde abajo, es decir, aquellos cambios introducidos por debajo de la consciencia de la comunidad; y otro registral para los cambios desde arriba, es decir, aquellos introducidos por la clase social dominante.

> Los cambios que se producen de abajo a arriba en la escala social son sensibles al factor geográfico, pues no parece que un cambio empiece al unísono y se desarrolle con la misma cadencia y reglas internas en todos los ámbitos regionales.
>
> Los cambios que se producen de arriba a abajo, es decir, los que empiezan en las capas culturalmente altas, que se suelen difundir, al menos inicialmente, a través de la escritura, no responden al factor geográfico (Sánchez-Prieto Borja 2012:30–31).

Por tanto, el cartografiado de las variantes lingüísticas en el espacio geográfico y la utilización de fuentes textuales pertenecientes a diferentes niveles de formalidad son imprescindibles para el establecimiento del foco de radiación de los procesos de cambio lingüístico.

El objetivo de la presente investigación es reexaminar un proceso de cambio como es el reemplazo de los pronombres de primera y segunda persona plural *nós* y *vós* por *nosotros* y *vosotros* desde la perspectiva de la interacción entre variación geográfica y la de registro, para así trazar las vías de entrada de los pronombres en castellano a través del espacio geográfico y social. Para poder hacer esto, es necesario utilizar un corpus anclado cronológica y geográficamente que incluya textos de tipología variada: desde el ámbito más formal (textos literarios o de la cancillería) al más familiar (cartas privadas). Esto permitirá conocer en detalle el recorrido de las variantes compuestas de los pronombres y establecer los factores que influyeron en su difusión.

En las siguientes secciones, empezaremos repasando algunos aspectos que hasta ahora han quedado desatendidos en el estudio de la difusión de los pronombres *nosotros*, *vosotros* en castellano medieval. A continuación, se describirá la composición del corpus y el proceso de extracción de datos. En la sección central del trabajo se presentarán y analizarán los datos desde una perspectiva cronológica (§ 4.1), geográfica (§ 4.2), y de registro (§ 4.3). En esta última sección, cruzaremos estas tres variables para comprobar de qué modo se relacionan y para describir de forma cabal el proceso de difusión de los pronombres reforzados.

2. EL ESTUDIO DE LA DIFUSIÓN DE LOS PRONOMBRES *NOSOTROS*, *VOSOTROS* EN CASTELLANO: CUESTIONES PENDIENTES

El reemplazo de los pronombres simples *nós* y *vós* por las formas reforzadas *nosotros* y *vosotros*, que tuvo lugar en la baja Edad Media, es un fenómeno de cambio morfosintáctico que ha sido ampliamente estudiado. En las gramáticas históricas se hace referencia al origen etimológico de las formas innovadoras (Alvar y Pottier 1983: 122; Lausberg 1973: 162), a las causas de su aparición, al valor enfático o contrastivo que pudieron tener las variantes reforzadas en su origen (García *et al.* 1990: 72; Gili Gaya 1946: 111–112) y a las ventajas que pudieron aportar las nuevas formas al paradigma pronominal (Alvar y Pottier 1983: 123; García *et al.* 1990: 75–77; Rini 1999: 209). En cambio, hay otros aspectos sobre la aparición y la generalización de *nosotros*, *vosotros* que han quedado desatendidos.

Uno de los aspectos que no se ha investigado en profundidad hasta hace relativamente poco es el origen y la difusión de dichos pronombres reforzados en el espacio geográfico. En su momento, tanto Gili Gaya (1946: 109) como Lenz (1925: 245) plantearon la similitud del significado de los pronombres *nosotros*, *vosotros* del castellano con las formas correspondientes del francés (*nous autres, vous autres*), que sufren un proceso paralelo que no llega a gramaticalizarse, pero en las décadas posteriores no se desarrolló esta vertiente diatópica. Hasta hace poco, solo Fernández-Ordóñez (2011: 78) había profundizado más sobre la dimensión geográfica. Ella sitúa el foco del cambio en la antigua Corona de Aragón y destaca, además, la influencia directa del catalán y del occitano. Por tanto, parece que el factor geográfico es relevante para la descripción del reemplazo de *nós*, *vós* por *nosotros*, *vosotros*, igual que ocurre con otros fenómenos de cambio lingüístico que llegan al castellano desde las variedades laterales.

El otro aspecto que se ha descuidado en los estudios previos sobre la difusión de los pronombres *nosotros*, *vosotros* es el de la variedad textual, puesto que la mayoría de los trabajos que han abordado este tema han utilizado únicamente textos de tipo literario. El uso de una nómina de textos pertenecientes al canon literario como fuente de datos lingüísticos ha sido habitual en gramáticas históricas y estudios empíricos (Pons Rodríguez 2006). De este modo, se ha tendido a analizar la lengua de los textos literarios más conocidos, con una muestra de uno o dos testimonios por siglo y sin tener en cuenta su calidad filológica o interés lingüístico. Esta tendencia es la que encontramos de forma mayoritaria en los estudios del paradigma pronominal y solo los trabajos más recientes empiezan a incluir datos de fuentes documentales: De Jonge y Nieuwenhuijsen (2009) usan el *Corpus diacrónico del español* (CORDE) como corpus complementario de su corpus principal, formado por textos literarios principalmente en prosa; Calderón Campos (2010) utiliza el CORDE como corpus principal junto con el *Corpus del español* de Mark Davies. En cualquier caso, no parece que en ninguno de los dos trabajos se filtren o seleccionen los textos de alguna manera, con los problemas que eso puede conllevar (cf. Rodríguez Molina y Octavio de Toledo y Huerta 2017).

El uso de textos literarios como fuente única para el estudio de la lengua en diacronía tiene algunos inconvenientes: la intermediación de la copia manuscrita y la compleja transmisión textual de muchas obras, así como la dificultad de situar los testimonios en una fecha y localización geográfica concretas. Frente a los literarios, los textos documentales, que no están exentos de problemas, normalmente sí pueden localizarse en una fecha y localidad determinadas, por lo que permiten cartografiar de forma precisa el avance de las variantes en el espacio geográfico.

En Gomila Albal (2016) se analiza de forma preliminar la distribución de los pronombres *nosotros*, *vosotros* únicamente en textos documentales a partir de la versión de 2011 del *Corpus de documentos españoles anteriores a 1700* (CODEA). Los datos se actualizan con la versión de 2015 (CODEA+) y se analizan en profundidad en Enrique-Arias, Ribas Marí y Gomila Albal (2023). En estos trabajos los textos documentales presentan una difusión de los pronombres reforzados desde el oriente peninsular. No obstante, el avance de dichas variantes es considerablemente más lento de lo que se había establecido en estudios previos. De este modo, en el siglo XVI, cuando según la bibliografía previa se esperaría que *nosotros* y *vosotros* fueran las formas habituales, el CODEA+ no llega a un 20 % de pronombres reforzados. La amplia diferencia en el grado de difusión de los pronombres *nosotros*, *vosotros* en los textos documentales frente a los textos literarios usados en los estudios previos podría explicarse de dos maneras. En primer lugar, es posible que el hecho de que los análisis anteriores hayan incluido copias tardías de textos literarios y que no se haya tenido en cuenta su origen dialectal haya adelantado la cronología del avance de las variantes pronominales innovadoras. En segundo lugar, la otra posibilidad es que la tipología textual y el registro sean factores relevantes para la descripción del reemplazo de *nós*, *vós* por *nosotros*, *vosotros*.

Por tanto, la clave para establecer con precisión las vías de entrada de los pronombres *nosotros*, *vosotros* en castellano está en el análisis de su evolución a partir de fuentes que combinen tipologías documentales y literarias, así como en la selección rigurosa de testimonios filológicamente fiables, originales o próximos al original, y con data tópica y crónica conocidas. Este es precisamente el punto de partida del análisis que se presenta en las siguientes páginas.

3. CORPUS Y METODOLOGÍA

Investigar el recorrido histórico y geográfico de cada una de las variantes pronominales exige una metodología específica. Como ya se ha apuntado más arriba, durante la recopilación del corpus de este trabajo se han tenido en cuenta no solo textos literarios, tal y como se había hecho en estudios previos, sino también textos documentales.

3.1. Corpus documental

Para el corpus documental se ha utilizado el *Corpus de documentos españoles anteriores a 1800* (CODEA+). En su versión actual (octubre de 2022), el CODEA+ consta de 2491 textos de fuentes documentales, es decir, privilegios, cartas de compraventa, cartas privadas, actas y declaraciones, etc. Este corpus incluye la data geográfica y cronológica del 94 % de sus documentos, lo que convierte al CODEA+ en una herramienta ideal para trazar el origen y la difusión de variantes lingüísticas en el tiempo y en el espacio. Además, también da información sobre el ámbito de emisión, una variable que no se ha tenido en cuenta para analizar la difusión de los pronombres reforzados. Así, el CODEA+ contiene textos de los ámbitos cancilleresco, judicial, municipal, eclesiástico y particular, en orden de mayor a menor formalidad (Sánchez-Prieto Borja 2012: 15, 2016: 17; Serrano Marín 2018: 82–83). De este modo, el análisis del ámbito de emisión permitirá acceder, aunque sea de forma indirecta, al factor registral, lo que posibilitará el análisis de los datos desde una perspectiva histórico-sociolingüística.

Para extraer los datos del CODEA+ se hicieron búsquedas de todas las variantes gráficas de los pronombres *nós*, *vós*, *nosotros*, *vosotros*. En una primera revisión preliminar se descartaron todos los casos en los que el pronombre fuera en realidad átono (*nos*, *vos*). Como resultado se obtuvieron 9.203 ejemplos de todas las variantes tónicas entre los siglos xiii y xvii. Antes de empezar propiamente con la codificación, fue necesario desambiguar el referente de todas las formas simples consultando el contexto próximo para distinguir los que tuvieran referente plural. Así, para este análisis solo se han utilizado los datos de *nós* y *vós* que hacen referencia a más de una persona y se ha dejado de lado el uso de estos pronombres como formas de tratamiento singulares. Una vez eliminados los casos con referente singular o que en realidad fueran átonos, quedaron 5.466 ejemplos (para una descripción detallada del proceso de extracción y limpieza de los datos, cf. Gomila Albal (2022: 98–99)).

Para el cartografiado de datos se han descartado todos los ejemplos que no tuvieran ningún tipo de localización. Si no había información concreta sobre la población del documento, se ha situado en la capital de la provincia. Los documentos que tuvieran una localización conjetural (marcada con un interrogante en el índice del corpus) se han mantenido en dicha localización.

3.2. Corpus literario

Para el corpus literario, en cambio, se han seleccionado textos de fuentes diversas. Se han priorizado testimonios originales o próximos al original[1] que tuvieran una procedencia dialectal conocida, aunque fuera aproximada, de entre los siglos xiii y xvi. Las principales fuentes utilizadas han sido la *Biblioteca Digital de Textos del Español Antiguo* (BiDTEA) y los textos y concordancias del *Hispanic Seminary of Medieval Studies* (HSMS),

1 Esto no siempre ha sido posible. En casos puntuales, se han incluido algunos testimonios que se consideran copias tardías. Un ejemplo es el ms. O del *Libro de Alexandre*, códice de principios del xiv compuesto más de medio siglo después de la fecha original de producción del texto (1240–1250). Otro caso es el ms. S del *Libro de buen amor*, copiado por Paradinas hacia 1415, mientras la fecha original de producción se sitúa a finales de la primera mitad del xiv. La inclusión de estas copias tardías en el corpus se debe a que en ambos ejemplos nos encontramos con testimonios que por sus características lingüísticas resultan imprescindibles para describir el habla del occidente peninsular.

Biblia medieval y *Biblias hispánicas*, el *Corpus diacrónico del español* (CORDE) y el *Diccionario del castellano del siglo xv en la Corona de Aragón* (DiCCA-xv). Al mismo tiempo, también se han incorporado algunas ediciones concretas de textos que no están disponibles en estas fuentes y que se especifican en la Tabla 1. Dado que en muy raras ocasiones se puede establecer de forma precisa el lugar de producción de este tipo de textos, se ha categorizado el *continuum* del centro-norte peninsular en tres grandes áreas verticales, de oeste a este: León y Castilla occidental (LCO), Castilla central y oriental (CCO) y Navarra y Aragón (NyA)[2].

De este modo, el corpus literario está formado por 46 textos (cf. Tabla 1) que suman más de 9.500.000 palabras. Esto contrasta con el tamaño más reducido del CODEA+, que cuenta con menos de 800.000 palabras para el mismo periodo y zona geográfica. La necesidad de recopilar un corpus literario más amplio se debe a la búsqueda de una muestra lo suficientemente variada en cada uno de los segmentos cronológicos y geográficos. Así, se evita extrapolar las características de un testimonio a las de un periodo.

No obstante, el gran tamaño del corpus literario tiene como consecuencia inevitable que las búsquedas de las variantes *nós*, *vós*, *nosotros*, *vosotros* arrojan una cantidad excesiva de resultados, con un total de 30.289 ejemplos. Después de descartar los casos de pronombres átonos o falsos positivos, han quedado 16.988 ejemplos. Este alto número de casos imposibilita codificar exhaustivamente el referente singular o plural de todas las ocurrencias, ya que esto suele requerir la lectura de un contexto amplio. Ante esto, se ha extraído una selección de 2.000 ejemplos sobre la que hacer el análisis. Para ello, se ha buscado que cada texto tuviera una muestra proporcional a su peso en número de palabras dentro del corpus. Por ejemplo, un texto como *E6*, de 428.697 palabras, supone un 4.46 % del corpus, de modo que se extraería aleatoriamente el equivalente al 4.46 % de los 2.000 ejemplos que forman la muestra: 89 ocurrencias; y así sucesivamente. En algunas obras, el total de ejemplos plurales disponibles en el texto no llegaba a la cantidad establecida en los criterios. Por este motivo, la muestra está formada finalmente por 1.933 ejemplos.

En definitiva, los datos de los textos literarios que se presentarán en este capítulo estarán basados en una muestra de ejemplos aleatoria proporcional al peso de cada obra en el corpus. Esto posibilita el análisis

2 Esta clasificación no pretende representar variedades dialectales individuales o isoglosas, sino que surge de la necesidad de comparar los textos desde una perspectiva diatópica.

exhaustivo de cada ejemplo sin renunciar a un corpus amplio y variado, con distintos testimonios para cada época y área dialectal.

Tabla 1 *Resumen de obras y fuentes del corpus de textos literarios*[3]

	Clave	Siglo	GEO	Fuente
Biblia Escorial I.i.6	E6	XIII	CCO	Biblia Medieval
General Estoria I	GE1	XIII	CCO	BiDTEA
Gran conquista de Ultramar	GCU	XIII	CCO	BiDTEA
Judizios de las estrellas	Judizios	XIII	CCO	BiDTEA
General Estoria IV	GE4	XIII	LCO	BiDTEA
Libro de las cruzes	Cruzes	XIII	NyA	BiDTEA
Vidal Mayor	Vidal	XIII	NyA	BiDTEA
Leomarte: Sumas de la historia troyana	Sumas	XIV	CCO	BiDTEA
Mostrador de Justicia	Mostrador	XIV	CCO	Mettmann (1996)
Crónica troyana promovida por Alfonso XI	CTroyana	XIV	LCO	D'Ambruoso (2012)
Cuento muy fermoso de Otas de Roma	Otas	XIV	LCO	Madison
Libro de Alexandre	Alexandre	XIV	LCO	BiDTEA
Poema de Alfonso Onceno	Onceno	XIV	LCO	CORDE
Crónica de los conqueridores I	CQ1	XIV	NyA	BiDTEA
Crónica de los conqueridores II	CQ2	XIV	NyA	BiDTEA
Grant crónica de Espanya I	GC1	XIV	NyA	BiDTEA
Historia troyana	HTroyana	XIV	NyA	BiDTEA
Arcipreste de Talavera o Corbacho	Corbacho	XV	CCO	CORDE
Atalaya de las corónicas	Atalaya	XV	CCO	Garrido Martín (2016)
Biblia de Arragel	Arragel	XV	CCO	Biblia Medieval
Claros varones de Castilla	Varones	XV	CCO	Madison
Crónica de España de Diego de Valera	Valeriana	XV	CCO	Madison
Istoria de las bienandanzas e fortunas	Bienandanzas	XV	CCO	CORDE
Libro de las Propiedades de las Cosas	Propiedades	XV	CCO	Madison
Traducción y glosas de la Eneida, I-III	Eneida	XV	CCO	CORDE
Virtuosas e claras mugeres	Virtuosas	XV	CCO	Pons Rodríguez (2008)
Visión deleytable	Visión	XV	CCO	CORDE
Crónica de 1344	Cronica1344	XV	LCO	BiDTEA
El Victorial	Victorial	XV	LCO	CORDE
Libro de buen amor	LBA	XV	LCO	BiDTEA
Exemplario por ABC	ABC	XV	LCO	Madison
Un sermonario castellano medieval	Sermonario	XV	LCO	CORDE
Crónica de Aragón de Vagad	CroAra	XV	NyA	DiCCA-XV
Historia de los reyes godos	Godos	XV	NyA	DiCCA-XV
Tractado de Roma	Roma	XV	NyA	DiCCA-XV
Viaje de la Tierra Santa	Viaje	XV	NyA	DiCCA-XV
Vida de los sanctos religiosos de Egipto	Vida	XV	NyA	DiCCA-XV
Belianís de Grecia	Belianís	XVI	CCO	CORDE
Crónica de la Nueva España	CNE	XVI	CCO	CORDE
Espejo de príncipes y caballeros o El caballero del Febo	Espejo	XVI	CCO	CORDE
Historia etiópica de los amores de Teágenes y Cariclea	HEtiópica	XVI	CCO	CORDE
Coloquios satíricos	CSatíricos	XVI	LCO	CORDE
Jardín de flores curiosas	Jardín	XVI	LCO	CORDE
Lisuarte de Grecia	Lisuarte	XVI	LCO	CORDE
Seis tratados muy devotos y útiles para cualquier fiel cristiano	Tratados	XVI	NyA	CORDE
Traducción de "Orlando furioso" de Ludovico Ariosto	Orlando	XVI	NyA	CORDE

3 Para una descripción individual de cada uno de los testimonios seleccionados, cf. Gomila Albal (2022: 69–84).

4. DATOS Y ANÁLISIS

Una vez que hemos establecido un corpus con información cronológica y geográfica, y representativo de diferentes niveles de formalidad, podemos pasar al análisis. En las próximas páginas, se hará un primer repaso a la cronología del avance de los pronombres reforzados *nosotros*, *vosotros* en textos literarios y documentales (§ 4.1). En segundo lugar, analizaremos la difusión geográfica de las variantes en ambos tipos de texto (§ 4.2). En tercer lugar, utilizaremos la variable del ámbito de emisión incluida en el CODEA+ para ver si se observan diferencias entre textos más formales como los cancillerescos y más informales como las cartas privadas. Cerraremos esta última sección con la combinación de las variables del tiempo, el espacio y el registro con el objetivo de ver cómo interactúan y dilucidar cómo se produjo la entrada de los pronombres compuestos en distintas zonas de la península ibérica (§ 4.3).

4.1. Evolución cronológica de nosotros *y* vosotros *en textos documentales y literarios*

Una de las cuestiones que más se han tratado en el análisis de la difusión de los pronombres *nosotros*, *vosotros* es su cronología. En general, se considera que en el siglo XIII se producen las primeras apariciones de las formas compuestas, durante el siglo XV se difunden y generalizan, y en el XVI ya son las formas habituales (Eberenz 2000: 58–59). Autores como Fernández-Ordóñez (2011:76), De Jonge y Nieuwenhuijsen (2009), Líbano Zumalacárregui (1991: 112), García *et al.* (1990: 65) y Gili Gaya (1946: 112) coinciden a grandes rasgos con esta cronología.

En el corpus descrito en la sección anterior, los primeros ejemplos de los pronombres *nosotros*, *vosotros* aparecen en el siglo XIII tanto en los textos documentales del CODEA+ como en los textos literarios, lo que coincide con lo establecido por la bibliografía previa. En este siglo, únicamente encontramos un texto de cada corpus que documente estas variantes.

Los primeros ejemplos que encontramos en los textos literarios son los de la *Gran Conquista de Ultramar*, que podemos situar en los últimos años del XIII (Alvar y Lucía Megías 2002: 605):

(1) a. & si nos otros fueremos muertos o presos. los moros tomaran las duennas (GCU, fol. 219v, BiDTEA).
b. & sera grant desondra del Rey de francia & de nos. [...] & uos otros que dezides a esto (GCU, fol. 249r, BiDTEA).

Algo más tempranas son las ocurrencias de formas reforzadas del CODEA+ que encontramos en un documento de 1265. Se trata de una carta emitida por el obispo de Pamplona:

(2) a. Entendiemos que algunos de vosotros capellanos e clérigos non queredes recebir a los demandadores de Sant Pedro de Ribas (CODEA-0979).
b. aquella cosa amamos especialment sobre todas las otras e vós otros la devedes amar (CODEA-0979).
c. e coando las avrán feitas mandamos a vosotros capellanos que prengades uno o dos de vuestros parroquianos (CODEA-0979).
d. e si por aventura fuesse ninguno de vosotros capellanos o clérigos rebelles.
e. assí que por el bien ni la mercé que vosotros a ellos faredes podades ganar la gloria de paraíso (CODEA-0979).

Los dos ejemplos de formas reforzadas citados en (1) se corresponden con el 0.5 % de pronombres de primera y segunda persona de plural del siglo XIII de la muestra del corpus literario. A continuación, en la Tabla 2 podemos ver la evolución completa del reemplazo de las variantes simples *nós* y *vós* por las reforzadas *nosotros* y *vosotros* en este tipo de textos.

Tabla 2 *Frecuencias de* nós, vós, nosotros *y* vosotros *desde el siglo XIII al XVI en la muestra de textos literarios (N = 1933)*

	XIII	*XIV*	*XV*	*XVI*
Nós, vós (plural)	99.5 % (395/397)	82.1 % (320/390)	57.3 % (428/747)	12.3 % (49/399)
Nosotros, vosotros	0.5 % (2/397)	17.9 % (70/390)	42.7 % (319/747)	87.7 % (350/399)

A grandes rasgos, la evolución de las variantes en la muestra literaria refleja una evolución similar a la ya descrita por los estudios previos. Tras las primeras ocurrencias en el siglo XIII, las formas reforzadas avanzan progresivamente y rebasan la fase inicial del cambio en el siglo XIV con un 18 % de aparición. La fase intermedia la podemos situar en el siglo XV, momento en el que se aproxima al 50 %. Finalmente, en el XVI el cambio se puede considerar completo con un 88 % de formas reforzadas. De acuerdo con lo que señala Gili Gaya (1946: 113), el cambio es rápido y relativamente brusco, especialmente en los siglos XV y XVI.

Tabla 3 *Frecuencias de* nós, vós, nosotros *y* vosotros *desde 1251 a 1550 en CODEA+ (N = 5005)*[4]

	1251–1300	***1301–1350***	***1351–1400***	***1401–1450***	***1451–1500***	***1501–1550***
Nós, vós (plural)	99.4 % (994/1000)	99.4 % (809/814)	97.3 % (974/1001)	95.6 % (922/964)	90.2 % (572/634)	82.4 % (488/592)
Nosotros, vosotros	0.6 % (6/1000)	0.6 % (5/814)	2.7 % (27/1001)	4.4 % (42/964)	9.8 % (62/634)	17.6 % (104/592)

En cambio, tal y como habíamos avanzado hace unas páginas, el avance de los pronombres *nosotros* y *vosotros* en los textos documentales sigue un ritmo diferente. En el CODEA+ se han obtenido 5.005 formas entre 1251 y 1550. De estas, un 95 % se corresponden con las formas simples, mientras que las formas compuestas apenas llegan a un 5 % en total. Tal y como puede verse en la Tabla 3, el avance de las nuevas variantes es radicalmente más lento en este tipo de textos, de modo que la fase inicial del cambio se prolonga hasta el siglo XVI. En ese momento, en los textos literarios el cambio se ha completado, mientras que en los textos documentales las variantes reforzadas no llegan al 18 % de aparición.

Por tanto, parece evidente que el cambio no se difunde a la vez en todos los tipos de texto. Estas diferencias pueden estar causadas por el tipo de documentos incluidos en el CODEA+: textos legislativos, cartas de compraventa, actas y declaraciones, etc.; que favorecen la aparición de ciertas fórmulas fijas, especialmente en el encabezado o el cierre, que en muchos casos incluyen pronombres. De este modo, las variantes innovadoras tardarían más en difundirse en contextos como los que vemos en (3), extraídos de documentos del siglo XVI:

(3) a. a vós el concejo, justicia, regidores, caballeros, escuderos, oficiales e omnes buenos de la villa de Vilvao, salud e gracia (CODEA-1425, Bilbao, 1506).
b. a vuestro alcalde en el dicho oficio e a cadaúno de vós a quien esta mi carta fuere mostrada, salud e gracia (CODEA-0296, Burgos, 1515).

4 Estos datos difieren ligeramente de los presentados en Enrique-Arias, Ribas Marí y Gomila Albal (2023) para el estudio de *nós*, *vós*, *nosotros*, *vosotros*, ya que en esta ocasión se ha decidido mantener las ocurrencias sin data tópica en las secciones en las que este dato no es imprescindible.

c. a los que agora son como a los que serán de aquí adelante e a cadaúno de vós a quien esta nuestra carta fuere mostrada (CODEA-0277, Valladolid, 1523).
d. e a cada uno e cualquier de vós en vuestros lugares e juridiciones, e a otras cualesquier personas de cualquier estado e condición (CODEA-0306, Madrid, 1552).

Uno de los muchos ejemplos de este fenómeno lo podemos encontrar en un documento del siglo XVI (CODEA-1425), donde prácticamente la totalidad de pronombres de segunda persona del plural están expresados mediante formas compuestas:

(4) a. **bosotros** fazíades cierto nombramiento de escrivanos.
b. **bosotros** nin los dichos escrivanos vayades nin pasedes.
c. seyendo para ello **vosotros** e los dichos escrivanos.
d. los quales sean esaminados por **vosotros**.
e. an de ser elegidos por **vosotros**.
f. por el mismo fecho **vosotros** perdáis.
g. los escrivanos que por **vosotros** fueren elegidos.

En cambio, *vós* se mantiene en fórmulas del texto, típicas de documentos cancillerescos como este:

(5) a. a **vós** el concejo, justicia, regidores, caballeros, escuderos, oficiales e omnes buenos de la villa de Vilvao, salud e gracia.
b. fue acordado que de aquí adelante **vós** el dicho concejo juntamente con el nuestro corregidor.

En resumen, en los textos literarios el reemplazo de *nós*, *vós* por *nosotros*, *vosotros* se inicia y culmina entre los siglos XIII y XVI, de acuerdo con los análisis realizados en estudios previos, que también utilizaban esta tipología textual como fuente de datos. En cambio, el avance de las variantes innovadoras en los textos documentales es considerablemente más lento. En términos porcentuales, en el siglo XVI este tipo de textos se encontraría todavía en una fase inicial del cambio. La resistencia a la adopción de los pronombres reforzados podría explicarse, por tanto, por el carácter formulístico de la documentación notarial.

Sin embargo, el mayor uso de las formas simples *nós* y *vós* en los textos documentales no se puede justificar únicamente por su mantenimiento en las fórmulas del encabezado y cierre de los documentos. Si nos fijamos con más detalle en los ejemplos citados en (3) y (5), que conservan *nós* y *vós*, vemos que se repiten dos tipos de estructuras que son habituales en la documentación notarial. El primer tipo se corresponde con lo que Nowikow (1994) llama estructuras especificadoras, como *cualquiera de vós*, *cada uno de vós* o *ninguno de vós*, presentes en los ejemplos (3b-d). Según este autor (1994: 293), estos sintagmas parecen favorecer las variantes simples de los pronombres. El segundo tipo de estructura la encontramos cuando el pronombre va seguido de aposición, como en los ejemplos (3a) y (5a-b): "a vós el concejo, justicia [...]", "vós el dicho concejo". En la documentación notarial es especialmente frecuente la aparición de los pronombres simples *nós* y *vós* seguidos de una aposición con el nombre completo de las personas a las que se hace referencia o con algún sintagma como *los dichos compradores*, *las dichas partes* o *los sobredichos*.

Podríamos pensar que el mantenimiento de las variantes simples en estos contextos se debe una vez más al carácter formulístico de los documentos notariales. Esto es en parte cierto. No obstante, cabe destacar que estas estructuras no solo aparecen en la cabecera o el cierre, sino que se repiten una y otra vez en el cuerpo del texto. La razón de ser de esta especificación constante es la necesidad de aclarar quiénes son los intervinientes en un proceso de compraventa, los beneficiarios de un testamento, etc. Este tipo de texto puede favorecer, por su registro, el uso de *nós* y *vós* como formas de tratamiento con referente singular, y al mismo tiempo necesita que se elimine totalmente la ambigüedad del referente de los pronombres. Esta ambigüedad puede resolverse mediante el uso de estructuras especificadoras, de aposiciones o mediante la adición del refuerzo pronominal *otros*.

De este modo, la combinación de estos recursos, es decir, el uso de fórmulas fijas en el encabezado o el cierre de los textos, la frecuente aparición tanto de estructuras especificadoras —tipo *cualquier de vós*— como de aposiciones, tiene un papel innegable en la retención de los pronombres simples en la documentación notarial.

4.2. Origen y difusión de las variantes en el espacio geográfico

Aunque en la sección anterior hemos tratado la cronología general del reemplazo de los pronombres *nós*, *vós* por *nosotros*, *vosotros*, el avance de los pronombres reforzados no se produjo al mismo tiempo en todo el territorio peninsular, sino que podemos encontrar diferencias notables entre las distintas zonas geográficas. Además, este es un proceso que también tiene lugar en lenguas y dialectos romances diferentes al castellano.

De las variedades que refuerzan sus pronombres de primera y segunda persona del plural, algunas terminan con formas gramaticalizadas (como el catalán y el occitano), y otras simplemente las mantienen como formas con valor enfático (como el francés, el italiano, el sardo y el retorromance) (Fernández-Ordóñez 2011: 76; Lausberg 1973: 162; Meyer-Lübke 1974: 103; Posner 1998: 113). En contraste con las lenguas y dialectos orientales que presentan pronombres equivalentes a *nosotros* y *vosotros*, encontramos otros en la mitad occidental de la península ibérica que todavía conservan los pronombres *nós* y *vós*, como el bable occidental y las hablas de algunos puntos de Galicia y del norte de Portugal (Alvar y Pottier 1983: 123; Fernández-Ordóñez 2011: 78; Gili Gaya 1946: 116). Esta distribución sugiere que los pronombres reforzados llegaron al castellano desde el oriente peninsular. El objetivo de esta sección es trazar el origen y la difusión de estas variantes en los textos literarios y documentales en castellano.

Las primeras ocurrencias que encontramos en textos literarios, citados en (1), son del ms. 1187 de la *Gran conquista de ultramar*, testimonio de los últimos años del XIII, de la Cámara Real castellana de Sancho IV (Alvar y Lucía Megías 2002: 603–605). Hasta el siglo XIV no documentamos más ejemplos de los pronombres compuestos. A partir de este momento, puede verse una clara difusión de las variantes reforzadas desde el oriente peninsular hacia el occidente (Figura 1). Durante el siglo XIV, en Navarra y Aragón se alcanza rápidamente un 28 % de variantes reforzadas, seguidas de Castilla central y oriental, con un 13 %. En cambio, León y Castilla occidental no las documentan hasta el XV. De este modo, en la fase inicial del cambio encontraríamos una difusión escalonada de las variantes reforzadas desde el este al oeste del norte peninsular.

En el siglo XV, toda la mitad central y oriental se sitúa en la fase intermedia del cambio (NyA 56 %; CCO 47 %). Mientras, el extremo más occidental inicia el proceso con un siglo de diferencia (20 %). Sin embargo, en el siglo XVI las variantes reforzadas avanzan rápidamente en León y Castilla occidental hasta ponerse prácticamente a la altura del resto del territorio peninsular: 82 % frente al 95 % de Castilla central y oriental.

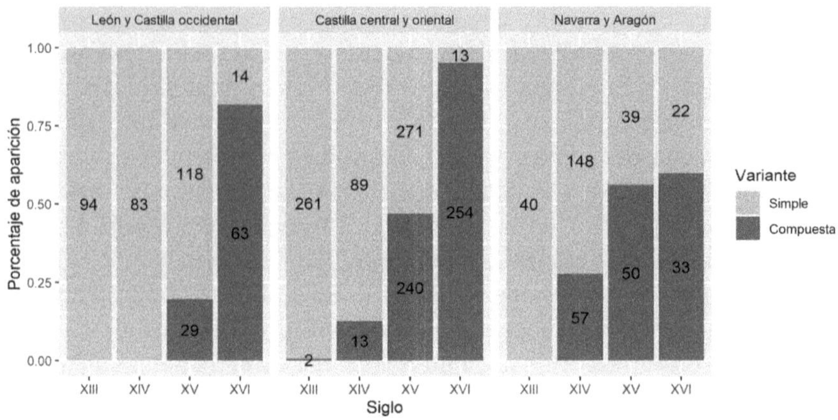

Figura 1 *Presencia de formas simples y compuestas según zona geográfica (textos literarios)*

En este último siglo destaca el bajo número de ocurrencias en Navarra y Aragón (55 en total) y, especialmente, el bajo porcentaje de formas reforzadas (60 %). Los 22 ejemplos de formas simples que se registran en este segmento pertenecen a una misma obra, el *Orlando*. La persistencia de los pronombres *nós* y *vós* en este texto puede deberse a que se trata de un poema épico caballeresco, donde la métrica o la voluntad arcaizante pueden haber influido en la elección de estas variantes.

Una de las diferencias entre textos literarios y documentales es el lugar de las primeras documentaciones. Los primeros ejemplos de los pronombres reforzados, citados en (2), aparecen en un documento de mediados del siglo XIII en Pamplona (CODEA-0979). Así, estas primeras ocurrencias, las únicas de este siglo, son más tempranas que las de la *Gran conquista de ultramar* y nos sitúan todavía más al este.

En contraste con los textos literarios, los textos documentales presentan un avance de las formas reforzadas considerablemente más lento. Por tanto, las formas simples *nós* y *vós* son las mayoritarias en todos los periodos cronológicos y en las tres zonas. Sin embargo, los textos documentales nos permiten situar las ocurrencias de las formas reforzadas de forma más precisa y cartografiar el avance del cambio.

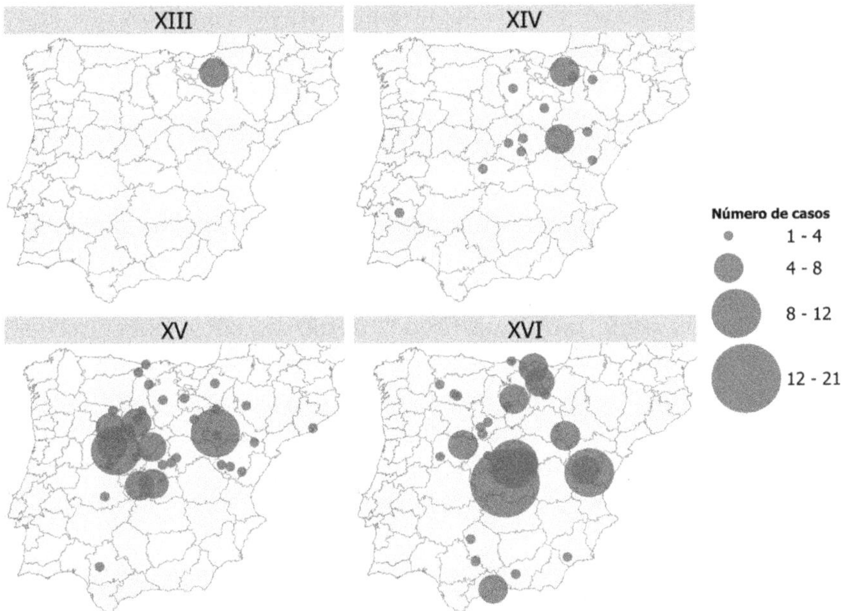

Mapa 1 *Localización de las formas compuestas* nosotros *y* vosotros *en los siglos* XIII-XVI *en los textos documentales del CODEA+*

Tal y como podemos ver en el Mapa 1, en el siglo XIV la actual provincia de Navarra se mantiene como uno de los puntos en los que encontramos más apariciones de las formas compuestas, concretamente 10 ocurrencias en 3 documentos. El otro punto en el que encontramos un número destacable de casos de formas compuestas es Molina de Aragón, localidad situada en el extremo oriental de la actual provincia de Guadalajara. Los 8 casos de este punto se corresponden con 4 documentos de entre los años 1372 y 1382. Además de las ocurrencias mencionadas, en el siglo XIV se documentan las formas compuestas en toda la mitad oriental del norte peninsular. En este momento, igual que ocurría en los textos literarios, todavía no aparece ninguna de las variantes reforzadas en las provincias que se corresponderían con León y Castilla occidental.

En el siglo XV, a pesar de que ya hemos visto que el porcentaje de las formas *nosotros* y *vosotros* todavía no es demasiado alto en este tipo de documentos, en el Mapa 1 puede verse claramente que se han extendido prácticamente por toda la mitad norte de la península, exceptuando

Asturias y León, donde sí que encontramos otros documentos que únicamente utilizan las formas simples *nós* y *vós*. En el siglo XVI, aunque hay muchas provincias sin documentos que registren ninguna de las variantes, la extensión de los pronombres compuestos es prácticamente la misma e incluso encontramos algunos casos de *nosotros* y *vosotros* en León.

Aunque el cambio está lejos de completarse en los textos de tipo documental, el cartografiado de los datos evidencia un claro paralelismo con el avance de las variantes en los textos literarios: en ambos tipos de documentos los pronombres reforzados se originan en la mitad oriental de la península (siglo XIII), se difunden desde ahí hacia el centro (siglo XIV) y hasta el siglo XV no empiezan a documentarse en León y Castilla occidental. Por tanto, los pronombres *nosotros* y *vosotros* se difunden en el espacio geográfico al mismo ritmo en ambos tipos de texto, al margen de cuál sea su presencia en términos porcentuales.

4.3. El factor registro y su interacción con la variación geográfica

Como acabamos de ver, el avance de los pronombres reforzados *nosotros*, *vosotros* a través de la península ibérica se produce al mismo ritmo y en la misma dirección —de este a oeste— en los textos documentales y en los literarios. Sin embargo, en la primera sección de este análisis también hemos observado que hay una diferencia fundamental en la frecuencia de aparición y en el grado de difusión de los pronombres *nosotros*, *vosotros* según la tipología textual. En los textos literarios el reemplazo de *nós*, *vós* por *nosotros*, *vosotros* se inicia y culmina entre los siglos XIII y XVI, mientras que el avance de las variantes innovadoras en los textos documentales es considerablemente más lento. La diferencia en la difusión de estas formas es tal que en el siglo XVI este tipo de textos se encontraría todavía en una fase inicial del cambio.

Estas diferencias pueden explicarse por el carácter conservador de los textos de tipo notarial, por la presencia de fragmentos formulísticos en la cabecera y el cierre de los documentos, y por el uso de estrategias diferentes al refuerzo de los pronombres para desambiguar el número del referente, como el empleo de estructuras especificadoras y de aposiciones junto al pronombre (§ 4.1). Asimismo, la rápida adopción de los pronombres compuestos *nosotros*, *vosotros* por parte de los textos literarios puede deberse a la influencia de los modelos literarios orientales, tanto el provenzal como el catalán (Deyermond y Rico 1980: 23, 49, 126, 331; Menéndez Pidal 1962: 103–4).

La ventaja de usar un corpus textual variado es que mediante el análisis de textos más o menos formales podemos acceder de forma limitada al factor del registro. La sociolingüística suele prestar atención a factores externos como el género, la edad o el nivel educativo de los hablantes con el objetivo de establecer la dirección del cambio, de distinguir si se trata de un cambio desde arriba o un cambio desde abajo (Labov 1994: 78; Silva-Corvalán y Enrique-Arias 2017: 270–271). En el estudio del castellano medieval, es difícil acceder a este tipo de variables, y únicamente podemos acceder al registro a través de textos de diferentes niveles de formalidad.

El CODEA+ distingue cinco ámbitos de emisión que se encuentran en distintos niveles de formalidad, de más a menos formal: cancilleresco, judicial, municipal, eclesiástico y particular (Sánchez-Prieto Borja 2012: 11; Serrano Marín 2018: 82–83). A continuación, examinaremos la evolución de los pronombres reforzados *nosotros*, *vosotros* en cada uno de estos ámbitos de emisión con el objetivo de trazar la dirección del cambio.

De los 5.005 ejemplos extraídos del CODEA+ entre 1251 y 1550 que forman el corpus documental de este trabajo (cf. Tabla 3), 2.672 pertenecen al ámbito eclesiástico, 1.387 al particular, 612 al cancilleresco, 197 al municipal y 137 al judicial. Para el análisis de esta variable se han seleccionado los tres ámbitos con un mayor número de ejemplos: para el extremo más formal, el cancilleresco; y para el menos formal, el particular y el eclesiástico. Como puede verse en la Figura 2, el eclesiástico es el primer ámbito de emisión que documenta los pronombres reforzados y mantiene una evolución progresiva y constante hasta el siglo XVI. El cancilleresco no registra las formas reforzadas hasta la primera mitad del siglo XIV, pero, de los tres ámbitos de emisión, es el que presenta un mayor uso de los pronombres hasta el siglo XVI. Finalmente, los textos particulares no solo documentan las variantes *nosotros*, *vosotros* más tarde, en la segunda mitad del XIV, sino que también son los que tienen una menor presencia de estas formas.

Estos datos apuntarían a una difusión de las variantes *nosotros*, *vosotros* desde el ámbito de emisión más formal —el cancilleresco— hasta los menos formales —eclesiástico y particular. Esto, junto a la rápida difusión de los pronombres compuestos en los textos literarios, sugiere que el reemplazo de las formas simples *nós* y *vós* fue un cambio producido desde arriba hacia abajo, de modo que las variantes reforzadas habrían sido introducidas conscientemente por la clase dominante.

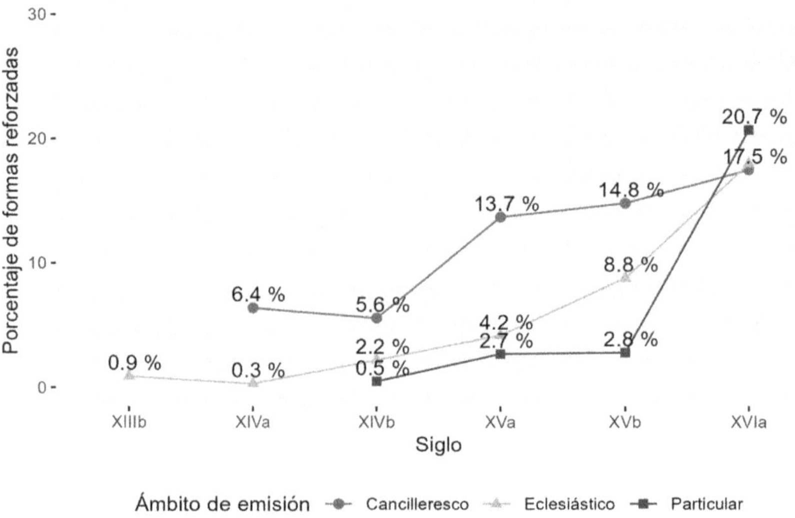

Figura 2 *Porcentaje de aparición de las formas reforzadas* nosotros *y* vosotros *en los textos cancillerescos, eclesiásticos y particulares del CODEA+ por mitad de siglo*

No obstante, otras características del reemplazo de *nós*, *vós* por *nosotros*, *vosotros* entran en contradicción con la difusión de las variantes innovadoras desde arriba. Ya hemos visto que la difusión de los pronombres reforzados *nosotros*, *vosotros* se produce desde el oriente peninsular hacia el occidente. Sin embargo, los cambios desde arriba en principio no presentan una distribución geográfica definida (Sánchez-Prieto Borja 2012: 30–31). Además, en Gomila Albal (2016: 115, 2022: 153–155) se muestra que un factor interno como la persona del pronombre (1ª o 2ª) es relevante para la descripción del proceso de reemplazo, algo que es habitual para los cambios desde abajo (Labov 1994: 78; Silva-Corvalán y Enrique-Arias 2017: 270–271). Todo esto hace pensar que en la difusión de los pronombres reforzados *nosotros*, *vosotros* interactúan una mezcla de factores desde arriba y desde abajo.

Si incorporamos la perspectiva geográfica al análisis de la difusión de las formas *nosotros*, *vosotros* en los distintos ámbitos de emisión, observamos que el papel del ámbito cancilleresco no es igual de relevante en las tres zonas geográficas distinguidas (Figura 3). Como ya sabemos, los pronombres *nosotros*, *vosotros* aparecen primero en un documento navarro de tipo eclesiástico, ámbito de emisión que se encuentra en el extremo menos formal. En los textos navarroaragoneses, los textos cancillerescos no presentan ni un solo ejemplo de los pronombres reforzados. Es cierto que en Navarra y Aragón no encontramos tantos documentos de este tipo, pero en todos ellos se utilizan exclusivamente los pronombres simples *nós* y *vós*. Asimismo, de entre todos los periodos y zonas, los textos eclesiásticos y particulares navarroaragoneses del XVI son los que alcanzan con diferencia un mayor porcentaje de formas reforzadas, 23 % y 37 % respectivamente. Por tanto, a partir de los datos de los textos documentales extraemos que en Navarra y Aragón los ámbitos de emisión más informales tienen un papel más relevante en el proceso de reemplazo de los pronombres, por lo que el cambio podría haberse difundido desde abajo. En cambio, en Castilla y en León los pronombres reforzados *nosotros*, *vosotros* acceden antes a los textos de cancillería, mientras que tienen una presencia menor en el resto de ámbitos.

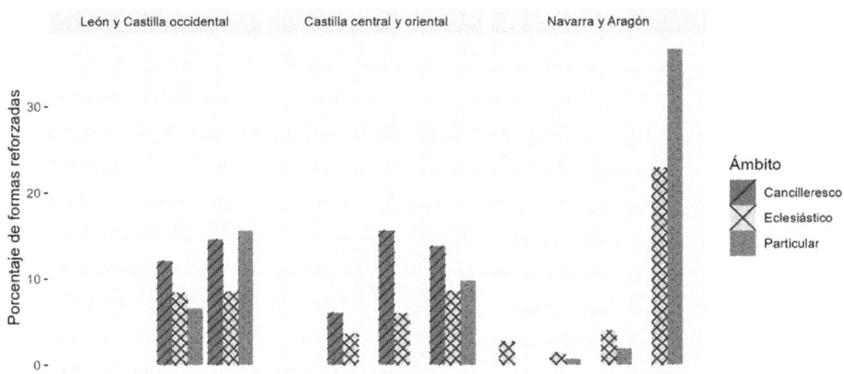

Figura 3 *Porcentaje de aparición de las formas reforzadas nosotros y vosotros en los textos cancillerescos, eclesiásticos y particulares del CODEA+ por siglo y por zona geográfica*

Esto sugiere que, en las zonas más alejadas del foco del cambio, las variantes innovadoras llegan como formas de prestigio que se manifiestan primero a través de textos literarios y que, dentro de los documentales, acceden primero a los textos de la cancillería, luego a los eclesiásticos y en último lugar a los particulares.

Por tanto, podríamos distinguir dos vías de entrada de los pronombres reforzados *nosotros* y *vosotros* en castellano. En el área oriental, donde empieza el cambio, las nuevas formas se difunden desde abajo, desde los textos más informales. Esto podría suceder de este modo debido al contacto de lenguas prolongado fruto del bilingüismo de zonas de frontera con el catalán y el occitano. En cambio, en las áreas central y occidental, más alejadas del foco geográfico del cambio, los pronombres *nosotros* y *vosotros* se difunden desde arriba, desde los ámbitos cultos, como formas prestigiosas que entran en los textos de la cancillería. Siguiendo la metáfora de Chambers y Trudgill (2004: 166), las formas innovadoras se difunden como una piedra que es lanzada y salta por la superficie del estanque del *continuum* septentrional de este a oeste.

5. CONCLUSIONES

En este capítulo se han reexaminado el origen y el avance de las variantes pronominales reforzadas *nosotros* y *vosotros*, que reemplazan a las formas simples *nós* y *vós* durante la baja Edad Media. Para ello, se ha compilado un corpus amplio de tipología variada a partir de la selección rigurosa de fuentes. Se han evitado textos transmitidos en copias tardías o que no tuvieran información sobre la fecha de composición o su origen geográfico. De este modo, el establecimiento de una base empírica sólida ha permitido trazar la difusión de las variantes lingüísticas en el tiempo, el espacio y el registro.

Las primeras documentaciones de los pronombres *nosotros*, *vosotros* tienen lugar en la segunda mitad del XIII tanto en el corpus literario como en el documental. El reemplazo se inicia y culmina entre los siglos XIII y XVI, lo que coincide con los análisis realizados en estudios previos, que también utilizaban esta tipología textual como fuente de datos. En cambio, los textos documentales muestran una difusión de las variantes innovadoras mucho más lenta, de modo que en el siglo XVI este tipo de textos se encontraría todavía en una fase inicial del cambio.

La difusión de *nosotros*, *vosotros* en el espacio geográfico se produce al mismo ritmo en textos documentales y literarios. Se registran por primera vez en el oriente peninsular en la segunda mitad del siglo XIII. En ambas tipologías textuales, al margen del porcentaje de aparición, en el siglo XIV se documentan los pronombres *nosotros*, *vosotros* en todo el centro y el este peninsular, y no llegan a Castilla occidental y León hasta el siglo XV. En el XVI ya podemos encontrar los pronombres compuestos en cualquier punto del *continuum* norte.

Si atendemos a la difusión de los pronombres reforzados a través de los ámbitos de emisión de los textos documentales de diferentes zonas geográficas, observamos dos posibles vías de entrada de los pronombres *nosotros*, *vosotros*: una "desde abajo" a través de los registros menos formales en las zonas más orientales, fruto de un contacto de lenguas a largo plazo; y otra "desde arriba" a través de los textos más formales en las zonas más lejanas, donde los nuevos pronombres llegan antes como formas de prestigio.

En definitiva, esta investigación subraya la importancia del examen cuidadoso de datos de registros y tipologías variadas, así como la necesidad de incorporar el análisis de la variación geográfica para poder entender cómo se produce la difusión de innovaciones lingüísticas en el espacio. Los resultados demuestran la compleja interacción de factores que intervienen en la difusión de las variantes lingüísticas. Además, queda de manifiesto que la única manera de desvelar los recorridos de las formas innovadoras es mediante un corpus que cuente con coordenadas cronológicas y geográficas, así como con una variedad de registro suficiente como para acceder, aunque sea de forma indirecta, a una interpretación histórico-sociolingüística de los datos.

Bibliografía

Corpus

[Atalaya] Garrido Martín, Blanca (2016): *La Atalaya de las corónicas (1443) de Alfonso Martínez de Toledo: edición crítica y estudio lingüístico*, Tesis doctoral: Universidad de Sevilla.

[Biblia Medieval] Enrique-Arias, Andrés (2008–): *Biblia Medieval.* Disponible en: http://www.bibliamedieval.es. Fecha de consulta: diciembre de 2020.

[Biblias Hispánicas] Enrique-Arias, Andrés (2018–): *Biblias Hispánicas.* Disponible en: http://www.bh.bibliamedieval.es. Fecha de consulta: diciembre de 2020.

[BiDTEA] Gago Jover, Francisco (2011): *Biblioteca Digital de Textos del Español Antiguo / Digital Library of Old Spanish Texts.* Hispanic Seminary of Medieval Studies. Disponible en: http://www.hispanicseminary.org/textconc-es.htm. Fecha de consulta: octubre de 2019.

[CODEA+] GITHE (Grupo de Investigación Textos para la Historia del Español): *Corpus de documentos españoles anteriores a 1800.* Disponible en: http://corpuscodea.es. Fecha de consulta: julio de 2019.

[CORDE] Real Academia Española: *Corpus diacrónico del español.* Disponible en: http://corpus.rae.es/cordenet.html. Fecha de consulta: julio de 2019.

[CTroyana] D'Ambruoso, Claudia (2012): *Edición crítica y estudio de la Crónica troyana promovida por Alfonso XI*, Tesis doctoral: Universidade de Santiago de Compostela.

[DiCCA-XV] Lleal, Coloma: *Diccionari del castellà del segle XV a la Corona d'Aragó.* Disponible en: http://ghcl.ub.edu/diccaxv/. Fecha de consulta: octubre de 2019.

[Mostrador] Mettmann, Walter (1996): *Alfonso de Valladolid, Mostrador de justicia*, Opladen: Westdeutscher Verlag.

[Virtuosas] Pons Rodríguez, Lola (2008): *Álvaro de Luna, Virtuosas e claras mugeres (1446)*, Burgos: Instituto Castellano y Leonés de la Lengua.

Referencias bibliográficas

Alvar, Carlos y José Manuel Lucía Megías (2002): *Diccionario filológico de literatura medieval española: textos y transmisión*, Madrid: Castalia.

Alvar, Manuel y Bernard Pottier (1983): *Morfología histórica del español*, Madrid: Gredos.

Calderón Campos, Miguel (2010): "Variantes formales y valores semánticos de (v)os(otros) en la diacronía del español", en R. M. Castañer Martín y V. Llagüéns Gracia (eds.), *De moneda nunca usada: Estudios dedicados a José Mª Enguita Utrilla*, Zaragoza: Instituto Fernando El Católico, 135–147.

Chambers, J. K. y Peter Trudgill (2004): *Dialectology*, Cambridge: Cambridge University Press, 2ª ed.

Del Barrio de la Rosa, Florencio (2018): *Espacio variacional y cambio lingüístico en español*, Madrid: Visor Libros.

Deyermond, Alan y Francisco Rico (1980): *Historia y crítica de la literatura española, 1. Edad Media*, Barcelona: Editorial Crítica.

De Jonge, Bob y Dorien Nieuwenhuijsen (2009): "Formación del paradigma pronominal de las formas de tratamiento", en C. Company Company (ed.), *Sintaxis histórica de la lengua española. Segunda parte, la frase nominal*, México: Fondo de Cultura Económica, 1593–1672.

Eberenz, Rolf (2000): *El español en el otoño de la Edad Media*, Madrid: Gredos.

Enrique-Arias, Andrés, Patricia Ribas Marí y Marina Gomila Albal (2023): "Algunos trasvases lingüísticos entre Castilla y el oriente peninsular en la baja Edad Media", en B. Almeida Cabrejas y P. Sánchez-Prieto Borja (eds.), *Varia lección de la lengua española. Estudios sobre el corpus CODEA*, Valencia: Tirant lo Blanch, 137–141

Fernández-Ordóñez, Inés (2011): *La lengua de Castilla y la formación del español*, Madrid: Real Academia Española.

García, Erica C., Bob De Jonge, Dorien Nieuwenhuijsen y C. Lechner (1990): "(V)os-(otros): ¿dos y el mismo cambio?", *Nueva Revista de Filología Hispánica*, 38(1), 63–132. doi: 10.24201/NRFH.V38I1.774.

Gili Gaya, Samuel (1946): "Nos-otros, vos-otros", *Revista de Filología Española*, 30, 108–117.

Gomila Albal, Marina (2016): "Sobre el origen y la difusión geográfica de las formas nosotros y vosotros en castellano", *Iberoromania*, 83, 103–125.

Gomila Albal, Marina (2022): *Los pronombres nos(otros) y vos(otros) en castellano medieval. Variación y cambio en el espacio geográfico peninsular*, Tesis doctoral: Universitat de les Illes Balears.

Labov, William (1994): *Principles of Linguistic Change. Volume 1: Internal Factors*, Oxford: Blackwell.

Lausberg, Heinrich (1973): *Lingüística románica*, Madrid: Gredos.
Lenz, Rodolfo (1925): *La oración y sus partes*, Madrid: Centro de Estudios Históricos, 2ª ed.
Líbano Zumalacárregui, Ángeles (1991): "Morfología histórica del español: las formas de tratamiento", *Revista de Filología Española*, 71, 107–121.
Menéndez Pidal, Ramón (1962): *Poesía juglaresca y juglares: aspectos de la historia literaria y cultural de España*, Madrid: Espasa-Calpe, 7ª ed.
Meyer-Lübke, Wilhelm (1974): *Grammaire des langues romanes*, Marseille: Laffitte Reprints.
Nowikow, Wiaczeslaw (1994): "Sobre la pluralización de personas gramaticales en las lenguas románicas: *nos*, *vos* - *nos alteros*, *vos alteros*", *Anuario de lingüística hispánica*, 10, 283–300.
Pons Rodríguez, Lola (2006): "Canon, edición de textos e historia de la lengua cuatrocentista", en L. Pons Rodríguez (ed.), *Historia de la lengua y crítica textual*, Madrid / Frankfurt am Main: Iberoamericana / Vervuert Verlag, 69–125.
Posner, Rebecca (1998): *Las lenguas romances*, New York: Syracuse University Press.
Rini, Joel (1999): "The Rise and Fall of Old Spanish Y' all: vos todos vs. vos otros", en R. J. Blake, D. L. Ranson, y R. Wright (eds.), *Essays in Hispanic Linguistics: Dedicated to Paul M. Lloyd*, Newark: Juan de la Cuesta, 209–221.
Rodríguez Molina, Javier y Álvaro S. Octavio de Toledo y Huerta (2017): "La imprescindible distinción entre texto y testimonio: el CORDE y los criterios de fiabilidad lingüística", *Scriptum Digital*, 6, 5–68.
Sánchez-Prieto Borja, Pedro (2012): "Desarrollo y explotación del corpus de documentos españoles anteriores a 1700 (CODEA)", *Scriptum Digital*, 1, 5–35.
Sánchez-Prieto Borja, Pedro (2016): "Tiempo y memoria en las fuentes documentales de la Edad Media", *Cuadernos del CEMYR*, 24, 11–30.
Serrano Marín, Marina (2018): *Estudio de la morfología verbal del español en fuentes documentales de los siglos xiii-xvi*, Tesis doctoral: Universidad de Alcalá.

Silva-Corvalán, Carmen y Andrés Enrique-Arias (2017): *Sociolingüística y pragmática del español*, Washington DC: Georgetown University Press, 2ª ed.

La historia ecdótica del *Libro del Cauallero Zifar*: planteamiento para su edición digital[*]

The ecdotic history of the Libro del Cauallero Zifar: *approach for its digital edition*

Daniel Jiménez Sánchez
Universidad de Sevilla
ORCID iD: https://orcid.org/0000-0001-7132-5206

Resumen: El *Libro del Cauallero Zifar* es una obra de indudable relevancia en el panorama filológico. No obstante, no ha recibido la misma atención por parte de la investigación filológica que otras obras literarias medievales, en parte debido a su compleja transmisión ecdótica y a la ausencia de ediciones paleográficas y críticas fiables. El objetivo de este trabajo no es otro que el de mostrar dicha carencia editorial y el de ofrecer una solución viable: el planteamiento de una nueva y definitiva edición del *Zifar*, basada en la aplicación de los conocimientos que se han venido desarrollando en el ámbito de las Humanidades Digitales, que permita el acercamiento de investigadores y público general a la obra. Este avance, que ya se ha llevado a cabo en otros proyectos, aunque no específicamente en una obra literaria medieval, puede permitir al historiador de la lengua acceder con más facilidad al tratamiento de la información, convirtiendo la obra en una gran base de datos aprovechable de múltiples maneras, según los intereses particulares de la investigación. En resumen, el planteamiento de una edición digital en el *Zifar* resulta imprescindible, no solo por su valor como obra, sino por las posibilidades que ofrece al estudiarlo lingüísticamente, pudiendo convertirse en un ejemplo que seguir para las nuevas ediciones de obras literarias medievales.

Palabras clave: Ecdótica, *Zifar*, variantes textuales, Humanidades Digitales

---

* Este trabajo se ha llevado a cabo con la financiación del Proyecto del Ministerio de Ciencia, Innovación y Universidades "Tradicionalidad discursiva e idiomática, sintaxis del discurso, traducción y cambio lingüístico en la historia del español moderno: prosa (pre)periodística/ensayística y literaria" (2018–2022), y se continuará desarrollándose con el Proyecto PID2021-123763NA-I00: "Hacia una diacronía de la oralidad/escrituralidad: variación concepcional, traducción y tradicionalidad discursiva en el español y otras lenguas románicas" (2022–2026).

Abstract: The *Libro del Cauallero Zifar* is a work of undoubted relevance in the philological panorama. However, it has not received the same attention from the resarchers as other medieval literary works, in part due to its complex ecdotic transmission and the absence of reliable palaeographical and critical editions. The objective of this work is none other than to show this editorial lack and to offer a viable solution: the approach of a new and definitive edition of *Zifar*, based on the application of the knowledge that has been developed in the field of Digital Humanities, so that it allows researchers and the general public to approach the work. This advance, which has already been carried out in other projects, although not specifically in a medieval literary work, may allow the researcher to more easily access the treatment of information, turning the work into a large usable database in multiple ways, depending on the particular interests of the research. In summary, the approach of a digital edition in the *Zifar* is essential, not only because of its value as a work, but also because of the possibilities it offers when studying it linguistically, as well as being able to become an example to follow for new editions of medieval literary works.

Keywords: Ecdotic, *Zifar*, textual varieties, Digital Humanities

1. OBJETIVOS Y METODOLOGÍA

El objetivo de este trabajo es visibilizar la necesidad de solucionar y atajar los problemas ecdóticos que rodean al *Libro del Cauallero Zifar*[1], obra de reconocido valor filológico, al mismo tiempo que se plantea una propuesta de edición digital, poniendo de relieve la importancia de las Humanidades Digitales[2] dentro del ámbito de la investigación lingüística. La principal premisa de la que se parte en el presente capítulo es que resulta muy dificultoso, si no imposible, estudiar lingüísticamente el *Zifar* sin una edición crítica o paleográfica fiable, más aún cuando la transmisión manuscrita del texto también genera numerosas dudas, pues se ha transmitido a través de tres testimonios conservados: el manuscrito más antiguo, fechado en el siglo XIV, conservado en la BNE (Biblioteca Nacional de España) en Madrid (manuscrito M); el de París, que data de 1464, conservada en la BNF (Bibliothèque Nationale de France) (P); y por último, la impresión de Sevilla de 1512, que se conserva tanto en la BNF como en el Palacio Real de Madrid, aunque esta última es una réplica elaborada en 1529 (S). Es, por tanto, imprescindible su revisión ecdótica y el desarrollo de una nueva

1 En adelante, *Zifar*.
2 En adelante, HD.

edición fiable, para permitir que el *Zifar* sí pueda emplearse como objeto de análisis de rasgos lingüísticos, así como para facilitar el estudio literario y social en el que se enmarca la obra; en definitiva, para hacer accesible la obra al investigador. Las ediciones modernas anteriores permitieron el acercamiento del *Zifar* al público no especializado, pero sigue sin existir, actualmente, una edición crítica[3] que contemple los tres testimonios a través de los cuales se nos ha transmitido, ni tampoco una edición paleográfica. Esto dificulta el estudio lingüístico riguroso de la obra: siempre se puede recurrir directamente a los manuscritos, pero estos no permiten la búsqueda lematizada de fenómenos ni realizar estadísticas, además de dificultar enormemente la tarea del investigador. Esta necesidad debe ir de la mano, indudablemente, de las HD, ya que su aplicación en el desarrollo de la edición abre un campo de posibilidades muy amplio de cara al posterior estudio filológico.

El aprovechamiento al máximo de los avances que se han venido haciendo desde hace años en las HD serviría no solo para ofrecer un texto claro, fiable y accesible del *Zifar*, que es fundamental para su estudio lingüístico o literario, sino que convertiría la obra en una base de datos objetiva para el estudio de determinados fenómenos. La edición digital puede convertirse, gracias a los recursos informáticos que permiten desarrollar recuentos estadísticos automáticos y búsquedas complejas, en un corpus diacrónico muy rico, que serviría de punto de partida para el estudio de fenómenos dialogales en la Edad Media, al mismo tiempo que podría ser ejemplo de la aplicación de estas herramientas de edición digital en otras obras medievales con una tradición ecdótica basada en métodos tradicionales.

Los motivos para estudiar y leer el *Zifar* son varios. Para empezar, resulta reseñable la falta de estudios lingüísticos generales sobre esta, en comparación con otras obras medievales de importancia. En cuanto a los estudios ecdóticos se refiere, la situación es similar, ya que, como se insistirá más adelante, no existen ediciones fiables de la obra, lo cual dificulta la labor filológica. No obstante, la abundancia y riqueza de sus diálogos la convierten en una lectura indispensable para el estudio de la oralidad medieval, ya advertido en Leal Abad (2008) y más recientemente en Jiménez-Sánchez (2022)[4]. Por otra parte, también merece la pena detenerse en el *Zifar* por

3 Salvo la excepción de Lucía Megías (1995), aún sin contrastar.

4 El *Zifar* es una obra muy rica en secuencias dialogales, que permite el estudio de fenómenos propios de la oralidad en la Edad Media hasta el Siglo de Oro, gracias al espacio temporal existente entre los tres testimonios conservados.

el estudio de sus fuentes y de las tradiciones discursivas y textuales que alberga. Ya Walker (1974) comenzó a sospechar que su origen podía estar en una "traslación" del árabe, y que el manuscrito M, el más antiguo conservado, sería el texto traducido, o una copia suya. De esta forma, si se confirmase esta teoría, los resultados acerca de su análisis lingüístico serían más ricos aún de lo que ya son.

Por todo ello, resulta necesario volver a poner atención en la obra, transcribiendo su texto acorde a las normas de transcripción de CHARTA-TEI y teniendo en cuenta todas sus variedades textuales de los tres testimonios existentes, con el fin de conformar una edición fiable, rigurosa y que responda a los modelos de edición paleográfica y edición crítica, acercando así el texto tanto al público lector como al filólogo investigador. Con el empleo de las HD, su repercusión y el alcance de sus posibilidades puede ser aún mayor.

2. SOBRE EL *ZIFAR*: AUTOR, FECHA, ESTILO, ESTRUCTURA

Afirma Wagner (1929) que *El Libro del Cauallero Zifar* fue escrito a lo largo del primer tercio del siglo XIV, probablemente poco después de 1303, a juzgar por el año del fallecimiento del papa Bonifacio VIII, mencionado en el prólogo. Según explica González (1983), otros autores, como Moldenhauer (1931), habrían fechado la obra después del año 1321, año en el que falleció la reina doña María, pues se basarían en que se habla sobre ella en el prólogo como si ya hubiese muerto. Sin embargo, la crítica mayoritaria respalda más la teoría de Wagner, achacando los sucesos mencionados por Moldenhauer como "interpolaciones tardías hechas por los copistas" (González 1983: 21).

Con respecto a la autoría del *Zifar*, Wagner afirma que debió de tratarse de un clérigo, aunque no hay nada probado actualmente. La gran mayoría de autores coincide en el nombre de Ferrán Martínez, arcediano de Madrid en la iglesia de Toledo hasta 1302. Hernández Martínez (1978) señala que este clérigo de Toledo fue tanto arcediano como sellador de los reyes Alfonso X y Sancho IV, afirmando también que escribió la obra sobre 1304, coincidiendo con la hipótesis de Wagner mencionada anteriormente. Por tanto, se puede decir que es muy probable que el *Zifar* fuese escrito en la primera década del siglo XIV por Ferrán Martínez, aunque "no se tenga una prueba definitiva de ello" (González 1983).

El *Libro del Cauallero Zifar* es una obra de indiscutible relevancia en el panorama lingüístico y literario medieval, al ser considerado como "uno de los más tempranos *romans* en prosa de la literatura castellana, escrito en el primer tercio del siglo XIV" (Cacho Blecua 1996). Se trata de una obra escrita en ausencia de los preceptos y formas clásicas que tanto marcaron las obras de la literatura medieval, por lo que es innovadora en su estructura, que bebe de diversas fuentes literarias, tanto occidentales como orientales, siendo la más destacada la del *Calila e Dimna*. Es una obra que cultiva el género didáctico-moralizante, pues abundan las digresiones; de hecho, según González, "los dos elementos de la obra más estudiados desde el punto de vista estilístico son los cuentos o *exempla* y los refranes o *sententiae*" (1983: 23).

Su estructura ha generado polémica entre los investigadores, pues hay algunos que defienden la unidad de la división en partes y otros que no. La obra presenta una división formal en cuatro partes, que se pueden simplificar en dos, atendiendo a un criterio secuencial (historia de Zifar frente a historia de Roboan), o a un criterio de diferencias en el discurso (parte narrada frente a parte dialogada). Según González (1983), en ambos casos los protagonistas comparten una serie de características que los relacionan, como si de figuras paralelas se tratasen. Por tanto, se puede afirmar, como observa en la mayoría de autores más modernos, que se trata de una obra con unidad propia.

3. EL ERROR EN LOS COPISTAS: CONSIDERACIONES DE LA CRÍTICA TEXTUAL

A la hora de realizar un estudio como el presente, es importante tener en cuenta el posible error de los copistas al transcribir el texto. En palabras de Blecua (2001: 18) "la crítica textual es el arte que tiene como fin presentar un texto depurado en lo posible de todos aquellos elementos extraños al autor [...] atendiendo, en primer lugar, a los errores propios de la copia". Por tanto, conviene repasar algunas nociones de esta disciplina para prestar atención a ciertos aspectos que serán fundamentales de cara a la interpretación de las variaciones encontradas en las diferentes ediciones de la obra.

Primeramente, se debe tener en cuenta la existencia de una importante dicotomía a la hora de realizar el análisis fonético de un texto. Por una parte, existen diferencias de tipo fonético, que sí implican un cambio en la concepción del sonido, y que, por tanto, implican una manifestación oral diferente. Sin embargo, existen otras diferencias, conocidas como variaciones gráficas, que no implican un cambio en el registro oral, pues son simplemente un cambio en la forma de escribir una determinada secuencia sin repercusión fonética de ningún tipo. Sánchez-Prieto (1998: 62) ha descrito esto como "el binomio entre variantes de lengua y variantes gráficas[5]". De este segundo grupo forman parte no solo los errores en la labor de la copia, sino también las alteraciones gráficas voluntarias introducidas por los copistas, así como otras variaciones propiciadas por muy variados motivos, como puede ser la distribución o el espaciado de la página. Las variaciones de este último grupo, a priori, no presentan interés para este estudio, ya que se limita al análisis de las diferencias en el plano de la fonética entre los manuscritos. No obstante, es preciso saber distinguir correctamente el tipo de cambio al que pertenece una determinada variación, pues no todas van a tener influencia en la reconstrucción de la oralidad de cada época estudiada.

El error de los copistas es frecuente y generalmente acumulativo en determinadas secciones del manuscrito, pues se ve incrementado en situaciones concretas que derivan en la pérdida de optimización de la labor (cansancio, prisa, mala iluminación del lugar de trabajo, etc.). Es fundamental saber reconocerlos y ser conscientes de su existencia, ya que pueden contaminar los resultados arrojados por el análisis si se tienen en cuenta como variaciones de tipo fonético. Blecua (2001: 20) propone cuatro tipos de errores comunes cometidos por los copistas de textos medievales: errores por adición (ditografía), por omisión (haplografía), por alteración del orden y por sustitución (errores paleográficos). Los primeros son bastante comunes, se dan cuando el copista repite una letra, sílaba, palabra o grupo de palabras. La repetición de una grafía dentro de una palabra está motivada por la estructura interior de la palabra o de

5 También conocidas como "variantes de lengua frente a variantes textuales" (1998: 62).

la palabra contigua, generalmente por atracción de una grafía idéntica anterior o posterior a la duplicada. La haplografía también es común en los textos medievales, y no debe ser confundida con el fenómeno de la síncopa, que sí presenta motivaciones fonéticas. La alteración del orden nos interesa cuando se produce una alteración o trueque gráfico dentro de la palabra, generalmente producido entre sílabas contiguas. Por último, los errores por sustitución o errores paleográficos son los más complejos, aunque no repercuten para el estudio de la fonética (sí para estudios de carácter sintáctico o léxico, no contemplados en este trabajo).

Tabla 1 *Relación de testimonios conservados del Libro del Cauallero Zifar*

BIBLIOTECA	NOMBRE	FECHA	LOCALIZACIÓN	SIGNATURA
Madrid: BNE	M	(1304)	Madrid	ms. 11309
París: BNF	P	1464	París	ms. espagnol 36
1) París: BNF 2) Madrid: Palacio Real de Madrid (copia)	S	1) 1512 2) 1529	Sevilla	1) Inv. Rés. Y 259 2) Impreso VIII-2.054

4. LOS TESTIMONIOS DEL *ZIFAR*: M, P Y S

Como se observa en la Tabla 1, el manuscrito M es el testimonio más antiguo de la obra. Se trata de una edición anónima escrita en papel de color crudo, que consta de 194 folios, de los que ha perdido diez: el primero del *Prólogo*[6] (según Lucía Megías, seguramente de vitela), cuatro folios entre las actuales páginas 176 y 177 y cuatro folios más entre 186 y 187, además del último, aunque posiblemente estuviese en blanco, sin ninguna anotación. El texto está escrito con una disposición por página de dos columnas bien separadas, con una media de 28 líneas por folio (de 26 a 30, según la página). En cuanto a la letra empleada, podemos afirmar que es de tipo redonda o semigótica, típica de los manuscritos romances del siglo XIV, característica que compartirá con el códice

6 Pérdida ya reseñada en el *Ýndice de los Manuscritos procedentes de la Biblioteca del Duque de Osuna* (1886), Madrid, una vez el códice llegó a la BNE.

P. Esto se traduce en el empleo frecuente de la “s” alta, generalmente a comienzo de palabra o en su interior (1); en la clara distinción entre “z” y “s” (2) y en la salida del renglón de las consonantes altas, como la “l”, “f”, “s”alta, “p”, “q”. Por último, cabe destacar la abundancia de abreviaturas (3), las cuales son, en líneas generales, las habituales de la época, según Millares Carló (1983: 47–50)[7].

(1) a. M: “quanto ſe pudo estender el poder del Papa” (1, 7).
b. M: “e cunplese por la fieſta de Iesu Cristo” (1, 5).

(2) a. M: “auiendo muchas cosas de solaz fablado” (454, 3).
b. M: “yo veo que vos pagades mucho de auer solas” (454, 8).

(3) M: “se contyene en el preuillejo de N(uest)ro ſeñor el Papa” (1, 10).

El manuscrito P presenta muchas similitudes con el más antiguo en lo que respecta al tipo de letra empleada[8], al uso de abreviaturas y a la disposición en columnas. Sin embargo, la riqueza artística de su bordado, de sus ilustraciones y de su encuadernación lo convierten, en palabras de Lucía Megías (1996: 104), “en una joya codiciada para embellecer cualquier biblioteca”. Destaca la decoración floral y el empleo de colores azul celeste y burdeos para las letras capitales, así como el oro en polvo que acompaña a muchas de las miniaturas pictóricas que aparecen en él. Cabe destacar que la encuadernación no es original, pues fue elaborada por la BNF, y en 1947 se finalizó la restauración del papel en sus talleres. A pesar de no encontrar lagunas en sus folios, a diferencia de M, sí se aprecian algunos deterioros, ya distinguidos por Lucía Megías (1996: 104) en 13 de las hojas que componen el códice. Se conoce que pasó por varias manos de la Corona Real española y francesa antes de su llegada a la BNF. Según el editor Manuel Moleiro, responsable de la reproducción facsímil en 1996, el manuscrito fue encargado por Enrique IV de Castilla años antes de 1464, heredado por Isabel la Católica, comprado por Margarita de Austria, y, finalmente, caído en las manos de Napoleón Bonaparte, quien antes de incluirlo en su Biblioteca Imperial lo selló con su heráldica.

7 La ausencia de varias letras en una palabra se marca con una línea recta superpuesta a la misma, mientras que la ausencia de una nasal se marca con una pequeña línea superior situada entre las dos grafías que se encuentran rodeando a la elidida.

8 Destaca como diferencia principal con M el empleo de la grafía “R” en posición inicial de palabra con valor de vibrante múltiple.

Es, en definitiva, el manuscrito del *Zifar* que presenta un mayor interés artístico y ecdótico, y que hace de él "una pieza de valor incalculable" (Lucía Megías 1996: 106).

Por último, se debe decir que S realmente corresponde a dos textos diferentes: el primero, escrito en 1512 e impreso por Jacobo Cromberger en Sevilla; y una copia elaborada en 1529, por el mismo editor. Ambas ediciones están escritas a folio, con la grafía gótica típica de los impresos del XVI y a doble columna. Cabe destacar que en esta edición aparece suprimido el prólogo, en palabras de Menéndez Pelayo (1961: 294) "por considerarla impertinente al propósito de la fábula".

5. EDICIONES MODERNAS

Las ediciones modernas del *Zifar* que se han llevado a cabo a lo largo de este último siglo son varias, aunque ninguna recoge de forma fidedigna los tres testimonios principales de la obra ni permite que el *Zifar* se convierta en una fuente idónea para desarrollar, además del estudio literario, también el lingüístico. Las ediciones modernas, de muy distinta índole, que han transmitido el texto de los testimonios (o de alguno de ellos) son, principalmente, ocho: la de Michelant (1872); la de Wagner (1929), la más completa hasta ahora y la única que trabaja con la variación textual que se presenta entre los tres manuscritos; las de Martín de Riquer (1951) y Feliciano Buendía (1954), que son ediciones literarias y que copian la transcripción de Wagner; las de González Muela (1982), Cristina González (1983) y Olsen (1984), que llegan consecutivamente en una época de revalorización literaria de la obra, aunque ninguna termina de acercarse a la consecución de la edición crítica; y, por último, las más modernas: el estudio de Rico y Ramos (1996), que reproduce mediante imágenes el códice de París, acompañado de un completo estudio textual de la obra y del manuscrito en cuestión; y la edición de Cárdenas-Rotunno del impreso sevillano de 1512 (2012).

La edición publicada por Michelant en 1872 se desarrolla a partir de la transcripción del manuscrito P, complementado en algunos pasajes con el impreso sevillano de 1512. Se trata de una edición propia de las realizadas en los inicios de la filología, poco precisa y sin criterios metodológicos claros, debido, fundamentalmente, a las escasas herramientas con las que contaba el investigador para trabajar. Hay que esperar a 1929 para que Wagner realizase la primera (y hasta ahora, única) edición de la obra que tienen en cuenta los tres testimonios transmitidos. A pesar de no poder considerarse una edición crítica, sí se puede considerar la más completa y fiel a la transmisión textual, aunque González Muela, en su edición de 1982, resalta sus defectos, pues según él, la edición "mezcla los manuscritos y la ed. impresa de Sevilla de 1512, suponiendo que las versiones más modernas llenan las 'lagunas' del Ms. M, el más antiguo" (1982: 45). Gómez Redondo (1986) también coincide en que uno de los puntos más débiles de la edición del estadounidense es el planteamiento de las lagunas del manuscrito más antiguo, mal añadidas con P y S; así como los problemas existentes con la puntuación del texto, que Wagner resuelve con una propuesta propia, imitada posteriormente por otras ediciones.

En la década de los 50 surgen las dos primeras ediciones españolas de la obra, las de Martín de Riquer (1951) y Feliciano Buendía (1954), aunque ambas copian el texto de Wagner y están más enfocadas al estudio literario. Posteriormente, los esfuerzos realizados por autores como Walker, Burke o Hernández por la revitalización del *Zifar* en la década de los 70 tuvieron su recompensa con la culminación de tres nuevas ediciones, prácticamente consecutivas, unos años más tarde: las de González Muela (1982), Cristina González (1983) y Marilyn Olsen (1984). No obstante, a pesar de que ninguna de las tres es crítica, ya que ninguna estudia la variación textual entre los tres testimonios, la heterogeneidad de estas tres ediciones es evidente, pues cada una se plantea de una forma diferente. González Muela (1982) decide tomar como referencia el texto de M, transcribiéndolo él mismo, y rellenando las lagunas con la transcripción de P. Según Gómez Redondo (1986: 322), la transcripción de M sí parece fidedigna, aunque sobre la de las lagunas completadas por P afirma que es defectuosa: "dejando de lado la modernización de grafías, con la puntuación y acentuación actuales, Muela corrige el manuscrito sin indicarlo, igual que cuando omite palabras del mismo". Por otro lado, la edición Cristina González (1983) toma como transcripción el texto de referencia de Wagner, es decir, el manuscrito M, aunque eliminando las variantes textuales: "La presente edición sigue el texto de la edición de Wagner, a la cual se le ha suprimido el aparato crítico" (1983: 58). Cabe destacar que la editora amplía su edición al año siguiente con un estudio acerca de los problemas de fechado y autoría de la obra (1984), que se suma al trabajo previo del que partir para leer y estudiar el *Zifar*. Por último, la edición de Olsen (1984) vuelve al manuscrito de París, con varias novedades en el tratamiento de los signos de puntuación: es la primera de todas en respetar los escasos signos que emplea el manuscrito original, además de conservar la totalidad de grafías de este, y presta especial atención a las formas dialectales, señalándolas y manteniéndolas inalteradas, pues sostiene la teoría de una posible "traslación" del árabe, de la que ya habló Walker (1974).

Hay que destacar también las ediciones de los años 90: por una parte, la edición crítica de Lucía Megías (1995), fruto de su tesis doctoral, quien ya planteó la necesidad de desarrollar una edición fiable del *Zifar*; por otra parte, está el trabajo de Rico y Ramos (1996), que aporta nueva información relevante de la obra. Se trata del estudio más completo hasta la fecha acerca del manuscrito de París, tanto desde el punto de vista codicológico como ecdótico o incluso artístico, que acompaña a una reproducción facsímil y minuciosa del códice.

Por último, la edición de Cárdenas-Rotunno (2012) es la primera que retoma el impreso de 1512 o impreso S, hasta entonces olvidado (solo fue considerado por Wagner en 1929, que recoge sus variantes textuales con M y P). Se trata de un trabajo con finalidad divulgativa, con una adecuación gráfica que lo hace accesible al público lector.

6. EL RETO DE LAS HUMANIDADES DIGITALES: UN PLANTEAMIENTO PARA LA EDICIÓN DIGITAL

Son varios los investigadores que desde hace años han venido trabajando y aplicando los desarrollos de las HD en sus proyectos, cada vez de forma más frecuente. Es indudable que su conjunción con la labor filológica ofrece resultados más que satisfactorios, alcanzando volúmenes de información y estadísticas antes inimaginables. Ya desde finales de los 80 y principios de los 90 hay constancia de trabajos llevados a cabo en este sentido, realizados con las versiones iniciales de Word Cruncher, una plataforma desarrollada por la Brigham Young University y difundida como aplicación filológica desde el Romance Department de

Duke University[9], entre los que cabe destacar los de Rubio (1988) y Garci-Gómez (1993). Años después, estos trabajos incipientes dieron lugar a proyectos de mayor dimensión y alcance que han dado voz a la aplicación de las HD en la investigación lingüística, y que se han tomado de ejemplo y de punto de partida en otros muchos trabajos, como son *La Biblia Medieval* (Enrique-Arias 2009, Matute 2013), *Post Scriptum* (Vaamonde 2015), o los recientes *ESLORA* (Barcala y Vásquez Rozas 2020), *Oralia Diacrónica del español* (Calderón Campos y Vaamonde 2020) e *IBERIA* (Pablo Núñez 2022). No obstante, aún queda mucho para poder obtener el máximo partido de estos avances y para llevarlos completamente a la práctica de cara al trabajo filológico. El principal problema reside en la escasez de bibliografía disponible y en que su accesibilidad es, en muchos casos, difícil económicamente hablando y aplicable solo a largo plazo.

La aplicación de las HD, hasta ahora, se ha orientado fundamentalmente al desarrollo de corpus (tanto sincrónicos como diacrónicos), que permiten trabajar con datos estadísticos basados en un respaldo muy amplio. De esta forma, se han desarrollado algunos corpus representativos, que son empleados a diario por la comunidad investigadora, como son el CORDE (Corpus Diacrónico del Español), CdE (Corpus del español de Mark Davies), el CDH (Corpus del Diccionario Histórico de la Lengua) y CORDIAM (Corpus Diacrónico y Diatópico del Español de América). A pesar de los avances conseguidos, sigue habiendo problemas en la estandarización del lenguaje empleado: no todos los corpus han seguido el mismo lenguaje para establecer la marcación de sus textos, lo cual dificulta la puesta en común de información (y, por tanto, también de resultados). Hay quienes han advertido, desde hace cierto tiempo, la necesidad de emplear una estandarización internacional en la anotación y etiquetado, proponiendo el uso de TEI (Text Encoding Initiative), basado en los metalenguajes de marcado XML y EAGLES (Rojo 2017) (Díaz Bravo 2018). En lo que respecta a los corpus diacrónicos, las dificultades son mayores, ya que se parte de textos que no cuentan de por sí con criterios de edición unificados (en muchos casos, en ediciones de dudosa

9 Puede considerarse una de las primeras plataformas digitales de edición y tratamiento de datos para su posterior análisis. No podemos afirmar que con Word Cruncher de los 90 'nacieron' las HD tal y como las entendemos ahora, pero los trabajos realizados con esta herramienta sí son un antecedente claro de los proyectos que actualmente se desarrollan en este sentido.

fiabilidad), con variantes léxicas difíciles de detectar y que han contado difícil transmisión hasta nuestros días. Díaz Bravo (2018) propuso una aplicación de criterios comunes, basándose en los aceptados por la Red CHARTA, para evitar problemas en los criterios de transcripción fonética-fonológica. En la morfosintaxis también se presentan dificultades, partiendo de la base de que la indexación de Microsoft solo permite realizar búsquedas por palabras concretas (Davis 2009). A pesar de que en los últimos este hecho ha cambiado en muchos corpus, principalmente gracias al desarrollo de operadores de búsqueda compleja, sigue siendo un impedimento en muchas ocasiones. Es necesario familiarizarse con otros sistemas operativos, como Unix o Linux, que permiten el desarrollo de programas especializados en el tratamiento de datos.

Fuera del ámbito de los corpus lingüísticos y del tratamiento cuantitativo de la información las HD han estado menos presentes. No son abundantes las ediciones literarias digitales, quizá debido al elevado nivel de complejidad y al tiempo que requieren para su completo desarrollo. Se cuenta con ejemplos recientes, como es el caso del *Retrato de la Loçana andaluza*, del XVI (Díaz Bravo 2019) y, aunque no sea una obra literaria al uso, el caso del proyecto de *Biblia Medieval* (Enrique-Arias 2009,Matute 2013). Ambos ejemplos han permitido, además de asegurar la fiabilidad de la transmisión del texto, que este pueda emplearse como objeto de estudio para la variación lingüística, a través de los motores de búsqueda y la indexación de datos. De ser así, a partir de las ediciones digitales de obras literarias se estaría creando una red de corpus independientes, que con el tiempo podrían funcionar de manera unitaria, permitiendo y facilitando el estudio lingüístico en las obras literarias, tanto medievales como posteriores.

Lo que se pretende realizar es un corpus paralelo de tres testimonios, lo cual permite desarrollar la labor filológica propiamente dicha, es decir, el estudio de la variación lingüística entre un mismo texto escrito y copiado en varias fechas diferentes (en este caso, con casi dos siglos de separación entre el primer y el tercer testimonio). Esta edición digital permitiría no solo la lectura secuencial, revisada y fidedigna de sus tres testimonios en forma paralela, sino que permitiría también apreciar las diferencias diacrónicas entre ellos gracias a los motores de búsqueda concretos del corpus. Por ejemplo, si se quieren estudiar las secuencias de vocativo, la propia edición permitiría localizar única y exclusivamente los vocativos que aparecen en el texto. Esta función solo podría desarrollarse si previamente hay un trabajo de marcación y etiquetado del corpus, que nunca puede ser universal, ya que este debe llevarse a cabo acorde a las necesidades del investigador. No obstante, el texto transcrito y digitalizado siempre permitirá su lectura y su posterior aprovechamiento para otros corpus o repertorios en los que se marque de forma diferente, para cumplir con unos objetivos concretos. La principal premisa es que el texto del *Zifar* esté disponible y accesible en la red, que su transcripción sea fiel a los manuscritos y que recoja sus tres testimonios, para que su disponibilidad sea universal: tanto para el público lector, como para la investigación filológica.

7. CONCLUSIONES

A la vista de lo expuesto, resulta obvio que el *Libro del Cauallero Zifar* necesita una profunda revisión ecdótica para poder ser estudiado y para poder trabajar con sus fenómenos lingüísticos. Su compleja transmisión textual ofrece la posibilidad de convertir su texto en un corpus paralelo, ya que se cuenta con tres testimonios fechados en siglos distintos que pueden arrojar mucha información acerca de la evolución diacrónica de fenómenos de variación lingüística. Gran parte del problema del *Zifar* y de su relativa exclusión en la investigación filológica es su problema ecdótico. Actualmente sigue sin existir una edición crítica fiable de la obra que recoja la totalidad de sus testimonios, salvando la obra de Lucía Megías (1995). A pesar de los esfuerzos llevados a cabo en las décadas de los 70 y 80, de la mano de hispanistas como Walker, Hernández Martínez, Olsen o González Muela, entre otros, el avance ha ido encaminado, fundamentalmente, al estudio literario de la obra. Hasta ahora, no han sido muchos los investigadores que hayan empleado el *Zifar* como una obra para estudiar fenómenos lingüísticos, salvando algunas excepciones, ya que resulta complicado hacerlo sin contar con una edición paleográfica bien desarrollada. Es obvio que este problema ecdótico no resuelto ha impedido su acercamiento a la comunidad filológica, y que ha impedido, por tanto, la proliferación de estudios acerca de su texto más allá de los literarios.

La necesidad de que dicha edición se lleve a cabo digitalmente es también muy clara, y ha sido expuesta anteriormente. El campo de posibilidades que se abre con la disponibilidad global del texto transcrito y con la posibilidad de efectuar búsquedas complejas en él, previa marcación y etiquetado del texto acorde a las necesidades de la investigación, es muy elevado, y abriría definitivamente la puerta al texto de la obra, haciéndola accesible para la investigación lingüística, hasta ahora comprometida por su falta de disponibilidad. En conclusión, las oportunidades que brinda el actual desarrollo en las HD deben ser aprovechadas, y deben ser extrapoladas más allá de los corpus sincrónicos y de los estudios cuantitativos y estadísticos: también la Historia de la lengua y la crítica textual deben valerse de estas herramientas, con el último fin de facilitar tareas, allanando el camino del investigador, y de acercarles los textos (en especial, los de más compleja transmisión textual, como es el caso del *Zifar*) para que se conviertan en objeto de estudio, o en palabras de Enrique-Arias (2016), en un "laboratorio idóneo para el estudio lingüístico".

Bibliografía

Corpus

Manuscrito M = Ms. 11.309 de la Biblioteca Nacional de España en Madrid. Códice *M*. Siglo XIV.

Manuscrito P = MS. espagnol 36 de la Biblioteca Nacional de Francia en París. Códice *P*. 1464.

Impreso S = Inv. Rés. Y^2 259 de la Biblioteca Nacional de Francia. Códice *S*. 1512.

Referencias bibliográficas

Barcala, Mario y Vázquez Rozas, Mª Victoria. (2020): "Computational tools and spoken corpora design: an ongoing dialogue", *Caplletra: revista internacional de filología 69*, 221–240.

Blecua, Alberto (2001): *Manual de crítica textual*, Madrid: Castalia.

Buendía, Feliciano (1954): *Libros de Caballerías españoles: El Caballero Cifar, Amadís de Gaula, Tirant el Blanco*, Madrid: Aguilar.

Cacho Blecua, Juan Manuel (1996): "Los problemas del Zifar", en Francisco Rico (dir.), *El Libro del Caballero Zifar. Códice de París*, Barcelona: Moleiro, 55-94

Calderón Campos, Miguel y Gael Vaamonde (2020): "Oralia diacrónica del español: un nuevo corpus de la edad moderna", *Scriptum digital: revista de corpus diacrònics i edició digital en llengües iberoromàniques 9,* 167–189.

Cárdenas-Rotunno, Anthony J. (2012): *Libro del Caballero Cifar: (Sevilla, Jacobo Cromberger, 1512)*, Madrid: Fundación José Antonio de Castro.

Davis, Mark. (2009): "Creating useful corpora: A comparison of CORDE, the Corpus del Español and the Corpus do Portugues", en A. Enrique-Arias (Ed.), *Diacronía de las lenguas iberorrománicas: nuevas aportaciones desde la lingüística de corpus*, Madrid/Frankfurt: Iberoamericana/Vervuert, 137-166.

De Riquer, Martín. (1951): *El Caballero Zifar*, Barcelona: Ariel.

Díaz Bravo, Rocío (2018): "Las Humanidades Digitales y los corpus diacrónicos en línea del español: problemas y sugerencias", en E. Romero Frías y L. Bocanegra Barbecho (coords.), *Ciencias Sociales y Humanidades Digitales Aplicadas: casos de estudio y perspectivas críticas,* Granada/Nueva York: Universidad de Granada y Downhill Publishing, 562–586.

Díaz Bravo, Rocío (2019): *Francisco Delicado,* Retrato de la Loçana andaluza: *A critical Edition with Introduction and Notes,* Londres: Modern Humanities Research Association, Vol. 56.

Enrique-Arias, Andrés (2009): "Ventajas e inconvenientes del uso de Biblia Medieval (un corpus paralelo y alineado de textos bíblicos) para la investigación en lingüística histórica del español", en A. Enrique-Arias(ed.), *Diacronía de las lenguas iberorrománicas: nuevas aportaciones desde la lingüística de corpus*, Madrid/Frankfurt: Iberoamericana/Vervuert, 269–283.

Enrique-Arias, Andrés (2016): "Sobre la noción de perspectiva en lingüística de corpus. Algunas ventajas de los corpus paralelos", en De Benito, C., Kabatek, J. (coords.), *Lingüística de corpus y lingüística histórica iberorrománica*, Berlín/Boston: Walter de Gruyter, 21-39.

Garci-Gómez, Miguel (1993): *Tres autores*, en La Celestina, Colección Romania.

Gómez Redondo, Fernando (1986): "Cifar: tratamiento textual", *Revista de filología española* 66 (*3–4*), 319–332.

González, Cristina (1983): *Libro del Caballero Zifar*, Madrid: Cátedra.

González Muela, Joaquín (1982): *Libro del Caballero Zifar*, Madrid: Castalia.

Hernández Martínez, Francisco José (1978): "Ferrán Martínez, escrivano del Rey, canónigo de Toledo y autor del Libro del Cavallero Zifar", *Revista de Archivos, bibliotecas y museos* 81 (2), 289—325.

Jiménez-Sánchez, Daniel (2022): "Análisis del diálogo en los tres testimonios del *Libro del Caualllero Zifar*", *Res Diachronicae* XIX.

Leal Abad, Elena (2008): *Configuraciones sintácticas y tradiciones textuales. Los diálogos medievales*, Sevilla: Universidad de Sevilla.

Lucía Megías, José Manuel (1995): *Edición crítica del* Libro del Cauallero Zifar, Alcalá de Henares: Servicio de Publicaciones de la Universidad de Alcalá de Henares.

Lucía Megías, José Manuel (1996): "Los Testimonios del Zifar", en Francisco Rico (dir.), *El Libro del Caballero Zifar. Códice de París (1996)*, Barcelona: Moleiro.

Matute, Cristina (2013): "La variedad dialectal del castellano en la Edad Media a través del corpus digitalizado Biblia Medieval", en A. Llanes (coord.), *La lingüística aplicada en la era de la globalización*, Lérida: Ediciones de la Universidad de Lérida, 502–507.

Menéndez Pelayo, Marcelino (1961): *Orígenes de la novela*, Madrid: Consejo Superior de Investigaciones Científicas.

Michelant, Heinrich V. (1872): *Historia del Cavallero Cifar*, Tübingen: Litterarischer Verein in Stuttgart.

Millares Carló, Agustín (1983): *Tratado de Paleografía Española*, Madrid: Espasa-Calpe.

Moldenhauer, Gerhard (1931): "La fecha del origen de la *Historia del Caballero Cifar* y su importancia para la historia de la literatura española", *Investigación y progreso* 5, 175–176.

Olsen, Marilyn (1984): *Libro del Cauallero Çifar*, Madison: Hispanic Seminary of Medieval Studies.

Pablo Núñez, Luis (2022): "El corpus *Iberia* como fuente para el estudio del léxico especializado", en *ELUA: Estudios de Lingüística. Universidad de Alicante* 38, 217–240.

RICO, Francisco (dir.) y RAMOS, Rafael (1996): *El Libro del Caballero Zifar. Códice de París*, Barcelona: Moleiro.
ROJO SÁNCHEZ, Guillermo (2017): "Sobre la configuración estadística de los corpus textuales", *Lingüística* 33, 1, 121–134.
RUBIO, Antonio (1988): "Aplicaciones informáticas de última generación a un texto medieval: Aristóteles en la *Partida Segunda*", en *Actas do IV Congresso da Associação Hispânica de Literatura Medieval: (Lisboa, 1–5 Outubro 1991)*, 161–168.
SÁNCHEZ-PRIETO, Pedro (1998): *Cómo editar los textos medievales. Criterios para su presentación gráfica*, Madrid: Arco Libros.
VAAMONDE, Gael (2015): "Post scriptum: dos corpus diacrónicos de escritura cotidiana", *Procesamiento del lenguaje natural* 55, 57–64.
WAGNER, Charles P. (1929): *El Libro del Caballero Zifar*, Ann Arbour: University of Michigan.
WALKER, Roger M. (1974): *Tradition and Technique in 'El libro del Cavallero Zifar'*, Londres: Tamesis Books.

Los diptongos en el leonés occidental: la documentación medieval de San Andrés de Espinareda (El Bierzo)*

Diphthongs in western Leonese: the medieval documentation from San Andrés de Espinareda (El Bierzo)

Vicente J. Marcet Rodríguez
Universidad de Salamanca - IMEYRhd
ORCID iD: https://orcid.org/0000-0002-4208-2847

Resumen: Este capítulo está dedicado a la representación gráfica de los diptongos en la documentación medieval del monasterio de San Andrés de Vega de Espinareda, en El Bierzo. Se trata de una región muy interesante desde el punto de vista lingüístico, ya que se encuentra en la división fronteriza tradicional entre el gallego y el asturiano-leonés. Analizamos tanto el tratamiento de la diptongación de /ĕ/ y /ŏ/ tónicas como la presencia en la documentación de diptongos decrecientes, tanto latinos como de formación romance, fenómeno este último compartido por el gallego-portugués y el asturiano-leonés occidental. También hay que tener en cuenta la influencia del castellano, que parece dejarse sentir de forma más acusada en las notarías leonesas más occidentales a partir de la segunda mitad del siglo xiv. Para nuestro estudio nos hemos servido de un conjunto de documentos notariales originales redactados durante el siglo xiv en el monasterio de San Andrés, y conservados en la actualidad en el Archivo Histórico Nacional.

Palabras clave: Diptongos, leonés, documentación notarial, Edad Media, El Bierzo

Abstract: This chapter is dedicated to the graphic representation of diphthongs in the medieval documentation of the monastery of San Andrés, in Vega de Espinareda (El Bierzo). It is a very interesting region from the linguistic point of view, since it is located in the traditional border between Galician and Asturian-Leonese. We analyse both the

* Este trabajo ha sido posible gracias a la financiación concedida al proyecto de I+D *Variación lingüística en la documentación de Castilla y León III. Los documentos de San Andrés de Espinareda (León). Edición y Estudio*, otorgado por el Ministerio de Ciencia, Innovación y Universidades (referencia: PGC2018-098706-B-I00).

treatment of the diphthongization of stressed /ĕ/ and /ŏ/ and the presence in the documentation of decreasing diphthongs, both Latin and Romance, a phenomenon that is shared by Galician-Portuguese and Western Asturian-Leonese. The influence of Spanish must also be taken into account, which seems to be felt more strongly in the westernmost Leonese notaries since the second half of the 14th century. For our study we have used a set of original notarial documents written throughout the fourteenth century in the monastery of San Andrés, and currently preserved in the Spanish National Historical Archive.

Keywords: Diphthongs, Leonese, notarial documentation, Middle Age, El Bierzo

1. INTRODUCCIÓN

El propósito de este capítulo es realizar un estudio del tratamiento de los diptongos, tanto crecientes como decrecientes, y su representación en la escritura en el leonés medieval, a través de la transcripción y el análisis de documentación occidental redactada a lo largo del siglo XIV. Pretendemos contribuir, con ello, a un mejor conocimiento de las *scriptae* asturiano-leonesas durante la Edad Media y del posible influjo en el antiguo reino de León tanto de las *scriptae* gallegas como de las castellanas. Esta investigación forma parte de un proyecto mucho más amplio dedicado al estudio, en todos sus niveles lingüísticos, de la documentación berciana compuesta a lo largo de los siglos XIII, XIV y XV. Nuestro propósito último es, por un lado, realizar un análisis contrastivo de las diferentes áreas lingüísticas de Castilla y León durante la Edad Media, así como destacar la importancia del Bierzo en el estudio de la variación lingüística en esta comunidad.

La diptongación en leonés ha sido un fenómeno ampliamente estudiado desde los orígenes de la romanística, a finales del siglo XIX y comienzos del XX, ya que se le han propuesto explicaciones diversas, en buena medida motivadas por la distinta distribución de la representación del fenómeno en la escritura en la Edad Media. Como han resumido P. Carrasco (1987: 114–118) o V. Orazi (1997: 292–294), en los textos más antiguos o compuestos en los dominios más occidentales del leonés, lindantes con el gallego-portugués, donde no se produce la diptongación de /ĕ/ y /ŏ/[1], predominan las formas adiptongadas. Por el contrario, en los textos más tardíos o compuestos en los dominios más orientales, predominan

1 Si bien algunos estudios señalan la posibilidad de que se produjera la diptongación de ambas vocales en el gallego oriental (Diéguez González 2001 y 2003: 169–173).

las formas diptongadas, coincidiendo con la evolución de estas vocales en castellano. En la región central, por su parte, nos encontramos con una aparente zona de transición en la que coexisten las formas diptongadas y las adiptongadas. Esta distribución llevó a los primeros estudiosos del asturiano-leonés (Morel-Fatio 1875: 28, 30 y 56; Hanssen 1896: 4; Staaff 1907: 189–206) a considerar que el fenómeno de la diptongación no era propio de este romance, sino debido a la influencia del castellano.

Esta hipótesis fue pronto refutada, por, entre otros, R. Menéndez Pidal (1906: 55 y 56), quien, basándose en la antigüedad de los ejemplos encontrados, de los siglos X y XI, y producidos en contextos fonéticos diversos (1926: 113–115 y 144–146), defiende el carácter autóctono del fenómeno. Posteriormente, las investigaciones de D. Catalán y Á. Galmés (1954) o L. López Santos (1960) avalaron la hipótesis de la naturaleza autóctona de la diptongación en asturiano-leonés, con sus características propias frente a la castellana, como la pervivencia del diptongo /ié/ ante /ʎ/ o /s/ implosiva o la diptongación ante yod (García Arias 2003: 71–74 y 81–83).

La convivencia de formas diptongadas y adiptongadas en numerosos textos medievales, así como la relativamente tardía generalización de la diptongación en la escritura (Onís 1909: 11–14; Lapesa 1948: 18 y 19; Lapesa 1998: 20–28), se han tratado de explicar por medio de diversos factores, como son el influjo del gallego, especialmente en la documentación más occidental, el carácter arcaizante del manuscrito o la influencia del latín, especialmente presente en los textos legales y notariales (Lapesa 1948: 19–24; Lindley Cintra 1959: 162; Alvar 1968: 41, 42 y 121–124; Orazi 1997: 293 y 294), a los que pueden sumarse la inhabilidad de los escribas para reflejar los diptongos (Lapesa 1998: 27) o la falta de conciencia lingüística por parte de los hablantes durante largo tiempo sobre la existencia de los diptongos (Carrasco 1987: 115), a pesar de encontrarse bastante generalizados en el habla.

Junto a la evolución de /ĕ/ y /ŏ/ en la documentación berciana, analizaremos, asimismo, el tratamiento de los diptongos decrecientes, siendo la conservación de estos uno de los rasgos compartidos entre el gallego-portugués y el asturiano-leonés occidental, a diferencia de lo que sucede en los restantes dominios de este último romance, el central y el oriental, donde se ha producido la reducción de los diptongos, al igual que sucede en el vecino castellano (Morala 2021: 20 y 21)[2].

2 Para sendos estudios clásicos sobre el mantenimiento de los diptongos decrecientes en asturiano-leonés, cf. Granda (1960) y López (1970); para un estudio más reciente

2. CORPUS DOCUMENTAL

Para llevar a cabo nuestro estudio del leonés occidental, nos hemos servido de una selección de documentos pertenecientes al Corpus de Documentos Medievales de San Andrés de Espinareda (CODOMSAE), que está siendo configurado por el Grupo de Estudio de Documentos Históricos y Textos Antiguos de la Universidad de Salamanca (GEDHYTAS). Este corpus está integrado por más de doscientos documentos originales redactados a lo largo de los siglos XIII, XIV y XV en diversas localidades del Bierzo, principalmente en Vega de Espinareda, en cuyo monasterio dedicado a San Andrés se custodiaba antiguamente la documentación. En la actualidad, la totalidad de los documentos del antiguo monasterio se conserva en el Archivo Histórico Nacional, en la sección Clero Secular Regular, en las carpetas que van desde la 835 a la 861, ambas inclusive. El estado de conservación de los documentos es, en general, bastante bueno, lo que facilita su lectura, pese al deterioro de la tinta que se ha producido en algunos documentos. Los documentos han sido transcritos por miembros de GEDHYTAS, siguiendo las normas de edición de la Red CHARTA, especialmente configuradas para la edición de textos hispánicos antiguos[3].

Desde el punto de vista lingüístico, se trata de un corpus muy interesante, puesto que buena parte de los documentos que lo integran se encuentran redactados justo en la frontera lingüística que tradicionalmente ha dividido El Bierzo en dos mitades: la occidental, de habla gallega, y la oriental, asignada a los dominios del asturiano-leonés occidental[4]. De hecho, en CODOMSAE conviven rasgos propios del occidente peninsular con aquellos exclusivos del asturiano-leonés o compartidos con el castellano, si bien los primeros se muestran predominantes durante el siglo XIII y buena parte del XIV. Entre estos fenómenos se encuentran el resultado /ʎ/ de la evolución de los grupos -LJ-, -K'L-, -G'L-, -T'L- (*consello*, *fillo*, *muller*), el resultado /tʃ/ en la evolución de los grupos PL-, KL-, FL- (*chamar*), la detención de la evolución de los grupos -KT- y -ᵘLT- en el estadio /it/ (*dito*, *feita*, *oito*), la confusión de líquidas en interior de sílaba (*branco*,

sobre su relación con la morfología nominal, Viejo (2011-2012). Para otro estudio sobre su presencia en el leonés medieval, cf. Díez (1991).

3 Se encuentran disponibles en https://www.redcharta.es/criterios-de-edicion/.

4 Cf., entre otros, Gutiérrez (1985), Marcet (2001), Marcet (2002), Seco (1998) o Seco (2004).

complar) o, precisamente, la presencia de diptongos decrecientes (*cousa*, *ferreiro*). En cuanto a la morfosintaxis, podemos señalar como rasgos más destacados la presencia del infinitivo conjugado y la ausencia de formas verbales compuestas[5].

Hemos querido centrarnos en la documentación redactada a lo largo del siglo XIV[6], por ser más abundante (se conservan en torno a ciento treinta documentos) y por encontrarse los usos gráficos romances –supuestamente– más asentados en las escribanías, amén de que en esta centuria todavía no se percibe en la documentación berciana de forma tan acusada el influjo del castellano. Para dar mayor consistencia a nuestra investigación, nos ha parecido más oportuno limitarnos al estudio de aquellos documentos que han sido redactados en Vega de Espinareda, y, específicamente, a cargo de dos notarios: Fernán Joánez y Lope Alfonso. El primero firma un total de dieciocho documentos entre 1302 y 1333, mientras que el segundo estampa su firma en diecinueve documentos fechados entre 1351 y 1399[7]. Se encuentra representada prácticamente la totalidad de la centuria, por lo que la documentación seleccionada nos ofrecerá un panorama bastante aproximado de la evolución de la representación de los diptongos en la escritura en un momento en el que los usos escriturarios, en un principio, tienden a asentarse.

3. DIPTONGACIÓN DE /ĕ/ Y /ŏ/

Como ya hemos señalado en la introducción, la representación de /ĕ/ y /ŏ/ se manifiesta con distinta intensidad en los textos leoneses medievales, como se observa claramente en las diferentes tablas incluidas en este

5 Para un estudio más detallado sobre la presencia de rasgos occidentales en la documentación de San Andrés compuesta a lo largo del siglo XIII, cf. Giménez y Sánchez (2019); para una selección de documentos del siglo XIV, cf. Sánchez (2021).

6 Para un pormenorizado estudio de la diptongación en la documentación del siglo XIII, cf. Giménez y Sánchez (2022).

7 No descartamos, debido a la amplitud de las fechas, que bajo este nombre pueda esconderse más de un notario, algo que no es del todo infrecuente en la época.

apartado. En la tabla 1 incluimos los distintos ejemplos correspondientes a la diptongación de /ĕ/[8].

Tabla 1 *Representación de la diptongación de /ĕ/ en la primera mitad del s. XIV*

Doc.	Adiptongación	Diptongación
1302-12-01	be<n>, cem 'cien', tenpo	
1302-12-12	be<n>, cem, tenpo (2), terra	
1303-01-22	be<n>, cem, redeznello (top.), tenpo (2)	
1303-05-13	be<n>, co<n>uen, ssenp<re>, tenpo, treze<n>tos	fforniella (top.)
1304-02-20	be<n>, fezeren, te<n>po, treze<n>tos	
1305-12-26	be<n> (3), cen, h<er>edamentos, parame<n>to, renda	ffiesta, si<n>pre
1306-04-15	ben, ffiname<n>to (2), h<er>edamentos, parame<n>to, parame<n>tos	conujen, ffiesta (2), rrienda, sienp<re> (2)
1306-10-31	doze<n>tos, quat<ro>çe<n>tos	bien, bienes, çien, sienp<re>, tiempo
1308-02-13	h<er>edame<n>tos	bien (3), bienes (2), çien, diez (4), ffiesta, fiesta, sienp<re>, ssienp<re> (2)
1309-02-22		auiendo, bie<n> (11), bien<e>s, h<er>damie<n>to, Ribiella, ssienpre
1311-12-29		sienp<re>, ssienp<re>
1317-03-16		fiesta, sienp<re>
1324-11-15	anparamento, Cubellos (top.), encomenda, encome<n>da, encome<n>das, h<er>edamento, montellos (top)	cierto, lealmje<n>te, mjentre (2), penosiello (top.), ponie<n>do, portiella (top.), tanbie<n>, tie<n>
1330-05-21	portella (top.), h<er>edame<n>tos (2)	bie<n> (2), cierto, diezmos, fiesta, sienp<re> (2)
1331-06-10	be<n>, Cacauellos (2), finame<n>to, parame<n>to	cie<n>, cierto, diez
1332-04-06	trezentos	biens, çielo, cierto, diez, ffiziesse, fiesta
1333-04-24	be<n>, ce<n>, quatro ce<n>tos	bienes, sienp<re> (2), special mje<n>te

8 En los ejemplos, indicamos entre < > las grafías que no se encuentran desarrolladas en el texto original, sino que han sido sustituidas por algún tipo de abreviatura. Entre () indicamos el número de ocurrencias cuando sea más de una. El texto debe poner lo siguiente: indicamos el número de ocurrencias cuando sea más de una.

En la tabla se observa la distinta frecuencia con la que se refleja en la escritura la diptongación de /ĕ/ durante las primeras cuatro décadas de la centuria. En los primeros documentos, redactados entre 1302 y 1305, predomina ampliamente la adiptongación[9]. La diptongación está prácticamente ausente en los cinco primeros, salvo en *fforniella*, precisamente un topónimo, un tipo de palabra que se presta mejor a reflejar las "innovaciones" fonéticas[10]. Los ejemplos se vuelven más numerosos en los dos siguientes documentos, aunque siguen predominando las formas diptongadas. Muy pronto, no obstante, los casos de diptongación gráfica se convierten en ampliamente mayoritarios, pues en los cinco siguientes documentos, tan solo registramos un caso de adiptongación. Entre 1324 y 1333, los ejemplos en uno y otro sentido se vuelven bastante igualados. Destaca el caso del documento 1333-04-24, donde aparecen conjuntamente las formas *be<n>* y *bienes*, como se observa en las figuras 1 y 2. Quizás la forma adiptongada *ben* pueda explicarse por su condición de adverbio, y su consiguiente uso proclítico, aunque también podría haber influido la presencia contigua de una nasal en posición implosiva (Menéndez Pidal 1906: 56), si bien esta última opción parece menos frecuente[11].

Figura 1 *Representación de* be<n> *(doc.1333-04-24, l. 7)*

9 Lo mismo sucede en la documentación redactada en Vega de Espinareda durante el siglo anterior, donde predomina ampliamente la solución *e* (Giménez y Sánchez 2022: 125–131).

10 Posiblemente por estar más alejado de la raíz latina etimológica y, quizás, por no encontrarse incluido en los formularios o en documentos previos que pudieran servir a los escribas como modelo en la redacción de nuevos documentos, entre otros factores (cf. Marcet 2008).

11 Cf. Carrasco (1987: 110), donde se ofrece más bibliografía al respecto.

Figura 2 *Representación de* bienes *(doc.1333-04-24, l. 10)*

En tan solo veinte años, la situación cambia considerablemente, como se observa en la tabla 2, donde se recogen los documentos firmados por el notario Lope Alfonso en la segunda mitad del siglo XIV.

Tabla 2 *Representación de la diptongación de /ĕ/ en la segunda mitad del s. XIV*

Doc.	***Adiptongación***	***Diptongación***
1351-07-28	treze<n>tos	ca<n>piello (top.), <con>p<ri>da mje<n>te, <con>p<ri>d<er>a mje<n>te, ffiesta, pedimje<n>to, sienp<re>
1358-05-28		barredielos (top.), bien<e>s (3), diez, cacaujellos (3), cacaujelos, dessenbargada mjent<e>, finamje<n>to, ma<n>tenjmje<n>to, mjent<re> (2), trezie<n>tos
1358-06-26		acaesçiendo (2), bien, co<n>p<ri>da mjent<e>, dessenbargamje<n>to (2), dessenbargamjento (2), diezmos, mjent<re> (2), sienp<re>, trezientos
1360-03-14		bien, diez, fiesta, fiziesse, sienp<re> (2), tierra, trezie<n>tos
1365-08-02		bien<e>s, cierto, <con>bien, fiesta, finamje<n>to, ma<n>damje<n>to, q<ua>troçie<n>tos (2), paramje<n>tos (2), tien, vien
1369-06-16		bien, enconjemda, deffendemjento, ordenamje<n>to, pendient<e>s, siete, q<ua>troçie<n>tos, viellos
1371-12-25		aviendo, bien (4), bien<e>s, mjedro, ordenamje<n>to, rremaneçiero<n>, sienp<re> (2), q<ua>troçie<n>tos
1372-12-01		aviendo, bien (3), diez (2), fiesta, sienp<re> (2), q<ua>tro çie<n>tos

Doc.	*Adiptongación*	*Diptongación*
1382-07-25		ate<n>diendo, bie<n>, bien<e>s, çie<n>to, co<n>tien, co<n>bien, diez (2), mjedros, paramje<n>to (2), paramje<n>tos, q<ua>troçie<n>tos, vien
1387-03-15	ate<n>dendo (2)	agissada mjent<e>, bjenes, bjen<e>s (5), costre<n>gimje<n>to, finamje<n>to (2), naçimje<n>to, parient<e>, sienp<re> (2), siete, sotierren, trezie<n>tos
1387-11-20	nove<n>br<e>	bjen<e>s, calujello (ant.) (3), calviello, convien<e>, diez, mjedros, naçimje<n>to, ordenamje<n>to, rrieg<ra>, sienp<re>, siete, tien, trezje<n>tos
1389-09-02	sete<n>br<e>	bien (2), <con>vjen, defendjmje<n>to, diezmos, finamje<n>to (2), naçimje<n>to, orden<n>amje<n>to, trezie<n>tos, vjeja
1390-02-02	dez, franjdelo (3) (top.), treze<n>tos	aviendo, bien, finamje<n>to, naçimje<n>to
1390-02-03	treze<n>tos	aviendo, bie<n>, naçimje<n>to, q<ue>riendo, sienp<re>
1392-05-19		bien (2), bjen<e>s (2), <con>tien, departimje<n>to, diez (2), dozie<n>tos, ente<n>demje<n>to, finamje<n>to (2), mjent<re>, naçimje<n>to, njeta, onrradamje<n>te, Paradjela (ant.), q<ue>riendo (2), p<ri>meramje<n>te (2), sienp<re>, sotieren, treçie<n>tos (2)
1395-09-02[12]	nasçeme<n>to, sete<n>bre, treze<n>tos // be<n>, ben<e>s, capella, castello (top.), çeo, dolle<n>te, duze<n>tos, ente<n>deme<n>to, finame<n>to, jazendo, p<ri>mera me<n>te, nasçeme<n>to, q<ui>tame<n>to, sete<n>bre, treze<n>tos	// djez

12 Los ejemplos tras // se encuentran en fragmentos de un testamento posiblemente redactado en Cacabelos en 1394 que se incluyen en la carta de traslado presumiblemente compuesta en Vega de Espinareda.

Doc.	*Adiptongación*	*Diptongación*
1395-11-11		bjen, bjen<e>s, ente<n>demje<n>to, finamje<n>to, iazie<n>do, naçimje<n>to, parient<e>, t<re>zie<n>tos
1398-06-23		bien, bjen, bjen<e>s (5), co<n>p<ri>damje<n>te, dep<ar>amje<n>to, doljente, ente<n>demje<n>to, finamje<n>to, iazie<n>do, naçimje<n>to, p<ri>m<er>a mjent<e>, sotiere, trezie<n>tos
1399-05-25		bienes, bien<e>s, bjenes, diez, finamje<n>to, fornjela (top.), lieue, mjedros, ma<n>tinjmje<n>to, mjent<re> (2), naçimje<n>to, ordenamje<n>to, rrieg<ra>, sienp<re> (3), trezie<n>tos

Observamos que los casos de adiptongación de /ĕ/ son muy escasos[13]. La única excepción se presenta en el documento 1395-09-02, que, como ya hemos señalado, está constituido en su mayor parte por el traslado de un documento compuesto muy posiblemente en Cacabelos, en la mitad occidental del Bierzo, lo que explica la mayor presencia o pervivencia de rasgos occidentales. En los demás documentos, el número de ejemplos de formas adiptongadas es de uno o dos a lo sumo. En la mayor parte de las ocasiones se trata del numeral *trezentos* o del nombre de un mes (*novenbre*, *setenbre*); en ambos casos nos encontramos ante palabras recogidas en la fórmula de la data, que se encuentra al inicio del documento, en el protocolo, o bien al comienzo del escatocolo, en la parte final del documento. Se trata, por lo tanto, de una de las partes fijas del documento notarial y, por lo tanto, de las que más se prestan al conservadurismo gráfico[14], lo que permitiría explicar la no diptongación en la escritura de estas palabas. En el caso de los nombres de los meses, también podría tratarse de una

13 Lo mismo sucede en la documentación asturiana occidental del siglo XIV analizada por R. Lapesa (1998: 27).

14 Son las denominadas por F. Sabatini (1965) "partes formulísticas" (frente a las "partes libres" del documento), o llamadas por J. A. Fernández (2004: 176) "generalis thenor" (frente al "specialis thenor"). Se trata de las partes o fórmulas que se repiten de un documento a otro prácticamente de forma invariable, por lo que se prestan a reflejar con mucha menor frecuencia los cambios gráfico-fonéticos que se iban operando a lo largo de la Edad Media.

posible influencia de las formas gallego-portuguesas: *setenbro, novembro, dezembro*. De hecho, en la documentación conservada en Espinareda no analizada en este trabajo, no son infrecuentes formas como *dezenbro, dezenbrio, nouenbrio* o *setenbrio*, que, a su vez, se consideran habituales en leonés medieval (Corominas-Pascual, *s.v. siete*)[15].

No registramos casos de reducción de /ié/ > /é/ ante /ʎ/, lo cual entra dentro de lo esperable, no solo por la datación de los documentos, sino por el hecho de que la conservación del diptongo en este contexto fonológico es un rasgo propio del asturiano-leonés en la actualidad (García Arias 2003: 71)[16], a diferencia de la reducción que se produce en el castellano. Los ejemplos, como podemos observar, son muy numerosos, aunque se recogen todos ellos en topónimos, como *barredielos, cacaujellos, cacaujelos, canpiello, fornjela, fforniella, penosiello, portiella* o *Ribiella*, y en antropónimos, como en *calujello, calviello* y *Paradjela*.

En cuanto a la diptongación condicionada ante yod, solo registramos las formas *viellos* y *vjeja* < VĔTŬLUM, que muestra la evolución del grupo -T'L- propia del castellano, donde el resultado lateral ha sufrido una deslateralización en su modo de articulación dando como resultado un sonido fricativo prepalatal /ʒ/[17]. En otro documento del mismo notario, sin embargo, aparece la forma *viellos*, que refleja el primitivo estadio /ʎ/, como sucede en gallego-portugués. Por otra parte, merece igualmente destacarse la diptongación antietimológica registrada en *rriegra* < RĒGŬLAM, fenómeno no del todo infrecuente en asturiano-leonés (cf. Alvar 1968: 143; Carrasco 1987: 113; Orazi 1997: 294; Lapesa 1998: 32 y 33).

---

15 Cf. también con el castellano medieval *novembrio* (Corominas-Pascual, *s.v. nueve*).

16 En esta región del Bierzo, no obstante, en la actualidad parecen alternar las formas con conservación y reducción del diptongo (Marcet 2002: 444). Cf., también, Seco (2004: 437 y 438), donde se registran diversos ejemplos en el cuadrante nororiental del Bierzo.

17 En la actualidad, según los resultados del *Atlas lingüístico de El Bierzo* y el *Atlas lingüístico de Castilla y León*, el resultado dialectal de estos grupos se reparte entre la solución africada /tʃ/ al nordeste, en la frontera con Asturias; la primitiva solución /ʎ/, compartida con el gallego-portugués, que se registra en focos en el noroeste, en el este, en el centro y en el sur; la característicamente leonesa /j/, que se registra en el noroeste, en el este y en el sur; y la solución minoritaria /ʃ/, de influencia oriental, que se registra en el norte (Marcet 2002: 447 y 448). En las localidades más próximas a Vega de Espinareda (San Vicente y Sancedo), la única solución dialectal es /ʎ/ (junto a /x/, minoritaria, en Sancedo, por influjo del castellano).

Mención aparte merece la diptongación del presente del verbo *ser* y de la conjunción copulativa, fenómeno que se considera típicamente asturiano-leonés (Carrasco 1987: 105 y 106; Morala 2021: 19)[18]. En la documentación analizada registramos varios ejemplos de diptongación de ĔST, bajo la forma *ye*, pero todos se concentran en el primer tercio del siglo XIV, en los documentos firmados por Fernán Joánez: 1305-12-26, 1306-04-15 (con dos ejemplos), 1308-02-13 (con nueve ejemplos), 1309-02-22, 1311-12-19, 1317-03-16, 1324-11-15, 1331-06-10 (con tres ejemplos) y 1332-04-06, donde puede leerse: "la parte que contra esto passar & non conprir como sobredicho *ye*, peche por pena al parte que rreçibir el torto diez morauedis" (l. 17 y 18).

Mucho menos frecuente es la diptongación de la conjunción copulativa ĔT, de la que solo hemos registrado un ejemplo, en un documento de la segunda mitad del siglo, compuesto en 1371-12-25, donde aparece la forma *ya*: "Et el mallolo *ya* el mallolo que dizen de proto & ha por termjnos de carrazedo" (l. 6 y 7). Es el único caso, además, que hemos registrado con evolución /iá/ del diptongo, resultado que se registra con cierta frecuencia en otros textos asturiano-leoneses de la época (García Arias 2003: 77–79; Morala 2021: 21)[19]. Así, en el manuscrito del Fuero Juzgo analizado por V. Orazi (1997: 292) se concentra en la forma verbal *ya* 'es'[20]. Ligeramente más variados son los ejemplos en los documentos asturianos occidentales

18 En la documentación berciana del siglo XIII, tanto la diptongación de ĔST y ĔRAM como la de ĔT se encuentran registradas con relativa frecuencia (Giménez y Sánchez 2022: 125–127); cf. también Staaff (1907: 195–201). Merece destacarse que también parecen haberse documentado casos de diptongación de la conjunción copulativa durante la Edad Media en los dominios más orientales del gallego, lindantes con el asturiano-leonés, en una franja que se ensancha a medida que se avanza hacia el sur (Diéguez González 2001: 164–169).

19 Más abundante es su presencia en los documentos bercianos del siglo anterior: *convián*, *ia*, *tiampus*, *ya* (Giménez y Sánchez 2022: 125). Como atestiguan las autoras, en los primeros testimonios en romance predomina la forma *ia* sobre *ie*, si bien la primera desaparece pronto en beneficio de la segunda. En el total de ejemplos de diptongación de /ĕ/ registrados a lo largo de la centuria, la presencia de *ia* es claramente minoritaria, con un 4,35 % de los ejemplos.

20 En cambio, no se registra esta variante en ninguno de los manuscritos del Fuero de Zamora analizados por P. Carrasco (1987: 113). Tampoco en el Fuero de Avilés, marcadamente arcaizante (Lapesa 1948: 17), como tampoco en los fueros de Salamanca, Ledesma y Alba de Tormes (Alvar 1968: 140–142).

analizados por R. Lapesa: *bian*, *quian* y *sia* < SĔDET (1998: 27)[21]. También se registran varios ejemplos en la documentación centro-occidental leonesa del siglo XIII: *bian*, *ia* 'y', *quian*, *ya* 'es', *yarno*, y en el topónimo *Castiala*, pero apenas representan el 6,5 % de los diptongos procedentes de /ĕ/ recogidos en la documentación (Díez 1992: 98)[22].

El panorama gráfico es bien distinto, por su parte, en lo que respecta a la evolución de /ŏ/, cuya diptongación en la escritura se refleja con mucha menor frecuencia, lo cual es algo habitual en los textos asturiano-leoneses de la Edad Media. Una posible explicación, como resume P. Carrasco (1987: 117 y 118), podría encontrarse en "la inexistencia en la conciencia lingüística de los hablantes del diptongo procedente de ŏ", que tendría categoría fonética, pero no fonológica, al considerarse las formas diptongadas /uó/, /uá/ y /ué/ como variantes alofónicas de un único fonema /o̜/. Así se explicaría, como ha expuesto R. Lapesa (1948: 20 y 21), entre otros, el hecho de que, en las zonas en las que en época actual se encuentra más difundida la forma diptongada /uó/, esta apenas se represente en la Edad Media. Al ser los dos elementos constitutivos del diptongo dos vocales que comparten buena parte de sus rasgos articulatorios (a diferencia de lo que sucede con las variantes /ué/ y /uá/), la secuencia /uó/ habría sido considerada "como una mera variante articulatoria expresiva del fonema /o̜/ y consecuentemente se representó por la grafía *o*" (Carrasco 1987: 117). Por su parte, cuando la diptongación se resolvía a favor de /ué/, la mayor diferenciación de los dos elementos habría permitido su mejor reflejo en la escritura, de ahí que en la Edad Media sean más numerosas las formas con *ue* que con *uo*.

En la documentación analizada tan solo registramos ejemplos correspondientes a la variante *ue*, que, por otra parte, es claramente minoritaria frente a *o*, como se observa en la tabla 3, que recoge los ejemplos correspondientes a la primera mitad del siglo XIV[23].

---

21 En la actualidad, se registran casos de /iá/ de forma minoritaria en algunas localidades del cuadrante nororiental del Bierzo (Seco 2004: 445).

22 Cf. también Staaff (1907: 193–195).

23 En la actualidad, predomina la variante /ué/ en la mitad oriental del Bierzo de habla leonesa; la variante /uó/, por su parte, mucho más minoritaria, parece concentrarse en el extremo nororiental de la comarca, en la frontera con Asturias (Seco 2004: 439–443, 448 y 449).

Tabla 3 *Representación de la diptongación de /ŏ/ en la primera mitad del s. XIV*

Doc.	***Adiptongación***	***Diptongación***
1302-12-01	foro<n>, solo 'suelo'	
1302-12-12	bona, foro<n>, rogo	
1303-01-22	bona, foro<n>, rogo	
1303-05-13	fontes, foro<n>, rogo, solos	
1304-02-20	bon, bona, bonas, corpo, foro<n>, logo, rogo	
1305-12-26	bon, bona (2), bonos, fontes, foro<n>, logo, moble, rogo, torto	
1306-04-15	bon (2), bona (2), bonos, foro<n> (2), logo, moble, porco, sortes, torto	
1306-10-31	bona, morte, rogo	
1308-02-13	bon, bona (3), corpo, corpos (2), foro (2), fore<n> (2), foro<n> (2), poble 'pueble', ssoldos	ffuero (2), fuero, tuerto
1309-02-22	bona, mayolo, mort<e>	ffuer, pedruelo (ant.)
1311-12-29	bona, noue, rogo, torto	
1311-12-29	bona (3), despoys, foro (2), rogo, torto	
1317-03-16	bo<n>, bonos, fora, for 'fuere' (2), fore<n>, rogo	
1324-11-15	foro	
1330-05-21	foro	
1331-06-10	bo<n> (2), bona, bonos, foros (2), foro<n>, ortos, noue, poblo, solos	
1332-04-06	bona (2), foro, fforo<n>, foro<n>, torto	
1333-04-24	bona (3), bonos, morte, ponte, rogo	

Puede apreciarse que los casos de diptongación gráfica son muy escasos, tan solo seis concentrados en dos documentos de 1306 y 1308[24]. Uno de los ejemplos más tempranos vuelve a corresponder a un nombre propio: el antropónimo *pedruelo.* También merece destacarse que en uno de los documentos alternan las formas diptongadas (*ffuero*, en dos ocasiones, y *fuero*) y las adiptongadas (*foro*, también en dos ocasiones), como se observa en las figuras 3 y 4.

24 Muestran continuidad estos documentos con aquellos procedentes del mismo corpus redactados en la segunda mitad del siglo XIII, que no ofrecían ningún ejemplo de diptongación de /ŏ/ (Giménez y Sánchez 2022: 128).

Figura 3 *Representación de* foro *(doc.1308-02-13, l. 9)*

Figura 4 *Representación de* ffuero *(doc.1308-02-13, l. 2)*

Ya en la segunda mitad del siglo, a partir de la década de los setenta, los ejemplos de diptongación se vuelven ligeramente más numerosos, aunque siguen predominando las formas adiptongadas, como se aprecia en la tabla 4.

Tabla 4 *Representación de la diptongación de /ŏ/ en la segunda mitad del s. XIV*

Doc.	***Adiptongación***	***Diptongación***
1351-07-28	fforo, fforro (2), rrogo	
1358-05-28	bon, bona, corpos, foro<n>, rrogo, villabona	
1358-06-26	foros, foro<n>, rrogo	
1360-03-14	bonas, fogo, fforo, foro, foron, foro<n>, poda 'pueda', rrogo	
1365-08-02	bons (2), foros, foro<n>, nouos, postos soldo	
1369-06-16	bono, foro<n>, fostes	
1371-12-25	dorna, foro (4), foro<n> (3), logo, mallolo (5), rrogo, solos	acuerdo, nueve, suellos (2)
1372-12-01	foro (3), orto (2), ortos (6), rrogo	acuerdo, buen
1382-07-27	bon (2), foros, foro<n> (2), rrogo	acuerdo, bueno
1387-03-15	corpo, foro<n> (2), mobres, rrogo (sust.), rrogo (ver.)	buena
1387-11-20	fora, foro, foros, foro<n> (4), mo<r>te, rrogo (sust.), troq<ue> (3)	buena, suellos
1389-09-02	bono, foro (5), foro<n>	fuero, nueve
1390-02-02	foro (2), foro<n>	
1390-02-03	foro (4), foro<n>, noue, sortes (top.)	

Doc.	*Adiptongación*	*Diptongación*
1392-05-19	corpo (2), foro<n>, morte, rrogo (S), rrogo (ver.)	cuerpo
1395-09-02	fora, foro<n>, jou<e>s	
	corpo (3), fora, rroge<n>	
1395-11-11	foro<n>, rrogo	cuerpo
1398-06-23	mobres (3), novos, rrogo (sust.), rrogo (ver.)	buenas, cuerpo (2)
1399-05-25	foro<n>, mobres (2), rrogo (sust.)	nueve, nuevos

Aunque presentes en diez de los trece documentos compuestos en las tres últimas décadas de la centuria, las formas diptongadas siguen estando en clara minoría frente a las diptongadas.

En los documentos compuestos en las tres últimas décadas del siglo, la diptongación, aunque minoritaria frente a las formas adiptongadas, se vuelve más frecuente, puesto que de los trece documentos analizados, la diptongación está presente en diez de ellos: 95 ejemplos de *o*, presentes en los trece documentos, frente a veinte ejemplos de *ue*, recogidos en diez documentos, correspondientes a las voces *acuerdo*, *buen*(*o*), *cuerpo*, *fuero*, *nueve*, *nuevos* y *suello* 'suelo'.

En esta ocasión son tres los documentos en los que una misma palabra ofrece soluciones gráficas diptongadas y adiptongadas: *solos* y *suellos*, en un documento de 1371 (como se observa en las figuras 5 y 6); *foro* y *fuero*, en un documento de 1389; y *corpo* y *cuerpo*, en un documento de 1392 (como se observa en las figuras 7 y 8).

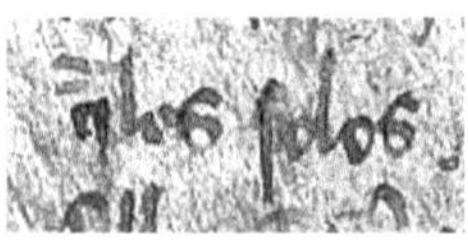

Figura 5 *Representación de* solos *(doc.1371-12-25, l. 9)*

Figura 6 *Representación de* suellos *(doc.1371-12-25, l. 10)*

Figura 7 *Representación de* corpo *(doc.1392-05-17, l. 3)*

Figura 8 *Representación de* cuerpo *(doc. 1392-05-17, l. 6)*

Como ya hemos mencionado, no registramos ejemplos de las formas diptongadas *ua* o *uo*, como tampoco ejemplos de diptongación ante yod, fenómeno que en la actualidad se registra en esta región del Bierzo con relativa frecuencia: /nuéite/ 'noche', /uéi/ 'hoy' (Marcet 2001: 269; Marcet 2002: 443; Seco 2004: 440 y 441)[25].

4. MANTENIMIENTO DE DIPTONGOS DECRECIENTES

Para llevar a cabo el estudio del mantenimiento de los diptongos decrecientes en la documentación berciana del siglo xiv, hemos procedido a clasificarlos en función de su diferente origen. En primer lugar, analizamos la presencia del diptongo /éi/ procedente de la metátesis de /i/ que se produce en las primitivas secuencias -ARIUM y -ASI-, presente en los derivados del latín vulgar CERESĬAM y en el antropónimo femenino de origen incierto latinizado como *Tarasia* o *Terasia* (García Gallarín 2014, s. v. *Teresa*), así como de la secuencia original -AI-, que encontramos en la

25 Tampoco parecen registrarse ejemplos en la documentación berciana del siglo xiii (Giménez y Sánchez 2019: 315). Para diversos ejemplos en documentación medieval asturiano-leonesa occidental y centro-occidental, cf. Díez (1992: 102 y 103) y Lapesa (1998: 25); también Morala (2021: 18 y 19).

voz prerromana *VAICA > *vega*. Los resultados registrados en la primera mitad de la centuria, en los documentos a cargo del notario Fernán Joánez, pueden observarse en la tabla 5.

Tabla 5 *Representación del diptongo /éi/ < -ARIUM, -AI-, -ASI- en la primera mitad del s. XIV*

Doc.	***Mantenimiento del diptongo***			***Reducción del diptongo***		
	/ei/ < -ARIUM	*/ei/ < -ASI-*	*/ei/ < -AI-*	*/e/ < -ARIUM*	*/e/ < -ASI-*	*/e/ < -ASI-*
1302-12-01	cordeyro (ant)	çereysal		carrera, reguera		
1302-12-12		Tereysa	ueyga (top.)			
1303-01-22				reguera (top.) (2)		
1303-05-13	outeyro, ffaueyro (top.)					
1304-02-20	carpe<n>teyro, pedreyro					
1305-12-26	bodegueyro, cordeyro (ant.), u<er>dadeyros		ueiya (top.), veyga (top.)			
1306-04-15	caseyria (3), rribeyro (ant.) (3)		ueyga (top.)			
1306-10-31	fferreyro, postremeyro		veyguilina (top.)	carrera		
1308-02-13	casseyria, corteyro (ant.)					
1309-02-22			ueyga (top.)			
1311-12-29	peneyros (top.)	tereysa (2)		carrera (3)	teresa	
1317-03-16			ueyga (top.)	zemilero	teresa	
1324-11-15	cast<e>lleyro, dolleyros (top.), u<er>dadeyros		veyga (5) (top.), veyg<ui>llina (top.)			
1330-05-21	come<n>deyro, regeyro					
1331-06-10	caseyro, peneyros (top.), v<er>dadeyro					
1332-04-06						
1333-04-24			ueyga (top.)			

Predomina ampliamente la conservación del diptongo decreciente, representado mayoritariamente por la secuencia *ey*. Solo en una ocasión registramos la forma *ei*, en el topónimo *ueiga*, en un documento de 1305, en el que también aparece la forma *veyga*. La alternancia también afecta de forma esporádica a las variantes conservadoras y monoptongadas de una misma palabra en un mismo documento, como sucede en el redactado en 1311, donde conviven las formas *tereysa* y *teresa*.

Las formas monoptongadas son minoritarias, pues tan solo se recogen en cinco documentos, con un total de once ejemplos. Conviene destacar el hecho de que la mayor parte de estas formas corresponden a voces con terminación femenina: *carrera* (cinco ejemplos en tres documentos), *reguera* (tres ejemplos en dos documentos) y *teresa* (dos ejemplos en sendos documentos)[26]. La única excepción corresponde a la voz *zemilero*. Una situación similar tiene lugar en el manuscrito E del Fuero de Zamora, lo que ha llevado a P. Carrasco (1987: 130) a considerar la hipótesis de que se trate de un recurso para diferenciar mejor el masculino del femenino: *-eiro* / *-era*. También G. de Granda (1960: 166) registraba esta oposición en el oriente de la zona asturiana donde se conservan los diptongos decrecientes, "poniendo de manifiesto la tendencia del hablante de distinguir más intensamente la oposición morfológica mas./fem.".

Por otra parte, el hecho de que no registremos ningún ejemplo de monoptongación en la forma *veiga*, con -AI- originario, parece poner de manifiesto que este fenómeno afecta en primer lugar a aquellos diptongos procedentes de la metátesis de la yod en -ARIUM y -ASI-, y posteriormente al diptongo primigenio, como ya puso de manifiesto R. Menéndez Pidal (1926: 75 y 76), quien lo atribuye a una hipotética condición de hiato en su origen (que tardó en fundir sus dos vocales *aï* en un diptongo[27]), y como parecen reflejar también los manuscritos del Fuero de Zamora (Carrasco 1987: 130)[28].

Observemos ahora la situación de estos diptongos en la documentación firmada por Lope Alfonso en la segunda mitad del siglo. En la tabla

26 También cabría mencionar que *reguera* se presenta en ocasiones como topónimo y que *carrera* igualmente suele aparecer en construcciones toponímicas (como en: "& porla carrera antigua de vn cabo & del outro", doc. 1302-12-01), que figuran entre las partes más libres del documento, como ya hemos apuntado.

27 De hecho, en gallego, R. Mariño (2017:136) todavía registra la forma *vayga* en un documento del siglo X.

28 También los documentos centro-occidentales de Carrizo, donde el mantenimiento del diptongo se produce en el 65,21 % de los casos (Díez 1991: 12).

6 se recogen los resultados procedentes de la /i/ metatética y el diptongo originario -AI-.

Tabla 6 *Representación del diptongo /ei/ < -ARIUM, -AI-, -ASI- en la segunda mitad del s. XIV*

Doc.	***Mantenimiento del diptongo***			***Reducción del diptongo***		
	/ei/ < -ARIUM	***/ei/ < -ASI-***	***/e/ < -AI-***	***/ei/ < -ASI-***	***/e/ < -AI-***	***/ei/ < -ASI-***
1351-07-28			veyga (top.)	folgera (top.)		
1358-05-28						
1358-06-26	postremeyro		lla veygellina (top.)			
1360-03-14	h<e>redeyro, q<ua>rteyro					
1365-08-02						
1369-06-16	v<er>dadeyro		veyga (top.)			
1371-12-25			veyga (top.)	carrera, rreg<ue>ra		
1372-12-01			veyga			
1382-07-27			veyga (top.)	carpe<n>tero, obreros, verdadero		
1387-03-15				valedera		
1387-11-20			veyga (top.)	abedulera (top.)		
1389-09-02	cordeyro (ant.), oleyros (top.) (2)		veyga (top.)			
1390-02-02		tereysa				
1390-02-03	barreyro (ant.), faueyro (top.)	tereysa	veyga (top.)			
1392-05-19	cabesçeyros (2), h<e>redeyros		veyga (top.)			
1395-09-02				carnjçero		
1395-11-11	pe<n>eyros (top.)		veyga (top.)	h<e>rderos (2), p<ri>mera		
1398-06-23			veyga (top.) (3)	h<e>redero, postremera		
1399-05-25	h<e>redeyro		veyga (top.)	postremera		

Se observa que, aunque los casos de mantenimiento del diptongo decreciente /éi/ siguen siendo mayoritarios, aumentan el número de ejemplos de voces monoptongadas, así como su variedad: *carnjçero*, *carpentero*, *carrera*, *her(e)dero(s)*, *obreros*, *primera*, *postremera*, *reguera*, *valedera* y *verdadero*, junto con los topónimos *abedulera* y *folgera*. Observamos que, en esta ocasión, la monoptongación afecta tanto a términos masculinos como femeninos. Por otro lado, la monoptongación sigue sin afectar al diptongo procedente de -AI- (siempre *veyga*, a la que se añade el topónimo derivado *lla veygellina*), lo que parece confirmar la hipótesis anteriormente expuesta. La representación gráfica del diptongo corre a cargo en todo momento de la secuencia *ey*.

A continuación analizamos la evolución del diptongo /óu/ procedente del diptongo AU latino originario y de la vocalización de la lateral implosiva de la secuencia ALT, al igual que sucede en gallego-portugués (Mariño 2017: 300–303). En la tabla 7, recogemos los ejemplos correspondientes a la primera mitad del siglo XIV.

Tabla 7 *Representación del diptongo /ou/ < AU, ALT, en la primera mitad del s. XIV*

Doc.	***Mantenimiento del diptongo***		***Reducción del diptongo***	
	/ou/ < AU	***/ou/ < ALT***	***/o/ < AU***	***/o/ < ALT***
1302-12-01	cousa, cousas, couto, coutos (2)	out<ra>, outras, out<ro>		
1302-12-12	couto, outorgam<os>	outre		
1303-01-22	couto, coutos, outorgam<os> (3)	outre		
1303-05-13	cousa (3), cousas, couto, coutos	outeyro (top.), outre (2)		
1304-02-20	cousa, cousas, coutos, outorgamos outorgo (2)	outras		
1305-12-26	cousa (2), cousas (2), coutos, outorgamos	out<ro>, out<ro>s		
1306-04-15	cousa, cousas (5)		otorgamos	ot<ra>, ot<ra>s
1306-10-31	cousa, couto, coutos, ou, outorgo (3)	outre (3), out<ro>s		
1308-02-13	cousa (3), cousas, coutos, ou (5), outorgamos	outre, out<ro>, out<ro>s (2), out<ro> ssi	otorgam<os>	ot<ra>, ot<ra>s, ot<ro>, ot<ro>s
1309-02-22	coutos, la outada (top.)			ot<ra>, ot<ro>, ot<ro>s

Doc.	*Mantenimiento del diptongo*		*Reducción del diptongo*	
	/ou/ < AU	*/ou/* < ALT	*/o/* < AU	*/o/* < ALT
1311-12-29	coutos		otorgamos	ot<ra>
1317-03-16	coutos		atorgado, atorgo, otorgamos	ot<ro> (2)
1324-11-15	coutos, cousas (2), poucos	villar dout<er>o (top.)	cosas, otorgamos	otre, ot<ro>s, otro sy, ot<ro> sy (2)
1330-05-21	coutos			ot<ro>, ot<ro>s
1331-06-10	cousas (6), coutos		otorgamos, otorgo	
1332-04-06	coutos		cotos, otorgado, otorgo	ot<ro> (2)
1333-04-24	couto 'tasa', coutos 'terrenos'		cosa, otorga<n>tes, otorgo (3)	ot<ro>

En los seis primeros documentos, a principios de siglo, tan solo se registran las formas diptongadas, como corresponde a la situación geográfica de Vega de Espinareda. A partir de 1308, no obstante, las formas monoptongadas, que han hecho su aparición en 1306, se vuelven muy numerosas, estando presentes en todos los documentos, incluso, en ocasiones, de forma mayoritaria. La monoptongación gráfica parece afectar por igual tanto al diptongo originario AU como al procedente de ALT[29]. En dos documentos registramos la alternancia de las dos soluciones en una misma palabra: *outorgamos* y *otorgamos*, por un lado, y *outro* y *outro*, entre otras formas, por otro, en el documento de 1308; y *coutos* y *cotos* en el documento de 1332.

En lo que atañe a la representación del diptongo /óu/ en la segunda mitad del siglo XIV, parece seguirse la tendencia mostrada en el primer tercio de la centuria, consistente en la monoptongación del diptongo, cuyos ejemplos son predominantes, como se observa en la tabla 8.

29 Para más ejemplos de conservación del diptongo en documentación occidental, cf. Staaff (1907: 208 y 209), y Lapesa (1998: 17–20).

Tabla 8 *Representación del diptongo /ou/ < AU, ALT, en la segunda mitad del s. XIV*

Doc.	***Mantenimiento del diptongo***		***Reducción del diptongo***	
	/ou/ < AU	*/ou/ < ALT*	*/o/ < AU*	*/o/ < ALT*
1351-07-28	coutos			ot<ro>s, ot<ro>si
1358-05-28	coutos		cosas (2), ot<or>gamos (2), rropa	ot<ra>s, ot<ro>s (2), ot<ro>si
1358-06-26	coutos		coto (top.)	
1360-03-14	coutos		coto (top.), rropa	ot<ro>s
1365-08-02	coutos		cossas (4)	ot<ro>s
1369-06-16	coutos		cossas	ot<ro>s
1371-12-25	coutos		cosas, ropa	ot<ro>, ot<ro>s, ot<ro>si
1372-12-01	coutos, loussada (top.) (2)			ot<ro>s
1382-07-27	coutos		cossas	otra, ot<ro>s
1387-03-15	coutos		cossas, lorie<n>ço (2), lore<n>ço, ot<or>gada	ot<ra>s, ot<ro>s
1387-11-20			cossa, cossas (4), ot<or>gadas, ot<or>gamos (3), ot<or>go	ot<ro>, ot<ro>s
1389-09-02	coutos		cossas (2), ot<or>gadas, ot<or>gamos	hot<ra>, ot<ra>s, ot<ro>s, ot<ro>si
1390-02-02	coutos			ot<ra>, otre, ot<ro>s, ot<ro> si
1390-02-03	coutos		ot<or>gadas	otre, ot<ro>s
1392-05-19	coutos, mouro (ant.)		ot<or>gado	otre, ot<ro>s (2)
1395-09-02			cosa, cosas	ot<ra>s, ot<ro>, otro
1395-11-11	coutos, mouro (ant.), pousada			ot<ro>, ot<ro>s, ot<ro>si
1398-06-23	coutos			ot<ro>s
1399-05-25	coutos, mouro (ant.)		cosas, ot<or>go	ot<ra>s, ot<ro>s (2), ot<ro>si

Se aprecia, en primer lugar, que las formas monoptongadas, como ya hemos señalado, son claramente predominantes, así como mayoritarias en prácticamente la totalidad de los documentos firmados por Lope Alfonso. La monoptongación gráfica parece especialmente consumada en el diptongo procedente de ALT-, para el que no registramos en ningún momento formas diptongadas: *otro*, *otrosi*, etc. La monoptongación también parece consolidada en el /óu/ < -AU- en posición inicial: *otorgo*, etc. Los casos en los que se conserva el diptongo se concentran principalmente en la voz *couto*, donde podría tratarse de una lexicalización[30], a los que hay que añadir los ejemplos correspondientes al antropónimo *mouro* y al topónimo *loussada*. Por el contrario, la monoptongación se registra en *cosa*, *rropa*, en el antropónimo *lorenço* y en el topónimo *coto*, en dos ocasiones en sendos documentos[31], en los que también figura, como nombre común, la palabra *coutos*.

Finalmente, analizamos el diptongo que surge de la vocalización del elemento implosivo de las secuencias -KT-, -^{u}LT-. La vocal palatal resultante se mantiene en gallego-portugués, sin afectar a la consonante contigua; lo mismo sucede en la franja más occidental del asturiano-leonés, en contacto con el gallego (Borrego 1996: 145 y 148, García Arias 2003: 224 y 225). En el resto del dominio, así como en castellano, la vocal resultante palataliza la consonante contigua; en castellano la vocal termina embebiéndose en la consonante palatal resultante; en asturiano-leonés, es frecuente la conservación de la vocal (Marcet 2007: 391). Tanto la solución occidental como la central coexisten en la documentación de San Andrés, como se observa en la tabla 9[32].

30 De hecho, aparece con frecuencia en una fórmula habitual en la intitulación del notario, en el escatocolo del documento: "Et por que esto sea firme & non venga en dulda nos anbas las partes rrogamos a lope alfonso notario publico por nos e los ditos abbate & convento ennos *coutos* del dito monesterio que fiziesse desto duas cartas" (1360-03-14, l. 18–20).

31 En las secuencias "f<e>rna<n> g<arcia> de coto" y "g<arcia> lorienço morador en coto".

32 En la documentación berciana del siglo XIII, son muy habituales las formas del tipo *dereyto*, *feyto*, *oyto*, *peyte*, etc., especialmente en los documentos más occidentales, mientras que en aquellos documentos más orientales es más habitual el empleo de *ch* (Giménez y Sánchez 2019: 313–315).

Tabla 9 *Evolución de las secuencias* -^{u}KT-, -^{u}LT- *en la primera mitad del s.* XIV

Doc.	***Mantenimiento del diptongo***		***Reducción del diptongo***	
	/it/ < -KT-	*/it/ < -^{u}KT-, -^{u}LT-*	*/tʃ/ < -KT-*	*/tʃ/ < -^{u}KT-, -^{u}LT-*
1302-12-01	feyta, ffeytura, peyte			
1302-12-12	ffeyta, peyte			
1303-01-22	ffeyta, peyte			
1303-05-13	ffeyta, peyte			
1304-02-20	peyte			
1305-12-26		muytos		
1306-04-15	ffeyta, peyte (2)			
1306-10-31	peyte			
1308-02-13	peyte	oyto (2)	derech<o>, derechos	
1309-02-22			pech<e>	
1311-12-29			peche	
1317-03-16			fecho	much<o>s
1324-11-15		oytaua, oytauas		ocho (2)
1330-05-21			derech<o>	ocho
1331-06-10			peche	ocho
1332-04-06				ocho
1333-04-24			pech<e>	

En los primeros documentos, tan solo se registra la solución occidental: *feyta*, *muytos*, *peyte*. A partir de 1308, año en el que aparecen las dos soluciones en un mismo documento, la situación se invierte y el resultado innovador se convierte en claramente mayoritario y prácticamente exclusivo: *derecho*, *fecho*, *muchos*, *ocho*, *peche*, posiblemente por influjo de la norma escrituraria ovetense y la castellana (García 2003: 228). La solución conservadora solo se registra en un documento de 1330: *oytaua*(*s*), junto a *ocho*. No registramos ejemplos de la solución típicamente asturiano-leonesa, con mantenimiento de la palatal formando un diptongo decreciente[33].

33 Los ejemplos en documentación berciana del XIII son escasos, pues se limitan a las formas *peygi* y *peyge*, recogidas en sendos documentos (Giménez y Sánchez 2019: 314 y 315). Por su parte, en documentación centro-occidental del siglo XIII procedente de Carrizo, el diptongo decreciente con palatalización de la consonante contigua se documenta ampliamente durante toda la centuria (Díez 1991: 12 y 13);

Finalmente, en la tabla 10, recogemos los ejemplos correspondientes a la documentación firmada por Lope Alfonso.

Tabla 10 *Evolución de las secuencias -KS-, -KS-, -^{u}KT-, -^{u}LT- en la primera mitad del s. XIV*

Doc.	***Mantenimiento del diptongo***		***Reducción del diptongo***	
	/it/ < -KT-, -KS-	*/it/ < -^{u}KT-, -^{u}LT-*	*/tʃ/ < -KT-, -KS-*	*/tʃ/ < -^{u}KT-, -^{u}LT-*
1351-07-28	feytas (2), oyte<n>ta		ocho	
1358-05-28	oyto			
1358-06-26			derechos (2)	
1360-03-14			fechas, ocho	
1365-08-02	feytos		derechos, ocho	
1369-06-16	oytubrio			
1371-12-25			d<e>r<e>cho, derechos	
1372-12-01				
1382-07-27	feytas, feytos		d<e>r<e>chos	
1387-03-15	feyta, oyte<n>ta			
1387-11-20	feytas, oyte<n>ta			frucho (2)
1389-09-02	feytas, oyte<n>ta			
1390-02-02	feytas		ocho	
1390-02-03	feytas			
1392-05-19	feyto		fechas	
1395-09-02			dr<e>cho, ocho	
1395-11-11			derechos, fecho	
1398-06-23	feyto (2)		dexaron, ocho	
1399-05-25	feytas		ocho	

Se observa que la solución más central, propia del castellano, con absorción de la vocal tras la palatalización de la consonante, está presente

también en la documentación analizada por Staaff (1907: 237) y, esporádicamente, en documentación del occidente de Asturias (Lapesa 1998: 16). Igualmente se registran formas como *deychar*, *leyxen*, *peiche*, *peycho*, etc. en los dos manuscritos con rasgos más occidentales del Fuero de Zamora (Carrasco 1987: 123–125). Cf. también Santos (1986: 341 y 342), así como Marcet (2007) para más ejemplos.

en prácticamente todos los documentos: *derechos*, *dexaron*, *fechas*, *frucho*, *ocho*, etc. Pese a ello, todavía se registran con gran frecuencia ejemplos de la solución occidental, especialmente en los derivados de OCTO: *oytenta* (que en un documento de 1351 alterna con *ocho*), *oyto*, *oytubrio*. El otro término donde se concentran las apariciones del diptongo es en el participio absoluto *feytas*/*feyto*(*s*), que suele aparecer en la fórmula de la data, al comienzo del escatocolo[34]. Lo mismo sucede con la forma *oytenta*, que tiende a concentrarse en la expresión de la fecha de esa década.

5. CONCLUSIONES

Hemos podido observar a lo largo de estas páginas que, en líneas generales, la tendencia en la documentación berciana de Vega de Espinareda es hacia las formas coincidentes con el resto del dominio leonés y con el castellano. Así se observa en la gráfica 1, correspondiente a la diptongación de /ĕ/ y /ŏ/[35].

34 Como en "que foron *feytas* enell dicho monesterio vjnte & çinco dias del mes de mayo enell Anno del naçimjento dell nuestro saluador ihesu cristo de mill & trezientos & noventa & nueve Annos" (doc. 1399-05-25). Cf. también Giménez y Sánchez 2019: 314, para el tratamiento de este término y afines en la documentación berciana del siglo XIII, donde predomina también ampliamente la solución occidental coservadora.

35 La gráfica muestra el porcentaje de documentos que, en cada década, reflejan el fenómeno.

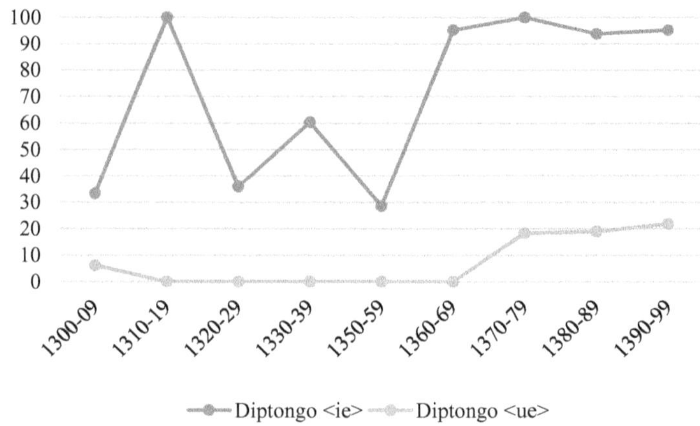

Gráfica 1 *Evolución de la representación de los diptongos /ie/ y /ue/*

La gráfica muestra la completa generalización de la diptongación de /ĕ/, que se consuma en la escritura ya a mediados del siglo XIV, siendo los casos de conservación de *e* muy esporádicos, como se observaba en las tablas 1 y 2. Hemos observado, asimismo, que parece igualmente consolidada, quizás por influjo del castellano, la adiptongación de las formas verbales ĔST y ĔRAT, por un lado, y de la conjugación copulativa ĔT, por otro, a juzgar por la escasez de ejemplos registrados en la segunda mitad del siglo. Lo mismo cabría pensar respecto a la variación de los constituyentes del diptongo procedente de /ĕ/, pues la presencia de la /ia/ en la documentación es meramente testimonial, confirmándose la tendencia apuntada en el siglo XIII.

Mucho más lento es el reflejo en la escritura de la diptongación de /ŏ/, si bien, como se observa en la gráfica, los casos empiezan a experimentar una ligera subida, que va en ligero aumento, en el último tercio de la centuria, lo que, muy posiblemente, también podría deberse a la influencia de los usos escriturarios del castellano.

En lo que respecta al mantenimiento de los diptongos decrecientes, su tratamiento es igualmente desigual, como se aprecia en la gráfica 2, aunque también parecen apuntarse tendencias hacia la monoptongación, coincidiendo con las formas castellanas, según reflejaban las tablas 5-10.

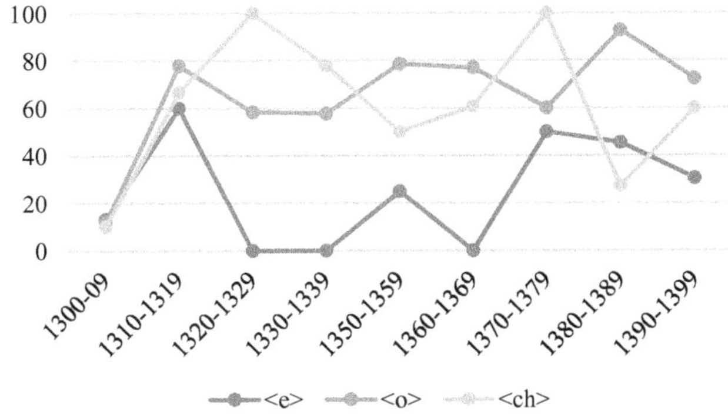

Gráfica 2 *Evolución de la reducción de los diptongos decrecientes*

Se observa, como hemos señalado, una creciente tendencia a la reducción en la escritura de los diptongos decrecientes, tanto /ei/ como, muy especialmente, /ou/, que parece que se conserva lexicalizado en algunas palabras, lo que parece deberse, muy posiblemente, como en los casos anteriores, a la creciente influencia de los usos escriturarios del asturiano-leonés central y el castellano, mucho más prestigiosos[36]. Lo mismo podría decirse de la reducción del diptongo y la palatalización de la /t/ en /tʃ/ en formas como *derecho*, *fecha*, *frucho* u *ocho*, coincidentes con el castellano.

Esta mayor vitalidad de /ei/ con respecto a /ou/ podría deberse, como ya hemos señalado y había puesto de manifiesto P. Carrasco (1987: 133 y 134), recogiendo la hipótesis de G. de Granda (1960: 146—149), a la mayor estrechez de los márgenes de diferenciación en la parte posterior de la cavidad bucal, que haría más fácil la confusión entre los dos miembros del diptongo.

Asimismo, como ha señalado R. Lapesa (1998: 20) para el caso del asturiano propiamente dicho, esta monoptongación afectaría tan solo a la escritura, por considerarse las formas /ei/ y /ou/ demasiado vulgares o locales como para ser incluidas en un texto escrito. En el habla, no

36 Nuestros datos coinciden con los aportados por R. Lapesa (1998: 20) para el asturiano occidental: "OU, perdida la vitalidad de principios y mediados del siglo XIII, habría desaparecido en el primer tercio del siglo XIV".

obstante, se habrían mantenido los diptongos decrecientes, como confirma su pervivencia en la zona en la actualidad[37].

Bibliografía

Alvar, Manuel (1968): *El Fuero de Salamanca. Lingüística e Historia*, Granada: Universidad de Granada — CSIC.

Borrego Nieto, Julio (1996): "Leonés", en Manuel Alvar (ed.), *Manual de dialectología hispánica. El español de España*, Barcelona: Ariel, 139—158.

Carrasco Cantos, Pilar (1987): *Estudio lingüístico del Fuero de Zamora*, Málaga: Universidad de Málaga – Universidad de Salamanca – Colegio Universitario de Zamora.

Catalán, Diego y Álvaro Galmés (1954): "La diptongación en leonés", *Archivum*, IV, 87—147.

Corominas, Joan y José Antonio Pascual (1980—1997): *Diccionario crítico etimológico castellano e hispánico* (6 vols.), Madrid: Gredos.

Diéguez González, Julio (2001): "Galego-português lucu-auriense: resultados aj (<aaj), aw (<aaw) e umha antiga ditongaçom do e* (>ja) e o* (>wa) tónicos", *Agália*, 67—68, 153—184.

Diéguez González, Julio (2003): *A ditongação de /ê/ e /ô/ breves na Galiza Oriental*, Santiago de Compostela: s.e.

Díez Suárez, M.ª Soledad (1991): "Los diptongos decrecientes en el leonés del siglo xiii", *Archivos leoneses*, 89—90, 9—33.

Díez Suárez, Mª Soledad (1992): "Evolución de /ĕ/, /ŏ/ tónicas latinas en el leonés del siglo XIII", en M. Ariza *et al.* (eds.), *Actas del II Congreso Internacional de Historia de la Lengua Española*, Madrid: Pabellón de España, vol. II, 97—107.

37 A juzgar por los datos que nos ofrece el *Atlas lingüístico de El Bierzo*, en Sancedo, a unos diez quilómetros al sudeste de Vega de Espinareda, la diptongación de /ĕ/ y /ŏ/ parece sistemática; en cambio, en San Vicente, a unos seis quilómetros al sudoeste de Vega de Espinareda (y a otros seis al noroeste de Sancedo), encontramos alternancia de formas diptongadas y adiptongadas tanto para /ĕ/ como para /ŏ/. Cf. Marcet (2001: 267 y 268).

Fernández Flórez, José Antonio (2004): "La huella de los copistas en los cartularios leoneses", en *Orígenes de las lenguas romances en el reino de León. Siglos* IX-XII, León: Centro de Estudios e Investigación "San Isidoro" — Caja España de Inversiones – Archivo Histórico Diocesano, vol. I, 159—227.

García Arias, Xosé Lluis (2003): *Gramática histórica de la lengua asturiana*, Oviedo: Academia de la Llingua Asturiana.

García Gallarín, Consuelo (2014): *Diccionario histórico de nombres de América y España*, Madrid: Sílex.

Giménez Eguíbar, Patricia y M.ª Nieves Sánchez González de Herrero (2019): "Rasgos de continuidad del gallego en documentos del monasterio de San Andrés de Espinareda (León) en el siglo XIII", *Estudios de Lingüística Galega*, 11, 305—337.

Giménez Eguíbar, Patricia y M.ª Nieves Sánchez González de Herrero (2022): "Variación y uso de los diptongos en la documentación medieval del monasterio de San Andrés de Vega de Espinareda (León) (siglo XIII)", *Dialectología*, 28, 119–142.

Granda Gutiérrez, Germán de (1960): "Los diptongos descendentes en el dominio románico leonés", en Álvaro Galmés de Fuentes y Diego Catalán (dirs.), *Trabajos sobre el Dominio Románico Leonés*, Madrid: Gredos, tomo II, 119–173.

Gutiérrez Tuñón, Manuel (1985): "La frontera lingüística entre el leonés y el gallego en El Bierzo", en *Actes del XVI Congrés Internacional de Lingüística i Filologia Romàniques*, Palma de Mallorca: Editorial Moll, 517–521.

Hanssen, Friedrich (1896): "Estudios sobre la conjugación leonesa", *Anales de la Universidad de Chile*, XCIV, 753–807

Lapesa Melgar, Rafael (1948): *Asturiano y provenzal en el Fuero de Avilés*, Salamanca: Universidad de Salamanca.

Lapesa Melgar, Rafael (1998): *El dialecto asturiano occidental en la Edad Media*, Sevilla: Universidad de Sevilla.

Lindley Cintra, Luis F. (1984 [1959]): *A linguagem dos Foros de Castelo Rodrigo. Seu confronto com a dos foros de Alfaiates, Castelo Bom, Castelo Melhor, Coria, Cáceres e Usagre. Contribuição para o estudo do leonês e do galego-português do século XIII*, Lisboa: Imprensa Nacional - Casa da Moeda.

López Santos, Luis (1960): "La diptongación en leonés", *Archivum*, X, 271–318.

López Santos, Luis (1970): "Los diptongos decrecientes en el dialecto leonés", *Archivos leoneses*, 47–48, 273–298.

Marcet Rodríguez, Vicente J. (2001): "La frontera lingüística de El Bierzo", en J. A. Bartol *et al.* (eds.), *Nuevas aportaciones al estudio de la lengua española. Investigaciones filológicas*, Salamanca: Luso-Española de Ediciones, 265–275.

Marcet Rodríguez, Vicente J. (2002): "Pervivencia de rasgos leoneses en el *Atlas Lingüístico de Castilla y León* y en el *Atlas Lingüístico de El Bierzo*", *Interlingüística*, 13(II), 441–454.

Marcet Rodríguez, Vicente J. (2007): *El sistema consonántico en el leonés medieval: peculiaridades fonéticas y usos gráficos en la documentación notarial del siglo* xiii, Salamanca: Universidad de Salamanca.

Marcet Rodríguez, Vicente J. (2008): "El tratamiento gráfico de los nombres propios en la documentación medieval", en I. Olza *et al.* (eds.), *Actas del XXXVII Simposio Internacional de la Sociedad Española de Lingüística*, Pamplona: Universidad de Navarra, 2008, 495–507.

Mariño Paz, Ramón (2017): *Fonética e fonoloxía históricas da lingua galega*, Vigo: Xerais.

Menéndez Pidal, Ramón (1999 [1926]): *Orígenes del español*, Madrid: Espasa Calpe.

Menéndez Pidal, Ramón (2018 [1906]): *El dialecto leonés*, León: El Búho Viajero.

Morala Rodríguez, José Ramón (2021): "La lengua leonesa en la documentación medieval", en J. R. Morala *et al.* (eds.), *La lengua leonesa: literatura y textos*, León: Cátedra de Estudios Leoneses, Universidad de León, 11–97.

Morel-Fatio, Alfred (1875): "Reserches sur le texte et les sources du *Libro de Alexandre*", *Romania*, IV, 7–90.

Onís, Federico de (1909): *Contribución al estudio de el dialecto leonés. Examen filológico de algunos documentos de la catedral de Salamanca*, Salamanca: F. Núñez Izquierdo.

Orazi, Veronica (1997): *El dialecto leonés antiguo*, Madrid: Universidad Europea – CEES Ediciones.

Sabatini, Francesco (1965): "Esigenze di realismo e dislocazione morfologica in testi preromanzi", *Rivista di Cultura Classica e Medievale*, VII, 972–998.

Sánchez González de Herrero, M.ª Nieves (2021): "Testamentos bercianos del siglo xiv", *Lletres Asturianes*, 125, 36–60.
Santos Domínguez, Luis Antonio (1986): "El romance leonés del siglo xiii en los documentos de Carrizo", *Archivos Leoneses*, 78–80, 333–346.
Seco Orosa, Ana (1998): "O trazado da fronteira do galego na província de León", *Estudios Bercianos*, 24, 32–47.
Seco Orosa, Ana (2004): "O trazado da frontera oriental do galego en León e Zamora", en R. Álvarez *et al.* (eds.), *A Lingua Galega: historia e actualidade: Actas do i Congreso Internacional*, Santiago de Compostela: Consello da Cultura Galega - Instituto da Lingua Galega, vol. 4, 415–463.
Staaff, Erik (1992 [1907]): *Étude sur l'ancien dialecte léonais d'après des chartes du XIII*e *siècle*, Oviedo: Academia de la Llingua Asturiana.
Viejo Fernández, Xulio (2011–2012): "Morfoloxía nominal y diptongos decrecientes n'asturianu", *Revista de Filoloxía Asturiana*, 11–12, 49–80.

Abreviaturas en documentación jurídica del Monasterio de San Andrés de Espinareda (León) en el ocaso de la Edad Media*

Abbreviations in legal documentation used in the Monastery of San Andrés de Espinareda (León) at the end of the Middle Ages

MANUEL NEVOT NAVARRO
Universidad de Salamanca
ORCID iD: https://orcig.org/0000-0002-0141-9837

Resumen: Del monasterio de San Andrés de Espinareda, ubicado en el Bierzo, zona donde convergen gallego, castellano y astur-leonés, se conserva muy interesante documentación. En ella, los escribanos recurren a multitud de procedimientos abreviatorios, mecanismos que son el propósito de este escrito, de especial relevancia en contextos multilingües. A fin de establecer cierta comparación con otras áreas de Castilla y León, como material complementario, se han consultado varios procesos inquisitoriales sobre imputados de Medinaceli (Soria). Tras un breve repaso al origen y las causas del empleo de procedimientos abreviatorios, con la obligada mención a los trabajos de Riesco Terrero (1983), Marín Martínez (1995), Torrens Álvarez (1995), Pichel Gotérrez (2010) y Martín Aizpuru (2020), no parece que la braquigrafía haya suscitado interés entre los medievalistas. Empleadas por el mundo latino, sus mecanismos de creación se trasladan al romance con nuevos acortamientos surgidos bien por suspensión, bien por contracción (Marín Martínez 1995: I, 137). No obstante, a veces no es tan fácil discernir qué recurso subyace en una abreviatura,

* Este trabajo es el resultado de sendos Proyectos de Investigación adscritos al Grupo de Estudios de Documentos Históricos y Textos Antiguos de la Universidad de Salamanca [=GEDHYTAS= GEDHYTAS]. El primero, de ámbito nacional, lleva por título "Variación lingüística en la documentación de Castilla y León III. Los documentos de San Andrés de Espinareda (León). Edición y estudio" (referencia PGC2018-098706-B-I00), concedido por el Ministerio de Ciencia, Innovación y Universidades, es coordinado por el profesor Vicente Marcet Rodríguez; el segundo, financiado por la Fundación Samuel Solórzano (Clave del Proyecto. FS/10-2020), dirigido por Manuel Nevot Navarro, es "Digitalización, transcripción y edición de procesos inquisitoriales conservados en los archivos diocesanos de Soria, Osma y Sigüenza".

a tenor de las marcas de reducción gráfica empleadas en la documentación. Tras abordar este asunto, se ofrecen sendos listados de los acortamientos más usuales empleados en la documentación analizada. En este sentido, son de especial interés aquellas abreviaciones que pueden reconstruirse de manera diferente en función de la lengua que prevalezca (*trra* puede ser tierra o terra). Más dificultades entrañan las reducciones gráficas tocantes a la toponimia (*qlos*) y a la onomástica, en las que se analizan tanto los nombres de pila (*a°*, *mino*) como los apellidos (*rrz*, *gz*).

Palabras clave: Braquigrafía, documentación, multilingüe, El Bierzo, Edad Media

Abstract: Documentation from the Monastery of San Andrés de Espinareda, located in el Bierzo, an area where Galician, Castilian and Asturleonese coincide, is really interesting. On it, scribes used multiple techniques for abbreviation, procedures that are the main goal in this paper, a study very important in multilingual contexts. In order to know what was the situation in other places belonging to Castilla y León in the 15th century, several inquisitorial trial records have been consulted as secondary material. After a short review of causes and origins for abbreviations, where the relevant works written by Riesco Terrero (1983), Marín Martínez (1995) Torrens Álvarez (1995), Pichel Gotérrez (2010) and Martín Aizpuru (2020), and Pichel Gotérrez (2010) are mentioned, it is clear that the brachigraphy does not seem to spur any interest among medievalists. Used by Romans, their mechanisms to establish abbreviations were kept by romance languages, where new ones were created by suspension or contraction procedures (Marín Martínez 1995: I, 137). However, it is not useful sometimes the way in which a new abbreviation is generated, at the sight of the marks used for omitting letters on the analysed documentation. Short later, some lists with the most common abbreviations in San Andres are collected. Here, it is compelling how the same abbreviation should be re-constructed according the preeminent language in the text. For instance, *trra* can be developed as tierra o terra. Much more complex is the fact concerning toponymy (What does qlos stands for?) and onomastics, covering not only proper names (for example *a°*, *mino*), but also surnames (as in *rrz*, *gz*).

Keywords: Brachigraphy, documentation, multilingual, El Bierzo, Middle Ages

1. INTRODUCCIÓN

En el presente trabajo, se esbozan los principales recursos abreviatorios empleados en documentación jurídica, conforme se registran en las cartas emanadas de la escribanía del Monasterio de San Andrés de Espinareda. Puesto que, en este caso, el entorno geográfico condiciona la lengua empleada, se analiza brevemente hasta qué punto son diferentes las abreviaciones empleadas en este centro con aquellas empleadas, durante la misma época, en otro rincón netamente de lengua castellana: Medinaceli. A pesar de la distancia entre ambos lugares, los acortamientos son exactamente los mismos. Por tanto, se puede concluir un origen común a todos ellos.

1.1. Las fuentes empleadas

La documentación estudiada procede, en su mayor parte, del Monasterio de San Andrés, situado en la berciana localidad de Vega de Espinareda, ubicada al Noreste de Castilla y León, área donde confluyen el gallego, el asturleonés y el castellano, fronteriza con Galicia y Asturias. Se trata de documentación notarial, especialmente formada de cartas de donaciones, fueros y cesiones[1]. Actualmente, desde las desamortizaciones, se atesora en el Archivo Histórico Nacional. Para esta ocasión, se ha recurrido al material perteneciente a la decimoquinta centuria (tabla 1).

A fin de comparar las abreviaturas empleadas, de forma secundaria, se han consultado varios expedientes inquisitoriales incoados a moradores de Medinaceli[2] (Soria), límite de Castilla con la antigua Corona de Aragón, acusados de judaizantes, datados a finales del siglo XV. Actualmente, estos procesos se conservan en el Archivo Diocesano de Cuenca, sección Inquisición, sin que, en los legajos transcritos, quede registrada huella alguna del aragonés.

---

1 Corresponde a poco más de una centena de documentos pertenecientes a las carpetas 850 (1–24), 851 (1–20), 852 (1–24), 853 (1–22), 854 (1–24), 855 (1–23), 856 (1–24), 857 (1–22), 858 (1–24), 859 (1–24), 860 (1–22), 861 (1–24).

2 Datados entre 1492 y 1500, se han consultado los procesos contra Juan de Funes (ADC, 7/142), Juana Gómez (ADC, 7/140), Miguel Flores o Flóres (ADC, 7/ 139 y ADC, 12/230), Leonor de Portillo, mujer de Alfonso de Medina (ADC, 12/232), Catalina de Sosa o Molina, mujer de Alfonso de Molina (ADC, 12/237), García Fernández de la Isla (ADC, 13/269), Alonso Gómez de Fonseca (ADC, 17/312), Ana la Costurera (ADC, 22/398), Catalina de Almagro o Martínez, mujer de Alonso de Almagro (ADC, 21/388), Lorenzo el Tabernero (ADC, 23/426), Nuño Álvarez y su mujer (ADC, 26/468), Juan Fernández de la Vida y doña Juana, su mujer (ADC, 22/397), Gonzalo Sánchez Alfandarí (ADC, 25/498), Mencía Álvarez, mujer de Juan de Montalegre (ADC, 26/472), María de los Caballos o de la Puerta (ADC, 17/307), Juan de Montalegre (ADC, 755/120), Leonor, mujer de Pedro de Sepúlveda (ADC, 29/501), Isabel Rodríguez (ADC, 37/613) y Fernando Sánchez Gasión (ADC, 102/1466).

Tabla 1 *Procedencia y rasgos más destacados del material estudiado*

Material jurídico del siglo XV	
Vega de Espinareda (León)	**Medinaceli (Soria)**
• Zona noroeste CyL	• Zona sureste CyL
• Astur-leonés, castellano, gallego	• Castellano
• Frontera con Galicia y Asturias	• Frontera con Aragón
• Zona de transición	• ¿Influencia no castellana?
• Documentación notarial	• Procesos contra judaizantes
• AHN, Madrid	• ADC, sección Inquisición

Tanto en las cartas emanadas del Monasterio de San Andrés de Vega de Espinareda (León) como en los sumarios contra judaizantes avecindados en Medinaceli (Soria), es habitual el empleo de abreviaturas (entendido este término en sentido laxo). He aquí sendas muestras de ambos documentos, donde se subrayan los mecanismos braquigráficos en los textos originales, acompañados de la correspondiente transcripción paleográfica conforme a las normas CHARTA[3], en la que se reconstruyen las abreviaciones (acortamientos, siglas) entre < >, es decir, con antilambdas o corchetes angulares (figuras 1 y 2, recuadros 1 y 2).

Texto San Andrés

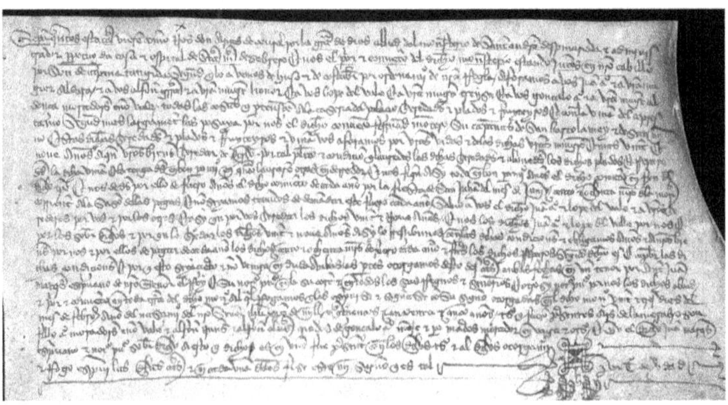

AHN, Clero Secular Regular, carp. 855, Nº. 6.

Figura 1 *Primeros renglones de una carta de fuero conservada en San Andrés, datada el 23 de febrero de 1455. AHN, carp. 858, N.º 1*

3 Disponibles en línea en la Red CHARTA. <https://www.redcharta.es/criterios-de-edicion/> [Consultadas por última vez en octubre de 2022]

{1} Sepa<n> q<ua>ntos esta c<art>a viere<n> como nos don Arias de courel por la gr<açi>a de dios abbad del mon<e>sterio de sant<o> andr<e>s despinareda & adminis {2}trador p<er>petuo da casa & ospital de s<an>ta m<ari>a de zebrero & nos el p<ri>or & conue<n>to del dicho mon<e>sterio estando ju<n>tos en n<uest>ro cabillo

Recuadro 1 *Transcripción histórica correspondiente al AHN, carp. 858, N.º 1*

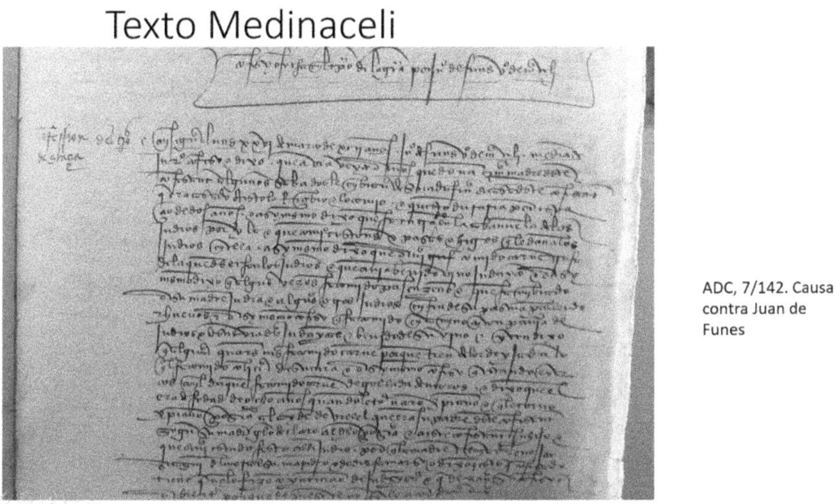

Figura 2 *Confesión de Juan de Funes, el 26 de marzo de 1492. ADC, 7/142*

{1} confesyo<n> fecha en<e>l t<ien>po de la gr<açi>a por J<ua>n de funes v<ezin>o de m<edin>açeli
{2}en Sig<uenz>a lun<e>s xxvi de marzo de xcii an<n>os J<ua>n de fun<e>s v<ezin>o de m<edin>açeli media<n>te
{3} jur<ament>o co<n>feso e dixo que avia vey<n>te an<n>os que don<n>a çima madre deste

Recuadro 2 *Transcripción histórica correspondiente a ADC, 7/142*

Por tanto, pese a la distancia cronológica y geográfica, los mecanismos son exactamente los mismos en ambas áreas, sin que, en los manuscritos analizados, queden patentes diferencias notables: se emplea exactamente la misma braquigrafía. En consecuencia, cabe preguntarse a qué se debe dicha homogeneidad. Tal vez, haya que recurrir al origen mismo de las abreviaturas y, por ende, a la lengua latina.

Una vez presentados los materiales de trabajo e impuesto el marco temporal, la decimoquinta centuria, y geográfico, la zona noreste (y sureste) de Castilla y León, es necesario señalar los objetivos buscados en este estudio, a saber:

- Exponer el origen y las formas de abreviación
- Informar de las marcas utilizadas
- Plantear dudas y resolver posibles interpretaciones
- Establecer un catálogo de acortamientos y siglas
- Constatar la existencia de diferencias en las abreviaturas empleadas en ambas zonas
- Afrontar diversas dificultades al reconstruir los topónimos y antropónimos

1.2. Origen y desarrollo de las reducciones gráficas en la Castilla medieval

El mundo de la braquigrafía de la España medieval, a pesar de los interesantes trabajos de Riesco Terrero (1983), Torrens Álvarez (1995) y Martín Aizpuru (2020) para el castellano y de Pichel Gotérrez (2010) para el gallego, apenas parece haber atraído el interés de los medievalistas.

Empleadas por el mundo latino, sus mecanismos de creación se trasladan al romance (Marín Martínez 1995: I, 137). En la Hispania romana y visigoda, donde coexistían cristianos y judíos, se documenta el empleo de abreviaturas en textos latinos en escritura mozárabe o visigoda, tipo de letra manuscrita surgida en el siglo VII, aunque ampliamente cultivada desde el VIII al XII d. C. (Marín Martínez 1995: I, 101–146). No obstante, la braquigrafía no parece haber surgido exclusivamente en el ámbito latino, pues igualmente se constata el uso de abreviaciones en el mundo judío, en concreto en la llamada literatura rabínica, fase diacrónica del idioma hebreo, desarrollada entre los siglos II a. C. y X d. C., en el que se escriben las magnas obras jurídico-religiosas como la Misná y el Talmud, entre otras (Saénz-Badillos 1988: 163–200; Stack y Stemberger 1988: 104c).

En cuanto al origen de la braquigrafía, se cree que surge para favorecer la rapidez al escribir (lo que supone un considerable ahorro de tiempo) y, sobre todo, para economizar en material escriturario (pergamino, papiro, papel), muy caro en estos años (Clayton 2015: 115–116).

Conforme a los tipos de abreviaturas, tradicionalmente, se han clasificado los mecanismos abreviatorios en aquellos generados por *suspensión*, en las que faltan las últimas letras (incluidas las siglas, donde solo aparece la letra inicial), y las formadas por *contracción*, donde se emplean la primera y última letras —a veces, también alguna intermedia—. Estas últimas son las más recurrentes (Marín Martínez, 1995: 137). No obstante, esta categorización es problemática en este estudio, pues, en el caso de Vega de Espinareda, así como en Medinaceli, nos hallamos los siguientes contratiempos, con relativa transcendencia a la hora de transcribir:

1. No está clara la distinción entre la marca de género o el signo de abreviatura. Por tanto, v^a, podría ser tanto sigla como una abreviatura obtenida por *contracción*, y, en consecuencia, según la interpretación, ser desarrollada como *v<ecina>* o *v<ecin>a.*

2. No se conoce qué se ha eliminado o seleccionado. Puede ser el caso de *pa*, donde se puede estar ante una abreviatura obtenida tanto por *suspensión* como por *contracción*, por lo que sería válido trascribir bien *p<ar>a*, bien *pa<ra>.*

2. ABREVIATURAS EN SAN ANDRÉS DE VEGA DE ESPINAREDA

Como se muestra a continuación (las letras entre corchetes remiten a las imágenes), las marcas más frecuentes para señalar una abreviatura son una especie de caracola o *a* volada (A), una *o* volada (B), una línea volada (C), un arco supralineal (D) y una especie de *r* supralineal (E) (tabla 2). Siempre que se representen estos trazos, algunos caracteres se han omitido.

Tabla 2 *Muestra de marcas de abreviaturas empleadas en San Andrés*

A	*B*	*C*	*D*	*E*
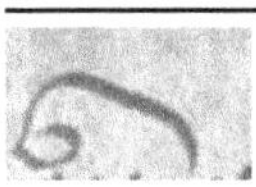	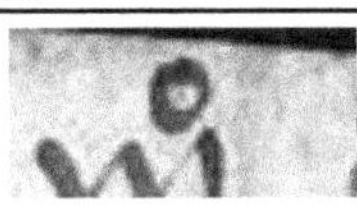		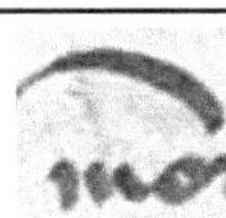	

Asimismo, hay letras con trazos especiales con valor abreviatorio, como sucede con una pe con una línea horizontal que cruza la pata, una cu con tirabuzones y con una uve con una especie de horquilla, que corresponden respectivamente a *per* o *par*, *qua* y *ver*. He aquí los ejemplos (figura 3):

Figura 3 *Letras con trazos especiales con valor abreviativo*

2.1. Posibles interpretaciones de las abreviaturas

En cuanto a la interpretación de las abreviaturas (recuadro 3), parece clara la marca de género en la *o* volada de *v<ezin>o* —puesto que existe la forma femenina v^a, v<ezin>a—, pero no está tan claro que exprese género en en *t<estigo>s*, donde esa *o* volada se ha de considerar más bien signo de reducción gráfica. Por otro lado, el arco o raya sobre la ene se considera rasgo de palatización en *an<n>os*. No obstante, en Vega de Espinareda, sistemáticamente se escribe una raya sobre ene y eme, como si se señalara de este modo, por parte del escribano, cierto grado de nasalización de las vocales inmediatamente anteriores, tal y como sucede, a modo de ejemplo, en *com<m>o*, *vn<n>a* y *syn<n>o*. Otro caso recurrente es *mjll* con un trazo horizontal que cruza la doble ele, sin que se sepa a ciencia cierta si ese arco suple a la -*e* final. Ocasionalmente, en San Andrés, se emplea una raya o curva sobre be en vocablos como *ab<b>ad*, grafía habitual escritura plena; más infrecuente es que esa lineta aparezca sobre la erre, con grafías como *pr<r>ado*: en el primer fenómeno la presión de la lengua latina en *abbad* es evidente, mientras que, en el segundo caso, puede que el escribano reflejara, a su modo, la presencia de una vibrante múltiple.

¿*MARCA DE GÉNERO?*

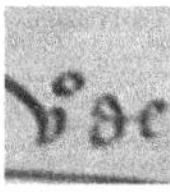 *v<ezin>o*  *t<estigos>s*

¿RASGO DE NASALIZACIÓN?

 *com<m>o*  *vn<n>a*  *syn<n>o*

¿APÓCOPE DE -E?

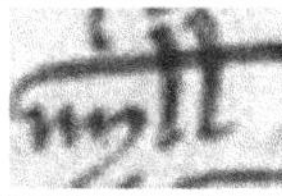

mill<e>

¿DUPLICACIÓN DE LABIAL Y RÓTICA?

 *ab<b>ad*  *pr<r>ado*

Recuadro 3 *Resumen de posibles interpretaciones de los mecanismos abreviatorios presentes en la documentación de San Andrés*

2.2. *Abreviaturas por suspensión*

Si se admite que la *o* y la *a* voladas no son solo marcas de género, sino un mero mecanismo para advertir de alguna reducción gráfica, entre las abreviaturas por suspensión usuales en Vega de Espinareda, destacan *der<echo>*, *mon<eda>*, *mon<esterio>*, *nasçimj<ento>*, *not<ario>, otorgamj<ento>*, *pu<blico>*. Además, se han de incluir en esta nómina las siglas *a<lonso>*, *m<aria>* y *t<estigo>*. (Véase la tabla 3).

Tabla 3 *Listado de algunas abreviaturas por suspensión*

Original	***Reconstrucción***
der	*der<echo>*
mon	*mon<eda>*
mon	*mon<esterio>*
nasçimj	*nasçimj<ento>*

Original	*Reconstrucción*
otorgamj	*otorgamj<ento>*
pu	*pu<blico>*
a	*a<lonso>*
m	*m<aria>*
t	*t<estigo>*

2.3. *Abreviaturas por contracción*

Obtenidas al seleccionar preferentemente letras iniciales y finales, mecanismo por el que se generan abreviaturas por contracción (tabla 4), en las cartas emanadas del Monasterio de San Andrés de Vega de Espinareda, se registran *igl<es>ia*, *cl<erigo*, *m<a>r<avedi>s*, *d<ic>has* y *c<art>as*. En cuanto a *pa* y *gra*, conforme a la tradición paleográfica, se agrupan en este epígrafe, aunque también podrían engrosar la lista de aquellas obtenidas por suspensión, en función de lo que reconstruye, pues tanto puede ser *p<ar>a* y *g<rac>ia* (opinión común) o *pa<ra>* y *gra<cia>*. Puesto que la primera interpretación es la mayoritaria[4], quedan englobadas en este apartado.

Tabla 4 *Algunas abreviaturas por suspensión*

Original	*Reconstrucción*
iglia	*igl<es>ia*
cligo	*cl<er>rigo*
mrs	*m<a>r<avedi>s*
sto	*s<an>to*
dhos	*d<ic>hos*
cas	*c<art>as*
pa	*p<ar>a*
gra	*gr<aci>a*

Sin embargo, el Monasterio de San Andrés se localiza en los límites del contínuum lingüístico en los que confluyen tanto el astur-leonés y el

4 Y la preferida en las normas de CHARTA, § 4.1.

gallego como el castellano. Esta situación queda reflejada en la documentación, en la que las interferencias son constantes. Este hecho, debido al multilingüismo, supone un reto, pues, a tenor del idioma predominante, los acortamientos gráficos se han de desarrollar de uno u otro modo, como ocurre con *tpo*, *trra*, *nro*, *vro* y *qn*, en las que la distinción entre las formas castellanas y no castellanas (astur-leonesas y gallegas) radica en la presencia o ausencia de diptongación (tabla 5).

Tabla 5 *Muestra de reconstrucciones dispares de una misma abreviatura según el idioma*

original	***castellano***	***astur-leonés y gallego***
tpo	*t<ien>po*	*t<en>po*
trra	*t<ie>rra*	*t<e>rra*
nro	*n<uest>ro*	*n<ost>ro*
vro	*v<uest>ro*	*v<ost>ro*
qn	*q<uie>n*	*q<ue>n*

En una rápida ojeada a los extensos expedientes contra judaizantes, moradores en la villa de Medinaceli (Soria), los escribanos al servicio del tribunal de Cuenca-Sigüenza emplean exactamente las mismas abreviaturas presentes en Vega de Espinareda, sin que se constate formas no castellanas en estos sumarios (sobre este tribunal, pueden consultarse Cirac Estopañán 1965; Pérez Ramírez 1982; Pérez Ramírez y Triguero Cordente 1999).

2.4. Toponimia y onomástica

No es un fenómeno infrecuente que los nombres propios sean acortados, por resultar conocidos. Con todo, en esta clase de reducciones gráficas, se pueden cometer algunos deslices, además de haber varias posibilidades en el desarrollo de las abreviaturas.

2.4.1. Nombres de lugar

Sin duda, donde hay diferencias notorias es en las reducciones gráficas tocantes a la toponimia, hecho que, si bien no es un fenómeno aislado, tampoco es general. De este modo, en las cartas del Monasterio de San Andrés de Vega de Espinareda, se hallan acortados dos lugares, mencionados un par de ocasiones (recuadro 4).

Imagen A	Imagen B

Recuadro 4 *Ejemplos de toponimia abreviada en San Andrés*

La primera localidad mencionada se puede leer *co<n>/to<n>-brio*; la segunda, *q<ue>/q<ui>los*. Para solventar estos titubeos, a menos que se conozca la comarca del Bierzo, es lícito recurrir a las nuevas tecnologías. Por fortuna, hay una web[5] acerca de esta comarca que permite la búsqueda por municipios. Los pueblos mencionados por la documentación corresponden a los actuales *Tombrío* y *Quilós.*

En las causas transcritas del archivo conquense, de forma general, la ciudad de *Sigüenza* aparece acortada como *sigu<enza>*, mientras que *Medinaceli* se registra como *m<edina>çeli*. Es llamativo, en este último ejemplo, que *Medina* y *María* (como se expone en el recuadro 5) concurran en la misma abreviatura: mª.

sigu<enza>	*m<edina> çeli*

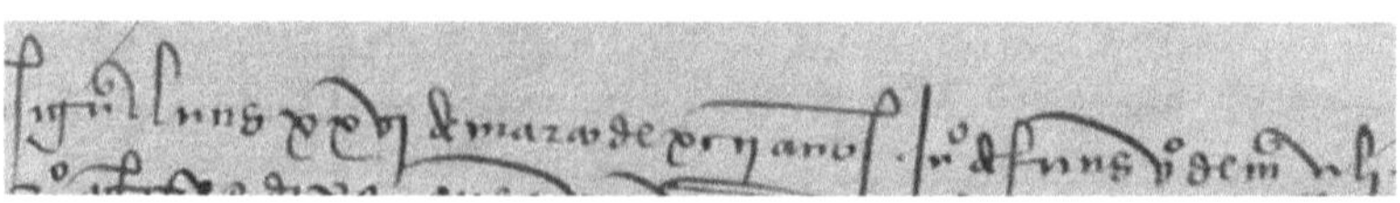

Recuadro 5 *Fragmento del proceso contra Juan de Funes (ADC, 7/142), con dos topónimos abreviados*

5 Consejo comarcal de El Bierzo. Disponible en línea <https://ccbierzo.com/municipios>.

2.5. *Antroponimia*

Bastante más frecuente es el empleo de onomástica con formas abreviadas, lo que, si ya supone un desafío de por sí, aún más en los textos de San Andrés, escogidos como referencia, con posibles variantes, ajenas a la castellana, por influencia del astur-leonés y del gallego.

2.5.1. Nombres de pila

Entre la antroponimia, a^{o}, que bien podría ser *Antonio*, se identifica con las formas castellanas *Alonso* y *Alfonso* y la galaico-portuguesa *Afonso*, presentes todas ellas en las cartas cuando se ofrece la escritura plena. Por tanto, es pertinente desarrollar a^{o} con algunas de las formas vistas. En cuanto a *alfon<n>*, puede considerarse tanto una variante propia, apocopada, como una abreviatura generada por suspensión.

La abreviatura g^{o} equivale a *Gonzalo*, pues de este modo se registra en los casos que se recoge sin acortar.

El nombre de pila oculto tras aua^{o} se ha de reconstruir con *alu<aro>* o *alu<ar>*, es decir, formas válidas para el actual *Álvaro.*

El gallego o artur-leonés *ar<e>s* concurre con el castellano *Arias*, pues ambas formas, en escritura plena, registran las cartas de fuero y compra-venta.

Con *nun<n>o*, surge la duda de si se está ante la castellana *Nuño* o ante la galaico-portuguesa *Nuno.*

La tradición desarrolla *mino* como *Martino*, aunque un periodista de TVE en Castilla y León se llame Mino Moral (Suárez 2020).

Para *Juan*, se documentan *jua<n>* y *j<ua>n*, la segunda más frecuente en los procesos inquisitoriales conservados en el Archivo Diocesano de Cuenca.

La sigla m^{a} corresponde al nombre femenino de *María*, tantas veces mencionado en iglesias bajo advocación mariana. (Véase el recuadro 6).

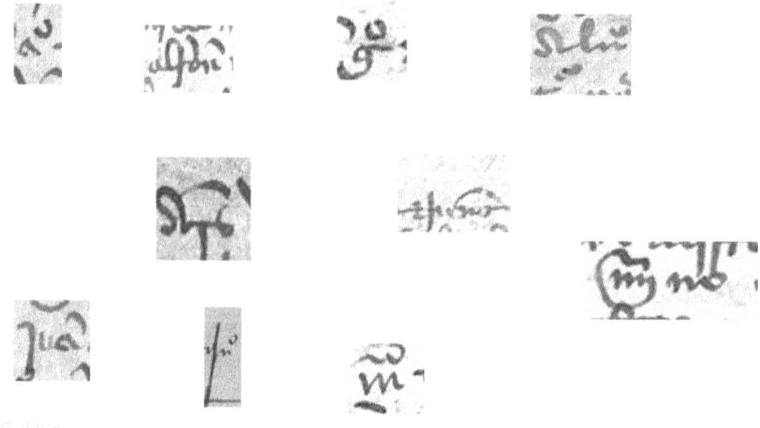

Recuadro 6 *Nombres de pila abreviados más usuales en los papeles de San Andrés*

2.5.2. Apellidos

Las cuñas familiares presentan más dificultades, aunque, como ocurre con los nombres de pila, la tradición fija alguna de las variantes.

En el Monasterio de San Andrés trabaja Juan *marqs*, apellido que puede reconstruirse tanto *Márquez* como *Marqués*, ya que la sigma[6] permite ambas variantes. En ocasiones como estas se ha de ser constante a lo largo de las transcripciones ofrecidas.

El patronímico oculto en *ferrnz* es posible desarrollarlo bien *f<e>rran<z>*, bien como *ferrn<ande>z*, puesto que ambos resultados se atestiguan en la historia de la lengua.

Documentado como apellido y como nombre propio, sin ningún género de duda g^{a} equivale a *g<arcía>*; *González* parece que se reduce a *gonz*.

Más dificultad muestra *gz*, quizás *g<ome>z* o *g<utierre>z*, y *rrs*, que, aunque se suele desarrollar como *rr<odrigue>z*, bien pudiera tratarse de *rr<amo>s*.

Si con algunos es posible varias formas, a pesar de ser habituales, la complejidad aumenta ante una cuña poco común como *de mo<n>taos*

6 Por lo que formas con ese y con zeta son viables.

o de *mo<n>ta<lv>os*, apellido de un abad de San Andrés en la segunda mitad de la XV centuria. (Véase el recuadro 7).

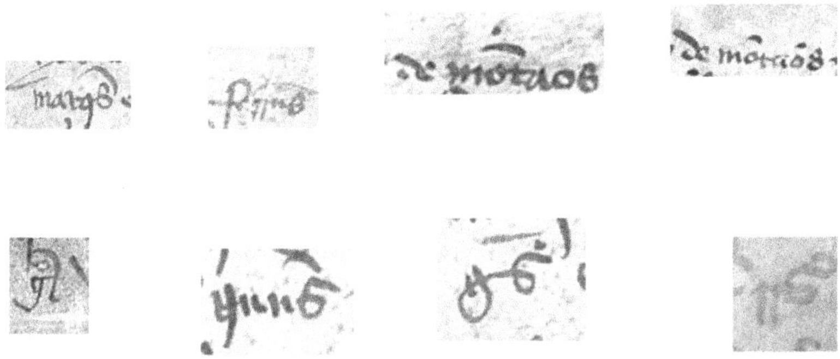

Recuadro 7 *Muestra de apellidos abreviados en documentos en San Andrés*

3. CONCLUSIONES

Si bien este trabajo se centra en la documentación conservada del centro monástico de San Andrés de Vega de Espinareda, en líneas generales, se evidencia el empleo de las mismas abreviaturas que en otras zonas de dominio hispánico, caso de Medinaceli, incluidas las relativas a la antroponimia. La única diferencia estriba lógicamente en la toponimia, por obvias razones: el espacio físico referenciado es distinto (figura 4).

La homogeneidad de los procedimientos de supresión gráfica en el material analizado puede deberse al origen común de todos ellos, vinculado al mundo latino. Por supuesto, estas abreviaciones serían aprendidas y difundidas desde los grandes centros culturales y las más importantes escribanías.

Por lo que respecta a San Andrés, tomado aquí como prototipo, queda abierto el interrogante de cómo desarrollar las abreviaturas en un ambiente multilingüe, en textos, hasta cierto punto, híbridos. En definitiva, saber cómo ha de reconstruirse y qué opción se tiene que escoger para *trra*, desarrollada respectivamente como *tierra* (castellano) o *terra* (gallego y asturleonés), asunto no baladí.

Aún estriba más dificultad recrear los topónimos, para los que hay que conocer la geografía de la zona sobre la que se trabaja, a fin de conocer qué lugares se ocultan en *qlos* y *mª*.

Diversidad de interpretación tienen tanto los nombres de pila (caso de *aº*, equivalente a *Alonso*, *Alfonso* y *Afonso*), como los apellidos. Sirvan de ejemplos de estos últimos *frrz*, que puede desarrollarse como *Ferranz* y como *Fernández*, y *Marqs*, cuyas formas actuales *Márquez* y *Marqués* perviven como cuñas familiares. En cualquier caso, siempre se ha de mantener en todas las transcripciones las mismas variantes escogidas.

Figura 4 *Ubicación del Monasterio de San Andrés de Vega de Espinareda y de la villa de Medinaceli*

Bibliografía

Fuentes primarias

ADC = Archivo diocesano de Cuenca, Sección Inquisición
AHN = Archivo Histórico nacional

Fuentes secundarias

Cirac Estopañán, Sebastián (1965): *Registros de los documentos del Santo Oficio de Cuenca y Sigüenza,* Cuenca- Barcelona (recogido en Pérez Ramírez, 1982).

Clayton, Evan (2015): *La historia de la escritura.* Madrid: Siruela, El ojo del tiempo.

Consejo comarcal de El bierzo. Disponible en línea <https://ccbierzo.com/municipios>.

Marcet Rodríguez, Vicente (2020): La escritura de los copistas: Usos braquigráficos en documentación cancilleresca y notarial castellano-leonesa del siglo XV. (sin publicar).

Marín Martínez, Tomás (1995): *Paleografía y diplomática*, Madrid: UNED.

Martín Aizpuru, Leyre (2020): "La escritura cancilleresca de Fernando III, Alfonso X, Sancho IV y Fernando IV". *Estudio paleográfico y gráfico-fonético de la documentación real de 1230 a 1312*, Berna: Peter Lang.

Pichel Gotérrez, Ricardo (2010): "Contribución á braquigrafía do galego medieval. Procedementos abreviativos e trascendencia escriptolingüística". Pablo Cano López, Soraya Cortinas Ansoar, Beatriz Dieste Quiroga, Isabel Fernández López, Luz Zas Varela (eds. lite.), *XXXIX Simposio Internacional de la Sociedad Española de Lingüística (SEL): 1–4 de febrero.* (publicación electrónica sin paginar, 11 páginas).

Pérez Ramírez, Dimas (1982): *Catálogo del Archivo de la Inquisición de Cuenca y Sigüenza*, Madrid: Fundación Universitaria Española.

Pérez Ramírez, Dimas y Francisco Javier Triguero Cordente (1999): *Papeles sueltos de la Inquisición de Cuenca*, Cuenca: Diputación Provincial.

Red charta. Disponible en línea. <https://www.redcharta.es/>.

Riesco Terrero, Ángel (1983): *Diccionario de abreviaturas hispanas de los siglos XIII al XVIII. Con un apéndice de expresiones y fórmulas jurídico-diplomáticas de uso corriente*, S/l: S/n.

Sáenz-Badillos, Ángel (1988): *Historia de la lengua hebrea*, Sabadell: AUSA.

Strack, Herman L. y Günter Stemberger (1988): *Introducción a la literatura talmúdica y midrásica*, Valencia: Instituto San Jerónimo, Biblioteca Midrásica 3.

Suárez, Alberto (2020): "Quién es Mino Moral, el reportero que ha causado furor en las redes en plena cuarentena", en *El español* (19.03.2020). Consultable en línea <https://www.elespanol.com/corazon/television/20200319/mino-moral-reportero-causado-furor-redes-cuarentena/475702923_0.html>

Torrens Álvarez, María Jesús (1995): "La interpretación de las abreviaturas en textos romances medievales: problemas lingüísticos y textuales", *Signo. Revista de Historia de la Cultura Escrita*, nº 2, 19–28.

¿Un documento asturleonés en la catedral de Palencia (s. XIII)?[*]

An Asturian-Leonese document in the Cathedral of Palencia (13th century)?

EMILIANA RAMOS REMEDIOS
Universidad del País Vasco (UPV/EHU)
ORCID iD: https://orcid.org/0000-0002-3030-3083

Resumen: En los fondos de la catedral de Palencia se conserva un documento de 1251 que presenta características lingüísticas singulares con respecto al resto de documentos castellanos particulares incluidos en el corpus CORHEN. Su composición parece responder a la movilidad de escribanos y notarios entre distintos centros de escritura, no obstante, no es fácil determinar el motivo por el que este documento se encuentra en la sede palentina ni establecer con precisión la variante lingüística que refleja mediante la comparación no solo con otras colecciones documentales coetáneas asturleonesas –y de otras diatopías–, sino también con la variación observada dentro del propio CORHEN. Con todo, su análisis parece acercarlo a los documentos del leonés central, análisis que, asimismo, nos permite reflexionar sobre la delimitación entre castellano y leonés, sobre el proceso de *castellanización* de este último o sobre los mecanismos de hibridación y de selección de variantes en su escritura, así como sobre la adscripción de determinados rasgos lingüísticos considerados habitualmente como occidentales, pero que presenta también el castellano, al menos, en algunas de sus variedades.

Palabras clave: Dialectología histórica, siglo XIII, castellano norteño primitivo, leonés, castellanización de León

* Este trabajo se ha realizado en el marco del Proyecto de Investigación FFI2016-80230-P, "El castellano norteño en la Edad Media", financiado por el MCIN/AEI/10.13039/501100011033/. Asimismo, participa en el Proyecto de Investigación PID2021-124356NB-I00, "Violencia y transformaciones sociales en el nordeste de la Corona de Castilla (1200–1525)", financiado por el MCIN/AEI/10.13039/501100011033; en el Grupo Consolidado de Investigación del Gobierno Vasco IT1465-22, "Sociedades, Procesos, Culturas (siglos VIII a XVIII)" y en el Grupo de Estudios del Mundo Rural Medieval, Unidad Asociada CSIC–UPV/EHU.

Abstract: In the archive of the Cathedral of Palencia there is preserved a document from 1251 that has unique linguistic characteristics compared to the rest of the particular Castilian documents included in the CORHEN corpus. Its composition seems to respond to the mobility of scribes and notaries between different writing centers. However, it is not easy to determine the reason why this document is located in Palencia nor to establish its language, based on the comparison with other of contemporary documents from Asturias and Leon –and from other diatopies–, and with the variation observed within our own Castilian corpus. Despite all, its analysis seems to bring this document closer to the texts of the central Leonese; likewise, it allows us to reflect on the delimitation between Castilian and Leonese, on the process of *castilianization* of the Leonese and on its mechanisms of hybridization and selection of variants in its writing, as well as on the ascription of certain linguistic features usually considered as Western, but which are also shared by Castilian, at least in some of its varieties.

Keywords: Historical Dialectology, 13th century, Primitive Northern Castilian, Leonese, *Castilianization* of Leonese

En las últimas décadas se vienen generando numerosos corpus de documentación que facilitan sobremanera el análisis lingüístico; sin embargo, la evaluación solo cuantitativa de sus datos lleva con frecuencia a conclusiones sesgadas e, incluso, inexactas, en mayor medida, si cabe, en un periodo tan temprano como el que nos ocupa, el siglo XIII. Cierto es que contrastar la información en su contexto temporal y espacial, acudiendo a cada documento de manera individualizada, resulta una tarea ardua y tediosa, pese a ello, se hace imprescindible si pretendemos construir la gramática y la dialectología históricas de la lengua con la mayor precisión posible, muy especialmente en épocas en las que solo unos pocos textos escritos nos sirven de apoyo.

Es el método que intentamos aplicar en el estudio del corpus CORHEN[1], en particular, cuando en un rastreo se detectan elementos que difieren de lo que venimos considerando como características del castellano norteño primitivo. Más aún si esos elementos se concentran en un solo documento, como sucede en el que presentaremos a continuación, un texto que sorprende por su peculiaridad dentro del corpus, por sus rasgos lingüísticos más cercanos a los que pueden registrarse en textos leoneses

1 *Corpus Histórico del Español Norteño*, que recoge documentación particular original –o copias cercanas al original– anterior a 1300, de Cantabria, Burgos, Palencia y Valladolid, en una doble presentación paleográfica y crítica.

centrales que a los de los castellanos e, incluso, de los leoneses de áreas más próximas a Palencia como Sahagún.

De entrada, parece lógico explicar esa particularidad como consecuencia de la movilidad de escribanos y notarios entre diferentes centros de escritura. Ahora bien, resulta complejo determinar el motivo por el que este documento se encuentra en la sede palentina o establecer con precisión la variante lingüística que esconde cuando se coteja con otras colecciones documentales coetáneas asturleonesas, y también de otras diatopías, o con la variación que se observa dentro de nuestro propio corpus castellano CORHEN.

Con todo, además de acercarnos a su adscripción lingüística, su análisis nos permitirá reflexionar sobre algunas cuestiones ya ampliamente debatidas, pero que aún admiten aportes. Así, sobre la delimitación entre castellano y leonés y, especialmente, sobre el proceso de castellanización de la escritura leonesa desde el XIII (Morala 2004 y 2011; Marcet 2010) y sobre sus mecanismos de hibridación y de selección de variantes, así como sobre la adscripción de determinados rasgos considerados como *occidentales*, pese a ser compartidos también por el castellano, al menos, en algunas de sus variedades[2]. Como problema de fondo, no olvidamos las dificultades que plantea el establecimiento de una dialectología histórica para el castellano norteño primitivo a partir de su documentación, del mismo modo que sucede con las variedades que lo rodean, o la complejidad que implica vincular ciertos textos de esta época primitiva a una tradición escrituraria o a una diatopía determinadas (Torrens Álvarez 2015).

El singular documento al que nos referimos se conserva en los fondos de la catedral de Palencia, con datas explícitas, cronológica y tópica: el 1 de agosto de 1251 en el cabildo[3]. En él se certifica que Juan (*Iohanni*), criado del obispo de Palencia, otorga al deán y al cabildo de la catedral de Palencia unas propiedades a cambio del pago vitalicio de cinco burgaleses

2 Mantenemos estas denominaciones tradicionales de *occidental*, *oriental, central*, pese a ser sumamente imprecisas. La cursiva indica la precaución con la que las empleamos.

3 CORHEN0828 (ACP, Arm. 7, Leg. 1, n. 1235), al que pertenecen todas las imágenes insertas en este trabajo. La transcripción de este y de otros documentos del corpus se ha llevado a cabo gracias a las fotos del Fondo Sánchez Albornoz (AFSA) conservado en el CCHS-CSIC (AEH, caj. 45, carp. 3, doc. 8). El pergamino presenta una doblez en la parte inferior que parece ocultar media línea aproximadamente de testigos. No está suscrito, seguramente por estar dado en el cabildo.

diarios, treinta maravedíes anuales a pagar el día de Santa María Magdalena y dos tiendas que antes eran bodega, bien acondicionadas, para utilizarlas como vivienda, junto con la garantía de que se le aceptará y tratará como si fuera un canónigo y de que se harán seis aniversarios cada año tras su muerte por su alma y la de su mujer. De entrada, llama la atención, frente al resto de nombres romances del documento, incluido el del deán, que el de Juan aparezca siempre en latín: *don Iohanni, criado e mercet del bispo de Palencia don Tello de Palencia, que buen sieglo aya*[4].

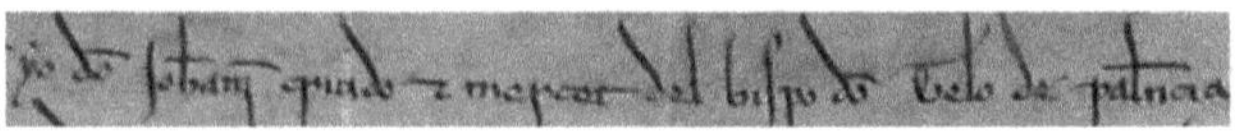

Tanto las propiedades como la contraprestación recibida se detallan pormenorizadamente. Del documento se redactan dos copias partidas por ABC, una para el cabildo y otra para Juan, con sello del cabildo, ante la presencia de una larga lista de testigos encabezada por el propio deán, a quien acompañan canónigos, racioneros y otros personajes de *fuera de la iglesa*, muchos de ellos capellanes o clérigos de dignidades nobiliarias o eclesiásticas.

Las propiedades consignadas descubren la ciudad de Palencia en pleno siglo XIII: el barrio de San Miguel (barrio de Medina); la Puerta Mediana –primera mención de esta entrada a la ciudad–; la Rúa, esto es, la Rúa Mayor antigua, la calle de los francos, que pasaba delante de San Miguel y llevaba al mercado; el barrio de Santa Marina, extramuros, donde estaba el Mercado Viejo; la Puerta de Mal Consejo, hoy Puerta de Santa Marina; la Vega…[5], de tal modo que es fácil ubicar la situación de las casas y tiendas que arrienda Juan. Describen, asimismo, la vida de artesanos y comerciantes de la ciudad (*confradía de los zapateros, el pelligero, el carnicero, confraría de los monaziellos*), cuyos nombres no distan mucho de los que encontramos en otras ciudades castellanas o leonesas, muestra de la mixtura de poblaciones propia de una ciudad del XII

4 Tello Téllez de Meneses, contemporáneo de Jiménez de Rada y de Mauricio de Burgos.

5 Una descripción de la ciudad en el XIII en Represa Rodríguez (1980), Esteban e Izquierdo (2012: 22—24) y Pérez Castaño (2013: 185—187). Véase también *Castillos de Palencia*: http://www.castillosdepalencia.es/palencia/puertas.htm#Barrio, que se apoya, entre otros, en este documento.

o del XIII: *García Cuervo*; *Domingo Lobón*; *Pedro Cabezón*; *Pedro Elías*; *Velasco Aznárez*; *don Fagún el Pelligero*; *Pedro Guillem*; *Nicolás Coitral*; *don Gonzalvo*; *don Rendol*; *Gonzalvo Galindo*; *Pedro Fernández el Carnicero*; *don Gonzalvo, el fijo de Martín Gras*; *don Gonzalvo de Famuscu*; *doña Maor*; *Remón Durant*; *doña Joana*; *muger que fu de Pedro Gacux...* Pobladores en su mayoría procedentes de aportes mozárabes, cántabros o vascos[6], que comienzan a asentarse a orillas del Carrión desde el siglo X, a los que se suma un porcentaje elevado de francos –en sentido general, sean catalanes, aragoneses, navarros u occitanos– instalados en la Rúa (Pérez Castaño 2013: 188)[7] y de judíos[8].

Quizá fuera judío –o ya converso– el propio Juan, pues solo el obispo podía tener criados judíos y eran varias las familias judías que servían en la catedral desde hacía setenta y cinco años[9]; así parecen indicarlo también las localizaciones de las propiedades que arrienda. Es plausible que el criado y merced Juan hubiera accedido a la burguesía palentina a la

6 Como *don Velasco Aznárez*. Son los navarros a los que alude Pérez Castaño (2013: 186), pero también vascos occidentales, como revela el topónimo palentino occidental Meneses, del que procede la familia del obispo don Tello y que evoca el valle de Mena del norte burgalés, donde hubo una ermita denominada Nuestra Señora de Vascones (Salcedo Tapia 1985: 151).

7 La propia catedral es iniciada por catalanes (Rubio Sadia 2013). De procedencia occitana, catalana o del norte de Italia –francos– son varios maestros del Estudio General fundado por don Tello (Salcedo Tapia 1985: 154–156).

8 Referencia interesante es la que alude al cementerio judío de la ciudad: *otorgo el corral que fue de Petro Cabezón, u mueran los judíos.*

9 Alfonso VIII había otorgado un privilegio en 1175 por el que sometía bajo el dominio de su tío, el obispo Raimundo, a 40 familias judías –hasta ese momento, vasallos del rey–, a cambio de Amusco de Esgueva (el *Famuscu* de nuestro documento) y de una heredad en Hérmedes, como recompensa por haberlo ayudado en la guerra. Dado que únicamente el obispo podía tener criados judíos y que estos hebreos tenían un estatuto especial con alcalde propio, se generó un conflicto con el concejo, pues los judíos escapaban al pago de cargas comunes. En consecuencia, Alfonso VIII ordenó en 1177 que la aljama palentina solo pechara al obispo; con todo, la obligó a contribuir en la obra de la muralla y en 1192 vuelve ordenar que judíos y moros de Palencia trabajen en la facendera, pechos y obras de los muros con el concejo, aunque los eximía del pago del tributo real. Pese a ello, el conflicto rebrotó a mediados del XIII, justo en el momento en que se compone el documento que presentamos, por lo que cabe la posibilidad de que el texto deba enmarcarse en esas trifulcas urbanas. Véanse Molina Molina (1998: 49—50); Esteban e Izquierdo (2012: 28—29) y Pérez Castaño (2013: 195—196).

que se refieren M.ª S. Asunción Esteban y M.ª Jesús Izquierdo (2012: 27) cuando indican que el peso de lo eclesiástico en la ciudad no permitió el desarrollo de la pequeña nobleza y que fueron estos artesanos y comerciantes enriquecidos quienes vinieron a sustituirla. En palabras de Esteban e Izquierdo (2012: 29),

> los judíos de Palencia cumplen con su tradicional relación con las profesiones liberales y los negocios mercantiles, el protagonismo en los contratos de arriendos [¿se refieren al propio Juan?] y recaudación de impuestos y con el papel de prestamistas

y Juan encajaría en esta clase poderosa de la Palencia del xiii. De hecho, Salcedo Tapia (1985: 238) decía de él que era el administrador de don Tello y quien había dispuesto su fastuoso enterramiento en Santa María de Trianos en 1246 (Rodríguez Salcedo 1949: 35–36; Salcedo Tapia 1985: 115–117 y 238–240)[10].

En definitiva, no parece esta escritura un contrato cualquiera, sino la plasmación de un acto jurídico llevado a cabo con cierta suntuosidad por personajes influyentes de la ciudad. Precisamente por ello, sorprende que sea el único documento del corpus CORHEN con ese romance tan peculiar o tan poco esperable en relación con la lengua reflejada por el resto de documentos. Más aún si lo comparamos con otro quirógrafo redactado casi treinta años antes, en 1222, también datado en el cabildo, expedido por el hasta 1216 mayordomo del rey de Castilla, Gonzalo Ruiz Girón, que tampoco presenta suscripción –como parece habitual en la documentación capitular–, pero sí suficientes elementos de validación: sellos del rey, del obispo, del cabildo y del propio mayordomo[11].

Los rasgos particulares del documento de 1251 cabrían asociarse en un primer momento con los norteños que podemos ver en documentos de Aguilar, al menos en lo que respecta a la abundancia de *-u* final y de aglutinación de preposición y artículo, no obstante, un análisis más detallado arroja un conjunto mayor de características lingüísticas singulares con

10 Monasterio leonés situado a unos 8 kilómetros al norte de Sahagún y beneficiado por la familia del obispo don Tello. Sobre la autoridad del padre de don Tello en la franja más occidental de Castilla bajo la protección de Alfonso VIII, Salcedo Tapia (1985: 115—117).

11 CORHEN0805 (ACP. Arm. 3, Leg. 16, doc. 1; AEH, Caja 45, Carp. 3, doc. 40). Donación de Gonzalo Ruiz y de su mujer, Marquesa, de un hospital en Carrión al obispo Tello y al cabildo palentino.

respecto al resto de documentos castellanos particulares –burgaleses, cántabros, palentinos y vallisoletanos– incluidos en CORHEN y, desde luego, dentro del fondo de la catedral de Palencia, donde los pocos documentos romances conservados responden a un decidido castellano.

Con la intención de tratar de delimitar la lengua de redacción del texto, presentamos a continuación esos rasgos marcados que escapan a lo general en CORHEN, esto es, a lo que hemos considerado castellano del XIII coincidente en Burgos y Palencia. Se trata de elementos no presentes, poco productivos o muy localizados en nuestro corpus, algunos de los cuales se vienen considerando occidentales, asturianos y leoneses, si bien los etiquetaremos en ese sentido con todas las reservas, pues no es fácil determinar su extensión y su adscripción diatópica. Para su contraste, evitaremos la documentación más antigua, centrándonos en la del siglo XIII, a poder ser coetánea, de en torno a 1250, para intentar situar el documento en su contexto escriturario:

1. Presencia de -u final, solo en palabras concretas: *mundu* (dos ocasiones), *Famuscu* (topónimo relacionado con un antropónimo de tipo vascónico Amusco), relativo local *u* (*u mueran los judíos*, *uquier*), *juniu*, adverbio *susu* (*desusudicho*, *desusu nomnadas*, *desusu nomnastes*, *desusu dixiestes*); obsérvese *dicho* frente a *susu*, donde regiría el carácter proclítico, tal como lo entendía Menéndez Pidal (en Moral del Hoyo 2020: 294).

En CORHEN, solo encontramos *-u* final de manera muy aislada en documentos norteños de Cantabria o Aguilar, como en este de 1221 de Enestar (despoblado de Herrera de Pisuerga) del fondo aguilarense en el que se aprecia con más intensidad:

(1) a. *E de susaña I cuchiellu, el mangu sicomoro.*
b. *La cuarta del molino de suso por I mulu.*
c. *Nietu de Juan Fijo* frente a
d. *Micael, fiju de María…*[12]

12 CORHEN0608 (AHN, Clero Secular_Regular, Car. 1653, n. 19). En este mismo documento, se encuentran algunas muestras de la contracción de preposición y artículo a la que nos referiremos más adelante, característica compartida por la documentación leonesa y la castellana del extremo norte: *ennos*, junto al más frecuente *en los*, *en el*.

El documento que analizamos ya había llamado en este sentido la atención de M.ª del Carmen Moral del Hoyo (2020: 309), para quien el foco castellano de este fenómeno en el XIII se halla en Castilla del Norte, la Montaña y Campoo, pero no en Burgos central, anotando la pérdida de su uso en adverbios: *susu* es el que permanece en documentos centro-occidentales asturleoneses, y también esporádicamente en otros espacios[13]. Lo considera además un rasgo excepcional en estos documentos castellanos, pues parece estar marcado socioestilísticamente.

En la documentación del dominio asturleonés de alrededor de 1250 no es tan frecuente este rasgo como podría esperarse[14]. De hecho, es el menos rentable para la identificación de nuestro documento con algún centro escriturario de dicho dominio, ya que en las escrituras de estos centros podemos encontrar cualquiera de las características que señalaremos a continuación, algunas profusamente, pero será difícil verlas conviviendo con más allá de alguna ocurrencia aislada de *-u* final. En otras palabras, no resulta sencillo reconocer los mismos elementos peculiares del documento de la catedral de 1251 y en la misma proporción en ninguno de los textos más occidentales rastreados. En cualquier caso, lo habitual tanto en documentación castellana como asturianoleonesas es el hibridismo: solo algunos testimonios de *-u* final en cada texto, minoritarios frente a *-o*, y limitados a una serie de formas[15].

2. Diptongación de ĔT.

En las líneas iniciales del texto se observan:

(2) a. *Dó ye otorgo.*
b. *Ye han cuatro afrontaciones…*

13 Datos de CORDE.

14 Monasterio de Vega en Zamora, Santa María de la Vega en Asturias, Moreruela en Zamora, catedral de Oviedo y de León o Sahagún. Dentro de este último fondo sorprenden los documentos de la cántabra Santa María de Piasca, en los que *-u* es sistemático, por ejemplo, en un texto romance de 1229 (Fernández Flórez 1994: doc. 1648). La documentación del XIII consultada más frecuentemente como contraste en este y otros ejemplos en Bueno Domínguez (1975), Domínguez Sánchez (2001), Fernández Flórez (1994), Fernández Rodríguez (1996), Fuente Crespo (2000), Herrero de la Fuente (1988), Martínez Vega (1991), Ruiz Asencio (1993), Serrano (1927), Tuero Morís (1994), además de en los corpus CORDE y CODEA+2015, y del propio CORHEN.

15 En la documentación leonesa o asturiana son frecuentes *susu, iuru* o *u.*

No obstante, el escribano cambia a la forma *e* en el resto del documento: *E otrosí dó e otorgo*[16]; de nuevo hacia el final aparece un caso claro de *ye*: *ye aquellas duas tiendas desusu nomnadas*[17].

Un recorrido por CODEA+2015 nos lleva a constatar *ye* solo en documentos asturianos y leoneses, a los que podemos sumar los ejemplos de Piasca (Cantabria), con casa madre en Sahagún (Fernández Flórez 1994). Aun así, la presencia de *ye* no siempre es constante en los documentos asturleoneses y se dan a menudo textos híbridos, como en el del cabildo palentino, en los que *e* es mayoritaria frente a *ye*[18].

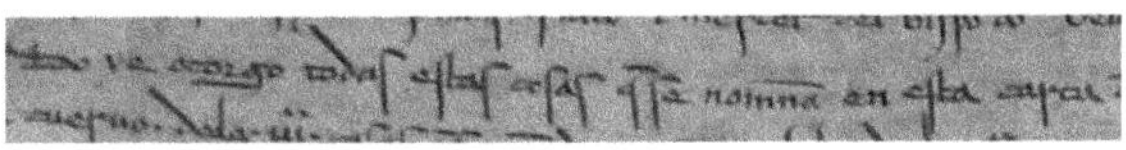

16 De estos dos ejemplos, solo la primera *e* está desarrollada. De hecho, la representación de la conjunción por el signo tironiano supone un grave problema que impide saber si los signos responden a una o a otra variante. Entre las formas plenas de nuestro documento, solo hay tres muestras de *ye* frente a unos veinte de *e*, mientras que el resto está abreviado.

17 No es el único ejemplo en CORHEN. Hallamos un caso similar en una relación de heredades de Aguilar de hacia 1210 en Trigueros del Valle (Montes Torozos), un documento bastante farragoso y en un romance muy temprano en el que encontramos cinco ocurrencias de *ye* < ĔT. Consiste en una especie de borrador, con rasgos de oralidad y asimilaciones por fonética sintáctica: *otra emedie'l bal cab el sendero*. Ese documento presenta además algunos ejemplos de *enna* e incluso *anna*: *unas vides cab la una, cab anna carrera*. Si el documento fue compuesto en Aguilar –encajaría en esta hipótesis la constatación de la contracción de la preposición y el artículo–, deberíamos admitir que la diptongación de ĔT, como forma originaria, estuvo también presente en el norte de Castilla y que la escritura, en su obligado proceso de nivelación, tendió a la sustitución por *y*, forma que, por otra parte, también se registra en este texto (*daquend y dalend*; *y del otra part*). Si fue compuesto en Trigueros, en la zona limítrofe entre el norte de Valladolid y el sur de Palencia, podríamos postularlo como un rasgo concomitante con lo que encontramos más al occidente (CORHEN0587; AHN, Clero Secular_Regular, Car. 1663, n. 20).

18 Véase por ejemplo un documento asturiano de Belmonte de 1258 incluido en CODEA+2015 (AHN, Carp. 1574, n. 12) con comportamiento similar, aunque posiblemente el tironiano ocultará más casos. La suscripción del texto asturiano: *E Nicolao que la escrevió por mandado de Roy Martín, escrivano del concello, so amo*, hace pensar en cómo la procedencia y el grado de formación pudo influir en la cantidad de rasgos marcados diatópicamente que aparecen en estos documentos. Con seguridad, a mayor formación, mayor nivelación lingüística. Incluso el nombre del aprendiz es más popular y simple que el del escribano de concejo.

3. Grupo *mn* conservado, ni *mbr* ni *mr*:

(3) a. *Estas cosas que se nomnan en esta carta.*
b. *Desusu nomnastes.*
c. *Ye aquellas duas tiendas desusu nomnadas.*
d. *Cuantos días vós vivades enna guisa que vós desusu nomnastes.*

En CORHEN solo registramos dos ejemplos de *pornomnado* en un documento de Grijalba de 1213 de *Pelagius Petri*[19]; en el fondo de Oña no consta; en el de Aguilar, solo en un documento datado explícitamente en León de 1260, como cabe esperar[20]; y en la catedral de Palencia solo en esta escritura que analizamos.

En realidad, las variantes del segmento -MIN- latino fueron múltiples y dispersas en el dominio leonés y convivieron con la solución *-mbr-*, siguiendo la propuesta de César Gutiérrez (2014), quien, al hilo de la convivencia en textos leoneses de todas esas formas que él considera autóctonas, propone que debieron de constituir una frontera difusa de variantes, de modo que la *castellanización* del leonés habría sido en realidad una selección de las más *castellanoides*:

> La conclusión, por tanto, es clara: la castellanización del leonés oriental no consistió en la presencia de rasgos castellanos en este territorio, sino en su generalización diatópica y diastrática y, consecuentemente, en la eliminación de todas las variantes leonesas no castellanoides (Gutiérrez 2014: 70)

4. Síncopa de la palatal central /y/ incluso entre /a/ y /o/:

(4) a. *Doña Maor.*
b. *Faciéndola de maor valor o de menor.*

Un rastreo en CODEA+2015 arroja también datos de Navarra, pero mayoritariamente de documentos leoneses. Para José Ramón Morala (2004: 558) se trata un rasgo distintivo del leonés.

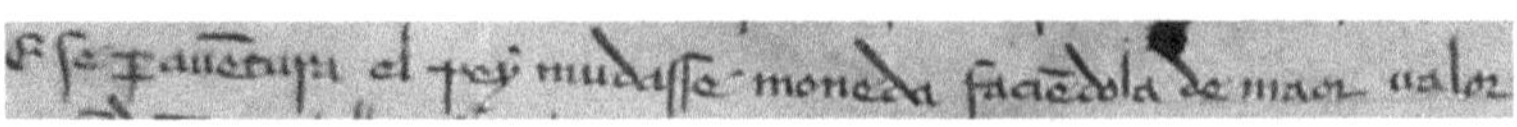

19 CORHEN0313 (AMHB, Leg. 12, n. 361).

20 CORHEN0676; AHN, Clero-Secular_Regular, Car. 1658, n. 5. Se conserva en Aguilar, debido a que hace referencia a un testimonio que prestan ante un notario leonés tanto el abad de Aguilar como el arcediano de la catedral leonesa.

5. Cierre de la vocal inicial: *siñaladamient* (en dos ocasiones). Muy frecuente en documentación leonesa coetánea consultada, frente a CORHEN, en el que solo constatamos *siñal* precisamente en el documento del fondo de Aguilar dado en León en 1260.

6. Diptongación. El texto presenta diptongación de Ĕ y Ŏ tónicas en *ie* y *ue* sistemáticamente, incluso en el verbo, salvo un caso de *fu*[21], porque las formas generales son *fue*, *fueron*, *fuere*, *conviene*, *mueran*, *ovieren*, *mengüe*, *dierdes*, *quisier*... No se registra la diptongación decreciente propia del extremo occidental leonés: *otorgo*, *postremero*, *carnicero*, *pelligero*, *primer*, *tercero*, *febrero*, *racionero*, *especiero*, *zapatero*. Se mantiene *-iellos* (*monaziellos*), aunque en coincidencia con la documentación claramente castellana.

Destacamos en este documento palentino la forma con refuerzo inicial *vuerto*. Junto con la variante *vurto*, *vuerto*, es muy frecuente en documentación leonesa, si bien se registran ocurrencias en el castellano más norteño, así en Santo Toribio de Liébana en 1267[22] o en 1207 en documento de Villanueva de la Nía (Cantabria) del fondo de Oña, en el que *vuerto* se registra solo una vez junto a varios *uerto* y *orto*[23]. En cualquier caso, *vuerto*/*vuerta* parece una forma muy extendida en Palencia, al menos en su mitad occidental; así en CORHEN la registramos en otros documentos de esta provincia: en uno de 1229 de Villarmentero de Campos o en 1254 en Dueñas[24].

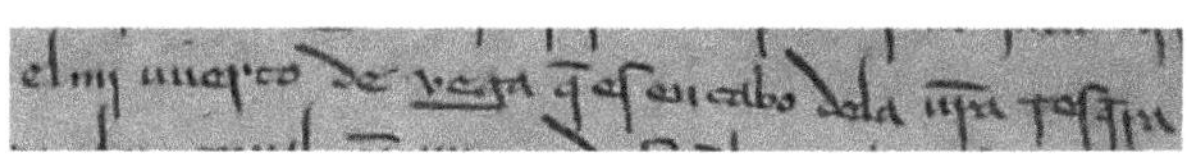

21 En la documentación de Aguilar aparece *foi* o *fu*, convergiendo con la documentación leonesa; también aparece en el documento de ese fondo de 1260 dado en León al que ya hemos hecho referencia, frente a Oña, donde siempre se encuentra *fue*, salvo un *foi* de un documento dado en Aguilar.

22 AHN, Clero, Carp. 1916, n. 6, en CODEA+2015 (CODEA-0701).

23 CORHEN0107 (AHN, Clero Secular_Regular, Car. 281, n. 6).

24 CORHEN0389 (AMHB, Leg. 33, n. 1441-B) y CORHEN0451 (AMHB, Leg. 30, n. 1275_1) respectivamente.
En otro documento palentino (AHN, Clero Secular_Regular, Car. 1737, n. 17) de San Nicolás del Real Camino, muy próximo a Sahagún, *vurto*, sin diptongo o encubriendo *uo*. En este documento de San Nicolás hay otros rasgos que pueden considerarse *occidentales* como *conseyo*, *descuntar* o *nombremos* por *nombramos*, además de la vacilación *renda*/*renta*, constatable en áreas más al oriente también. *Vurto* es frecuente en la

7. *Saban* como verbo introductor de la *notificatio: Saban todos por este escripto.* Documentada de Oviedo a Salamanca, con León y Zamora hasta el Esla (Moreruela)[25] y, por supuesto, hacia occidente. Con el siguiente, es este uno de los rasgos más concluyentes para determinar la pertenencia de este documento a una *scripta* más occidental con respecto a la que caracteriza al resto del corpus CORHEN.

8. Adaptación de la partícula árabe *hatta* como *ata*, considerando la falta de aspiración de F- en leonés (Morala 2004: 560), frente al castellano *fata*: *ata·l postremero día de mia vida.* Efectivamente, *ata* es la forma general en toda la documentación asturleonesa consultada[26], mientras que el resto del corpus CORHEN presenta siempre *fata.*

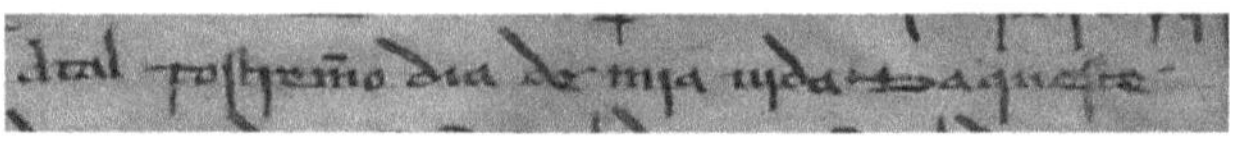

9. Considera José Ramón Morala (2004: 567) característico del leonés la apócope de vocal final en la tercera persona singular del presente: *La una tien don Iohanni, la otra tien el cabil·lo*, no obstante, el fenómeno se aprecia también en la documentación castellana, de hecho, en el fondo de Aguilar del corpus CORHEN se recogen varias ocurrencias en documentos referidos al entorno del monasterio y también a Cantabria o a áreas burgalesas.

10. En cuanto a la voz *canóliga*, tampoco la consideraremos como marca diatópica determinante, ya que alterna en el documento con *canonge* y, pese a parecer de uso más frecuente en textos asturianos o leoneses, compite con *canonge* en toda la península[27].

---

documentación de Trianos (Fuente Crespo 2000), monasterio del que curiosamente era priorato este hospital de San Nicolás, de leprosos y peregrinos.

25 Tras un rastreo en CODEA+2015 y en CORDE, además de en las fuentes editadas señaladas más arriba.

26 Y en la aragonesa.

27 *Contra'l corral de Canóliga.* Aparece en este topónimo de la ciudad, pero, como apelativo, la forma que se repite en el documento es *canonge*: *otorgámosvos ración de dineros como a un canonge* / *Canonges: don Alfonso, arcidiano de Salamanca; Juan Juanes…/canonges e racioneros.* En CORDE, *canóligo* es muy usual en León

11. Posesivo femenino *duas*:

(5) a. *Duas tiendas que son ante mi puerta, nuevas.*
b. *Otras duas tiendas.*
c. *Ye aquellas duas tiendas desusu nomnadas.*
d. *Son fechas duas cartas.*

Rasgo considerado propio de la documentación asturiana y leonesa (Egido Fernández 2012), pese a que su presencia en un documento de Villanueva de Nía citado previamente (*dues ferrenes*) invita a pensar, de nuevo, en un fenómeno expandido también por el extremo norte castellano.

12. Contracción de preposición *en* más artículo:

(6) a. *Enna guisa que lego podedes recebir.*
b. *Con VII cubas enna bodega.*
c. *Enna guisa que vós desusu nomnastes.*
d. *Enna manera que vós desusu dixiestes.*
e. *Enna fiesta de vincula Sancti Petri.*

Frecuente también en las áreas más septentrionales castellanas, como ya hemos visto en algunos ejemplos de CORHEN del fondo de Aguilar o de Cantabria. Menéndez Pidal (1999[1950]: § 64.3) lo consideró un arcaísmo solo conservado en el extremo norte de Castilla, en la Montaña y en Campoo. M.ª Jesús Torrens (2020: 388–389) ubica, sin embargo, la contracción *-nn-* de artículo más preposición entre las últimas décadas del XII y la primera mitad del XIII, lo que rebatiría ese carácter de arcaísmo;

(catedral, Carrizo) y Salamanca (catedral), pero también, si bien con menos frecuencia, *canónigo* (León, Asturias, Salamanca). *Casa de Canóniga* en doc. de 1251 de la catedral de Oviedo (Tuero Morís 1994). *Calonge* y *canonge* parecen estar, por tanto, muy repartidas. En cualquier caso, *canónigo* será la forma general de los documentos de Alfonso X dirigidos a cualquier parte de su reino, incluido León. Para Corominas y Pascual, *calónigo* no está marcado diatópicamente y solo lo consideran un arcaísmo de los siglos XIII a XVI, como *canonge*, occitanismo (*DECH, s.v. canon*).

además, aunque admite la adscripción de este fenómeno al norte peninsular, señala que su extensión es mayor, pues se documenta al sur de Palencia y en su frontera con Burgos.

Nuestro documento incluye además una ocurrencia de la contracción *por* con artículo, más claramente distintivo del leonés (Morala 2004: 559): *E po·la mercet que vós pedistes*, contracción no documentada en el resto de CORHEN para Palencia y Burgos.

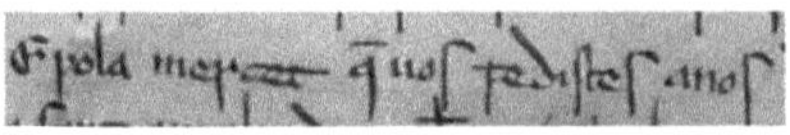

13. Alternan las construcciones de posesivo átono precedido de determinante con las que no lo llevan:

(7) a. *Las mis casas de Puerta Mediana con so corral.*
b. *Dó e otorgo el mi vuerto de Vega, que es en cabo de la vuestra pesquera*;
c. *Dó e otorgo el mi corral.*
d. *Dar las vuestras rationes.*
e. *Nós deán e cabil·lo, catando la vuestra grant devoción e la vuestra buena voluntat*[28],

junto a

(8) a. *Duas tiendas que son ante mi puerta, nuevas.*
b. *Ata·l postremero día de mia vida.*
c. *Pora mi morada por todos mios días.*
d. *En toda mia vida, uquier que yo sea en toda mia vida.*
e. *Que me recibades por vuestro compañero.*
f. *Por mia alma e de mia mugier.*
g. *Por vós e por vuestra mugier.*

28 Señala Concepción Company (2017: 135–137) que el posesivo del español antiguo no pertenecía aún a la categoría de los determinantes, lo que le permitía concurrir con otros actualizadores y presentadores del sustantivo.

h *Memoria por vós e por vuestra mugier por siempre*[29].
i. *Año depués de vuestro finamiento.*
j. *El día de vuestro finamiento.*

En este texto, esta construcción –que puede verse también con modificadores indefinidos[30]: *una mi casa* u *otra mi tienda*– parece cumplir una finalidad sintáctica o pragmática, a modo de enfatizador (semejante a IPSE), pues integra construcciones con función de CD:

(9) a. *Do e otorgo: las mis casas, el mi vuerto/ el mi corral/una mi casa/ otra mi tienda* (también *duas tiendas*).
b. *Ovieren de dar las uestras rationes.*
c. *Catando la vuestra grant devoción e la vuestra buena voluntat que vós avedes.*

Como señala Cristina Egido (1999) para la documentación de Carrizo, en estas construcciones el artículo parece poseer un valor deíctico, anticipando información que podría complementar más adelante al sustantivo, por ejemplo, en forma de relativo.

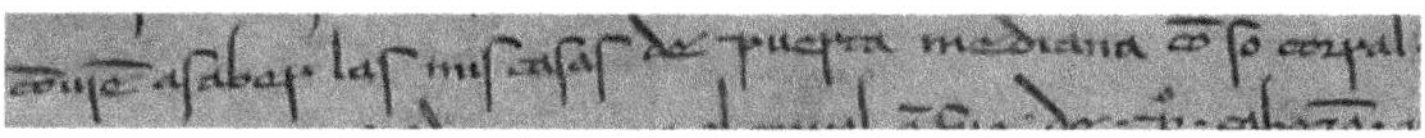

Para M.ª Carmen Moral del Hoyo (2008: 2012–2014), la marca diatópica en estas construcciones parece subordinada a las relaciones pragmáticas, pues muestran un carácter más bien formulístico, fosilizado, vinculándose, por tanto, al documento notarial más que a otros tipos textuales.

A su vez, Raquel Sánchez Romo (2013: 286–292) repasa la bibliografía y propuestas en torno a la construcción de determinativo + posesivo + sustantivo a raíz de su estudio de los posesivos en la documentación de Miranda de Ebro, construcción poco productiva en ese fondo, más vinculada a léxico jurídico, a expresiones formulísticas[31]. Considera que, a

29 Todavía hoy no se emplea el artículo ante posesivos que acompañan a los nombres de parentesco cercano, como señala Borrego Nieto (1996: 146 y 156) para la zona oriental del dominio leonés, frente a *la mía mucher* en el occidental.

30 *Uno* no alcanza hasta al menos el XVI "estatus pleno de artículo indefinido" (Company 2017: 135).

31 Tampoco resulta una construcción muy productiva en CORHEN, pese a algunas muestras en el mismo fondo de la catedral de Palencia; así, en un documento de

pesar de su evidente valor estilístico-expresivo y pragmático, no puede sostenerse que sea solamente un recurso estilístico (Sánchez Romo 2013: 288–290). Concluye, siguiendo a Fernández-Ordoñez (2011: 42), que esta construcción parece perderse de este a oeste.

No consideramos, por tanto, que sea este un rasgo diatópico exclusivo ni determinante para decidir el carácter occidental de este texto, pues presenta más bien un carácter pragmático o estilístico, no obstante, lo mantenemos en la lista por su profusión en este texto.

14. *Magar* 'aunque': *magar mengüe a vós ratión por dalguna cosa, los V sueldos non mengüen a mí cada día.* Un rastreo en CORDE indica su presencia clara en documentación occidental del XIII, pero también su frecuencia en la obra de Alfonso X y en los documentos que envía al Reino de León –aunque asimismo a ambas Castillas o a Murcia–; parece además una variante compartida por Toledo. *Maguer*, por su parte, es más frecuente en la lengua literaria y como *variatio* en algunas de las obras alfonsíes. CODEA+2015 arroja solo dos ejemplos de *magar*, ambos asturianos, de 1345 y de 1483.

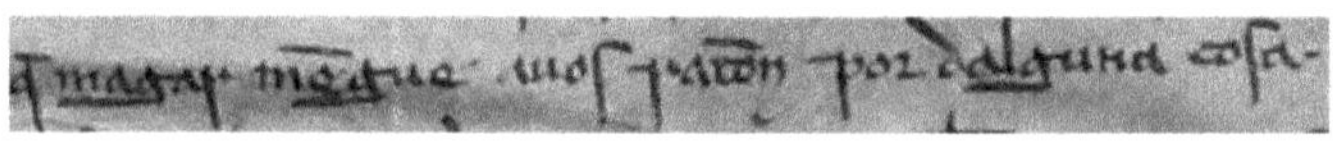

15. Uso de la conjunción condicional *se* por *si*, preferente en documentación leonesa: *E se por aventura.* Este uso es ajeno al resto de CORHEN[32].

16. También la forma *dalguna* para el indefinido (*dalguna cosa*) se identifica como uso preferentemente occidental, a juzgar por lo observado en CORDE o en la documentación de la catedral de León (Ruiz Asencio 1993).

17. Finalmente, no se aprecian en el texto resultados de segunda yod como los habituales leoneses:

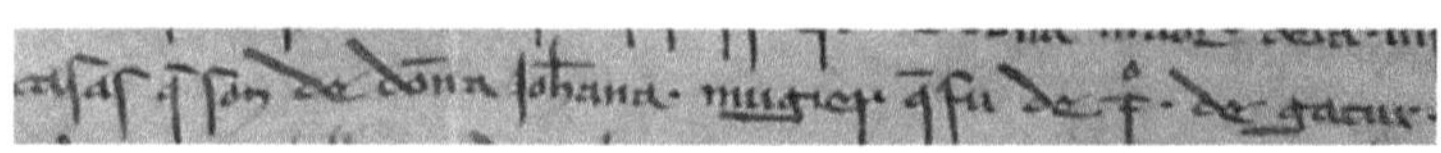

1245, *que lo contedes sobre la mi renda* junto a *e yo que non pierda mi renda* (CORHEN0827; AEH, caja 45, carp. 1, doc. 86).

32 Salvo *se* por el pronombre *sí* en *él se mesmo* en un documento de Palazuelos (Valladolid) de principios del XIII (CORHEN9580).

(10) a. *Mugier que fu de Pedro de Gacux.*
b. *Puerta de Mal Consejo.*
c. *Fijo de Martín Gras.*

Y el resultado de -KT- es siempre la africada:

Se consigna asimilación del grupo *ld*: *cabil·lo*[33], sin embargo, este es fenómeno habitual en nuestro corpus palentino y burgalés. No se registra diptongación de *ser*, ni palatalizaciones de *l-*, ni conservación de MB. No hay /i/ epentética del tipo *forcia*[34]. Cierto es, no obstante, que no siempre se da el contexto en el documento para que puedan manifestarse esos rasgos.

En definitiva, este haz de peculiaridades que acabamos de describir comprende una serie de formas que pueden alternar con sus correlatos –considerados de manera general más propiamente castellanos o centrales– en el mismo documento, dando lugar a un texto híbrido, análogo a los que podemos ver en todo el dominio asturianoleonés en el XIII. De hecho, conforman un número importante de elementos concomitantes con lo leonés, de modo similar a lo que puede percibirse en documentos de las áreas centrales de ese dominio, pese a que, como indica José Ramón Morala (2004: 560–561), no es sencillo encontrar un texto que reúna todas las características que se consideran propias del leonés,

> pues, incluso en los textos más marcadamente leoneses, pueden aparecer alternancias en las soluciones y, dado que no hay una especie de norma unificada, las variaciones entre los notarios son, con frecuencia, muy llamativas. De todas formas, a finales del XIII y comienzos del XIV todavía aparecen textos con rasgos muy significativos.

En otras palabras, la documentación del dominio asturleonés en el XIII muestra, entre otras, muchas de las propiedades consignadas en el documento que analizamos, si bien, como en este documento, se revelan

33 Considerado "característicamente leonés" por Marcet (2010: § 3.4).
34 Sí en otros documentos palentinos como el de San Nicolás del Real Camino mencionado anteriormente, en el que también aparecen formas verbales analógicas como *nombremos* por *nombramos*.

con frecuencia variable, a menudo alternando con elementos que podríamos considerar, utilizando el término de César Gutiérrez (2014), más *castellanoides*, en unas combinaciones infinitas que parecen depender de la simple voluntad de quien escribe, acaso con una finalidad de *variatio* estilística[35] –quizá también sintáctica o pragmática–, pues da la sensación de que, en determinados contextos o en determinadas funciones sintácticas, –como se ha visto ya para la construcción de artículo más posesivo– estos rasgos *occidentales* son más frecuentes. Como en documentación de otras diatopías, la frecuencia de esos elementos aumenta en determinada tipología documental, como listados, notas, borradores o remembranzas[36], que no es el caso, no obstante, del documento que aquí nos ocupa.

Intentar localizar un centro escriturario asturiano o leonés en el que encajen todas las peculiares características de este documento palentino y en similar proporción no es sencillo. No solo por la altísima variación y el hibridismo de los documentos del dominio occidental, mucho mayores que lo observado en nuestro corpus castellano, sino por otros problemas a los que nos enfrentamos al consultar estos textos asturianos y leoneses: por un lado, el gran volumen de documentación que debe manejarse, que dificulta la necesaria discriminación dentro de cada fondo para averiguar si cada documento examinado –y la lengua que aparentemente refleja– hace referencia o no al área a la que pertenece el fondo documental; y, por otro, lo que supone mayor impedimento: no contamos con transcripciones paleográficas o con ediciones pensadas para filólogos o lingüistas.

Pese a todo, algunos de sus rasgos aventuran la posible adscripción diatópica de este documento. Si atendemos a la contracción *en* + artículo o a la presencia de *-u* final podría vincularse al norte castellano, pero formas como la diptongación de Ĕt, la contracción *por* + artículo, *ata* o

---

35 En palabras de Sánchez-Prieto (2008: 235), "esta *variatio*, que formaba parte del arte de escribir, no es lo mismo que variación de la lengua de uso" o, al menos, no tiene por qué serlo en todas las ocasiones.

36 Véase un documento de Sahagún de 1245 (Fernández Flórez 1994: doc. 1699) referido al Valle del Retortillo, en Tierra de Campos palentina, en el que se leen: *muyer, e, yes* 'es', *se* por *si*, *laor*, *laores* 'labor', *coyeren, enas, coyeren, ayenar, fueras*, construcción de artículo + posesivo… Cuando otra mano incluye más adelante una remembranza al final, la frecuencia de rasgos que suelen considerarse *occidentales* aumenta: *remembrancia, enne monasterio, ena bodega, dues, reyas, payares xenos de paya, vuerto…* sin que deje de existir la variación (*lexa, delexo, ena eglisa dexo*) o elementos como *pernombrado*.

saban inclinan el texto hacia los dominios asturiano o leonés[37]. La falta de diptongación decreciente invita a desechar las áreas más occidentales y la aparición de algunas formas como *saban* predisponen hacia el centro leonés. Más complejo es determinar con qué área concreta o centro escriturario leonés coincide.

Si rastreamos un elemento restringido solo a ciertas voces en la documentación leonesa como es *-u* final, nos encontramos con que en la catedral de León, en escrituras de la franja de entre 1230 y 1269 (Ruiz Asencio 1993), se repara en –entre otros rasgos similares a los del texto palentino que analizamos– la presencia de *-u* final en formas como *iuru, susu, unu* en varios documentos en 1242, 1243, 1255, 1257, 1261 y 1263, suscritos por tres notarios, Joán Pelaz, Joán Joánez y Joán Franco[38]. Esto es, un comportamiento similar al que se advierte en el documento palentino, por lo que quien escribe en Palencia se habría podido formar con estos escribanos leoneses con los que comparte rasgos –si bien no otros como el resultado de LY– o podría simplemente tratarse de un leonés.

Que en un documento formal y de contenido tan palentino como el que estamos comentando se identifiquen características lingüísticas parejas a las de cualquiera de los tres notarios contemporáneos leoneses lleva a detenerse de nuevo en la propia cuestión de la llamada *castellanización* del área asturleonesa. La hibridación de los documentos es tan constante en todo este

37 Sánchez-Prieto (2007: 211) especulaba con la posible procedencia asturiana de uno de los escribanos de la catedral de Toledo: "De procedencia tal vez asturiana (o, al menos, habría aprendido a escribir en Asturias) era el autor de ACT 78, de 1237 127, que emplea *g* por *ge* (5 *page* 'pague'), «*tro a*» («que faga toda la paret ques tiene con las otras casas nuestras de nueuo tro a sommo»), *cabrido* (5 «segund el fuero de cabrido», pero 1 «el cabildo de Santa María») o *pola* (6 «Conpieça pola festa de sant Sebastián»), usos que bien podrían encajar con los del monasterio asturiano de Belmonte".

38 Curiosamente Joán Franco suscribe varios documentos en Monasterio de Vega (Serrano 1927: 166) en 1250, 1251 y 1253 relacionados con Trobajo del Camino en los que figuran *juru, susu, algunu* y algún ejemplo de artículo + posesivo. En otro documento de 1259 de San Claudio de León (Domínguez Sánchez 2001: doc. 46), suscribe también Joán Franco como notario público de Torío con características similares.
En el texto ya citado fechado en León en 1260 que se conserva en el fondo de Aguilar no hay *-u*, rasgo que, por otro lado, se constata con frecuencia en las escrituras aguilarense; sin embargo, sí, *siñal, nomnado, maor, ennas, connas, canóligo, de'l sua jurisdicción, fu, furon* (y *fuerunt*), formas coincidentes con el documento que analizamos, pero también *conceyo, yera, demandoye* o *vuecho*.

dominio de norte a sur y se observa desde una época tan temprana, con el surgir de los primeros textos plenamente romances a inicios del siglo XIII, anterior incluso a la propia estandarización del castellano, que tendríamos que sostener que los textos leoneses nacieron ya *castellanizados*, algo que no parece sostenible[39].

Más bien, ha de pensarse en que el dominio debía de estar evolucionando de manera paralela a lo que sucedía más al centro, mientras, como es lógico, en la oralidad convivirían numerosas variantes en una amplia franja geográfica. La escritura romance de la primera mitad del XIII seleccionaría, en coincidencia con lo que señala César Gutiérrez (2014), una serie de entre esas variantes concurrentes con lo castellano, por influencia o no de Castilla[40], aunque con una menor estandarización u homogeneidad de la que vemos en centros de escritura burgaleses y palentinos[41]. Los escribanos leoneses y asturianos seleccionarían aleatoriamente las opciones que la oralidad les ofrecía, según sus preferencias, como elementos de *variatio* estilística o pragmática, para sus textos notariales romances primeros, siempre de manera consciente y no como producto de errores o vacilaciones debidas a la impericia o a la escasa formación de quien escribe[42]. Tal vez estemos ante el inicio de un cambio progresivo desde arriba, en el que los escribanos combinan conscientemente y de manera individual las variantes del habla. Se entendería así que en un solo centro escriturario –sirva como ejemplo Sahagún– la variación sea tan viva, algo

39 Cuestión distinta sería la presión que ejerciera el castellano de fines del XIII y principios del XIV (Morala 2004).

40 El romance navarro evoluciona internamente, de forma paralela al castellano, sin su intervención, a lo largo de los siglos XIV y XV, al menos, en algunos fenómenos fonéticos. Véanse al respecto González Ollé (1982) o Martínez Pasamar (1995: 526–533).

41 Evidentemente, las convergencias serían mayores en la frontera difusa entre lo oriental leonés y lo occidental castellano, como recuerda Vicente Marcet (2010).

42 Esa es la impresión que da un notario como el citado Joán Franco quien siempre selecciona en qué voces quiere, por ejemplo, mantener la *-u* final: está generando una alternancia de código similar a la que estaban tan acostumbrados entre el latín y el romance, con una función estilística o pragmática. La mezcla tan intensa de variantes en la documentación asturiana y leonesa, anterior al periodo en el que pudiéramos hablar de verdadera castellanización, se asemejaría, *mutatis mutandis*, al hibridismo latinorromance, como manera de escribir plenamente consciente, aplicada a determinados tipos de texto como los notariales privados (Torrens 2018; Torrens y Tuten 2022).

que no siempre se ha tenido en cuenta, estudiándose de manera cuantitativa los datos de este y de otros fondos como si fueran una unidad lingüística, sin serlo.

Por otro lado, resulta poco probable que, en la primera mitad del XIII, estos rasgos considerados *occidentales* se sintieran marcados diastrática o diafásicamente en los documentos leoneses y que ese fuera un motivo para su sustitución paulatina por otros *centrales* en las escrituras romances más tempranas (Marcet 2010). Si esa marca se hubiera percibido con un sesgo peyorativo, en León o en Castilla, no habría sido posible la redacción de nuestro documento en el cabildo palentino por parte de, como parece evidente, un leonés, quizá asentado allí como clérigo, quizá de paso[43]. Y ello porque no cabe plantearse que un documento como el de Juan, criado y merced del obispo, tan palentino en sus contenidos y protagonistas, tan formal, un documento doble, partido por ABC, se deje en manos de un escribiente poco hábil. La redacción del documento se permite aún a sabiendas de su excepcionalidad, seguramente porque esa particularidad no se percibe como vulgar, sino, al contrario, tan prestigiosa como la decididamente castellana del documento del cabildo de 1222 expedido por Gonzalo Ruiz Girón.

Y se permite en el cabildo, donde, a pesar de los escasos documentos romances que nos ofrece la sede palentina, podemos observar, siguiendo la pista que brinda Pedro Sánchez-Prieto respecto a los fondos de la catedral de Toledo (2008), que hay una mayor tendencia a escribir en romance. Tal vez la escribanía capitular se rigiera por una mayor flexibilidad en un espacio más diverso y menos latino que la cancillería catedralicia, un espacio permeable a la variación diatópica, diastrática y estilística que hizo posible un documento excepcional dentro de nuestro corpus. Un espacio paralelo al Estudio General, anclado a la sede palentina, que quizá auspiciara algunas de las obras primeras de la literatura romance en las que, como en el resto de las nacientes literaturas europeas, se partía de la mezcla lingüística, de la koineización, atendiendo a las tendencias escriturarias de la época.

43 Acaso la relación de los Meneses con toda la zona suroccidental de la actual provincia de Palencia y del norte vallisoletano favoreciera la llegada de escribanos leoneses a Palencia, cuya catedral, por otra parte, se había convertido, de la mano del obispo don Tello, en el primer Estudio General que atraía a estudiantes de diversos lugares.

Bibliografía

Borrego Nieto, Julio (1996): "Leonés", en Manuel Alvar (dir.), *Manual de dialectología hispánica. El español de España*, Barcelona: Ariel, 139–118.

Bueno Domínguez, M.ª Luisa (1975): *El monasterio de Santa María de Moreruela (1143–1300)*, Zamora: Caja de Ahorros Provincial.

[CODEA+2015] GITHE (Grupo de Investigación Textos para la Historia del Español): *Corpus de documentos españoles anteriores a 1800.* Disponible en: http://corpuscodea.es/. Fecha de consulta: enero de 2022.

Company Company, Concepción (2017): "El posesivo átono con artículo definido y con artículo indefinido. Similitudes y diferencias", en Concepción Company y Norohella Huerta Flores (eds.), *La posesión en la Lengua Española,* Madrid: CSIC, 133–176.

[CORDE] Real Academia Española: *Corpus diacrónico del español.* Disponible en: http://www.rae.es. Fecha de consulta: enero de 2022.

[CORHEN] *Corpus Histórico del Español Norteño* [en línea], dirigido por M.ª Jesús Torrens Álvarez. Disponible en: http://www.corhen.es. Fecha de consulta: enero de 2022.

[DECH] Corominas, Joan y José Antonio Pascual (2012 [1980–1991]): *Diccionario crítico etimológico castellano e hispánico*, Madrid: Gredos, CD-ROM.

Domínguez Sánchez, Santiago (2001): *Colección documental medieval de los monasterios de San Claudio de León, Monasterio de Vega y San Pedro de las Dueñas*, León: Centro de Estudios e Investigación "San Isidoro".

Egido Fernández, M.ª Cristina (1999): "Artículo + posesivo + sustantivo en documentación leonesa del s. XIII", en José Enrique Martínez Fernández (coord.), *Trilcedumbre (homenaje al profesor Francisco Martínez García)*, León: Universidad de León, 157–169.

Egido Fernández, M.ª Cristina (2012): "Los numerales en la documentación medieval leonesa", en Annick Englebert (ed.), *Tome II. Les nouvelles ambitions de la linguistique diachronique*, Berlin/Boston: Max Niemeyer Verlag, 157–174.

Esteban Recio, M.ª Socorro Asunción, y M.ª Jesús Izquierdo García (2012): "Palencia en la Edad Media. Una ciudad de señorío eclesiástico", en Margarita Torremocha (coord.), *El Estudio General de Palencia: historia de los ocho siglos de la Universidad Española*, Valladolid: Universidad de Valladolid, 21–46.

FERNÁNDEZ FLÓREZ, José Antonio (1994): *Colección Diplomática del Monasterio de Sahagún (857–1300), V (1200–1300),* León: Centro de Estudios e Investigación "San Isidoro" (CECEL) / Caja España de Inversiones, Caja de Ahorros y Monte de Piedad / Archivo Histórico Diocesano.

FERNÁNDEZ RODRÍGUEZ, Ana Isabel (1996): *Documentación de la catedral d'Uviéu (sieglu XIII)* [2], Uviéu: Academia de la Llingua Asturiana.

FERNÁNDEZ-ORDÓÑEZ, Inés (2011): "El norte peninsular y su papel en la lengua española", en Sara Gómez Seibane y Carsten Sinner (coords.), *Estudios sobre tiempo y espacio en el español norteño*, Cilengua, San Millán de la Cogolla, 23–68.

FUENTE CRESPO, Josefa de la (2000): *Colección documental del monasterio de Trianos (1111–1520),* León: Centro de Estudios e Investigación "San Isidoro" (CECEL).

GONZÁLEZ OLLÉ, Fernando (1982): "Evolución y castellanización del romance navarro", *Príncipe de Viana*, 44, 173–180.

GUTIÉRREZ, César (2014): "Las variantes de *vime* y el proceso de castellanización en el dominio leonés", *Revista de Historia de la Lengua Española*, 9, 59–78.

HERRERO DE LA FUENTE, Marta (1988): *Colección diplomática del Monasterio de Sahagún (8571230), III (10731109)*, León: Centro de Estudios e Investigación "San Isidoro" (CSIC-CECEL) / Caja España de Inversiones / Archivo Histórico Diocesano.

MARCET RODRÍGUEZ, Vicente José (2010): "Cronología de la castellanización del dominio románico leonés", *Romanitas, lenguas y literaturas romances*, 4/2.

MARTÍNEZ PASAMAR, M.ª Concepción (1995): *El "Privilegio de la Unión" (1423) de Carlos III el Noble de Navarra: edición. Estudio filológico y vocabulario*, Pamplona: Ayuntamiento de Pamplona.

MARTÍNEZ VEGA, Andrés (1991): *El monasterio de Santa María de la Vega. Colección diplomática*, Oviedo: Instituto de Estudios Asturianos.

MENÉNDEZ PIDAL, Ramón (1999 [1950]): *Orígenes del español. Estado lingüístico de la península ibérica hasta el siglo XI,* Madrid: Espasa.

Molina Molina, Ángel Luis (1998): *La vida cotidiana en la Palencia medieval*, Palencia: Diputación Provincial.

Moral del Hoyo, M.ª del Carmen (2008): "Tradición discursiva, pragmática y gramática del documento notarial medieval: implicaciones (La *dispositio*)", en Concepción Company y José. G. Moreno de Alba (coords.), *Actas del VII Congreso Internacional de Historia de la Lengua Española (Mérida-Yucatán, septiembre de 2006)*, vol. 2, Madrid: Arco Libros, 2003–2018.

Moral del Hoyo, M.ª del Carmen (2020): "(Dis)continuidad y vocal final *–u* en castellano: de *Orígenes* (y de Orígenes) al siglo XIII", en Inés Fernández-Ordóñez (ed.), *El legado de Ramón Menéndez Pidal (1869–1968) a principios del siglo XXI*, tomo I, Madrid: CSIC, 293–330.

Morala Rodríguez, José Ramón (2004): "Del leonés al castellano", en Rafael Cano (coord.), *Historia de la lengua española,* Barcelona: Ariel, 555–569.

Morala Rodríguez, José Ramón (2011): "La frontera histórica entre el asturleonés y el castellano", en Ramón d'Andrés Díaz (coord.), *Lengua, ciencia y fronteras*, Oviedo: Trabe, 89–119.

[NTLLE] Real Academia de la Lengua Española: *Nuevo Tesoro Lexicográfico de la Lengua Española*. Disponible en: https://apps.rae.es/ntlle/SrvltGUILoginNtlle. Fecha de consulta: enero de 2022.

Pérez Castaño, Gonzalo (2013): "La judería de Palencia en la Edad Media", en José M.ª Aldea, Carmen López San Segundo, Paula Ortega Martínez, M.ª de los Reyes de Soto, Francisco José Vicente Santos (coords.), *Los lugares de la historia*, Salamanca: AJHIS, 183–202.

Represa Rodríguez, Amando (1980): "Palencia: breve análisis de su formación urbana durante los siglos xi-xiii", *En la España Medieval*, 1, 385–397.

Rodríguez Salcedo, Severino (1949): "Memorias de don Tello Téllez de Meneses", *Publicaciones de la Institución Tello Téllez de Meneses,* 1, 13–38.

Rubio Sadia, Juan Pablo (2013): "De Urgell a Palencia, o el primer camino del rito romano a Castilla", *Ecclesia Orans*, 30, 119–155.

Ruiz Asencio, José Manuel (1993): *Colección documental del Archivo de la catedral de León, VIII (1230–1269)*, Col. 54, León: Centro de Estudios e Investigación "San Isidoro" (CSIC-CECEL) / Caja España de Inversiones/ Caja de Ahorros y Monte de Piedad/ Archivo Histórico Diocesano.

SALCEDO TAPIA, Modesto (1985): “Vida de don Tello Téllez de Meneses, Obispo de Palencia”, *Publicaciones de la Institución Tello Téllez de Meneses,* 53, 79–266.

SÁNCHEZ ROMO, Raquel (2013): “Los posesivos en la documentación medieval de Miranda de Ebro”, *Cuadernos del Instituto Historia de la Lengua Española*, 8, 269–298.

SÁNCHEZ-PRIETO BORJA, Pedro (2007): “El romance en los documentos de la catedral de Toledo (1171–1252): la escritura”, *Revista de Filología Española*, LXXXVII, 1, 173–220.

SÁNCHEZ-PRIETO BORJA, Pedro (2008): “La variación lingüística en los documentos de la catedral de Toledo (siglos XII y XIII)”, en Javier Elvira (coord.), *Lenguas, reinos y dialectos en la Edad Media Ibérica: la construcción de la identidad. Homenaje a Juan Ramón Lodares*, Madrid: Iberoamericana, 233–256.

SERRANO, Luciano (1927): *Cartulario de Monasterio de Vega con documentos de San Pelayo y Vega de Oviedo*, Madrid: Centro de Estudios Históricos.

TORRENS ÁLVAREZ, M.ª Jesús (2015): “¿Tradiciones de escritura o normas gráficas individuales en la Castilla de comienzos del siglo XIII?”. Juan Pedro Sánchez Méndez, Mariela de la Torre y Viorica Codita (coords.), *Temas, problemas y métodos para la edición y el estudio de documentos hispánicos antiguos*, Valencia: Tirant Humanidades, 156–173.

TORRENS ÁLVAREZ, M.ª Jesús (2018): “Variedades en contacto en la documentación notarial medieval: latín, romance e hibridismo latinorromance”, en Florencio del Barrio, Jaime González y Santiago del Rey Quesada (eds.), *Lenguas en contacto, ayer y hoy. Traducción y variación desde una perspectiva filológica*, Frankfurt: Peter Lang, 69–96.

TORRENS ÁLVAREZ, M.ª Jesús (2020): “Sobre los arcaísmos fonéticos del castellano norteño establecidos por Menéndez Pidal”, en Inés Fernández-Ordóñez (ed.), *El legado de Ramón Menéndez Pidal (1869–1968) a principios del siglo XXI,* tomo I, Madrid: CSIC, 377–398.

TORRENS ÁLVAREZ, M.ª Jesús y Donald TUTEN (2022): “*Nicholaus Martini scripsit*: Latin-Romance Hybridity in the Documents of a 13th-century Castilian Scribe”, *Speculum,* 97/3.

TUERO MORÍS, Montserrat (1994): *Documentación de la catedral d’Uviéu (sieglu XIII),* Uviéu: Academia de la Llingua Asturiana.

La reutilización de datos CORHEN. Un sistema de gestión de información para el aprovechamiento multidisciplinar de datos de investigación*

The reuse of CORHEN data. An information management system for the multidisciplinary use of research data

ALICIA SÁNCHEZ DÍEZ
Universidad Complutense de Madrid
ORCID iD: https://orcid.org/0000-0002-3358-1943

CONCEPCIÓN MENDO CARMONA
Universidad Complutense de Madrid
ORCID iD: https://orcid.org/0000-0003-3736-2649

Resumen: Los datos y la información generados durante los procesos de investigación, por equipos y proyectos liderados desde el ámbito de la lingüística, y que se sistematizan en herramientas como, entre otras, corpus lingüísticos o documentales, pueden ser reutilizados por sistemas de gestión avanzados capaces de poner en valor dichos datos para investigaciones cuyos objetivos parecerían ajenos al inicial. Se presenta en este trabajo un sistema de gestión de información desarrollado para la revalorización de datos CORHEN y su aprovechamiento en investigaciones paralelas. Analizando los conceptos de reutilización de datos de investigación y datos abiertos, así como diseñando y desarrollando una herramienta metodológica innovadora, denominada SUMMA, se ha conseguido fomentar el uso y la difusión del corpus lingüístico más allá de su ámbito de investigación primigenio, siempre en el marco de las Humanidades Digitales.

Palabras clave: Reutilización de datos de investigación, sistemas de gestión de información, corpus lingüísticos, CORHEN, datos abiertos

---

* Proyecto *El castellano norteño en la Edad Media. Estudio lingüístico de la documentación vallisoletana*, PID2020-119308GB-I00 financiado por MCIN/AEI/10.13039/501100011033.

Abstract: The data and information generated during the research processes, by teams and projects led from the field of linguistics, and which are systematized in tools such as, among others, linguistic or documentary corpus, can be reused by advanced management systems. These tools can value said data for research whose objectives would seem alien to the initial one. An information management system developed for the revaluation of CORHEN data and its use in parallel investigations is presented in this paper. Analyzing the concepts of reuse of research data and open data, as well as designing and developing an innovative methodological tool, called SUMMA, it has been possible to promote the use and dissemination of the linguistic corpus beyond its original field of research, always in the Digital Humanities framework.

Keywords: Reuse of research data, Information management systems, Linguistic corpus, CORHEN, Open data

1. IMPORTANCIA DE LOS DATOS ABIERTOS

Vivimos en una sociedad dirigida por datos, desde la llegada de Internet a nuestras vidas nos hemos acostumbrado a utilizarlos y compartirlos y se han convertido en la materia prima de un nuevo mercado tecnológico. Los datos se definen como "toda representación digital de actos, hechos o información, así como su recopilación, incluyendo la grabación sonora, visual o audiovisual" (Reglamento UE 2022/868, art. 2.1), por lo que nada se escapa a ellos.

Los datos y la información generados durante los procesos de investigación, por equipos y proyectos liderados desde el ámbito de la lingüística, y que se sistematizan en herramientas como, entre otras, corpus lingüísticos o documentales, pueden ser reutilizados por sistemas de gestión avanzados capaces de poner en valor dichos datos para investigaciones cuyos objetivos parecerían ajenos al inicial. La multidisciplinariedad, dominante en los equipos de investigación actuales, produce grupos de investigación en los que conviven filólogos, informáticos, historiadores, documentalistas y otros perfiles que observan sus datos de investigación desde sus propios enfoques metodológicos y puntos de vista, originando nuevos interrogantes sobre los corpus desarrollados, no tenidos en cuenta hasta el momento o no propuestos como objetivos iniciales del proyecto de investigación en el que se enmarcan. Este hecho, suscita la demanda de un sistema de información diseñado con perspectiva multidisciplinar y capaz de generar de los datos ya obtenidos, nuevos datos disponibles en la web para diferentes usos.

Pero este enorme volumen de información que encontramos en la web requiere ser contrastado, pues solo los datos verificados son fiables, mucho más en el ámbito científico. Sin embargo, la mayoría de la información se ofrece editada, es decir tenemos a nuestra disposición conocimientos, pero no datos a partir de los cuales comprobar esa información o ese saber científico. Surgen así dos corrientes, relacionadas con la apertura y reutilización de datos e información, que discurren de forma paralela en el tiempo: la reutilización de la información del sector público con un marcado carácter económico como es generar un mercado de la información; y desde el punto de vista de la ciencia, la tendencia a ofrecer datos, compartirlos y crear una ciencia abierta. Recientemente ambas corrientes de pensamiento han confluido en un concepto amplio de reutilización de la información pública.

Como señaló hace años Tim Berners-Lee, creador de la Web e impulsor del movimiento de apertura de datos, no todos ellos pueden ser reutilizados y redistribuidos por las personas u organizaciones que lo deseen. Para que esto sea posible, reclama que los datos que se publiquen en un entorno digital tienen que estar en "crudo" o en abierto, es decir, no haber sido procesados, o estar publicados en situación de ser reprocesados. Berners-Lee (2009) estableció un sistema de puntuación para los datos abiertos en una escala de cinco estrellas. El nivel más bajo se corresponde con la forma originaria en que los abiertos se publican en la web, exigiendo únicamente que estén accesibles. Los datos escalan un nivel más en la jerarquía cuando se presentan con un formato estructurado, pero con software propietario, por tanto, más fáciles de utilizar. Se consiguen tres estrellas si los datos se presentan en un formato estructurado empleando un software libre. Un nivel superior lo consiguen los datos estructurados con una dirección única y específica (URIs) y presentados directamente en una página web, con unos estándares recomendados por el W3C. Las cinco estrellas para este autor se logran cuando esos datos cumplen los requisitos anteriores y además se combinan y unen con otros datos similares de otras organizaciones que han seguido los mismos estándares de categorización de los datos abiertos.

Así pues, para que los datos se puedan compartir es necesario que cumplan una serie de condiciones denominadas de buenas prácticas.

Estos requerimientos se encuentran disponibles en la plataforma datos.gob.es bajo las siglas FAIR (2017): Findable, Accessible, Interoperable, Reusable.

Los datos y metadatos han de ser fácilmente localizables después de su publicación mediante herramientas de búsqueda. Asimismo, tienen que estar accesibles y poder ser descargados por otros investigadores utilizando sus identificadores. Para garantizar su interoperabilidad, los datos y metadatos deben de estar descritos utilizando estándares abiertos, de otro modo se compromete su intercambio y reutilización. Finalmente, debe determinarse su procedencia y condiciones de reutilización para que puedan ser reutilizados por otros investigadores.

Numerosos estudios señalan diversos beneficios para la comunidad científica en el uso de datos abiertos reutilizables, entre ellos se destacan (Torres-Salinas et al 2012: 174): aprovechar mejor el dinero invertido en ciencia con fondos públicos, verificar los conocimientos científicos y realizar nuevos estudios, evitar la duplicación de proyectos con objetivos análogos, facilitar la transparencia de los investigadores en la lucha contra el fraude; y a nivel personal, contribuir a aumentar el número de citas de los trabajos.

Sin embargo, también se han puesto de manifiesto obstáculos que complican el acto de compartir los datos de forma pública y provienen del propio investigador que teme perder la titularidad de su trabajo y el tratamiento que han recibido los datos recogidos, así como los resultados extraídos de los mismos.

2. DE LA REUTILIZACIÓN A LA CIENCIA ABIERTA

En el ámbito científico la aspiración de conseguir que los datos de las investigaciones se compartan abiertamente comienza en el siglo pasado y, aunque son pocas, en algunas especialidades ya es una realidad. Por el contrario, la mayoría se encuentra en una fase incipiente por la desconfianza que genera y la complejidad tecnológica que supone. Por su parte, los organismos nacionales y supranacionales han ido desarrollando el marco legal, las políticas y las infraestructuras necesarias para lograrlo.

En el ámbito de la Unión Europea los primeros pasos se centraron en fomentar la reutilización de la información pública, en un sentido restrictivo. En 2003, la directiva 2003/98/CE del Consejo y el Parlamento Europeo relativa a la reutilización de la información del sector público sentó el principio de que los datos públicos debían ser reutilizados, con o sin fines comerciales, por todos los interesados en ellos y sin superar el coste de distribución de datos; pero quedaban fuera de esta directiva los centros escolares, universidades, archivos, bibliotecas y centros de investigación. García (2022: 61–69) explica con toda claridad los pasos seguidos por Europa y, en consecuencia, España, en el acceso abierto a los datos de investigación. Sintetizando su planteamiento, expongo a continuación los hitos más significativos de este recorrido. En 2007, la Comisión Europea, en su Comunicación al Parlamento Europeo, al Consejo y al Comité Económico y Social Europeo, acerca de la información científica en la era digital: acceso, difusión y preservación, lanzó la recomendación de facilitar el acceso a las publicaciones científicas y crear repositorios de investigación financiados. Además, la Organización para la Cooperación y el Desarrollo Económico (OCDE) dio a conocer una guía para el acceso a datos de información científica dirigida a los responsables de la política científica y de las agencias de financiación para estimular el acceso a los datos de investigación. En este marco España, ese mismo año, desarrolló la plataforma RECOLECTA, financiada por el Estado y gestionada por la Fundación Española para la Ciencia y la Tecnología (FECYT), para reunir repositorios de acceso abierto de resultados de investigación de universidades y organismos públicos de investigación. García señala que para adecuarse a la legislación europea nuestro país aprueba en 2011 la Ley 14/2011, de la Ciencia, la Tecnología y la Innovación que regula el acceso abierto de las publicaciones científicas. Un paso más hacia la difusión de la investigación científica tuvo lugar en 2012 cuando la Comisión Europea publicó la comunicación titulada "Hacia un mejor acceso a la información científica: impulsar los beneficios de las investigaciones públicas en investigación", en el que se hacía hincapié en la necesidad de mejorar el acceso a los resultados de la investigación científica financiada con fondos públicos. Y, en 2016, la Comisión presenta un plan relativo a los servicios basados en la nube y las infraestructuras de datos de categoría mundial para que la ciencia, el mundo empresarial y los servicios públicos saquen plenamente partido de la revolución de los macrodatos. Este proyecto contempla la creación de Nube europea de la Ciencia Abierta (EOSC) entorno virtual para almacenar, compartir y reutilizar datos entre las diversas disciplinas y a través de las fronteras; basada en la Infraestructura Europea de Datos, que permitirá acceder a grandes conjuntos de datos almacenados en la nube y tratarlos.

Europa persigue promover el desarrollo de un mercado europeo de contenidos digitales, que incentive nuevos prototipos y estructuras de negocios que, al mismo tiempo, protejan y aseguren la justa retribución de los derechos de propiedad intelectual. En 2018 se plantea como objetivo crear una ciencia abierta, colaborativa y responsable. La Directiva (UE) 2019/1024 del Parlamento Europeo y del Consejo de 20 de junio 9 relativa a los datos abiertos y la reutilización de la información del sector público, en su considerando 4º señala que el texto legislativo se centra en los siguientes aspectos:

> ...la prestación de acceso en tiempo real a los datos dinámicos a través de medios técnicos adecuados, aumentando el suministro de datos públicos valiosos para la reutilización, incluidos los de las empresas públicas, organizaciones que financian la investigación y organizaciones que realizan actividades de investigación, haciendo frente a la aparición de nuevas formas de acuerdos exclusivos, el uso de excepciones al principio de tarificación del coste marginal y la relación entre la presente Directiva y determinados instrumentos jurídicos conexos...

Siguiendo estas directrices ese mismo año, en España la FECYT (2021) puso en marcha el proyecto piloto: Infraestructuras y Estándares para la Ciencia Abierta (INEOS) cuyo objetivo es interconectar los resultados de investigaciones financiadas con fondos públicos con los datos utilizados en las mismas; mejorar la calidad de los datos existentes en los repositorios y aumentar la visibilidad de los investigadores mediante la creación del perfil público de su currículo en los diferentes aplicativos institucionales.

La reciente modificación de la ley de reutilización de la información del sector público incluye un nuevo artículo por el que las entidades públicas que realicen actividades de investigación o financien la investigación adoptarán medidas para apoyar que los datos de investigaciones financiadas públicamente sean plenamente reutilizables, interoperables y de acceso abierto, teniendo en cuenta las limitaciones que pudieran derivarse de los derechos de propiedad intelectual e industrial, la protección de datos personales y la confidencialidad, la seguridad y los intereses comerciales legítimos (Real Decreto-ley 24/2021, de 2 de noviembre, art. 64).

La reutilización fue el primer paso hacia la ciencia abierta, en la que hoy nos encontramos, pero para ello es necesario que los datos sean compartidos y reutilizados.

3. SUMMA, UN SISTEMA DE GESTIÓN PARA LA REUTILIZACIÓN DE DATOS DE INVESTIGACIÓN

Teniendo presente el marco estratégico y legislativo planteado en los epígrafes anteriores, proponemos una metodología de trabajo adicional para los proyectos de investigación basados en corpus documentales. Esta metodología aplicada cuenta con el diseño y desarrollo de un sistema complejo de gestión integrado por varias bases de datos que estructuran la información de forma relacional.

SUMMA es una base de datos soportada en un sistema de gestión de carácter privativo. Es decir, no presenta la arquitectura de los catálogos o corpus que se encuentran en el ámbito de conocimiento de la documentación, ni tampoco de la filología clásica o la lingüística de corpus, sino que está diseñada bajo los fundamentos de la tradición y la génesis documental. Estos son conceptos propios de la diplomática, que hasta ahora no habían sido tenidos en cuenta en los diseños de corpus utilizados para los estudios masivos de documentación archivística.

Para recordar brevemente los conceptos esenciales en que se basa SUMMA, procedentes de la diplomática, entiéndase *actio* como el acto jurídico que produce efectos, derechos y obligaciones, es decir la creación o establecimiento de una acción jurídica, la modificación o extinción de otra ya existente. Debe tenerse en cuenta que en ocasiones –la mayoría–, durante la celebración de la propia *actio* ya se declara la intención de escriturar el hecho acaecido. Por su parte, la *conscriptio*, como continuación de la *actio*, se materializa en la consignación por escrito del acto sucedido (Pratesi 1979: 25; Tamayo 1996: 63). Por último, la *traditio* se define como "la cadena de estados de un documento, entre el texto tal como fue concebido por su autor y escrito por primera vez de manera definitiva, y el que nos ha llegado" (Commission Internationale de Diplomatique 1997: 27).

Así, el texto que refleja una *actio*, como por ejemplo sería el caso del acto de una donación, lo podemos encontrar escriturado en originales dúplices del año 1200 (cartas partidas) y, además, en una copia recogida en un cartulario producido en fecha posterior; es decir, tres transmisiones escritas de una misma *actio* o acto jurídico.

Con estos elementos y casuísticas presentes, se diseñó y se desarrolló un sistema de gestión de bases de datos creado específicamente para almacenar, gestionar, acceder y recuperar elevados volúmenes de datos, capaz de soportar el corpus documental de forma que permita estudiarlo y contextualizarlo en el marco de esta génesis y tradición indicada, para cada uno de los documentos (no para cada texto).

Entonces, la base de datos SUMMA no tiene el aspecto ni la composición de tablas y campos a las que solemos estar acostumbrados en un corpus tradicional, a saber, una tabla con campos tales como signatura, regesto, fecha, lugar, transcripción o transcripciones, y un buscador de palabras o texto sobre estos campos. Por el contrario, SUMMA presenta una arquitectura compleja con forma de árbol, jerarquizada, no lineal, con hasta siete tablas principales relacionadas entre sí y capaces de reflejar la tradición documental de cada diploma. Cabe insistir en que es la primera base de datos con esta arquitectura.

No se procede a definir aquí todas las tablas que integran la base de datos. Tan solo dedicaremos unas líneas a las más importantes y que dan sentido a esta estructura. Se trata de las tablas denominadas Actio, Conscriptio y Traditio.

La tabla Actio recoge toda aquella información relativa al acto jurídico que se documentará a continuación. En la tabla Conscriptio se sistematizan aquellos datos relativos solo a la escrituración del acto jurídico. Por último, en la tabla Traditio, todos los campos que la forman contienen información y están relacionados con el documento concreto que estamos utilizando para el estudio. Es en esta última tabla en la que se organizan, entre otros datos, las fórmulas y cláusulas diplomáticas para analizarlas posteriormente, así como la tabla que enlaza con SUMMA Signum, de la que se hablará a continuación.

De esta forma, al registrar un documento en la base, no bastará con insertar sus datos en una tabla, sino que será necesario completar un registro con información sobre su *actio*, otro sobre su *conscriptio* y otro sobre su *traditio*. Estos tres registros –y no uno solo– definen al documento, y algunos más como su fondo, edición crítica y paleográfica, imágenes, etc.

Con la información normalizada y sistematizada vertida en todos los registros, estando a su vez estos relacionados dentro de la base mediante campos clave, podemos estudiar la evolución de las estructuras documentales y fórmulas diplomáticas de los documentos, esas que anuncian transformaciones y evolución de, por ejemplo, lengua, tipos documentales, cláusulas diplomáticas, signos notariales, signaturas, etc.

SUMMA Signum, la última de las novedades que incluye SUMMA, es la base de datos o módulo creado para organizar y representar los datos necesarios para estudiar las notas dorsales y otros signos que aparecen en los versos de la documentación con la que se está trabajando. Está incrustada en SUMMA y se relaciona con ella a través de la tabla Conscriptio, previamente mencionada.

El proceso de construcción, tanto de la base principal como de los módulos anexos, es el mismo:

1. Diseñar y desarrollar el sistema.
2. Sistematizar datos.
3. Diseñar las consultas necesarias, de forma que al interrogar al sistema se obtengan las respuestas pertinentes y no otras.

Al diseñar la arquitectura del sistema se priorizó que se muestre flexible al añadir nuevos módulos (como Signum), relacionados entre sí, permitiendo estudiar otros asuntos que puedan surgir o problemáticas propuestas a solucionar, sobre el mismo corpus o conjunto documental. Esta plasticidad permite agregar distintos fondos, grupos documentales o corpus a la base de datos manteniendo su independencia, pero, al mismo tiempo, conformando, todos juntos, un gran corpus o base de conocimiento.

En cuanto a sistematizar los datos, esto es, al tratamiento documental de los documentos, el proceso que más tiempo ha llevado al equipo ha sido el *scraping*, consistente en la organización, el análisis y la representación de cada elemento a consignar en la base. Se debe entender que la acción de introducir datos no se limita a copiar y pegar texto o imágenes en la base, sino que conlleva tareas de extracción previas para la posterior asignación de categorías. Se trata de una labor requerida fruto de un minucioso proceso intelectual. Esta sistematización incluye la indización, clasificación y estructuración de las tipologías documentales del corpus.

Estos procesos efectuados sobre los documentos permiten, a posteriori, realizar búsquedas sobre los campos construidos con el fin de responder a preguntas u obtener informes tales como, por ejemplo: localizar aquellas donaciones que no tienen invocación o las que presentan corroboración, identificar aquellos escribanos que dejan su nombre en el documento, saber cómo evoluciona en el tiempo la invocación en relación con la notificación, conocer qué donaciones presentan validación o sello y si hay diferencias entre documentos validados y escriturados en diferentes lugares, etc. SUMMA Signum se centra en analizar las cuestiones evolutivas de la suscripción notarial, clasificar los símbolos propios de fondos determinados, sistematizar signaturas con la intención de estudiar las reorganizaciones históricas del archivo o facilitar reconstrucciones de archivos perdidos, etc.

La reflexión acerca de los campos que deben participar de la base y su definición se pudo llevar a cabo solo cuando un número considerable de documentos fueron analizados –es decir, sobre la base de conocer las fuentes que forman parte del estudio– y en el momento en que los interrogantes de nuestras investigaciones se encontraron bien definidos.

Acerca de las consultas que pueden realizarse en SUMMA, conviene indicar que su diseño está basado en las necesidades de información, es decir, en nuestras hipótesis de partida, y que responden a preguntas tales como ¿qué necesitamos saber? o ¿qué buscamos?

Una vez implementada la base de datos sobre nuestras fuentes, comenzamos a analizar la información y obtener resultados.

4. EJEMPLOS DE REUTILIZACIÓN DE DATOS CON SUMMA

CORHEN, el *Corpus Histórico del Español Norteño*, está integrado en CHARTA y está compuesto por documentación privada medieval de las variedades castellanas norteñas de los siglos IX al XIII, dirigido por María Jesús Torrens Álvarez (ILLA-CSIC).

Ya presentamos un primer ejemplo de reutilización de datos CORHEN en el CHARTA 2019 bajo el título *Pan-carta en la documentación medieval del norte peninsular*. En este trabajo se mostraba cómo SUMMA, ingestado con datos del corpus CORHEN, ofrece nuevas perspectivas de investigación relativas a la tradición documental. El sistema ha permitido registrar la información necesaria teniendo en cuenta esta tradición documental del conjunto de pancartas localizadas en CORHEN. Una vez introducidos los datos y la información textual de los documentos en la base, se ha podido interrogar a la misma sobre asuntos como la relación existente entre los actos jurídicos escriturados en una misma pancarta, la evaluación de las formas diplomáticas observadas entre los textos de una misma pancarta o de pancartas distintas, las características de los escribas implicados en su escrituración documental, etc.

Esta idea, que no hemos encontrado en ningún otro sistema, corpus o base de datos dedicada a gestionar patrimonio documental, el contar con un sistema que permite realizar el seguimiento de un acto jurídico o de derecho a través de sus sucesivas copias u originales o "mise en page", ha sido fundamental para el estudio que realizamos sobre las pancartas.

En un segundo caso y trabajando con el mismo conjunto documental en el sistema de gestión SUMMA, se ha profundizado en el estudio de cláusulas diplomáticas, su estructura, su evolución histórica, etc. De nuevo CORHEN ofrecía las transcripciones puras necesarias para trabajar en SUMMA. SUMMA ha permitido deconstruir la fraseología del texto, describirla y almacenarla de forma estructurada en la base para, con posterioridad, poder realizar búsquedas sistemáticas. Esto ha permitido obtener conclusiones y respuestas a preguntas como: qué tipos documentales dejan de emplear ciertas fórmulas diplomáticas y cuándo; el aumento significativo de las donaciones causales y la mención del "fiador de sanamento", la inserción de la fórmula de notificación en el protocolo inicial, y la evolución de los diferentes elementos de validación, etc. facultando establecer el periodo de transición en que tiene lugar el proceso y su desarrollo pleno[1].

Una tercera aplicación de la reutilización de datos de CORHEN con SUMMA ha tenido como protagonista las notas dorsales y signos que aparecen en los versos de un pequeño volumen de documentos del Monasterio de Santa María de Aguilar de Campoo, en Palencia[2]. Se trata de cerca de 150 documentos de entre los siglos XI al XIII. Durante la transcripción y análisis de dichos documentos para su inclusión en CORHEN se relevó su presencia y se determinó crear un módulo específico para su estudio en SUMMA.

Con la ayuda de tres estudiantes becados por la Complutense, se desarrolló el módulo SUMMA-Signum, la sub-base de datos integrable en SUMMA. Se han localizado los signos, marcas, notas dorsales,

1 Este estudio sirvió de base para el trabajo "Del escribano al notario en la documentación norteña. Análisis diplomático y documental", presentado al 74th Congreso Internacional: The Languages, Literatures, and Cultures Conference (KFCL), Universidad de Kentucky (2021).

2 La comunicación titulada "Tratamiento documental y estudio de notas dorsales. Los procesos de organización y recuperación de la documentación en el archivo del monasterio de Aguilar de Campoo" se presentó en el Congreso Internacional sobre Historia de los archivos, los documentos y la información (CHADI, 2021).

signaturas, signos de propiedad, signos de suscripción o SUBSCRIPSI y otros vestigios gráficos; se han analizado para su sistematización, se han descrito e ingestado en el sistema, con sus metadatos correspondientes. Su recuperación basada en consultas muy especializadas al sistema ha permitido analizar sus características con el fin de determinar su origen y su función en el marco de su génesis.

Estos son algunos ejemplos de uso de un corpus para estudios relativos a asuntos o materias no contemplados en su origen pero que permiten dar a conocer el propio CORPUS, su importancia, así como explotar aún más sus posibilidades. En nuestro caso, el formar parte del equipo Grupo de Historia del Español Norteño (GHEN) nos proporciona acceso libre al corpus CORHEN puro, no solo al publicado en web, para la reutilización de sus textos, de los cuales se extraen los datos crudos —como denomina Berners Lee— que conforman el nuevo sistema de información SUMMA. La reutilización de los documentos de CORHEN para la extracción, *scraping*, y la obtención de datos que pueden estructurarse de diferentes maneras, según el interés, es lo que permite la realización de investigaciones paralelas, como las comentadas. Sin acceso al corpus, no es posible la generación de nuevo conocimiento.

Sin embargo, esta no es la situación habitual. Investigadores ajenos a los proyectos generadores de corpus y en concreto de corpus lingüísticos, no cuentan con acceso fácil a los datos no estructurados que les permitan generar sus propias bases de conocimiento y por tanto ven limitada su capacidad de reutilización.

Abogamos por que CHARTA plantee, en sus bases futuras, el ofrecer no solo un corpus internacional abierto en red, sino un corpus de datos abiertos, no estructurados, para que su reutilización sea fluida, facilitada de forma real para investigadores del área, pero también de otras afines. Para ello, deben plantearse las cuestiones tratadas en líneas anteriores: las cinco reglas de Berner Lee, la legislación vigente en relación con los postulados de la Ciencia abierta y la reutilización de datos de investigación.

El futuro no son ya los datos abiertos, sino los datos abiertos enlazados —Linked Open Data—, en los que la estructura de datos e información debe ampliarse con metadatos, modelos de datos y sistemas de identificación, localización y acceso, como las URIS normalizadas, para que dicha información no solo pueda ser reutilizada si no conectada formando grandes redes de información y conocimiento. Creemos que RED CHARTA, ahora ya 3.0, puede formar parte de la nueva comunidad digital semantista, para la interconexión e interoperabilidad de datos abiertos. La web semántica está basada en datos abiertos y enlazados y sus famosas tripletas multilingüísticas (aquí entran en juego modelos de datos ya tan extendidos como RDF: modelo de datos diseñado para la descripción de datos e información publicada en web). No hay web semántica sin datos enlazados, no hay datos enlazados sin datos abiertos.

Pero ¿qué implicaciones tiene la reutilización de los datos abiertos en la Red CHARTA?, ¿qué interés puede tener? Datos abiertos no significa datos libres, no se trata de perder autoridad sobre los datos, de perder propiedad, el corpus seguirá teniendo un responsable, un autor. Desde el momento en que publicamos un artículo con nuestras conclusiones de una investigación no tenemos miedo a que sea plagiado porque incorpora nuestro nombre en la cabecera. Los datos abiertos también tienen autor, un responsable, están protegidos, tienen sus metadatos claramente establecidos y amparados por la legislación vigente que acabamos de presentar.

Se trata, por tanto, de facilitar el acceso a los mismos, de facilitar su acceso al investigador que los consulta, que quiere o necesita reutilizarlos. No se trata de regalar la información, de perder esa autoridad. Existen mecanismos establecidos para evitarlo, los modelos de datos que se utilizan, como el ya citado RDF, y los esquemas de metadatos asociados contemplan herramientas para ello, son conscientes de la importancia de una buena gestión de la autoría y la propiedad intelectual. Datos abiertos no tiene por qué equivaler a datos libres.

5. CONCLUSIONES

Los datos y la información generados durante los procesos de investigación, por equipos y proyectos liderados desde el ámbito de la lingüística, y que se sistematizan en herramientas como, entre otras, corpus lingüísticos o documentales, pueden ser reutilizados por sistemas de gestión avanzados capaces de poner en valor dichos datos para investigaciones cuyos objetivos parecerían ajenos al inicial, como hemos visto en los ejemplos anteriores.

El reaprovechamiento de los datos que forman CORHEN se produce como respuesta al interés que dicho corpus suscita para el estudio de cuestiones no necesariamente relacionadas con la lingüística de corpus sino con ámbitos de conocimiento como la archivística, la diplomática, la paleografía, la tradición y génesis de los documentos o las formas de validación documental, la gestión de la documentación y la difusión del patrimonio documental, entre otros.

La multidisciplinariedad, dominante en los equipos de investigación actuales, produce grupos de investigación en los que conviven filólogos, informáticos, historiadores, documentalistas y otros perfiles que observan sus datos base de investigación, sus muestras o corpus de control, desde sus propios enfoques metodológicos y puntos de vista, originando nuevos interrogantes sobre los corpus desarrollados, no tenidos en cuenta, necesariamente, hasta el momento o no propuestos como objetivos iniciales del proyecto de investigación en el que se enmarcan.

En nuestro equipo de investigación, este hecho suscitó la demanda de un sistema de información diseñado con perspectiva multidisciplinar y capaz de generar de los datos puros ya obtenidos, nuevos datos disponibles para diferentes usos.

Se creó SUMMA, un sistema de gestión de información desarrollado para la reutilización y la revalorización de datos CORHEN y su aprovechamiento en investigaciones paralelas. Poniendo en valor los conceptos de Ciencia abierta, reutilización de datos de investigación, datos abiertos y de datos abiertos enlazados, así como diseñando y desarrollando una herramienta metodológica innovadora, como SUMMA, se ha conseguido fomentar el uso y la difusión del corpus lingüístico más allá de su ámbito de investigación primigenio, siempre en el marco de las Humanidades Digitales.

SUMMA es, actualmente, un corpus documental complejo, con base de conocimiento en CORHEN, soportado en un sistema de gestión de bases de datos creado específicamente para almacenar, gestionar y permitir el acceso y recuperación de un elevado volumen de datos e información relacionada con el patrimonio documental, para su estudio y contextualización en el marco de su génesis, sea cual sea la perspectiva metodológica o dominio desde el cual se pretenda observar y analizar los datos contenidos en él.

Permitir el acceso abierto a nuestros corpus, guiados por las normativas europeas y nacionales vigentes, y subirnos a la ola, si me lo permiten, del Linked Open Data, es un debate que creemos debe comenzar a suscitarse en CHARTA de forma natural.

Bibliografía

Corpus

[CORHEN] GHEN (Grupo de Historia del Español Norteño): *Corpus histórico del español norteño.* https://corhen.es/. Fecha de consulta: septiembre de 2022.

Referencias bibliográficas y legislativas

Berners.-Lee, Tim (2009): "Linked data". *WC3 Dessig issues.* https://www.w3.org/DesignIssues/LinkedData

Commission internationale de diplomatique (1997): *Vocabulaire International de la Diplomatique.* Milagros Cárcel Ortí (ed), València: Universitat de València.

Consejo Superior de Investigaciones Científicas (CSIC), Instituto de Salud Carlos III (ISCIII) y Fundación Española para la Ciencia y la Tecnología (FECYT) (2021): *Resultados del proyecto Infraestructuras y Estándares para la Ciencia en Abierto (INEOS) y manual de buenas prácticas para la gestión de repositorios institucionales, sistemas de gestión curricular y revistas científicas*, Madrid: FECYT.

Directiva 2003/98/CE del Parlamento Europeo y del Consejo, de 17 de noviembre de 2003, relativa a la reutilización de la información del sector público. *Diario Oficial de la Unión Europea*, L 345 de 31/12/2003. http://data.europa.eu/eli/dir/2003/98/oj

Directiva (UE) 2019/1024 del Parlamento Europeo y del Consejo, de 20 de junio de 2019, relativa a los datos abiertos y la reutilización de la información del sector público. *Diario Oficial de la Unión Europea*, L 172/56. http://data.europa.eu/eli/dir/2019/1024/oj

Es. Ministerio de Asuntos Económicos y Transformación Digital. "Principios FAIR: Buenas prácticas para la gestión y administración de datos científicos". *datos.gob.es Reutiliza la información pública.* https://datos.gob.es/es/noticia/principios-fair-buenas-practicas-para-la-gestion-y-administracion-de-datos-cientificos.

García Saura, Pilar Juana (2022): "Los datos de investigación. Del *data sharing* a su reutilización en la ciencia", en Julián Valero Torrijos *et al* (dirs), *Datos abiertos y reutilización de la información del sector público*, Granada: Editorial Comares S.L, 57–79.

Pratesi, Alessandro (1979): *Genesi e forme del documento medievale*, Roma: Società Editoriale Jouvence.

Real Decreto-ley 24/2021, de 2 de noviembre, de transposición de directivas de la Unión Europea en las materias de bonos garantizados, distribución transfronteriza de organismos de inversión colectiva, datos abiertos y reutilización de la información del sector público, ejercicio de derechos de autor y derechos afines aplicables a determinadas transmisiones en línea y a las retransmisiones de programas de radio y televisión, exenciones temporales a determinadas importaciones y suministros, de personas consumidoras y para la promoción de vehículos de transporte por carretera limpios y energéticamente eficientes, *Boletín Oficial del Estado*, 263, 3 de noviembre de 2021. https://www.boe.es/eli/es/rdl/2021/11/02/24

Reglamento (UE) 2022/868 del Parlamento europeo y del Consejo, de 30 de mayo de 2022, relativo a la gobernanza europea de datos y por el que se modifica el Reglamento (UE) 2018/1724, *Diario Oficial de la Unión Europea*, L 152/1. http://data.europa.eu/eli/reg/2022/868/oj

Tamayo, Alberto (1996): *Archivística, diplomática y sigilografía*, Madrid: Cátedra.

Torres-Salinas, Daniel, Robinson-García, Nicolés y Cabezas-Clavijo, Álvaro (2012): "Compartir los datos de investigación en ciencia: introducción al *data sharing*". *El profesional de la Información*, 21 (2), 173–184.

La importancia de llamarse *Juan* en la Edad Media*
The importance of being John *in the Middle Ages*

María Jesús Torrens Álvarez
ILLA-CSIC
ORCID iD: https://orcid.org/0000-0002-2085-3663

Resumen: En este trabajo se estudian los resultados romances del nombre latino *Iohannes*, con especial atención a los que presentan *Yu-* inicial (realización semivocálica), como *Yuan* y *Yuañes*, que, a pesar de su alta frecuencia en el castellano medieval, no han recibido ninguna atención por parte de los investigadores. Tomando como base principal el *Corpus Histórico del Español Norteño* (CORHEN), formado por documentación de entre los siglos x al xiii debida a escribanos locales de las actuales provincias de Burgos y Palencia, se comprobará el carácter autóctono castellano de estas variantes con *Yu-* y se analizará su distribución geográfica y cronológica, así como su competencia con las de realización prepalatal *Jo-* y especialmente con *Ju-*, que será la forma que acabe triunfando.

Palabras clave: Castellano medieval, *Joán/Juan/Yuan*, Dialectología histórica, Fonética histórica, Onomástica

Abstract: In this paper, the Romance results of the Latin name *Iohannes* are studied, with special attention to those that present initial *Yu-* (semivocalic realization), such as *Yuan* and *Yuañes*, which, despite their high frequency in Old Spanish, have not received any recognition from researchers. Taking the Historical Corpus of Northern Spanish (CORHEN) as the main base, formed by documentation of local scribes from the current provinces of Burgos and Palencia between the 10th and 13th centuries, the autochthonous Castilian character of these variants with *Yu-* will be verified. Its geographical and chronological

* Este trabajo forma parte del proyecto I+D+i "El castellano norteño en la Edad Media" (FFI2016-80230-P and PID2020-119308GB-I00), financiado por MCIN/AEI/10.13039/501100011033.

distribution will be studied, as well as its competition with those of prepalatal realization *Jo-* and especially with *Ju-*, which will be the form that ends up triumphing.

Keywords: Old Spanish, *Joán/Juan/Yuan*, Historical Dialectology, Historical Phonetics, Onomastics

Con este guiño en el título a la comedia de Oscar Wilde *La importancia de llamarse Ernesto*[1], en la que el recto y serio John (o Jack) Worthing asume en sus escapadas a Londres la identidad de un alocado hermano ficticio, Ernesto, para poder llevar así una doble vida, quiero presentar unos "hermanos" de los más reconocidos *Juan – Joán – Joanes*, variantes que, a pesar de su frecuencia en el castellano medieval, no han despertado el interés de los investigadores: *Yuan* y, sobre todo, *Yuañes* (nombre o apellido).

Para ello me valdré de los datos proporcionados por varios corpus lingüísticos, principalmente CORHEN (*Corpus Histórico del Español Norteño*), formado por documentación de carácter particular (compraventas, donaciones, remembranzas…) escrita entre los siglos X y XIII por escribanos locales en los territorios que hoy constituyen las actuales provincias de Burgos y Palencia; pero también acudiré a CODCAR (*Corpus Documental de la Cancillería Real Castellana*) para comprobar la existencia real, y no meramente gráfica, de la variación *Yu-/Ju-* en pleno siglo XIII, así como para ver su vitalidad en la documentación sujeta a un mayor grado de normalización gráfica; y utilizaré CODEA (*Corpus de Documentos anteriores a 1800*) para conocer la distribución y competencia de las variantes en una geografía y cronología más amplias, lo que permitirá determinar cuándo se produce el triunfo definitivo de *Juan*[2].

1 *The importance of being Earnest. A trivial comedy for serious people*, 1895.

2 En todos los casos me he valido de las versiones disponibles en LYNEAL (Letras y Números en Análisis Lingüísticos), sistema diseñado por Hiroto Ueda que facilita el procesamiento de datos textuales y su representación en gráficos y mapas. Los enlaces a los respectivos corpus son: CORHEN <https://lecture.ecc.u-tokyo.ac.jp/~cueda/lyneal/corhen-b.htm>; CODCAR <https://lecture.ecc.u-tokyo.ac.jp/~cueda/lyneal/codcar-norm.htm>; y CODEA <https://lecture.ecc.u-tokyo.ac.jp/~cueda/lyneal/codea.htm>. De los dos últimos corpus puede haber versiones más amplias o actualizadas en otras webs, pero el uso de LYNEAL me ha permitido hacer el mismo tipo de búsquedas, de manera que los datos sean fácilmente comparables.

Iohannes es, sin duda, uno de los nombres más difundidos desde la Antigüedad en todo el mundo cristiano, solo superado por *Petrus*. Desde comienzos del siglo VII hay testimonios del culto a San Juan Bautista en Hispania, bajo cuyo patronato se ponían todos los baptisterios; también destacada fue siempre la vocación y advocación a San Juan Evangelista. Pero la frecuencia del nombre se hace aún más significativa en la Baja Edad Media, alcanzando la primera posición desde mediados del siglo XIII. En Asturias, llega al 25 % del total de nombres masculinos entre 1430 y 1440 (Viejo 1998: s. v. *Juan*).

El corpus CORHEN permite ver ese cambio de preferencia: *Petrus*[3] ocupa el primer lugar hasta los primeros años del siglo XIII, momento en el que *Iohannes* le toma la delantera y se impone con total claridad en el último cuarto de la centuria, como se observa en la figura 1:

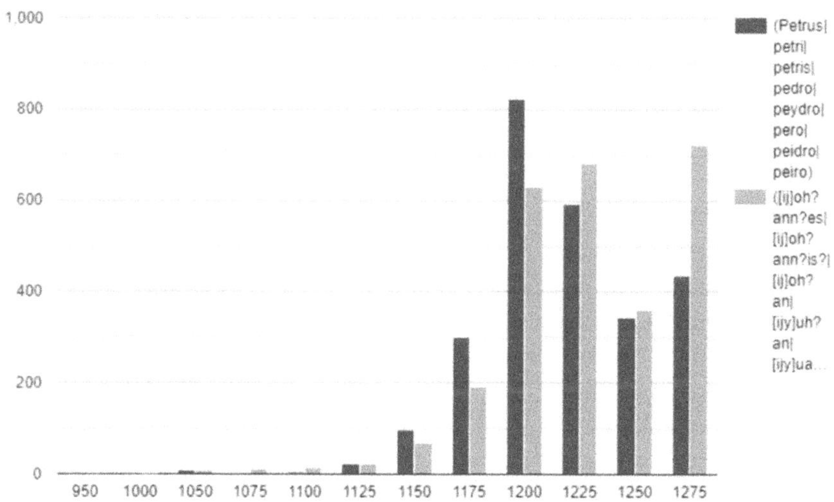

Figura 1 *Distribución diacrónica de* Petrus / Iohannes *(formas latinas y romances)*

Ya centrados en *Iohannes,* sus resultados romances en castellano medieval son numerosos, pues da lugar a diversas variantes —ya sea como nombre propio o como apellido— según sea el tratamiento de la

3 Entiéndanse los dos nombres con sus respectivos resultados romances y en todas sus variantes formales.

semivocal inicial y de la vocal /o/ etimológicas, el mantenimiento o no de la terminación /es/ y, en el caso de conservarse esta, la simplificación o palatalización de la secuencia /nn/. En su presentación normalizada, las principales en el corpus CORHEN son *Joán, Yuan, Juan, Joanes* y *Yuañes*[4].

Como se mostrará, las formas con *Yu-* son mayoritarias en la segunda mitad del siglo XIII, frente a las minoritarias que presentan la evolución que acabará triunfando, *Ju-*. Resulta curioso que este hecho haya pasado inadvertido a la mayoría de los investigadores, incluso a los que se han ocupado de la variación fónica entre semivocal o aproximante /j, i̯/ (grafía <y>) y prepalatal /ʒ/ (grafías <i>, <j>) que da lugar a dobletes *yu-/ju-* de frecuencia muy inferior, como *yunta/junta* o *yudgar/judgar* (Alarcos 1954, Pascual 1981, Penny 1988, Torrens 2002: 135—140). Tampoco aparece comentado en los trabajos sobre el leonés, variedad en la que *Yu-* es muy abundante.

1. PROBLEMAS Y CAUTELAS

Pero antes de ofrecer los resultados de los análisis, es necesario llamar la atención sobre el hecho de que los datos cuantitativos que aquí se presentarán no son necesariamente exactos y certeros, pues se basan en la obligada interpretación por parte de los editores de las formas gráficas de los manuscritos, que no siempre ofrecen una interpretación fónica unívoca e inequívoca. En los tres corpus utilizados se aplican los criterios editoriales de la Red CHARTA, por lo que en todos ellos en las presentaciones críticas o normalizadas el presumible fonema /ʒ/ se representa mediante la grafía moderna <j>, y el fonema semivocálico o aproximante, mediante <y>.

---

4 Muy lejos, desde luego, de la variedad que recoge Viejo (1998: s. v. *Juan*) en las fuentes documentales asturianas publicadas: hasta 44 formas del nombre propio y 27 del apellido, como *Doyannes, Hivannes, Hyuannes, Janes, Joan, Joanes, Jon, Juan, Juanes, Yanes, Yannes, Yban, Ybannes, Yoannes, Yuanes, Yuannes, Yvan,* etc. Es evidente que, para alcanzar la cifra de más de 50, muchas de esas variantes son de naturaleza meramente gráfica, y muchas se deben también a la diversidad de criterios editoriales, que han contribuido a multiplicarlas.

1.1. Claro está que la elección de una u otra grafía actual depende en gran medida de la interpretación que el editor haga de las grafías originales, que, para determinados periodos, tradiciones de escritura o incluso escriptores particulares, ofrecen divergencias que el estudioso debe identificar y valorar correctamente. En nuestro corpus CORHEN, para los documentos anteriores a mediados del siglo XIII las principales dificultades son, sin duda, la escasez o incluso inexistencia en algunos escribanos de la letra <y>, empleada muchas veces por motivos etimológicos o paleográficos, pero no fonéticos; la gran polifuncionalidad de la grafía <i>, que encarna valores vocálicos y consonánticos varios, muy especialmente los dos que aquí interesan; y el carácter alográfico de <J>, <j> respecto a <i>, cuyos repartos obedecen generalmente a razones paleográficas o contextuales[5], si bien, como se verá enseguida, también encontramos la <j> como verdadera letra y no solo como variante formal de <i>.

1.2. Otro problema interpretativo al que debe hacer frente el editor es la resolución de compendios y abreviaturas, muy empleados en la representación de este nombre en sus variantes más cercanas al étimo, esto es, las que comienzan por <i> minúscula y su correspondiente mayúscula <J> y mantienen la vocal /o/. En CORHEN, que por su cronología desde los primeros testimonios conservados hasta finales del siglo XIII engloba documentación escrita en lo que podemos denominar latín, hibridismo latinorromance y romance consistente, supone un gran reto la aplicación de los criterios editoriales CHARTA, pues implica tener que decidir en cada caso si el contexto es eminentemente latino o romance, cuestión esta que afecta de manera directa al desarrollo de la abreviatura. En el siguiente cuadro (tabla 1) se recogen los criterios adoptados en CORHEN y las variantes normalizadas a las que dan lugar. Recordemos que en la transcripción paleográfica el desarrollo de las abreviaturas se marca entre ángulos (<>):

5 De manera resumida, puede decirse que la forma alta o mayúscula de <i> en la escritura carolina y gótica presenta un apéndice o alargamiento, que en la transcripción paleográfica editamos <J>, caído que en la forma minúscula se da primera y principalmente tras otra <i> y posteriormente tras otras letras de palos, si bien favorece asimismo su presencia la posición final de palabra o, en la escritura visigótica y todavía a veces en la carolino-gótica, tras determinadas letras, como <t> o <c> (Torrens 2002: 73–74).

Tabla 1 *Desarrollo de las abreviaturas en la TP (transcripción paleográfica) y PC (presentación crítica) según el contexto sea predominantemente latino o romance*

TP	*PC (contexto latino)*	*PC (contexto romance)*
J/ioh<anne>s (contexto latino)	Iohannes	
J/ioh<ane>s (contexto romance)		Joanes
J/ioh<an>n<e>s (contexto latino)	Iohannes	
J/ioh<a>n<e>s (contexto romance)		Joanes
J/ioh<a>n		Joán
j^{o} →j<oan>		Joán
j^{o}s →j<oane>s		Joanes

Por supuesto, no es posible inferir las realidades fónicas romances que se ocultan tras las abreviaturas de morfología latina, por lo que los editores somos conscientes de que nuestros desarrollos gráficos se limitan a intentar reconstruir las formas conceptuales escritas en los documentos. Es de suponer que un elevado porcentaje de esas representaciones latinas correspondieran en la lengua vernácula a formas con /ju/ y no con /ʒu/.

1.3. La necesaria pero no siempre segura valoración de las grafías originales da como resultado unos datos cuantitativos concretos que podrían variar ligeramente por divergencias interpretativas de los editores o estudiosos, pero esas variaciones no afectarían a las preferencias generales por unas u otras formas ni a la evolución de dichas preferencias a lo largo del tiempo. Desde luego, las posibles diferencias de interpretación no supondrán un margen de variación superior al que ya se da por la misma composición de los corpus, que integran unos determinados documentos, ya sean estos resultado de la fortuna de los documentos conservados o de una ulterior selección por parte de los editores, lo que condiciona de manera inevitable la (falta de) representatividad del corpus.

2. *JUAN* Y EL NACIMIENTO DE LA LETRA <J>

Como se ha dicho, la forma <j> fue durante mucho tiempo un mero alógrafo de <i>, cuyo empleo respondía a razones contextuales. Lo que no se había observado hasta fecha reciente es que, ya desde los inicios del siglo XIII, se dan los primeros intentos de hacer de este alógrafo una verdadera grafía para la representación del fonema prepalatal sonoro, usándolo en palabras en las que la motivación puramente paleográfica no tiene cabida, como *uiejo*, *concejo*, *roja*, etc. Y en este cambio de estatus de alógrafo a letra, el nombre *Juan* tiene un gran protagonismo (Torrens y Ueda 2016)[6].

En efecto, la elevada frecuencia con la que la <J> mayúscula inicial aparece en la escritura de canon carolino-gótico en nombres propios o topónimos tales como *Jaén, Julián, Judas* y, muy por encima de todos, *Juan* (en sus variantes latinas y romances *Johannes*, *Joanes*, *Joán*), a los que hay que añadir la palabra *Juro*, va a favorecer que la <J> alta o mayúscula se acabe asociando al valor consonántico prepalatal.

En la tabla 2 se recogen, por orden de frecuencia, las 15 primeras formas paleográficas con <J> mayúscula o <j> minúscula iniciales de palabra. Todas, a excepción de *Juro* —en décimo lugar con 33 apariciones—, corresponden a variantes de nuestro nombre propio:

Tabla 2 *Formas más frecuentes con <J> o <j> iniciales*

FORMAS	*FA*
Joh<anne>s	153
Joh<a>n	145
Jua<n>	66
Johan	57
Juan	57
Joha<n>	50

6 Lo observa también Moral del Hoyo (2013: 319–320) en la documentación cántabra, si bien en esta los casos más tempranos de <j> como consonante /ʒ/ se localizan en la documentación de Santillana a mediados del siglo XIII y en la lebaniega, a finales de dicha centuria. Antes, Sánchez-Prieto (1998: 115) y Fernández (1999) habían descrito el uso inequívoco para el valor consonántico prepalatal de una variante alta y baja a la vez, es decir, que además del caído, sobresalía por encima de la caja de escritura, pero esta forma aparece avanzado el siglo XIV.

FORMAS	*FA*
Joh<an>n<e>s	49
Joan	40
Joh<ann>es	37
Juro	33
Joh<an>	32
Joh<ane>s	22
joh<ane>s	21
Joa<n>	18
joh<a>n	18

En cuanto a la cronología (figura 2), la mayúscula se utiliza desde 1120–1140, en correspondencia con el empleo del canon carolino-gótico y el abandono de la escritura visigótica, mientras que el alógrafo minúsculo hace su aparición hacia 1180:

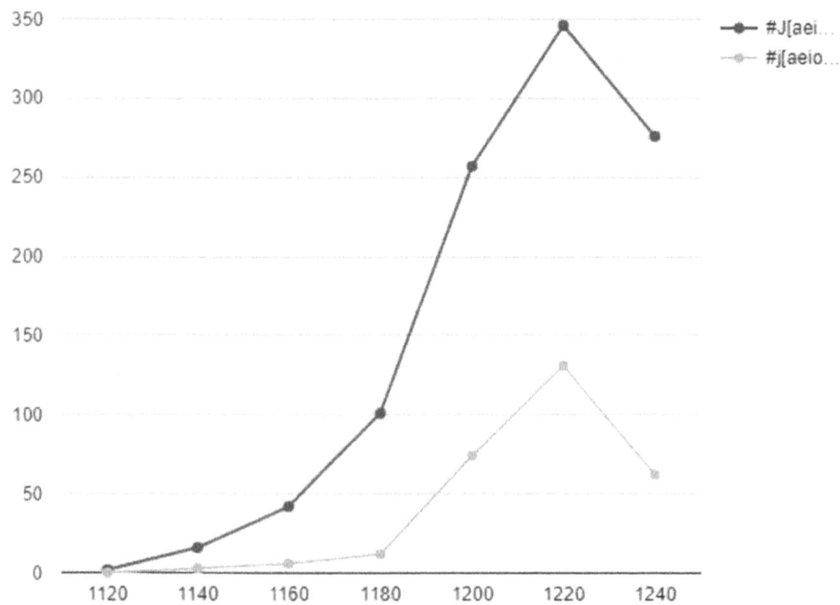

Figura 2 *<J>, <j> iniciales ante vocal*

Los datos expuestos apuntan con claridad a que el origen primero de la jota consonántica está en la <J> mayúscula inicial de palabra en la escritura carolina-gótica, que ante vocal se utiliza principalmente en nombres propios, lo que lleva a una asociación entre esta grafía y la consonante prepalatal, asociación que se verá reforzada cuando la <J> se extienda a palabras comunes. De entre los nombres propios, destaca sobremanera el antropónimo *Juan*, no precisamente con /u/, sino en sus variantes más etimológicas con /o/, tanto de morfología propiamente latina como romance[7]. Es en estas últimas en las que me voy a fijar a partir de ahora.

3. VARIANTES PLENAMENTE ROMANCES DEL NOMBRE *JUAN*

3.1. Llega el momento de analizar las variantes que en el corpus CORHEN hemos interpretado como plenamente romances, dado su contexto de aparición también romance. Utilizaré para ello la versión normalizada de los textos transcritos, esto es, la presentación crítica, en la que las abreviaturas con mantenimiento de la /o/ etimológica se han resuelto de la manera que se recogía en la tabla 1. Sumo ahora las variantes con /u/, que en los manuscritos aparecen escritas con todas sus letras o, si acaso, con la nasal suplida por lineta. Las que presentan la grafía <y> (mayúscula o minúscula) inicial se han mantenido con <Y> en la presentación crítica. Puede surgir la duda sobre la lexicalización o no de la fórmula de tratamiento 'don' con caída de la nasal, *do*, ante el nombre *Yuañes*, que podrá ser *do Yuañes* o *Doyuañes*, si bien esta doble posibilidad no afecta a la interpretación fonética de la semivocal o aproximante. No excluyo de los datos, en consecuencia, los casos de *Doyuañes*, aunque la <y> quede en posición no inicial absoluta.

En cuanto a las formas escritas con <J>, <j> y la más frecuente <i>, su interpretación no es siempre transparente, pues como alógrafos todos de <i>, pueden estar representando el fonema prepalatal o el semivocal-aproximante en escriptores que no hagan uso de <y>, como señalaba

7 Para una historia más detallada y profunda de la historia de la jota desde la <J> inicial a la minúscula inicial y, por último, intervocálica, véase el trabajo mencionado de Torrens y Ueda (2016).

en 1.1. Ciertamente, estos casos son los menos, por lo que en general la secuencia inicial <iu> de los manuscritos se ha editado <Ju>. En cualquier caso, como decía en 1.3, las posibles discrepancias en los datos cuantitativos no alterarían de manera significativa su interpretación.

Tabla 3 *Formas romances de* Juan *en CORHEN*

FORMAS	*FA*	*FR*
Joán|Joana|Joanes	1043	56.8 %
Juan|Juana|Juanes	300	16.3 %
Yuan|Yuañes|Yuanes|Doyuañes	492	26,8 %

Como se aprecia en la tabla 3, las formas con /o/ representan algo más de la mitad de los casos y todas sin excepción tienen prepalatal /ʒ/ inicial, nunca /j, j̞/; entre las que ofrecen /u/, son mayoría las que tienen /j, j̞/, casi un 27 % de frecuencia, cantidad nada despreciable. Hay que decir que mientras las formas con *Jo-* pueden responder, en muchos casos, al mantenimiento de la forma gráfica primigenia, debido a una secular tradición de escritura en la que los compendios abreviativos presentan necesariamente su morfología latina, las que muestran /u/ son prueba inequívoca de la evolución fonética sufrida por la palabra. Es en estas en las que existe variación fónica entre /ʒ/ y /j, j̞/, aspecto conocido y estudiado a partir de dobletes como *yunta-junta* o de variantes medievales posteriormente desechadas, como *yurar* o *yudgar* (principalmente Alarcos 1954, Pascual 1981, Penny 1988, Torrens 2002: 135—140), mucho menos frecuentes que el antropónimo *Yuañes*.

3.2. Esta forma en concreto, *Yuañes*, que puede ser tanto nombre propio como apellido[8], ocupa el segundo lugar en orden de frecuencia entre todas las formas derivadas del latín *Iohannes*, seguida de cerca por *Joanes*, también utilizada en las dos funciones antroponímicas:

8 *Yuañes* predomina como apellido, pero son al menos 44 las veces en que se trata de nombre propio (incluidos los casos del topónimo *Sant Yuañes*).

Tabla 4 *Formas del nombre ordenadas por su frecuencia*

FORMAS	*FA*
Joán	780
Yuañes- Yuanes[9]	264
Joanes	255
Juan	239
Yuan	116
Doyuañes	112
Juana	44
Juanes	17
Joana	8

Como puede observarse en la tabla 4, entre las formas con *Jo-*, el nombre *Joán*, sin la terminación *-es* etimológica, es tres veces más frecuente que *Joanes*, mientras que en el caso de *Yu-* ocurre lo contrario, siendo *Yuañes* (más *Doyuañes*) la opción predominante, con más del triple de casos que *Yuan*. Se dibuja, por tanto, cierta tendencia a una distribución complementaria, que pone de manifiesto la relación entre las variantes fonéticas y las léxicas, o lo que es lo mismo, la tendencia natural a la lexicalización de estas formas antroponímicas.

También se comprueba en la diferencia entre el nombre masculino y el femenino. Para mujer, no existe *Yuana* y *Juana*, con 44 ocurrencias, es muy superior a *Joana*, con tan solo 8 casos, cifras por completo discordantes con lo observado para el masculino.

3.3. En cuanto a la evolución a lo largo del tiempo, se aprecian cambios en las preferencias por unas u otras formas. En la figura 3 se muestran las líneas evolutivas de *Jo-*, *Ju-* y *Yu-* en intervalos de 20 años:

9 Solo 25 casos presentan una sola <n> en el manuscrito, pero es probable que en muchos se trate de <n> simple por doble con valor palatal, por lo que he optado por sumar las dos variantes.

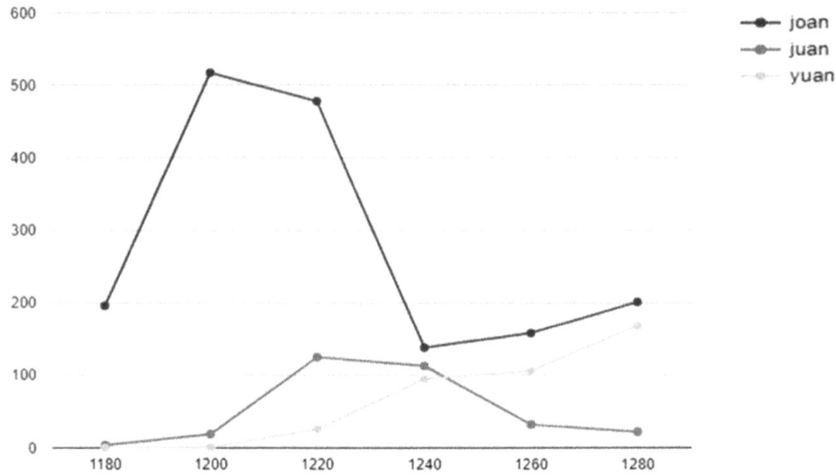

Figura 3 *Diacronía de las variantes con* Jo-, Ju- *y* Yu-

Jo-, siempre superior en la escritura a las otras variantes[10], es casi exclusiva hasta los inicios del siglo XIII, momento en el que hacen su aparición las formas con /u/. Un primer momento de inflexión en la competencia de las variantes se produce en los años 20, cuando *Jo-* cae de manera muy acusada a la vez que despega *Ju-* y, más tímidamente, *Yu-*. En torno a 1240 las tres variantes se aproximan mucho, pero es también en esos años cuando *Yu-* sobrepasa a *Ju-*, que inicia su declive. Como vemos, la vitalidad de *Ju-* en el siglo XIII se limita a las primeras cuatro décadas, concentración que viene en gran medida determinada por el peso de la documentación de este periodo procedente de la catedral de Palencia, que opta de manera decidida por *Ju-*, como se pondrá de manifiesto en el apartado siguiente.

Por los datos del siglo XIII proporcionados por CORHEN, resultaría imposible imaginar el triunfo definitivo de *Juan*, que estudiaré en el apartado 4 valiéndome del CODEA+2015, corpus que permite ofrecer la diacronía amplia de esta variación y competencia entre las formas.

3.4. Sobre la distribución geográfica de las variantes con unas u otras secuencias fónicas iniciales, los datos revelan que existen preferencias

10 Téngase en cuenta lo dicho en 3.1 sobre la posibilidad de que el mantenimiento sea gráfico y oculte una realidad distinta de la lengua hablada.

claras. Para este análisis, y aun siendo consciente de la simplificación metodológica que tal criterio supone, he tomado los cuatro fondos archivísticos principales de los que proceden los documentos contenidos en CORHEN como representativos de cuatro grandes áreas: en Burgos, la documentación de San Salvador de Oña como muestra del norte de la provincia, frente al fondo de Santa María la Real de Las Huelgas de Burgos para la capital, situada en el área central; y en Palencia, Santa María de Aguilar de Campoo en el norte frente a la catedral de Palencia como representante de la capital, en el sur de la provincia[11]. Véase la tabla 5:

Tabla 5 *Distribución geográfica de las variantes en norte / centro-sur de Burgos y Palencia*

	Burgos		***Palencia***	
	norte (Oña)	***centro-capital (Las Huelgas)***	***norte (Aguilar)***	***sur-capital (catedral)***
Joán|Joana|Joanes	208 (58,7 %)	365 (64,6 %)	536 (54,2 %)	53 (46,8 %)
Juan|Juana|Juanes	37 (10,4 %)	105 (18,5)	120 (12,1 %)	47 **(42,2 %)**
Yuanes|Yuañes|Doyuañes|Yuan	109 **(30,8 %)**	95 (16,8 %)	332 **(33,6 %)**	12 (10,8 %)
Total	354 (100 %)	565 (100 %)	988 (100 %)	111 (100 %)

Lo primero que llama la atención es la distinta presencia del nombre propio en los fondos y, en realidad, en las dos provincias estudiadas: la frecuencia normalizada por 10 000 palabras del conjunto de variantes romances de Juan es de 4.9 para Burgos y de 10.1 para Palencia.

Se aprecia, por otra parte, el predominio de *Jo-* en los cuatro puntos, si bien en la capital burgalesa esa preferencia es claramente superior, mientras que es mucho más modesta en el caso de la ciudad de Palencia.

11 Hay que decir que la cantidad de documentos por fondos en el corpus, así como sus fechas extremas, es desigual, pues mientras de San Salvador de Oña contamos con unos 250 documentos de entre los siglos x al xiii, los tres restantes conservan documentación del xii en adelante y, en el caso de la catedral de Palencia, tenemos un número muy inferior de diplomas que en el resto. Por total de palabras, los fondos se ordenan de la siguiente manera: Aguilar (115 000), Oña (97 000), Las Huelgas (75 000) y catedral de Palencia (32 000).

Por el contrario, los monasterios norteños de una y otra provincia presentan cifras muy cercanas.

En cuanto a las formas con /u/, las que tienen *Yu-* se concentran de manera clara en el norte de las dos provincias, frente al equilibrio *Yu-, Ju-* en Burgos ciudad y la superioridad abrumadora de *Ju-* en la capital palentina, hasta el punto de estar prácticamente igualada con *Jo-*. No existe, pues, un reparto equilibrado de las formas, sino que hay una evidente preferencia por *Yu-* en el norte castellano y un reducto muy llamativo de *Ju-* en el fondo de la catedral de Palencia.

4. *JUAN* EN CODCAR

A fin de comprobar la variación existente en la escritura de la cancillería real castellana, considerada paradigma de la biunivocidad letra-fonema y con mayor grado de normalización y homogeneidad, me he valido de CODCAR en LYNEAL y he limitado la búsqueda al periodo que va de 1223, fecha del diploma más antiguo incluido en el corpus, a 1299 (tabla 6). Se abarcan, por tanto, los reinados de Fernando III, Alfonso X, Sancho IV y primeros años de Fernando IV (480 textos en total).

Tabla 6 *Variantes romances en* CODCAR *(1223–1299)*

FORMAS	***FA***	***FR***
Joán|Joana|Joanes	298 (6 *Joanes* apellido, 15 *Joana*; el resto *Joán*)	87.9 %
Juan||Juanes	7 (1 *Juanes* nombre y 6 *Juan*, uno de ellos apellido)	2.06 %
Yuanes|Yuañes|Yuáñez	34 (todos apellido, 32 de ellos *Yuañes*; no hay *Yuan*)	10.02 %

Aunque las preferencias son las mismas que en la documentación particular del corpus CORHEN, en la cancillería el predominio de *Jo-* es absoluto, la presencia de *Ju-*, insignificante y *Yu-* alcanza un modesto 10 %, siempre como apellido.

En la diacronía del siglo XIII, las formas con *Yu-* van aumentando a partir de 1250 y se concentran en el último cuarto de la centuria (ofrezco la frecuencia relativa solo de estas variantes), como se aprecia en la tabla 7:

Tabla 7 *Diacronía de las variantes romances en* CODCAR *(1223–1299)*

FORMAS	*1230*	*1240*	*1250*	*1260*	*1270*	*1280*	*1290*
Joán|Joana|Joanes	1	11	57	65	58	66	40
Juan||Juanes	2	0	0	0	1	0	4
Yuanes|Yuañes|Yuáñez	0	0	2	4	11	8	9
			3.38 %	5.79 %	15.71 %	10.8 %	16.98 %

A diferencia de lo que ocurre con la documentación debida a escribanos locales, en la que el lugar de escrituración puede ser muy importante para entender las características lingüísticas del texto, en la cancillería real el lugar de emisión no se considera información relevante. Sí lo es con cierta frecuencia, como ha demostrado Sánchez González de Herrero en numerosos trabajos (2002, principalmente), la geografía de los destinatarios de los diplomas[12]. El criterio de búsqueda "destinatario" en CODCAR no solo se refiere, aunque sea lo más frecuente, al reino en su conjunto, localidades, concejos y otras instituciones, sino que también hay colectivos y destinatarios concretos, particulares. Los resultados según "origen" y "destinatario" no dejan de ser curiosos (figuras 4 y 5):

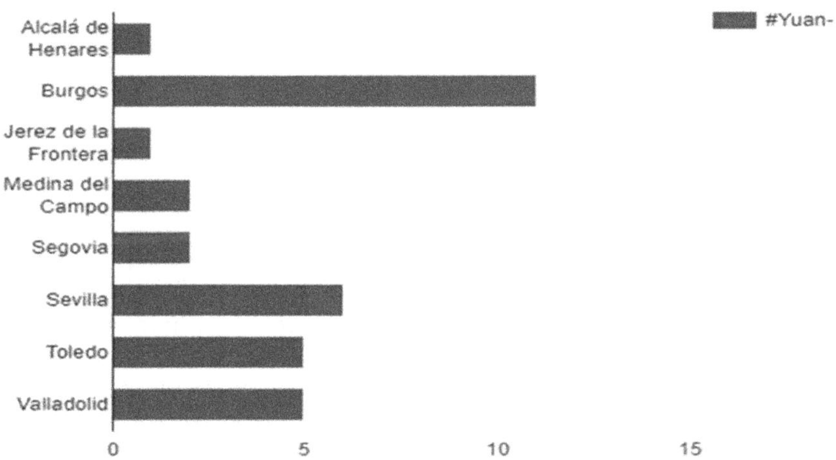

Figura 4 *Formas con* Yu- *en la cancillería real castellana según el origen de los diplomas*

12 Aunque se acaba de decir que el punto de emisión no parece en principio importante, interesa recordar que muchos de los diplomas dados en una determinada ciudad, coincidiendo con la visita del monarca, iban dirigidos a la misma población.

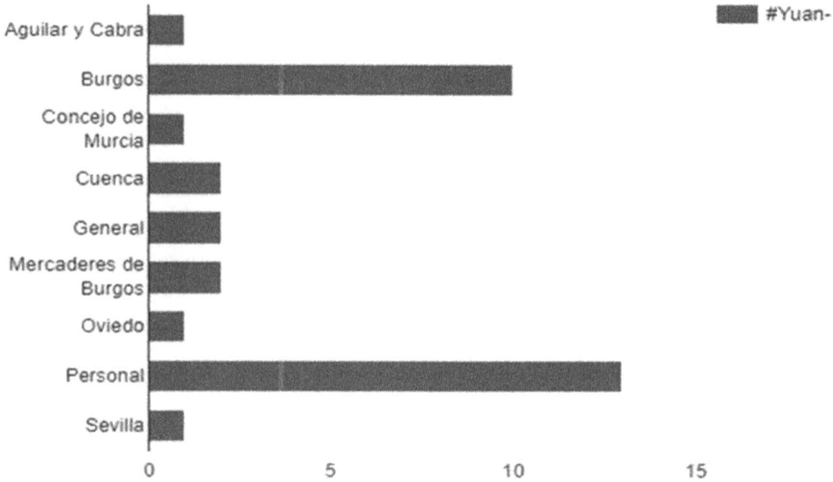

Figura 5 *Formas con* Yu- *en la cancillería real castellana según el destinatario de los diplomas*

El llamativo predominio de *Yuañes* en Burgos, tanto en origen como en destino, no deja lugar a dudas sobre la frecuencia de este antropónimo entre su población y, con ello, su carácter genuinamente castellano[13].

5. *JUAN* EN CODEA

Por último, el análisis de los datos proporcionados por el corpus CODEA permite trazar la cronología amplia de la competencia entre las variantes analizadas, así como el triunfo definitivo de *Juan* y su imposición a las otras formas.

13 Al margen de que pueda darse en el corpus, como seguramente ocurra, una representación de Burgos superior a la de otras geografías.

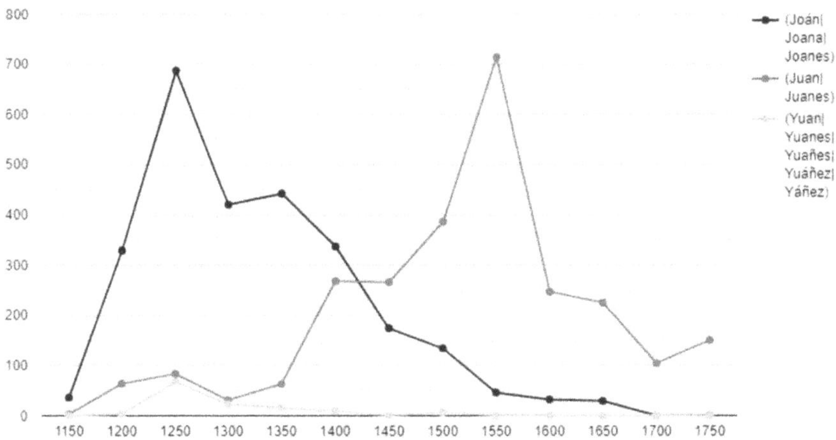

Figura 6 *Diacronía de las variantes en* CODEA

Se observa el predominio absoluto de *Jo-* en el siglo XIII, con inicio de su descenso desde 1250 (figura 6). Es en estas fechas centrales del XIII y hasta finales de la centuria cuando las formas con /u/ compiten y evolucionan de manera paralela para separarse a partir de los inicios del siglo XIV: las variantes con *Yu-* descienden y desaparecen en torno a 1400, mientras que *Ju-* despega con fuerza a mediados del XIV y antes de un siglo supera a *Jo-*, que baja su frecuencia de manera continuada hasta mediados del XVI, aunque no desaparece por completo hasta los comienzos del siglo XVIII.

La distribución geográfica de las formas con *Yu-* también demuestra que es una evolución propiamente castellana, concentrada en las dos Castillas, pero muy especialmente en la Vieja.

6. CONCLUSIONES

El latín *Iohannes* dio lugar a múltiples resultados romances, según el tratamiento de la secuencia inicial /ioa/, de la final /es/ y de la geminada /nn/. No obstante, el número real de variantes está muy lejos de la ingente cantidad que se recoge en el trabajo de Viejo (1998), provocada en gran medida por la ausencia de interpretación lingüística de las grafías originales y, lo que es peor, por la veleidad de los criterios de edición de las fuentes documentales.

Dada su altísima frecuencia (solo superado por *Petrus* hasta 1200, en el siglo XIII se impone con contundencia), este nombre propio va a jugar un papel determinante en la configuración del alógrafo <j> como verdadera grafía del fonema consonántico prepalatal sonoro, pues se creará una asociación entre la <J>, <j> de *Johannes* y dicha realización.

El mantenimiento etimológico de la /o/ conlleva la realización prepalatal inicial, sin que exista documentación fiable de *Yo*-[14]. El cambio de timbre de la vocal en /u/ parece responder a la atracción de la realización semivocal de la inicial (quizá aproximante en determinados contextos), sin que pueda descartarse el factor coadyuvante de la tendencia a la eliminación del hiato, /oa/. Parece lógico pensar que en el castellano medieval las variantes en *Yu*- son los resultados propiamente patrimoniales, frente a las formas en *Jo*-, de tinte cultista o latinizante. Las formas con *Ju*-, minoritarias en el siglo XIII, podrían verse como una solución intermedia o cruce entre las otras dos. Recordemos que sobre la realización prepalatal en posición inicial, Malkiel (1976) defendió que era una innovación facilitada y difundida por la llegada al castellano de palabras galorrománicas y latinismos. La influencia latinizante en el futuro triunfo del fonema prepalatal es también atribuida por Penny (1988) al peso ejercido por la incorporación de latinismos con /ʒ/, palabras aprendidas y propias de los registros altos.

No cabe duda del carácter genuinamente castellano de *Yu*-, que supera ampliamente a *Ju*- en la segunda mitad del siglo XIII. Durante toda la centuria coexisten *Jo*-, *Ju*- y *Yu*-, la primera, siempre mayoritaria respecto a las otras, si bien en torno a 1240 los tres resultados están muy igualados; es hacia 1250 cuando *Yu*- cobra fuerza en detrimento de *Ju*-, cuyo uso desciende hasta finales de la centuria. No obstante el predominio de *Jo*-, cabe preguntarse si en algunos casos, principalmente cuando lo que se emplea en el manuscrito es un compendio abreviativo, no estaremos ante una solución limitada a la escritura, con una correspondencia más patrimonial en la lengua hablada.

---

14 En CODEA+2015 hay sendos casos de *Yoanes* en un documento de 1332 y otro de 1373. Del primero se ofrece fotografía, por lo que puede comprobarse que lo que aparece en el manuscrito es la abreviatura *ys*, que con gran probabilidad corresponde a *Yuanes* o *Yuañes*, no a *Yoanes*. Del otro manuscrito no se da imagen.

En cuanto al ascenso de *Ju-*, este parece iniciarse ya a comienzos del siglo XIV, aunque es a mediados de la centuria cuando esta recuperación se produce de manera más acusada. El triunfo definitivo de *Juan* se da pasado 1425, fechas en las que su línea ascendente se cruza con la descendente de *Joán*, que cae sin resistencia hasta mediados del XVI, a pesar de lo cual parecen seguir documentándose algunos casos hasta el siglo XVIII, siempre y cuando no sean restos de una tradición puramente gráfica. El fin de la competencia entre las formas a favor de *Juan* corre parejo de los otros casos de eliminación de la alternancia en posición inicial a favor de la prepalatal, fenómeno que Alarcos (1988) sitúa dentro del por él propugnado reajuste fonológico general de principios del siglo XVI.

Interesante es también la fijación léxica de las variantes, que ya se observa en la segunda mitad del siglo XIII, con clara preferencia por el nombre *Joán* y el apellido *Yuañes*. Esto en lo que se refiere al masculino, porque en el femenino es *Juana* la forma más abundante, mientras que *Yuana* ni siquiera se documenta.

Es todavía mucho lo que puede decirse del nombre *Juan*, así como lo que su estudio puede desvelarnos sobre determinados procesos, cuestiones que merecerán una investigación más amplia que profundice en varios de los caminos iniciados en este trabajo.

Bibliografía

Corpus

[CODCAR] GEDHYTAS (Grupo de Estudios de Documentos Históricos y Textos Antiguos de la Universidad de Salamanca): *Corpus de Cancillería real castellana del siglo XIII*. Versión utilizada: https://lecture.ecc.u-tokyo.ac.jp/~cueda/lyneal/codcar-norm.htm. Fecha de consulta: septiembre de 2022.

[CODEA] GHITE (Grupo de Investigación Textos para la Historia del Español): *Corpus de documentos españoles anteriores a 1800*. Versión utilizada: https://lecture.ecc.u-tokyo.ac.jp/~cueda/lyneal/codea.htm. Fecha de consulta: septiembre de 2022.

[Corhen] GHEN (Grupo de Historia del Español Norteño): *Corpus Histórico del Español Norteño.* Versión utilizada: https://lecture.ecc.u-tokyo.ac.jp/~cueda/lyneal/corhen-b.htm. Fecha de consulta: septiembre de 2022.

Referencias bibliográficas

Alarcos Llorach, Emilio (1954): "Resultados de G^{E,I} en la Península Ibérica", *Archivum*, IV, 331–342.

Alarcos Llorach, Emilio (1988): "De nuevo sobre los cambios fonéticos del siglo XVI", en M. Ariza, A. Salvador y A. Viudas (eds.), *Actas del I Congreso Internacional de Historia de la Lengua Española*, Madrid: Arco/Libros, I, 47–61.

Fernández López, M.ª Carmen (1999): "Las formas de la i larga (j): nomenclatura y datación", *Signo: revista de historia de la cultura escrita*, 6, 253–267.

Malkiel, Yakov (1976): "In search of 'penultimate' causes of language change: Studies in the avoidance of /z/ in Proto-Spanish", en Frederik G. Hensey y Marta Luján (eds.), *Current studies in Romance Linguistics*, Washington: Georgetown University Press, 27–36.

Moral del Hoyo, M.ª Carmen (2013): *Documentación medieval de Cantabria: estudio lingüístico (siglo XIII)*, tesis doctoral inédita, Bilbao: Universidad de Deusto.

Pascual, José Antonio (1981): "La lengua del Registro Antiguo: algunos problemas gráficos y fonéticos", en Antonio García Sanz et al. (eds.), *Propiedades del Cabildo segoviano, sistemas de cultivo y medios de explotación de la tierra a fines del s. XIII*, Salamanca: Universidad de Salamanca, 169–184.

Penny, Ralph (1988): "The Old Spanish Graphs «i», «j», «g» and «y» and the Development of Latin G^{e,i}- and J-", *Bulletin of Hispanic Studies*, LXV, 337–351.

Sánchez González de Herrero, M.ª Nieves (2002): "Rasgos fonéticos y morfológicos de los documentos alfonsíes", *Revista de Filología Española*, LXXXII, 129–177.

Sánchez-Prieto Borja, Pedro (1998): *Cómo editar los textos medievales. Criterios para su presentación gráfica*, Madrid: Arco/Libros.

Torrens Álvarez, María Jesús (2002): *Edición y estudio lingüístico del Fuero de Alcalá (Fuero Viejo)*, Alcalá de Henares: Fundación Colegio del Rey.

Torrens Álvarez, María Jesús y Hiroto Ueda (2016): "El nacimiento de la letra jota como grafía consonántica", en Johannes Kabatek (ed.), *Lingüística de corpus y lingüística histórica iberorrománica*, Berlin/Boston: De Gruyter (Beihefte zur Zeitschrift fürromanische Philologie, 405), 299–321.

Viejo Fernández, Julio (1998): *La onomástica asturiana bajomedieval. Nombres de persona y procedimientos denominativos en Asturias en los siglos XIII y XIV*, Tübingen: Max Niemeyer Verlag.

Nuevos documentos árabes romanceados de la Vega de Granada (siglos XV–XVI)
New romanced arabic documents from the Vega of Granada (15th-16th centuries)

CARMEN TRILLO SAN JOSÉ
Universidad de Granada
ORCID iD: https://orcid.org/0000-0002-3293-9560

Resumen: En este trabajo presentamos dos colecciones de documentos árabes romanceados procedentes de sendos archivos granadinos y las posibilidades que ofrecen para la investigación histórica, concretamente para conocer el final del periodo nazarí y los inicios del castellano, siglos XV y XVI. La primera corresponde a las adquisiciones de don Álvaro de Bazán, marqués de Santacruz, en la Vega de Granada y procede del Archivo Municipal de Granada. Se trata de un pleito de 1787 en donde se encuentran las copias de 65 escrituras árabes romanceadas que datan de 1457 a 1494. La segunda colección se refiere a las compras que don Hernando de Zafra, secretario de los Reyes Católicos, y sus descendientes hicieron en el río Cubillas. Se encuentra en el Archivo Histórico Provincial de Granada, contiene 40 escrituras árabes romanceadas, y abarca los años 1413 a 1493. Ambas colecciones vienen a nutrir las escasas fuentes árabes de archivo con las que contamos, aunque en la segunda mitad del siglo XV sean más numerosas que en fechas anteriores. En los dos casos nos permiten conocer la estructura socioeconómica de la Vega de Granada a lo largo del siglo XV, así como el proceso de concentración de la propiedad rural en manos castellanas después de la conquista y en los años sucesivos.

Palabras clave: Documentos árabes romanceados, Reino de Granada, Vega de Granada, Siglos XV y XVI

Abstract: In this work we present two collections of Arabic romanced documents from two Granada archives and the possibilities they offer for historical research, specifically to know the end of the Nasrid period and the beginning of Castilian, fifteenth and sixteenth centuries. The first corresponds to the acquisitions of Mr. Álvaro de Bazán, Marquis of Santacruz, in the Vega of Granada and comes from the Municipal Archives of Granada. It is a lawsuit from 1787 where there are copies of 65 romanced Arabic writings dating from 1457 to 1494. The second collection refers to the purchases that Don Hernando de Zafra, secretary of the Catholic Monarchs, and his descendants they did in the river Cubillas. It is located in the Provincial Historical Archive of Granada, it contains 40 romanced Arabic writings, and covers the years 1413 to 1493. Both collections come to nourish the few Arabic archival sources that we have, although in the second half of the fifteenth century they are more numerous than on previous dates. In both cases, they allow us to know the socioeconomic structure from the Vega of Granada throughout the XV century, as well as the process of concentration of rural property in Castilian hands after the conquest and in the following years.

Keywords: Romanced Arabic documents, Kingdom of Granada, Vega of Granada, XV and XVI centuries

1. INTRODUCCIÓN

La importancia de la documentación árabe romanceada para la realización de estudios históricos y lingüísticos es fundamental, ya que arroja luz sobre el ámbito nazarí (siglos XIII-XV) pero también sobre su repercusión en época castellana. De esta manera, dicha documentación revela aspectos muy interesantes de dos sociedades contrapuestas a través de un largo proceso de conquista: islámica y cristiana, nazarí (siglos XIII-XVI) y castellana (a partir de 1492). La trascendencia de este tipo de escrituras se debe particularmente a la escasez de documentos árabes de archivo, que ha sido destacada por varios autores. Cahen (1982) hablaba de la privacidad de los archivos notariales en el Islam para explicar esta exigüidad. Por su parte, Guichard (2001: 26–30) aludía también al diferente rol que tiene la documentación en el ámbito islámico y en el cristiano. Asimismo, indicaba la preferencia en el mundo rural musulmán por resolver los conflictos a través de acuerdos verbales entre las partes, sin que fuera preciso siempre acudir al cadí. Esto está demostrado que ocurría en Levante, pero también en Andalucía, en el tema de gestión de aguas (Martínez 2011–2012). Otra causa podría haber sido la permanencia de ciertos mecanismos jurídicos que permitían dejar las propiedades en manos de los grupos familiares (Milliot 1953: 588). Esta situación se registraba, por ejemplo, en el Alto Atlas del siglo pasado, donde aún existían familias extensas (Berque 1978: 363–364). En al-Andalus podemos destacar, en este sentido, *fatwà*/s que tratan sobre estrategias familiares para mantener el patrimonio como son habices familiares, proindiviso entre hermanos, la venta conjunta de propiedades por parte de parientes, etc. (Trillo 2004: 144–156). Por su parte, Manzano señala también la falta de continuidad de las élites como otro de los factores que habría influido en la escasa conservación de esta documentación (Manzano 2006). Por otro lado, la guerra, la emigración al Norte de África y la acción de la Inquisición serían elementos que contribuirían a la pérdida de este legado documental.

En este contexto de la existencia de una documentación árabe muy exigua e insuficiente para explicar los procesos socioeconómicos de la vida cotidiana (compraventas, herencias, arrendamientos, legados, etc.) hay alguna excepción. De esta forma, sí se han conservado un buen número de documentos árabes y árabes romanceados de época nazarí en relación a la mayor precariedad de períodos anteriores, aunque siguen siendo muy escasos comparados con la documentación castellana posconquista. Algunos autores han señalado la existencia de unos 300 documentos árabes en el emirato, a los que habría que añadir hasta ahora otra cantidad similar en árabe romanceado (Labarta y Barceló 1990, Vidal 2012). Y dentro de ello son relativamente más abundantes los de la segunda mitad del siglo XV, como puede verse en la edición de los *Documentos arábigo-granadinos* (Seco de Lucena 1961). Muchos de estos documentos son de carácter notarial y recogen sobre todo compraventas y partición de bienes, además de otros tipos menos frecuentes como donación, permuta, testamento, etc. En las compraventas destacan las realizadas a partir del patrimonio real, especialmente desde del reinado de Ṣa'd (1454–55/1455–62/1463–64) (Vidal 2012: 30–31, 2002, Rodríguez 2006: 37–70). Estas transacciones podrían estar relacionadas con una necesidad de disponer de numerario por parte de los reyes nazaríes para pagar servicios militares o de otro tipo en unos momentos de importantes conflictos internos y externos. Además, los documentos de particulares podían haberse conservado, tanto por parte nazarí como castellana, porque eran considerados necesarios ya en esta última época para que los nuevos propietarios garantizaran sus derechos de propiedad. Esto explicaría que la documentación sobre los bienes adquiridos por don Álvaro de Bazán en la Vega de Granada contenga las escrituras árabes romanceadas no solo entre este señor y el antiguo propietario musulmán sino también otras anteriores entre contratantes nazaríes (Trillo 2020). Algo parecido sucede cuando se analiza la documentación del patrimonio de Hernando de Zafra en Cubillas, pues casi la totalidad de las escrituras árabes romanceadas se realizan entre contratantes musulmanes (Trillo y Espinar 2022). Tanto por la exigüidad de este tipo de fuentes como por la importancia de su información, que es coetánea al periodo andalusí en el que se ubican, el hallazgo de nuevas colecciones es un hito importante. Por un lado, supone un incremento de estas fuentes documentales árabes y árabes romanceadas (Álvarez 2010, Arias y Feria 2004 y 2005, Gilbert 2020). Por otro, en el caso de estas últimas, podemos observar quién hace la traducción, en qué momento y por qué se realizó esta. Además, pueden ser analizadas desde diferentes perspectivas: lingüística, histórica, toponímica, jurídica, etc.

2. LA VEGA DE GRANADA COMO MARCO DE INVESTIGACIÓN HISTÓRICA Y DOCUMENTAL

En el presente trabajo analizaremos dos colecciones de documentos árabes romanceados, que han salido recientemente a la luz y que se refieren al territorio próximo a Granada, la Vega (Trillo 2020, Trillo y Espinar 2022). Hemos elegido esta comarca por las posibles influencias que pudiera tener de la ciudad en época medieval y que se manifestarían en aspectos como los tipos de asentamiento rural, la propiedad de la tierra y el agua, etc., que en alguna medida son distintos de otras zonas más rurales ya estudiadas, como la Alpujarra (Trillo 1994, Rouco 2021), la Costa (Malpica 1995), el Cenete (Civantos 2007), etc.

Al-Andalus ha sido definida como una sociedad tributario-mercantil (Amín 1974). Varios autores aceptaron esta categorización, diferenciándola así de las formaciones sociales feudales (Pastor 1985, Chalmeta 1975, Guichard 1984). En ella se contienen dos elementos principales, el Estado y las comunidades rurales, que se relacionan a través del impuesto sobre el excedente producido por estas. Más tarde, Manzano, en la revisión del modo de producción tributario, señala que ambas esferas no serían totalmente independientes, dado que los funcionarios encargados de la recogida de impuestos podrían influir en las alquerías, a través de la requisición de servicios o productos (Manzano 1998). Creemos que las relaciones del Estado, a través de las ciudades y los funcionarios, con las comunidades rurales, ubicadas en las alquerías, quedarían bien ejemplificadas en el caso de la articulación de Madīna Garnāṭa con su territorio, esto es, con la Vega. Este ha sido el objeto de estudio de nuestro proyecto de investigación "El área periurbana de una ciudad islámica: la Vega de

Granada (siglos XIV-XVI)"[1]. Uno de los objetivos era precisamente conocer la influencia de la ciudad en la comarca adyacente, la diferencia de esta con otras regiones rurales estudiadas a través del tipo de asentamientos, la presencia de propietarios urbanos, la gestión de las propiedades rurales, etc.

La Vega de Granada forma parte de la Depresión de Granada, que se encuentra en el surco intrabético que separa los Sistemas Subbético y Penibético. Se halla en la parte central de la provincia formando una llanura alargada entre Huétor Vega y Loja. Tiene una extensión aproximada de 1.363 km^2, con una altura de unos 600 m. Está rodeada de cadenas montañosas, como las de Sierra Nevada, Sierra Arana, sierras de Alhama, Tejeda y Almijara, y los Montes de Granada, y es recorrida por varios ríos que nacen en estas estribaciones y desembocan en el Genil. Esta comarca había sido estudiada desde varios puntos de vista, entre los que destaca la geografía histórica de Ocaña (1974), en la que ya perfila cómo se modula el territorio a partir fundamentalmente de los ríos y sus acequias de origen islámico. Desde la perspectiva arqueológica, los trabajos de Carvajal y Jiménez nos permiten conocer la evolución del poblamiento a lo largo de la Edad Media (Carvajal 2008, Jiménez 2002). En esta línea han sido también importantes los estudios realizados sobre Madīna Ilbīra, la primera ciudad andalusí de la zona (Malpica 2012). Desde el punto de vista histórico y documental encontramos los *Documentos arábigo-granadinos*, publicados por Seco (1961) y otros documentos árabes editados más recientemente (Rodríguez 2016, Malpica y Trillo 1992, Peinado 1996–1997). Del período inmediatamente posterior a la conquista castellana podemos señalar la edición de los habices de 1501 (Hernández 1990) y otros trabajos sobre cómo se va organizando el territorio en esta época (Trillo 2017, Sánchez 2021, Suárez 2022).

En nuestro caso, siguiendo los objetivos que nos planteamos en el proyecto de investigación citado, nos hemos centrado en aspectos como los elementos del poblamiento de la Vega, así como en las características de la propiedad de la tierra, para conocer cómo era en época nazarí y cómo pasa a propietarios castellanos. Sobre este asunto ya hemos publicado algunos trabajos, en especial los que afectaban a la propiedad real

1 Consejería de Economía, Conocimiento, Empresas y Universidad, PAIDI, Junta de Andalucía, y fondos FEDER P18-RT-3588.

y aristocrática como elemento remarcable de la organización rural de esta comarca (Trillo 2014). En líneas generales puede decirse que hay un tipo de poblamiento particular, propio de estas áreas periurbanas, sobre todo de las grandes ciudades, como es el caso de Madīna Garnāṭa. Se trata de almunias y otras propiedades agropecuarias (alquerías-finca) pertenecientes fundamentalmente al patrimonio real, aunque algunas pudieron acabar en manos de funcionarios del Estado nazarí para pasar posteriormente a la nobleza castellana. Se distinguen, pues, tres tipos de asentamientos-propiedades agrícolas: almunias, llamadas Dār, alquerías-finca, generalmente un caserío con tierras, y alquerías-*village* o aldeas (Peinado 2008: 15–35, Trillo 2020: 18–40). Ya solo la existencia de esta tipología de hábitat rural permite ver unas diferencias en relación con zonas más rurales, como la Alpujarra o el Valle de Lecrín, donde las alquerías pertenecientes a una comunidad (alquerías-*village*) son el elemento fundamental del poblamiento y las ciudades no están próximas. En consecuencia, queda claro que hay en el siglo XV, y sin duda anteriormente, aunque ahora no podamos precisarlo, una injerencia de las élites urbanas en el territorio inmediato a la ciudad, lo que implicaría una influencia también desde el punto de vista socioeconómico, político y cultural sobre sus comunidades rurales.

3. LOS DOCUMENTOS ÁRABES ROMANCEADOS SOBRE LA VEGA DE GRANADA

En el desarrollo de nuestro proyecto de investigación ha sido fundamental el hallazgo de nuevas fuentes documentales referidas a la Vega de Granada. Dentro de ellas ocupan un lugar preeminente dos colecciones de documentos árabes romanceados, pues por su escasez constituyen ya de por sí una fuente importante, además de por las informaciones que nos proporcionan acerca de la sociedad nazarí final y de la castellana que la irá sustituyendo. La primera de estas fuentes corresponde a la documentación sobre las propiedades de don Álvaro de Bazán en Daragedid (Casanueva) y Asquerosa (Valderrubio) y otros lugares próximos, situados a unos 20 km al noroeste de la capital (Trillo 2020: 64–154); la segunda a los bienes de Fernando de Zafra y sus descendientes en Cubillas, a unos 15 km al norte de Granada (Trillo y Espinar 2022).

3.1. Los documentos árabes romanceados de don Álvaro de Bazán

En el primer caso, se trata de un documento del Archivo Municipal de Granada[2]. Se encuentra dentro de un pleito de 1780 entre el marqués de Santacruz y conde de Montesanto contra el almirante de Aragón, conde de Sástago, y el marqués de los Trujillos por el aprovechamiento de una acequia en la zona de la Vega noroccidental. Esta pieza está formada por 22 documentos, en los que hay insertas 80 escrituras, de las cuales 65 están en árabe romanceado, que datan de 1457 a 1494. Están traducidas por Miçer Ambrosio Xarafí, escribano público y del número de Granada, en 1508 y 1509. Estos documentos fueron recogidos por Fernando Salcedo a principios de diciembre de 1529, a petición del licenciado Brizeño, oidor de la Real Chancillería de Granada y juez en el asunto de la ampliación del Real Soto de Roma por parte de la Corona frente a otros propietarios colindantes.

En primer lugar, los documentos árabes romanceados referidos a los cortijos de Asquerosa y Daragedid tratan de la organización de la propiedad de la tierra y las transferencias de esta en dichos lugares, pero también en otros próximos a ellos. Es una zona en la que hay constancia documental de propiedades del Estado, del rey y de la familia real. De hecho, algunos de estos documentos se refieren precisamente a transacciones de fincas de la familia real o de la Casa Real. De estas 65 escrituras árabes romanceadas, 61 reflejan diferentes acciones legales: 42 compraventas (68,85 % del total de las actuaciones), 10 declaraciones de propiedad o herencia (16,39 %), 8 trueques (13,11 %) y 1 tutoría (1,63 %).

El 34 % de las escrituras árabes romanceadas corresponden a adquisiciones que realiza don Álvaro de Bazán, entre 1492 y 1493, mientras que el resto son transacciones entre musulmanes, generalmente anteriores a esas fechas. Estas escrituras podrían haber sido conservadas por el propio Álvaro de Bazán como garantía de acciones notariales posteriores.

En cuanto a la información que suministran es muy variada, destacándose los aspectos socioeconómicos de la Vega de Granada en la segunda mitad del siglo XV, especialmente durante la época nazarí, aunque hay algunas noticias posteriores a la conquista castellana. Entre estos datos están los nombres de quienes realizan la operación económica o los herederos, lo que proporciona información sobre el tipo de sociedad.

2 Archivo Municipal de Granada, Caja 03535, pieza 4.

También aparece el permiso de la autoridad con la que se lleva a cabo la acción legal, sobre todo cuando hay representación de otros. En nuestro caso se citan los cadíes o tenientes de cadí de Granada, del Albaicín y, en una ocasión, del marquesado del Cenete. Se mencionan además los bienes que son objeto de la transacción, si bien la descripción del territorio suele ser muy somera, indicándose más bien el topónimo menor que designa las hazas o pagos, y si son de regadío o secano. A veces también se especifican otros tipos de tierras, como sotos, riberas, montes, etc. En pocas ocasiones se indica la extensión del terreno en cuestión.

La antroponimia, como hemos señalado, es un aspecto importante para analizar el tipo de sociedad al que pertenecían los protagonistas de estos documentos notariales. Los elementos del nombre islámico que aparecen normalmente son el *ism*, o nombre del individuo, y el *nasab*, o designación de los ancestros por vía patrilineal, mencionándose la *kunya*, o parte del nombre que alude a la paternidad del individuo, a veces. Del *nasab* se muestra uno, dos o tres términos de la cadena genealógica, generalmente introducidos por la expresión "hijo de", que suponemos traducida de la partícula "ibn". Es poco frecuente la aparición de *nisba*-s de tipo geográfico, aunque hay algún caso, como el Monichilí, de la alquería de Monachil, al sur de Granada, o el mercader apodado el Damasquí. Estos datos podrían hacernos pensar que la movilidad geográfica es escasa, sin embargo, hemos de ser cautos con las conclusiones puesto que no tenemos información de la vecindad de los individuos por estar ausente del documento. Esto sería importante para establecer la presencia en estos núcleos rurales de propietarios no vecinos y, en definitiva, para conocer con más precisión la influencia urbana en esta zona próxima a la ciudad, que hemos de apreciar por otras noticias, como las profesiones o cargos en la administración. En cambio, en otros lugares del reino de Granada, en fechas posteriores a la conquista castellana, encontramos con cierta frecuencia en la documentación *nisba*-s geográficas que aluden a migraciones de corto radio.

La mayoría de las transacciones se realizan entre individuos (60 %), si bien las familias están presentes en el 40 % de los contratos. El tipo de familia que vemos es monógama, con un número de hijos que puede llegar hasta 5 aproximadamente. En algunas escrituras, en cambio, podemos encontrar elementos que reflejan vínculos de parentesco más allá de la familia nuclear. Así, hay hermanos, con sus propias familias, que comparten herencias en proindiviso; tíos y sobrinos en el mismo caso; hallamos también compraventas en las que un individuo varón representa al resto de parientes, y primos paternos que compran juntos tierras.

Por lo que respecta a los matrimonios, la endogamia, y especialmente el casamiento con la prima hermana paterna (*bint al-amm*), tradicional en el mundo islámico, tiene poca representación en nuestra fuente. En los 61 documentos aparecen 12 matrimonios, de los cuales solo uno es claramente endogámico, mientras que otros dos más podrían serlo. Esta situación va en la línea ya estudiada de los *Documentos arábigo-granadinos*, donde también encontramos una mayoritaria de exogamia frente a las uniones nupciales entre familiares (Trillo 2009: 41–62). Como ejemplo de endogamia hallamos también un caso de levirato, es decir de matrimonio entre la viuda y su cuñado. En varias ocasiones se especifica también que determinados individuos son hermanos de padre y madre, lo que puede hacernos pensar que a veces solo lo serían por una de las partes. Esto puede significar que las segundas uniones conyugales no serían raras.

Si la endogamia no parece ser un comportamiento dominante en las uniones matrimoniales sí hay una endogamia de clase socioeconómica. Esto se aprecia tanto en los enlaces entre los hijos de cargos de la administración, como alcaides, alguaciles, cadíes e incluso alfaquíes, como en las relaciones entre estas familias y los comerciantes. Así ocurre con Talía Acood, hija del alcaide Amy Alax Guerit, que se casa con el mercader Abulazín Aly Alaciaque. Además podemos decir que las transacciones de propiedades implican a menudo a estos agentes de la administración y, en menor medida, a los mercaderes.

Otro aspecto fundamental que permiten analizar estas escrituras árabes romanceadas es el de la situación de las mujeres. Sabemos que en época nazarí estas tienen un gran protagonismo en los documentos notariales árabes del siglo XV (Shatzmiller 2007, Zomeño 2006), similares a los árabes romanceados que estamos estudiando. Esto hablaría de un tipo de mujer que tiene claramente reconocidos sus derechos sobre los bienes raíces que le corresponden (por dote o herencia normalmente) y que dispone de cierta autonomía. En nuestro caso, las féminas están presentes en casi un tercio (31 %) del total de las escrituras. En el 10 % (6 ocasiones) lo hacen como miembros de una familia, mientras que en 13 ejemplos (20 %) actúan como protagonistas de las transacciones que se realizan. De este número habría que eliminar cuatro cartas de compraventa en las que las hermanas del rey Ṣa‘d venden parte de sus propiedades, a través de su criado y alcaide, por tratarse de una situación excepcional como es la familia real. De los nueve casos restantes, en 3 de ellos son esposas que aparecen representadas por sus maridos, seguramente por ser menores de edad. En las demás ocasiones son documentos en los que se confirman sus propiedades, o aparecen ellas como tutoras o representantes de menores, o bien, actúan en soledad, como una anciana que vende.

Dentro de la estructura socioeconómica que refleja esta fuente, un lugar importante lo tienen los alcaides, quienes aparecen en 20 (32,78%) de estos documentos notariales. A excepción de su papel como representantes de las princesas nazaríes en las mencionadas cartas de compraventa, los encontramos en 13 (21,31%) escrituras actuando por sí mismos, comprando, vendiendo, trocando, reconociéndose sus propiedades, etc. En dos textos más están sus hijos realizando actividades similares. Se puede detectar también que hay una cierta endogamia en el cargo que merece ser destacada, pues al menos en 4 veces los hijos de alcaides ejercían esta misma función.

Los cadíes aparecen generalmente para garantizar la legalidad de las transacciones, sobre todo cuando unos individuos representan a otros en diferentes operaciones. Solo en alguna ocasión actúan por sí mismos. Por lo tanto, podemos pensar que del cuadro de la administración del emirato son los alcaides los que gozan de una capacidad económica e iniciativa como para implicarse en frecuentes operaciones económicas de tierras en la Vega. El grupo social de los mercaderes debía ser importante en época nazarí, según ha sido estudiado, tanto por las mercancías de lujo que aquí se producían (azúcar, seda, frutos secos) como por los mercados de largo alcance que se abastecían (López de Coca 2009, Fábregas 2012–2014). Es conocido que, aunque este comercio implicaba a comerciantes extranjeros, principalmente genoveses, estos necesitaban de una red más local (Fábregas 2017, González 2015); por otro lado, también los mercaderes nazaríes estarían insertos en una trama de mercados más lejanos. En los documentos árabes romanceados se citan dos mercaderes interesados en la inversión en tierras en la Vega. Uno de ellos es Abuljafar Amette, hijo de Farax Adamasquí y el otro Abulazín Aly Alaciaque, precisamente casado con Talía Acood, hija del alcaide Guerit. En el primer caso, la *nisba* Adamasquí indica una familia de comerciantes que procede o que está en contacto con Damasco. En el segundo, se aprecia que se han establecido relaciones entre una élite económica representada por la unión entre el mercader Abulazín Aly Alaciaque y la hija de un alcaide.

Otro aspecto importante del que nos informa este tipo de documentación es la presencia de tierras del patrimonio real en la Vega de Granada y de los avatares por los que se ven afectadas. La enajenación del patrimonio real, como vemos, se produjo sobre todo durante el inestable reinado de Ṣa'd, aunque también se realizó alguna operación durante el gobierno de su hijo Muley Hacén (1464–1482).

Entre 1460 y 1469 se hacen tres escrituras de tierras de Daragedid pertenecientes a tres hermanas del rey Ṣa'd en favor del judío Muse Ben Alí Bendanén (Trillo 2020: 82–86). En 1466, el citado judío trocó una parte de los marjales adquiridos por aceite que le proporcionó Abuzacaría Yahía, hijo de Habraén el Nayal. Esto significa que gran parte de las tierras adquiridas a las infantas acabaron en manos de Yahía Alnayar, nieto de Yūsuf IV Ibn al-Mawl (1431–1432). Es un fenómeno interesante, en la medida en que hay una cierta "recuperación" del patrimonio real en la figura de un miembro de la familia real. El hijo de este judío, Aly, hijo de Monsén Abendanén, venderá, en 1468, una tierra de 55 marjales en el pago de Vnque Alamel a otro alcaide.

En 1477 se produce un trueque entre un heredamiento de la Casa real en Daragedid y otro en Huéscar, probablemente también perteneciente a esta (Trillo 2020: 97–100). Los protagonistas de este intercambio son un reconocido alcaide, Abulxaxe Yucaf Avencomixa, y el ya citado mercader Abuljafar Amette, hijo de Farax Adamasquí. Es interesante ver cómo el patrimonio real ha acabado en manos de estas dos figuras destacadas de la sociedad nazarí, el primero de los cuales tuvo un papel importante en las capitulaciones para la entrega de Granada.

3.2. Los documentos árabes romanceados del río Cubillas

La segunda colección de documentos árabes romanceados a la que nos referiremos es la que tiene como núcleo las tierras del río Cubillas, que fueron adquiridas por Hernando de Zafra y sus herederos. Procede del Archivo Histórico Provincial de Granada, citada como «Documentos sobre la Alquería de Cubillas»[3]. Este conjunto incluye 43 documentos, que engloban un total de 82 escrituras. De ellas 40 escrituras están en

3 Archivo Histórico Provincial de Granada, legajo 5444, pieza 7.

árabe romanceado, con cronologías entre 1413 y 1493, mientras que los documentos castellanos datan de 1495 a 1605.

Estos documentos recogen tanto transacciones entre musulmanes como las adquisiciones que Hernando de Zafra y miembros de su familia realizan en el río Cubillas. El secretario real llevó a cabo 5 operaciones económicas, mientras que su esposa Leonor de Torres lo hizo en 10 ocasiones. El hijo ilegítimo de Zafra, llamado Fernán Sánchez de Zafra, actuó 3 veces. La viuda del nieto de este y, por tanto, bisnieto del funcionario real, doña Úrsula de Guzmán, fue protagonista también una decena de veces de diferentes intercambios económicos sobre tierras de Cubillas. Por último, el hijo de esta, Fernando Luis de Zafra, actúa en una ocasión. Los documentos árabes romanceados podrían haberse conservado porque sirvieron de garantía para las adquisiciones más tardías realizadas por el secretario real y sus familiares.

Estos documentos fueron traducidos del árabe al castellano por varios traductores. En una parte de ellos actuaron Micer Ambrosio Xarafí y su hijo Bernaldino en los primeros años del siglo XVI (1508, 1510 y 1512, etc.), y la mayoría fueron obra del morisco Alonso del Castillo en 1564, todos ellos escribanos públicos.

De nuevo, como en el caso anterior de los documentos de Bazán, observamos una presencia importante de mujeres. Están presentes como hijas que reciben, generalmente junto a sus hermanos u otros miembros de la familia, la herencia de sus padres, pero también aparecen de forma más individualizada en documentos de reconocimiento de sus tierras y en la venta, e incluso donación, que a veces hacen de ellas. Otra vez, pues, comprobamos que en la sociedad nazarí se reconocen los derechos de las mujeres a la propiedad, tanto en la herencia como en las compraventas de tierras. Esto sería síntoma de un papel femenino más destacado de lo que a simple vista se podía esperar de una sociedad musulmana. También es cierto que podría ocurrir más en estratos sociales elevados, como en general refleja la documentación analizada, pues se trata casi siempre de familias de alcaides y alguaciles y de entornos urbanos o periurbanos.

El caso de Fátima, hija del alcaide Avengarrón, es muy sintomático de la autonomía de algunas mujeres de esta clase social. Ella posee una serie de bienes raíces en la alquería de Cubillas, que son cinco hazas de regadío, 2/7 de una era y un corral, además de una casa en la Alcazaba Antigua de Granada, una serie de enseres domésticos y un esclavo negro. El valor total de los inmuebles es de 27.120 ducados de plata osoríes (Gaspar

1907: 9), según se dice en su testamento (Trillo 2022). Solo la vivienda del barrio de la Alcazaba en la ciudad de Granada vale 19.100 ducados de plata osoríes, mientras que los inmuebles rurales en Cubillas son apreciados en 8.020 de esa misma moneda. Por otro lado, los bienes muebles y el esclavo negro son valorados en 37.386 ducados de plata osoríes. Estos tienen, pues, un valor superior a los bienes raíces. No es extraño, ya que en ellos se incluyen, además de alhajas de oro y enseres a menudo de materias nobles (sedas, lanas, cuero, etc.), un esclavo y lo que la mujer aportó en su momento como dote.

Además de poseer este conjunto de bienes inmuebles y muebles ricos, así como un esclavo y varias criadas, hay que tener en cuenta que Fátima podría haber dispuesto de ellos con cierta autonomía. Esto se demuestra en la creación de un habiz en beneficio de los pobres en general y de otras mandas destinadas a sus sirvientas, una esclava y allegadas, mostrando con ello cierta sensibilidad por la situación de las mujeres de su entorno.

Esta élite de alcaides y alguaciles, en el caso de los documentos de Cubillas, podría haberse mantenido como tal a partir de estrategias como la endogamia socioeconómica. Parece que, al menos al final de la época nazarí, la endogamia de parentesco fuera menos frecuente en los matrimonios, mientras que es bastante evidente la unión entre las clases elevadas. Concretamente en Cubillas, vemos que los enlaces nupciales suceden a menudo entre los hijos de los cuadros de la administración, particularmente alcaides y alguaciles. En el caso de los documentos de Bazán, referidos a Daragedid y Asquerosa, estas uniones se producen en alguna ocasión también entre estos funcionarios y el grupo social de los mercaderes, si bien de forma menos reiterativa que entre los agentes del Estado.

Todo esto indicaría una sociedad cada vez más polarizada desde el punto de vista socioeconómico y en la que el parentesco sería menos determinante en la organización social. Además, se observa que hay una tendencia a que los hijos hereden los cargos de los padres o bien a que consigan otra función distinta a la de sus progenitores dentro de la administración del emirato. Esto sin duda fortalecía a cierto tipo de familias que, a su vez, blindaban su riqueza e influencia mediante matrimonios entre los agentes estatales. Quedan por precisar, no obstante, muchos aspectos sobre sus patrimonios, ya que aunque conocemos los bienes que traspasan algunos alcaides y aguaciles como herencia, no hemos podido establecer comparaciones con la riqueza de otros vecinos de la zona.

Todas estas cuestiones de tipo social, como la endogamia de clase y la proyección de este grupo social a través de la monopolización de los cargos administrativos, pueden verse en el ejemplo de la citada Fátima, hija del alcaide Avengarrón y su familia.

Fátima Avengarrón era hija del alcaide Abilhageg Yuçuf, hijo de Abdi Alrrahmén Avengarrón. El alcaide Avengarrón estaba casado con la madre de Fátima, llamada Meriem, hija del alguacil Abilhacén, hijo de Oveyt el Vacar. Por otro lado, Fátima Avengarrón había contraído nupcias en dos ocasiones. En una primera había sido esposa del alcaide Abu Abdelehí Mohamad, hijo de Mohamad Aventahir, y de la relación había nacido su hija Haxa y su hijo el también alcaide Abu Abdelehí Mohamad, hijo de Mohamad Aventahir. Fátima se casa por segunda vez con otro alcaide Abu Abdilehí Mohamad, hijo de Zeminín, aunque también es nombrado como alguacil.

El alcaide Aben Tahir tiene además otro vástago con el mismo nombre que el varón tenido con Fátima Avengarrón. Se trata del alguacil Abi Abdilehí Muhamad, hijo de Muhamad Abentaher, cuya madre es en esta ocasión Fátima, hija de Hazén de Benobeid. Por otro lado, la progenitora de Fátima Avengarrón, Meriem pertenecía también a la familia Benobeid.

Otro aspecto importante de esta documentación de Zafra, como ya vimos en la referida de Bazán, es la mención de bienes del patrimonio real. Como en el caso de Daragedid y Asquerosa, en Cubillas se citan bienes del rey, lo que es un elemento importante para seguir conociendo el patrimonio real (formación, ubicación, funcionamiento, transmisión, etc.) y sus funciones. En Cubillas, las tierras del emir parecen proceder de la aplicación de la ley de herencias, que haría al rey beneficiario de una parte de las mismas, dependiendo del género y parentesco de los herederos del finado. Es un tema a tratar, no obstante, más a fondo, con objeto de precisar los aspectos mencionados. De esta forma en la *Probanza de los Infantes de Granada* (1506)[4], en donde se hace una averiguación de los bienes que habían pertenecido a don Juan y don Fernando de Granada, Ṣa'd y Naṣr, hijos de Muley Hacén y la cristiana Isabel de Solís, Soraya, se plantea el origen de estas propiedades reales. Así, un testigo de esta probanza, Fernando Enríquez El Pequeñí, regidor y vecino de Granada, opina que la mitad de las tierras de Cubillas eran de Soraya, que las había recibido del rey Muley Hacén. Este, a su vez, las tenía por herencia del

4 Archivo General de Simancas, Casas y Sitios Reales, leg. 10, fol. 200.

alcaide Abrahén el Boraque[5] que aparece también profusamente en nuestros documentos árabes romanceados de Zafra[6]. En otra ocasión el emir había recibido parte de la herencia en Cubillas de una mujer, hermana de la esposa de Aben Torcard[7]. En estos documentos de Zafra se cita también a un alcaide, Abulfat, hijo del alfaquí Abulcaçin Abentorcat[8]. Otro notable testigo en la citada Probanza, como es Alonso Banegas, alguacil mayor y regidor de Granada, entonces con 39 años, señala su relación de parentesco con el emir Muley Hacén cuando dice que «fue criado en casa del dicho rey». En el interrogatorio sobre los bienes que correspondían a los Infantes de Granada confirma parte de la respuesta del deponente anterior al asegurar que el rey recibió parte de la herencia del alcaide Boraque.

4. CONCLUSIONES

El hallazgo de dos colecciones documentales árabes romanceadas referentes a la Vega de Granada en el siglo XV es fundamental debido a la escasez de este tipo de fuentes, así como a la información coetánea que aportan sobre dicha época.

Una primera aproximación a esta documentación permite precisar aspectos de gran interés. La Vega de Granada es un área próxima a la capital del emirato en la que parecen coexistir dos realidades de asentamientos y socioeconómicas diferentes. Por un lado, están las alquerías en las que conviven varios vecinos (alquerías-*village*), que son dueños de sus tierras y a cuya aljama o comunidad pertenecen los términos de la aldea en cuestión. Por otro, hay un cierto número de alquerías-finca y de almunias, propiedad del rey, de la familia real, del Estado, y de algunos miembros de la administración del emirato. Este tipo de asentamientos está por definir, si bien básicamente la alquería corresponde a un pueblo (alquería-*village*), mientras que la alquería-finca y las almunias son una propiedad rural de carácter elitista, dotada de zona residencial principal y de casas para labradores. No son entidades claramente diferenciadas unas

5 Archivo General de Simancas, Casas y Sitios Reales, leg. 10, fol. 200.
6 Trillo San José y Espinar Moreno (2022: 29, 80, 231, 234)
7 Archivo General de Simancas, Casas y Sitios Reales, leg. 10, fol. 200.
8 Trillo San José y Espinar Moreno (2022: 29, 64, 115, 116).

de otras, pues a partir de una almunia o propiedad real o aristocrática podría surgir una alquería con un carácter más comunitario.

Desde el punto de vista socioeconómico se percibe también una realidad compleja y dinámica. En las dos zonas a las que se refieren los documentos árabes romanceados, por un lado, Daragedid y Asquerosa, y, por otro Cubillas, encontramos bienes del patrimonio real. Esto no constituye un hecho excepcional, puesto que tierras pertenecientes al tesoro real, al Estado, a miembros de la familia real y de la administración no son raras en la Vega de Granada, según las diferentes fuentes de que disponemos. Es más, toda la zona noroeste de la Vega, incluyendo Daragedid, Asquerosa, Zujayra, Ánsola, Escóznar, Alitaje, Barromín, Huécar, Aynalabrax, Torre Abeco, Roma, Cijuela, etc, (Carriazo 1946a: 99–100, 1946b: 118), era un área de concentración de propiedad real y eventualmente de los agentes del Estado. Es posible que se hubiera formado a partir de vivificación de tierras muertas, herencias de finados sin agnado, cuyos bienes correspondieran parcialmente al rey, ventas, confiscaciones y otras vías. La función del patrimonio real era principalmente servir de sustento al rey y su familia, con independencia de otras instituciones como el tesoro público o el tesoro de las fundaciones o habices. También fue utilizado para pagar servicios a funcionarios ocasionalmente.

El análisis de esta documentación árabe romanceada nos permite ver una vida socioeconómica muy dinámica en la Vega del siglo XV, especialmente en su segunda mitad, que es la data de la mayoría de los documentos. Una parte del patrimonio real fue enajenado seguramente porque reyes como Ṣa‘d o Muley Hacén necesitaron recursos para financiar partidarios y guerras contra Castilla. Es interesante comprobar que los beneficiarios de estos antiguos bienes reales son sobre todo alcaides, aunque también judíos y mercaderes.

Respecto a la organización familiar no detectamos familias extensas, sino solo algunos rasgos de su existencia, como parientes que mantienen proindivisos derivados de una herencia, o que venden o compran en grupo.

Queda claro también que las mujeres tienen un protagonismo, de manera que sus derechos de herencia, reconocimiento de propiedades y venta o adquisición de estas les estaban garantizados. No obstante, a veces las féminas son representadas por varones de la familia, bien porque son menores de edad y necesitan la autorización del esposo, o bien porque forman parte del grupo familiar que enajena sus propiedades.

La endogamia de parentesco no es elemento principal que se registra en los matrimonios, sino que es la pertenencia al mismo grupo socioeconómico de los cónyuges la que se tiene en cuenta. Esto nos habla de una sociedad claramente polarizada.

En definitiva, los documentos árabes romanceados analizados reflejan un área periurbana muy dinámica en la segunda mitad del siglo XV, así como una importante influencia urbana en ella.

Bibliografía

Álvarez de Morales, Camilo (2010): "La geografía documental arábigo-granadina", en Nuria Martínez de Castilla (ed.), *Documentos y manuscritos árabes del Occidente musulmán medieval*, Madrid: CSIC, 205–223.

Amín, Samir (1974): *Sobre el desarrollo desigual de las formaciones sociales*, Barcelona: Anagrama.

Arias Torres, Juan Pablo y Manuel C. Feria García (2004): "Escrituras árabes granadinas romanceadas: una mina a cielo abierto para la historia de la traducción y la traductología", *Trans*, 8, 179–183.

Arias Torres, Juan Pablo y Manuel C. Feria García (2005): "Un nuevo enfoque en la investigación de la documentación árabe granadina romanceada (ilustrado con dos traducciones inéditas de Bernardino Xarafí, escribano y romanceador del reino de Granada)", *Al-Qanṭara*, XXVI, 1, 191–247.

Cahen, Claude (1982): *Introduction à l'histoire du monde musulman médiéval VIIe-XVe siècles. Méthodologie et éléments de bibliographie,* París: A. Maisonneuve.

Carriazo y Arroquia, Juan de Mata (ed.) (1946a): *Crónica del Halconero de Juan II: Pedro Carrillo de Huete (hasta ahora inédita),* Madrid: Espasa-Calpe.

Carriazo y Arroquia, Juan de Mata (ed.) (1946b): *Refundición de la Crónica del halconero/Lope Barrientos,* Madrid: Espasa-Calpe.

Carvajal López, José Cristóbal (2008): *La cerámica de Madīnat Ilbīra (Atarfe) y el poblamiento altomedieval en la Vega de Granada*, Granada: Grupo de Investigación Toponimia, Historia y Arqueología del Reino de Granada, Universidad de Granada, Ayuntamiento de Atarfe, concejalía de Cultura.

Chalmeta Gendrón, Pedro (1975): "Concesiones territoriales de al-Andalus (hasta la llegada de los almorávides)", *Cuadernos de Historia*, 6, 1–90.

Fábregas García, Adela (2012–2014): "El reino nazarí de Granada como área de comercio internacional ¿colonia mercantil o espacio de integración?", *Anales de la Universidad de Alicante: Historia medieval,* 18, 153–169.

Fábregas García, Adela (2017): "El mercado interior nazarí: bases y redes de contactos con el comercio internacional", *Hispania: Revista española de historia,* Vol. 77, 255, 69–90.

Gaspar Remiro, Mariano (1907): *Escrituras árabes de Granada*, Granada: Litografía e Imprenta de José Gómez.

Gilbert, Claire M. (2020): *In good faith: Arabic translation and translators in early modern Spain*, Philadelphia: University of Pennsylvania Press.

González Arévalo, Raúl (2015): "De las postrimerías nazaríes a los albores castellanos: Ambrogio Spínola y la continuidad de los genoveses del Reino de Granada (1478–1508)", *Archivio Storico Italiano*, Vol. 173, 2, 239–273.

Guichard, Pierre (1984): "El problema de la existencia de estructuras de tipo "feudal" en la sociedad de Al-Andalus (el ejemplo de la región valenciana)", en Pierre Bonnassie *et al.* (eds.), *Estructuras feudales y feudalismo en el mundo mediterráneo (siglos X-XIII),* Barcelona: Crítica, 117–145.

Guichard, Pierre (2001): *Al-Andalus frente a la conquista a la conquista cristiana,* Valencia: Universitat de València.

Hernández Benito, Pedro (1990): *La Vega de Granada a fines de la Edad Media según las rentas de los habices*, Granada: Diputación Provincial de Granada.

Jacques, Berque (1978): *Structures sociales du Haut Atlas,* París: Presses Universitaires de France.

Jiménez Puertas, Miguel (2002): *El poblamiento del territorio de Loja en la Edad Media*, Granada: Universidad de Granada.

Labarta, Ana y Carmen Barceló (1990): "Los documentos árabes del reino de Granada. Bibliografía y perspectivas", *Cuadernos de la Alhambra*, 26, 113–120.

López de Coca Castañer, José Enrique (2009): "Castilla y el comercio genovés con el reino de Granada", *Ariadna,* 20, 25–39.

Malpica Cuello, Antonio (1995): "Arqueología de los paisajes medievales granadinos: medio físico y territorio en la costa de Granada", *Arqueología y Territorio,* 2, 25–62.

Malpica Cuello, Antonio (2012): "Madīnat Ilbīra y los orígenes de la ciudad en al-Andalus", *Debates de Arqueología Medieval,* 2, 383–406.

Malpica Cuello, Antonio y Carmen Trillo San José (1992): "Los Infantes de Granada. Documentos árabes romanceados", *Revista del Centro de Estudios Históricos de Granada y su Reino*, 6, 361–422.

Manzano Moreno, Eduardo (1998): "Relaciones sociales en sociedades precapitalistas: una crítica al concepto de 'modo de producción' tributario", *Hispania*, LVIII/3, 200, 881–913.

Manzano Moreno, Eduardo (2006): *Conquistadores, emires y califas: los omeyas y la formación de al-Andalus,* Barcelona: Crítica.

Martín Civantos, José María (2007): *Poblamiento y territorio medieval en el Zenete (Granada),* Granada: Universidad de Granada.

Martínez Martínez, María (2011–2012): "El poder y la justicia del agua en la Murcia medieval: el Consejo de Hombres Buenos", *Cuadernos de historia de España,* 85–86, 459–466

Milliot, Louis (1953): *Introduction à l'étude du droit musulmán,* París: Sirey.

Ocaña Ocaña, María del Carmen (1974): *La Vega de Granada: estudio geográfico*, Granada: CSIC.

Pastor de Togneri, Reyna (1985): *Del Islam al Cristianismo. En las fronteras de dos formaciones económico-sociales: Toledo, siglos XI-XIII,* Barcelona: Edicions.

Peinado Santaella, Rafael Gerardo (1996–1997): "Una aportación documental sobre el poblamiento y el paisaje agrario y la propiedad de la tierra de dos alquerías de la Vega de Granada: Chauchina y el Jau a finales del periodo nazarí", *Revista del Centro de Estudios Históricos de Granada y su Reino*, 10–1, 19–92.

Peinado Santaella, Rafael Gerardo (2008): *Aristócratas nazaríes y principales castellanos,* Málaga: Diputación Provincial de Málaga.

Rodríguez Gómez, María Dolores (2016): "Emires, linajes y colaboradores. El traspaso de la tierra en la Vega de Granada (Alitaje, s. XV)", en Ana Echevarría Arsuaga y Adela Fábregas García (coords.), *De la alquería a la aljama*, Madrid: UNED, 37–70.

Rouco Collazo, Jorge (2021): *Las fortificaciones medievales de la Alpujarra Alta desde la Arqueología de la Arquitectura y del Paisaje*, Granada: Universidad de Granada. [https://hdl.handle.net/10481/71115].

Sánchez Carrasco, Juan José (2021): *La Vega de Granada en el tránsito del Reino Nazarí al Reino de Granada: cambios políticos, económicos y sociales,* Granada: Universidad de Granada. [https://hdl.handle.net/10481/71756].

Seco de Lucena Paredes, Luis (1961): *Documentos arábigo-granadinos,* Madrid: Instituto de Estudios Islámicos en Madrid.

Shatzmiller, Maya (2007): *Her day in court: women's property rights in fifteenth-century Granada*, Cambridge: Harvard University Press.

Suárez García, Sandra (2022): *La propiedad aristocrática en el Reino de Granada (Siglos XIII-XVI): la Vega y el entorno periurbano de la capital,* Granada: Universidad de Granada. [https://hdl.handle.net/10481/75606].

Trillo san José, Carmen (1994): *La Alpujarra antes y después de la conquista castellana*, Granada: Universidad de Granada.

Trillo san José, Carmen (2004): *Agua, tierra y hombres en al-Andalus. La dimensión agrícola del mundo nazarí*, Granada: Grupo de Investigación «Toponimia, Historia y Arqueología del reino de Granada».

Trillo san José, Carmen (2009): "La familia en el reino nazarí de Granada (siglos XIII-XV)", en Francisco Javier Lorenzo Pinar (ed.), *La familia en la Historia,* Salamanca: Junta de Castilla y León Universidad de Salamanca, 41–62.

Trillo san José, Carmen (2014): "Les *munya*-s et le patrimoine royal à l'époque nasride (XIIIe-XVe siècles). Entre le souverain et les élites", *Annales Islamologiques*, 48–2, 167–190.

Trillo san José, Carmen (2017): "La Vega de Granada al final de la Edad Media (siglos XIV-XVI): almunias *versus* alquerías", *Reti Medievali*, 18, 2, 124–148.

Trillo san José, Carmen (2020): *La Vega de Granada a partir de la documentación árabe romanceada inédita (1457–1494). Estudio, edición e índices*, Helsinki: Suomalainen Tiedeakatemia Annales Academiae Scientiarum Fennicae. Humaniora 384.

Trillo san José, Carmen (2022): "Fátima, hija del alcaide Avengarrón: sus propiedades en Cubillas y Granada, según documentos árabes romanceados inéditos (1465–1466)”, *Espacio, Tiempo y Forma, serie III, Historia Medieval*, 35, 651–677.

Trillo san José, Carmen y Manuel Espinar Moreno (2022): *Hernando de Zafra, secretario de los Reyes Católicos: sus propiedades en Cubillas (Granada), según documentos árabes romanceados (1413–1493),* Granada: Alhulia.

Vidal Castro, Francisco (2002): “Una década turbulenta de la dinastía nazarí de Granada en el siglo XV: 1445–1455”, en Celia del Moral (ed.), *En el epílogo del Islam andalusí. La Granada del siglo XV*, Granada: Grupo de Investigación Ciudades Andaluzas bajo el Islam (Universidad de Granada), 75–116.

Vidal Castro, Francisco (2012): “Un tipo de manuscritos “documentales”: Las escrituras árabes notariales en al-Andalus nasrí”, en Mostafa Ammadi (ed.), *Manuscritos: papel, técnicas y dimensión cultural. (IV Primavera del Manuscrito Andalusí),* Casablanca: Universidad Hassan II-Facultad de Letras y Ciencias Humanas, 23–58.

Zomeño Rodríguez, Amalia (2006): “Siete historias de mujeres: sobre la transmisión de la propiedad en la Granada nazarí”, en María Isabel Calero Secall (coord.), *Mujeres y sociedad islámica: una visión plural*, Málaga: Universidad de Málaga, 175–197.

PERIODO CLÁSICO

Patrimonio documental y vulcanología en *CORDICan**
Documentary heritage and volcanology in CORDICan

Dolores Corbella
Universidad de La Laguna
ORCID iD: https://orcid.org/0000-0001-7126-3172

Ana Viña Brito
Universidad de La Laguna
ORCID iD: https://orcid.org/0000-0002-6629-0448

Resumen: Uno de los aspectos más importantes del proyecto *CORDICan* (*Corpus diacrónico de las islas Canarias*) es su carácter interdisciplinar, ya que constituye una propuesta de un grupo de investigación integrado por historiadores y filólogos. Este hecho nos ha llevado a alcanzar un consenso en el tipo de textos incorporados a la plataforma, de tal manera que deben presentar interés desde múltiples perspectivas, por su conexión con los aspectos más relevantes de la historiografía del archipiélago y, a la vez, porque pueden suponer una muestra fehaciente de las características lingüísticas de los hablantes procedentes de este territorio. De ahí que la selección del corpus se haya realizado, en la mayoría de las ocasiones, a partir de una clasificación temática que queda reflejada asimismo en los metadatos que acompañan a cada documento. Esa adscripción ontológica de cada unidad documental permite recuperar series completas de registros que tratan de un mismo tema, aunque pertenezcan a una tipología muy diversa y a épocas diferentes. Es lo que sucede con la documentación asociada a los episodios volcánicos que a lo largo de los siglos se han sucedido en las islas. En este trabajo analizaremos este subcorpus, así como el remanente léxico que ha permanecido en el habla colectiva y que, en algunas ocasiones, ha trascendido del ámbito isleño y ha llegado a integrarse en el campo terminológico de la vulcanología.

Palabras clave: *CORDICan*, corpus documental, Canarias, léxico, Vulcanología

---

* Esta publicación forma parte del proyecto de I+D+i ProID2020010097 (ACIISI con cofinanciación del Programa Operativo FEDER Canarias 2014–2020).

Abstract: One of the most important aspects of the *CORDICan* project (*Diachronic Corpus of the Canary Islands*) is its interdisciplinary nature, as it is a proposal by a research group made up of historians and philologists. This fact has led us to reach a consensus on the type of texts to be included in the platform, in such a way that they should be of interest from multiple perspectives, due to their connection with the most relevant aspects of the historiography of the archipelago and, at the same time, because they can be a reliable sample of the linguistic characteristics of the speakers from this territory. Hence, the selection of the corpus has been made, in most cases, based on a thematic classification which is also reflected in the metadata accompanying each document. This ontological ascription of each documentary unit makes it possible to recover complete series of records dealing with the same subject, even if they belong to a very diverse typology and to different periods. This is what happens with the documentation associated with the volcanic episodes that have occurred on the islands over the centuries. In this paper we will analyse this subcorpus, as well as the lexical remnant that has remained in the collective speech and which, on some occasions, has transcended the island sphere and has become part of the terminological field of volcanology.

Keywords: *CORDICan*, Documentary corpus, Canary Islands, Lexicon, Volcanology

1. INTRODUCCIÓN: LA BASE DE DATOS *CORDICAN*

El rescate de fondos documentales inéditos escasamente conocidos o poco explorados ha abierto en las últimas décadas nuevas líneas de investigación en el panorama historiográfico de Canarias. Pero el reto va mucho más allá, puesto que resulta necesario no solo la búsqueda de nuevos registros, generalmente dispersos por las condiciones de los archivos insulares, sino también diseñar los cauces que favorezcan la visibilidad en la red de todo este patrimonio. Una tercera premisa se ha añadido a la recuperación de este bagaje: la necesidad de que los registros transcritos puedan servir al mejor conocimiento de la historia del archipiélago, pero, también, disponer de bases objetivas para analizar los aspectos más singulares de su historia lingüística. Ambos acercamientos interdisciplinares no tienen que presentarse como compartimentos estancos sino más bien como una manera de avanzar en la recuperación, recopilación y conservación de una materia prima común a historiadores y filólogos. Además, no se pretende compilar un simple repositorio documental, que también lo es, sino ofrecer una base de datos totalmente articulada y estructurada en la que los parámetros de búsqueda incorporen metadatos comunes a ambas disciplinas, aparte de los específicos que faciliten la explotación de los textos desde cada óptica en particular. Y es que la lengua forma parte esencial del patrimonio y ha actuado como transmisora de la historia y la cultura de una determinada identidad.

El proyecto *CORDICan* surgió para dar cauce a esa edición digital de fuentes canarias. El objetivo primordial se centraba, en una primera etapa, en la edición de textos procedentes de archivos, pero se añadían, además, dos nuevas premisas a la tradición historiográfica del archipiélago: la transcripción fidedigna del manuscrito (no en forma de *regesta* o resumen con grafía y puntuación actualizados, como había sido lo habitual) y su volcado en un formato electrónico que asegure su difusión (Viña Brito y Corbella 2018: 3–4). La elección de la plataforma TEITOK (Janssen 2016) incorporaba un tercer objetivo, nada baladí y bastante pragmático: la posibilidad de que, en un futuro próximo, se conforme una red de redes de documentación histórica totalmente "tokenizada", de tal manera que sea factible la navegación unificada a través de todos los proyectos individuales de los distintos grupos dispersos en el panorama nacional e internacional, al menos a partir de los metadatos compartidos y de la regularización y lematización que se ofrece de cada uno de los textos indexados. La marcación en formato TEI y la generación de documentos en XML facilitarían, en todo caso, la posible convergencia.

El esquema de metadatos que acompaña a cada documento de *CORDICan*, aparte de ofrecer los créditos de identificación del texto (localización archivística, fecha de redacción y datación topográfica con las correspondientes coordenadas de geolocalización)[1], añade información sobre los intervinientes (productor y destinatario, género, ocupación y estatus social), el contenido (los *regesta*, pero también, a través de la plantilla de metadatos, el campo o campos ontológicos a los que se adscribe el manuscrito) y la tipología (documentación notarial, judicial, epistolar…)[2]. Todos estos parámetros, combinables entre sí, permiten afinar y acotar las búsquedas a través de una interfaz de consulta bastante versátil.

1 Y un apartado de observaciones que facilita la microhistoria del documento.
2 También incluye información sobre el proceso de indexación del registro, fechas e investigadores implicados en cada fase de transcripción, revisión, *tokenización*, normalización y lematización.

En las páginas que siguen analizaremos uno de los subcorpus documentales inserto en esta base de datos, el relativo a los volcanes. En realidad, *CORDICan* se ha ido compilando a partir del análisis de agrupaciones temáticas relativamente homogéneas, aunque tipológicamente diversas: desde la documentación azucarera canaria, hasta inventarios de bienes, dotes y arras, declaraciones de testigos en los procesos de inquisición, cartas personales (incluyendo la correspondencia de los emigrantes americanos) o documentación vulcanológica. La mayor parte de los registros se remonta a finales del siglo XVI y primera mitad del XVII, pero también se ha sobrepasado esa barrera cronológica con textos que llegan hasta finales del siglo XIX. En cuanto a la procedencia, aunque se ha transcrito documentación conservada mayoritariamente en los archivos insulares (públicos y privados), se ha tenido en cuenta además la presencia de fuentes canarias en el Archivo General de Indias, en el Archivo General de Simancas, en el Archivo Histórico Nacional o en la Biblioteca Nacional (figura 1). Por ahora, el aprovechamiento lingüístico que se ha realizado atañe fundamentalmente al léxico, pero, tal como están preparados los textos, es posible recuperar datos sobre grafías, fonética o morfosintaxis y combinarlos con parámetros sociolingüísticos, de datación tópica o cronológica y de adscripción tipológica.

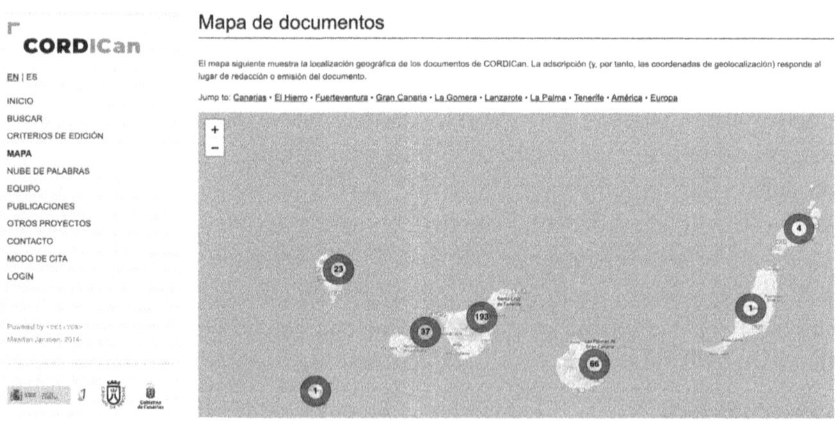

Figura 1 *Distribución geográfica de los documentos en CORDICan*

2. TUS CAMPOS ROMPAN TRISTES VOLCANES

La descripción de la imponente naturaleza geológica de las islas ha ocupado un lugar destacado en los relatos históricos y literarios. De hecho, las primeras referencias a la erupción de un volcán en Canarias se encuentran en las *Endechas* a la muerte de Guillén Peraza, de transmisión oral y datadas entre mediados del siglo XV y el primer cuarto del XVI: "Tus campos rompan tristes volcanes, / No vean placeres sino pesares, / Cubran tus flores los arenales" (Alonso 1956). Seguramente el compositor anónimo hacía referencia a la erupción del volcán de Tacande en La Palma, del que no se tienen más datos históricos (salvo la fecha de la muerte de Guillén Peraza en torno a 1443) ya que, en aquel momento, la isla todavía no pertenecía a la corona castellana y solo había sido objeto de pequeñas batidas e incursiones para obtener mano de obra esclava. Tampoco había sido conquistada Tenerife cuando el cronista oficial de Portugal durante el reinado de Alfonso V, Gomes Eanes de Zurara, escribía entre 1452 y 1453 que "la llaman del Infierno porque tiene en su cumbre una cavidad[3] por la que sale fuego constantemente" (Aznar, Corbella y Tejera 2012: 264); o cuando, en 1455, el explorador italiano Alvise Cadamosto afirmaba en su *Primera navegación*, que "es una de las islas más elevadas del mundo de suerte que, con tiempo claro, se divisa a gran distancia [...] pues en medio de ella se eleva un monte en forma de diamante que es altísimo y arde continuamente" (Aznar, Corbella y Tejera 2017: 87)[4]. Se deduce que el Teide se mantenía en plena actividad (o con episodios intermitentes pero sucesivos) durante el último tercio del siglo XV, tal como confirman otros cronistas como Alonso de Palencia[5] y Pedro Gómez

---

3 *Algar* en el original portugués.

4 Recordemos la "montagna bruna" en la que Dante situó el Purgatorio (canto XXVI del Infierno, vv. 133–135). Más adelante, Valentim Fernandes, entre 1506–1508, basándose en Zurara y seguramente en testimonios orales posteriores, añade: "Es zona de tierra movediza y suelta, que llaman piedra pómez. Y por su pico lanza fuego" (Corbella y Aznar 2021: 171).

5 "Entre todas las montañas de Planasia sobresale la cumbre de una muy alta, en cuyo centro brota fuego perennemente de una boca infernal. Por sus dilatados bordes se va acumulando la ceniza esparcida, que no permite el acceso a los que pretenden asomarse. Diminutos cascos de piedra son arrastrados por el viento hasta la misma orilla del mar con horror de quienes los contemplan" (Morales Padrón 1993: 474–475).

Escudero[6], o navegantes como Cristóbal Colón que, en el *Diario de a bordo* de su primer viaje a América, anotaba:

> Jueves 9 de Agosto… Después tornó el almirante a Canarias, y adobaron muy bien La Pinta con mucho trabajo y diligencias del almirante, de Martín Alonso y de los demás; y al cabo vinieron a La Gomera. Vieron salir gran fuego de la sierra de la isla de Tenerife, que es muy alta en gran manera (2002: 120).

En la base de datos *CORDICan* se han ido incorporando algunos de los documentos administrativos y notariales relacionados directa o indirectamente con estos desastres naturales, a partir de los que es posible extraer algunos datos fidedignos de lo que significaron histórica y lingüísticamente aquellas erupciones. Estas fuentes presentan diversas tipologías: desde actas capitulares, sin duda los documentos más representativos de los concejos e imprescindibles para el conocimiento de cualquier proceso, hasta memoriales e informes realizados en las islas y dirigidos a órganos superiores, fundamentalmente a la Corona y a la Inquisición, sin olvidar las importantes descripciones realizadas por testigos presenciales de estos acontecimientos, bien relatos de personajes coetáneos o bien de viajeros que circunstancialmente se encontraban de paso y que dieron cuenta de aquellos aspectos del paisaje que les resultaron más llamativos.

Tal como ha analizado Romero Ruiz (1991), las erupciones históricas efectivamente datadas en Canarias afectan a todo el archipiélago, excepto a Gran Canaria y Fuerteventura: estas islas, aunque formadas igualmente a partir de la actividad volcánica, no han contado con actividad posterior al periodo del Renacimiento.

Tabla 1 *Dataciones de erupciones volcánicas en el archipiélago canario, desde 1443 hasta 2021* (elaboración propia. Fuente: Romero Ruiz)

¿1443?	La Palma	Tacande
1492	Tenerife	Pico Viejo-Teide
1585	La Palma	Tihuya
1646	La Palma	Tigalate o Martín
1677–78	La Palma	San Antonio
1704–05	Tenerife	Siete Fuentes, Fasnia y Arafo

6 "Isla de Infierno, por un volcán que tiene perpetuo en el alto monte de Taraire o Teide" (Morales Padrón 1993: 385).

1706	Tenerife	Garachico, Arenas Negras
1712	La Palma	El Charco
1730–36	Lanzarote	Timanfaya
1793	El Hierro	Lomo Negro
1798	Tenerife	Chahorra
1824	Lanzarote	Tao, Nuevo del Fuego y Tinguatón
1909	Tenerife	Chinyero
1949	La Palma	San Juan, Nambroque
1971	La Palma	Teneguía
2011	El Hierro	Tagoro
2021	La Palma	Cumbre Vieja

La Palma es, sin duda, la isla que mayor actividad sísmica ha generado y de la que se conservan los testimonios más antiguos (tabla 1), por lo que en este estudio nos basaremos en el análisis de la documentación conservada de cuatro de sus episodios volcánicos más singulares, los correspondientes a los años 1585, 1646, 1677 y 1712, si bien en el apartado lingüístico se hará mención, además, a otros registros anteriores y posteriores.

El desconocimiento de los procesos volcánicos en pasadas centurias hizo que, junto al miedo a los terremotos, a la erupción misma y a los consiguientes ríos de lava, se tuviera siempre presente la intervención divina mediante rogativas para "apagar el volcán". Es un hecho constatable que se muestra con asiduidad en la documentación consultada, por lo que voces relacionadas con los aspectos religiosos y las creencias aparecen con cierta reiteración. Así, el licenciado Juan Pinto Güisla manifestaba en la relación del volcán de Fuencaliente que el día 18 de diciembre del año 1646 "apareció cubierta de nieve la boca del volcán, milagro de la virgen". Del mismo tenor era la afirmación del teniente de corregidor, el licenciado Juan de la Hoya, que imploraba a la divinidad y organizaba una solemne procesión que se realizó a medianoche al santuario de la virgen de las Nieves, patrona de la isla. Referencias al milagro de las Nieves se recogen asimismo en un acta capitular del concejo palmero[7] cuando se menciona el prodigio de cubrirse la cumbre de nieve el mismo día que se apagó el

7 AMSCLP, Acta del viernes 1 de febrero de 1647. *Vid.* Lorenzo Rodríguez 1975: 247.

volcán: las consecuencias no se hicieron esperar y la santa imagen se trasladó en rogativa a la ciudad el 22 de octubre del año 1646.

Las plegarias por estos volcanes que afectaron a La Palma se llevaron a cabo asimismo en otras islas, como en Tenerife, con la finalidad de apelar a la misericordia divina: "…a aquella ora hize que se descubriese el Sanctisimo Sacramento en todas las parrochias y conventos de frailes y monjas de la dicha çiudad [La Laguna] en cuyos templos asistieron todos sus moradores aquella noche haziendo continuas oraçiones y plegarias"[8]. El impacto que provocó el alumbramiento del volcán también llevó a que se incluyeran anotaciones marginales en algunos libros parroquiales, como puede apreciarse en el *Libro primero de bautismos*, de 1646, de la parroquia de Breña Baja (Lorenzo Rodríguez 1975: 79), aunque en este caso no se refiere a ningún volcán de su jurisdicción, sino que probablemente se aluda a la erupción que en aquellos momentos afectaba a Fuencaliente. Y, como era habitual en la época, la cronología de los sucesos provocados por la naturaleza geológica de las islas se identificó por el día del santoral correspondiente: la citada erupción de 1646 se inició "el día de San Francisco" y finalizó "el día de santa Ynes por la mañana"[9]. Era una manera de dotar de sentido a unos procesos que superaban cualquier explicación racional.

Las descripciones de aquellos acontecimientos volcánicos en la isla de La Palma, aparte de coincidir en señalar la intervención milagrosa y en que, geográficamente, todos afectaron a la dorsal de Cumbre Vieja, aportan diferencias sustanciales en función de los intereses económicos que representaban, lo que influyó en el tipo de textos que generaron.

2.1. Volcán de Tihuya

A pesar de las referencias que aparecen en las *Endechas* a Guillén Peraza, el primer volcán realmente documentado en la isla de La Palma es el de Tihuya, Tehuia o Tajuya, del año 1585. Según las declaraciones de los testigos presenciales, realizadas ante el juez de residencia y gobernador de La Palma, "la tierra estaba abierta por muchas partes" y se sucedían

8 BNE, Ms. 18633–49, f. 3v. *CORDICan*: doc. 000327.

9 AHN, Inquisición, 2376. *Vid. CORDICan*: doc. 000337.

innumerables temblores. Todos los informantes coincidieron en sus testificaciones en que se había formado una montaña en lo que antes era un llano, "y della caian grandes piedras e penascos e riscos que hazian gran estruendo y dentro de la dicha montaña avia muchos truenos de rato en rato que ponian mucho temor"[10].

El lugar donde reventó el volcán ocupaba unas zonas de pastos comunales dedicadas a los ganados y a la apicultura, aunque algunos vecinos habían comenzado a rozarlas para su sustento, lo que supuso enfrentamientos con los regidores del cabildo. Al producirse la erupción, las consecuencias para la agricultura fueron nefastas, al menos en un primer momento, según señalaba el teniente de gobernador, el licenciado Jerónimo de Salazar, ya que todo el término había quedado cubierto de arena y *jable* "que es tierra inútil"[11]. Pocos años después, en 1588, todavía era patente el enfrentamiento de los vecinos con el cabildo por la apropiación de aquellas parcelas, lo que derivó en un pleito ante la Audiencia de Canaria que falló a favor del cabildo. Una vez adjudicadas las tierras (las afectadas por el volcán y las aledañas), que habría que preparar y rozar de nuevo, pero que serían muy productivas en pocos años por la cantidad de minerales que el volcán había arrojado, el cabildo acordó arrendar, cultivar y sembrar el término de Tajuya, a cambio del pago de un canon, para evitar de este modo nuevas "usurpaciones" por parte de los vecinos. La consecuencia inmediata fue el desplazamiento de los moradores de esta parte de la isla a otras áreas, tal como se recoge en un acta del cabildo de 1596[12]. Sin el rédito que suponía la erupción para el cabildo, seguramente no se habría realizado el informe sobre aquel episodio eruptivo.

De este volcán se cuenta con otro testimonio excepcional aportado por el ingeniero italiano Leonardo Torriani, testigo directo del fenómeno ya que se encontraba en la isla en 1585 enviado por la Corona para elaborar y remitir informes sobre el estado de las fortificaciones:

> Durante estos primeros días se notaron muy grandes olores de azufre y de salitre, en una distancia de ocho millas alrededor. Sin embargo, en la cercanía del monte

10 BNE, Ms. 11262-28. Acuden a la visita el juez de residencia, el alférez mayor, dos regidores y el fiel ejecutor, junto al escribano del cabildo Amador Álvarez. *Vid.* Santiago (1960: 75–76) y *CORDICan*: doc. 000329.

11 AMSCLP, Acta de 23 de agosto de 1585. *CORDICan*: doc. 000384.

12 AMSCLP, Actas Capitulares de 1596. *CORDICan*: doc. 000386.

> no se notaba nada, en razón de la violencia de las llamas, que arrastraron el olor con el humo; y después el viento lo esparció en regiones más alejadas... De repente prorrumpió dicho monte con tanta fuerza, vomitando tales truenos, relámpagos y estruendos inauditos, que a todos parecía que aquél era el fin del mundo (Torriani 1989 [1590]: 294–304).

La relación continúa con la descripción de la llegada del volcán al mar y la salida de unos cuantos pescadores en su barca para averiguar lo que sucedía: "[...] estos hombres por poco se quedaron ahogados, porque hasta diez millas el agua era tan caliente, que no solo derretía la pez de los botes, sino que los peces de toda aquella región cubrían las olas, cocidos por el gran calor de las mismas". El relato coincide con el que ofrece el cronista fray Alonso de Espinosa en su *Historia de Nuestra Señora de la Candelaria*, que se encontraba de visita pastoral en La Palma ese mismo año de 1585: "y corrieron mas de una legua por tierra, hasta llegar a la mar: y fue tanta la furia que el fuego llevaba, que media legua dentro del mar calentó el agua y se cocieron los peces que en ella había. A los barcos se les derretía la brea" (Espinosa 1952 [1594]: 31). Y aparece asimismo novelado en la obra *El Pastor de Iberia* (1591), del andaluz Bernardo de la Vega (Henríquez Jiménez 2019), por lo que su repercusión fuera del espacio insular tuvo que haber sido relativamente amplia:

> Otros vienen del campo alborotados,
> y a voces dicen quien pudiere huya,
> pues vieron estos ojos desdichados
> todo el término hundirse de Tiuya,
> y las grietas tragarse los ganados,
> y la hacienda no preguntan cúya,
> cúya es no preguntan, que la hacienda
> conferida al vivir es menos prenda.
> [...] Deste volcán (al que lo vee increíble) contaros su aspereza
> no me atrevo, que su mucha grandeza es imposible
> decírosla, aunque halle estilo nuevo [...].[13]

13 Cervantes, en el *Viaje del Parnaso* (IV y VII), descalificaba a su coetáneo Bernardo de la Vega al afirmar que no era "Ni llamado ni escogido". Su obra *El pastor de Iberia* figura entre las que formaban parte de la biblioteca particular de don Quijote y que estaban llamadas a ser pasto de las llamas (*Quijote* I, VI).

2.2. *Volcán de Tigalate*

Las descripciones del volcán de Tigalate (1646) y del volcán de San Antonio en Fuencaliente (1677) presentan características similares en cuanto al relato histórico, pero con una diferencia sustancial en cuanto a los intereses sobre la zona, pues este último cubrió una fuente de aguas medicinales que suponía importantes ingresos para la población del lugar.

Del volcán de Martín o Tigalate se dispone de un relato dirigido al rey por Alonso Inclán y Valdés, capitán a guerra y corregidor de las islas de Tenerife y La Palma[14], en el que da cuenta de los volcanes de la isla, los ríos de fuego que corrieron y los fundados temores de la población. Informa que los temblores se sintieron en la cercana Tenerife y el volcán era visible desde el puerto de Garachico (situado en el norte de esta isla). El corregidor envió una pequeña expedición a la capital palmera que regresó con una relación pormenorizada de los sucesos acaecidos:

> no habiéndose visto nada y estando todos con notable confusión y espanto porque los estruendos crecían, tuve aviso del lugar de Garachio [Garachico] de cómo se había descubierto un fuego grande y espantoso en la isla de La Palma, que está distante de aquella 18 leguas, y que del mismo fuego se distinguían otros fuegos grandes que en forma de ríos corrían hacia la mar (Carta a Felipe IV, 1646).

Las consecuencias de aquel informe se hicieron sentir de inmediato, pues el concejo de Tenerife, tal como se puede apreciar en sus actas capitulares, acordó dirigirse a la Corona para solicitar que "no se de licencia para exportar trigo de Lanzarote y Fuerteventura a España", ya que "se a perdido la sazon de senbrar las tierras baxas [...] y se tiene gran neçesidad por haberse cubierto las tierras y estar elizandose con lo que a salido de dichos bolcanes de fuego"[15]. El volcán dejó sumida en la pobreza a la población del lugar por los daños ocasionados en los pastizales, pinares y viviendas, de ahí el pesimismo de viajeros posteriores como Louis Feuillée que, todavía en 1724, escribía: "Creo que en esta isla ocurrirá como

14 BNE, Ms. 18633–49. El texto ya había sido editado por Santiago (1934: 81–86) y reeditado por Romero Ruiz (1991: 451–457). En *CORDICan* (doc. 000327) se ha transcrito íntegramente y se ha incorporado el facsímil del manuscrito.

15 AMLL, Libro Capitulares, acta capitular de 1646, ff. 236v-237r. *CORDICan*: doc. 000345.

en las otras, que sucumbirán un día por el fuego, ya que su interior es de materia combustible" (Pico y Corbella 2000: 107).

2.3. Volcán de San Antonio

Este volcán ha sido uno de los más analizados desde el punto de vista geológico, al haber destruido la llamada Fuente Santa (Soler Liceras 2007). El teniente Juan de la Hoya describía la erupción iniciada el 13 de noviembre 1677 en estos términos: "temblores y fuego y malpaís derretido [...] arrojó rayos [...] echaba piedras en tanta cantidad que parecían bandos de aves" (Lorenzo Rodríguez 1975: 244).

Los malos augurios ante los desastres ocasionados y el despoblamiento de las tierras improductivas llevaron al Tribunal de la Inquisición de Canarias a remitir una carta al Consejo de la Suprema de la Santa General Inquisición: "al capitan Juan Veles quemo vna casa vn tanque de madera de tea y vn tinglado; a don Jacob de Brier el malpais y tupio dos fanegas de tierra [...]". Y, de manera similar, el ayuntamiento de Santa Cruz de La Palma acordó "mandar disponer algunos alivios al trabajo y miserias de aquellos naturales", tras el informe que Nicolás de Sotomayor le remitió (figuras 2 y 3)[16].

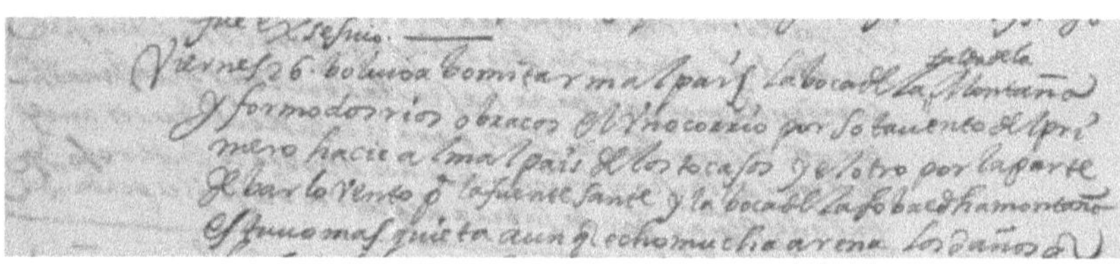

16 AMSCLP, Acta de 1677. Copia parcial en Soler Liceras 2007: 77.

Figuras 2 y 3 *Informe del volcán de San Antonio (La Palma, 1678). AHN, Inq. 2376, s/f*

> Viernes 26 volbio a vomitar malpaís de la /falda de la/ montaña
> Y formo dos ríos o braços el vno corrio por sotavento del pri
> Mero hacia el malpaís de los tocasos y el otro por la parte
> De barlovento para la fuente santa y la boca della sobre dicha montaña
> Estuvo mas quieta aunque echo mucha arena [...].

Sobre esta erupción de 1677 se conservan asimismo referencias indirectas, entre otras, en el *Islario* del italiano Vicenzo Coronelli, de 1679 (Montesdeoca 2008: 115, y Salvatori 2002: 272): "el terremoto acompañado por terribles truenos, duró cinco días, durante los cuales la tierra se abrió en muchos lugares [...] las cenizas, que eran negras, se esparcieron a lo largo de siete leguas, y quedando árido todo el territorio vecino".

2.4. Volcán de El Charco

Aunque pudiera pensarse que los albores del Siglo de las Luces llevarían a una explicación racional de las actividades eruptivas, lo cierto es que el volcán de El Charco, de 1712, se asumió con similares peticiones de intervención celestial. Personajes palmeros de la época, como el regidor don Juan de Guisla y Pinto o fray Diego Henríquez (Díaz Lorenzo 2001: 59–61) o los mismos representantes en el Cabildo se esforzaban en solicitar "aplacar la ira divina".

Un testimonio directo lo ofrece la misiva que don Nicolás Massieu escribió a su hermano el oidor de Sevilla, don Pedro Massieu, en la que le daba cuenta de los desastres ocasionados en el patrimonio familiar: "dicen es volcan y que donde amenasa es por encima de los Charcos, y ya se han desocupado todos los graneros de aquel contorno y aun dizen se han caydo dos casas. Dios nos mire con ojos piadosos" (Arbelo 2009: 300). Y añade:

> por donde vomita malpais, con lo que ha hecho muchos daños en los dos grandes partidos de nuestros parientes, Dña. Ana Teresa y D. Antonio Sotomayor, que se duda queden de provecho [...]. Quiera Dios mirarnos con piedad, pues el estado en que estará la isla con tantos atrasos y malos años este daño del volcán la dejará muy destruida (Arbelo 2009: 325).

Escasean los testimonios sobre este periodo eruptivo, por lo que resulta de gran interés otra descripción singular que ofrece el corsario francés Dralsé de Grand-Pierre, testigo con su tripulación de este fenómeno, que observó seguramente desde alta mar el 10 de octubre de 1712:

> il se trouve dans l'Isle de Palme des feux souterrains qui éclatent en vrais volcans. Et l'on nous dit que depuis six jours on y avoit senti un tremblement de terre si violent, qu'une Montagne s'étoit ouverte & avoit vomi beaucoup de flames & de pierres: ce qui avoit un grand tort aux terres d'alentour, qui en avoient été ravagées & dessechées. Nous apperçumes nous-mêmes le lendemain quelques feux qui sortoient encore de la Montagne avec un bruit sourd, semblable à celui que fait le tonnerre quand il est éloigné (Pico y Corbella 2000: 92).

En síntesis, todas las fuentes consultadas aluden al temor de la población ante la violencia de la naturaleza. Mientras que en las descripciones se obtiene una información detallada (López de Mariscal 2006: 57–65), insistiendo en sus consecuencias con la finalidad de conseguir el favor de aquellos que las leen, a través de las actas capitulares, los informes y memoriales a la Corona o a la Inquisición se pretende la obtención de ayudas institucionales para hacer frente a estos fenómenos naturales imprevisibles.

3. LAS PALABRAS QUE VOMITA EL DRAGÓN INFERNAL DE FUEGO[17]

La terminología vulcanológica de Canarias, como la de cualquier espacio donde las erupciones han marcado la existencia de sus habitantes, contiene voces comunes con otras zonas, palabras diferenciales propias del archipiélago (a veces compartidas con el resto de la Macaronesia) y términos que son específicos de cada una de las islas. *CORDICan* ofrece datos fidedignos de la historia de estos vocablos, referencias sobre su arraigo en una determinada época o su pervivencia hasta la actualidad.

En su estudio sobre el origen y la internacionalización del término *volcán*, el filólogo catalán Germán Colón (2002) señalaba que las islas Eolias, junto con el Etna en Sicilia, eran conocidas como *Vulcani insulae*, ya que constituían los referentes europeos inmediatos de aquellos respiraderos del infierno que lanzaban fuego y rocas desde las profundidades de la tierra. Tras los descubrimientos transoceánicos, aquel mismo nombre recibirán las "montañas de humo" que los conquistadores encontraron en el Nuevo Mundo, y así aparece en la descripción que Francisco López de Gómara realizaba del Popocatépetl mexicano, a cuya cima Hernán Cortés había enviado a diez de sus hombres:

> Apenas se hubieron desviado y andado un pedazo, que comenzó a lanzar ceniza y llama, y luego ascuas; y al cabo muy grandes piedras de fuego ardientes; y si no hallaren do meterse debajo de una peña, perecieran allí abrasados; y como trajeron buenas señas, y volvieron vivos y sanos, vinieron muchos indios a besarles la ropa y a verlos, como por milagro o como a dioses, dándoles muchos presentillos: tanto se maravillaron de aquel hecho. Piensan aquellos simples que es una boca de infierno, adonde los señores que mal gobiernan o tiranizan van, después de muertos, a purgar sus pecados, y de allí al descanso (López de Gómara 1943 [1552]: II, cap. LXII).

El término *volcán*, sin embargo, se registra un siglo antes, como ya se ha señalado, en las ya citadas *Endechas* a la muerte de Guillén Peraza, de transmisión oral, seguramente posteriores a 1443, pero que aparecen insertas por vez primera en un texto escrito en la *Historia de la conquista*

17 "Las llamas que vomita el dragón infernal del fuego que destruie esta isla, corren promontorios graves de peñas encendidas", se señala en una carta de 29 de diciembre de 1730, firmada por la Junta que se mandó a formar en Lanzarote con motivo de la erupción del Timanfaya (Romero Ruiz 1997: 66).

de las siete islas de Canaria, de Juan de Abreu Galindo, de 1632 (1977). Junto a *volcán*, los navegantes que surcaron las costas africanas durante el *Quinientos* utilizaron con mayor frecuencia otros sustantivos y topónimos para describir las huellas que dejaban en la geografía los episodios eruptivos de la *ilha do Fogo* en el archipiélago de Cabo Verde o del Teide en las Canarias, tal como aparece en la crónica de Zurara de 1453 (Aznar, Corbella y Tejera 2012: 264). Pero lo habitual en la documentación castellana es el empleo de *montaña* o *montaña de fuego*. Así, en la *Relación del terremoto* de 1585, los testigos que entrevista el licenciado Jerónimo de Salazar a propósito de la erupción de Tijuya indicaban:

> [se] levanto y a crecido en tal manera que se hizo vn *roque*
> e *montaña muy altas* q*ue* ba creciendo en mucho altor y a
> gora tiene mas de trezientas braças de alto y cerca
> de media legua de redondo e que no puede llegar nadie
> ni subir a la d*i*cha montaña porq*ue* los pinos se an arran
> cado y caidos del d*i*cho roque e montaña.[18]

En *CORDICan*, los registros de *volcán* comienzan a ser generales a partir del segundo cuarto del siglo XVII (figura 4), pero es un hecho constatable que en la toponimia de las islas se prefiere el empleo de la denominación *montaña*. En la web de la *Toponimia de Canarias* solamente se recogen cuarenta y nueve topónimos con la palabra *volcán*, mientras que aparecen 1297 voces generadas a partir de *montaña*, cuando la mayoría de estas son de origen volcánico (*Montaña del Fuego, Montaña de Tindaya, Montaña del Azufre, Montaña del Picón, Montaña del Picón Pelado, Montaña el Jablito, Montaña la Corona, Montaña Mermeja, Montaña montoncitos del Jable, Montaña Mostaza, Montaña Negra, Montaña Pelada, Montaña Roja, Montaña Taco…*). Confirman Trapero y Santana (2016) que la voz no significa una "gran elevación natural del terreno" (*DLE*), "sino cada uno de los conos volcánicos, sean grandes, medianos o pequeños, es decir, el edificio resultante de una erupción volcánica".

18 BNE, ms. 11262-28, fol. 1r. *CORDICan*: doc.000329. Más adelante, en el fol. 10v, otro testigo se refiere a "la montaña de fuego q*ue* agora nuevam*en*te crecio en Tehuia".

context	han animado viendo que el	**bolcan**	no le trago à los	1798
context	con que luego creymos era	**bolcan**	que havia rebentado en aquella	1646
context	que havia rebentado el dicho	**bolcan**	expeliendo a un tiempo humo	1646
context	) avia abierto el dicho	**bolcan**	vna grande boca la qual	1646
context	Y de la boca del	**bolcan**	ay dos leguas largas hasta	1646
context	que legua y media del	**bolcan**	primero casi seis leguas de	1646
context	minoro algo el furor del	**bolcan**	primero disminuyendose de manera que	1646
context	tienen su correspondençia con el	**bolcan**	grande y que desflemava por	1646
context	tierra si bien el dicho	**bolcan**	primero nunca a çessado en	1646
context	menos grado y sobre este	**bolcan**	primero por la parte de	1646
context	que a exsalado el dicho	**bolcan**	y de lo demas de	1646
context	ni menos con el primer	**bolcan**	a peligrado perssona alguna;	1646
context	deste distrito ha avido vn	**bolcan**	que a cassado mucha confuçion	1678
context	calle que estaba inundada del	**bolcan**	contigua al muro del monasterio	1727
context	de La Palma por el	**bolcan**	que se a abierto se	1646
context	Oeste: la boca del	**bolcan**	, un quarto entre Norte	1798
context	, y efectivamte treparon un	**bolcan**	, que les quedaba de	1798
context	la vista las bocas del	**bolcan**	se internaron hasta pasearse sobre	1798
context	daños que an hecho estos	**bolcanes**	an sido comunmente para los	1646
context	que a salido de dichos	**bolcanes**	de fuego y sobre todo	1646

Figura 4 *Documentaciones del término "volcán" en CORDICan* (selección)

No se ha podido registrar en la documentación analizada la palabra *cráter*, también muy común y general en este campo terminológico en la actualidad, pero sí aparece otra denominación más específica del contexto atlántico, el vocablo *caldera*. Referido a una hondonada con paredes escarpadas formada por el hundimiento de un cono volcánico, el término se encuentra con profusión en la toponimia canaria, al menos desde 1507–1508 en que aparece en el mapa de la isla de La Palma que el moravo Valentim Fernandes incluyó en su *manuscrito*, escrito en portugués (Aznar y Corbella 2021: 252). Con el habla de las Azores y de Madeira hay comunidad de significado, pues en estas islas, según Figueiredo, *caldeira* es "Cratera vulcânica, em forma de bacia". Y como voz común aparece en las *Ordenanzas de Gran Canaria* (Morales Padrón 1974 [1531]), así como en los protocolos notariales de Lanzarote y de la misma isla de Gran Canaria de la centuria siguiente. En el testamento de Daniel Vandama, de 1602, por ejemplo, el mercader flamenco dejaba a su hijo mayor "La hazienda de la *caldera* y tierras calmas junto a ella"[19].

19 La conocida hoy como *Caldera de Bandama*. AHPLP, PN 1014, fol. 35v. *CORDICan*: doc. 00004.

En 1792 el ilustrado lanzaroteño Joseph Clavijo y Fajardo (1785-1805), en el tomo II de su traducción de la obra de Buffon, afirmaba que "Tanto en Tenerife como en las Islas de La Palma y Lanzarote, en que ha habido Volcanes, se llama *caldera* al cráter del Volcán" (1792: II, 326). Y en la "Relación de José Cabrera Carreño sobre las erupciones de 1824 en Lanzarote" se puede apreciar perfectamente su registro con esta acepción:

> Quedaron las bocas humeando mucho, principalmente aquella que se cree que fue la primera que abrió, la que el 22 de agosto empezó á brotar agua con abundancia, y en la que había formado una de las montañas grandes y en el centro una *caldera* de la hechura de un fonil, de donde salia con abundancia, ímpetu y ruido el humo, el que á manera de una nube sacaba el agua y la derramaba á la borda de la *caldera*, de suerte que mucha volvía dentro; esta agua corrió tres días; su gusto era salado é insipido á causa de las cenizas y sales del mismo volcan.[20]

Este uso diferencial se generalizaría entre los vulcanólogos, especialmente después de que el geólogo alemán Leopold von Buch publicase en 1825 sus observaciones sobre la Caldera de Taburiente (en La Palma). La Academia admitió la palabra en el suplemento de la edición de 1970 del *DRAE* y la presentó sin ninguna adscripción geolectal, como voz propia de la Geología: «Depresión de grandes dimensiones y con paredes escarpadas, originadas por explosiones o erupciones volcánicas muy intensas» (*DLE*).

Cuando el informe o la relación sobre la erupción volcánica se destinaba a solicitar la intervención de las instituciones del Estado, el autor solía ser consciente del empleo en la narración de voces diferenciales, de tal manera que en más de una ocasión ofrece una glosa o definición que aclara el significado de aquellas palabras geográficamente acotadas. Así, un término tan común en todo el archipiélago como *malpaís* (figura 5) necesitaba de una explicación para los foráneos y, por ello, en la carta que Alonso de Inclán y Valdés, gobernador de Tenerife y La Palma, envió a Felipe IV para darle cuenta de la erupción del volcán de Tigalate, en 1646, al citar esta voz añadía a manera de apostilla: "assi llaman la tierra ynhavitable por estar cubierta de piedra quemada"[21].

---

20 AMC, CR 1i, s.fol. *CORDICan*: doc. 000335.

21 BNE, ms. 18633–49, fol. 2v. *Vid. CORDICan*: doc. 000327.

Texto: Transcripción | Forma escrita | Edición | Normalización

context	de unas tierras en el	**malpahis**	que fiso Maria Res ante	1592
context	medio quede otra cosa que	**malpais**	(assi llaman la tierra	1646
context	viernes 26 volvio a bomitar	**malpais**	la boca de la toda	1678
context	sotavento del primero hacia el	**malpais**	de los Tocasos y el	1678
context	don Jacob de Brier el	**malpais**	y tupio dos fanegas de	1678
context	barranco de la dehesa e	**malpais**	e por baxo la cueva	1541
context	Ynbento de docte En el	**malpais**	de Ycode qs en la	1535
context	suerte de tierras en el	**malpays**	que lindan con tierras de	1587
context	barranco de la defesa e	**malpays**	e por la otra cueva	1546
context	de Thene en el dcho	**malpays**	de Ycode e Catalina Fernandez	1535
context	fue de Martin Rodrigues del	**malpays**	difunto q dios aya e	1535
context	primero thenian en el dcho	**malpays**	segund le cupo por su	1535
context	Lope Alvares vo del dcho	**malpays**	e Anton Afonso e tach	1535
context	de la otra parte el	**malpays**	e por parte de arriba	1518
context	pa un colmenar en un	**malpays**	q bem en los valles	1504

Figura 5 *Documentaciones de "malpaís" en CORDICan* (selección)

La historia de la creación de este compuesto formado por *mal* y el préstamo francés *pays* está perfectamente documentada en el *Diccionario Histórico del Español de Canarias* (*DHECan* 2011)[22]. Y como sucedió con *caldera*, su empleo ha trascendido lo propiamente isleño y ha pasado a integrarse como tecnicismo internacional. Su recepción trasatlántica puede corroborarse en textos novohispanos desde 1560: "E porque he tocado en Yucatán, será bien saber, que en gran parte de aquella tierra, de los cuatro elementos paresce que faltan los tres, porque es toda como un peñasco, y así la llaman *malpaís*, apenas se vee tierra" (*Crónica de la Nueva España*, de Francisco Cervantes de Salazar, citada por el *CORDE*); de El Salvador, en 1576: "Tres leguas de su extremidad está un lugar que se llama Nixapa [Nejapa], donde hay un pedazo de un monte áspero que llaman el *Mal Pays*, de piedra y de mucha tierra quemada y arrojada, muy tendida y de grandes pedazos" (García de Palacio 2000 [1576]: 45), o de Guatemala, de 1632: "unos seborucos y *malpaíses*, que así se dice, que

22 Puede consultarse en https://apps2.rae.es/dhecan.html. Recientemente, la RAE, a partir de los datos del *DHECan*, ha recuperado la historia de este vocablo: https://www.rae.es/noticia/la-vida-de-las-palabras-malpais.

son unas piedras que pasan las plantas de los pies" (Historia verdadera de la conquista de la Nueva España, Díaz del Castillo 1632, cap. VII)[23].

En la misma carta que Alonso de Inclán y Valdés, gobernador de Tenerife y La Palma, envió al rey para informarle de las vicisitudes del volcán de Tigalate, de 1646, añade otra glosa a otro término relacionado con la impronta geológica de las islas, la palabra *jable*:

> [a]via abierto el dicho bolcan vna grande boca la qual arrojava de si (demas del fuego y humo) mucha can tidad de piedras muchas dellas tan grandes como casas con yncreible violençia causando al salir aquellos ruydos y en mas de dos leguas en contorno lloviendo çenisas y *jables* (son piedras mui menudas quemadas) y el miercoles siguiente con nuevos temblores y mayor estruendo abrieron dos bocas mas [...][24].

En la actualidad, este término siempre se asocia, en las islas orientales, a la arena blanca y fina de la playa, pero en las demás islas, especialmente en La Palma, El Hierro y en el sur de Tenerife, también puede referirse a la arena de origen volcánico (*lapilli* en la terminología geológica), más o menos gruesa, según los lugares, e incluso al terreno o la cantera que contiene este tipo de arena o gravilla[25]. Son materiales piroclásticos, a veces de coloración clara y de condición pumítica (de piedra pómez) que, con el tiempo, han tenido diversos usos, tanto en la construcción (la llamada *tosca* o *piedra tosca*) como en el recubrimiento de los cultivos para retener el agua del rocío[26].

El vocablo presenta documentación relativamente antigua, ya que el *DHECan* lo recoge en 1544, y aparece además en una de las actas del Cabildo de La Palma, fechada el 10 de enero de 1581 y relacionada con la erupción del volcán de Tihuya:

---

23 La crónica de Bernal Díaz del Castillo había sido terminada en 1575, aunque no conoció una primera impresión hasta 1632. *Vid.* asimismo los registros que recoge Boyd-Bowman (2015).

24 BNE, ms. 18633–49, fol. 2r. *Vid. CORDICan*: doc. 000327.

25 De ahí los topónimos *Las jableras*, de la localidad de Arico, en el sur de Tenerife, o el *Jablero de Mala*, en Lanzarote.

26 *Vid.* el capítulo dedicado a "El país de la tosca y el jable", en Sabaté Bel 2011: I, 399–561.

> Que porque en la visita que por su persona hizo en estos días pasados, halló e vio que en el término de Tihuya está totalmente damnificado y perdido de estar cubierto de mucha cantidad de arena y *xable*, que es tierra inútil que, como es notorio, en cualquier parte de las de esta isla, donde la hay, no cría ni produce yerbas ni otro pasto que sea de provecho [...][27].

Y en otros dos acuerdos del mismo cabildo insular fechados el 1 y el 19 de febrero de 1647, sobre las consecuencias del volcán de Tigalate:

> [...] y, asimismo, los colmenares que había en aquellas partes quedaron destruidos con el dicho fuego, arena y *jabre*, y falto de flores para sustento de las avejas[28].

> [...] y con la arena y *jabre* que arrojó de sí el dicho Bolcán este deshizo las tierras de Foncaliente, y otras circunvecinas, y se destruyó y quemó todo el pinar y monte de Foncaliente y se ha perdido y perdió mucha cantidad de ganado que se apazentaba en aquellas partes, y se impidió el uso de pastar de la mayor parte del ganado desta Isla; que por ser término de todos los vecinos se valían de hechar allí en invierno de las avejas[29].

Tradicionalmente se ha considerado palabra de origen francés, traída por los conquistadores normandos en el siglo XV (como sucede con uno de los componentes de *malpaís*); sin embargo, el portugués *saibro* (en gallego *xabre*) explicaría sin dificultad alguna la presencia de la voz en el archipiélago. En portugués, el término aparece documentado desde el siglo XIV con el significado de "areia grossa em cuja composição entram grânulos maiores de pedra e que, como agregado, se situa entre areia e o cascalho" (Houaiss 2009: s.v.). En todo caso, la RAE incorporó la palabra como canarismo en la vigésima edición de su diccionario de 1984, sin etimología y definida como "Arena volcánica con la que se cubren ciertos cultivos para conservar la humedad de la tierra".

A veces es posible distinguir la procedencia de ciertos hablantes por su vocabulario, y en este caso, junto a *jable*, para ese mismo contenido de grava granulada o *lapilli*, los residentes en la isla de Tenerife (también de La Palma y Gran Canaria) emplean *picón* (y *piconera* 'mina de picón',

---

27 Citamos a través del *DHECan* (s.v.).

28 *Ibidem*.

29 *Ibidem*.

junto al marinerismo *zahorra* o el aumentativo *granzón*[30]), mientras que los habitantes de Lanzarote y Fuerteventura nombran ese material volcánico con el portuguesismo *rofe* (y *rofera* o *rofero* a la cantera de la que se extrae), también de antigua documentación en estas islas (*vid. DHECan*).

No existe en el archipiélago una denominación específica para *lava* que, según anota el *DLE* (siguiendo los datos del *Diccionario Crítico Etimológico Castellano e Hispánico, DECH*: s.v. *lapsus*), procede del napolitano *lava,* y este del lat. *labes* 'caída, desprendimiento', 'destrucción'. Cuando la *lava* o los *ríos de lava* llegan a la costa, se forma lo que técnicamente se ha dado en llamar un *delta lávico*. En La Palma (también en El Hierro y en el norte de Tenerife), esos desprendimientos de cualquier material (no necesariamente eruptivo) que resbalan por las laderas, escarpes y acantilados recibían la denominación de *fajana*, que podría formarse por talud, en el interior o en la orilla del mar[31]. Cuando se refería a los acantilados marinos, la voz pronto adquirió la acepción más restringida de "terreno al pie de un acantilado, formado por la lava al solidificarse en contacto con el mar"[32], tal como puede apreciarse en este testamento de un aborigen de Gran Canaria de 1535:

> Item digo que yo tengo una fuente de agua de tr[es] azadas, con una *f[a]jana* de tierra sobre la mar, debajo de la hacienda de Hernando de Castro, abajo del barranco que dicen de los Porqueros, donde corre el agua, j[u]nto a la playa y callao del mar[33].

Como otras muchas palabras de este campo terminológico, procede del portugués y su uso es común en toda la Macaronesia, especialmente en las Azores, Madeira y Cabo Verde. De hecho, el cronista azoreano Gaspar Frutuoso la utilizó en su descripción de 1590 en referencia a la isla de El Hierro:

30 De documentación más moderna, los hablantes suelen distinguirlo del *picón* por su tamaño algo mayor.

31 A partir de la historia de esta palabra registrada en el *DHECan*, la RAE presentó en su página web un amplio artículo con motivo de la erupción de Cumbre Vieja, en el otoño de 2021. *Vid.* https://www.rae.es/noticia/la-vida-de-las-palabras-fajana.

32 Ese terreno ganado al mar ha supuesto que las últimas erupciones del siglo XVIII incrementaran un tercio la superficie de Lanzarote. En el norte de Tenerife esas tierras nuevas constituyen lo que se ha dado en denominar "isla baja".

33 "Testamento de Rodrigo el Cojo", AHPTF, PN 3359, d.9, fechado el 6 de enero de 1535. *Vid.* Tabares de Nava y Santana Rodríguez (2018: 74).

> A qual começando deste pôrto, que se chama Porto do Ferro entre as duas pontas, a de Santo André e a ponta Verde, que se mostra assim, por ter em si altos e verdes feitos e gamões, e otras verduras, antes de entrar nos pinhais, que por esta parte do norte e noroeste são mui espêssos, e o pôrto está mais perto da ponta de Santo André que da Verde, à boca de uma *fajã* seca e arenosa (Frutuoso 1964 [1590]: 62).

Cuando el fuego y el agua se mezclan surgen las fumarolas que, en las islas orientales, se denominan con el lusismo *chisgo* o *chisga* (de *chisca*)[34]. En la "Descripción de la erupción del volcán de Tao, Nuevo del Fuego y Tinguatón", de 26 de octubre de 1824, se encuentra un testimonio de este registro:

> [...] y del centro de la caldera que debe ser profundísima, estando su capacidad toda llena de humo blanco como un papel, se ven elevar aquellas mangas de agua que han llamado *chisgas*, cuya figura es en forma de cono, y cuyo color es de ceniza, y asi resultan con lo blanco del humo admirablemente, de forma que sus sombras se divisan hasta legua y media ó dos de distancia; mas al pié de una fuente, llamémosla de comprensión se vé saltar una *chisga* (como dicen), que termina en punta y se precipita perpendicularmente dentro de la misma caldera [...]. Salia una *chisga* que se ponia á nivel con la montaña mas alta, salia otra que no subia tanto, y salia antes que aquella bajara [...][35].

A veces, esa lava al solidificarse forma tubos volcánicos que son conocidos con el nombre de *jameos*. La Academia acogió la palabra en la última edición de su diccionario, el *DLE* (2014), con este artículo: "(Quizá del guanche *xam* 'casa, choza', 'tienda'). m. En Canarias, oquedad o cueva natural producida por el hundimiento del techo de un tubo de lava volcánico". Como sucede con el resto de las voces ligadas a los episodios eruptivos, su historia se remonta siglos atrás y puede documentarse en las primeras crónicas y relaciones sobre Lanzarote, isla a la que se circunscribe su registro. Así aparece recogida por fray José de Sosa en su *Topografía*:

> A ciento y cincuenta pasos de la entrada y puerta principal tiene uno que se llama *jameo*, que es una caida de mas de pica de alto, que se baja con mucha cuenta por un paso arriesgadisimo por el cual no puede ir sino una persona [...] (Sosa 1994 [1678]: 320).

---

34 *Vid. DHECan*, s.v. Se ha empleado con mayor frecuencia el masculino.

35 AMC, CR 1h, s.fol. *CORDICan*: doc. 000334.

Y posteriormente volverá a registrarse en una carta de 1730 sobre la erupción del volcán de Timanfaya:

> En medio de tantos trabaxos queda la isla con salud sin haverse experimentado la minima novedad, y solo, como ya Vuestra Señoría lo ha entendido, se murieron repentinamente las reses bacunas que transitaban por las Jerias y Chupadero, lo que atribuie al subido olor de azufre que vaporiza la tierra por unos que llaman *jameos*, los que algunos desta Junta, y otras muchas personas han cruzado a pie, y a cavallo, sin que se aya sentido el mas leve accidente (Romero Ruiz 1997: 66).

4. CONCLUSIONES

La naturaleza geológica ha marcado la historia, el paisaje, la geografía y el léxico de las islas, pero también el imaginario ligado a ellas. La documentación recopilada en *CORDICan* constituye una pequeña muestra de las desazones y temores que sufrieron sus habitantes y las consecuencias políticas, económicas y religiosas de esos episodios eruptivos que periódicamente modificaron (y continúan alterando) el paisaje isleño. La lengua no podía quedar ajena a estos acontecimientos y las palabras no hicieron sino adaptarse para dar cuenta de ese espectáculo indómito e infernal. Voces atribuidas al sustrato aborigen (*jameo*), portuguesas (*caldera*, *fajana*, *jable*, *rofe*, *chisga*), marinerismos (*zahorra*) o palabras de creación propia (*malpaís*, *picón*, *granzón*) aparecen en los textos más antiguos para definir ese entorno único y para dar cuenta de la estrecha relación del hombre con el entorno que le rodea.

Bibliografía

Archivos

[AMC] Archivo de El Museo Canario
[AHN] Archivo Histórico Nacional
[AHPLP] Archivo Histórico Provincial de Las Palmas

[AHPTF] Archivo Histórico Provincial de Tenerife
[AMLL] Archivo Municipal de La Laguna
[AMSCLP] Archivo Municipal de Santa Cruz de La Palma
[BNE] Biblioteca Nacional de España

Corpus y diccionarios

[CORDE] Real Academia Española: *Corpus diacrónico del español.* Disponible en: http://corpus.rae.es/cordenet.html. Fecha de consulta: septiembre de 2022.

[CORDICan] Corbella, Dolores y Ana Viña Brito (2022-): *Corpus Documental de las Islas Canarias.* https://www.ull.es/corpora/cordican. Fecha de consulta: septiembre de 2022.

[DECH] Corominas, Joan y José Antonio Pascual (1980–1991): *Diccionario Crítico Etimológico Castellano e Hispánico*, Madrid: Gredos.

[DHECan] Corrales, Cristóbal y Dolores Corbella (2013): *Diccionario histórico del español de Canarias*, La Laguna: Instituto de Estudios Canarios. https://apps2.rae.es/dhecan.html.

[DLE] Real Academia Española y Asociación de Academias de la Lengua Española (2014): *Diccionario de la Lengua Española*, 23ª edición [versión 23.5 en línea]. Disponible en: https://dle.rae.es. Fecha de consulta: septiembre de 2022.

[DRAE] Real Academia Española (1780-): *Diccionario de la lengua castellana* [*española*, a partir de la edición de 1925. En cada ocasión, se indica la edición a la que se hace referencia]. Se cita a través del *Nuevo Tesoro Lexicográfico de la Lengua Española*: https://apps.rae.es/ntlle/SrvltGUISalirNtlle.

Referencias bibliográficas

Abreu galindo, Juan fray (1977 [1632]): *Historia de la conquista de las Siete Islas de Canarias*, Santa Cruz de Tenerife: Goya ediciones.

Alonso, María Rosa (1956): "Las endechas a la muerte de Guillén Peraza", *Anuario de Estudios Atlánticos*, 2, 457–471.

Arbelo García, Adolfo (2009): *Los Massieu Monteverde de La Palma*, Santa Cruz de Tenerife: IDEA ediciones.

Aznar, Eduardo y Dolores Corbella (2021): *África y sus islas en el Manuscrito de Valentim Fernandes*, Madrid: Dikynson.

Aznar, Eduardo, Dolores Corbella y Antonio Tejera (2012): *La Crónica de Guinea. Un modelo de etnografía comparada*, Barcelona: Edicions Bellaterra.

Aznar, Eduardo, Dolores Corbella y Antonio Tejera (2017): *Los viajes africanos de Alvise Cadamosto (1455–1456)*, La Laguna: Instituto de Estudios Canarios.

Boyd-Bowman, Peter (2015): *Léxico hispanoamericano. 1493–1993*, R. Harris-Northall y J. J. Nitti (eds.), Nueva York: Hispanic Seminary of Medieval Studies. https://textred.spanport.lss.wisc.edu/lexico_hispanoamericano/index.html.

Clavijo y Faxardo, Joseph (1785-1805): *Historia natural, general y particular* del Conde de Buffon, traducida por..., Madrid: Ibarra.

Colón, Cristóbal (2002): *Diario de a bordo*. Madrid: Arlanza.

Colón Doménech, Germán (2002): "¿Es volcán un lusismo internacional?", en: Albert Soler y Núria Mañé (eds.), *Para la historia del léxico español*, Madrid: Arco/Libros, II, 436–453.

Coronelli, Vicenzo (1679): *Atlante veneto. Tomo II: Isolario. Descrittione Geografico-Historica, Sacro-Profana, Antico-Moderna, Politica, Naturale e Poetica…*, [Venetia:] A'spese dell'Autore. http://bdh-rd.bne.es/viewer.vm?id=0000178389&page=1.

Díaz del Castillo, Bernal (1632): *Historia verdadera de la conquista de Nueva España*, Madrid: Imprenta del Reyno.

Díaz Lorenzo, Juan Carlos (2001): *El volcán de Teneguía*, Santa Cruz de Tenerife: Tauro ediciones.

Espinosa, Juan fray (1952 [1594]): *Milagros de Nuestra Señora de Candelaria*, Santa Cruz de Tenerife: Goya Ediciones.

Frutuoso, Gaspar (1964 [1590]): *As Ilhas Canárias (De «Saudades da terra»* [1590]*) / Las Islas Canarias (de «Saudade da Terra»)* (Libro i, capítulos ix-xx), La Laguna: Instituto de Estudios Canarios.

García de Palacio, Diego (2000 [1576]): "Carta relación del oidor Diego García de Palacio", en Pedro Antonio Escalante Arce (ed.), *Cartas de relación y otros documentos. Pedro de Alvarado, Diego García de Palacio, Antonio de Ciudad Real*, San Salvador: Concultura.

Henríquez Jiménez, Antonio (2019): "El volcán de La Palma de 1585 en *El Pastor de Iberia*, de Bernardo de la Vega (1591)", *Cartas diferentes*, nº 15, 53–84.

Houaiss, Antônio *et al.* (dirs.) (2009): *Dicionário Houaiss da língua portuguesa*, Río de Janeiro: Instituto Antônio Houaiss de Lexicografia.

Janssen, Maarten (2016): "TEITOK text-faithful annotated corpora", en: Nicoletta Calzolari *et al.* (eds.), *10th conference on International Language Resources and Evaluation (LREC'16)*, Eslovenia: Portorož, 4037–4043.

López de Gómara, Francisco (1943 [1552]): *Historia de la conquista de México*, México: Editorial Pedro Robredo.

López de Mariscal, Blanca (2006): "Terremotos, tormentas y catástrofes en las crónicas y en los relatos de viaje al nuevo mundo", *Revista de estudios colombinos,* 2, 57–65.

Lorenzo Rodríguez, Juan Bautista (1975): *Noticias para la historia de La Palma*, La Laguna: Instituto de Estudios Canarios.

Montesdeoca Medina, José Manuel (2008): "Las islas Canarias en los Islarios (II)", *Fortunatae*, 19, 101–126.

Morales Padrón, Francisco (1974 [1531]): *Ordenanzas del Concejo de Gran Canaria*, transcripción y estudio por…, Las Palmas de Gran Canaria: Cabildo Insular de Gran Canaria.

Morales Padrón, Francisco (1993): *Canarias: Crónicas de su conquista*, Las Palmas de Gran Canaria: Cabildo Insular de Gran Canaria.

Pico, Berta y Dolores Corbella, dirs. (2000): *Viajeros franceses a las islas Canarias*, La Laguna: Instituto de Estudios Canarios.

Romero Ruiz, Carmen (1991): *Las manifestaciones volcánicas históricas del Archipiélago Canario*, La Laguna: Universidad de La Laguna.

Romero Ruiz, Carmen (1997): *Crónicas documentales sobre las erupciones de Lanzarote. Erupción de Timanfaya (1730–1736). Erupción del volcán de Tao, Nuevo del Fuego y Tinguatón (1824)*, Taro de Tahíche (Teguise): Fundación César Manrique.

Sabaté Bel, Fernando (2011): *El país del pargo salado. Naturaleza, cultura y territorio en el Sur de Tenerife (1875–1950)*, San Cristóbal de La Laguna: Instituto de Estudios Canarios.

Salvatori, Maddalena (2022): *Atlas de las terrae incognitae. La imagen de las islas atlánticas a través de la literatura odepórica*. Tesis Doctoral ULPGC.

Santiago, Miguel de (1934): "Copia de una carta que don Alonso de Yclán (sic) y Valdés, Gouernador de Tenerife y la Palma, escriuió a su Magestad, dándole cuenta de los volcanes que rebentaron en la dicha isla, cantidad de ríos de fuego que corrieron, con los grandes portentos que se oyeron, vieron y procedieron dellos", *El Museo Canario*, 2, 81–86.

Santiago, Miguel de (1960): *"Los volcanes de La Palma"*, *El Museo Canario*, 21 (fasc. 75–76), 281–346.

Soler Liceras, Carlos (2007): *La historia de la Fuente Santa*, Santa Cruz de Tenerife: Turquesa ediciones.

Sosa, fray José de (1994 [1678]): *Topografía de la Isla Afortunada de Gran Canaria, (introducción, transcripción y notas de Manuela Ronquillo Rubio y Ana Viña Brito)*, Las Palmas de Gran Canaria: Cabildo Insular de Gran Canaria.

Tabares de Nava y Marín, Leopoldo y Lorenzo Santana Rodríguez (2018): *Testamentos de canarios, gomeros y herreños [1506–1550]*, La Laguna: Instituto de Estudios Canarios.

Torriani, Leonardo (1999 [1590]): *Descripción e historia del Reino de las Islas Canarias antes Afortunadas, con el parecer de sus fortificaciones*, Traducción con introducción y notas por Alejandro Cioranescu, Santa Cruz de Tenerife: Cabildo de Tenerife.

Trapero, Maximiano y Eladio Santana Martel (2016): *Toponimia de las Islas Canarias* [en línea]. https://toponimiacanarias.ulpgc.es/inicio. Fecha de consulta: septiembre de 2022.

Viña Brito, Ana y Dolores Corbella (2018): "Corpus documental de las islas Canarias: un nuevo reto en Humanidades Digitales", *Anuario de Estudios Atlánticos*, 65, 1–17.

Los arabismos en la documentación notarial extremeña del siglo XVII*

Arabisms in the notarial documentation from Extremadura (17th century)

Inmaculada González Sopeña
Universidad de Granada
ORCID iD: http://orcid.org/0000-0002-0439-8787

Resumen: Este trabajo tiene por objetivo realizar un análisis histórico-lingüístico de un conjunto de arabismos documentados en relaciones de bienes extremeñas del siglo XVII para observar las peculiaridades que presentan en cuanto a su distribución diatópica. Para ello, se toma como base la documentación notarial que recopila el *Corpus de textos notariales extremeños* (CORTENEX S. XVII), el cual se encuentra integrado al corpus *Oralia diacrónica del español* (ODE) a modo de subcorpus de control. La variedad de español que se desarrolla en los territorios de Extremadura ha merecido escasa atención entre la comunidad científica desde el punto de vista diacrónico, por lo que los documentos que sirven de base para este estudio léxico se erigen como una aportación relevante al estado de la cuestión. Los textos notariales extremeños recuperan un léxico que se vincula con la vida cotidiana de la época de diversos campos léxico-semánticos tales como tipos de tela, indumentaria, joyas, enseres domésticos o instrumentos de cocina. Además, permiten documentar voces fuera del registro general, términos no documentados, variantes diatópicas, portuguesismos, occidentalismos y arabismos, entre otros. Asimismo, la metodología seguida en la confección de ODE y CORTENEX se cimenta en el uso de nuevas herramientas tecnológicas que incluyen la aplicación del lenguaje marcado XML-TEI en las transcripciones de los documentos y el procesamiento lingüístico de estos a través de la plataforma TEITOK. El resultado se traduce en un recurso de acceso libre que permite

* Este trabajo ha sido realizado en el marco del proyecto "ALEA XVIII", financiado por FEDER / Junta de Andalucía-Consejería de Transformación Económica, Industria, Conocimiento y Universidades / Proyecto de referencia P18-FR-695. También se vincula con el proyecto de referencia PID2022-136256NB-I00, financiado por el Ministerio de Ciencia e Innovación.

visualizar una edición semipaleográfica con los facsímiles y una edición crítica digitalizada de los textos seleccionados.

Palabras clave: Arabismos, Documentación notarial extremeña, Historia del léxico, Humanidades digitales, Siglo XVII

Abstract: The objective of this study is to carry out a historical-linguistic analysis of a set of Arabisms documented in property relations from Extremadura during the 17th century to observe the peculiarities that they present in terms of their diatopic distribution. For this, the notarial documentation compiled by the *Corpus de textos notariales extremeños* (CORTENEX S. XVII) is taken as a basis and is integrated into *Oralia diacrónica del español* (ODE) as a control subcorpus. The variety of Spanish that develops in Extremadura has received little attention among the scientific community from the diachronic point of view, so the documents that serve as the basis for this lexical study stand as a relevant contribution. The notarial texts from Extremadura recover a lexicon linked to the daily life of the time in various lexical-semantic fields such us types of cloth, jewelry, household goods or kitchen instruments. In addition, they allow documenting voices outside the general register, undocumented terms, diatopical variants, Portugueseisms, Westernisms and Arabisms, among others. Likewise, the methodology followed in the preparation of ODE and CORTENEX is based in the use of new technological tool that include the application of the XML-TEI markup language in the transcriptions of the documents and their linguistic processing through the TEITOK platform. The result translates into a free access resource that allows viewing a semi-paleographic edition with the facsimiles and a digitalized critical edition of the selected texts.

Keywords: Arabisms, Notarial documentation from Extremadura, History of Spanish lexicon, Digital Humanities, 17th century

1. INTRODUCCIÓN

El presente estudio tiene por objetivo realizar un análisis histórico-lingüístico de una serie de arabismos documentados en relaciones de bienes pacenses de la primera mitad del siglo XVII. Este análisis se apoya en la documentación notarial recopilada en la elaboración del *Corpus de textos notariales extremeños* (CORTENEX S. XVII), el cual se encuentra integrado a *Oralia Diacrónica del Español* (ODE).

La variedad de español desarrollada en los territorios extremeños necesita de una revisión profunda sobre la configuración de los aspectos lingüísticos que allí prosperan en perspectiva diacrónica dada la falta de datos al respecto (Ariza 1985, Marcos Álvarez 1992). La *Cartografía lingüística extremeña* (González Salgado 2003) supuso un aporte al conocimiento lingüístico de esta variedad, si bien no está completa. A ella se suman varias monografías y estudios individuales de corte dialectal y sincrónico sobre el habla de varias localidades tanto de Cáceres como de Badajoz[1]. No obstante, la carencia más importante reside en la inexistencia de cualquier tipo de corpus especializado de documentación manuscrita antigua extremeña y de acceso libre que pueda servir de base para estudios histórico-lingüísticos. Por ello, CORTENEX aúna un número significativo de documentación notarial de esta región[2] que, desde el punto de vista léxico, permite documentar voces fuera del registro general, términos no documentados, variantes diatópicas o préstamos de otras lenguas (Morala 2014). Asimismo, las fuentes documentales sobre las que se apoya CORTENEX sirven para analizar otro tipo de fenómenos lingüísticos a nivel fonético y morfosintáctico, dado que manifiestan en numerosas ocasiones la confusión ortográfica de sibilantes o de las consonantes líquidas, así como ciertas vacilaciones vocálicas. Obsérvense los siguientes ejemplos al respecto:

(1) a. 1645, Badajoz: Un baño *bedriado* mediano (CORTENEX)
b. 1635, Badajoz: Dos *tabuletes* (CORTENEX)
c. 1645, Badajoz: Dos *almireses* de *asofar* (CORTENEX)

Con las premisas señaladas, este trabajo pretende analizar la situación de los préstamos árabes en español de forma general para después focalizar el estudio en los arabismos presentes en la documentación pacense del siglo XVII a través de una serie de casos vinculados a la vida cotidiana de la época en lo referente a tipos de tela, joyas, menaje de cocina y enseres domésticos, tales como *resma, alguidar, alamar, argadillo o tabí*, entre otros. A pesar del abundante material recopilado, esta contribución se centrará solo en el análisis de tres de ellos.

1 Algunos trabajos de carácter dialectal sobre el habla de algunas localidades extremeñas pueden consultarse en Zamora Vicente (1943), Lorenzo Criado (1948) o Cummins (1974). A estos se pueden añadir algunas monografías de carácter general como la de Viudas Camarasa *et al.* (1987) o la de Montero Curiel (2006).

2 Los primeros estudios derivados de este corpus pueden consultarse en González Sopeña (2022 y 2023).

Además, es necesario recalcar que la metodología llevada a cabo en la confección de ODE y CORTENEX se sustenta en el uso de nuevas herramientas tecnológicas. Toda la transcripción de los documentos se realiza en lenguaje marcado XML (*eXtendible Mark Language*) siguiendo los estándares de codificación lingüística propuestos por el consorcio TEI (2016). En una fase posterior, la presentación digital de la documentación se ofrece a través de la plataforma TEITOK (Janssen 2016), en la que se realizan las tareas de procesamiento lingüístico (normalización, lematización y anotación morfosintáctica). El resultado se traduce en un recurso de acceso libre que permite visualizar diferentes ediciones de los textos: una edición semipaleográfica, junto con los facsímiles, y una edición normalizada ortográficamente. Este recurso también se establece como un corpus lingüístico para su explotación filológica gracias al procesamiento de los textos y al potente motor de búsquedas (*CQL Protocol*) que incluye.

Para llevar a cabo los objetivos mencionados, este estudio se divide en las siguientes secciones: primeramente, se establecen las bases metodológicas que cimentan el corpus base de estudio (CORTENEX S. XVII), así como las principales características de la documentación notarial seleccionada. Seguidamente se aporta un breve recorrido sobre la historia de los préstamos árabes en la lengua española, con especial atención a lo que sucede a partir del Siglo de Oro con este componente léxico en español. Tras esto, se proporcionan los datos generales obtenidos en la compilación de voces de origen árabe halladas en las relaciones de bienes pacenses. El cuarto apartado se centra en el estudio de casos seleccionados en el que se pretende desarrollar la historia léxica de cada uno de ellos. Finalmente, se arrojan unas conclusiones derivadas de todo el estudio.

2. METODOLOGÍA DE CORTENEX S. XVII. CARACTERÍSTICAS DE LA DOCUMENTACIÓN NOTARIAL

Para realizar el estudio del conjunto de arabismos planteado se ha partido de la elaboración de un corpus de documentación notarial extremeña del siglo XVII siguiendo las nuevas metodologías de ámbito de la Humanidades digitales a través del uso de herramientas tecnológicas. De esta manera, el *Corpus de textos notariales extremeños* (CORTENEX S. XVII) se integra como corpus de control a *Oralia diacrónica del español* (ODE) siguiendo su misma metodología, la cual se basa en la consecución de diferentes fases: 1) la transcripción documental se realiza en lenguaje marcado XML-TEI a través del uso de una serie de etiquetas consensuadas por el equipo de ODE, tales como el marcado de inicio de página, de línea, la posición de las letras por encima o por debajo de la línea, el desarrollo de abreviaturas, la marcación de cambios de manos, de tachados o sobrescritos[3]; 2) el procesamiento lingüístico de los textos se ejecuta en la plataforma TEITOK (Janssen 2016) una vez realizada la transcripción en formato XML-TEI.

Cada documento XML-TEI importado a la plataforma TEITOK que aloja al corpus ODE[4], junto con sus correspondientes imágenes facsimilares en formato JPG, se somete a cuatro fases de procesamiento: tokenización, normalización, anotación morfosintáctica y lematización. La tokenización consiste en transformar automáticamente cada palabra transcrita en un token (<tok></tok>). De esta manera, la posterior interpretación computacional resulta sencilla, dado que se basa en ir añadiendo información lingüística a cada uno de ellos relacionada con sus formas normalizadas, sus lemas y sus etiquetas morfosintácticas. La normalización ortográfica del texto toma como referencia la normativa ortográfica más reciente de la Real Academia Española[5]. Sobre la forma normalizada de cada documento transcrito se lleva a cabo la fase final de lematización y anotación morfosintáctica a través del uso de la herramienta Neotag (Janssen 2012)[6]. Un ejemplo de todo el proceso de transcripción,

3 Una descripción más exhaustiva de las etiquetas XML-TEI empleadas en el proceso de transcripción puede consultarse en Calderón Campos (2019: 24–25).

4 El corpus puede consultarse en http://corpora.ugr.es./ode/index.php?action=home

5 Esta tarea puede realizarse semiautomáticamente gracias a una herramienta que incluye la plataforma, sin embargo, es necesario revisar el documento manualmente y añadir o modificar aspectos que no se hayan normalizado adecuadamente.

6 El funcionamiento de esta herramienta se basa en un algoritmo de tipo probabilístico que va asignando lemas y etiquetas morfosintácticas que toma como referencia un corpus de entrenamiento hasta que el número de palabras del corpus en construcción sea suficiente. Al igual que sucede en la fase de normalización, es necesario revisar las etiquetas y los lemas para corregir manualmente aquellas que no se correspondan con el sentido del documento.

normalización, lematización y anotación morfosintáctica en XML-TEI se observa en la Figura 1, correspondiente a un inventario de Badajoz de 1645:

Figura 1 *Transcripción, normalización, lematización y anotación morfosintáctica de inventarios de bienes pacenses (CORTENEX S. XVII)*

La visualización final del documento en la interfaz de la plataforma TEITOK queda como se plasma en la Figura 2:

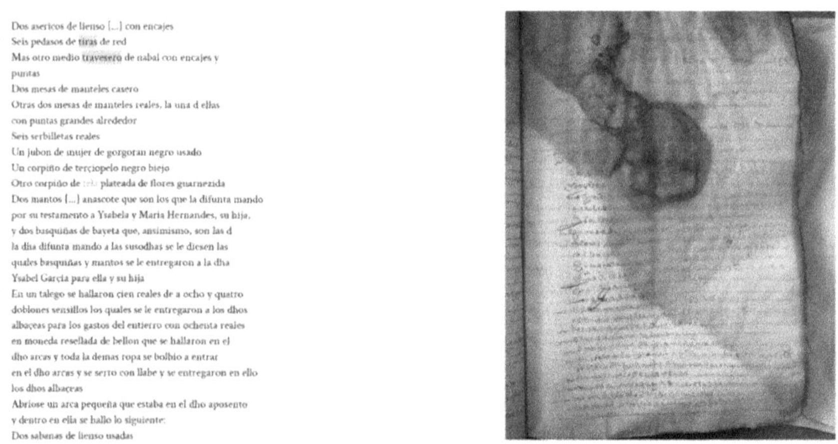

Figura 2 *Visualización final de la forma transcrita junto con imagen facsimilar. CORTENEX S. XVII*

Partiendo de esta metodología como base, la concreción del corpus CORTENEX S. XVII se plasma como se indica a continuación:

a) El período cronológico escogido es el siglo XVII. Se ha procurado dividir la primera mitad del siglo XVII en intervalos de tiempo similares (5–10 años) para realizar la selección de los textos en la medida de lo posible.
b) La documentación notarial archivística de Cáceres y Badajoz se corresponde con cartas de dote, inventarios de bienes, testamentos, tasaciones, particiones, etc. Esto es, cualquier tipo de documento notarial en el que se presente una relación de bienes que se vinculen a determinados aspectos de la vida doméstica, tales como la cocina, la vestimenta, los tipos de telas, las joyas, los instrumentos de labranza o de ganadería, entre muchos otros.

El corpus ODE cuenta actualmente con un total de 677 927 palabras, de las cuales 109 924 pertenecen al subcorpus CORTENEX, es decir, un 16 % del total del corpus. Este número de palabras se traduce en un total de 81 documentos distribuidos entre las provincias de Cáceres (25) y de Badajoz (56)[7] de la primera mitad del siglo XVII[8], como se observa en la Figura 3:

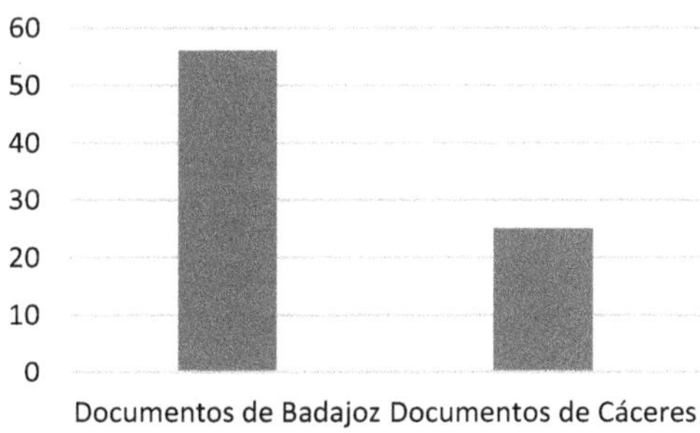

Figura 3 *Distribución de textos en CORTENEX S. XVII*

7 Más información ampliada sobre los notarios concretos de los documentos de Badajoz puede consultarse en González Sopeña (2022).

8 Dado que se trata de un proyecto en curso, está prevista la ampliación documental a la segunda mitad del siglo XVII.

Para el análisis de los arabismos seleccionados en este trabajo solo se ha tenido en cuenta la documentación adscrita a la provincia de Badajoz (figura 4), la cual queda repartida de la siguiente forma durante la primera mitad del siglo XVII:

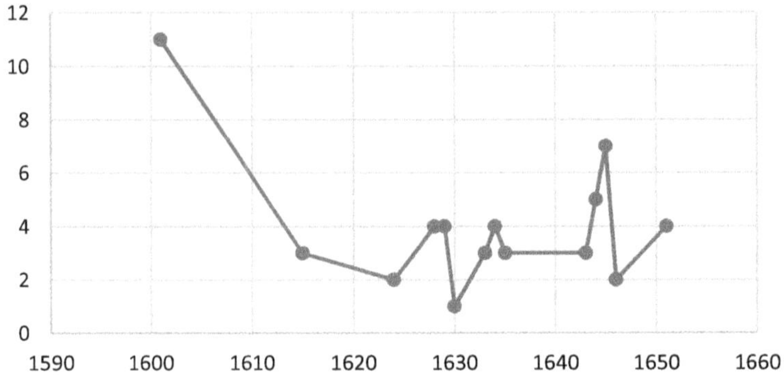

Figura 4 *Distribución de los documentos de Badajoz 1ª mitad del siglo XVII. CORTENEX*

Las relaciones de bienes escogidas para la confección del corpus presentan varias ventajas a la hora de plantear estudios sobre léxico. En primer lugar, la disposición que los escribanos hacen de las listas de objetos, muebles, utensilios culinarios, telas, joyas o propiedades sigue siempre el mismo orden y distribución de forma generalizada. Ello aporta una enorme homogeneidad entre este tipo de documentos y ocasiona que estos textos se parezcan a las actuales encuestas dialectales usadas para confeccionar atlas lingüísticos (Morala 2012). La finalidad y el modo de elaborar este tipo de documentos contribuyen, además, a que se traspasen fenómenos propios de lo oral en lo escrito a través de las alteraciones gráficas que muestran, como la confusión de sibilantes, las vacilaciones vocálicas o la neutralización de consonantes líquidas en posición implosiva. Con respecto a la finalidad de estos documentos, se persigue una objetivo utilitario y práctico, concretamente, pretenden dar fe de los bienes raíces y muebles que una persona declara poseer, legar o entregar como acuerdo y formalización de un matrimonio. En cuanto a su elaboración, el proceso consistía en una reunión entre los escribanos y las personas interesadas en la que se redactaba el inventario, carta de dote o testamento, esto es, se iban enumerando los bienes y, simultáneamente, el escriba los codificaba por escrito. Puede imaginarse que en una situación así se propicien, asimismo, las vacilaciones ortográficas que se observan en los textos dada la inmediatez y la rapidez con las que se redactaban (Calderón Campos y Vaamonde 2020: 169–170).

3. LOS ARABISMOS EN LA HISTORIA DE LA LENGUA ESPAÑOLA

Los préstamos que adopta una determinada lengua, tanto en el pasado como en el presente, son fruto de un contacto entre lenguas (Gómez Capuz 2004). Este contacto puede producirse de diversas formas, pero la más habitual se produce por contacto social motivado por factores políticos, económicos, culturales o religiosos de un determinado momento histórico. Por lo que respecta a los préstamos que son objeto de análisis en este estudio, los arabismos son, fundamentalmente, de tipo léxico y son, en su inmensa mayoría, totales, esto es, se incorpora un significante y un significado nuevos (Gómez Capuz 2004). Se expone a continuación un escueto recorrido de la historia del arabismo en la lengua española con el objetivo de comprender cómo, en el siglo XVII, en un momento de decadencia en la introducción de este este tipo de léxico, se mantienen en un tipo de documentación vinculado a la vida cotidiana, en este caso, de Badajoz.

A partir del siglo VIII se estableció un contacto lingüístico entre los diferentes romances peninsulares y las diversas variedades del árabe durante más de siete siglos. Fruto de ese contacto son múltiples los fenómenos que se pueden anotar. Por un lado, se configuró la base del *hispanoárabe* o *andalusí* (Corriente 2004), a través del que penetran los arabismos en español de mano de los mozárabes y, posteriormente, de los mudéjares (Oliver Pérez 2004). Por otro lado, la influencia del romance sobre el hispanoárabe configuró la base para el *mozárabe* o *romandalusí* (Corriente 2004), una continuación directa del latín traído a la Bética por los romanos, muy influenciado por el árabe. El enorme corte cronológico de permanencia musulmana en la Península señalado no es, sin embargo, homogéneo en lo que respecta a la introducción de arabismos léxicos. Por ello, de forma esquemática, pueden fijarse una serie de períodos diferentes en la adopción de este tipo de léxico.

En primer lugar, desde el siglo VIII hasta el año 1085 se instauró un dominio árabe y bereber en el que todo un nuevo contexto sociopolítico y lingüístico se asienta. Así, muchos de los arabismos léxicos fueron incorporados en este corte temporal, dada la necesidad de nombrar nuevas realidades: "los cristianos de esta zona, al igual que sucedió con sus hermanos andalusíes, adoptaron palabras que venían a definir realidades de una vida material, social o institucional" (Oliver Pérez 2004: 1076). La situación a la que se vieron sometidos los mozárabes[9] no resulta sencilla de dilucidar y se apunta que pudieron experimentar un proceso lento de arabización e, incluso, de bilingüismo (Steiger 1967: 96). Una segunda etapa en la incorporación de arabismos oscila entre los siglos XII y XIV. En este momento, la caída del Califato marcó circunstancias decisivas para los mozárabes, pues aumentaron sus movimientos migratorios hacia el norte peninsular de tal modo que se constituyeron como otra vía de penetración de este tipo de léxico (Arié 1993: 187). Con todo, este período se erige como el de mayor integración de préstamos léxicos árabes a raíz de las circunstancias históricas, como pueden ser el avance de la reconquista cristiana, la actividad comercial o la traducción del legado musulmán impulsada por Alfonso X el Sabio (Oliver Pérez 2004: 1082, Steiger 1967: 102–103).

En tercer lugar, los siglos XIV y XV suelen citarse como la última etapa de importancia en la adopción de arabismos en español, muchos de ellos son, sobre todo, tecnicismos. Este hecho, a su vez, vino motivado por el avance de las tropas cristianas y ocasionó que el árabe hispánico fuera, progresivamente, encontrándose en una situación de pérdida (Lapesa 2008: 120, Giménez Eguíbar 2015). Esta situación se incrementó a finales del siglo XV, momento en el que se produjo la conquista del reino de Granada, último enclave musulmán peninsular. Paralelamente, comenzó la colonización americana y la influencia del humanismo renacentista que abogó por la vuelta al mundo clásico grecolatino.

Desde finales del siglo XV y comienzos del siglo XVI la entrada de arabismos léxicos en español comenzó a disminuir (Walsh 1967). Este proceso de pérdida y obsolescencia léxicas se explica a través de factores lingüísticos y extralingüísticos. Entre los condicionantes lingüísticos que

9 Además, los mozárabes tuvieron un papel primordial en el contacto lingüístico entre los romances y las variedades de árabe por los contactos comerciales que se establecieron con Europa, Oriente y el norte de la Península hasta el siglo XIII.

se han señalado para ello se encuentran la naturaleza discursiva, la desaparición del referente, la erosión del significante, la existencia de muchas variantes, el prestigio o la sinonimia (Giménez Eguíbar 2011, Eberenz 1998). Se ha podido observar una casuística diversa referente a los tipos de arabismos que se encuentran: a) arabismos que compiten con otra palabra que finalmente los sustituya (*mármol* y *alioj*); b) arabismos que dependían de modas culturales como pueden ser aquellos referidos a prendas de vestir, adornos y joyas, un repertorio léxico sujeto al gusto del momento (*guadamecí, alhajas*); c) dobletes léxicos entre un arabismos y un término de origen griego o latino por el empuje grecolatino en el mundo científico (Maíllo Salgado 1998, Colón Doménech 2002) como sucede entre *almoraduj* y *mejorana* o *azoge* y *mercurio.*

Los factores extralingüísticos también se han mostrado como determinantes en la pérdida de léxico de origen árabe en español. Varios son los acontecimientos históricos fundamentales para comprender la progresiva pérdida y rechazo hacia los arabismos. Por un lado, la conquista final del reino de Granada supuso el triunfo de lo cristiano frente a lo musulmán y, a pesar de la tolerancia religiosa y cultural prometida en las *Capitulaciones* (1492) para con la población mudéjar, el elemento árabe, tanto en lo lingüístico como en lo cultural, se fue identificando con un problema en la asimilación cultural y religiosa de los moriscos. Por otro lado, los tratados renacentistas, en su mayoría, manifiestan una rotunda aversión hacia cualquier aspecto vinculado al mundo musulmán en lo religioso, así como en otros aspectos de la vida cotidiana, como el modo de vestir o la alimentación y, por supuesto, en lo lingüístico. La cultura y la sociedad renacentistas que habían empezado a desarrollarse desde finales del siglo XV, con marcado carácter antisemita, no encontraron mayores obstáculos al lado del legado musulmán (Colón Domènech 2002: 49). Todo este horizonte ideológico se observa en diversos testimonios ligados a los diferentes agentes sociales del siglo XVI (autoridades políticas, religiosas y lingüísticas) en un momento en el que el castellano se sometió a un proceso importante de estandarización lingüística a consecuencia de la ampliación sustancial de los dominios territoriales hacia Hispanoamérica. Así, comenzaron a escribirse las primeras gramáticas y diccionarios del español, como los de Nebrija (1492), Villalón (1558) o Correas (1625).

De esta forma, los arabismos fueron quedando asociados, poco a poco, a ciertas regiones (sobre todo, a Andalucía) y se relacionaron con lo incorrecto, lo rústico o con la corrupción que presenta la lengua origen de estos. Es en este momento cuando muchos de estos préstamos léxicos caen en la obsolescencia, se ven sustituidos por palabras de otro origen o terminan por quedar arrinconados a alguna variedad dialectal (González Sopeña 2021). Para este estudio, es necesario matizar que esta mentalidad de rechazo continuó en el siglo XVII[10].

Si nos atenemos a todo lo expuesto, esta centuria suele caracterizarse como un período de decadencia en la introducción de este tipo de voces por motivos lingüísticos y extralingüísticos como los que se han señalado. Si en un comienzo los arabismos léxicos se insertan en campos léxico-semánticos relacionados con grandes artes y disciplinas, como la medicina, la agricultura o la matemática, así como los ámbitos institucionales y administrativos, se observa cómo, a partir de la Edad Moderna, los ámbitos designativos en los que siguen apareciendo arabismos se corresponden con artes menores y de la vida cotidiana (cerámica, cuero, objetos culinarios) (Maíllo Salgado 1997: 90). No obstante, esta apreciación es aceptable en términos generales, dado que, si se pone el foco en tipos textuales fuera del circuito literario y formal, como es el caso del presente estudio, durante el siglo XVII se registran numerosos términos de origen árabe[11].

4. LOS ARABISMOS EN LA DOCUMENTACIÓN NOTARIAL PACENSE DEL SIGLO XVII. ANÁLISIS Y ESTUDIO DE CASOS

Como se ha señalado anteriormente, el corpus elaborado que sirve de base para realizar el análisis léxico de arabismos se compone de 56 relaciones

10 La mentalidad de ese rechazo ya no solo se circunscribe al desapego por el arabismo, sino que alcanza a las diferentes vertientes que han tenido los estudios de orientalísticos en la Península. Rechazo muy vinculado a cuestiones ideológicas y religiosas que ha provocado, entre otras cosas, que las publicaciones científicas al respecto se demorasen casi hasta principios del siglo XX (Corriente 2018:13-13).

11 Así, por ejemplo, los territorios que conformaron el antiguo reino de Granada se configuraron como un núcleo en el que, durante más de dos siglos tras su reconquista cristiana, se mantuvieron e incluso se incorporaron términos árabes relativos a múltiples aspectos de la vida cotidiana que los moriscos mantuvieron hasta su definitiva expulsión en 1609 (González Sopeña 2019).

de bienes pacenses, las cuales se traducen en inventarios de bienes, cartas de dote, particiones y testamentos.

El hecho de trabajar con este tipo textual, menor o marginal, de una zona geográfica específica ayuda a explicar el hecho de que se siguiesen codificando préstamos léxicos de origen árabe, si bien los campos léxico-semánticos en los que aparecen se corresponden con objetos y enseres de la vida cotidiana. Desde el punto de vista general, la Tabla 1 muestra algunos de los arabismos hallados en el conjunto de textos analizados de forma más frecuente:

Tabla 1 *Arabismos presentes en la documentación notarial pacense (primera mitad del S. XVII)*

Telas y adornos textiles	*Guadamecí, jubón, juboncillo, cenefa, alcaparrón, cotonía, algodón, badana, tabí*
Indumentaria	*Alhajas, alfombra, alamar, alpargata, ajuar, aciche/ azache (hilo acijado), ferreruelo, faldriquera, fustán, talego, talega*
Minerales y piedras	*Alioj, azófar, latón, ámbar, marfil, nácar,*
Oficios	*Albacea, alguacil*
Impuestos	*Albaceazgo*
Medidas y monedas	*Fanega, cahíz, maravedí, resmas, arroba*
Plantas	*Acebuche*
Utensilios culinarios	*Almirez, alcuza, alguidar, almofía, candil, jarra, alcarraza, aceite, aceitera*
Colores	*Carmesí*
Instrumentos	*Ceranda, zaranda, argadillo, alabarda, alquitara*
Otros	*Jineta, arrabal, azafrán, tabaco*

Como se observa, son diversos los ámbitos léxico-semánticos cotidianos en los que quedan plasmados un buen número de arabismos. Muchos de los términos recogidos en la Tabla 1 se han visto sometidos a los procesos señalados, tales como la competencia y sustitución léxicas entre arabismos y entre arabismos y voces de otro origen etimológico, el arrinconamiento dialectal o la pérdida total. Un ejemplo de competencia léxica entre dos arabismos es el que se presenta entre *azófar* y *latón*. La competencia entre un arabismo y una voz de origen latino se produce, por ejemplo, entre *mármol* y *alioj*, o entre *mortero* y *almirez*. Otros términos han pervivido en el español actual, como pueden ser *azafrán*, *tabaco*, *algodón*, mientras que otros han quedado arrinconados dialectalmente en su uso, como *alpargata*, *almofía* o *fanega*. Además, por la zona geográfica a la que se adscriben los documentos, es posible hallar arabismos que han sido tomados del portugués, como es el caso de *alguidar*.

Los préstamos árabes seleccionados de la Tabla 1 para su análisis son los siguientes: *alguidar*, *tabí* y *resma*. El estudio que se presenta a continuación incluye, en primer lugar, las hipótesis etimológicas de los arabismos seleccionados, tomando como referente las propuestas por Corriente (1999) y el DCECH. En segundo lugar, se intenta establecer la documentación más temprana para cada una de las voces. Seguidamente, se aportan los datos obtenidos de CORTENEX S. XVII. Estos datos se completan a través del cotejo y la comparación con la información que aportan otros corpus lingüísticos, tanto de referencia (CORDE, CDH), como especializados en períodos o tipología textual concretos (CorLexIn, CODEA, *Post Scriptum*, etc.). Adicionalmente, se establece, asimismo, el tratamiento lexicográfico que han tenido los arabismos escogidos desde la Edad Media hasta la actualidad con el objetivo de establecer la historia de los préstamos seleccionados de la forma más completa y precisa posible en lo que respecta a los usos y alteraciones semánticas que hayan podido tener.

Así, todo este estudio permite observar las convergencias y divergencias entre diferentes áreas lingüísticas, es decir, observar qué arabismos son propios de la región extremeña o cuáles presentan un uso en todo el occidente peninsular, así como determinar los que han tenido un uso general, los que han sufrido algún tipo de reemplazo o los que cuentan con un uso solo en un período determinado.

4.1. Alguidar

El arabismo *alguidar* significa en portugués 'escudilla grande', proviene del ár. hisp. *alġiḍár* y este, a su vez, del ár. clas. *ġiḍār* (derivado intrarromano *alguidarada*) (Corriente 1999, *s.v.*). Al tratarse de una voz portuguesa, los corpus lingüísticos del español, tanto los de referencia como los especializados en zonas y/o cronología, que se han usado en este estudio para trazar la historia del vocablo no arrojan ejemplos (CORDE, CDH, CorLexIn, CODEMA). Lo mismo sucede con el rastreo de su tratamiento lexicográfico. Aun así, CORTENEX S. XVII nos arroja un ejemplo de este arabismo en Badajoz en 1601:

(2) 1601, Badajoz: "Vn *alguidar*" (CORTENEX).

Dada la proximidad geográfica de Badajoz con Portugal, puede que estemos ante un caso de interferencia lingüística (Palacios 2011) de tipo léxico fruto de contacto entre ambas comunidades. Al contrario de lo que sucede en los bancos de datos para el español, en portugués sí es posible documentar *alguidar* a través del corpus *Post Scriptum*, un corpus de cartas españolas y portuguesas de la Edad Moderna[12]. Se recuperan los siguientes ejemplos:

(3) a. 1621, Leiria, Portugal: "[...] em hu *algidar* aonde lavavão a criança" (*Post Scriptum*).
b. 1716, Coímbra, Portugal: "[...] dela a botase num *alguidar* grande e eu que me havia nua" (*Post Scriptum*).
c. 1716, Coímbra, Portugal: "[...] me havia nua remeter dentro no *alguidar* em pe e que tomase" (*Post Scriptum*).
d. 1716, Coímbra, Portugal: "[...] que estava no *alguidar* e Cheio dela" (*Post Scriptum*).
e. 1716, Coímbra, Portugal: "[...] o Caldo dela em hum *alguidar* eu que metese dentro" (*Post Scriptum*).
f. 1716, Coímbra, Portugal: "[...] o molhava dentro no *alguidar* e com ele me chapinhava todo" (*Post Scriptum*).

Como se observa, solo existe un caso del siglo XVII (a) y todos se corresponden con cartas portuguesas localizadas hacia el centro del país, como se observa en la figura 5:

12 http://teitok.clul.ul.pt/postscriptum/

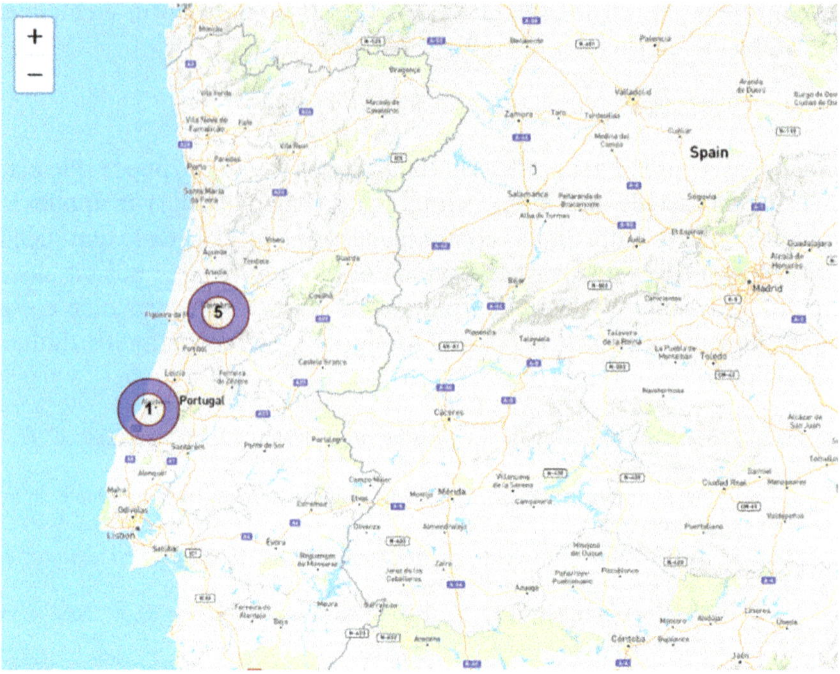

Figura 5 *Distribución geográfica de alguidar en Post Scriptum*

La voz tiene amplio recorrido en lengua portuguesa, tanto de Portugal como de Brasil. Se refiere a un tipo de recipiente, por lo común de cerámica, empleado para hacer pan, amasar o lavar loza. Es tan común en Portugal que incluso está presente en nombres de recetas *carne de alguidar, licor de alguidar.* Cunha (1986) registra en su vocabulario del portugués medieval *algydar* en el siglo XIV. Otros autores datan esta voz en portugués hacia finales del siglo XV o principios del siglo XVI (Kiesler 1992, Messner, 1990, Abbade 2009) en un manuscrito titulado "O livro da cozinha da Infanta D. Maria" en el que se listan numerosos objetos empleados para cocinar entre los que se incluye el alguidar.

A todo ello debe sumarse que, tanto la lengua portuguesa como la española, comparten la característica de que ambas tuvieron una enorme influencia del árabe en su léxico, por lo que no es de extrañar que se encuentren estas convergencias:

> Lógicamente, la historia interna de la lengua portuguesa y española ha tenido distinta evolución a lo largo del tiempo. Sin embargo, la historia externa de ambas comparte, con todas las lenguas ibéricas, sustanciales puntos comunes, uno de los cuales es la fuerte influencia del árabe y el mozárabe como sustrato lingüístico innegable. (Climent 2016: 204)

Con todo, el arabismo sigue completamente vivo en portugués y está recogido en diversos diccionarios[13]. Esta cuestión también la corrobora Seabra Marques de Azevedo (2015: 6):

> Entre os arabismos "vivos" na nossa língua, há que estabelecer uma distinção entre os que são de uso geral em todo o país, integrando o léxico comum de todos os falantes — açúcar, albarda, alcatifa, alcatrão, aldeia, alecrim, alface, alfaiate, alguidar, alicerce, almofariz, andaime, armazém, arroz, azeite e azeitona, cenoura, enxoval, garrafa, jarra.

Una reflexión parecida acerca de la vitalidad actual que tiene este tipo de léxico de origen árabe relativo a utensilios de cocina en la vida cotidiana es la que ofrece Rossi (2021: 275) a través de un estudio que indaga el uso de *alguidar* en el Corpus del Español de Mark Davies (NOW) para concluir que tiene una frecuencia de uso contemporáneo media, media/ alta. Así, el corpus CORTENEX ha permitido documentar un solo caso de este arabismo de especial arraigo en portugués, por lo que es necesario ampliar la selección documental extremeña en búsqueda de más ejemplos de este arabismo tomado del portugués en una zona fronteriza como Badajoz.

4.2. Resma

El arabismo *resma*, cuyo significado es 'cierta cantidad de pliegos de papel' proviene del ár. *rizmah*, que ha podido tener una variante **rázma* en ár. hisp (Corriente 1999, *s.v.*)[14]. El DCECH *s.v. resma* data la primera documentación de este arabismo en 1475 a través de Guillén de Segovia (*rrezma*).

13 *Alguidar* 'recipiente mais largo que alto e cuja boca tem multo maior diámetro que o fundo' (Houaiss, Priberam, *s.v.*).

14 Cuenta con el derivado *resmilla* 'paquete de 20 cuadernillos de papel de cartas'.

Lexicográficamente, aparece registrada desde Nebrija (1492) bajo el sintagma *rezma de papel.* Posteriormente, a lo largo de los siglos XVI y XVII, son numerosas las obras lexicográficas que recogen el vocablo: Alcalá 1501, Casas 1570, Percival 1591, Oudin 1607, Vittori 1609, Covarrubias[15] 1611, en otros.

Posteriormente, *Autoridades* 1737 *s.v. resma* señala como significado 'el mazo de veinte manos de papel' e incluye como ejemplo de esta palabra un fragmento extraído de la *Pragmática de Tasas* de 1680, f. 14: "Cada *resma* de papel de Génova batido, de veinte manos de a veinte y cinco pliegos, a veinte y quatro reales de vellon". Se aporta otro ejemplo de autoridad en Cervantes "Del gran Mercurio la cabal persona / sobre seis *resmas* de papel sentada [...]". Los sucesivos diccionarios académicos consignan la definición reducida de 'el mazo de veinte manos de papel'. La edición de 1884 ya incluye la etimología árabe de este sustantivo y modifica ligeramente su definición "conjunto de veinte manos de papel, o sea, de quinientos pliegos" y añade la construcción *resma sucia*, que permanece hasta la edición más actual del diccionario. A mediados del siglo XX, la definición se queda como 'conjunto de 20 manos de papel'.

Algunas peculiaridades se observan en las obras lexicográficas extraacadémicas: Salvá 1846 y Gaspar y Roig 1855 (NTLLE) diferencian entre "resma limpia" y "resma sucia", cuya diferencia radica en las manos útiles que tengan. Pagés 1925 aporta ejemplos literarios de esta voz a través de Tirso de Molina[16], Mesonero Romanos[17], Espronceda[18] y Lope de Vega[19].

Para trazar la historia de este arabismo, los grandes corpus de referencia del español (CORDE y CDH) arrojan más de 200 ejemplos en distintos tipos de documentos, sobre todo, literarios y comerciales. Los casos más antiguos comienzan a aparecer a principios del siglo XVI en CORDE, tanto en la Península como en países hispanoamericanos, en disposiciones comerciales y ensayos:

---

15 Covarrubias se limita a señalar bajo la variante señalada que se trata de un nombre árabe.

16 "Doce *resmas* de redondillas" (Pagés, 1925, *s.v.*).

17 "Y de bulas una *resma*" (Pagés, 1925, *s.v.*).

18 "[...] en manchar se emplea/ *Resmas* para envolver alcarabea" (Pagés, 1925, *s.v.*).

19 "Con una *resma* de papel escrito" (Pagés, 1925, *s.v.*).

(4) a. 1501–1505, *Acuerdo del Concejo Madrileño*: "Quel mayordomo de una resma de papel para las escripturas [...] Manden quel mayordomo me de trezientos maravedís por una *resma* de papel".
b. 1535–1557, Fernández de Oviedo, *Historia general y natural de las Indias*: "[...] y una *resma* de papel, que lo uno y lo otro le costó en Sevilla medio ducado".
c. 1572–1574, Proceso de Pedro de Ocharte, *Documentos para la historia de la imprenta en México (1525–1612)*: "a seis pesos y medio la *resma*".

El CDH adelanta la datación de esta voz al siglo XIV, en una crónica:

(5) 1325, *Crónica de veinte reyes*: "dizen le en araujgo fuego de alqujtran, *resma*, pes".

Los tipos de texto que incluyen esta voz durante los siglos XVI, XVII y XVIII son de carácter literario, pero también administrativos y comerciales. Estos últimos, sobre todo, se relacionan directamente con la historia de la imprenta en distintos países (Guatemala, México, Perú, etc.)[20]. La documentación de esta voz durante este período se completa con los ejemplos que aporta el corpus CorLexIn en inventarios de bienes en muchas zonas peninsulares y americanas (Tenerife, Huelva, Madrid, Perú o Colombia):

(6) a. 1691, Huelva: "Yten, cada *resma* de papel blanco a quince reales de uellón" (CorLexIn).
b. 1698, Lima: "Por media *resma* de papel, cinco pesos" (CorLexIn).

Los casos en este tipo de documentación notarial se amplían con el corpus ODE y CORTENEX en Badajoz, Sevilla y Cádiz en los siglos XVII y XVIII:

(7) a. 1634, Badajoz: "Doze *resmas* de papel de Francia"
b. 1645, Badajoz: "Treynta y una *resmas* de papel blanco"
c. 1703, Sevilla: "Dies *resmas* de papel blanco"
d. 1777, Cádiz: "[...] una *resma*"
e. 1777, Cádiz: "Yt, *resma* y media de papel"
f. 1777, Cádiz: "Yt, vna y media *resmas*"

20 1680, *Documentos para la historia de la imprenta en Guatemala*: "quince pesos del valor de una *resma* de papel que me dio"; 1783, *Instancia de don Agustín Garrigós acerca de sus salarios en la Imprenta*: "todas las menudencias que se imprimieron al respecto de veintiuna manos de papel de que se componía la *resma*" (CDH).

El alcance de esta voz en territorios americanos queda corroborado a través de los ejemplos que aporta el *Léxico hispanoamericano* de Boyd-Bowman desde 1512 hasta finales del siglo XX en Puerto Rico, México, Cuba o Colombia[21].

Es necesario señalar que, ya en los siglos XIX y XX, se observa cierta especialización del arabismo, pues los grandes corpus de referencia presentan un volumen de casos importantes en textos periodísticos[22], manuales técnicos[23] y obras didácticas[24], sin olvidar los textos literarios, como las novelas[25]. No obstante, se sigue codificando el término sin marcas en los diccionarios más actuales de lengua española (DEA 2018, *s.v.*)

Con todo, no debe extrañar el amplio recorrido y uso de un arabismo como *resma* en diferentes tipos de textos que establecen los precios y condiciones de su venta desde la Baja Edad Media. Corominas ya advierte de que el papel fue introducido en Europa de la mano de los musulmanes y fue propagado desde España (DCECH, *s.v.*). De hecho, los musulmanes tomaron la receta de su fabricación de Asia y, así, desde el siglo VIII, con la invasión musulmana a la Península, pasó a Occidente (Hernández Ospino 2004: 63), lugar en el que la cultura de lo escrito se ha constituido como un pilar fundamental en el desarrollo de sus sociedades (Castillo Gómez 2015).

---

21 1512, Puerto Rico [TDH 152]: "*resma* y media de papel"; 1677, México [RDS, 1, 220]: "subió el papel a 15 pesos resma"; 1843, México [AHD 95]: "4 *resmas* papel blanco"; 1987, Colombia [SIB 24.2.87, 58]: "llevar una *resma* de papel" (*Léxico hispanoamericano*, *s.v.*).

22 1987, Clarín, *Economía y hacienda*: "La *resma* tiene 500 hojas"; 1996, ABC: "una espectacular *resma* de libros" (CDH).

23 1878, Justo Zapater y José García Alcaraz, *Manual de litografía*: "o sea 24 *resmas* en diez horas" (CDH)

24 1904, Juan Benejam, *La escuela práctica:* "Una *resma* de papel contiene 20 manos, cada mano 5 cuadernillos y cada cuadernillo 5 pliegos" (CDH).

25 1876, Benito Pérez Galdós, *La segunda casaca*: "en apoderarme de una *resma* de papel"; 1953, Alejo Carpentier, *Los pasos perdidos*: "ya que tendrán resmas y *resmas* de papel" (CDH).

4.3. Tabí

La voz *tabí*, que significa 'cierta tela de seda', proviene del ár. hisp. *ʕattābī,* gentilicio de *ʕattābiyah*, suburbio de Bagdad, donde primero se manufacturó, transmitido por el francés o, más probablemente, del italiano (Corriente 1999, DCECH, *s.v. tabí*). Corominas establece como primera documentación para este término el año 1604. Una fecha aproximada sobre la primera documentación de este arabismo se observa en el CORDE y en el CDH en un documento notarial anónimo: "c1600, Inventarios reales: dos estolas y tres manípulos, capa con su capilla y pectoral, cuerpos y cenefas de *tabí*". En estos dos grandes corpus de referencia los ejemplos aparecen casi ininterrumpidos durante todo el siglo XVII, pero casi todos ellos son de tipo literario (Quevedo, Lope de Vega, Tirso de Molina[26]). Asimismo, también se encuentran ejemplos de *tabí* en cartas anónimas del siglo XVII[27]. Con todo, el grupo más numeroso de documentos que se recuperan en estos recursos lingüísticos son de tipo literario, seguido por los de tipo histórico (inventarios y cartas), prácticamente concentrados todos en el siglo XVII. Los únicos casos del siglo XVIII están vinculados geográficamente a Hispanoamérica, pero no se corresponden con el significado 'tipo de tela', sino con un nombre propio[28].

El CorLexIn arroja varios ejemplos del siglo XVII en inventarios de bienes americanos y peninsulares, la mayoría de Sevilla y Cádiz[29]:

(8) a. 1622, México: "Más vn vestido de *tabí* de mujer" (CorLexIn).
b. 1625, Bolivia: "Yten, una ropa y saya y un bohemio de *tabí* verde y plata" (CorLexIn).
c. 1654, Cádiz: "Yten, vna basquiña de *tabí* noguerado" (CorLexIn).
d. 1659, Sevilla: "Vn jubón de *tauí* dorado" (CorLexIn).

Este corpus aporta, además un caso del arabismo en Bolivia en 1703:

26 Por ejemplo, en la obra *Perinola* de Quevedo, hacia 1632: "luego viste al lagarto de damasco, y no de *tabí* ni de terciopelo" (CORDE, CDH). Estas mismas autoridades usa Pagés 1931 para ejemplificar la palabra.

27 1615, *Relación de la jornada y casamientos*: "todos guarnecidos con pasamanos de oro forrados en *taui* de plata" (CORDE).

28 1774–1776, Máximo Rodríguez, *Relación*, Perú: "hermano del que se hallava en la ysla de Matea, nombrado *Tabi*" (CDH).

29 Si bien, también se documentan dos ejemplos más, uno en Huesca y otro en Guipúzcoa (CorLexIn, *s.v. tabí*).

(9) 1703, Bolivia: "Yten, un pedaço de *tauí* de China" (CorLexIn).

Estos ejemplos se amplían más con la información recuperada del *Léxico Hispanoamericano* de Boyd-Bowman, pero, de nuevo, solo durante el siglo XVII[30]:

(10) 1641, México: "3 varas de *tabí* de China colorado"

Junquera y Morala (2019) dan noticias acerca de la distribución tan desigual que tiene este arabismo en la Península, además de que su uso parece restringirse casi de forma exclusiva al siglo XVII. CORTENEX arroja un par de casos más en Badajoz, lo cual ayuda a completar el mapa lingüístico del término en dicha centuria:

(11) a. 1633, Badajoz: "Un jubon de *tabi* de noguerado en çinquenta reales".
b. 1645, Badajoz: "Un rodapies del mismo *tabi* del cobertor".

Resulta bastante llamativo que este término se documente de forma bastante amplia en diversos tipos textuales durante el siglo XVII y que casi esté desaparecido durante el siglo XVIII y siguientes. Este hecho puede quedar explicado por las notas que aparecen en los diccionarios que han registrado el arabismo. En el *Nuevo Tesoro Lexicográfico de la Lengua Española*, *tabí* se registra tardíamente, desde Bluteau 1721, si bien no aporta información. A partir de *Autoridades* 1739, *s.v. tabí*, se explica que era "cierto género de tela, que se usaba antiguamente, como tafetán grueso prensado, cuyas labores sobresalían, haciendo aguas y ondas". Los cambios de este lema en las sucesivas ediciones del diccionario académico son mínimos, tales como la inserción de su etimología en 1884, haciendo ya mención del gentilicio de un suburbio de Bagdad.

El diccionario de Toro y Gómez 1901 (NTLLE) señala como sinónimo de este tipo de seda la voz *moaré/muaré*, voz asimismo del árabe, pero introducida a través de francés. Para este término ODE cuenta con numerosos ejemplos en el siglo XVIII (figura 6), por lo que, dada la influencia francesa durante esta centuria, puede haber ocurrido un relevo léxico de un término por otro (*tabí* > *muaré*):

30 El único caso del siglo XIX se corresponde con un nombre propio: "cerca del amohonamiento de *Tabí*" (1808, Yucatán).

contexto	Ítem Una chupa de seda	**amoer**	de aguas, demediada en	1776 Sevilla
contexto	raso liso. Otra de	**moer**	negro. Unos calzones de	1776 Cádiz
contexto	labradas. Otra chupa de	**moer**	negro. Una casaca de	1776 Cádiz
contexto	mezclilla. Una chupa de	**moer**	de diferentes calidades. Un	1776 Cádiz
contexto	Ítem un deshabillé listado de	**moer**	de flores, color verdeceledón	1776 Cádiz
contexto	y seda Una casaca de	**moer**	negro en cuarenta y cinco	1750 Madrid
contexto	Ítem, una basquiña de	**muaré**	en trescientos setenta y nueve	1758 Sevilla
contexto	reales. Una almohadilla de	**moer**	en veinte reales. Una	1779 Madrid
contexto	veinte reales. Otra de	**moer**	, usada, en treinta	1801 Madrid
contexto	. Más una basquiña de	**muer**	mediada en ciento y veinte	1745 Madrid
contexto	vellón. Un vestido de	**muer**	, casaca y basquiña,	1750 Madrid
contexto	treinta reales. Otro de	**muer**	con deshebille y guarnición,	1784 Madrid
contexto	. Ítem una de cuadros	**muer**	vale 90. Ítem otra	1832 Almería

Figura 6 *Ejemplos de moaré en ODE*

Esa misma equiparación de ambos términos la encontramos en los diccionarios académicos de 1927, 1950, 1985 y 1989: "tela antigua de seda, parecida al muaré" (NTLLE, s.v. *tabí*). Desde el punto de vista más actual, los escasos ejemplos que pueden rastrearse a través de corpus lingüísticos, como el CREA, son de tipo literario[31], mientras que en las concordancias que se recuperan en el CORPES XXI vuelve a aparecer el término como nombre propio de lugar en Hispanoamérica. No hay rastro del arabismo en el DEA (2018), hecho que viene a corroborar su pérdida y desuso.

31 1982, Jesús Alviz Arroyo, *Un solo son en la danza* (teatro): "¡oh la basquiña! ..., de *tabí* leonado" (CREA).

5. CONCLUSIONES

A modo de conclusiones generales, el corpus CORTENEX S. XVII ha resultado ser una fuente documental importante a la hora de constatar arabismos de diferente tipo. Metodológicamente, el uso de aplicaciones y herramientas pioneras en Humanidades digitales han permitido integrar este corpus dentro de *Oralia diacrónica del español* (ODE) con una homogeneidad metodológica que permite contrastar datos entre documentos del mismo tipo y del mismo corte cronológico, pero de zonas geográficas diferentes, a la hora de plantear diferentes investigaciones.

Los documentos escogidos se traducen en relaciones de bienes que incluyen cartas de dote, inventarios, testamentos y particiones. El valor histórico-lingüístico de estos documentos ha sido probado en multitud de estudios, siendo el corpus CORTENEX S. XVII una contribución más al respecto, si bien de un territorio bastante desconocido en los estudios diacrónicos de la lengua española. Desde el punto de vista léxico, el corpus elaborado recupera una valiosa parcela del léxico de la vida cotidiana de diversos ámbitos designativos. Concretamente, este trabajo se ha centrado en un aspecto muy concreto del léxico español: los arabismos. De entre todos los arabismos extraídos de la documentación notarial de la primera mitad del siglo XVII se han escogido tres para realizar un análisis más exhaustivo y con resultados diferentes entre sí. El arabismo *resma* se presenta como general en lengua española, con una historia documental amplia en la práctica totalidad de territorios hispanohablantes. No obstante, actualmente, parece ser un término algo más especializado dado los datos que arrojan los grandes corpus de referencias consultados.

El arabismo *alguidar* se presenta como exclusivo de la región extremeña y se constata su incorporación a través de la lengua portuguesa. Así, CORTENEX ha permitido ofrecer un caso documental en un texto notarial del siglo XVII, mientras que, tanto su documentación como su tratamiento lexicográfico es nulo en fuentes exclusivas de la lengua española. Por último, para el arabismo *tabí*, el corpus elaborado arroja una serie de ejemplos más que completan el panorama expuesto por el CorLexIn. La documentación de este arabismo es muy dispar y parece que su uso no se extiende más allá del siglo XVII. De tal forma, se propone un relevo léxico que, en este caso, se produce con otro arabismo adoptado desde el francés: *moaré*.

Con todo, es necesario realizar una ampliación documental del corpus CORTENEX. Actualmente solo se tienen datos para la primera mitad del siglo XVII, razón por la cual está prevista una ampliación documental para la segunda mitad del siglo XVII, así como para el XVIII y XIX, con el objetivo de poder obtener una visión completa de la región extremeña a través de textos de tipo notarial y completar así los escasos datos lingüísticos que se tienen sobre este territorio en perspectiva diacrónica.

Bibliografía

Corpus / Diccionarios

ALEA = Alvar, Manuel, (1961–1973): *Atlas lingüístico y etnográfico de Andalucía*, Granada: Universidad de Granada-CSIC.

Boyd-Bowman, Peter (2015): *Léxico hispanoamericano 1943–1993*, Hispanic Seminary of Medieval Studies: Universidad de Wisconsin. En línea <textred.spanport.wisc.edu>

CdE = Davies, Mark (2016): *El corpus del español*. En línea <www.corpusdelespañol.ogr>

CDH = Real Academia Española: *Corpus del Nuevo Diccionario Histórico del Español*. En línea <www.rae.es>

CODEMA = Carrasco Cantos, Inés (dir.): *Corpus Diacrónico de documentación malagueña*. En línea <http://www.arinta.uma.es/contenidos/tfe_inicio.action>

CORDE = Real Academia Española: *Corpus diacrónico del español*. En línea <www.rae.es>

CORDIAM = Academia Mexicana de la Lengua: *Corpus Diacrónico y Diatópico del Español de América*. En línea <www.cordiam.org>

CORLEXIN = Morala Rodríguez, José Ramón (dir.). *Corpus léxico de inventarios*. En línea <https://apps2.rae.es/CORLEXIN.html>

CORPES XXI = Real Academia Española: *Corpus del español del siglo XXI*. En línea <www.rae.es>

Corriente, Federico (1999): *Diccionario de arabismos y voces afines en iberorromance*, Madrid: Gredos.

CREA = Real Academia Española: *Corpus de referencia del español actual.* En línea <www.rae.es>

DCECH = Corominas, Joan y José Antonio Pascual (1980–1991): *Diccionario crítico y etimológico castellano e hispánico*, Madrid: Gredos.

DEA = Seco, Manuel, Olimpia Andrés y Gabino Ramos (2018): *Diccionario del español actual*, Madrid: Santillana.

DHLE = Real Academia Española (1960–1996): *Diccionario histórico de la lengua española.* En línea <www. rae.es>

DLE = Real Academia Española: *Diccionario de la lengua española*, <www.rae.es>

Houaiss = Houaiss, Antonio (2009): *Diccionário Houaiss de língua portuguesa*, Portugal: Editora Objetiva LTDA.

NTLLE = Real Academia Española, *Nuevo tesoro lexicográfico de la lengua española.* En línea <www.rae.es>

ODE = Calderón Campos, Miguel y María Teresa García-Godoy (2010–2019): *Oralia diacrónica del español (ODE).* En línea <http://corpora.ugr.es/ode>

Post Scriptum = CLUL (ed.) (2014): *P.S. Post Scriptum. Arquivo Digital de Escrita Quotidiana em Portugal e Espanha na Época Moderna.* En línea <http://ps.clul.ul.pt.>

Priberam = *Dicionário Priberam da Língua Portuguesa* (2008–2021). En línea <https://dicionario.priberam.org/chave>

Referencias bibliográficas

Abbade, Celia Márcia de Sousa (2009): *Um estudo lexical do primeiro manuscrito da culinária portuguesa medieval: o livro de cozinha da Infanta D. Maria*, Baía: Quarteto.

Arié, Rachel (1993): *España musulmana (siglos VIII-XV)*, Barcelona: Labor.

Ariza Viguera, Manuel (1985): “Dos estudios de historia lingüística de Extremadura”. *Anuario de Estudios Filológicos,* VIII, 7–18.

Calderón Campos, Miguel (2019): "La edición de corpus históricos en la plataforma TEITOK. El caso de Oralia diacrónica del español (ODE)", *Chimera. Romance Corpora and Linguistic Studies*, 6, 21–36.

Calderón Campos, Miguel y Gael Vaamonde (2020): "Oralia diacrónica del español: un nuevo corpus de la Edad Moderna", *Scriptum digital*, vol. 9, 167–189.

Castillo Gómez, Antonio (2015): *Culturas del escrito en el mundo occidental. Del Renacimiento a la contemporaneidad*, Madrid: Casa Velázquez.

Climent-Espino, Rafael (2016): "Reflexiones sobre el proceso de traducción del portugués al español de *Amrik* de Ana Miranda", *O eixo e a roda*, v. 25, 1, 195–211.

Colón Domènech, Germán (2002): "De arabismos interhispanos", en Albert Soler y Nuria Mañé (eds.), *Para la historia del léxico español*, Madrid: Arco/Libros, 45–54.

Corriente, Federico (2004): "El elemento árabe en la historia lingüística peninsular", en Rafael Cano Aguilar, Rafael (coord.), *Historia de la lengua española*, Barcelona: Ariel, 185–205.

Corriente, Federico (2018): *La investigación de los arabismos del castellano en registros normales, folklóricos y bajos,* Zaragoza: Instituto Fernando el Católico.

Cummins, John (1974): *El habla de Coria y sus cercanías*, Londres: Tamesis Book Limited.

Cunha, Antônio Geraldo da (1986): *Índice do vocabulário do português medieval*, Rio de Janeiro: Fundação Casa de Rui Barbosa. v. 1. (A).

Eberenz, Rolf (1998): "Tornar -volver y descender- bajar, orígenes de dos relevos léxicos", en Claudio García Turza *et al.* (coords.), *Actas del IV Congreso Internacional de Historia de la Lengua Española*, La Rioja: Universidad de La Rioja, 109–126.

Giménez Eguibar, Patricia (2011): "Algunas cuestiones respecto a la perdida de arabismos em español peninsular", *Romance Philology*, 64, 185–195.

Giménez Eguíbar, Patricia (2015): "Dos casos de sustituciones léxicas: los arabismos alfayate y alfajeme", en Francisco Javier de Cos Ruiz *et al.* (coords.), *Actas del IX Congreso Internacional de Historia de la Lengua Española*, Madrid/Frankfurt: Iberoamericana/Vervuert, 1413–1427.

Gómez Capuz, Juan (2004): *Los préstamos del español, lengua y sociedad*, Madrid: Arco/Libros.

González Salgado, José Antonio (2003): *Cartografía lingüística de Extremadura*, Madrid: Universidad Complutense. En línea <http://www.geolectos.com/>

González Sopeña, Inmaculada (2019): *Los arabismos en el reino de Granada a través de la documentación archivística (finales del siglo XV – siglo XVII)*, Granada: Universidad de Granada.

González Sopeña, Inmaculada (2021): "Sustituciones léxicas en los arabismos del reino de Granada", en Christopher Pountain *et al.* (ed.), *New worlds for old words*, Delaware: Vernon Press, 157–169.

González Sopeña, Inmaculada (2022): "Documentación notarial extremeña del siglo XVII en Oralia diacrónica del español (ODE): el léxico de la vida cotidiana a través de inventarios de bienes pacenses", *Románica Olomucensia*, 34/1, 13–30.

González Sopeña, Inmaculada (2023): "Corpus de textos notariales extremeños (CORTENEX S. XVII). La edición de un corpus histórico-lingüístico en el ámbito de las humanidades digitales", *Dialectología*, 31, 105–126.

Hernandez Ospino, William (2004): "El libro y su historia: primera parte", *Praxis*, *3*(1), 61–74.

Janssen, Maarten (2012): "Neotag: a POS tagger for grammatical neologism detection", en *Proceedings of the Eighth International Conference on Language Resources and Evaluation*, Estambul: ELRA, 2118–2124.

Janssen, Maarten (2016): "TEITOK: Text-Faithful Annotated Corpora", *Proceedings of the Tenth Internationl Conference on Language Resources and Evaluation Conference,* Eslovenia: ELRA, 4037–4043.

Junquera Martínez, Alejandro y José Ramón Morala (2019): "Léxico de origen italiano en documentos notariales de los siglos XVI y XVII", en Florencio del Barrio de la Rosa (coord.), *Lexicalización, léxico y lexicografía en la historia del español*, Italia: Edizioni Ca Foscari, 187–234.

Kiesler, Reinhard (1992): "A propósito dos arabismos na língua portuguesa". En línea <https://opus.bibliothek.uni-wuerzburg.de/frontdoor/index/index/docId/6865>

Lapesa, Rafael (2008 [1942]): *Historia de la lengua española*, Madrid: Gredos.

Lorenzo Criado, Emilio (1948): "El habla de Albalá. Contribución al estudio de la dialectología extremeña", *Revista de Estudios Extremeños*, IV, 398–407.

Maíllo Salgado, Felipe (1997): "La huella arábiga en el idioma español", Salamanca: Repositorio Institucional de la Universidad de Salamanca.

Maíllo Salgado, Felipe (1998): *Los arabismos del castellano en la Baja Edad Media*, Salamanca: Universidad de Salamanca.

Marcos Álvarez, Fernando (1992): "Algunas precisiones léxicas sobre indumentaria española en el siglo XVII", en Manuel Ariza *et al.* (eds.), *Actas del II Congreso Internacional de Historia de la Lengua Española*, vol. I, Madrid: Pabellón de España, 1161–1172.

Messner, Dieter (1990): *História do léxico português*, Heidelberg: Carl Winter.

Montero Curiel, Pilar (2006): *El extremeño*, Madrid: Arco/Libros.

Morala Rodríguez, José Ramón (2012): "Léxico e inventarios de bienes en los Siglos de Oro", en Gloria Clavería Nadal *et al.* (eds.), *Historia del léxico: perspectivas de investigación*, Madrid/Fráncfort: Iberoamericana/Vervuert, 199–218.

Morala Rodríguez, José Ramón (2014): "El *CorLexIn*, Un corpus para el estudio del léxico histórico y dialectal del Siglo de Oro", *Scriptum Digital*, 3, 5–28.

Oliver Pérez, Dolores (2004): "Los arabismos dentro de la historia del español: estudio diacrónico de su incorporación", en Manuel Cecilio Díaz *et al.* (coords.), *Estudios dedicados a José María Fernández Catón,* vol. 2, León: Centro de Estudios e Investigación San Isidoro, 1073–1095.

Palacios, Azucena (2011): "Nuevas perspectivas del cambio inducido por contacto: hacia un modelo dinámico del contacto de lenguas", *Revista de Lenguas Modernas*, Santiago de Chile: Universidad de Chile, 38 (2° semestre), 17–36.

Rossi, Maria Antonietta (2021): "Os Arabismos próprios da língua portuguesa em época contemporânea: análise do uso comunicativo dos itens lexicais através das ocorrencias autenticas em corpora eletrónicos", *Études romanes de Brno*, 42, 255–279.

Seabra Marques de Azevedo, Maria Luísa (2015): *Moçarabismo e toponímia em Portugal*, Lisboa: Academia das Ciências de Lisboa.

Steiger, Arnold (1967): "Arabismos", en Manuel Alvar *et al.*, *Enciclopedia linguística hispánica*, vol. 2, Madrid: CSIC, 93–126.

TEI Consortium (ed.) (2016): *TEI P5: guidelines for electronic text encoding and interchange*. Text Encoding Initiative Consortium. En línea <http://www.tei-c.org/release/doc/tei-p5-doc/en/Guidelines.pdf>.

Viudas Camarasa, Antonio, Manuel Ariza Viguera y Antonio Salvador Plans (1987): *El habla en Extremadura,* Junta de Extremadura: Consejería de Educación y Cultura.

Walsh, John (1967): *The loss of Arabisms in the Spanish lexicon*, Virginia: Universidad de Virginia.

Zamora Vicente, Alonso (1943): *El habla de Mérida y sus cercanías*, Madrid: Anejo XXIX de la Revista de Filología Española.

Estado de la cuestión de los corpus de las relaciones de sucesos (siglos XV–XVII). Propuesta de un corpus diacrónico

State of the art of the corpora of account of events (15th-17th centuries). A proposal of a diachronic corpus

Maite Iraceburu Jiménez

Università degli Studi di Siena

ORCID iD: https://orcid.org/0000-0003-4690-3443

Resumen: Este estudio tiene como objetivo presentar los corpus digitales con los que cuentan hasta la fecha las denominadas relaciones de sucesos. Hasta el momento esta documentación, que tuvo su máximo esplendor durante el Siglo de Oro, se encuentra custodiada en la red principalmente en el *Catálogo y Biblioteca Digital de Relaciones de Sucesos* (*CBDRS*) y en el *Catálogo de Relaciones de Sucesos* de la Biblioteca de la Universidad de Sevilla. Si bien es cierto que estos corpus presentan una minuciosa clasificación de los diferentes pliegos, aportando tanto los datos de la *Relación* (título, tipología principal, subgénero principal, año y lugar del acontecimiento), como de su edición (lugar y año de edición, impresores, tamaño, número de páginas, signatura tipográfica, tipos de letra, contenido de reclamos e ilustraciones, colofones, modalidad de discurso), todavía carecen de una aproximación lingüística, que se antoja necesaria, cuando no urgente para el historiador de la lengua. Es por ello por lo que, ante la proliferación del estudio de las relaciones de sucesos desde una perspectiva diacrónica (Borreguero y de Toledo y Huerta 2003, 2006a, 2006b; Tabernero 2014; Mancera y Galbarro 2015; Fernández Alcaide y Leal Abad 2016; Sáez Rivera 2018; Iraceburu 2017, 2018, 2019a, 2019b, 2020a, 2020b, 2021a, 2021b), convendría llevar a cabo un corpus de relaciones de sucesos que permitiera al lingüista realizar las búsquedas oportunas para su investigación filológica. Así las cosas, este trabajo pretende presentar especialmente los problemas o los retos con los que el lingüista histórico se enfrenta a la hora de estudiar las relaciones de sucesos, textos que cuentan con una gran riqueza especialmente morfosintáctica, léxica y discursiva todavía por explorar. Asimismo, se realiza una propuesta de corpus diacrónico para el estudio de esta documentación, que tanto tiene que decir sobre el desarrollo de la lengua española.

Palabras clave: Relaciones de sucesos, edición digital, corpus diacrónico, Siglo de Oro

Abstract: The objective of this study is to present the current digital corpora of the so-called accounts of events (*relaciones de sucesos*). So far this documentation –which reached the height of its splendor during the Golden Age– is guarded in internet primarily in the *Catálogo y Biblioteca Digital de Relaciones de Sucesos* (*CBDRS*) and in the *Catálogo de Relaciones de Sucesos* of the Biblioteca de la Universidad de Sevilla. Nevertheless, while it is true that these corpora present a thorough classification of the different sheets, as they offer not only the main data of the accounts of events –title, principal typology, principal subgenre, year and place of the event–, but also the corresponding data of their edition –place and year of the edition, printers, size, number of pages, typographic signature, typefaces, content of catchwords and illustrations, colophons, discourse modality–, it is still needed a linguistic approximation to the aforementioned accounts of events. This approximation seems utterly necessary for the historian of the language. Therefore, given the proliferation of the study of the accounts of events from a diachronic perspective – Borreguero & de Toledo y Huerta (2003, 2006a, 2006b), Tabernero (2014), Mancera & Galbarro (2015), Fernández Alcaide & Leal Abad (2016), Sáez Rivera (2018), Iraceburu (2017, 2018, 2019a, 2019b, 2020a, 2020b, 2021a, 2021b)–, it would be useful to develop a specific corpus of accounts of events that will enable the linguist to carry out relevant search queries for his/her philological research. In this vein, this study aims to present especially the problems and even the challenges which the historical linguist faces when studying the accounts of events, texts which exhibit great morphosyntactic, lexical and discursive wealth still to be explored. On the other hand, this study will carry out a proposal of a diachronic corpus for the study of this documentation, which has so much to say about the Spanish language development.

Keywords: Accounts of events, digital edition, diachronic corpus, Golden Age

1. INTRODUCCIÓN

Las relaciones de sucesos, "textos ocasionales en los que se relatan acontecimientos con el fin de informar, entretener y conmover al receptor" (Pena 2001: 43), constituyen no solo un vasto sino a su vez un acaudalado material para el estudio de la historia de la lengua española. Sin embargo, hasta un tiempo reciente dichas relaciones solo se habían contemplado desde la óptica de las disciplinas de la Historia, la Literatura y el Periodismo, pasando de este modo inadvertidas para los historiadores de la lengua (Tabernero 2014). Gracias a los últimos trabajos enfocados desde una aproximación diacrónica, iniciados por Borreguero y de Toledo y Huerta (2003, 2006a, 2006b), y continuados por Tabernero (2014), Mancera y Galbarro (2015), Fernández Alcaide y Leal Abad (2016), Sáez Rivera

(2018) e Iraceburu (2017, 2018, 2019a, 2019b, 2020b, 2021a, 2021b), se ha podido poner de relieve el valor de esta documentación para el estudio del cambio lingüístico en español (y en otros idiomas[1]), erigiéndose de este modo como una nueva fuente documental que permite complementar los trabajos ya llevados a cabo sobre el español del Siglo de Oro, momento de máximo esplendor de estos pliegos, que fueron eclipsados por las obras literarias más excelsas a la sazón. Así pues, tal y como se ha apuntado a lo largo de los últimos años (Iraceburu 2017, 2018, 2019a, 2019b, 2020a, 2020b, 2021a, 2021b), se ha constatado la necesidad de la elaboración de un corpus *ad hoc* que permita el estudio de las relaciones de sucesos desde el punto de vista lingüístico, pues las bases de datos con las que se cuenta hasta el momento no satisfarían del todo las exigencias para la aproximación diacrónica a estos pliegos, que brindan un gran material lingüístico para el estudio gráfico, fonético, morfológico, sintáctico, léxico y discursivo del español de los siglos XV al XVII.

2. ACTUALES CORPUS SOBRE LAS RELACIONES DE SUCESOS

En la actualidad, para poder acceder a las relaciones de sucesos en línea, principalmente se encuentran disponibles tres corpus:

1) El portal BIDISO (Biblioteca Digital de Siglo de Oro)[2] de la Universidad de A Coruña, creado por el SIELAE (Seminario Interdisciplinar para el Estudio de la Literatura Áurea Española – Universidade da Coruña)[3], que "proporciona fuentes de investigación en Literatura, Historia, Historia de la imprenta, de la lectura y bibliotecas de los siglos XVI y XVII" (Pena Sueiro 2017: 73). Este portal, de sobra conocido por los

1 Cfr. Iraceburu (2020a).

2 Disponible en: https://www.bidiso.es/CBDRS/ediciones/buscador-basico/p/1.

3 Creado por la profesora Sagrario López Poza, catedrática de Literatura de la Universidade da Coruña, a principios de los años noventa: "Desde entonces, más de cincuenta personas han estado involucradas en los trabajos que se han acometido gracias a diez proyectos de investigación subvencionados en concurrencia competitiva a nivel autonómico y estatal." (Pena Sueiro 2017: 73).

estudiosos de las relaciones de sucesos, es, sin duda, el más completo hasta la fecha, pues permite el acceso gratuito a "bases de datos y ediciones digitalizadas (facsímiles y textos transcritos) de libros de emblemas españoles, relaciones de sucesos, polianteas (enciclopedias del Siglo de Oro) e inventarios de bibliotecas del período áureos" (Pena Sueiro 2017: 73), a la vez que ofrece mapas en los que localizar los lugares de edición y de los acontecimientos de las relaciones de sucesos (figura 1)[4].

Figura 1 *Mapa que presenta los lugares de edición de la CVRIOSA, Y VERDADERA RELACION DE VN PESCADO QVE COGIERON vnos Pescadores este Verano passado, en el Mar de Liorna, Ciudad de Italia, en la Toscana.* (1678)

2) ARACNE[5], Red de Humanidades Digitales y Letras Hispánicas. Esta iniciativa nació en el seno de un seminario de carácter internacional y está liderada por el equipo DIALOGYCA BDDH, con sede en la Universidad Complutense. Al igual que BIDISO, ARACNE se erige como un portal de referencia en el que pueden consultarse las bases de datos y bibliotecas digitales de los equipos que lo conforman[6], ofreciendo de

---

4 Cfr. https://www.bidiso.es/CBDRS/lugares.

5 Disponible en: https://www.red-aracne.es/publicaciones/biblioteca.

6 BECLaR (Biblioteca de Ediciones de Clásicos Latinos en el Renacimiento, UNED); Biblioteca Digital de Siglo de Oro (ya mencionado en el epígrafe anterior); Bieses (Bibliografía de Escritoras Españolas, UNED); Biblioteca Saavedra Faajardo de

este modo "una interfaz común para el trabajo conjunto con los recursos digitales disponibles, así como los que se pueden implementar tanto en el campo de la investigación como en el de las aplicaciones docentes."[7]

3) El Catálogo de relaciones de sucesos en la Biblioteca de la Universidad de Sevilla[8]. De la misma manera que el portal BIDISO[9], este presenta una minuciosa catalogación de las relaciones de sucesos, al indicar su fecha de publicación, impresor, colección, idioma y más detalles, como su descripción física, su lugar de impresión o su signatura. En este mismo orden de cosas, se facilita la descarga gratuita de la *Relación* en diferentes formatos[10], así como se ofrece la preciada transcripción que anhela el historiador de la lengua. No obstante, es aquí donde radica la dificultad para el estudio estrictamente lingüístico en las relaciones de sucesos, pues cuando se accede al texto transcrito, a menudo se pueden encontrar testimonios que la mayoría de las veces impiden e incluso llegan a imposibilitar el estudio exhaustivo de la lengua. Así las cosas, si bien estos corpus resultan más que adecuados y en alto grado satisfactorios para la búsqueda de las relaciones de sucesos en la red, no serían suficientes, sin embargo, para el estudio de la lengua española desde la perspectiva diacrónica. De esta manera, al historiador de la lengua le convendría poder servirse de un corpus como los desarrollados por los proyectos TEITOK

pensamiento político hispánico; Clarisel (Universidad de Zaragoza); DIALOGYCA (Biblioteca Digital de Diálogo Hispánico, Instituto Universitario Menéndez Pidal y Universidad Complutense de Madrid); Laboratorio de Bases de Datos (LBD); PARNASEO (Servidor Web de Literatura Española, Universitat de València); PHEBO (Poesía Hispánica en el Bajo Barroco, Universidad de Córdoba) y Progetto Mambrino (Universidad de Verona).

7 Cfr. https://www.red-aracne.es/presentacion.

8 Disponible en: https://expobus.us.es/s/Relaciones-de-Sucesos-en-la-BUS/page/catalogo.

9 Para una mayor profundización en las características de este portal, que ofrece muchísimas posibilidades de búsqueda (tipología principal, año del acontecimiento, código de la edición, lugar de edición, impresores, año de edición, tamaño, número de páginas, signatura tipográfica, tipos de letras, reclamos, iniciales, licencia, portada, idioma, modalidad del discurso –prosa o verso–, manuscrita o impresa, referencias en catálogos, datos del ejemplar –signatura, biblioteca– y otras ediciones), cfr.: https://www.bidiso.es/CBDRS/ediciones/buscador-basico/p/1 y Pena Sueiro (2017).

10 Los formatos disponibles son: ABBYY GZ, DAISY, EPUB, FULL TEXT, GENERIC RAW BOOK ZIP, ITEM TILE, KINDLE, PDF, SINGLE PAGE PROCESSED JP2 ZIP, TORRENT.

con los que ya cuentan diferentes universidades (figura 2)[11], paradigmas todos ellos de bases de datos para el estudio de la historia de la lengua.

Title	Host institution	Language(s)	Content
ACOC	Universidad de Salamanca	Spanish	Manuscripts
CAREXIL	Paris 8	Spanish	Handwritten letters, period: 1939–1940, size: 38 docs - 9.6k toks
CODHECUN	Universidad de Sevilla	Spanish	
COSUIZA	Université de Lausanne	Spanish	
Cartas de Ultramar	Universität Graz	Spanish	Manuscripts, period: 1823, size: 65 docs - 38k toks
LD	Universidad de Granada	Spanish	Manuscripts, size: 1 docs - 80k toks
ODE	Universidad de Granada	Spanish	Manuscripts, size: 119 docs - 140k toks
Post Scriptum	Universidade de Lisboa	Portuguese, Spanish	Handwritten letters, period: 1500–1900, size: 4.9k docs - 2M toks

Figura 2 *Adaptación de la tabla de los corpus históricos que emplean TEITOK*[12]

3. RETOS EN LA EDICIÓN Y TRANSCRIPCIÓN DE LAS RELACIONES DE SUCESOS

En el momento de enfrentarse a la edición y su correspondiente transcripción de las relaciones de sucesos custodiadas en los corpus mencionados, resultan numerosas las veces en las que el historiador de la lengua se

11 A saber, el ACOC de la Universidad de Salamanca, el CAREXIL de la Universitè Paris 8, el CODHECUN de la Universidad de Sevilla, el COSUIZA de la Université de Lausanne, las Cartas de Ultramar de la Universität Graz, los corpus LD y ODE de la Universidad de Granada, Post Scriptum de la Universidade de Lisboa y GITHE-CODEA de la Universidad de Alcalá de Henares.

12 Disponible en: http://www.teitok.org/index.php?action=projects&q=lang:Spanish.

encuentra con posibles complicaciones a cuya resolución, no obstante, se prestan los criterios de edición de la Red CHARTA[13]:

– Presencia de grabados. Con frecuencia las relaciones de sucesos presentan imágenes en sus portadas o al final del texto, como puede verse en los testimonios que siguen (figura 3). Si bien es cierto que en muchas ocasiones dichos grabados no están relacionados con el contenido del texto, constituyen una información importante que no ha de obviarse para el estudio del documento como simbiosis del texto y su paratexto icónico[14]. Para evitar la descripción completa del grabado en la misma transcripción, convendría seguir el modelo propuesto por ODE[15]: esto es, presentar la imagen paralela a la transcripción.

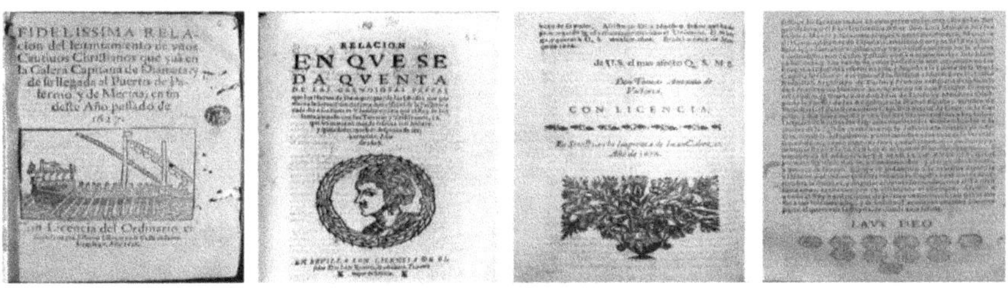

Figura 3 *Grabados en las portadas y en las páginas finales de las relaciones de sucesos*

– Cambios en la tipografía y disposición del texto (figuras 4 y 5): estos no vienen indicados en los corpus de relaciones de sucesos disponibles. Es por ello por lo que la transcripción de esta documentación de acuerdo con los citados criterios de la Red CHARTA favorecería en gran medida el estudio de la Historia de la lengua española.

– Empleo de mayúsculas y minúsculas: se erige este como un aspecto de elevado interés para poder llevar a cabo el estudio de los usos gráficos, ortográficos y también fonéticos del español de los siglos XV al XVII con el fin de contemplar otra fuente documental que no sean las obras literarias auriseculares, continuando de esta manera los trabajos de obligada

13 Consultables en: https://bit.ly/3grliov.

14 Para un estudio más profundo de los grabados en las relaciones de sucesos, cfr. Viceconte (2019).

15 *Oralia Diacrónica del Español* (§ 4).

referencia de Sáez Rivera (2009 y 2010) y Ramírez Luengo (2017 y 2020) para el español de los siglos XV a XVIII.

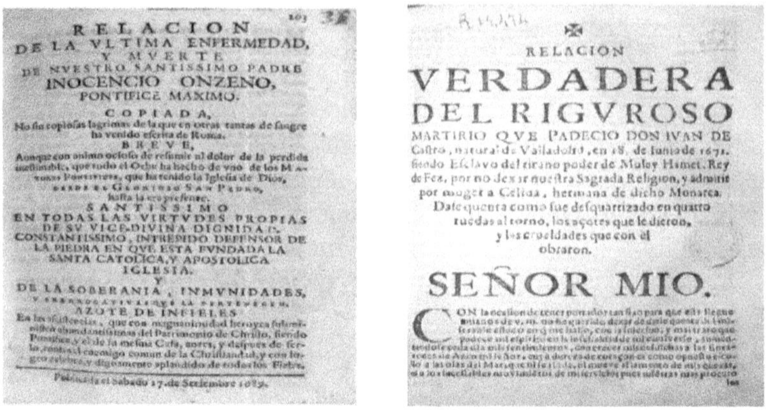

RELACION
DE LA VLTIMA ENFERMEDAD,
Y MVERTE
DE NVESTRO SANTISSIMO PADRE
INOCENCIO ONZENO,
PONTIFICE MAXIMO.
COPIADA,
No sin copiosas lagrimas de la que en otras tantas de sangre ha venido escrita de Roma.
BREVE,
SANTISSIMO
EN TODAS LAS VIRTVDES PROPIAS DE SV VICE-DIVINA DIGNIDAD.
CONSTANTISSIMO, INTREPIDO DEFENSOR DE LA PIEDRA EN QVE ESTA FVNDADA LA SANTA CATOLICA, Y APOSTOLICA IGLESIA.
Y
DE LA SOBERANIA, INMVNIDADES,
AZOTE DE INFIELES

RELACION
VERDADERA
DEL RIGVROSO
MARTIRIO QVE PADECIO DON IVAN DE Castro, natural de Valladolid, en 18. de Iunio de 1671. siendo Esclavo del tirano poder de Muley Hamet, Rey de Fez, por no dexar nuestra Sagrada Religion, y admitir por muger a Celima, hermana de dicho Monarca. Dase quenta como fue desquartizado en quatro ruedas al torno, los açotes que le dieron, y las crueldades que con el obraron.
SEÑOR MIO.

Figura 4 *Portadas de relaciones de sucesos en los que se aprecia el cambio de tipografía y el empleo indiscriminado de mayúsculas y minúsculas*

RELACION
VERDADERA.
DE LA FVNCION QVE SE HIZO EN ROMA,
VISPERA DE LA NATIVIDAD DE N. SEÑOR Y SALVADOR IESVCHRISTO,
CON LICENCIA.

Figura 5 *Relación de sucesos con el texto dispuesto en dos columnas*

– Intertextualidad: son más que comunes los diferentes textos que pueden hallarse dentro del mismo texto, como cartas (figura 6)[16]; oraciones[17] (figura 7); sonetos[18] (figura 8); inventarios, municiones y pertrechos de guerra[19],

16 Resulta conmovedor el comienzo de la carta enviada de un padre a su hija, de la que se despide antes de morir mártir: "JESVS, MARIA. *Hija de mi coraçon, por que el viage de volverme a Argel a mis Hospitales tengo entre manos, no me puedo escusar de escreviros esta carta, que es de mi mayor consuelo: guardalda para vos en vuestro coraçon, y en vuestros trabajos, sacadla, para descansar con ella [porque las mejores amigas son las buenas letras.]*"

17 Por ejemplo, se incluyen oremus: "Vers<o> Saluum fac populum tuum Domine. Resp<uesta> Et benedic hareditati tua. Vers<o> Fiat misericordia tua super nos. Resp<uesta> Quem admodum sperauimus in te. Uers<o> Mite eis Domine auxilium de sancto. Resp<uesta> Ed de Syon Turre eos. Uers<o> Domine exaudi orationem meam. Resp<uesta> Et clamor meus ad te veniat. Uers<o> Dominus vobiscum. Resp<uesta> Et cum spiritu tuo. OREMVS. Deus, qui in omni loco dominationis tua Clemens, <et> beningus exauditor existis, exaudi(n)os, qui sumus, <et> prasta vt inviolabilis permaneat huius loci sanctificat(i)o, <et> beneficia tui muneris in hoc Iubiles, Anno Vniuersitas fidelium impetrase laetetur. Per Dominum Nostrum. Amen."

18 Véase el soneto "A LA MVERTE DE NVESTRO MVY SANTO PADRE Inocencio Onzeno.": "De vn Ingenio forastero. SONETO. / MVRIÒ INOCENCIO? no, que tal Prelado Lo que viviò en el Orbe, solamente / No viviò; porque pecho tan ardiente, Entre humanos estava violentado. / Bolò, pues, à lugar mas sublimado, Pero en ocasion; que mas lengua tente. / Que en la mas propia fuè, pues diligente / Quiso assistir à todo cuydado. No pudiera Caudillo tan Amante / Registrar claramente desde el suelo Los insultos de vn Barbaro arrogante; Y para conseguir su santo zelo Verlos, y remediarlos vigilante, / Del Mundo hizo Atalaya todo el Cielo."

19 "Ya que se à dado quenta de las cosas de los Estados de Italia, y de los avisos de la Corte de Madrid, pues en tantas Relaciones que an salido de la Ciudad de Breda no se à dado cuenta de los pertrechos que dentro se hallaron, se pond(ran) en esta ultima plana, que no es justo se quede en silencio todo lo que dentro avia, que los curiosos lo dessea<n> saber, y a instancia de algunos que los an pedido se ponen aqui, que son los siguientes. / Municiones y petrechos de guerra. 6 Medios cañones. / 1 pieça de Francia, de diez y seys libras de calibre. 4 pieças de 12 libras de calibre / 2 pieças de a ocho lib<ras> calib<re> 1 pieça de cinco lib<ras> de calibre. 6 pieças de tres lib<ras> de calibre. / 7 pieças de dos lib<ras> de calibre. 1 pieça de vna libra de calibre. / 2 pieças de una libra de calibre / 5 pieças de yerro de 4. lib<ras> cali<bre> / 450 Mosquetes q<ue> avia para dar a los soldados de la Ciudad. 300 Arcabuzes. / 600 picas que se avian de dar a los soldados. / 436 barriles de Polvora, que son cie<n>to y treynta y cinco quintales. 3400 libras de cuerda. / 2000 balas de medio cañon; y cantidad de pequeños. 28000 libras de balas

listas de prisioneros[20] y tablas (figura 9); o texto combinado con dibujos (figura 10).

Figura 6 *Relaciones de sucesos en las que se incluyen una carta (en cursiva) y el resumen de otra*

de mosq<uete> / 12000 libras de balas de arcabuz / 2000 bien granados, los sey-seyscientos (sic) acomodados. 350 bombas, las catorze acomodadas. / 300 toneles de Pez, brea, açufre, salitre, alquitran, y una caldera para acomodar ganados. / 150 cercos co<n> artificios de fuego. 40 balas de fuego. / 6 toneles con clavos gra<n>des y ramplones. / 1100 puas. 1600 picos. 42000 palas, las 32. funger. / 40 escalas. 130. colleros. 90. pares de estringas. / 6 cables. 124. chuços para assalto. / 20 lampiones. / 1600 Brutas, las 400. sin poner en orden. Y cantidad de tablas de pino. 5 barcas, y un puente de tela pequeño. / 40 garavatos, y un guindal. / 50 moldes grandes para balas de Mosquete, y gran ca<n>tidad de estacas acomodadas, y sin acomodar. / 100 toneles de sal."

20 Véase: "COPIA AVTENTTICA DE LA GENTE QVE TIENE / su Magestad en el Principado de Cathaluña, contra / el Frances. / Maesses de Campo. 20. Mosqueteros. Piqueros. Aracabuzeros. En todos." El listado continúa con los nombres y apellidos de los apresados: "Don Anton de Homs, Don Ioseph Sorribes, Don Luys de Paguera, Don Ioseph de Rocabetti, Don Augustin Guilla, El Marques de Aycona, Mas dicho Marques en Illa, Don Geronimo Argensola, Don Ramon Xamnar, Don Iuan de Arze, Don Iusto de Torres, Don Christoual Guardiola, El Conde de Molina, Don Diego de Guzman, Don Diego Cauallero, El Marques de Montelcre, El Conde Triconel, Hyeronimo Totavila, El Conde Mosti, Don Garzeran Mercader."

Figura 7 *Relación de sucesos con el texto dispuesto en dos columnas y con la oración del oremus*

203

RELACION
DE LA VLTIMA ENFERMEDAD,
Y MVERTE
DE NVESTRO SANTISSIMO PADRE
INOCENCIO ONZENO,
PONTIFICE MAXIMO.
COPIADA,
No sin copiosas lagrimas de la que en otras tantas de sangre
ha venido escrita de Roma.
BREVE,
Aunque con animo ocioso de resumir al dolor de la perdida
inestimable, que todo el Orbe ha hecho de vno de los Ma-
yores Pontifices, que ha tenido la Iglesia de Dios,
desde el Glorioso San Pedro,
hasta la era presente.
SANTISSIMO
EN TODAS LAS VIRTVDES PROPIAS
DE SV VICE-DIVINA DIGNIDAD.
CONSTANTISSIMO, INTREPIDO DEFENSOR DE
LA PIEDRA EN QVE ESTA FVNDADA LA
SANTA CATOLICA, Y APOSTOLICA
IGLESIA.
Y
DE LA SOBERANIA, INMVNIDADES,
Y PRERROGATIVAS QVE LA PERTENECEN.
AZOTE DE INFIELES
En las [illegible], que con magnanimidad heroyca submi-
nistrò abundantissimas del Patrimonio de Christo, siendo
Pontifice, y el de su mesma Casa, antes, y despues de ser-
lo, contra el enemigo comun de la Christiandad, y con lo-
gro celebre, y dignamente aplaudido de todos los Fieles.

Publicada el Sabado 17. de Setiembre 1689.

A LA MVERTE DE NVESTRO MVY SANTO PADRE
Inocencio Onzeno.
De vn Ingenio forastero.
SONETO.

Mvriò Inocencio, como, que tal Prelado
Lo que viviò en el Orbe, solamente
No viviò, porque pecho tan ardiente,
Entre humanos estava violentado.
Bolò, pues, à lugar mas sublimado,
Pero en ocasion que [illegible] lengua tente,
Que en la mas propia fue, pues diligente
Quiso assistir à todo su cuydado.
No pudiera Caudillo tan Amante
Registrar claramente desde el suelo
Los insultos de vn Barbaro arrogante;
Y para conseguir su santo zelo
Verlos, y remediarlos vigilante,
Del Mundo hizo Atalaya todo el Cielo.

AL MISMO ASSVMPTO PONDERANDO LAS CIRCVNSTAN-
cias de aver venido en vn mismo dia noticia desta perdida grande, y [illegible]
[illegible] de Capitulacion de nuestro Rey, derrota del Francès en Cataluña, y
del Turco por Baden en Vngria, aviendose suspendido por la primera
el debido festejo de la segunda.

SONETO SEGVNDO.

De no ser de los hombres merecido
Inocencio moriò, siendo su ausencia
Castigo nuestro, y justa preeminencia
De finezas, que el Cielo le ha debido.
A España fuè este golpe conducido,
Y con él tres fortunas, que ay clemencia
Tanta en Dios, que previene la paciencia
Al tiempo que la pena ha permitido;
Mas contemplese quan intolerables,
Los efectos de susto tan terrible,
Serian (ò secretos admirables!)
Pues por hazerle el Cielo mas sufrible,
Le valiò con tres sucessos favorables,
Y aun venciò à lo gozoso lo sensible.

Figura 8 *Sonetos en una Relación de sucesos*

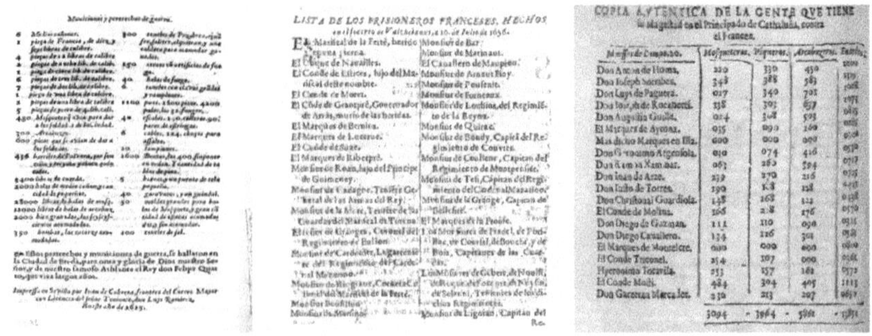

Figura 9 *Inventarios y listados en relaciones de sucesos: Municiones y pertrechos de guerra, listado de personas al servicio de Su Magestad Felipe IV y lista de prisioneros franceses en el sitio de Valencianas (Flandes)*

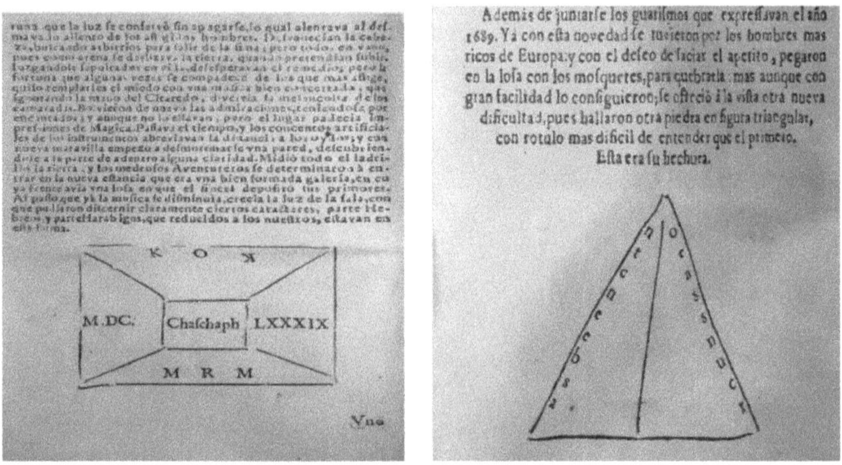

Figura 10 *Relación de un suceso extraordinario que incluye la combinación del dibujo y el texto*

4. PROPUESTA DE UN CORPUS *AD HOC* PARA EL ESTUDIO LINGÜÍSTICO DE LAS RELACIONES DE SUCESOS

De acuerdo con las dificultades planteadas en el epígrafe anterior, convendría que los corpus citados proporcionaran una transcripción paleográfica y crítica (siguiendo los mencionados criterios de la Red CHARTA) con el fin de facilitar el estudio de la lengua española en dicha documentación. Asimismo, no podría dejarse de lado la consideración de las imágenes y los paratextos o intertextos que pudieran aparecer en los pliegos. De este modo, el empleo de herramientas como Sketch Engine[21] o Transkribus[22] facilitaría en gran medida la realización de los estudios diacrónicos, permitiendo a su vez la marcación TEITOK y aligerando así la labor de transcripción del historiador de la lengua, tal y como han puesto de relieve Calderón (2015, 2019a y 2019b), Calderón y Vaamonde (2020) y Calderón y Díaz Bravo (2021).

En este orden de cosas, uno de los corpus de referencia para la configuración de una base de datos para el estudio de la lengua de las relaciones de sucesos bien podría ser el *Oralia Diacrónica del Español* (ODE)[23], la continuación del *Corpus diacrónico del español del reino de Granada, 1492–1833* (CORDEREGRA), que cuenta con un corpus de control con el que comparar, en su caso, la documentación del reino granadino con la de otras regiones hispánicas[24]. A su vez, la transcripción de los documentos en XML siguiendo el modelo del proyecto *P. S. Post Scriptum* habría de asumirse igualmente. Por último, tal y como se ha indicado en las líneas precedentes, para el procesamiento lingüístico del corpus, así como para su gestión y visualización en su conjunto habría de utilizarse la herramienta TEITOK (Janssen 2014). De este modo, el corpus presentaría, siguiendo el modelo del ODE las opciones de etiquetado, mapas, nubes de palabras y asociaciones de palabras. A falta todavía de un corpus señero para el estudio de la lengua en las relaciones de sucesos, los

21 Disponible en: https://www.sketchengine.eu/.

22 Disponible en: https://readcoop.eu/transkribus/.

23 "Formado principalmente por declaraciones de testigos, inventarios de bienes y certificaciones de barberos y cirujanos." Cfr. http://corpora.ugr.es/ode/.

24 Para nuestro estudio el corpus de control podría estar constituido por las relaciones de sucesos peninsulares, que serían susceptibles de compararse con los pliegos impresos en otros lugares fuera de la península ibérica.

estudios diacrónicos llevados a cabo hasta la fecha (Iraceburu 2017, 2018, 2019a, 2019b, 2020a, 2020b, 2021a, 2021b) se han servido de la herramienta Sketch Engine, que permite realizar la búsqueda de colocaciones gramaticales y léxicas, así como proporciona las concordancias, listas de palabras –"conteos de cantidad de apariciones y frecuencias de las palabras/lemas que aparecen en el corpus" (Arias Rodríguez *et. al.* 2020: 5)–, *n-gramas* (expresiones multipalabra) o analiza las tendencias en el uso de palabras, entre otras muchas más funciones, como puede apreciarse a continuación (figuras 11, 12, 13 y 14).

Figura 11 *Análisis en Word Sketch de colocaciones y coapariciones de términos para el sustantivo "relacion" en un corpus ad hoc de relaciones de sucesos de mujeres*

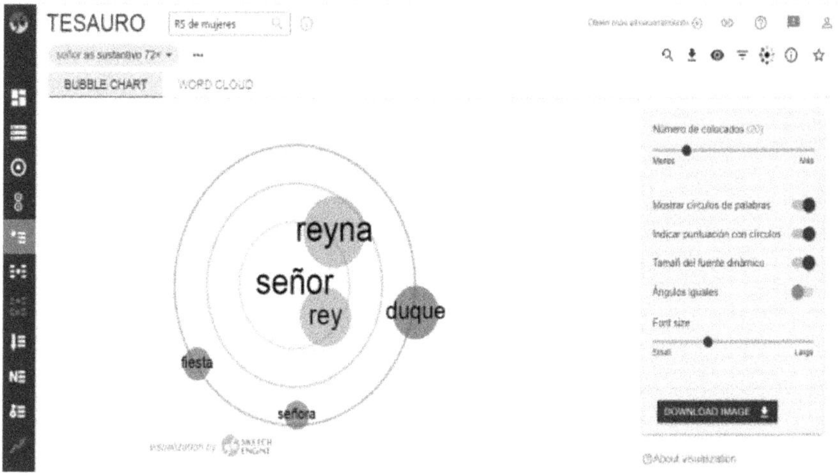

Figura 12 *Tesauro o vocabulario de palabras relacionadas semáticamente a partir del lema "señor" en un corpus ad hoc de relaciones de sucesos de mujeres*

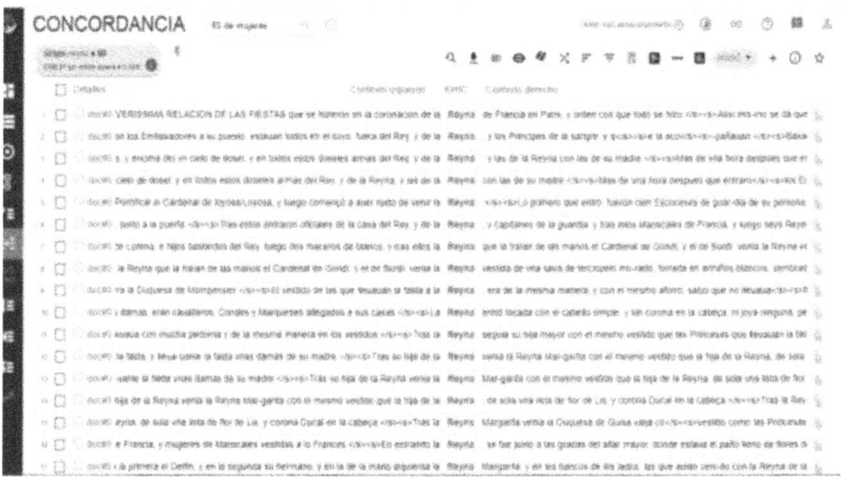

Figura 13 *Búsqueda de concordancia simple para el sustantivo "Reyna" en un corpus ad hoc de relaciones de sucesos de mujeres*

Figura 14 *Lista de palabras clave en un corpus ad hoc de relaciones de sucesos de mujeres*

En definitiva, sirvan estas líneas como una modesta invitación para considerar los retos lingüísticos en el estudio de la lengua de las relaciones de sucesos a través de las bases de datos ya existentes que, sin embargo, siguen en continua actualización y mejora. De hecho, así lo demuestra el propio Portal BIDISO, que ya en 2017 anunció "la adopción de nuevos estándares y nuevos modelos de búsqueda y visualización de resultados" (Pena Sueiro 2017: 89), así como la transcripción semi-automática de relaciones de sucesos con la herramienta de HTR Transkribus (READ Coop) (Pena Sueiro *et al.*: 2021). A este respecto, se queda a la espera de las últimas modificaciones del portal del grupo SIELAE para poder disfrutar de las ventajas de la marcación XML-TEI, como recientemente acaban de publicar Fernández Travieso y Garrobo Peral (2022) y como ya adelantó Martín Molares (2022) en el último congreso[25] de la SIERS (Sociedad Internacional para el Estudio de las Relaciones de Sucesos).

25 Celebrado entre los días 15 y 17 de septiembre de 2022 en las Universidades Paris 8 y Paris Cité.

5. CONSIDERACIONES FINALES

Como se ha podido constatar a lo largo de este trabajo, todavía son bastantes los retos lingüísticos a los que el historiador de la lengua se enfrenta a la hora de estudiar el español de las relaciones de sucesos. Resulta, por ello, más que necesaria la incorporación a los corpus ya existentes de la adecuada transcripción (paleográfica y crítica) de los textos de las relaciones de sucesos, con una marcación TEITOK para poder realizar todas las búsquedas pertinentes que permitan la obtención de datos y estadísticas relevantes para el estudio del español de los siglos XV al XVII a través de esta tradición discursiva (Iraceburu 2018) que empieza a explorarse desde el punto de vista diacrónico. Por ende, solo a través de la constitución de un corpus *ad hoc* de relaciones de sucesos transcritas podrá explotarse esta nueva fuente documental que comienza a arrojar nueva luz a la Historia de la lengua española, subrayando cuestiones relevantes desde el punto de vista morfológico –como la renovación del empleo del superlativo sintético en *-ísimo* (Iraceburu 2018) o los usos de las formas de tratamiento (Iraceburu 2018: 485) –, así como la ampliación del léxico a través de préstamos del árabe, el italiano o el francés (Iraceburu 2018: 641), entre otros aspectos susceptibles de examinar desde una mirada histórico-lingüística.

Bibliografía

Catálogos y corpus

Catálogo de relaciones de sucesos en la Biblioteca de la Universidad de Sevilla. Disponible en: https://expobus.us.es/s/Relaciones-de-Sucesos-en-la-BUS/page/catalogo. Fecha de consulta: octubre de 2022.

[CBDRS] SIELAE: *Catálogo y Biblioteca Digital de Relaciones de Sucesos*. Disponible en: https://www.bidiso.es/CBDRS/ediciones/buscador-basico/p/1. Fecha de consulta: octubre de 2022.

[ODE] *Oralia Diacrónica del Español*. Disponible en: http://corpora.ugr.es/ode/index.php?action=home. Fecha de consulta: octubre de 2022.

[Red ARACNE]: Disponible en: https://www.red-aracne.es/presentacion. Fecha de consulta: octubre de 2022.
SKETCHENGINE: Disponible en: https://www.sketchengine.eu/. Fecha de consulta: octubre de 2022.
TRANSKRIBUS: Disponible en: https://readcoop.eu/transkribus/. Fecha de consulta: octubre de 2022.

Relaciones de sucesos

BREVE RELACION DEL MARTYRIO, QVE PADECIO EN LA CIVDAD DE ARGEL, por la confesión de nuestra santa Fè Catholica, el venerable Hermano Pedro de la Concepcion, hijo de la venerable Orden Tercera, y vezino de la Ciudad de Cadiz, el dia 20.de Iunio deste presente año de 1667. (1667) [Sevilla, Juan Francisco de Blas, 1667.] [Catálogo de relaciones de sucesos en la biblioteca de la Universidad de Sevilla.] (1667)
CVRIOSA, Y VERDADERA RELACION DE VN PESCADO QVE COGIERON vnos Pescadores este Verano passado, en el Mar de Liorna, Ciudad de Italia, en la Toscana. (1678) [Valencia, Francisco Mestre, 1678.] [Catálogo y Biblioteca Digital de Relaciones de Sucesos (siglos XVI-XVIII), Universidade da Coruña.] (1678)
FIDELISSIMA RELACION del leuantamiento de vnos Cautiuos Christianos que yua<n> en la Galera Capitana de Diamata, y de su llegada al Puerto de Palermo y de Mecina, en fin deste Año passado de 1627. (1628) [Barcelona, Esteve Lliberòs, 1628.] [Catálogo y Biblioteca Digital de Relaciones de Sucesos (siglos XVI-XVIII), Universidade da Coruña.] (1628)
RELACION EN QVE SE DA QVENTA DE LAS GRANDIOSAS PRESAS que los Navios de Dumquerque (de los Estados que govierna la Serenissima Infanta doña Isabel de la Paz) traen cada dia a sus Puertos. Y la feliz vitoria que el Rey de Polonia à tenido con los Tartaros y Transilvanos, en que les mataron más de sesenta mil hombres y quitadoles muchos despojos de importancia. Año de 1626. (1626) [Sevilla, Juan de Cabrera, 1626.] [Catálogo de relaciones de sucesos en la biblioteca de la Universidad de Sevilla.] (1626)
VERDADERA, Y NVEVA RELACION, Y COPIA DE CARTA, ESCRITA DE ONZE DE MARZO DE ESTE presente año, de la Ciudad de Bruselas, à esta Corte, donde avisa de los tres mayores

prodigios que han sucedido en el mundo, ni los Anales cuentan, acaecidos este presente año, en Borgoña, Alemania, y Arcila. (1676) [Sevilla, Juan Cabezas, 1676.] [Catálogo de relaciones de sucesos en la biblioteca de la Universidad de Sevilla.] (1676)

VERDADERA RELACION DEL NACIMIENTO Y BAPTISMO DE LA SERENISSIMA INFANTA D<OÑA> MARGARITA MARIA DE AVSTRIA. Hija de los Reyes nuestros señores Don Phelipe IIII. y Doña Maria Ana. (1651) [Madrid, Julián de Paredes, 1651] [Catálogo de relaciones de sucesos en la biblioteca de la Universidad de Sevilla.] (1651).

RELACION DE LA VLTIMA ENFERMEDAD, Y MVERTE DE NVESTRO SANTISSIMO PADRE INOCENCIO ONZENO, PONTIFICE MAXIMO. COPIADA, No sin copiosas lagrimas de la que en otras tantas de sangre ha venido escrita de Roma. BREVE, Aunque con animo ocioso de resumir al dolor de la perdida inestimable, que todo el Orbe ha hecho de vno de los MAYORES PONTIFICES, que ha tenido la Iglesia de Dios, DESDE EL GLORIOSO SAN PEDRO, hasta la era presente. SANTISSIMO EN TODAS LAS VIRTVDES PROPIAS DE SU VICE- DIVINA DIGNIDAD. CONSTANTISSIMO, INTREPIDO DEFENSOR DE LA PIEDRA EN QVE ESTA FVNDADA LA SANTA CATOLICA, Y APOSTOLICA IGLESIA. Y DE LA SOBERANIA, INMVNIDADES, Y PRERROGATIVAS QVE LA PERTENECEN. AZOTE DE INFIELES En las assistencias, que con magnanimidad heroyca subministrò abundantissimas del Patrimonio de Christo, siendo Pontifice, y el de su mesma Casa, antes, y despues de serlo, contra el enemigo comun de la Christiandad, y con logro celebre, y dignamente aplaudido de todos los Fieles. Publicada el Sabado 17.de Setiembre 1689. (1689) [Madrid, Sebastián de Armendáriz, 1689.] [Catálogo de relaciones de sucesos en la biblioteca de la Universidad de Sevilla.] (1689)

RELACION VERDADERA DEL RIGVROSO MARTIRIO QVE PADECIO DON IVAN DE Castro, natural de Valladolid, en 18.de Iunio de 1671. siendo Esclavo del tirano poder de Muley Hamet, rey de Fez, por no dexar nuestra Sagrada Religion, y admitir por muger a Celina, hermana de dicho Monarca. Dase quenta como fue desquartizado en quatro ruedas al torno, los açotes que le dieron, y las crueldades que con èl obraron. (1671) [s. l., s. n., s. a.: ca. 1671.] [Catálogo de relaciones de sucesos en la biblioteca de la Universidad de Sevilla.] (*ca.* 1671)

DISTINTA RELACION DE LA VICTORIA, QUE HA TENIDO EL Exercito Imperial, governado por el Serenissimo Principe Luys de Baden, contra el de los Turcos, entre el Rio Morava, y Nissa. Y ASSIMESMO, DEL ESTADO EN QVE SE hallan los Exercitos Imperiales en las partes del Rin, y los Venecianos en la Morea; venida à Barcelona à 23. de Setiembre de 1689. por Extraordinario despachado por su Magestad Imperial al Rey nuestro Señor Carlos Segundo (que Dios guarde.) Y PASSANDO POR ZARAGOZA DOMINGO à 25. dexô las mesmas noticias autenticadas, como se siguen. (1689) [Zaragoza, Herederos de Diego Dormer, 1689.] [Catálogo de relaciones de sucesos en la biblioteca de la Universidad de Sevilla.] (1689).

RELACION VERDADERA, DE LA FVNCION QVE SE HIZO EN ROMA, VISPERA DE LA NATIVIDAD DE N<UESTRO> SEñOR Y SALVADOR IESVCHRISTO, de 1675.Por el Eminentissimo señor Cardenal Porto-Carrero, de el Titulo de Santa Sabina, hijo de la Casa de Palma, como Legado á Latere de su Santidad, en cerrar la Puerta Santa de la Iglesia de Santa Maria la Mayor, que es vna de las quatro que se abrieron por la Navidad de 74. que començò el año SANTO, y se acabò en el de 75. Refierese la grandeza de este Acto, y las Ceremonias, y el gran concurso, y explendor, y aplauso de todas Naciones, en la forma que sigue. (1676) [Sevilla, Juan Cabezas, 1676.] [Catálogo de relaciones de sucesos en la biblioteca de la Universidad de Sevilla.] (1676).

FAMOSA RELACION EN QVE SE AVISA DE COMO EN VNA GRANDE REFRIEGA que uvo entre la cavalleria de Milan, y Ginoveses, mataron al contrario ciento y cinquenta ombres de a cavallo y otros muchos soldados, entre los quales mataron al Principe Tomas, hijo del de Saboya, y otros avisos. Año de 1625. (1625) [Sevilla, Juan de Cabrera, 1625.] [Catálogo de relaciones de sucesos en la biblioteca de la Universidad de Sevilla.] (1625)

RELACION VERDADERA DE TODO LO SVCEDIDO EN LOS Condados de Rosellon y Cerdaña, desde los primeros de Iunio, que entrò el enemigo por aquel Principado, hasta diez y nueue de Setiembre, que se dio la batalla al Frances, en la qual quedò desbaratado. (1639) [Sevilla, Juan Gómez de Blas, s.a., ca. 1639] [Catálogo de relaciones de sucesos en la biblioteca de la Universidad de Sevilla.] (*ca.* 1639)

SEGVNDA RELACION DE LA FAMOSA VITORIA, QVE LAS ARMAS de su Magestad han tenido contra las de Francia en el sitio de Valencianas en Flandes; sacada de vna carta, que el señor Iuan Bautista de Arespacochaga, Cauallero de la Orden de Santiago, Secretario de su Magestad, y de Estado y Guerra del Serenissimo señor D<on> Juan de Austria, escriuio a vn correspondiente suyo de la Villa de Madrid. Su fecha en Valencianas a 17. de Iulio de 1656. años. Con el numero de los Franceses muertos, y lista de los prisioneros, pieças de artilleria, bagaje, y municiones, y otras cosas de mucho valor, que se les han quitado a los enemigos. (1656) [Sevilla, Juan Gómez de Blas, 1656.] (1656)

RELACION VERDADERA DEL PRODIGIOSO CASO SVCEDIDO en Vidin, â dos Soldados de aquella Guarnicion, en el mes de Octubre del presente Año de 1689. (1689) [Zaragoza, s. n., 1689.] [Catálogo de relaciones de sucesos en la biblioteca de la Universidad de Sevilla.] (1689)

Fuentes bibliográficas

Arias Rodríguez *et. al.* (2020): "Taller sobre herramientas de análisis textual: La herramienta Sketch Engine", Facultad de Filología: Universidad Complutense de Madrid. Disponible en: https://bit.ly/3TzJIgw.

Borreguero Zuloaga, Margarita y Álvaro Octavio de Toledo y Huerta (2003): "La organización informativa textual", *Res Diachronicae*, 2, 517–526.

Borreguero Zuloaga, Margarita y Álvaro Octavio de Toledo y Huerta (2006a): "La crónica de sucesos (ss. XVII-XIX). Evolución y desarrollo de la organización informativa textual", en De Bustos Tovar, José Jesús y José Luis Girón Alconchel (eds.), *Actas del VI Congreso Internacional de Historia de la Lengua Española. Madrid, 29 de septiembre-3 de octubre de 2003,* Madrid: Arco/Libros, 2653–2667.

Borreguero Zuloaga, Margarita y Álvaro Octavio de Toledo y HuertA (2006b): "Presencia y función de los encapsuladores en las crónicas periodísticas del s. XVII", *Philologica Hispalensis*, 21, 119–153.

Calderón Campos, Miguel (2015): *El español del Reino de Granada en sus documentos (1492–1833). Oralidad y Escritura,* Berna: Peter Lang. [Antología documental (139–273).]

Calderón Campos, Miguel (2019a): «La edición de corpus históricos en la plataforma TEITOK. El caso de "Oralia diacrónica del español"», *Chimera: Romance Corpora and Linguistic Studies*, 6, 21–36.

Calderón Campos, Miguel (2019b): "Los corpus del español clásico y moderno: entre la filología y la lingüística computacional", *RLA*: *Revista de Linguística Teórica y Aplicada*, 57 (2), 41–64.

Calderón Campos, Miguel y Gael Vaamonde Dos Santos (2020): «"Oralia diacrónica del español": un nuevo corpus de la Edad Moderna», *Scriptum Digital*, 9, 167–198.

Calderón Campos, Miguel y Rocío Díaz Bravo (2021): "An online corpus for the study of historical dialectology: Oralia diacrónica del español", *Digital Scholarship in the Humanities*, 1, 1–19.

Fernández Alcaide, Marta y Elena Leal Abad (2016): "La expresión de la ponderación en documentos no literarios: tratamiento discursivo de la enfermedad en las relaciones de sucesos del siglo XVII catalogadas en el Fondo antiguo de la Universidad de Sevilla", en Marta Fernández Alcaide, Elena Leal Abad y Álvaro S. Octavio de Toledo y Huerta (eds.), *En la estela del Quijote. Cambio lingüístico, normas y tradiciones discursivas en el siglo xvii,* Frankfurt: Peter Lang, 351–372.

Fernández Travieso, Carlota y Manuel Garrobo Peral (2022): "Avances en la creación de BIDISO TEXTOS. Edición académica digital de relaciones de sucesos", *Historias Fingidas*, 219–244.

Iraceburu Jiménez, Maite (2017): "Léxico metafórico en las relaciones de sucesos en el contexto europeo: Siglos XVI y XVII", en Jaime González Gómez, Víctor Lara Bermejo y Olga León Zurdo (coords.), *Tenera experientia. Miradas jóvenes a la Historiografía y la Historia de la Lengua Española,* Madrid: Servicio de Publicaciones de Universidad Autónoma de Madrid, 151–160.

Iraceburu Jiménez, Maite (2018): *Estudio pragmadiscursivo de las relaciones de sucesos (siglo XVII*). *Janus* [en línea], Anexo 9. A Coruña. Disponible en: https://www.janusdigital.es/anexo.htm?id=13. Fecha de consulta: octubre de 2022.

IRACEBURU JIMÉNEZ, Maite (2019a): "Las relaciones de sucesos como instrumento de control: el caso de los antimodelos femeninos", *Memoria y Civilización*, 22, 1–30.

IRACEBURU JIMÉNEZ, Maite (2019b): "Aproximación lingüística a la obra de Ana Caro Mallén, autora de relaciones de sucesos", en Carlos Mata Induráin y Sara Santa Aguilar (eds.): *"Ars longa". Actas del VIII Congreso Internacional Jóvenes Investigadores Siglo de Oro (JISO 2018),* Pamplona: Servicio de Publicaciones de la Universidad de Navarra. Colección BIADIG (Biblioteca Áurea Digital), 50 / Publicaciones Digitales del GRISO, 173–186.

IRACEBURU JIMÉNEZ, Maite (2020a): "Tras la huella de la lengua italiana en el léxico de las relaciones de sucesos (siglo XVII)", Carlos Mata Induráin y Miren Usunáriz Iribertegui (eds.): *"Melior auro". Actas del IX Congreso Internacional Jóvenes Investigadores Siglo de Oro (JISO 2019),* Pamplona: Servicio de Publicaciones de la Universidad de Navarra, 165–180. Disponible en: https://hdl.handle.net/10171/59462. Fecha de consulta: octubre de 2022.

IRACEBURU JIMÉNEZ, Maite (2020b): "Cortesía en las relaciones de sucesos. El caso de Polonia y España: estrategias de intensificación y atenuación", en Sabik Kazimierz y Marta Pilat Zuzankiewicz (eds.), *España y Europa del Este: miradas recíprocas (siglos XVI-XXI),* Varsovia: Instituto de Estudios Ibéricos e Iberoamericanos de la Universidad de Varsovia, 37–75.

IRACEBURU JIMÉNEZ, Maite (2021a): "Relación distinta de los daños ocasionados por los pasados terremotos en el Reino de Nápoles y en el Estado de la Santa Iglesia en este año 1703: edición y estudio filológico", en Mónica Martín Molares y Matteo Mancinelli (eds.), *Traducción y pre-periodismo: las relaciones de sucesos ítalo-españolas de los siglos XVI-XVIII: estudios y ediciones,* Pesaro: Metauro Edizioni, 227–264.

IRACEBURU JIMÉNEZ, Maite (2021b): "La concepción de la mujer a través del léxico en las relaciones de sucesos en verso", *Hipogrifo. Revista de literatura y cultura del Siglo de Oro*, 9 (1), 959–999.

JANSSEN, MAARTEN (2014): *Teitok – a Tokenized TEI enviroment.* En línea <http://www.teitok.org/>

MANCERA RUEDA, Ana y Jaime GALBARRO GARCÍA (2015): *Las relaciones de sucesos sobre seres monstruosos durante los reinados de Felipe*

III y Felipe IV (1598– 1665): análisis discursivo y edición, Bern/ New York: Peter Lang.

Martín Molares, Mónica (2022): «"Mandada traducir de italiano en español". Apuntes sobre las traducciones ítalo-españolas», en prensa.

Pena Sueiro, Nieves (2001): "Estado de la cuestión sobre el estudio de las Relaciones de sucesos", *Pliegos de Bibliofilia* 1, 53–77.

Pena Sueiro, Nieves (2017): "El portal BIDISO: pasado, presente y futuro inmediato. Un ejemplo de evolución en aplicaciones de las HD", *Studia aurea: revista de literatura española y teoría literaria del Renacimiento y Siglo de Oro,* 11, 73–92.

Pena Sueiro, Nieves *et al.* (2021): "Del texto impreso antiguo a la edición académica digital. Avances en la configuración del repositorio documental BIDISO TEXTOS", *V Congreso de la Sociedad Internacional de Humanidades Digitales Hispánicas. "Scire vias: Humanidades Digitales y Conocimiento".* Santiago de Compostela, del 4 al 8 de octubre de 2021. Disponible en: https://bit.ly/3F0uFbv. Fecha de consulta: octubre de 2022.

Ramírez Luengo, José Luis (2017): "Mujeres y ortografía en la América decimonónica: la puntuación en las cartas de María Guadalupe Cuenca (Buenos Aires, 1811)", en Belén Almeida Cabrejas, María del Rocío Díaz Moreno y María del Carmen Fernández López (eds. lits.), *"Cansada tendré a vuestra excelencia con tan larga carta": estudios sobre el aprendizaje y práctica de la escritura por mujeres en el ámbito hispánico (1500–1900),* Lugo: Editorial Axac, 99–114.

Ramírez Luengo, José Luis (2020): "Una propuesta metodológica para el estudio histórico de la ortografía: el ejemplo de la tt en el español moderno (1550–1800)", *Philologica canariensia,* 26, 35–55.

[Red CHARTA] *Corpus Hispánico y Americano en la Red: Textos Antiguos: Criterios de edición.* Disponible en: https://bit.ly/3yYrXzM. Fecha de consulta: octubre de 2022.

Sáez Rivera, Daniel Moisés (2009): "La edición de textos con ortografía idiosincrásica: el caso de Marcos Fernández, gramático y ortógrafo del siglo XVII", *Philologia hispalensis,* 23, 117–142.

Sáez Rivera, Daniel Moisés (2010): "Un caso de ortografía idiosincrática: la obra de Marcos Fernández, gramático y ortógrafo del siglo XVII", en María Teresa Encinas Manterola *et al.* (coords.), *Ars longa: diez años de AJIHLE,* Buenos Aires: Voces del Sur, Vol. 2, 785–802.

Sáez Rivera, Daniel Moisés (2018): "Una propuesta de aplicación de la teoría de las tradiciones discursivas: alrededor de las relaciones de autos de fe", en Xosé Alfonso Álvarez, Jairo Javier García, Manuel Martí y Ana María Ruiz (eds.), *Nuevas perspectivas en la diacronía de las lenguas de especialidad,* Alcalá de Henares: Servicio de Publicaciones de la Universidad de Alcalá, 409–428.

Tabernero Sala, Cristina (2014): "Palabra y poder en los antecedentes auriseculares del discurso periodístico", en Carmela Pérez-Salazar e Inés Olza Moreno (eds.), *Del discurso de los medios de comunicación a la lingüística del discurso: estudios en honor de la profesora María Victoria Romero,* Berlin: Frank & Timme, 459–484.

Teitok projects: Disponible en: https://bit.ly/3Ddf7Qy. Fecha de consulta: octubre de 2022.

Viceconte, Milena (2019): "Representar la catástrofe: imágenes de la plaga de la langosta en las relaciones de sucesos", en Luc Torres, Hélène Tropé y Javier Espejo Surós (eds.), *Metamorfosis y memoria del evento. El acontecimiento en las relaciones de sucesos europeas de los siglos XVI al XVIII,* Salamanca: Aquilafuente, Ediciones Universidad de Salamanca, 239–260.

La resistencia de los arabismos militares en documentos del reino de Granada. Dos ejemplos a partir de dos epistolarios: *alarde* y *atalaya*[*]

Military Arabic words resistance in documents of the Kingdom of Granada. Two examples from two epistolaries: alarde *and* atalaya

María Á. López-Vallejo
Universidad de Granada
ORCID iD: https://orcid.org/0000-0003-0965-2657

Resumen: La revolución militar del Quinientos, en buena medida, se contextualiza en los combates que se libran en el último territorio arabófono de la península ibérica. El reino de Granada se convierte en uno de los escenarios idóneos para aplicar los avances tecnológicos de la época en el campo de batalla. Los cambios en el arte de la guerra —nuevas armas ofensivas, nuevos sistemas de defensa, nuevas estrategias— se reflejan en cambios léxicos. Tras el medievo, la metamorfosis que experimenta el ámbito militar pone al descubierto nuevas necesidades designativas, que se resuelven articulando distintos mecanismos de neología interna y externa; con ellos se configura la terminología militar renacentista, en la que es posible atestiguar la competencia entre las voces heredadas y las de nuevo cuño para una misma realidad designativa. Dicha competencia se libra, en ocasiones, entre los arabismos heredados del medievo y las incorporaciones léxicas quinientistas; la contienda de uso entre viejas y nuevas palabras permite atestiguar procesos de relevo léxico en el ámbito de la milicia, que se salda con la obsolescencia de las viejas designaciones de filiación árabe. Diacrónicamente, el uso hegemónico de determinados arabismos en el español medieval se interrumpirá en los siglos áureos, cuando fueron desplazados por nuevas palabras. En este trabajo, se ilustrará este proceso de relevo léxico con las voces

* Este trabajo se enmarca en el Proyecto ALEA XVIII, financiado por FEDER / Junta de Andalucía-Consejería de Transformación Económica, Industria, Conocimiento y Universidades / Proyecto de referencia P18-FR-695. También se inserta en el Proyecto ALEA oriental-XVIII, financiado por FEDER / Junta de Andalucía-Consejería de Transformación Económica, Industria, Conocimiento y Universidades, Proyecto de referencia A-HUM-116-UGR20. Se enmarca también en el proyecto con referencia PID2022-136256NB-I00.

alarde y *atalaya*, dos arabismos frecuentes en dos epistolarios quinientistas del reino de Granada, que constituyen nuestro corpus base. Con ambos vocablos analizaremos cómo las voces arábigas experimentan relevos léxicos en el ámbito especializado de la milicia, si bien sobreviven con significados no especializados en el uso general hasta el español contemporáneo.

Palabras clave: Vocabulario militar, arabismos, relevos léxicos, epistolarios, reino de Granada

Abstract: The context of Granada acquires a special relevance in the military revolution that will take place in the 500s, in that it will witness the fading of Granada's Muslim connection. This milestone provided a pretext for developing strategists who left an indelible mark on the battlefield, as well as their writings. It will be such writings that evidence an extra-linguistic circumstance in which changes in the art of war —new offensive weapons, new defence systems, new strategies— are demanding a particular linguistic conjuncture. The metamorphoses that have occurred in the field of combat require new designations, and our language must articulate different mechanisms to arbitrate these lexical baptisms, which enter the scene ready to configure Renaissance military terminology and which, on occasion, compete with pre-existing lexical units when naming the same referential entity. As a result of this situation, many Arabic words that had dominated military matters up until the golden century were severely displaced by new words. We will illustrate how Arabic words are rendered obsolete by other lexical relays in war territory based on two examples taken from two epistolary records from the Kingdom of Granada. This prominence persists even after the armistice is signed, and, by extension, is still prevalent in our language today with non-specialised meanings.

Keywords: Military vocabulary, Arabisms, Lexical relays, Epistolary, Kingdom of Granada

1. INTRODUCCIÓN

Diacrónicamente, la historia del léxico español en general y la del ámbito militar en particular reflejan los cambios de paradigma en el plano socioeconómico, cultural, tecnológico, etc. Es de todos conocida la incidencia de los factores extralingüísticos en el cambio léxico-semántico. Por ello, los periodos surcados por hondas transformaciones sociopolíticas se revelan especialmente idóneos para identificar las nuevas necesidades designativas y su expresión léxica. En este sentido, los conflictos bélicos que se desencadenan en todas las etapas históricas del español constituyen un foco de interés para explorar la evolución léxica de esta parcela designativa.

Dependiendo del escenario espacial y cronológico del conflicto bélico, la evolución del léxico militar del español evidencia distintos procesos de neología interna y externa. En sentido estricto, no podríamos hablar de una terminología militar propiamente dicha hasta los siglos XVI y XVII, período áureo que también da la bienvenida a los vocabularios de otras disciplinas técnico-científicas (cfr. Mancho Duque 2020). En efecto, las fuentes quinientistas permiten atestiguar una profunda renovación léxica del ámbito militar no solo para la artillería (armas ofensivas), sino también para la fortificación, la ingeniería y las estrategias de combate. En el Renacimiento, la terminología militar del español experimenta procesos de lexicogénesis en los que destacan las incorporaciones léxicas procedentes del italiano y del francés, principales lenguas exportadoras de neologismos en la época. Pero esta tendencia léxica renovadora quinientista convive con el legado léxico árabe en la lengua española, especialmente vivo en el reino de Granada, último territorio arabófono peninsular. En este trabajo abordaremos la historia de dos arabismos militares, *alarde* y *atalaya*, desde su origen como voces especializadas del ámbito militar hasta su incursión en el uso general. En este, ambos arabismos sobreviven en el español actual.

En esta visión diacrónica de las voces *alarde* y *atalaya*, analizarémos especialmente el uso en la correspondencia quinientista del reino de Granada, para ilustrar el arraigo de ambos arabismos que comienzan a competir con voces neológicas equivalentes. En concreto, se explorarán dos epistolarios que se generan durante las guerras de Granada, muy significativos desde el punto de vista histórico-militar y lingüístico.

2. OBJETIVOS

En el presente trabajo se formulan estos dos objetivos:

a) Atestiguar los principales tecnicismos militares de procedencia árabe en dos obras de género epistolar: el *Epistolario del conde de Tendilla* (ETendilla); y las *Cartas de Gonzalo de Ayora*, (EAyora). La primera recopilación de cartas ha sido objeto de investigación de arabismos pertenecientes a otros ámbitos temáticos (González 2017). Ambas, como pondremos de manifiesto más adelante, suponen una fuente imprescindible para testimoniar el vínculo entre los cambios históricos de la época y los cambios léxicos, especialmente en el ámbito militar que nos ocupa.

b) Analizar la evolución diacrónica de dos arabismos (*alarde, atalaya*) en las distintas etapas del español, poniendo el énfasis en el periodo aúreo (siglos XVI-XVII) por su relevancia en la configuración de las nuevas terminologías. La selección de ambas centurias se justifica, igualmente, porque en ellas se aceleran los procesos de obsolescencia del arabismo en distintos ámbitos de especialidad, que son sustituidos por neologismos externos (latinismos, italianismos o galicismos) e internos (nuevas creaciones por composición y derivación) (Dworkin 2004, 2012; Maíllo 1998; Reinheimer 2004).

3. METODOLOGÍA

Metodológicamente, una vez espigadas las dos fuentes primarias seleccionadas e identificados los arabismos en ellas empleados, procedemos al estudio diacrónico particular de las dos voces de mayor relevancia histórico-lingüística: *alarde, atalaya.* Estableceremos un cotejo entre nuestro corpus base y los principales corpus de referencia en nuestra lengua, como el del actual *Diccionario histórico de la lengua española* (CDH) y, en menor medida, el *Corpus diacrónico del español* (CORDE).

Por otra parte, analizaremos la presencia de dichas voces en la historia de los diccionarios del español. Para ello, revisaremos tanto las fuentes lexicográficas generales —académicas y extraacadémicas—como las especializadas; y todo ello, con el fin de identificar los sustitutos léxicos, las variantes formales y los derivados. Asimismo, perseguimos estudiar los procesos de restricción o ampliación semánticas que se registran lexicográficamente.

4. LOS ARABISMOS EN LA TERMINOLOGÍA MILITAR

Hasta el siglo XV, el vocabulario técnico se nutre, en buena medida de términos procedentes de las lenguas clásicas: voces latinas y helenismos latinizados cunden en la preconfiguración de las diversas nomenclaturas, que, desde el punto de vista diacrónico, evidencian un carácter cultista o semicultista. A este respecto, cabe recordar la importancia del siglo XIII para el desarrollo de la expresión léxica culta, en lo atinente a la nomenclatura científica y técnica (Clavería 2004: 492). Testimonio de ello son las traducciones alfonsíes, donde se acuñan numerosos neologismos (muchos de ellos militares) surgidos por distintas vías: mecanismos morfológicos internos, préstamos, calcos, dotación de nuevos significados a palabras ya existentes. Pero junto a estas nomenclaturas emergentes, que hunden sus raíces en las lenguas clásicas, los léxicos de especialidad del medievo habían incorporado numerosas voces de filiación árabe.

Menéndez Pidal (1985: 32) se encarga de poner de manifiesto la importancia que adquiere la lengua árabe como fuente de préstamos en el español en distintos ámbitos temáticos: militar, jurídico, social, comercial, artístico, artesanal; agrícola, etc. Del trasvase de arabismos en materia militar, nos expone:

> Los conquistadores nos hicieron admirar su organización guerrera y nos enseñaron a proteger bien la hueste con *atalayas*, a enviar delante de ella *algaradas*, a guiarla con buenos adalides prácticos en el terreno, a ordenar bien la *zaga* del ejército, a vigilar el campamento y los castillos con *robdas* o rondas, a dar *rebato* en el enemigo descuidado, de donde formamos el verbo *arrebatar*; también mirábamos como modelos sus *alcázares*, *adarves*, *almenas* y la buena custodia que sabían mantener los *alcaides* de los castillos.

Huelga señalar que el contacto entre el árabe y la lengua romance desencadena una situación sociolingüística, importante para comprender el auge y el ocaso del arabismo léxico:

> La lengua y la cultura árabes son ahora las de una sociedad política y socialmente dominada y la lengua romance pertenece a una sociedad dominante y, no lo olvidemos, triunfante. [...] Entre el común de los hablantes romances, el desinterés y, por tanto, el desconocimiento del "otro", de su lengua y de su cultura, debieron de ser muy grandes. (García González 1996–1997:127).

Desde el Quinientos, se acelera el ocaso del arabismo léxico; inciden en ello factores históricos que inciden en una valoración peyorativa de la cultura árabe y, por extensión, del uso de arabismos. El auge del Humanismo renacentista, que añora la vuelta al mundo grecolatino, (Dworkin 2012: 164) y los nuevos contactos del español con el francés y el italiano, en buena medida, explican la adopción de un nuevo paradigma cultural en el contexto europeo, que incide en una acelerada devaluación de la lengua y la cultura árabes. En esta coyuntura, en España se promulgan leyes para extinguir el uso de la lengua árabe en todos sus registros (Pragmática de Carlos V y Pragmática de Felipe II, *apud* Giménez Eguíbar 2010: 35):

> Mandamos que los que venden y compran y contratan no pidan ni demanden precio alguno ni hablen comprando ni vendiendo en arábico, sin en lengua castellana, so pena, por la primera vez, esté tres días en la cárcel, y por la segunda, la pena doblada (*Pragmática de Carlos V*, 1526).

> Ninguno de los dichos nueuamente conuirtidos del dicho reyno de Granada, ansi hombre como mujer no puedan hablar, ni leer, ni escriuir, ni en su casa ni fuera ni en público ni en secreto en la dicha lengua arábiga, sino que hablan escriuan y lean y traten en nuestre lengua castellana (*Pragmática de Felipe II*, 1576).

El uso de la lengua propia por parte de los conquistados provocaba la intervención de la Inquisición o Santo Oficio. Para la población morisca era un signo de identidad étnica frente a los cristianos viejos, de ahí que en repetidas ocasiones reafirmaran su comportamiento lingüístico como estrategia identitaria (Abad Merino 2018). No en vano, a partir del Renacimiento, el uso de los arabismos suscita recelos y comienza un periodo de peyorización sobre la influencia de la lengua árabe; por el contrario, en esa misma época se asiste a un proceso de enaltecimiento de los vernáculos, que se cifra en la gestación de las terminologías científico-técnicas, que se configuran, por una parte, con la importación de nuevos elementos grecolatinos y, por otra, con los procesos de lexicogénesis del español (composición, derivación); además, las voces heredadas adquieren nuevas acepciones al experimentar procesos de ampliación, restricción o especialización semántica. A estos recursos internos, se unirán también préstamos de otras lenguas, principalmente la francesa y la italiana.

En la guerra, la situación no es ajena a este trance de obsolescencia que afecta a los arabismos cuando compiten con voces neológicas de significado equivalente, a las que se les atribuye mayor prestigio social, hecho que acelera el proceso de peyorización del arabismo léxico. Las nuevas formas de combatir y los nuevos sistemas de ataque y defensa —como ya se ha señalado— desencadenará nuevos cambios léxico-semánticos. Con todo, seguirán incorporándose ciertos tecnicismos árabes referentes a campos específicos como la guerra, la navegación y el comercio (González Sopeña 2019).

Para los fines que aquí nos ocupan, en el relevo léxico de los arabismos militares -como términos de especialidad- gravita el mencionado cambio de paradigma lingüístico y cultural, pero, además, se relaciona directamente con este hecho: el contacto hispano-italiano en materia bélica y la relación galo-hispana a raíz de las guerras de Flandes; ambas circunstancias favorecerán reiterados episodios de mímesis lingüística y extralingüística entre nuestros soldados y los combatientes extranjeros italoparlantes y francófonos (neología externa, léxica y semántica). Aun siendo más frecuentes los primeros (préstamos léxicos), no podemos obviar el hecho de que algunas unidades preexistentes en nuestro idioma recibirán significados propios de una lengua extranjera (préstamos semánticos) que van a incorporar a las acepciones previas.

5. CORPUS

En este trabajo empleamos dos bancos de datos diacrónicos: a) un corpus base del género epistolar, constituido por dos epistolarios quinientistas contextualizados en el reino de Granada y fechados en la primera década del siglo xvi; b) los corpus diacrónicos de la RAE, que empleamos como corpus de referencia.

5.1. Corpus base

Nuestro corpus base se compone por una parte del epistolario del conde de Tendilla y por otra de la correspondencia de Gonzalo de Ayora, que describimos a continuación.

5.1.1. Epistolario del conde de Tendilla, 1504–1506 (ETendilla)

Durante la etapa fundacional de la Capitanía General de Granada (en torno a la figura de la máxima autoridad militar: don Íñigo López de Mendoza (1492–1515), primer marqués de Mondéjar y segundo conde de Tendilla), se señaló como objetivo fundamental de esta institución la conservación y defensa del reino de Granada; el control de la guerra, la regulación de los sueldos y la administración de justicia entre la gente de guerra son las principales funciones de la Alcaidía de la Alhambra, que actuó como el verdadero centro rector de la intensa vida militar de todo el reino de Granada. Las más de dos mil cartas propias recibidas y emitidas por el conde de Tendilla constituyen el primer epistolario de nuestro corpus base. La relevancia de este epistolario para testimoniar lingüísticamente la transición entre el español medieval y el clásico se ha puesto de relieve por Calderón Campos (2003, 2019); Martos (2014, 2018), González Sopeña (2017, 2018).

En lo que concierne al léxico militar de filiación árabe, la relevancia de este epistolario queda probada por el hecho de que permite atestiguar sesenta y dos arabismos empleados por el conde de Tendilla, referentes a la organización administrativa, judicial y militar de la ciudad de la Alhambra.

5.1.2. Cartas de Gonzalo de Ayora, 1503 (EAyora)

Esta segunda fuente es una compilación de trece cartas que escribió Gonzalo de Ayora al rey Fernando o a Miguel Pérez de Almazán, secretario del reino, desde el campo de batalla en Rosellón. Como militar, Ayora es considerado el reformador de la infantería y uno de los precursores de su organización moderna, por lo que ocupa un lugar destacado en la historia militar española. A él se le atribuye la ordenanza que Fernando el Católico publicó en 1502, útil para organizar la infantería en cuerpos permanentes llamados “coronelías”. Por encargo de dicho monarca, creó la guardia de alabarderos, a la que encomendó su protección y cuya capitanía desempeñaría. Como teórico de la guerra, introdujo una importante reforma en la organización táctica y estratégica del ejército, que influyó en el éxito de las siguientes campañas militares en Italia, donde sobresalió la figura del Gran Capitán.

A diferencia del epistolario de Tendilla, las cartas de Allora no han sido objeto de estudio lingüístico, aunque “aunaba en su persona la condición de soldado y una destacada dedicación a las letras” (García Ramos 2021: 115). De gran interés para nuestro cometido resulta el glosario que incluye el editor al final de las cartas en 1794 (Figura 1), que prácticamente ha pasado desapercibido:

> Esta edición fue costeada por la Real Academia de la Historia, en cuya biblioteca se guardaba el manuscrito original, y promovida y propuesta por D. Antonio de Capmany, entonces su secretario, quien cuidó la corrección: trabajó la vida del autor y

otras noticias preliminares, y el vocabulario militar para la inteligencia de la obra. Ni la Academia ni el secretario manifestaron su nombre, contentándose con las iniciales de D. G. V., esto es, D. Gregorio Vázquez, escribiente del mismo Real Cuerpo (Real Academia de Buenas Letras de Barcelona 1856: 64).

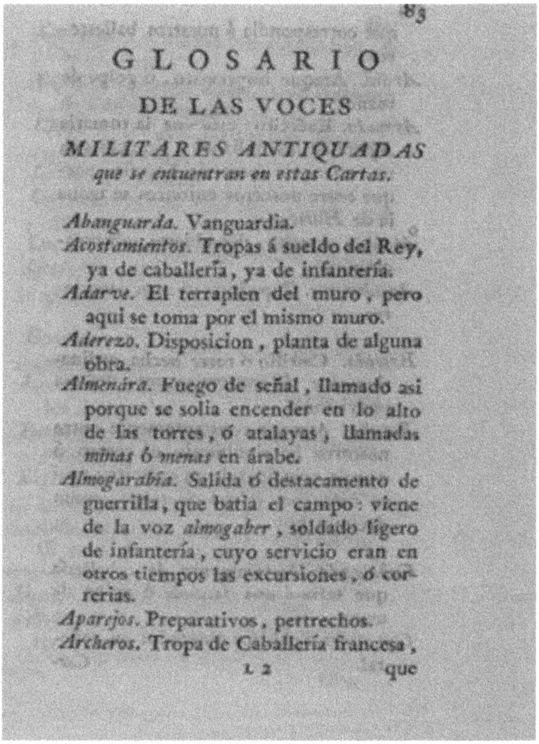

83

GLOSARIO

DE LAS VOCES

MILITARES ANTIQUADAS

que se encuentran en estas Cartas.

Abanguarda. Vanguardia.

Acostamientos. Tropas á sueldo del Rey, ya de caballería, ya de infantería.

Adarve. El terraplen del muro, pero aqui se toma por el mismo muro.

Aderezo. Disposicion, planta de alguna obra.

Almenára. Fuego de señal, llamado asi porque se solia encender en lo alto de las torres, ó atalayas, llamadas *minas* ó *menas* en árabe.

Almogarabía. Salida ó destacamento de guerrilla, que batia el campo: viene de la voz *almogaber*, soldado ligero de infantería, cuyo servicio eran en otros tiempos las excursiones, ó correrias.

Aparejos. Preparativos, pertrechos.

Archeros. Tropa de Caballería francesa,

L 2 que

Figura 1 *Glosario contenido en las Cartas de Ayora (EAyora)*

El glosario recopila cincuenta y cinco términos (unidades simples y unidades pluriverbales), de los que ocho son arabismos, vinculados todos ellos a la esfera militar *adarve, ardid, almenara, almogarabía,* ***atalaya****, ginete, rebato, zaga.*

5.2. Corpus de referencia

Empleamos como corpus de referencia principalmente el CDH y, en menor medida, CORDE. También se utilizará el recurso FGRAE.

En el plano lexicográfico, se revisarán las obras (académicas y de autor; especializadas y generales) que nos aportarán datos sobre la historia de la codificación de las voces objeto de estudio (DAutoridades, NTLLE, DLE); particular atención prestaremos a la lexicografía histórica del español (DHLE33, DHLE60, DEM). También se considerará, por una parte, el diccionario de arabismos en iberorromance (DCorriente) y obras particulares del léxico militar (DAlmirante, DCabanellas y VGago-Jover).

6. DOS ARABISMOS MILITARES: *ALARDE* Y *ATALAYA*

6.1. Alarde

En nuestro corpus rastreamos los siguientes ejemplos

(1) a. Luego que esta veáys os juntad con Pedro de Solier y **tomad** *alarde* de la gente de cauallo que allý está y nonbre por nombre me enbiad la relaçión dellos, y quanto y a qué vino cada vno, sy lo pudiéredes saber. (ETendilla, I, 6).

b. Yo envío a Hernando de Figueroa a **tomar** los *alardes* de la gente dese partido. Por ende, de graçia os pido que, asy mismo, que vos le **deys** el *alarde* de las XXX lanzas del señor conde de Vrueña, que están en seruiçio de sus altezas en esa çibdad de Marbella. (ETendilla, 15).

c. Pidos de graçia, que veáys haser la paga y **tomar** el *alarde* a las guardas desa çibdad y su partydo, que yo mandé al visytador Gonçalo de Mingolla que lo hiziese en vuestra presençia, y de las personas que suelen entender en ello. (ETendilla, 507–508).

d. Otra carta del tenor de la que se hizo para Navarrete para que **dé** el *alarde* de la gente de la guarnición de Marbella. (ETendilla, 150).

e. Reçebí vuestra carta, y quanto a lo que mandays que vayan todavía las nóminas con tiempo, ya avrés visto por otra mía, como no es a mi culpa no averse **enviado** los *alardes* de la costa y fortalezas, y Bernaldino lo sabe y lo ha visto. (ETendilla, 43).

f. Una vez estas en su punto de destino, los contadores y veedores procedían a pagar con iguales formalidades a las del *alarde* inicial, pues la revista había de repetirse en el momento de la paga. (ETendilla, 77).

g. Se informará con certeza si los individuos presentes en el *alarde* son en efecto los que suelen servir en la fortaleza y no sustitutos eventuales para justificar la nómina. (ETendilla, 79).

Podemos observar que, en la mayoría de ellos, alarde se combina prototípicamente con los verbos *dar [el alarde]* (1c,1d) y *tomar [el alarde]* (1a,1b,1c) —en singular o plural—.

Etimológicamente procede del árabe *alard* 'revista de tropas', perteneciente a la raíz *árad* 'mostrar'. Ya en la lengua originaria tenía un sentido militar. A pesar de que este origen parece indiscutible según las investigaciones previas (DCorriente, DCECH), en el siglo XVII del Rosal sostiene el origen latino (Figura 2):

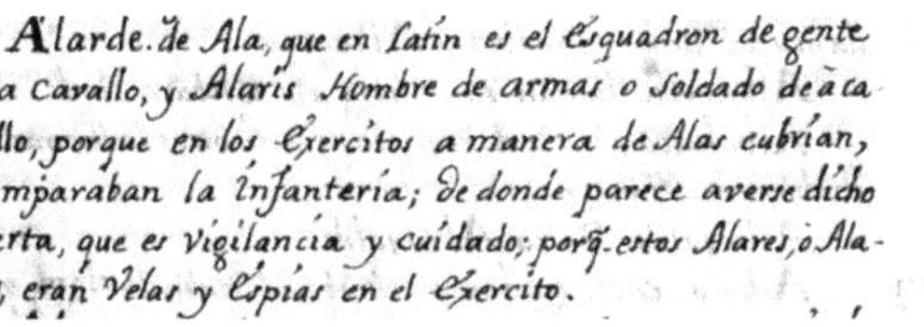
Alarde. de Ala, que en latín es el Esquadron de gente de a cavallo, y Alaris Hombre de armas o Soldado de a cavallo, porque en los Exercitos a manera de Alas cubrian, y amparaban la Infantería; de donde parece averse dicho Alerta, que es Vigilancia y cuidado; porq. estos Alares, o Alarios, eran Velas y Espias en el Exercito.

Figura 2 *Captura del diccionario de Francisco del Rosal (1611), s.v. alarde, NTLLE*

Las primeras documentaciones de *alarde* se fechan a finales del siglo XII. Ya en época medieval, la lexicografía histórica registra tres acepciones del arabismo, que se irán ampliando desde el siglo XV al XVII (DHLE60):

a. 'Revista que tenían que pasar periódicamente los caballeros, o a veces los ciudadanos, de sus caballos, arneses y armas'. (Desde el siglo XII).
b. 'Revista, inspección que hace un jefe de los soldados y armas; recuento de las tropas'. (Desde el siglo XIII).
c. 'Formación de tropas en que se hacía reseña y, a veces, exhibición de los soldados y de sus armas'. (Desde el siglo XIII).
d. 'Censo civil, en especial el que efectuaban los romanos a efectos tributarios y de servicio militar'. (Desde el siglo XV).
e. 'Cualquier formación o agrupación militar'. (Desde el siglo XVI).
f. 'Manifestación de fuerza militar en el combate'. (Desde el siglo XVII).
g. 'Exhibición o lucimiento de destreza militar o de marcialidad fuera del combate'. (Desde el siglo XVII).
h. 'Desfile, exhibición de las tropas pasando en formación, generalmente con motivo de alguna solemnidad'. (Desde el siglo XVII).

Exponemos las acepciones y subacepciones ordenadas cronológicamente según las primeras documentaciones que esta misma obra aporta. Solo incluimos relación de aquellas que, por la definición, entrañan matices suficientes para diferenciar su alcance semántico. De hecho, en nuestros textos, podríamos interpretar cualquiera de las dos primeras acepciones aquí traídas.

Fuera del ámbito militar, según este mismo diccionario, *alarde* también se empleó en la historia del español cuando queremos hacer referencia a:

a. 'Asamblea'. (Desde el siglo XIII).
b. 'Recuento, inspección, revista, examen de alguna cosa'. (Desde el siglo XVI).
c. 'Desfile no militar, procesión'. (Desde el siglo XVI).
d. 'Visita que a los presos hace el juez'. (Desde el siglo XVII).
e. 'Entre colmeneros, reconocimiento que las abejas hacen de su colmena al tiempo de entrar o salir'. (Desde el siglo XVII).
f. 'Examen periódico, por lo regular quincenal, que los tribunales hacen de todos los negocios pendientes para promover su más breve curso'. (Desde el siglo XIX).
g. 'Relación de las causas de competencia del jurado que en cada audiencia y cuatrimestre se han de someter a dicho examen'. (Desde el siglo XX).

Enriquecedoras son las explicaciones que Szmolka nos ofrece acerca del uso de *alarde* en el estudio histórico que introduce el epistolario del conde de Tendilla:

> El procedimiento que se seguía para efectuar la paga era el siguiente: Primero se hacía "alarde" es decir, se revisaba el personal con todas sus armas, caballos y pertrechos en presencia de su capitán, un escribano y el enviado del capitán general. Efectuada la revista, se levantaba acta de ella y se enviaba a Granada, desde donde a su vez se le hacía llegar a la Corte. Aquí la recibía uno de los contadores mayores y, si todo estaba en orden, se despachaban las nóminas y libranzas. Una vez estas en su punto de destino, los contadores y veedores procedían a pagar con iguales formalidades a las del alarde inicial, pues la revista había de repetirse en el momento de la paga (Szmolka, Osorio y Trujillo 2015: 77).

Tanto el CDH como el DEM ubican las primeras documentaciones en el ocaso del XIII. Igual ocurre con VGago-Jover. También el DHLE33 contextualiza en esta centuria el texto alfonsí utilizado para ilustrar la acepción "Formación militar en que se hacía reseña de los soldados y de sus armas". Sin embargo, el texto ofrecido por el DHLE66 como ejemplo de la primera acepción, también localizable en CORDE (2), anticipa la datación a la centuria anterior:

(2) Los caualleros que fueren escriptos en el *alarde* puedan tener sus prados dehesados todo el anno. (Anónimo, *Fuero de Soria*, c1196, CORDE).

De la variante *alardo* se recuperan ocurrencias coetáneas en estas mismas centurias, pero su frecuencia no es significativa y a partir del XVI los ejemplos ya son prácticamente inexistentes.

Desde el siglo XIII, se sucederán subespecializaciones del término vinculadas con el recuento de soldados y armas y con las formaciones militares específicas. También, en fecha temprana, se desarrollan extensiones semánticas del arabismo fuera de la milicia. Para el sentido "asamblea", el DHLE60 nos ofrece un testimonio de finales del XIII:

(3) E d'aqueles que exiren al *alarde*, tomen por cada un muerto III omezianos e pechen el omezio. (*FZamora*, 1289 24,11, DHLE60).

En (4) se ilustra el uso de *alarde* 'manifestación, exposición, mostración de una cosa o de sí mismo', significado que pervive actualmente

(4) Vi por vn postigo / dar muy grandes enpuxones, / aquestos eran cojones / que estauan faziendo *alarde*, / ¡ay amjgos, Dios vos guarde / de non ver tales visyones! (Fr. Pedro de Colunga, *c*1370–*c*1424 (ms. *Canc. Baena)* [45*a*], DHLE60).

El *Diccionario de autoridades* registra esta extensión semántica como sigue, a pesar de que solo registra una única acepción bajo la primera entrada:

> La muestra, o reseña que se hace de los soldados: la qual executa el Comisario destinado para este efecto, a fin de reconocer si está completo el número que cada Compañía debe tener, y si tienen las armas limpias, y bien acondicionadas, y todo lo demás de su uso en buena disposición. Y en esta consideración antiguamente expresaba esta voz algo de ostentación, gala y lucimiento, por el que los soldados ostentaban en esta función (DAutoridades: s.v. *alarde*[1]).

En la segunda entrada destinada a *alarde* leemos: "En la Germanía. Es la visita que se hace de los presos por el Juez" (DAutoridades: s.v. *alarde*[2]).

Alarde entrará en competencia con la nueva voz *parada*, hecho que advierte Castro y Rossi (1852, *apud* NTLLE): "Muestra o reseña de genta de guerra. Término muy significativo, abolido hoy casi del todo en la milicia española y sustituido con el francés *parada*, que en este idioma viene a significar los mismo, y en nuestro nada".

Dicho galicismo también es mencionado por Almirante cuando define *alarde* (DAlmirante: s. v. *alarde*): "En la edad media cristiana, parada, revista, formación de puro aparato o con objeto administrativo de recuento o paga". Si bien *parada* no pudo imponerse a *alarde*, sí lo hicieron sin mucha dificultad los términos *muestra*, *reseña* y *revista*, de formación endógena.

La alternancia de estas tres voces se advierte en los propios textos, lo que nos ayuda a conocer el carácter innovador de los incipientes neologismos que acabarán desbancando al arabismo *alarde*:

(5) a. Y habida la vitoria, quedando señores del campo los nuestros, se hizo allí *alarde* o *reseña* de la gente primera y de la que el gobernador llevó, y halláronse en número de trescientos y sesenta y un hombres. (Gonzalo Fernández de Oviedo, *Historia general y natural de las Indias*,1535–1557, CDH).

b. Que el domingo y venidero saliesen todos con sus soldados a hacer *reseña* y *alarde* con las armas y caballos que tenían, porque los quería ver y contar. (Pedro Gutiérrez de Santa Clara, *Quinquenarios o Historia de las guerras civiles del Perú (1544–1548) y de otros sucesos de las Indias*, 1549–1603, CDH).

c. Yten que en cada una de las dichas Cuatro Villas se hordene que tres vezes cada año la una por San Juan, Santiago, Nuestra Señora de Agosto aya *alarde* y *muestra* general de la gente y harmas que ay y que de ellos se baya dando noticias. (Anónimo, «*Acta de Junta*» [Documentos sobre la Junta de las cuatro villas de la Costa de la Mar], 1582, CDH).

d. Acudieron siempre a vuestros llamamientos *alardes muestras* y *rreseñas* con sus armas y cauallos assí en los casos tocantes a la guerra como en las demás a que los aperciuiéredes para exercitarlos en las cosas della es. (Anónimo, Copia del título de Gobernador de Alonso de Mercado [Documentos para la historia de Puerto Rico], 1598, CORDE).

e. El día siguiente tomó *muestra* y *alarde* de su gente, y halló quince compañías de españoles de a trecientos infantes, cuyo capitán era el de Pescara. (Fray Prudencio de Sandoval, *Historia de la vida y hechos del Emperador Carlos V*, 1604–1618, CDH).

f. Impuso a los que recibiesen tierra del Rey, so pena de perderla, la obligación de presentarse en los *alardes* o *revistas* de la gente de guerra con sus armas cumplidas. (Manuel Colmenero, *Introducción a las cortes de los antiguos reinos de León y Castilla*, 1883–1884, CDH).

La equivalencia entre ambos términos puede ser marcada con la disyunción *o* o con la conjunción copulativa *y*. Además, cuando los repertorios léxicos definen *revista* explicitan su papel relevador con respecto a *reseña*, *muestra* o *alarde*: "En la Guerra lo mismo que *reseña* en la primera acepción" (DAutoridades); "En la Milicia, *muestra* que se pasa, o hace de las tropas para ver si están en buen estado" (Terreros y Pando 1788, NTLLE); "*Alarde* o *muestra* que se hace, en todo o en parte, de las tropas de un ejército o guarnición, formándolas para que un general o jefe las inspeccione y se informe del estado de su instrucción, etc." (Zerolo 1895, NTLLE); "*Alarde* o *muestra* de las tropas de un ejército o guarnición" (Toro y Gómez 1901, NTLLE).

Si el lema es *muestra*, las alusiones a *reseña* o *revista* en la acepción militar son recurrentes, incluso con remisiones directas en alguna ocasión: "En la milicia significa la *reseña* que se hace de la gente de guerra, para reconocer si está cabal, o para otras cosas" (DAutoridades); "En la Milicia. V. *Revista*" (Terreros y Pando 1777, NTLLE); "*Reseña* de la gente de guerra" (Núñez 1825, NTLLE); "*Revista*" (Domínguez 1853, NTLLE); "*Revista* (II formación de las tropas para su inspección)" (DLE).

En el caso de *reseña*, también contamos con remisiones o alusiones internas a las voces equivalentes; merece destacarse este registro la lexicografía extraacadémica, de principios del XIX: "Revista que se hace de la tropa" (Núñez 1825, NTLLE); la misma definición pervive hasta la última edición del diccionario oficial (DLE), en la tercera acepción: "Revista que se hace de la tropa".

Aunque no podemos detenernos en ello por exceder los límites del presente trabajo, todo parece indicar que es *revista* el tecnicismo que logra imponerse en uso, desbancando a las otras voces que habían competido con dicha voz en el ámbito restringido de la milicia.

En cuanto a los **derivados**, merecen destacarse las palabras de Almirante (DAlmirante: s.v. *alarde*): "Antiguamente se usaba también el verbo 'alardear' y el adjetivo 'alardoso' ".

Las primeras ocurrencias de *alardear* datan de mediados del Seiscientos (6), según los corpus diacrónicos académicos consultados y la mayor frecuencia en el empleo de la voz (con acepción extramilitar) se registra a partir del siglo XIX.

(6) Y día que alentó a los cántabros y soldados de nuestra compañía a que *alardeasen* las galas de su mayor aprecio, no procediendo poco cuidadosas en el ostento de las suyas las sçenobias panthassileas. (Jacinto de Carvajal, *Relación del descubrimiento del río Apure hasta su ingreso en el Orinoco*, 1648, CORDE).

Sin embargo, en la obra de Fray Pedro de Alcalá (1505) aparece ya como término arábigo repertoriado, hecho aludido por el *Diccionario de autoridades* que, además, la cataloga, de voz anticuada, equivalente a "hacer alarde". No será hasta la edición de 1992 cuando la Academia incorpore la acepción "hacer ostentación, presumir de una cosa" (DRAE). Por su parte, Terreros en el siglo XVIII había marcado como anticuado el verbo *alardear* en su significado militar primigenio, "antic. hacer la revista" (NTLLE), testimonio que utiliza el DHLE60 para ilustrar el significado "Pasar revista a las tropas".

En relación con el derivado *alardoso*, la mayor parte de las obras lexicográficas indican que equivale a 'ostentoso', con un sentido totalmente ajeno al terreno de combate. En el *DAutoridades* es definida como "Lo que toca al Alarde, o que se hace con ostentación. Es voz voluntaria y de ningún uso". En la centuria siguiente, el lexicógrafo Domínguez (1853, NTLLE) indica estos sinónimos de *alardoso*: *ostentoso, ufanoso, aparatoso, vano*. Merece destacarse que en ninguno de los dos diccionarios históricos (DHLE33, DHLE60) se incluye acepción especializada para esta voz.

6.2. Atalaya

La voz *atalaya* se documenta con frecuencia en nuestro corpus base, como ilustran los siguientes ejemplos:

(7) a. 1503, Ayora, *Cartas, 42*: Hoy salió el Señor Duque con toda la gente fasta Clayrá, y de ahí fue Su Señoría con alguna gente pasó a ponerse en *atalaya* a San Hipólito, para ver si los Franceses saliesen donde solían. (EAyora, 42).

b. La seguridad del litoral no dependía exclusivamente de ellas sino de la red preventiva de escuchas y *atalayas* creadas por la instrucción de 1497. (ETendilla, 81).

c. Mando a los requeridores y atajadores y guardas y escuchas y *atalayas* que con las dichas cartas de rebatos y avisos vinieren por la costa de la dicha çibdad de Vélez y su tierra. (ETendilla, 233).

d. Juntamente con el visytador de la costa, tomeys alarde y pesquisa a las dichas guardas y escuchas e *atalayas* y requeridores y atajadores desde partido. (ETendilla, 98).

e. A vn lomillo questá en la dicha sierra y por la parte de a mano yzquierda hasta el atalaya de la dicha torre, que es vn çerro de dos *atalayas* que ay el mayor y desde ay por la cordillera hasta otro çerrillo. (ETendilla, 581).

Los especialistas determinan la filiación árabe de *atalaya* (del étimo árabe *talâyi*^{c}, plural de *tali*^{c}*â* 'centinela', 'avanzada de un ejército', DCECH: s.v.); en la lexicografía precientífica, Covarrubias (1611, NTLLE) había defendido una etimología hebrea para esta palabra, después de revelar el testimonio del Padre Guadix, que aboga por una raíz arábiga que vale 'escucha o centinela' y el de Diego de Urrea, quien la llama *Talayetu* y la deriva del verbo *ettalaa*, que "significa subir en alto, alargando el cuerpo para descubrir más campo".

Son varias las acepciones que se desarrollan en el ámbito militar para esta voz:

1. m. o f. 'Soldado que, normalmente de día, se encarga, desde los puestos avanzados o desde la atalaya de observar los movimientos del enemigo y avisar de ellos al resto del ejército'.
2. f. "Torre o castillejo establecido sobre un punto eminente y en comunicación con otros, para transmitir con rapidez, por medio del humo o ahumadas de día y hogueras de noche, la noticia de la entrada del enemigo por las tierras" (DAlmirante).
3. m. o f. 'Vigilancia realizada por el atalaya. *U. norm. en las expresiones* dejar en ~, estar en~, hacer en~, servir de ~'.

Teniendo en cuenta el significado en la lengua árabe y la sucesión cronológica de los primeros testimonios, nos atrevemos a manifestar que la segunda y la tercera acepción (rara vez considerada esta por los diccionarios especializados o generales) se justifican por contigüidad metonímica con respecto a la primera. Es harto frecuente este proceso de neología interna en la terminología militar, donde reiteradamente el oficio que desempeñan los soldados comparte etiqueta con la designación que reciben estos (*ronda*, *vigía*, *guardia*, *centinela*...). En otras ocasiones, los hombres de guerra toman, también por contigüidad metonímica, el nombre del arma que utilizan: *lanzas*, *picas*, *arcabuces,* etc. Estas designaciones conviven con las más propias del agente o actor: *lanceros*, *piqueros*, *arcabuceros*, etc.

Los diccionarios han recogido como primera acepción —así lo hace el DHLE33—: "Torre hecha comúnmente en lugar alto para registrar desde ella el campo o el mar y dar aviso de los que se descubre". Como significados secundarios en cuanto al orden en que son registrados: "Hombre destinado a registrar desde la atalaya y avisar de lo que descubre y también escucha, explorador o guarda avanzando de la hueste"; y "Vigilancia, guarda o acecho".

Sin embargo, el DAutoridades, en la segunda entrada que reserva para *atalaya*, nos indica: "Voz antigua, que significaba el hombre que habita en la torre para registrar la tierra y el mar, y avisar con ahumadas o fuegos las novedades que ve. Oy decimos Centinela". Por su parte Almirante sostiene:

> De modo que esta voz arábiga *talaya* o *taleya*, que originariamente expresó asomada, lugar a lo propio para registrar una gran extensión de terreno, también tuvo y conserva el significado, no solo general de acecho, descubierta, observación, y el más concreto de torre y de centinela o vigía, sino el de puesto avanzado, de extrema vanguardia de un campo, de un ejército [DAlmirante].

Fuera de la milicia se desarrollan, por extensión semántica, varias acepciones, algunas adscritas a otros campos especializados, a saber: a) ámbito marítimo: "Madero corto que, atado a un cabo, sirve de señal del ancla" (DHLE33); b) de germanía: 'ladrón', entre otros.

Para los tres sentidos específicos distinguidos en nuestros textos obtenemos como primeras documentaciones:

Primera acepción:

(8) Violo el *atalaya* e tanxo el esquila,/prestas son las mesnadas de las yentes cristianas, adóbanse de coraçón a dan salto de la villa. (Anónimo, *Mio Cid*, c1140, CDH).

Segunda acepción:

(9) El otro moión es el *atalaya* más alta, que está entre Gimiline y Valencihuela; el otro moión es sobre la *atalaya* de Valencihuela. (Anónimo, *Mandamiento maestre Calatrava*, 1252, CDH).

Tercera acepción:

(10) E aquí fueron presos seis omes de pie de los critianos, e vno de cauallo, que estauan en *atalaya* e fueron atajados de los moros e lleuasdos a ronda. (Anónimo, *Crónica Juan II*, 1406–1411, CORDE).

En el DCECH se señala 1017 como primera fecha para la primera acepción, pero desconocemos a qué documento hace referencia.

Como variantes formales despuntan *athalaya* y *talaya*. La primera con ocurrencias localizadas en el siglo XIII:

(11) a. El otro mojón es so *athalaya* de Valencihuela, en la Herhuela, contra Baena; el otro mojón e como va derecho de la Herhuela. (Anónimo, *Privilegios Reales* [Documentos de Alfonso X dirigidos a Andalucía], 1254, CORDE).

b. Et muchas *athalayas*/ que auie y. de que tomauan/los xristianos grand destoruo en sus/caualgadas que fazien. & en que/entrauan a tierra de moros. (Alfonso X, *Estoria de España*, II, 1270–1284, CDH).

Aunque los usos metonímicos de *atalaya*, son más frecuentes en femenino se atestiguan vacilaciones de género; el masculino *atalaya*, tanto en singular como en plural, se documenta para referirse al soldado que ejerce la guardia o vigía. Incluso en un mismo documento pueden convivir las dos posibilidades: *los atalayas* o *las atalayas*:

(12) Ca lo que fazen ***los*** *atalayas* por vista eso han ellos de fazer por oyda. E commo quier que sea mucho peligroso el oficio de ***las*** *atalayas* porque han todo el día estar catando a toda parte que es cosa graue & muy enoiosa. (Anónimo, *Siete Partidas de Alfonso X*, 1491, CORDE).

Por lo que atañe a los derivados *atalayador* y *atalayero*, es difícil atestiguar su uso en el ámbito restringido de la milicia, aunque literariamente pudo empelarse de forma figurada. La misma circunstancia comparte el verbo *(a)talayar*.

La equivalencia *atalaya* y *escucha* se documenta en los textos medievales, según las funciones de vigilancia se desempeñen de día o de noche y no como sinónimos totalmente equivalentes. En el siglo XIII localizamos testimonios que marcan explícitamente esta diferenciación:

(13) a. Otrossi las velas & aque llaman montarezces & las rondas que andan de fuera al pie del castillo & las *atalayas* que ponen de día & las escuchas de noche e todas ha menester que guarde el Alcayde quando más podiere que sean leales faziendo les bien. (Alfonso X, *Siete Partidas*, 1253–1263, VGago-Jover).

b. *Atalayas* son llamados aquellos omes que son puestos para guardar las huestes de día, veyendo los enemigos de lejos. (Alfonso X, *Siete Partidas*, 1253–1263, DHLE33).

En el siglo XVI entra en escena una nueva alternativa con afán de desbancar al arabismo. Se trata del italianismo *centinela* que, según Hurtado de Mendoza, equivale al escucha nocturno y al atalaya diurno:

(14) Lo que agora llamamos *centinela*, amigos de vocablos extranjeros, llamaban nuestros españoles en la noche *escucha*, en el día *atalaya*, nombres harto más propios para su oficio Diego Hurtado de Mendoza, Guerra de Granada, c1569–1573, 154 (López-Vallejo 2008: 380).

Sobre esta cobertura de la jornada completa —horas diurnas y nocturnas— del italianismo nos advierte Gili Gaya (1947–1957):

> [...] *Centinelas* y *postas* son los soldados que en mar y tierra guardan el lugar en que son puestos y señalados, assí de día como de noche, en los quartos que se les señalen y reparten por los cavos, tan obligados a no dormirse y a velar sus guardias, que por su desvelo se llamaron *vigiles* [...]. (GTesoro, s.v. *centinela*).

En efecto, el oficio de soldado y el cargo de velador u observador son realidades omnipresentes en todas las épocas. Entre los latinos se acuñó el término *vigilias* y en castellano antiguo parece ser que podían convivir varias soluciones: *atalayas*, *escuchas*, *veladores*. También son de proyección renacentista el germanismo *guardia* (contamos con algunas apariciones pioneras a finales del siglo XIV) y el lusismo *vigía*. En definitiva, *atalaya*, en su acepción metonímica militar, ha tenido numerosos competidores desde el siglo XV: *centinela, contrarronda, escucha, espía, guarda, guardia, ronda, sobrerronda, posta, vela, vigil*.

En perspectiva diacrónica, hemos observado que la voz *atalaya* mantiene una incidencia de uso similar en la época áurea y en la contemporánea (se ha considerado el lapso 1901–2005). La acepción actual "Torre hecha comúnmente en lugar alto, para registrar desde ella el campo o el mar y dar aviso de lo que se descubre" es una extensión semántica de la segunda acepción militar que hemos señalado.

7. CONCLUSIONES

Los períodos históricos surcados por hondas transformaciones sociopolíticas, culturales, ideológicas y tecnológicas resultan cruciales para estudiar los cambios lingüísticos en general y las mutaciones léxico-semánticas, en particular. En el ámbito militar que nos ocupa, constatamos, por una parte, la herencia léxica del árabe en todas las etapas históricas del español, aunque desde el siglo XV algunos arabismos de la milicia experimentan procesos de obsolescencia; las nuevas invenciones armamentísticas, la reforma de los sistemas defensivos o las flamantes tácticas operativas suponen, en el Renacimiento, una revolución militar que lleva aparejada una revolución léxica en las lenguas románicas.

Antes de la revolución militar renacentista y la consiguiente profesionalización de los ejércitos europeos, las voces arábigas de la milicia habían gozado de gran vitalidad de uso; pero las innovaciones militares del Quinientos promueven el relevo de los arabismos heredados por otras voces neológicas (Enăchescu 2020); no obstante, algunos vocablos de filiación árabe, que originariamente se usaban en el ámbito restringido de la milicia, experimentaron procesos de amplitud semántica, incursionaron en la lengua general y perviven en el español de hoy, como hemos podido comprobar con las dos voces que nos ocupan.

A este respecto, Enăchescu (2019) defiende que entre los siglos XV y XVII, cuando la cultura árabe pierde prestigio, muchos arabismos caen en desuso y son sustituidos por vocablos provenientes, en su mayor parte, del latín, por vía culta; no obstante, en nuestra área especializada no es el latín la lengua que proporciona el nuevo vocablo, sino la italiana (en el ejemplo de *atalaya-centinela* es evidente) y la francesa.

El propósito de estas páginas ha sido poner de manifiesto cómo nuestra lengua articula, ante la urgencia designativa, mecanismos de creación léxica de distinta índole: de carácter endógeno o exógeno. Unos y otros en pro de una nueva terminología militar que se configura en el Renacimiento, época en la que se atestiguan, por primera vez, neologismos que desbancan en el uso a algunos arabismos consolidados en el medievo.

Bibliografía

Corpus y diccionarios

[CDH] Real Academia Española: *Corpus del Diccionario histórico de la lengua española*. Disponible en: https://apps.rae.es/CNDHE/view/inicioExterno.view. Fecha de consulta: septiembre-octubre de 2022.

[CORDE] Real Academia Española: *Corpus diacrónico del español.* Disponible en: http://corpus.rae.es/cordenet.html. Fecha de consulta: septiembre-octubre de 2022.

[DAlmirante] Almirante, José (1869[1989]): *Diccionario militar*, Madrid: Ministerio de Defensa.

[DAutoridades] Real Academia Española: *Diccionario de autoridades.* Disponible en: https://apps2.rae.es/DA.html. Fecha de consulta: septiembre-octubre de 2022.

[DCabanellas] Cabanellas, Guillermo de (1963): *Diccionario militar, aeronáutico, naval y terrestre*, Buenos Aires: Bibliográfica Omeba.

[DCECH] Corominas, Joan y José Antonio Pascual (1980–1991): *Diccionario crítico etimológico castellano e hispánico*, Madrid: Gredos.

[DCorriente] Corriente, Federico (1999): *Diccionario de arabismos y voces afines en iberorromance*, Madrid: Gredos.

[DEM]: Müller, Bodo (1987): *Diccionario del español medieval*, Heidelberg: Winter.

[DHLE33] Real Academia Española (1933–1936): *Diccionario histórico de la lengua española.* Disponible en: https://apps2.rae.es/DH1936.html. Fecha de consulta: septiembre-octubre de 2022.

[DHLE60]: Real Academia Española (1960–1966): *Diccionario histórico de la lengua española.* Disponible en: https://apps2.rae.es/DH.html. Fecha de consulta: septiembre-octubre de 2022.

[DRAE 1992]: Real Academia Española (1992): *Diccionario de la lengua española*, Madrid: Espasa-Calpe.

[EAyora] Ayora de Córdoba, Gonzalo de (1794[1503]): *Cartas de Gonzalo de Ayora, Cronista de los Reyes Católicos, primer capitán de la guardia real, primer coronel de Infantería Española, e introductor de la táctica de las tropas de a pie en estos reynos. Escribíalas al rey don Fernando en el año 1503 desde el Rosellón, sobre el estado de la guerra con los franceses*, Madrid: Imprenta de Sancha.

[ENCLAVE] Real Academia Española: *Enclave RAE.* Disponible en: https://enclave.rae.es. Fecha de consulta: septiembre-octubre de 2022.

[ETendilla] Szmolka Clares, José, M.ª José Osorio Pérez, y M.ª Amparo Moreno Trujillo (2015): *Epistolario del Conde de Tendilla (1504–1506)*, Granada: Universidad de Granada, 2.ª ed.

[FGRAE] Real Academia Española: *Fichero General de la Real Academia Española*. Disponible en: https://www.rae.es/banco-de-datos/fichero-general. Fecha de consulta: septiembre-octubre de 2022.
[GTesoro] Samuel Gili Gaya, Samuel (1945–1957): *Tesoro lexicográfico, 1492–1724*, Madrid: Consejo Superior de Investigaciones Científicas.
[NTLLE] Real Academia Española: Nuevo Tesoro Lexicográfico de la Lengua Española. Disponible en: https://apps.rae.es/ntlle/SrvltGU ILoginNtlle Fecha de consulta: septiembre-octubre de 2022.
[VGago-Jover] Gago-Jover, Francisco (2002): *Vocabulario militar y castellano (siglos XIII-XV)*, Granada: Universidad de Granada.

Referencias bibliográficas

Abad Merino, Mercedes (2018): "Moriscos y algarabía en la corona de Castilla (s XVI). La lengua como identidad de un grupo", *Intus-legere Historia*, 11 (2), 35–69.
Calderón Campos, Miguel (2003): "Fórmulas de tratamiento en las cartas del conde de Tendilla (1504–1506)", *Tonos digital: Revista de estudios filológicos*, 5, http://hdl.handle.net/10201/50787.
Calderón Campos, Miguel (2019): "A vuestras mercedes pido que veades esta carta: concordancia gramatical y concordancia pragmática en las cartas de estilo cortesano", en Viorica Codita y Mariela de la Torre (eds.): *Tendencias y perspectivas en el estudio de morfosintaxis histórica hispanoamericana*, 85–104.
Clavería Nadal, Gloria (2004): "Los caracteres de la lengua en el siglo XIII", en Rafael Cano (coord.): *Historia de la lengua española*, Barcelona: Ariel Letras, 473–504.
Dworkin, Steve (2004): "La transición léxica en el español bajomedieval", en Rafael Cano (coord.) *Historia de la lengua española*, Barcelona: Ariel Letras, 643–656.
Dworkin, Steve (2012): *A history of the Spanish lexicon. A linguistic perspective*, Oxford: Oxford University Press.
Enăchescu, Mihai (2019): "Pérdida y reemplazo de arabismos en español: enfermedades y afecciones de la medicina medieval",

Colindancias: Revista de la Red de Hispanistas de Europa Central, 10, 187–200.

Enăchescu, Mihai (2020): *Pérdida y sustitución de arabismos en español*, Szeged: JATEPress.

García González, Javier (1996–1997): "Los arabismos militares y los referentes a lo árabe en la obra alfonsí", *Cahiers d'Etudes hispaniques médiévales*, 21, 127–144.

García Ramos, Domingo (2021): "Gonzalo de Ayora. Historia de un comunero palentino", *Publicaciones de la Institución Tello Téllez de Meneses*, 91, 101–119.

Giménez-Eguíbar, Patricia (2010): "Algunas cuestiones respecto a la pérdida de arabismos en español peninsular", *Romance Philology,* 64 (2), 185–195. DOI: 10.1484/J.RPH.3.37.

González Sopeña, Inmaculada (2017). "Arabismos y fiscalidad en el reino de Granada", *Dicenda. Estudios de lengua y literatura españolas*, 35, 109–130.

González Sopeña, Inmaculada (2019). *Los arabismos del reino de Granada a través de la documentación archivística* (finales del siglo xv-siglo xvii), Granada: Universidad de Granada. [Tesis doctoral: http://hdl.handle.net/10481/54741].

López-Vallejo, María Á. (2008): *Historia del léxico militar en el español áureo: la conquista de Granada, el conflicto hispano italiano y las guerras de Flandes*, Granada: Universidad de Granada.

Maíllo Salgado, Felipe (1998): *Los arabismos del castellano en la Baja Edad Media*, Salamanca: Ediciones Universidad de Salamanca, 3.ª ed.

Mancho Duque, M.ª Jesús (2020): "La creación terminológica en el ámbito de la técnica renacentista: entre la metáfora y el cultismo", *Cuadernos del Instituto de Historia de la Lengua*, 13, 99–133.

Martos García, Francisca de Paula (2014): *Combinaciones léxicas en el corpus diacrónico del español del reino de Granada (1492–1833),* Granada: Universidad de Granada. [Tesis doctoral].

Martos García, Francisca de Paula (2018): "«A hora buena no ladran canes». Rasgos de oralidad en las cartas del conde de Tendilla", en Jesús Bermúdez, Yolanda Guas Marí, Rafael Jesús López Guzmán, Rafael Gerardo Peinado, Guadalupe Romero y Carlos Vílchez (eds.): *El conde de Tendilla y su tiempo*, Granada: Universidad de Granada, 639–657.

MENÉNDEZ PIDAL, José Ramón (1985): *Manual de gramática histórica española,* Madrid: Espasa Calpe, 23.ª ed.

REAL ACADEMIA DE BUENAS LETRAS DE BARCELONA (1856): *Sesión Pública del día 2 de noviembre de 1856*, Barcelona: Imprenta y Libería Politécnica de Tomás Gorchs.

REINHEIMER, Sanda (2004): *Les emprunts latins dans les langues romanes*, Bucureşti: Editura Universităţii din Bucureşti.

SZMOLKA CLARES, José, M.ª José OSORIO PÉREZ, y M.ª Amparo MORENO TRUJILLO (2015). *Epistolario del Conde de Tendilla (1504–1506)*, Granada: Universidad de Granada, 2.ª ed.

Las teorías sobre los orígenes del español americano y las fuentes documentales indianas
Theories on the origins of American Spanish and Indian documentary sources

JUAN PEDRO SÁNCHEZ MÉNDEZ
Université de Neuchâtel
ORCID iD: https://orcid.org/0000-0002-8476-3720

Resumen: Este trabajo ofrece, primero, una breve descripción de algunas características destacables de la lengua de los documentos indianos de los siglos XVI y XVII, documentación de orígenes. Se contrastan, en segundo lugar, con lo que cabría esperar según la teoría de orígenes que consideremos. El objetivo es señalar los problemas que surgen con los postulados de algunas de estas teorías cuando se trata de corroborarlos en la documentación indiana.

Palabras clave: Teorías de orígenes del español americano, fuentes lingüísticas coloniales

Abstract: This paper first offers a brief description of some of the salient features of the language of sixteenth- and seventeenth-century American documents, documentation of origins. These are contrasted, secondly, with what might be expected according to the theory of origins we are considering. The aim is to point out the problems that arise with the postulates of some of these theories when it comes to corroborating them in American documentation.

Keywords: Theories of origins of American Spanish, Colonial linguistic sources

1. INTRODUCCIÓN

Cómo el español dejó de ser europeo y pasó a ser americano es el tema nuclear de los orígenes del español en América. Es un asunto complejo para el que contamos con varias aproximaciones teóricas nada unánimes y no exentas de conjeturas de cómo posiblemente era o debió de haber sido ese primer español americano. Así, se ha escrito mucho al respecto desde hace más de un siglo mediante, básicamente, cuatro teorías sucesivas: la indigenista de Lenz (1893), las teorías andalucistas y poligenéticas (Guitarte 1983), y las más modernas de la koineización y estandarización de Granda (1994) y Fontanella (1987 y 1992) o la de la reestructuración patrimonial de Rivarola (1990, 2001 y 2005). El objetivo es realizar una aproximación empírica a partir del estado de lengua que presentan los documentos americanos de la época. Esto permitirá aportar algunos elementos más al debate y establecer un contraste con lo que cabría esperar según la teoría de orígenes considerada.

Se presentarán, primero, los puntos clave que servirán para fijar la argumentación en torno a la descripción, necesariamente somera, de cómo era la lengua que aparece en los documentos indianos de los siglos XVI y XVII, qué elementos podemos inducir de ellos para comprender el proceso de orígenes del español americano y, en segundo lugar, qué ocurre cuando le aplicamos lo que cabría esperar según la teoría de orígenes que consideremos.

2. CONSIDERACIONES PREVIAS

2.1. En primer lugar, como señaló hace ya tiempo Penny (2003: 37), el estado de variación del español actual no es el resultado de la fragmentación con el tiempo de una lengua que en una fase anterior mostrara una supuesta unidad de la que derivaría todo tipo de variación hoy. No hay en la lengua una fragmentación creciente con el tiempo, sino que la variación diatópica, diastrática y diafásica es lo característico de toda lengua en todo momento y lugar. Por lo tanto, la diacronía de una lengua dada se podría concebir como el paso de un estado de variación en una época a otro, más o menos divergente, en la siguiente. En el caso particular americano no se trata sin más de un paso de un estado de variación a otro, sino del trasplante del estado de variación del español peninsular del siglo XVI al Nuevo Mundo.

Mientras en la Península el castellano siguió ininterrumpidamente su inercia de evolución, en América se trasplantó para allí, *ad hoc* e *in situ*, continuar su desarrollo posterior con parámetros nuevos y circunstancias diferentes de las europeas. Esto motivó, como señala Rivarola (2001), que adquiriera una reconfiguración o fisonomía interna diferente de la española y, a partir de ella, evolucionar en mayor o menor convergencia entre las distintas zonas y con respecto de España. Como observó este estudioso (Rivarola 2001: 79 y ss.), se trataba de la misma lengua europea, pero con una diferente configuración interna, menos perceptible en los niveles altos de la sociedad, pero susceptible de crear también tradiciones de habla y de escritura propias.

Por tanto, podríamos considerar que lo que conocemos como español americano es el resultado histórico, y en buena medida el reflejo, del estado de variación lingüística del castellano de la Península en el siglo XVI. El castellano se bifurcó en una rama europea y otra americana a medida que se produjo su expansión por tierras del Nuevo Mundo. El estado de variación del castellano peninsular se trasplantó a través de la confluencia en cada lugar de hablantes de distinta procedencia regional. Junto con hablantes de variedades de castellano septentrional y meridional (este último predominante en muchas zonas), también concurrían hablantes de otros romances y lenguas peninsulares, como los asturianos, leoneses, gallegos y, posteriormente, aragoneses y catalanes. Muchos eran hablantes en cuyo castellano regional se percibía, en variada medida, el romance anterior a la castellanización de su región, sin olvidar, igualmente, a los vascos que, junto con su lengua, aportaban también su castellano fraguado tras siglos de contacto lingüístico vasco-románico (cf. Echenique 1987).

Así, podemos pensar que a las nuevas sociedades no solo pasó el castellano y sus variedades, sino también su historia románica medieval, que es, al fin y al cabo, la del contacto lingüístico, pero ahora ya no manifestada en la geografía, sino en el interior del idioma. Como señala Lüdtke (1999: 23) para la Península, durante la expansión de un romance sus hablantes entran en contacto con hablantes de otras variedades y romances. De este contacto surgen, como resultado de la nivelación lingüística entre ellos, nuevas variedades contactuales, que ya no serán idénticas a las variedades o romances de antes de ese contacto, aunque presenten fenómenos atribuibles a ellos. Esto, que es lo propio de la Península y de la historia de sus variedades romances a lo largo de la Edad Media y después, tendrá su continuación americana.

2.2. La segunda consideración es empírica y nos la ofrecen las fuentes documentales indianas. El español americano que aparece en los documentos indianos de los dos primeros siglos no coincide en muchos de sus rasgos, o en su variación, con el actual. Y el hecho es que en la mayoría de las explicaciones sobre los orígenes se utilizan precisamente rasgos lingüísticos actuales como prueba o justificación de los postulados de estas teorías, cuando no pocos de esos rasgos tardarán en aparecer en los documentos, a veces muy tardíamente. Los documentos muestran que la americanización de la lengua se fue dando a distintas velocidades según el nivel lingüístico. El español americano, con sus características plenas tal como hoy lo conocemos, comienza a manifestarse en la documentación indiana tardíamente, de manera dispar y a veces discreta. Globalmente, muchas de las características del español americano actual comenzaron a manifestarse en el siglo XVIII y tomaron impulso en el siglo XIX (Sánchez 2019).

Ahora bien, en unos niveles lingüísticos esta americanización se alcanzó mucho antes que en otros. El nivel léxico fue el más rápido y temprano. Desde prácticamente el inicio de la expansión americana del español, se incluyeron indigenismos y el léxico patrimonial comenzó a adaptarse semánticamente a la nueva realidad.

El nivel fonético-fonológico requiere algo más de tiempo para que se operen en él los cambios lingüísticos, que es lo mismo que decir que suele presentar notable variación hasta que se resuelve en una determinada dirección. En el caso particular americano, este nivel se instaló en el Nuevo Mundo en el momento en que el español estaba cambiando su fisonomía fonético-fonológica medieval hacia la moderna, es decir, en pleno proceso de la denominada Revolución Fonológica del Siglo de Oro. Por lo tanto, lo que se instaló en América fueron ya los cambios en marcha y en la mayoría de los casos por herencia directa peninsular. Lo americano se impondrá aquí en la resolución final de estos cambios, sus resultados, coincidentes o divergentes en grado diverso, según qué fenómeno, respecto de los usos cortesanos o septentrionales y los usos meridionales. También será americana la variada distribución de los fenómenos en el espacio geográfico y social de cada región. Dado que hay fenómenos meridionales que están muy extendidos o son generales en Hispanoamérica, como el seseo, se ha pensado que la primera base nivelada tendría un tinte marcadamente andaluz (occidental). La americanización de la pronunciación, esto es, la configuración diatópica básica de la que surgirán las posteriores variedades americanas se fue fraguando durante los siglos XVI y XVII según los parámetros que establecieron hace años Menéndez Pidal (1962) o Catalán (1989) en su distinción zonal americana, condicionados por el contacto con los puertos andaluces, las cortes virreinales o el aislamiento de cada región. Si en el nivel léxico bastó poco más de una generación para constituirse, en el fonético-fonológico fue preciso algo más de un siglo.

El cambio morfosintáctico se caracteriza por ser muy lento. Generalmente, en su plano sintáctico, el cambio se manifiesta en la superficie solo mucho después de que lleve a veces generaciones operando. En el plano morfológico se percibe en el polimorfismo que persiste en durar. Por ambas razones suele pasar más inadvertido. De hecho, las primeras noticias de gramáticos que advierten de que la morfosintaxis americana presenta elementos propios caracterizadores son ya del siglo XIX. Muchos de los fenómenos morfosintácticos actuales, aunque no todos, comienzan a manifestarse tímidamente en la documentación desde el siglo XVIII y habrá que esperar hasta la época de las independencias para que comiencen a testimoniarse de manera cada vez más frecuente y sistemática.

Estas consideraciones implican que el período de orígenes podría ampliarse o reducirse sensiblemente según el nivel lingüístico desde el que se enfoque, así como las conclusiones a las que dé lugar, pero se ha de tener en cuenta la realidad de la lengua en su conjunto, pues los hablantes no operan por niveles, sino globalmente.

2.3. Finalmente, puesto que nos ocupamos de la época en que se conquistó y repobló lo esencial de la América hispánica, dando lugar a la difusión del castellano y su regionalización, lo que llamamos orígenes tuvo distinta cronología en sus comienzos según las regiones: comenzaría para las zonas más tempranas, por ejemplo, el Caribe, a principios del siglo XVI con las conquistas antillanas, mientras que sería posterior en las regiones más tardías, a partir de 1580, cuando, con la segunda fundación de la ciudad de Buenos Aires, se marcaría el fin del periodo conocido como de conquistas o expansiones castellanas continentales intermedias. Para su conclusión, si consideramos el criterio de tres generaciones aplicado por la sociolingüística, unos 80 años después, podemos establecer como final del periodo de orígenes un lapso temporal amplio y desigual que variará también y en consecuencia en cada lugar.

Habría, por tanto, una América temprana de orígenes en el siglo XVI y otra América posterior, conformada ya a lo largo del siglo XVII. Pongamos, pues, como marco temporal global de orígenes para el conjunto de la América hispánica el lapso que iría aproximadamente desde 1500 hasta mediados del siglo XVII.

3. LAS TEORÍAS DE ORÍGENES

Las diferentes teorías sobre los orígenes del español americano no han surgido de modo lineal, en la medida que unas superan o dejan obsoletas a las otras, sino que, a su manera, lo que postulan sigue reivindicándose y reinterpretándose en la actualidad, aunque con otras consideraciones y mayor volumen de datos.

Vistas en conjunto, ninguna de las cinco teorías que se han propuesto invalida o refuta completamente a las otras. Todas, en parte, tienen su fundamento por cuanto representan puntos de vista distintos sobre un asunto poliédrico. Fueron surgiendo a medida que aumentaban los conocimientos de la descripción actual del español americano y se incorporaban poco a poco los estudios diacrónicos. Las cuatro primeras parten de la situación actual para obtener conclusiones hacia el pasado. La última utiliza también los datos del pasado para explicar el presente.

Cada teoría pone su foco, según sus intereses, en parte de una realidad mucho más compleja y obvia o considera aspectos diferentes en grado vario frente a lo que hacen las otras. Quizás, sobre una sólida base empírica documental, podría proponerse una visión sincrética e integradora de los aportes de todas ellas a partir de la situación de mayor conocimiento que tenemos hoy. Así, por ejemplo, se podría reorientar y adaptar la teoría de la koiné de Fontanella y Granda para integrarla o hacerla compatible con la teoría de la restructuración patrimonial de Rivarola o aproximarla a las variedades contactuales que describió Lüdtke (1999). Veamos cada una de estas teorías desde los datos que aporta la documentación.

3.1. Aunque difícilmente podríamos pensar en una influencia de sustrato indígena tan determinante como la que estableció Lenz para hablar del origen del español chileno, o, posteriormente, Henríquez Ureña (1921) para distinguir cinco zonas dialectales americanas según la lengua indígena principal de cada una en contacto con el español, sus consideraciones siguen vigentes en los estudios que han demostrado la existencia de rasgos lingüísticos de influencia indígena en el español de determinados sociolectos regionales americanos actuales (cf. Lapesa 1988: § 127 y Zimmermann 1995). Se trata de fenómenos que testimonian el contacto histórico de cinco siglos. El tema de la influencia de sustrato indígena está ganando impulso y obliga a revisar la bibliografía existente, pero aún estamos lejos de describir con precisión el papel que jugaron las lenguas indígenas y cómo, en tanto que sustrato regional o social en varias zonas. Conocemos de manera general, eso sí, cómo se dieron y se gestionaron las relaciones entre pueblos amerindios y colonizadores y la distribución y convivencia de lenguas en las regiones y ciudades de la América en la que había una fuerte presencia indígena (cf. Morales 1986). En este sentido, a veces se ha testimoniado en los corpus de documentos indianos de algunas regiones, como las andinas o yucatecas, la existencia desde el siglo XVII de variedades del español de base indígena (cf. Zimmermann 1995, Sánchez 1998, Rivarola 1990). Pero todo apunta a que se trata de variedades periféricas o marginales que encuentran una ocasional presencia en los documentos, aunque delatan una situación lingüística compleja de fondo. El tema requiere aún de estudio exhaustivo para ampliar nuestro conocimiento a este respecto.

3.2. Por su parte, la teoría poligenética, en oposición a la andalucista (resumida en sus líneas generales por Guitarte 1986), sigue reapareciendo sin que se concluya del todo. Rivarola (2001) daba ya por zanjada esta cuestión y no dudaba del acuerdo de la mayor parte de la investigación en torno al origen meridional de muchos fenómenos americanos (cf. Lapesa 1964 y 1992), sin perjuicio de lo señalado por Alonso (1967). Sin embargo, trabajos recientes como los de Noll (2005 y 2021) vuelven a ponerlo en duda y sacan de nuevo a colación la cuestión antiandalucista de no pocos rasgos americanos. Noll (2005 y 2021) aporta una interesante y perspicaz argumentación en contra de la filiación andaluza de muchos fenómenos en los que coinciden el andaluz y el español americano. Indica Noll (2021: 152) que el hecho de que los fenómenos lingüísticos sean iguales en América y Andalucía no implica que se deban a un mismo proceso de formación o uno dependa del otro. Si el andaluz es un dialecto secundario innovador del castellano durante la Reconquista, considera lógico que las variedades americanas reiteren en América, y a su manera, ciertas evoluciones ya ocurridas en andaluz.

No puedo entrar aquí en la vieja discusión de si fenómenos como el seseo, la confusión de líquidas, aspiraciones, neutralización de *vosotros/ustedes*, etc. tienen un origen andaluz o se deben a un desarrollo paralelo en América. Me basta con señalar, por un lado, que me parece más apropiada, por más ajustada, la denominación de *meridional* que la de *andaluz*. Por el otro, se constata desde la documentación un primer problema que presenta la teoría poligenética. Dado que los documentos indianos muestran desde el principio en todas las regiones rasgos que parecen meridionales, aunque en proporción varia, si esta teoría está en lo cierto, habría que aceptar que la poligénesis de rasgos meridionales surgió de manera espontánea, independiente, homogénea y desde el mismo principio tanto en Europa como en Canarias y las regiones costeras americanas. Quedaría asimismo sin explicar ese algo que debía de tener el castellano del siglo XVI, que era capaz de hacer surgir reiteradamente en cada nueva variedad consecutiva que se formaba los mismos rasgos meridionales coincidentes de manera autónoma y en confluencia mayor o menor con las otras nuevas regiones. Algo así como una innovación latente.

Asimismo, la poligénesis hace problemático explicar la existencia de no pocos rasgos totalmente generales o muy extendidos, que precisamente coinciden con los meridionales. La poligénesis implicaría sobre todo la multiplicación de rasgos regionales variados no coincidentes, lo que no es el caso. Como señala Rivarola (2001: 63), la poligénesis necesita de argumentos más fuertes. No veo por qué es lógico que las variedades americanas tengan que reiterar *ex novo* rasgos que ya estaban presentes en buena parte de los primeros colonizadores meridionales. Los que defienden un origen andaluz se han ocupado de refutar las objeciones de los antiandalucistas a la vez que argumentan y fundamentan este origen con datos. Sin embargo, basta revisar la mayor parte de la bibliografía de los antiandalucistas o poligenéticos para observar que el grueso de su esfuerzo ha ido a refutar o poner en duda, con mayor o menor acierto, la teoría andalucista, pero apenas han dedicado nada a argumentar, fundamentar o explicar la poligénesis y sus causas, y así revelar cómo es posible que los rasgos que definen el español meridional tengan tantos orígenes independientes, cuando podemos pensar que lo más probable es que tengan uno desde el que luego se difundieron sin tener que multiplicar las causas explicativas. Y lo más importante, ¿en qué cambia la interpretación de los datos, su evolución americana y resultados posteriores el que determinados rasgos americanos tengan un origen andaluz o americano?

No se acaban aquí los problemas que se plantean si aceptamos, como propone la teoría poligenética, que los rasgos meridionales nacieron espontáneamente, en distintos sitios y sin posibilidad de que las variedades meridionales de la Península influyesen, ni mucho ni poco, en la conformación de las variedades atlánticas. No se entendería, entre otros aspectos, por qué no hay problema en aceptar la filiación regional de no pocos rasgos esparcidos de manera desigual a lo largo de la geografía americana y sus sociolectos, por ejemplo los rasgos del español septentrional, los leonesismos léxicos y morfosintácticos, la influencia asturiana y gallega, etc. y, sin embargo, los colonizadores meridionales, que fueron en muchos sitios los más numerosos, resulta que hablaban una variedad que apenas tuvo incidencia en América, ya que América se bastaba por si sola para producir rasgos muy similares o idénticos a los meridionales y, en algunos casos, como el seseo, hacerlos generales a todas sus variedades.

Por lo que parece, observando la cuestión de manera global, las variedades consecutivas del castellano adquirieron un carácter marcadamente innovador frente a las constitutivas norteñas. Cuanto más se expandía hacia el sur y entraba en contacto con otras modalidades románicas peninsulares más o menos próximas, más se acentuaba en castellano esta innovación, especialmente en su nivel fonético-fonológico. Esta innovación habría de extremarse más con la incorporación de Canarias, donde comenzarán a manifestarse las características que luego se cumplirán plenamente en América, aunque en grado diverso según regiones y circunstancias. Se trata de un proceso histórico de menos a más. No parece necesario postular que el castellano adquirió su carácter innovador en diferentes focos independientes de manera espontánea.

En realidad, creo con Guitarte (1983) y Rivarola (2001) que se trata de un pseudo problema. No está claro por qué es tan prioritario centrar el debate en el origen de los rasgos y no en los procesos independientemente de si vienen o no de un determinado sitio. Los primeros textos testimonian, por ejemplo, la presencia de seseo en América, pero no su difusión y convivencia con otras variantes distinguidoras, que es lo que nos interesa describir. Podríamos aceptar, en la línea de Alonso (1967), que en algunos casos habría no tanto una importación de rasgos andaluces sino un desarrollo posterior de cambios en marcha, potenciados e influidos por la herencia meridional. Pero, como el mismo Alonso (1967) sugiere, más importante que la filiación andaluza o la coincidencia de resultados fue el proceso que dio origen a las modalidades americanas. Todas las variedades americanas coinciden en la distribución en ellas en variada proporción de rasgos meridionales y septentrionales. A ello se unen innovaciones y conservaciones propias, producto de su desarrollo lingüístico. Los meridionalismos ya se dieron en España y continúan dándose en América con otros factores constituyentes (Lapesa 1964 y 1992).

No obstante, trabajos y recientes posturas críticas como la de Noll (2005 y 2021) son útiles y necesarias por cuanto obligan a reconsiderar la historia de la manera en que se conformaron las variedades meridionales y de su posible impacto en América, sin dar nada por sentado. En este sentido, destaca el trabajo de Fernández (2019), donde, en el marco de las teorías antiandalucistas, revisa críticamente las posturas de diferentes autores sobre los vínculos de una norma sevillana con América y analiza luego algunos de los principales fenómenos lingüísticos andaluces manejados. Como señala (2019: 344), los rasgos caracterizadores del andaluz en el siglo XVI, cuando estaba solo emergiendo, son todavía escasos, sin aumentar significativamente posteriormente. Esto debilitaría los argumentos que señalan coincidencias entre América y Andalucía. Concluye Fernández (2019: 354) que se ha de relativizar el aporte andaluz en la formación del español americano.

Sin embargo, esto no implica el replanteamiento de la conformación lingüística de Hispanoamérica y sus orígenes, sino que aportaría precisiones o matices a un proceso mucho más general y complejo que trabajos, como los de estos estudiosos, evidencian.

3.3. Pasemos ahora a ocuparnos, desde la documentación indiana, de las dos últimas teorías sobre los orígenes del español americano. Una teoría, por deducción, como la teoría de la koineización y estandarización, debería permitir hacer previsiones sobre lo que podríamos esperar encontrar en los documentos, y luego verificar si se cumplen en los textos las hipótesis a que da lugar. No es mi intención criticar y ni mucho menos estoy en disposición de refutar mínimamente esta teoría, sino que simplemente deseo señalar los problemas que surgen cuando se trata de corroborarla en la documentación.

Esta teoría nace básicamente a partir de la aplicación para América del trabajo de Siegel (1985) sobre la formación de koinés. Supone que la difusión del castellano en toda la América hispánica se operó desde la homogeneidad lingüística. A partir de esta idea general, la teoría propone una serie de hipótesis que se cumplen en la explicación de muchos de los rasgos actuales del español americano. Brevemente, según esta teoría, en los orígenes del español americano, tras un momento previo heterogéneo de variedades peninsulares en contacto, se dio una fase lingüística inicial homogénea por toda Hispanoamérica, a modo de koiné general de base andaluzada, producto de una lengua nivelada mediante procesos de reducción y simplificación. Más tarde en cada región, ya con hablantes nativos, esta koiné fue modificándose según las distintas circunstancias sociales y culturales, a través de un complejo proceso de selección de variantes prestigiosas, que denominan *estandarización*. Esta, al operarse con diversa cronología y desigual grado e intensidad en cada región, dio lugar a las distintas variedades americanas actuales.

Fontanella (1987) estudia la documentación bonaerense desde esta perspectiva y hace generales para todo el continente y todas las regiones las conclusiones que obtiene para Buenos Aires, pero no porque estén documentadas en otras zonas, sino porque es una teoría general que cree confirmar en el caso concreto de la región bonaerense y supone idéntica para el resto, apoyándose en algunos trabajos como el de Rojas (1985) para Tucumán o el de Álvarez Nazario (1982) para Puerto Rico.

Granda (1994), por su parte, es básicamente teórico. Aporta a la teoría su notable erudición, su no menor perspicacia, su gran capacidad de síntesis y sus extensos conocimientos dialectales del español. Sobre el caso del español americano complementa la teoría de Siegel con abundante aparato crítico y otra bibliografía sobre contacto de lenguas y formación de koinés. Al igual que Fontanella, parte de una koiné general común que se daría en todo el continente. Esta se produjo para conjurar la heterogeneidad dialectal de los primeros pobladores mediante un proceso de acomodación lingüística que eliminó lo diferencial o más marcado y favoreció lo común o menos marcado, esto es, lo "natural" y de funcionamiento más "económico" (por ejemplo, es más fácil sesear para quien distingue, que distinguir para quien sesea). Este proceso en su estadio final supuso la implantación colectiva de una modalidad lingüística común (1994: 26) que es ya español americano por cuanto no coincide en su fisonomía con la metrópoli.

Esta primera koiné presentaría pronto diferenciaciones regionales según la historia de cada zona. El que tuviese un carácter marcadamente andaluzado se debió no solo al predominio de meridionales, sino también a que hablaban una variedad contactual, nacida en la Península tras la conquista y repoblamiento de Andalucía, por lo que contaba ya con muchas de las características que se le suponen a una koiné. Luego, según Granda, en las áreas centrales de América, como las que disponían de una corte virreinal, comenzaría a actuar desde mediados del siglo XVI una primera estandarización temprana monocéntrica (que identifica con el español septentrional en su modalidad cortesana) y una segunda estandarización más tardía en zonas periféricas y marginales durante la segunda mitad del siglo XVIII, que desplazó o modificó parcialmente y con diferente intensidad según zonas, el español koinético, definiendo así el perfil lingüístico básico de cada región. Su acción se prolongaría, según este estudioso, hasta la independencia en el siglo XIX.

La primera pregunta que se plantea es si es posible testimoniar esta koiné general, base de todas las variedades del español americano, en la documentación. Hay que destacar que la teoría de la koineización y estandarización funciona muy bien y de manera convincente cuando se utiliza para la explicación de muchos rasgos modernos americanos, particularmente si estos son fonológicos. Sin embargo, esta teoría ofrece no pocas dificultades cuando intentamos verificar la koiné general y la posterior estandarización en la documentación indiana, donde se supone que debería manifestarse.

Una primera complicación, como observó con acierto Fernández de Castro (2015: 288), nos la ofrece la terminología que toman prestada de Siegel (1985). Fontanella y Granda manejan los conceptos de *simplificación* y *reducción* como variantes sinonímicas o subespecies apenas distintas de nivelación, y no como nociones próximas pero diferentes. Esto provoca notable confusión cuando se manejan. La reducción, como muestra Fernández de Castro (2015: 288), es la desaparición de oposiciones, por ejemplo, el seseo o la neutralización *ustedes/vosotros*. La simplificación no es más que la eliminación de irregularidades y tiene que ver con la extensión analógica, por ejemplo, *andó* por *anduvo*, *feroza, sientesen*, etc. Fontanella confunde reducción con simplificación y se centra solo en lo que denomina simplificaciones respecto de la norma peninsular que en realidad serían reducciones, sin dar apenas noticia de lo que llama reducciones, que serían simplificaciones. En Granda tampoco se distinguen claramente reducción, simplificación y nivelación y se entrecruzan o intercambian a veces.

Por otro lado, a partir de la documentación indiana no son pocos los inconvenientes a la hora de aplicar la teoría, tanto desde el lado de la koineización como desde el de la estandarización. Pasemos primero a la koineización. Suele ocurrir:

- que se citen fenómenos de reducción y simplificación, presentes en las hablas americanas actuales, que están ausentes en la documentación, pues, por lo que parece, comienzan a documentarse desde la época de las independencias;
- que encontremos documentados efectivamente testimonios de reducción y simplificación, pero se daban igualmente en la Península, y algunos desde la Edad Media;
- que desde los documentos más tempranos se testimonien no pocas características lingüísticas no coincidentes entre las distintas regiones,

lo que apunta a una heterogeneidad desde el inicio incompatible con una koiné general homogénea en toda América, y
- que no sea infrecuente encontrar en la documentación producida en una región determinada distintas normas, variantes y subsistemas conviviendo de manera prolongada en el tiempo. Veamos con algo más de detalle estos aspectos.

Se observa fácilmente que la mayoría de los fenómenos lingüísticos que la teoría trata es de índole fonética y fonológica, y responden bien a sus postulados, pero son muy pocos los de tipo morfosintáctico. Además, como se ha dicho, muchos de los ejemplos que se aducen para confirmar la teoría son solo propios del español americano actual. Por lo tanto, se toma como referencia la actualidad para extraer conclusiones hacia el pasado. Por ello, cabe preguntarse primero cómo era exactamente esa koiné general que hemos de rastrear en la documentación. Indican apenas que era andaluzada, simplificada y reducida, pero nada más, ni en qué medida podemos documentarla y a partir de qué rasgos en el contexto escrito de los textos indianos del español del siglo XVI y XVII. Granda (1994) no proporciona ningún ejemplo antiguo o documentado de esa primitiva koiné general en América. Fontanella (1992), por su parte, solo señala indirectamente como testimonio de la koiné algunos rasgos radicalizados, junto a muchos otros que hoy en España serían dialectales o inexistentes y en América generales o muy extendidos, por ejemplo, la presencia amplia de léxico regional peninsular en muchas variedades, la neutralización de *vosotros/ustedes*, el voseo, el seseo, etc. Sin embargo, muchos de los rasgos que saca a colación y documenta se dan (y se daban) también en España, por cuanto reflejan usos meridionales o usos subestándares propios de alguien que no domina bien la escritura.

Asimismo, debemos tener en cuenta, como observa Rivarola (2001: 82), que a América pasó "el español todo", esto es, tanto el de sus variedades diatópicas como el de sus variedades diastráticas y niveles desde los más cultos a los más vulgares. A ello se añade la presencia constante de un registro escrito, más o menos formal, junto al oral coloquial. Cabe entonces preguntarnos si la koiné solo se produjo en lo referente a la simplificación y reducción de las variedades diatópicas en contacto o afectó también a las variedades diastráticas y diafásicas igualmente en contacto y cómo lo hizo, ya que, en principio, se supone que una koiné admite poca variación, pues es precisamente la superación de ella. Sin embargo, la variación diastrática y diafásica se observa constantemente desde los primeros documentos. A su vez, la diversidad lingüística diatópica está documentada en todas las áreas americanas desde época muy temprana. Esto casa mal con la supuesta homogeneización lingüística de la koiné general, que, según esta teoría, abarcó toda la América hispana, salvo que la koiné general se regionalizara muy pronto. Los documentos apuntan a que la difusión del castellano en América se produjo desde la heterogeneidad lingüística (Rivarola 2001).

A diferencia de lo que ocurre en la actualidad, no son pocos los fenómenos que aparecen en los documentos que difícilmente podrían considerarse koinéticos si los interpretamos en el sentido que esta teoría le da al término. Veamos algunos casos, sin ánimo de exhaustividad:

a) Destaca el notable polimorfismo, que se observa de manera persistente en la documentación de toda la América hispánica durante prácticamente los dos primeros siglos. Esto ha llamado la atención de algunos estudiosos, como Sanz-Sánchez (2013). El polimorfismo comienza a reducirse notablemente en la documentación a partir del siglo XVIII, y en unas regiones más que en otras y con marcado desfase temporal en su duración. La diferencia con respecto a España, por lo que observan algunos estudiosos, es que en América el polimorfismo, al igual que la resolución de otros fenómenos, se prolongó mucho más tiempo. Esto significa que gran parte de las diferencias lingüísticas de la América virreinal respecto de la Península radicaban en la prolongación de la variación y resolución tardía de muchos fenómenos que ya se habían concluido mucho antes en España. Esto se podría adscribir al conservadurismo.

b) En efecto, hay un aspecto general más de conservadurismo en la morfosintaxis de los documentos que llama la atención. A diferencia de los fenómenos fonológicos, muchos de los rasgos morfosintácticos actuales usados para definir las hablas americanas se testimonian muy esporádicamente, si es que lo hacen, en los documentos indianos. Si observamos los cambios, que señala Girón (2004), que ya estaban en marcha en el español peninsular de los siglos XVI y XVII, vemos que todos se cumplen también en América al igual que en España, y se pueden seguir en los documentos indianos, aunque no siempre, ni a la vez, ni de manera convergente. La diferencia radica básicamente en que estos cambios se prolongan, como regla general, hasta la primera mitad del XVIII, si bien hay transformaciones que desaparecen mucho antes que otras. Así pues, los procesos que iban culminando en España a lo largo de los siglos XVI y XVII se van a prolongar en muchas regiones americanas hasta el siglo XVIII, y en algunos casos hasta casi principios del siglo XIX o más allá.

c) Por su parte, otras transformaciones, cuyo inicio señala Girón (2004) en la Península de los siglos XVI y XVII sin concluir hoy, como la duplicación progresiva del clítico del CD o CI, o la extensión de *a* más CD, no solo se han cumplido totalmente en América, sino que han avanzado o innovado más en su solución final en muchas regiones americanas que en el uso peninsular (Girón 2004), por ejemplo, el uso de *a* sin distinción de CD de persona y de cosa (*contrató al helicóptero*). Todo apunta a que, desde el lado de la morfosintaxis, el siglo XVIII fue en algunas construcciones más radical y profundo en Hispanoamérica que en España. Esto es efectivamente innovación, pero sería una innovación que solo empieza a documentarse desde mediados del siglo XVIII y de manera, al principio, muy discreta.

d) Si partimos de la necesaria reducción de toda koiné, mediante la cual se eliminan las oposiciones más marcadas o complejas en favor de las más simples, por ejemplo, el seseo o la neutralización de *vosotros/ustedes*, es muy difícil explicar entonces oposiciones funcionales poco koinéticas que aparecen de manera general en los documentos indianos y se continúan en la mayor parte de las variedades americanas actuales.

Entre varias que podríamos señalar tenemos, por ejemplo, el uso etimológico de los pronombres átonos, propio de español meridional, claramente más marcado que el referencial laísta, leísta y loísta septentrional, más reducido y simplificado. Al respecto, Granda (1994: 37) observa escuetamente que el sistema etimológico de clíticos no representaba un incremento de la complejidad estructural respecto del castellano septentrional. Pero no lo desarrolla más. A pesar de lo que afirma este estudioso, parece que el sistema etimológico sí que incrementa la complejidad estructural y está más marcado que el referencial, por cuanto distingue según el caso o función sintáctica entre *lo/la* y *le* (este además sin distinción genérica) y no, como es lo habitual en la sintaxis castellana, según el género y número. Si entraron en contacto hablantes con un sistema etimológico de los clíticos con otros que tenían el referencial, más simple, y además con el prestigio que le otorgaba el uso cortesano, siempre es más fácil para alguien que distingue los clíticos por su uso etimológico emplear el sistema referencial que para alguien que tiene el sistema referencial pasarse al etimológico. ¿Por qué, entonces, no se impuso el sistema referencial en la koiné resultante? Al respecto lo que se observa en la documentación indiana es un uso mayoritario del sistema etimológico, independientemente del grado de cultura del que escribe o dicta y, además, sin vacilaciones, de manera sistemática y coherente. El uso referencial castellano y cortesano de la época también se documenta, pero parece obedecer en muchos casos a una variante estilística o uso culto propio de la lengua escrita, salvo en los casos debido a la influencia de una lengua amerindia o a algunos hablantes criollos claramente referenciales, que también los hay. Parece que desde los orígenes convivieron durante generaciones en proporción varia hablantes con las dos normas (o quizás más) en muchas regiones, por cuanto se fue transvasando progresivamente el sistema de clíticos referencial al etimológico actual, lo que no sería lo esperable en una koiné, sino más bien lo contrario.

También, relacionado con el conservadurismo de los documentos, tendría un carácter muy poco koinético y no predecible a partir de lo que dice esta teoría, la abundante y amplia presencia documentada del futuro de subjuntivo en todas las regiones y durante toda la época virreinal, penetrando todavía con vigor en el siglo XIX. Como se sabe, durante la primera mitad del siglo XVI en España entró en decadencia rápida al ser difícil de oponer al presente de subjuntivo (cf. Lapesa 1988). Ya en la época barroca el futuro de subjuntivo se consideraba arcaizante. Así, paradójicamente, parece que se dio la reducción del subjuntivo mucho antes en la Península que en la koiné americana a juzgar por los documentos. Parece que a América no llegó esta decadencia en el uso. La forma goza de gran vitalidad en todo tipo de documentos, incluso los redactados o dictados por individuos que muestran carencia de formación y en contextos plenamente familiares. Muy probablemente habría hablantes con un uso más amplio y otros en los que se manifestaba la sustitución por el presente de subjuntivo, tal y como se estaba operando en la Península. Desde la perspectiva de la teoría de la koineización tenemos una oposición marcada poco susceptible de formar parte de una koiné: siempre es más económica su neutralización en el presente de subjuntivo que su mantenimiento. Podemos preguntarnos por qué en la koiné sobrevivió con tanta vitalidad una oposición funcional que ya estaba en decadencia rápida en la mayor parte de las variedades peninsulares en las que tuvo su origen.

La neutralización *ustedes/vosotros* tampoco está clara en los documentos. Hay abundantes testimonios de neutralización desde los primeros textos. Ahora bien, lo que tenemos es la constatación de su presencia en América, no su difusión y su extensión social, pues, como demuestra

Rivarola (2001), aparecen también hablantes criollos que usaban *vosotros*, y así están documentados también desde el siglo XVI en adelante en algunas regiones. Por lo tanto, los documentos muestran nuevamente la coexistencia en el tiempo en varias regiones de dos normas por lo menos hasta el siglo XVIII, con trasvase progresivo de hablantes de una a la otra. En una koiné general como la que se propone, o incluso, regional, no se entiende la convivencia en el tiempo y en una misma región de sistemas distintos.

Esta coexistencia prolongada de normas y variantes podemos testimoniarla también en las oposiciones fonológicas. El seseo es sacado a colación en esta teoría como ejemplo de nivelación koinética, mediante la neutralización de una oposición fonológica no distinguidora y, por tanto, menos marcada. El seseo está testimoniado en la documentación indiana desde sus inicios. Ahora bien, junto a los confundidores habría que añadir un segundo grupo distinguidor presente en la documentación también desde el principio y coexistiendo con los no distinguidores en algunas zonas de América. A partir de los documentos indianos que maneja, Rivarola (2001: 23 y ss; 2005: 803 y ss) argumenta que, junto con los seseantes no distinguidores, mayoritarios, existió también en el Perú virreinal, de manera prolongada en el tiempo, un grupo de hablantes criollos distinguidores, minoritarios, pero presentes igualmente en la sociedad indiana. Se trata, como señala, de una convivencia de soluciones lingüísticas alternativas con trasvase progresivo de una norma a otra. Un residuo actual de esta situación antigua sería la existencia de pequeños grupos de hablantes con un uso defectivo de *s* y *c*, el último a modo de sonido fosilizado, tal y como observa Caravedo (1992) para determinadas regiones del Perú.

e) A todo esto se añade que no pocos de los fenómenos de neutralización y reducción presentes en las hablas americanas actuales son propios del siglo XIX o muy tardíos e inexistentes totalmente en la documentación indiana. Es lo que ocurre, por ejemplo, con la evolución de la oposición *canté/he cantado.* La América andina presenta hoy día una neutralización de ambos pasados, bien hacia la forma *he cantado*, como hace el francés, bien, aunque más minoritaria, hacia la forma *canté*, propia de Argentina (Donni de Miranda 1992). Esta neutralización está ausente de la documentación. Asimismo, estarían muy escasamente testimoniados los fenómenos de simplificación de la morfosintaxis hispanoamericana que, con perspicacia, observa Fernández de Castro (2015) y encuentra muy difundidos en la actualidad, como, entre otros, la tendencia a la sobrecategorización morfológica de género y número o a la simplificación en los usos pronominales, mayor que en España. Todos vendrían a demostrar, según este autor, desde la simplificación, el carácter koinético del español americano. Muchos de ellos manifiestan una tendencia presente o latente desde la Edad Media. Son ejemplos muy convincentes y muestran gran agudeza en su determinación. Sin embargo, son propios de las variedades americanas actuales. Apenas aparecen en la documentación indiana y cuando lo hacen, son muy esporádicos y solo, en unos pocos casos, a partir del primer tercio del siglo XVIII.

Veamos ahora el lado de la estandarización que señala esta teoría. El tema es tratado en ella de manera demasiado general y somera, lo que sería su principal inconveniente. La noción de estándar y lengua normativa o modélica manifiesta en América con un carácter mucho más complejo, variado e ignoto de lo que se puede presuponer a partir de esta teoría. Según la teoría, la estandarización consistió la mayoría de las veces en una incorporación a las koinés regionalizadas de rasgos y características propias de la norma prestigiosa que emanaba de la metrópoli y las cortes virreinales. Por ello, el concepto se aplica en la teoría para explicar, frente a los rasgos más meridionales, radicales y koinéticos de algunas regiones, los más marcados, cortesanos, septentrionales y todos aquellos propios de la norma prestigiosa de otras (por ejemplo, la ausencia de voseo), aunque mantuvieran el seseo, el yeísmo o la neutralización en *ustedes*, más aceptables en España. Ahora bien, la estandarización monocéntrica temprana que señala Granda, y la posterior que se operó con dispar intensidad en el resto de las regiones, es tratada de manera demasiado general y presenta algunos inconvenientes tal y como se entiende.

Para la constitución del modelo virreinal de lengua ejemplar, en el siglo XVI no existía aún una norma preceptiva fija y desconocemos en detalle qué características tenía en estos siglos el español cortesano (Bustos y Santiago 2002). Además, según Lipski (1996: 66), todas las variedades americanas fueron sensibles a los cambios lingüísticos que se produjeron en España hasta finales del siglo XVII o principios del siglo XVIII. A partir de esta centuria, y así se observa en los documentos, las distintas regiones americanas irán mostrando una evolución más independiente e irán configurando su respectivo espacio de variación para establecer el estatus lingüístico y social de sus fenómenos y usos de prestigio (Garatea 2006: 150-151). Esta observación complica el concepto de estandarización que propone esta teoría. La consolidación de la norma culta hubo de concluir más tarde en América que en España, y en algunos casos se cumplió de manera diferente y en distintos niveles de uso. De hecho, como señala Pascual (2000: 91), en el siglo XIX el debilitamiento tradicional de la norma hispánica y su carácter tardío en determinadas áreas impondrá un desarrollo más flexible de las tendencias populares de las capas bajas de la población, poco numerosa en la época, sin que las clases altas, minoritarias e incomunicadas con las de otras regiones, fuesen capaces de frenarlas. Esto permite entender la posterior generalización en estas regiones de muchos rasgos (como el voseo, la pronunciación rehilada de /y/, etc.), que adquirirían con la independencia una valoración positiva semejante a los del habla culta de otras ciudades.

Según esta teoría, la estandarización fue capaz de cambiar de manera rápida, profunda y generalizada socialmente las variedades de la América central o virreinal, como México y Lima, más tarde Bogotá y, muy posteriormente, aunque en medida desigual e incompleta, Buenos Aires y las zonas intermedias y periféricas. Si esto es así, habría que preguntarse cómo es posible y de qué manera se consiguió que la estandarización operara de manera tan sensible, profunda y rápida en estas variedades y en todos sus sociolectos, hasta el punto de cambiar radicalmente su fisonomía lingüística en poco tiempo.

Indican que la estandarización condicionó de manera desigual según regiones, la variación diastrática y diafásica de cada una. Pero hay que tener en cuenta que en esas sociedades con la lengua hablada en un extremo se daba también la lengua escrita en el otro. Podemos suponer entonces que la koiné general sería parcial y circunscrita a determinados sociolectos, por cuanto había un registro escrito variable, pero ya estandarizado y presente en las nuevas sociedades. La koiné, pues, tendría un carácter básicamente oral, y conviviría con una lengua escrita, normalizada y, por tanto, presumiblemente estandarizada, donde esta koiné solo aparecería esporádicamente, a manera de oralidad. Dicho de otro modo, en el caso americano no se trataría solo de variedades orales en contacto, sino de variedades en contacto que cuentan también con una práctica escrita común, que sigue unas tradiciones y normas desde su mismo principio. Por ello, podríamos preguntarnos si la estandarización pasó de este registro, a modo de modelo, a la lengua hablada que, de esta forma, se le acercaría y tomaría algunos o la mayoría de sus rasgos. Si fuese así, la estandarización implicaría la generalización del extremo escrito más aceptable y próximo a la norma cortesana y el debilitamiento del extremo oral, especialmente si estaba meridionalmente radicalizado.

Es cierto que algunas regiones, como el México o la Lima virreinales, asimilaron muchos rasgos del español cortesano y los difundieron a toda su región de influencia. Pero, desde el punto de vista de lo habitual en la sociolingüística, sería plausible pensar que, al menos con la generalización y profundidad de la estandarización que esta teoría propone, lo más probable es que esta afectara más a los acrolectos y al nivel culto que a todos los sociolectos y variedades diatópicas de una región en conjunto y a la vez. Es decir, que, socialmente, los acrolectos estarían estandarizados, mientras que los basilectos serían koinéticos. Sin embargo, ni se observa en la documentación ni han quedado indicios claros de esto en la actualidad.

Podemos proponer, como sugiere Rivarola (2001), que muchos rasgos lingüísticos septentrionales y cortesanos que diferencian las hablas de México y Lima de otras, no se deberían tanto a una estandarización, como al hecho de que estos rasgos ya estaban presentes desde el principio, desde sus orígenes, cuando se constituyeron sus respectivos espacios de variación. Esto explicaría mejor la primera estandarización temprana que propone Granda para algunas regiones. Pero no sería tanto estandarización como selección de variantes en la nueva variedad americana que estaba surgiendo en estos espacios y su posterior confluencia con la Península a la hora de resolver cambios y reajustes en marcha. Aquí se daría la influencia de las cortes virreinales más el incremento de la vida cultural e intelectual en ellas.

3.4. Veamos finalmente de manera breve la teoría de Rivarola de la reestructuración patrimonial. Lo que postula es de base más empírica, aunque desgraciadamente no tuvo tiempo para desarrollarla más. No es en sí una teoría nueva, sino la reelaboración, profundización y actualización con nuevos datos y teorías actuales, de la idea de nivelación que formuló Alonso (1967). Al contrario que la teoría anterior, Rivarola (2001: 55-56) parte del pasado para explicar la fisonomía lingüística actual de Hispanoamérica. Actúa por inducción a partir de lo observado en los documentos y llega a conclusiones distintas, ya que no observa ni infiere la existencia de una koiné general y común previa. Encuentra que la difusión del español americano estuvo más bajo el signo de la heterogeneidad lingüística que de la uniformidad que se presupone en una koiné general. A partir de sus datos, reivindica una nivelación operada de manera diferente según regiones, que sería el origen del español americano.

Para Rivarola (2001: 80), en la interpretación adecuada de los fenómenos debemos considerar el concepto que acuña de *reestructuración patrimonial.* Como señala (Rivarola 2001: 80 y ss.), con la "reestructuración patrimonial" se designa un proceso por el cual a partir de un conjunto heterogéneo de variantes existentes en un lugar en un momento dado se produce una selección de algunas de ellas en el marco de unas circunstancias particulares atingentes, de manera que se imponen a las demás y terminan generalizándose. Así pues, el español llegado a cada región, y en el marco particular de las circunstancias históricas y culturales de cada una, sufrió un proceso por el que se producirá una selección colectiva de las variantes existentes que se impondrán a otras y se generalizarán socialmente, lo que dará lugar a una nueva configuración del idioma o diferente organización de su variación interna, distinta de la castellana peninsular, donde tuvo su matriz y que podemos percibir en los documentos indianos. Esta nueva configuración fue menor en los niveles más cultos y más amplia en los más bajos.

Esta teoría ofrece un marco más adecuado y adaptado a la situación lingüística que se desprende de los documentos. Cuando aplicamos a la documentación este concepto de reestructuración patrimonial, desaparece gran parte de los problemas anteriores para explicar los fenómenos de evolución convergente y divergente que se observan en ellos. El español que llegó a América, por lo que se observa en la documentación de los dos primeros siglos, presenta una gran inestabilidad, producto de un conjunto de cambios lingüísticos iniciados en la Edad Media. El carácter de lengua trasplantada en una zona lateral ralentizará más la resolución de esos cambios por lo que la inestabilidad del sistema hubo de durar más en América, aunque no fue igual en todas las zonas (cf. Fontanella 1992). Por otro lado, la lejanía de la metrópoli y de las cortes virreinales impulsó en muchas zonas americanas direcciones distintas en la conservación y desarrollo de antiguos usos lingüísticos. Aquí tenemos un ejemplo de la segunda característica de las lenguas trasplantadas: la innovación.

Como conclusión, cuando se trata de verificar en la documentación de orígenes lo que postulan las diversas teorías los resultados son desiguales y hay numerosos problemas (§ 2.1-2.3). La teoría indigenista (§ 3.1) necesita todavía de estudio más exhaustivo: la documentación muestra indicios de influencia indígena en determinados casos, pero son pocos los fenómenos que al respecto se testimonian. La teoría poligenética, frente a la andalucista (§ 3.2), necesita todavía de argumentos más fuertes para ser convincente, si bien sus objeciones ponen de manifiesto que no se puede dar nada por sentado respecto del andalucismo y evidencia la compleja historia de cómo se conformaron las variedades meridionales y de su posible impacto en América. Por su parte, no son pocos los testimonios lingüísticos en la documentación que se adaptan mal a lo que postula la teoría de la koineización y estandarización (§ 3.3). La teoría de la reestructuración patrimonial (§ 3.4) es la que mejor explica la situación lingüística de los documentos, quizás precisamente porque es la que se concentra más en el pasado para explicar el presente.

Bibliografía

ALONSO, Amado (1967): *Estudios lingüísticos. Temas hispanoamericanos*, Madrid: Gredos.

ÁLVAREZ NAZARIO, Manuel (1982) *Orígenes y desarrollo del español en Puerto Rico (Siglos XVI y XVII)*, Río Piedras: Universidad de Río Piedras.

BUSTOS, Eugenio y Ramón SANTIAGO (2002): "Para un nuevo planteamiento de la llamada 'norma madrileña' (siglos XVI y XVII)", en Mª. Teresa Echenique y Juan Sánchez (eds.), *Actas del V Congreso Internacional de Historia de la Lengua Española*, Madrid: Gredos, 1123-1136.

CARAVEDO, Rocío (1992): "¿Restos de la distinción /s/ /Θ/ en el español del Perú?", *Revista de Filología Española*, 72 (3/4), 639-654.

CATALÁN, Diego (1989): *El español Orígenes de su diversidad*, Madrid: Paraninfo.

DONNI DE MIRANDE, Nélida (1992): "El sistema verbal en el español de Argentina: rasgos de unidad y diferenciación dialectal", en Pilar García Mouton (ed.), *El español de América,* Madrid: CSIC, 401-416.

ECHENIQUE, María Teresa (1987): *Historia lingüística vasco-románica*, Madrid: Paraninfo.

FERNÁNDEZ ALCAIDE, Marta (2019): "Norma sevillana y América. Revisión crítica y nuevos datos", en Viorica Codita (ed.), *La configuración histórica de las normas del castellano*, Valencia: Tirant lo Blanch, 335-358.

Fernández de Castro, Félix (2015): "La «simplificación» morfosintáctica en el español americano", *Studium grammaticae. Homenaje al Profesor José A. Martínez*, Oviedo: Universidad de Oviedo, 285-304.
Fontanella, Beatriz (1987): *El español bonaerense. Cuatro siglos de evolución lingüística (1580-1980)*, Buenos Aires: Hachette.
Fontanella, Beatriz (1992): *El español de América*, Madrid: Mapfre.
Garatea, Carlos (2006): "Pluralidad de normas en el español de América", *Revista internacional de lingüística iberoamericana*, 7, 141-158.
Girón, José Luis (2004): "Cambios gramaticales en los Siglos de Oro", en Rafael Cano (coord.), *Historia de la lengua española*, Barcelona: Ariel, 859-893.
Granda, Germán de (1994): *Español de América, español de África y hablas criollas hispánicas*, Madrid: Gredos.
Guitarte, Guillermo (1983): *Siete estudios sobre el español de América*, México: UNAM.
Henríquez Ureña, Pedro (1921): "Observaciones sobre el español de América", *Revista de Filología Española*, 7, 357-390.
Lapesa, Rafael (1964): "El andaluz y el español de América", en *Pasado y Presente de la Lengua Española*, II, La Laguna: Universidad de la Laguna, 173-182.
Lapesa, Rafael (1988): *Historia de la lengua española*, Madrid: Gredos, 8ª ed.
Lapesa, Rafael (1992): "El español llevado a América", en César Hernández (ed.), *Historia y presente del español de América*, Valladolid: Junta de Castilla y León, Pabecal, 11-24.
Lenz, Rodolfo (1893): "Beiträge zur Kenntnis des Amerikanospanischen", *ZRPh*, 17, 188-214.
Lipski, John (1996): *El español de América*, Madrid: Cátedra.
Lüdtke, Jens (1999): "Las variedades contactuales y el asturiano", *Lletres asturianes*, 72: 23-44
Menéndez Pidal, Ramón (1962): "Sevilla frente a Madrid. Algunas precisiones sobre el español de América", en *Miscelánea Homenaje a André Martinet*, III, La Laguna: Universidad de la Laguna, 99-165.

Morales Padrón, Francisco (1986): *América hispana hasta la creación de las nuevas naciones*, vol. 14 de la *Historia de España*, Madrid: Gredos.

Noll, Volker (2005): "Reflexiones sobre el llamado andalucismo del español de América", en Volker Noll *et alii* (eds.), *El español de América. Aspectos teóricos, particularidades, contactos*, Frankfurt/Madrid: Vervuert/Iberoamericana, 95-111.

Noll, Volker (2021): "La teoría más controvertida: el andalucismo", en Eva Martha Eckkrammer (ed.), *Manual del español en América*, Berlin/Boston: De Gruyter, 151-164.

Pascual, José Antonio (2000): "La idea que Sherlock Holmes se hubiera hecho de los orígenes del español de América", en Inés Carrasco (coord.), *El español y sus variedades*, Málaga: Ayuntamiento de Málaga, 75-93.

Penny, Ralph (2003): *Variación y cambio en español*, Madrid: Gredos.

Rivarola, José Luis (1990): *La formación lingüística de Hispanoamérica*, Lima: Pontificia Universidad Católica del Perú.

Rivarola, José Luis (2001): *El español de América en su historia*, Valladolid: Universidad de Valladolid.

Rivarola, José Luis (2005): *La difusión del español en el Nuevo Mundo*, en Rafael Cano (coord.), *Historia de la lengua española*, Barcelona: Ariel, 799-823.

Rojas, Elena (1985): *Evolución histórica del español en Tucumán entre los siglos xvi y xix*, Tucumán: Universidad de Tucumán.

Sánchez Méndez, Juan Pedro (1998): *Aproximación histórica al español de Venezuela y Ecuador durante los siglos xvii y xviii*, Valencia: Tirant lo Blanch.

Sánchez Méndez, Juan Pedro (2019): "La periodización de la historia del español americano desde la evolución morfosintáctica", en Eva Bravo y Marta Fernández Alcaide (coords.), *El español de América: morfosintaxis histórica y variación*, Valencia: Tirant lo Blanch, 151-185.

Sanz-Sánchez, Israel (2013): "Dialect contact as the cause for dialect change: Evidence from a phonemic merger in colonial New Mexican Spanish", *Diachronica*, 30-1, 61-94.

Siegel, John (1985): "Koinés and koineization", *Language in Society*, 14, 357-378.

Zimmermann, Klaus (ed.) (1995): *Lenguas en contacto en Hispanoamérica*, Frankfurt/Madrid: Vervuert/Iberoamericana.

La colección de manuscritos aljamiado-moriscos de la Biblioteca Nacional de España. Aspectos textuales, lingüísticos y materiales de una nueva catalogación*

The collection of the Aljamiado-Morisco manuscripts of the Biblioteca Nacional de España. Textual, linguistic and physical characteristics for a new catalogue

Raquel Suárez García
Universidad de Oviedo
ORCID iD: https://orcid.org/0000-0002-4156-0579

Pablo Roza Candás
Universidad de Oviedo
ORCID iD: https://orcid.org/0000-0002-3215-0770

Resumen: En este trabajo avanzamos algunos resultados obtenidos en el proyecto "Catalogación de los manuscritos aljamiado-moriscos de la Biblioteca Nacional de España (CAMAM-BNE)", que tiene por objeto la catalogación de los cincuenta y dos manuscritos aljamiado-moriscos (tanto en caracteres árabes como latinos) que se conservan en la Biblioteca Nacional de España. El análisis de estos códices permite conocer con más detalle los textos y la lengua escrita de los moriscos, así como las características materiales de sus libros y las técnicas empleadas en su confección.

Palabras clave: Textos aljamiado-moriscos, manuscritos, BNE, castellano, aragonés

* Este trabajo se enmarca en las labores de investigación del proyecto *Catalogación de los manuscritos aljamiado-moriscos de la Biblioteca Nacional de España. CAMAM-BNE* (PID2019-107175GB-I00), financiado por el Ministerio de Ciencia e Innovación. El equipo de este proyecto está integrado por Raquel Suárez García, Juan Carlos Villaverde Amieva y Pablo Roza Candás (Universidad de Oviedo); Juan Pablo Arias Torres y Sara Solá Portillo (Universidad de Málaga); María José Cervera Fras (Universidad de Zaragoza); Clara Álvarez Dopico (Universidad Complutense); Adrián Rodríguez Iglesias (Universidad de Oviedo-CSIC); Teresa Soto González (SEAR); M.ª Elena Asensio Muñoz y Arsenio Sánchez Hernampérez (BNE).

Abstract: This paper presents some results of the project "Catalogación de los manuscritos aljamiado-moriscos de la Biblioteca Nacional de España (CAMAM-BNE)". This project proposes the cataloguing of the fifty-two Aljamiado-Moriscos manuscripts (both in Arabic and Latin characters), which are preserved in the National Library of Spain. The analysis of these codices allows to know in detail the texts and the written language of the Moriscos, as well as the physical characteristics of their books and the techniques used for production.

Keywords: Aljamiado-Morisco texts, manuscripts, BNE, Spanish, Aragonese

La colección de manuscritos aljamiados de la Biblioteca Nacional de España constituye, junto con la de la Real Academia de la Historia y la Biblioteca Tomás Navarro Tomás del CSIC (procedente de la antigua Junta para la Ampliación de Estudios), uno de los principales fondos de estos textos islamo-españoles[1], cuyo origen se remonta a la segunda década del siglo XVIII. La mayoría de estos códices que a lo largo de la historia acabaron en la BNE proceden de hallazgos casuales, producidos sobre todo en las antiguas morerías de Aragón, donde sus propietarios moriscos los ocultaron (en los falsos techos, en los muros de las casas…) antes de su expulsión de la Península (1609–1614)[2].

Buena parte de estos manuscritos que hoy atesora la Biblioteca Nacional ya formaban parte del fondo primitivo de la, por entonces, Librería Real. Así lo indican las notas que, de manera ocasional, figuran en los propios códices, junto a otros testimonios, como noticias antiguas sobre hallazgos, de los que da cuenta la propia documentación de archivo de esta institución, o los inventarios y descripciones realizadas por los bibliotecarios-arabistas del siglo XVIII.

La colección se fue incrementando a lo largo de la centuria con la incorporación de algunas librerías particulares, como la del Conde de

1 Para la historia de estas colecciones, v. Villaverde Amieva (2010) y, en particular sobre la de la BNE, Villaverde Amieva (en preparación), con noticias novedosas sobre este fondo.

2 Para una visión de conjunto sobre los moriscos y sobre su producción textual, pueden consultarse los trabajos clásicos de Harvey (1958, 2005), Chejne (1983) y Galmés de Fuentes (2004). Para una bibliografía más extensa, remitimos a la citada en el volumen de Mateos Paramio y Villaverde Amieva (2010), donde se encuentran estudios particulares sobre el legado documental de esta minoría, junto a fichas descriptivas de manuscritos concretos.

Miranda, adquirida por la Real Biblioteca en 1757. Ingresaron entonces algunos volúmenes en árabe de procedencia granadina, pero también algún ejemplar de factura mudéjar aragonesa, como el ms. BNE 5340, que contiene una copia del *Kitāb al-arbaᶜīn* de al-Gazālī con abundantes glosas moriscas posteriores en aljamiado (Villaverde Amieva en preparación).

Junto a todos estos materiales en letra árabe que conforman la colección aljamiada de la BNE, hay que tener en cuenta, de igual manera (como ya lo hiciera José Antonio Conde), aquellos textos moriscos redactados en caracteres latinos, de los que la BNE atesora piezas muy significativas. Estas obras en *letra de cristianos* proceden, fundamentalmente, del exilio norteafricano (en especial, tunecino)[3], y son fruto tardío de estas comunidades[4].

El primer inventario publicado de manuscritos aljamiados fue el "Índice general de la literatura aljamiada" de Eduardo Saavedra[5], que acompañó su discurso de ingreso en la Real Academia Española en 1878 y en el que registraba un total de 136 piezas, cincuenta de las cuales las custodiaba la Biblioteca Nacional (Saavedra 1878: 103–182)[6]. En la reedición que de su discurso se publicó en 1889, el propio Saavedra añadió, a este elenco, un nuevo códice que se le había pasado inadvertido en el anterior repertorio y que se conservaba igualmente en la BNE (Saavedra 1889: 319)[7]. Sin embargo, no incorporaba una nueva adquisición de la Nacional, el ms. BNE 4987 [*Tratado jurídico*], que había sido comprado a

3 Sobre la expulsión de los moriscos y el corpus de manuscritos del exilio, véanse, además de las obras citadas *supra*, la imprescindible contribución de Cardaillac (1977) y, más recientemente, los trabajos reunidos por García-Arenal y Wiegers (2014), así como la bibliografía compilada por Bernabé Pons (2005).

4 Ofrecemos en el Anexo 1 la relación de los manuscritos aljamiado-moriscos que conserva la BNE y que son objeto de estudio en nuestro proyecto. En relación con el manuscrito morisco BNE 6016, en caracteres latinos, téngase en cuenta que es de origen peninsular. Sobre su traslado a Túnez y su regreso a España en el siglo XVIII, v. Villaverde Amieva (2015: 614).

5 Existen registros manuscritos previos y parciales, como el pionero de Francisco Antonio González en su *Índice de los manuscritos árabes de la Real Biblioteca*, para uso interno de la Real Biblioteca (ms. BNE 23240, fols. 55r-86r) (Villaverde Amieva 2012: 159–162).

6 Saavedra incluye en su repertorio el manuscrito en caracteres latinos BNE 2076, que, aunque del s. XVI, no es de origen morisco. Se trata de una copia del célebre *Breviario çunní* del alfaquí segoviano Iça de Gebir, realizada por y para uso de las autoridades cristianas. Por esta razón lo excluimos de los manuscritos catalogados en nuestro proyecto.

7 Se trata del ms. BNE 4963.

Enrique Ballesteros en 1887, como indicaba Guillén Robles (1889: 238). En ese mismo año de 1889, Francisco Guillén Robles, en su *Catálogo de manuscritos árabes existentes en la Biblioteca Nacional de Madrid*, realiza un nuevo inventario de los códices aljamiado-moriscos, sin variaciones significativas respecto del repertorio de Saavedra, aunque corrige algunas imprecisiones[8] y completa la información sobre los volúmenes, incluyendo sistemáticamente el *incipit* y el *explicit* de cada códice y ofreciendo datos de carácter codicológico (número de folios de guarda, dimensiones de la página o de la caja de escritura, número de líneas por plana, así como alguna descripción más detallada de los elementos decorativos). El número de manuscritos aljamiado-moriscos inventariados por Guillén es de cuarenta y cinco[9], pues no relaciona los textos moriscos en caracteres latinos.

Estos dos catálogos y las descripciones en ellos contenidas son los que, en general, se han mantenido vigentes hasta nuestros días, pues la BNE no ha realizado una nueva catalogación completa de estos materiales[10]. El trabajo de Saavedra y de Guillén Robles no solo resulta todavía útil a día de hoy, sino encomiable, teniendo en cuenta la época en la que se llevó a cabo y el hecho de que actualmente ningún otro inventario supere la fiabilidad de sus repertorios[11]. Sin embargo, junto a ciertos errores y algunas imprecisiones que hoy podemos subsanar, faltan en ellos datos exhaustivos sobre las características del papel y sobre la composición y

---

8 Saavedra (1889: 249) asigna el número 14 no a un manuscrito, sino a una hoja suelta hallada en el interior del ms. BNE Res 245.

9 Incluimos en este cómputo algunos manuscritos en árabe con glosas aljamiadas: mss. BNE 4948, 5131 y 5340, que Saavedra no incluye en su "Índice".

10 En el tomo X del *Inventario general de manuscritos* (BNE 1984: 391), que publicó la Biblioteca Nacional y que comprende los manuscritos 3027 a 5699, no se describen los códices 4867 a 5453, es decir, los "manuscritos árabes", entre los cuales se encuentran los aljamiado-moriscos en caracteres árabes. De este modo, para recabar información sobre cada ejemplar, se debe acudir bien a la descripción realizada por Guillén Robles, bien al catálogo actual en línea de esta institución, que reproduce fundamentalmente los datos aportados por aquel, aunque en ocasiones ofrece información actualizada sobre ellos. Por contra, los manuscritos en caracteres latinos, cuya descripción no era objeto del trabajo de Guillén Robles, se incluyen en los tomos XI (BNE 1987: 82–83), XIII (BNE 1995: 186, 188) y XIV (BNE 2000: 17, 109–110) del *Inventario general.*

11 L. P. Harvey (1958), en su tesis doctoral (inédita), ofreció un nuevo inventario de manuscritos aljamiado-moriscos, pero todavía hoy se sigue recurriendo a los catálogos decimonónicos, especialmente para recabar información sobre las características materiales de los volúmenes inéditos.

ordenación de los cuadernos, al igual que descripciones adecuadas de la ornamentación y encuadernación. El estudio de estos elementos con las actuales herramientas de análisis será de gran utilidad, como coadyuvantes, para determinar la fecha de copia y el origen de los manuscritos.

Nuestro proyecto surge, así, con la voluntad de continuar la labor emprendida por estos eruditos y completar y actualizar sus catálogos con información exhaustiva de cada una de las piezas aljamiadas de esta colección.

1. LA CATALOGACIÓN DE LA COLECCIÓN ALJAMIADO-MORISCA DE LA BNE

Uno de los factores que sin duda ha favorecido en el creciente interés, en las últimas décadas, por los estudios aljamiados ha sido la accesibilidad de este corpus a través de catalogaciones precisas y de una progresiva digitalización de los fondos manuscritos, dispersos por bibliotecas y archivos de España y otros países.

De forma más o menos simultánea a la digitalización y puesta a disposición en red de los fondos aljamiados de otras instituciones[12], la Nacional ha venido dando a conocer, a través de su reproducción digital, algunos códices en la *Biblioteca Digital Hispánica* (BDH), de los que, en estos momentos, están disponibles 36 manuscritos[13].

A pesar de que el fondo de la Nacional constituye una de las principales colecciones aljamiadas, este corpus no ha recibido la misma atención

12 Así, el Fondo Documental Histórico de las Cortes de Aragón, la Biblioteca de Castilla-La Mancha, la Biblioteca de Catalunya y la Biblioteca de la Universitat de Barcelona, al igual que las de Cambridge y Columbia, entre otras. Otros archivos, sin embargo, han puesto en línea tan solo algunos códices representativos de fondos más amplios, como la Bibliothèque nationale de France a través del portal *Gallica*.

13 En junio de 2020, cuando se puso en marcha el proyecto CAMAM-BNE, tan solo estaban disponibles 28 manuscritos para su consulta en red. Actualmente, tras las peticiones de digitalización de códices aljamiados que realizamos, desde nuestro proyecto, a la Biblioteca Nacional, el número de piezas que la BDH ofrece sobrepasa la treintena. Confiamos en que a lo largo de los próximos meses se vayan incorporando a este portal el resto de los volúmenes aljamiados ya digitalizados.

que han dispensado otras instituciones españolas y europeas a sus respectivos manuscritos moriscos[14]. Los esfuerzos de la BNE en la digitalización y puesta en valor de este corpus contrastan con la escueta información facilitada en línea sobre estos materiales, basada fundamentalmente en las descripciones no siempre detalladas de Guillén Robles. Junto a la incorporación, en muy pocas ocasiones, de nuevos datos que corrigen y amplían los facilitados por el arabista malagueño (como medidas precisas del tamaño de los folios y de la caja de escritura, o referencias bibliográficas de trabajos en los que se menciona o estudia alguna de las piezas), no es inusual que se resuman las pertinentes informaciones proporcionadas por él[15]. Analizados en conjunto estos registros del catálogo en línea, se puede advertir que no solo faltan datos relevantes y hoy habituales y necesarios en cualquier descripción codicológica, sino que no se han incorporado algunos bien conocidos que ofrecerían un conocimiento más cabal de las piezas aljamiadas. Con todo ello, las fichas catalográficas del fondo aljamiado de la Biblioteca Nacional carecen de un modelo claro de descripción[16].

14 Véase, por ejemplo, la precisa catalogación y descripción codicológica de los volúmenes aljamiados de la Biblioteca Tomás Navarro Tomás del CSIC, que incrementa notablemente la información proporcionada por Ribera y Asín (1912) en su inventario y que puede consultarse en línea en el catálogo de la institución. Asimismo, a través del portal Manuscript@CSIC, creado en 2010, se accede a la reproducción de buena parte de los códices aljamiados de esta biblioteca, junto a otros textos en árabe, hebreo, persa y turco.

15 Compárense, a modo de ejemplo, los datos ofrecidos en el registro del manuscrito BNE 5254 en el catálogo en línea con los aportados por Guillén Robles (1889: 23).

16 Esta arbitrariedad afecta tanto a la relación del contenido de los volúmenes como a sus características materiales: en unos casos, se indica el título de los capítulos en los que se divide una obra unitaria (por ejemplo, el *Alkitāb de Çamarqandī*, ms. BNE 4871), pero en otras ocasiones, aunque los códices contengan textos diversos, no se incluyen sus títulos (por ejemplo, el *Tratado jurídico*, ms. BNE 4987. Véase *infra* su contenido). A propósito del *Alkitāb de Çamarqandī* y en relación con el tratamiento de estos volúmenes en la *Biblioteca Digital Hispánica* (BDH), cabe destacar la dificultad para obtener el registro deseado a través del buscador habilitado, debido a la falta de sistematización en los metadatos incorporados en estas fichas. Una búsqueda de la palabra clave *aljamiado*, en cualquiera de los campos del formulario disponible para realizar las pesquisas, tan solo proporciona doce registros, cuando, hasta este momento, son treinta y seis los manuscritos aljamiado-moriscos que se han incorporado a este repositorio. Así, el mencionado ms. BNE 4871, uno de los más notables del fondo de la Nacional, aparece referenciado, en el campo "Materia", como de "Moral musulmana" y caracterizado como uno de los

2. APORTACIÓN DEL PROYECTO CAMAM-BNE

Tal precariedad reclama la urgente necesidad de una descripción actualizada, sistemática y más detallada de este fondo manuscrito. Y de esta perentoriedad nace nuestro proyecto, CAMAM-BNE, que tiene por objeto la catalogación íntegra de estos volúmenes, tanto desde el punto de vista material como textual. El método que proponemos para el análisis de cada volumen aúna rigor y exhaustividad, de manera que cada entrada del catálogo resultante ofrece, además de la descripción codicológica completa, un inventario y una identificación de los textos que los integran, así como su relación con otros testimonios; un *status quæstionis* de cada códice; una transcripción de pasajes significativos para ilustrar el estado de lengua, y una bibliografía actualizada sobre el mismo[17].

El trabajo desarrollado hasta el momento nos está permitiendo precisar algunas hipótesis y matizar ciertas afirmaciones en torno a las distintas piezas que conforman la colección. La revisión rigurosa del contenido y el análisis lingüístico de estas piezas, asunto este poco atendido en las catalogaciones previas, permiten arrojar luz sobre varias cuestiones, como la datación y la procedencia de los volúmenes, los focos de creación y la circulación de estos libros entre las comunidades moriscas. Igualmente, el análisis de algunos aspectos materiales, aún no suficientemente estudiados, hace posible conocer con más detalle no solo las técnicas de composición y encuadernación de los volúmenes, sino también su relación con los distintos talleres que funcionaban en Aragón en los siglos XVI y XVII.

Aunque no es posible dar cuenta aquí de todos los datos disponibles hasta el momento, la referencia a algunos muy concretos dará cuenta de

---

"Manuscritos iluminados"; ya que no existe ninguna etiqueta en los registros de la BDH que identifique estos códices como "manuscritos aljamiados". Su aparición entre esos doce registros fruto de la búsqueda se debe a un hecho fortuito, como es la aparición del término *aljamiado* en una de las referencias bibliográficas que incluye la breve descripción de la ficha catalográfica de este portal.

17 Reproducimos en el Anexo 2 el modelo abreviado de ficha catalográfica que empleamos, donde figuran todos los elementos que serán descritos. Esta propuesta de catalogación está diseñada para canalizar toda la información obtenida a partir de un estudio codicológico completo de estos materiales. Los criterios considerados en esta descripción analítica de las piezas permitirán establecer filiaciones genéticas entre distintos manuscritos aljamiados de este y otros fondos documentales, así como proponer la eventual reordenación de materiales.

nuestros avances y del interés de estos documentos en distintos campos del conocimiento.

2.1. *Historia de la colección*

Como es bien sabido, la mayoría de los manuscritos aljamiado-moriscos proceden de tierras aragonesas (concretamente de la zona central a lo largo de la vega meridional del Ebro), aunque pocos son los que incluyen una identificación precisa de su lugar de copia u otra referencia que vincule la pieza a una zona geográfica concreta. Sería este el caso del ms. BNE 5223, copiado por Mohamad Cordilero en la "villa ḏ-Exea" (probablemente se trate de la localidad turolense de Gea de Albarracín) o el ms. BNE 5238, miscelánea compilada en Villafranca de Ebro (Zaragoza)[18]. A estos podríamos añadir otros códices hallados en localidades de la misma provincia de Zaragoza, aunque no puede asegurarse que hayan sido copiados en esos lugares[19].

No obstante, algunos expedientes conservados en el archivo de la Biblioteca Nacional permiten documentar el origen de varios códices ingresados en el siglo XVIII en la Real Librería. Nos referimos en concreto al hallazgo de varios "libros arábigos" en Muel, también en la provincia de Zaragoza, a principios del año 1763, del que se conserva un interesante documento del bibliotecario y arabista maronita Miguel Casiri[20].

No resulta extraño que el hallazgo de estos volúmenes se produjera en Muel, localidad emplazada en el valle del Huerva y constituida por población fundamentalmente morisca[21]. Esta situación demográfica se repite en

18 Tampoco en los códices mudéjares y moriscos en árabe consta habitualmente el lugar de copia. No obstante, sabemos que el Corán contenido en el ms. BNE 4948 salió de la mezquita zaragozana de Letux y el ms. BNE 5242, también Corán, fue redactado en Pedrola.

19 La noticia de los hallazgos aparece, en ocasiones, anotada en los propios volúmenes. De esta manera, una nota en el ms. BNE 5302 nos indica que procede Belchite. Cervera Fras (2010: 62—65) ofrece la relación completa de los manuscritos aljamiado-moriscos en los que consta fecha y lugar de composición.

20 Se trata del "Catálogo de los códices arábigos manuscritos que he reconocido de orden de Su Magestad, que Dios guarde, comunicada por el Excelentísimo Señor Don Ricardo Wall en 24 de marzo de este año", Madrid, 4 de abril de 1763, BNE-A, BN caja ¼ (García-Arenal y Rodríguez Mediano 2010: 638).

21 El cronista holandés Hendrick Cock señalaba a su paso por estas tierras en 1585: "La dicha villa de Muel tiene poco más ó menos que doçientos vecinos. Tiene también

algunas otras localidades aragonesas, como pueden ser Almonacid de la Sierra o Calanda, que constituyeron auténticos centros islámicos dinamizados por *madrasas* rurales con una activa labor editorial, de copia y de distribución de libros, para dar respuesta a las necesidades espirituales de la comarca (Roza Candás, Suárez García y Villaverde Amieva 2021: 135–138). La existencia de talleres de copia explicaría, de alguna manera, la magnitud de los hallazgos producidos en estos lugares, de donde procede un número significativo de piezas aljamiado-moriscas.

El reconocimiento de estos libros de Muel fue entonces encomendado a Miguel Casiri, quien inventarió los materiales, entre los que se encontraban algunos códices aljamiados[22]. Este repertorio aún inédito, del que solo se han publicado algunos extractos (García-Arenal y Rodríguez Mediano 2010: 638–640, Villaverde Amieva en preparación), quedó en el olvido durante siglos y, sin duda, fue desconocido para Saavedra y para Guillén Robles, puesto que no se sirven de él en sus catalogaciones. Debemos a Fernando Rodríguez Mediano el descubrimiento, hace unos años, de este interesante expediente, dado a conocer por extenso en un trabajo conjunto (García-Arenal y Rodríguez Mediano 2010).

El interés del testimonio llevó a uno de los miembros de nuestro equipo, Juan Carlos Villaverde Amieva, a cotejar las descripciones contenidas en este documento con los fondos aljamiados de la Nacional, logrando identificar como procedentes del hallazgo de Muel algunas de las obras más significativas que conserva esta institución. Así, el *Alkitāb de Çamarqandī* (ms. BNE 4871) se corresponde con el manuscrito al que Casiri se refiere como "Codice I.º Derecho Canonico y Civil de los Mahometanos, que compreende 98 titulos, y 340. hojas: está en papel grande,

su iglesia, pero muy poco visitada [...], porque siempre está cerrada, si no es los domingos y fiestas cuando por fuerça han de oír misa. [...] en todo el lugar no había más que tres cristianos viejos, el cura, el notario y el tabernero, [...], los demás irian de mejor gana en romería á la casa de mecha que á Santiago de Galiçia" (Morel-Fatio y Rodríguez Villa 1876: 31).

22 A propósito de los dos primeros manuscritos relacionados en su catálogo, señala: "escritos en lengua castellana alterada y corrompida con caracteres arábigos con tal artificio que uno que no sabe este secreto creerá ser otra lengua desconocida. Es muy difícil leerlos, y mucho más entenderlos, por estar ligadas las palabras y escritas con solas letras consonantes" (BNE-A, BN caja 1/4, *apud* García-Arenal y Rodríguez Mediano 2010: 638). Sobre la interpretación de este pasaje de Casiri y su relación con el descubrimiento de la escritura aljamiada, véase Villaverde Amieva (2012: 132—134).

y no tiene nombre de Autor, ni fecha". El *Kitāb de la Tafrīʿa* (ms. BNE 4870) se identifica con "II. Otro tomo tambien en papel grande, que trata del derecho Canonico y Civil de los Mahometanos, en 62. titulos, y 160 hojas. No tiene fecha, ni nombre de Autor". El *Recontamiento del rey Ališandre* (ms. BNE 5254) aparece descrito como "XXIII. Historia de Alexandro Magno, según la fabulosa tradicion Mahometana, escrita en lengua Castellana con caracteres Arabigos: no tiene autor ni fecha; está en 4.to pequeño". Al *Sumario de la relación y ejercicio espiritual del Mancebo de Arévalo* (ms. BNE Res/245) se refiere el asiento "X. Instrucción Dogmatico Moral para los Mahometanos, escrita en lengua Castellana con letras Arabigas, en 4.o"; y al *Libro de las luces* (ms. BNE 4955) hace referencia la siguiente reseña: "XIV. Tratado Dogmatico Mahometano en 4.to intitulado Luces: su Autor Abulhassan Alansari, natural de Sevilla; no consta el tiempo en que se escribió" (Villaverde Amieva en preparación).

Y de este modo continúa Casiri describiendo un total de diecisiete códices procedentes de Muel, cuyo hallazgo constituye una de las principales procedencias de los manuscritos aljamiados de la Biblioteca Nacional de España y cuya identificación supone uno de los principales avances de nuestro proyecto.

2.2. *Aspectos materiales*

Una revisión exhaustiva de los volúmenes permite arrojar luz sobre el proceso de composición de estos códices y establecer relaciones con otros manuscritos aljamiado-moriscos, pertenecientes tanto al fondo de la Nacional como a otras colecciones. Así, el análisis de la letra permite vincular los mss. BNE Res. 245, 4987[23] y 5252 (Villaverde Amieva 2010: 98), copiados por la misma mano y todos ellos procedentes del hallazgo de Muel, a los que ahora podemos añadir los mss. BNE 4870 y 5354. Los mss. BNE 4908/3 y 5380, por su parte, presentan letras barreadas y están

23 Además del *Muḫtaṣar* de aṭ-Ṭulayṭulī, este manuscrito contiene otros tres textos (véase *infra*), de distinta mano (fols. 141r-153v). Este manuscrito fue el último volumen del fondo aljamiado-morisco que ingresó en la BNE, aunque también procedía del hallazgo de Muel (Villaverde Amieva en preparación). Se desconocen por el momento las circunstancias que propiciaron que este códice, comprado a Enrique Ballesteros en 1887, como ya hemos indicado, no se conservase junto a los demás volúmenes procedentes de esa localidad aragonesa.

sin duda relacionados con los mss. 11/9415 (*olim* T 19) de la Real Academia de la Historia y 1367 (*olim* 1223) de la Bibliothèque Méjanes de Aix-en-Provence, que muestran idéntica característica (Villaverde Amieva 2010: 120).

Asimismo, el cotejo de estos textos con testimonios de otras colecciones permite proponer, en algunos casos, una reordenación de los materiales textuales o, incluso, en obras que se consideraban completas, determinar la falta de contenido.

Es el caso del emblemático *Alkitāb de Çamarqandī* (ms. BNE 4871), extenso volumen bien conocido, editado y estudiado (Busto Cortina 1992)[24], que se daba por completo. En realidad, como se ha podido comprobar tras el cotejo con su secuela, el ms. Espagnol 397 de la Bibliothèque nationale de France, le faltan diez folios (fols. 18–27), con pérdida de texto, sin que existan evidencias de que estas hojas hayan sido cortadas o arrancadas (Suárez García 2016: 77–80). La pérdida de folios, asociada al deterioro de los códices y debida a las precarias condiciones de conservación, es común en el corpus aljamiado. Lo llamativo, en este caso, es que la pérdida del cuadernillo tal vez se haya producido en época relativamente reciente, durante la restauración del manuscrito a finales del s. XIX, cuando recibió una nueva cubierta[25]. No obstante, parece chocante que el cuadernillo se hubiera perdido durante la reencuadernación del volumen. No menos sorprendente resulta, tratándose de un manuscrito tan relevante dentro del corpus aljamiado, que ni Saavedra (en caso de que entonces el cuadernillo ya se hubiera desgajado del códice) ni Guillén Robles advirtieran la falta de esos folios.

También en relación con la descripción analítica de los manuscritos, prestamos atención a dos aspectos relevantes en la composición material y formal de la producción libraria. Se trata de la ornamentación y de la encuadernación, cuestiones tradicionalmente atendidas con precariedad en la descripción codicológica de la producción aljamiada, pero que aguardan descripciones pormenorizadas.

24 La edición del texto completo está ahora disponible en COTEAM (*Corpus de textos aljamiado-moriscos*).

25 Sabemos que, cuando Saavedra describe este manuscrito en 1878, todavía conservaba las cubiertas originales, muy deterioradas en ese momento (Saavedra 1878: 109). Diez años más tarde, esta encuadernación ya aparece sustituida por una de imitación oriental, realizada por Grimaud, como advierte Guillén Robles (1889: 1) en su catálogo.

En cuanto a la ornamentación, más allá del carácter de meras curiosidades decorativas[26], se incluye en cada ficha una minuciosa descripción de los elementos ornamentales y de las técnicas empleados.

Los manuscritos aljamiados presentan motivos decorativos de diverso tipo e índole, constituyendo un variado repertorio ornamental: orlas y cenefas, cartuchos, medallones y otros elementos geométricos y florales, junto a componentes menos vistosos, como escritura pseudocúfica[27] o manículas en los márgenes. Sin que exista una profusión de elementos decorativos en estos códices, especialmente si los comparamos con otros manuscritos islámicos, como los andalusíes, de los que son últimos continuadores peninsulares, ninguno de ellos renuncia a distinguir alguna de sus páginas con algún adorno, por simple que sea.

La mayoría de los volúmenes aljamiados presenta una decoración humilde, como corresponde a modestos escriptorios o talleres sin medios comparables a los de al-Andalus. Es el caso del ms. BNE 5313, que ilustra un tipo medio de ornamentación sencilla y discreta, con uso de dos tintas, negra y roja: cenefas en cuerda con espinas, rematadas por motivos florales; cartuchos rectangulares a tinta negra con medallones o elementos florales en los ángulos; realce de algunas palabras con trazo más grueso o doble trazo con relleno; uso de tinta roja para los epígrafes y para la vocalización de expresiones árabes, al igual que para el nombre del profeta Muḥammad; líneas de puntos para separar textos o rellenar la caja de escritura[28].

Por lo general, la aparición de los elementos más desarrollados, como cartuchos o cenefas, se limita a la cabecera de la obra, tratado o texto, ya sea de carácter polícromo (ms. BNE 4987) o a una sola tinta (ms. BNE 4955). Sin embargo, se conservan también algunos volúmenes de factura muy esmerada y de gran valor artístico, entre los que destacan tres ejemplares notabilísimos de gran formato y rica decoración polícroma: el

---

26 Estos elementos no solo tienen una función estética, sino que sirven también para guiar la lectura y comprensión del texto: marcan incisos, delimitan textos, llaman la atención sobre pasajes significativos, etc.

27 Véanse, en Martínez de Castilla (2010: 107), los comentarios sobre la escritura cúfica y la propuesta de denominación *pseudocúfica* para la variante que aparece en los textos aljamiado-moriscos.

28 Es preciso señalar que la decoración más llamativa y el uso de tinta roja se aprecian, fundamentalmente, en los folios en los que se copian fragmentos en árabe del Corán (fols. 1r-45v).

Kitāb de la Tafrīʿa (ms. BNE 4870), el *Alkitāb de Çamarqandī* (ms. BNE 4871) y el misceláneo ms. BNE 5223[29].

Como contrapunto y ejemplo de decoración mínima, los motivos ornamentales del ms. BNE 5374, a una sola tinta, se reducen a elementos de puntos y barras con la función de completar las líneas hasta el margen o separar los diferentes textos que lo componen.

En consecuencia, el análisis de la ornamentación presente en los manuscritos de la BNE permite incrementar el conocimiento de este singular aspecto de la composición del libro andalusí de época tardía, en el que no son de descartar algunos ecos de las artes del libro de la España cristiana y cuya influencia parece alcanzar a algún que otro códice de la producción morisca del exilio[30]. Asimismo, mediante una descripción exhaustiva de los elementos decorativos es posible identificar el estilo y la técnica de los artesanos de un mismo taller, al igual que relacionar manuscritos cuyo vínculo se desconoce.

Las encuadernaciones originales de estos códices, por su parte, se han revelado de una importancia extraordinaria para la historia del libro occidental. Pocos son los manuscritos que conservan cubiertas de la época, pues la mayor parte fueron reencuadernados a finales del siglo XIX. El examen de los mss. BNE Res/245 y 4870, ambos procedentes del citado hallazgo de Muel, revela el empleo de una técnica particular, asegurada tras el hallazgo, en el depósito de la Nacional, de varias encuadernaciones moriscas originales, correspondientes a algunos de los manuscritos restaurados. Se confirma, así, la hipótesis de una técnica de encuadernación propia de los mudéjares y moriscos españoles en los siglos XV y XVI, cuya singularidad reside en una combinación de las técnicas orientales y occidentales. Esta hibridación no crea un modelo de determinadas características, sino que es la mezcla (variable) de elementos de ambas tradiciones la que configura un tipo particular, como han analizado y puesto de relieve Asensio Muñoz, Caballero Almonacid y Sánchez Hernampérez (2019).

29 A través de la BDH se puede acceder a la digitalización de estos tres manuscritos y apreciar su refinada decoración.

30 La decoración del ms. en caracteres latinos y procedente de Constantinopla, RAH 11/9397 (*olim* S 5), recuerda la del ms. peninsular CSIC RESC/ 60, también en caracteres latinos.

2.3. *Aspectos textuales*

En otro orden de cosas, una lectura atenta de las obras y su cotejo con otros textos aljamiados todavía depara sorpresas, como el descubrimiento de la filiación de algunas de ellas. Así, el ms. BNE 4987 (*Tratado jurídico*) contiene, entre otros textos, una traducción casi completa (falta el último capítulo) del *Muḫtaṣar* de aṭ-Ṭulayṭulī, que Guillén Robles no llegó a identificar (1889: 237–238)[31]. Se trata de una obra de gran circulación entre los moriscos, a juzgar por el número de testimonios aljamiados que se conservan, si bien la mayor parte de ellos son copias incompletas y parciales del tratado (Cervera Fras 2001: 57–78). A este volumen se añadieron tres textos más: uno sobre la ablución y otros dos sobre el rito de las fadas. El primero de estos últimos es el "Capítulo ḏe cómo se an ḏe faḏar los reçién naçiḏos varones o fembras i-ansimismo los que entran en-el-addīn i los que se tuvo notiçia que no se faḏaron ḏe pequeños" (143v-148r), que constituye una reelaboración del capítulo correspondiente de la *Tafsira* del Mancebo de Arévalo ("Capítulo ḏe cómo se an de fadar los hijjos i fijjas procreados i fornezzinos", CSIC RESC/62, fols. 65r-70v) (Villaverde Amieva 2010: 98)[32].

En el ms. BNE 5313 (fol. 134r)[33] se encuentran unas líneas pertenecientes a "un acto de fe", al decir de Guillén Robles (1889: 22). En realidad, se trata de una cuarteta que, escrita a línea tirada y con rima alterna (*í-o*, *é-o*), ocupa las líneas finales de la plana de la página. Esta hoja está mutilada y solo se conservan los dos tercios inferiores, por lo que no se puede descartar que la composición continuase, en el vuelto del mismo folio, con la copia de otra cuarteta. Si bien se trata de una muestra sencilla

31 Guillén Robles indica el título de los capítulos de los que consta el manuscrito, sin separar los que corresponden al tratado de aṭ-Ṭulayṭulī de aquellos que no forman parte de esta obra, al no reconocer la filiación de los textos. En el catálogo en línea de la Nacional tampoco constan título ni autor de la obra, a pesar de haber sido identificados hace más de veinte años (Cervera Fras 2001: 69–70); ni siquiera se reproduce la información aportada por Guillén Robles, es decir, el título de los capítulos.

32 Los otros dos son el "Capítulo ḏe las cosas que afuellan el bañar ḏe la suzieḏad" (141r-143v) y el "Capítulo ḏe la manera que se an ḏe fazer las faḏas i meter el nombre a la criatura" (148v-153v).

33 La edición de la parte aljamiada del manuscrito (fols. 45v-250v) está disponible en COTEAM.

de texto poético, adquiere valor por la escasez de las composiciones en verso, que no abundan en este corpus.

2.4. *Aspectos lingüísticos*

La procedencia y la cronología de los textos aljamiado-moriscos son factores que deben tenerse en cuenta para definir con mayor precisión su estado de lengua o estados de lengua, pues pocos son los códices que contienen una indicación expresa de la fecha de copia (por ejemplo, el ya mencionado códice de Mohamad Cordilero [ms. BNE 5223], acabado de copiar en 1577).

Desde un punto de vista geográfico, el grueso de materiales procede de hallazgos en tierras de Aragón, concretamente en comarcas situadas al sur del Ebro (valles del Jalón, Huerva y Jiloca). Esta zona central aragonesa fue sometida históricamente, como sabemos, a un doble proceso de nivelación lingüística: una temprana dialectal (de las variedades aragonesas) y una posterior castellanización, especialmente acusada a partir del siglo xv[34].

Ambos factores, nivelación dialectal y posterior castellanización del territorio, explicarían la reducción del elemento autóctono, tanto en los textos moriscos como en los cristianos coetáneos (cf. Arnal y Enguita 1993 y 1994; Enguita y Arnal 1995), a lo que podríamos denominar un "aragonés mínimo", en el que perviven, diluidos en el castellano, los rasgos vernáculos que gozaban de mayor vitalidad en la época (Roza Candás, Suárez García y Villaverde Amieva 2021: 138–142).

Es este, en líneas generales, el estado de lengua que se observa en la mayoría de los textos aljamiados conservados en la BNE, en correspondencia con una "norma aljamiada aragonesa" (si se quiere, almonacidense), que caracteriza buena parte de esta producción. No obstante, algunas piezas presentan una lengua mucho más local, lo que tal vez permitiría hablar de copias en lengua vernácula más o menos castellanizada.

Es el caso del *Recontamiento del rey Ališandre* (ms. BNE 5254), procedente de la localidad de Muel. Sobre este texto, el hispanista y arabista

34 Remitimos a la bibliografía citada en el reciente trabajo de Sánchez López (2018), que nos dispensa incluir aquí una larga nómina de contribuciones sobre la castellanización de Aragón.

checo Alois Nykl (1929) hipotetizaba, en la primera mitad del siglo XX, la procedencia catalano-aragonesa de su copista. Para ello aducía supuestos fenómenos lingüísticos fronterizos, que, en realidad, no son otra cosa que rasgos que podrían considerarse plenamente aragoneses o incluso pertenecientes al castellano de la época: *tuvido, quies, quisiendo, dicir, vienço, presona, siguir, vegada* o *veos* (Nykl 1929: 448). Nuestro conocimiento actual sobre la procedencia de este códice, copiado en la zona central aragonesa, reafirma su carácter eminentemente aragonés, al tiempo que nos permite abundar en la diversidad interna de la producción aljamiada.

Este manuscrito es un buen ejemplo de los textos de raigambre aragonesa, en el que abundan fenómenos y voces de marcado carácter local, algunas escasamente documentadas en la producción aljamiada: por ejemplo, *temién* 'temeroso, respetuoso' (que refleja ya la evolución moderna de la apócope aragonesa)[35]; *afer* 'asunto, negocio' (que pervive actualmente en aragonés, especialmente en su forma plural[36]); *albaḥrica* 'mar pequeño, albufera' (arabismo con sufijo apreciativo aragonés); *cando(s)* 'jefe, caudillo' (que valida la forma *candiello*, documentada en aragonés en Fernández de Heredia[37]); o los cardinales *sišanta* 'sesenta' y *witanta* 'ochenta'[38] (formas casi excepcionales en los textos moriscos).

Por otro lado, la presencia de algunas voces permite completar los datos sobre su recorrido geográfico e histórico en los romances hispánicos. Así, en este mismo texto, se documenta el arabismo *jaricança* 'aparcería (para referirse al politeísmo)', romanceamiento a partir de la raíz árabe *š-r-k*, que en forma IV significa 'ser politeísta, practicar el culto idolátrico' ("Los de la *jaricança* moran d-ellos noventa años", ms. BNE 5254, fol. 22v)[39]. La voz

35 Cf. *temiente* (GVAM, s. v.), variante usual en los textos aljamiado-moriscos.

36 Cf. *Autoridades*, s. v. *aferes*: "Trahe Nebrixa esta voz en sentido de negócios inútiles. No tiene uso alguno en Castilla [...] pero en el Réino de Aragón tienen esta voz, aunque antiquada, para significar qualquiera negócio"; y TLA, s. v. *afer*.

37 Documentada en la expresión *candiellos romanos*, fue cuestionada por Gilkison (1984: 149 [s. v. *candiellos*]), quien creía ver un posible error por *caudiello*.

38 Cf. TLA, s. v. *sisanta*, *xixanta*, *siesanta* y *hueitanta* (todas ellas documentadas modernamente en la Bal de Benás). *Sixanta* y *uitanta* son formas comunes en aragonés.

39 GVAM (s. v. *jaricança*), siguiendo a Nykl (1929:), le otorga la acepción de 'politeísta'. Sin embargo, este significado no corresponde al término, sino, contextualmente, a la expresión "los de la jaricanza", que no tendría sentido manteniendo el valor de 'politeístas' (= "los de los politeístas").

jaricança[40] parece que tuvo especial uso en la zona oriental de la Península, como prueba la antigua forma aragonesa *exaricança* 'aparcería' (DCECH, s. v. *exarico*) y la catalana *eixericança* 'tributo que pagaban los moros a los reyes de Aragón' (DCVB, s. v.: documentada en 1315). Lejos de Aragón, en territorios sureños de la Andalucía oriental, algunos documentos notariales de Almería del s. XVI todavía dan cuenta de los contratos de *xaricanza* o *xariquería*, que suponían un reparto, entre partes, en la crianza del ganado (Cabrillana 1982: 59–60). La acepción aljamiada de *jaricança*, de la que solo se registra esta ocurrencia en el corpus aljamiado, enriquece el conjunto de usos y valores, medievales y clásicos, que tuvo esta voz. Con el uso de la grafía *ǧīm* en vez de *šīn* (*jaricança* en vez de *xaricança*), el copista del manuscrito de Muel muestra una confusión entre resultado sordo y sonoro, a la vez que rearabiza semánticamente un préstamo que se había asentado en romance y que se había especializado como término administrativo.

Por otro lado, como sucede en otros muchos textos aljamiados, estos fenómenos locales aragoneses coexisten con las innovaciones castellanas, lo que permite cuestionar el carácter arcaico o dialectal que se le ha atribuido tradicionalmente a esta obra morisca. Sirva como ejemplo la alternancia de resultados para *f-* latina *fazer/açer*; *fillō/(h)ijo*, *fincar/hincar*, *folgar/holgar*, *fuir/huir*, *fanbre/hanbre*, etc. Frente a estos dobletes, que evidencian una actualización de la lengua o castellanización, llaman la atención otros resultados geolectales, generalmente interpretados como arcaísmos aragoneses, sobre los que cabe replantearse su vigencia en la época. Es el caso de los posesivos *lur-lures* y su variante palatalizada *llur*, de los que contamos con una veintena de ocurrencias en este texto, junto a los más usuales *su-sus* (Roza Candás en prensa).

Con todo ello, la lengua de estos códices, para la que hemos tomado como ejemplo el *Recontamiento de Alixandre*, ilustra el proceso de castellanización de Aragón desde su singular variedad discursiva. En los textos aljamiados, menos apegados a los usos (si se quiere "norma") de la época, afloran fenómenos que revelan la larga convivencia de castellano y aragonés en estas tierras y la lenta sustitución lingüística que se produce

---

40 Nos limitamos aquí a comentar este término concreto, sin hacer referencia a otros derivados medievales y modernos de la raíz árabe *š-r-k*, como *eserich, aserich, acharique, xarique, jarique, exarico, ixarica, jaricar, xariquería*, etc. Para estos, v. DCECH (s. v. *exarico*) y Corriente (1999: 86 [s. v. *acharique*]).

a lo largo de los siglos XV y XVI. Del mismo modo, es posible advertir el anticipo de la consolidación de algunos rasgos vernáculos pervividos modernamente en el español de Aragón.

Por otro lado, la atención prestada a la lengua de estos manuscritos, comparando diversos testimonios de los mismos textos, nos permite, en ocasiones, matizar asertos y opiniones comúnmente admitidos por los aljamiadistas. Por ejemplo, en torno a la leyenda o *ḥadīẕ* de Ibrāhīm, de la que se conocen hasta seis versiones. Una de ellas, en caracteres latinos, procede de Arcos de Jalón (Soria) y se conserva en un documento del Archivo Diocesano de Cuenca (leg. 237, núm. 3072). Este legajo incluye la documentación del proceso inquisitorial del morisco Jerónimo Pintor, que siguió al decomiso de estos papeles que guardaba en una alacena de su casa. En la lengua de este texto soriano, hallado en 1568, Harvey (1981: 2) reconocía un "cierto tinte aragonés", pero la consideraba un buen ejemplo del castellano que "usaban los moriscos de Castilla y áreas limítrofes". Sin embargo, la comparación de este texto con la versión contenida en el manuscrito aragonés BNE 5313[41], con la que guarda mayor paralelismo, apenas muestra diferencias lingüísticas significativas, de manera que la lengua bien podría definirse como castellano al modo que usaban los moriscos de Aragón. No hay razones, no obstante, para pensar que el texto no se copió en Arcos, lugar próximo a la frontera aragonesa, cuya variedad lingüística local debía de participar de rasgos de ambas lenguas.

3. A MODO DE CONCLUSIÓN

El fondo aljamiado-morisco de la BNE constituye un valioso corpus documental que permite profundizar en el conocimiento de los distintos ámbitos concernidos. No solo permite aquilatar la historia lingüística del español, especialmente en relación con la nivelación lingüística y la pervivencia de rasgos vernáculos, sino descubrir otros aspectos de nuestro patrimonio cultural y documental. El trabajo que llevamos a cabo y en el que participamos especialistas de diversos campos, gracias al acuerdo con la Biblioteca Nacional de España, verá la luz durante el próximo año,

41 Se desconoce la procedencia exacta de este manuscrito, si bien sus rasgos lingüísticos coinciden con los textos aljamiados copiados en la zona central de Aragón.

en una primera fase que actualizará las fichas del catálogo en línea de esta institución. Confiamos, asimismo, en que esta labor de catalogación y análisis contribuya tanto a la visibilización de esta colección como a la puesta en valor de tan singular y rica producción textual, escrita en una variedad poco conocida y reconocida del romance hispánico.

ANEXO 1 *Relación de manuscritos analizados en CAMAM-BNE*

a) Manuscritos en caracteres árabes:

	SIGNATURA ACTUAL	SIGNATURA ANTIGUA	*Catálogo* **de GUILLÉN ROBLES *(1889)***
1.	Res/245	Gg. 40	XLI (p. 19)
2.	Res/247	Gg. 101	XCII (pp. 44–45)
3.	Mss/4870	Gg. 2	II (p. 3)
4.	Mss/4871	Gg. 1	I (pp. 1–2)
5.	Mss/4907	Gg. 121	XCVII (pp. 48–49)
6.	Mss/4908	Gg. 77	LXXII (pp. 35–36)
7.	Mss/4937	Gg. 69	LXIV (pp. 30–31)
8.	Mss/4938	Gg. 72	LXVII (p. 33)
9.	Mss/4944	Gg. 75	LXX (p. 34)
10.	Mss/4953	Gg. 70	LXV (pp. 31–33)
11.	Mss/4955	Gg. 84	LXXIX (pp. 38–39)
12.	Mss/4963	Gg. Sup. 2–61	DLXXXIX (p. 241)
13.	Mss/4987	Gg. Sup. 2–53	DLXXXI (p. 237–238)
14.	Mss/5043	Gg. 38	XXXIX (p. 18–19)
15.	Mss/5053	Gg. 164	CXLII (p. 72)
16.	Mss/5073	Gg. 177	CLIV (pp. 76–77)
17.	Mss/5078	Gg. 197	CLXXIV (p. 83)
18.	Mss/5081	Gg. 178	CLV (p. 77)
19.	Mss/5223	Gg. 137	CXV (pp. 56–57)
20.	Mss/5228	Gg. 51	LI (p. 24)
21.	Mss/5238	Gg. 258	CCXXIV (pp. 105–107)
22.	Mss/5252	Gg. 82	LXXVII (p. 38)
23.	Mss/5254	Gg. 48	XLVIII (p. 23)
24.	Mss/5267	Gg. 81	LXXVI (pp. 37–38)
25.	Mss/5287	Gg. 182	CLIX (p. 78)

	SIGNATURA ACTUAL	SIGNATURA ANTIGUA	*Catálogo* **de Guillén Robles (1889)**
26.	Mss/5292	Gg. 244	CCXX (p. 97)
27.	Mss/5300	Gg. 181	CLVIII (p. 78)
28.	Mss/5301	Gg. 180	CLVII (pp. 77–78)
29.	Mss/5302	Gg. 179	CLVI (p. 77)
30.	Mss/5305	Gg. 196	CLXXIII (pp. 82–83)
31.	Mss/5306	Gg. 85	LXXX (p. 39)
32.	Mss/5310	Gg. 68	LXIII (p. 30)
33.	Mss/5313	Gg. 47	XLVII (pp. 21–23)
34.	Mss/5319	Gg. 66	LXII (pp. 29–30)
35.	Mss/5337	Gg. 105	XCVI (p. 48)
36.	Mss/5354	Gg. 194	CLXXI (pp. 81–82)
37.	Mss/5374	Gg. 273 (*olim* P 197, P 189 y P 164)	CCXLIX (p. 112)
38.	Mss/5377	Gg. 103	XCIV (pp. 45–46)
39.	Mss/5378	Gg. 98	LXXXIX (pp. 43–44)
40.	Mss/5380	Gg. 286	CCLXI (p. 115)
41.	Mss/5385	Gg. 102	XCIII (p. 45)
42.	Mss/5452	Gg. 122	CVII (pp. 53–54)

b) Manuscritos en caracteres latinos:

Manuscritos de procedencia peninsular

	SIGNATURA ACTUAL	SIGNATURA ANTIGUA	*Inventario general de manuscritos*
43.	Mss/6016	Q 193	t. XI, p. 82

Manuscritos exílicos de procedencia norteafricana

	SIGNATURA ACTUAL	SIGNATURA ANTIGUA	*Inventario general de manuscritos*
44.	Mss/9067	Cc 174	t. XIII, p. 186
45.	Mss/9074	Aa 168	t. XIII, p. 188
46.	Mss/9534	Cc 170	t. XIV, p. 17
47.	Mss/9653	Cc 169	t. XIV, p. 109
48.	Mss/9654	Cc 171	t. XIV, pp. 109–110
49.	Mss/9655	Cc 173	XIV, p. 110

c) Manuscritos árabes con glosas aljamiadas o epígrafes en aljamía:

	SIGNATURA ACTUAL	SIGNATURA ANTIGUA	*Catálogo* de GUILLÉN ROBLES (1889)
50.	Mss/5131	Gg. 183	CLX (p. 78)
51.	Mss/5340	Gg. 95	LXXXVI (pp. 41–42)
52.	Mss/4948	Gg. 88	LXXXII (p. 40)

ANEXO 2 *Modelo abreviado de ficha catalográfica*

1. Encabezamiento

a) Datos de localización del manuscrito.
b) Título.
c) Autoría.
d) Lengua/s.
e) *Incipit* y *explicit*
f) Datación.
g) Procedencia.

2. Colación y composición del códice

a) Dimensiones del manuscrito.
b) Número de folios o páginas.
c) Cuadernillos (montaje, número, tipo, esquema, anomalías).

3. Descripción física

a) Manuscrito completo o incompleto.
b) Papel (espesor, verjura, filigrana, color, estado de conservación).
c) Elementos de control interno (numeración, reclamo, signatura).
d) Impaginación.
e) Escritura (tipo, manos, tintas, notas al margen).

f) Decoración (tipo, motivo, técnica, tintas, localización, filiación con otros manuscritos).
g) Encuadernación (cubierta, cierres, revestimiento, tapas, lomo, contraguardas, guardas, costura).
h) Marcas de propiedad.

4. Descripción del contenido

a) Códice misceláneo.
b) Índice de contenidos.
c) Relación con otros manuscritos (versiones paralelas).

5. Historia del códice

Datos sobre la fortuna del manuscrito desde su ejecución hasta su ingreso final en la BNE. Personajes relacionados (destinarios, propietario, usuarios, mecenas, personas relacionadas con la manufactura).

Bibliografía

Arnal Purroy, María Luisa y José María Enguita Utrilla (1993): "Aragonés y castellano en el ocaso de la Edad Media", *Aragón en la Edad Media*, 10–11, 51–84.

Arnal Purroy, María Luisa y José María Enguita Utrilla (1994): "Particularidades lingüísticas en textos notariales zaragozanos de finales del siglo xvii", *Archivo de Filología Aragonesa*, 50, 43–64.

Asensio Muñoz, Elena, Mariano Caballero Almonacid y Arsenio Sánchez Hernampérez (2019): "Las encuadernaciones perdidas de los códices moriscos de la BNE", en Manuel José Pedraza Gracia (dir.), *La fisonomía del libro medieval y moderno. Entre la funcionalidad, la estética y la información*, Zaragoza: Universidad de Zaragoza, 123–136.

[*Autoridades*] Real Academia Española (1726–1739): *Diccionario de la lengua castellana*, Madrid: Imprenta de Francisco del Hierro – Herederos de Francisco del Hierro [*apud* Nuevo Tesoro Lexicográfico de la Lengua Española. Disponible en: https://apps.rae.es/ntlle/SrvltGUILoginNtlle].

[BDH] Biblioteca Nacional de España: *Biblioteca Digital Hispánica*. Disponible en: http://bdh.bne.es/bnesearch/Inicio.do.

Bernabé Pons, Luis Fernando (2005): "Las emigraciones moriscas al Magreb: balance bibliográfico y perspectivas", en Ana I. Planet Contreras y Fernando Ramos López (coords.), *Relaciones hispano-marroquíes: una vecindad en construcción*, Madrid: Ediciones del Oriente y del Mediterráneo,63–100

BNE (Biblioteca Nacional de España) (1953–2001): *Inventario general de manuscritos de la Biblioteca Nacional*, Madrid: Dirección General de Archivos y Bibliotecas, Servicio de Publicaciones [t. X: 1984; t. XI: 1987; t. XIII: 1995; t. XIV: 2000].

Busto Cortina, Juan Carlos (1992): *El alkitāb de Çamarqandī (edición del ms. aljamiado 4871 de la BNM, con un vocabulario completo y un estudio de algunos cuentos que en él aparecen*), Tesis doctoral, Oviedo: Universidad de Oviedo [3 microfichas].

Cabrillana, Nicolás (1982): *Almería morisca*, Granada: Universidad de Granada.

Cardaillac, Louis (1977): *Morisques et chrétiens. Un affrontement polémique (1492–1640).* Paris: Klincksieck.

Cervera Fras, María José (2001): ᶜAlī b. ᶜĪsà aṭ-Ṭulayṭulī, *Muḫtaṣar (Compendio)*, Madrid: CSIC – AECI.

Cervera Fras, María José (2010): *Manuscritos moriscos aragoneses*, Zaragoza: Instituto de Estudios Islámicos y del Oriente Próximo.

Chejne, Anwar G. (1983): *Islam and the West: the Moriscos. A Cultural and Social History*, Albany (New York): State University of New York Press.

Corriente, Federico (1999): *Diccionario de arabismos y voces afines en iberorromance,* Madrid: Gredos.

[COTEAM] SEAR (Seminario de Estudios Árabo-Románicos, Universidad de Oviedo): *Corpus de Textos Aljamiado-Moriscos*. Disponible en: https://www.arabicaetromanica.com/coteam/. Fecha de consulta: octubre 2022.

[DCECH] Corominas, Joan y José A. Pascual (1980–1991): *Diccionario crítico etimológico castellano e hispánico*, Madrid: Gredos.

[DCVB] Alcover, Antoni Maria, Francesc de B. Moll y Manuel Sanchis Guarner (1930–1962): *Diccionari català-valencià-balear*, Palma de Mallorca: s. n.

Enguita Utrilla, José María y María Luisa Arnal Purroy (1995): "La castellanización de Aragón a través de los textos de los siglos xv, xvi y xvii", *Archivo de Filología Aragonesa*, 51, 151–196.

Galmés de Fuentes, Álvaro (2004): *Estudios sobre la literatura española aljamiado-morisca*, Madrid: Fundación Ramón Menéndez Pidal

García Arenal, Mercedes y Fernando Rodríguez Mediano (2010): "Los libros de los moriscos y los eruditos orientales", *Al-Qanṭara*, 31(2), 611–646.

García-Arenal, Mercedes y Gerard Wiegers (eds.) (2014): *The Expulsion of the Moriscos from Spain: A Mediterranean Diaspora*, Leiden/Boston: Brill.

Gilkison, Jean Elisabeth (1984): *A Lexicon of the 14th-Century Aragonese Manuscripts of Juan Fernández de Heredia*, Madison: Hispanic Seminary of Medieval Studies.

Guillén Robles, Francisco (1889): *Catálogo de los manuscritos árabes existentes en la Biblioteca Nacional de Madrid*, Madrid: Imprenta y fundición de Manuel Tello.

[GVAM] Galmés de Fuentes, Álvaro, Mercedes Sánchez Álvarez, Antonio Vespertino Rodríguez y Juan Carlos Villaverde Amieva (1994): *Glosario de voces aljamiado-moriscas*, Oviedo: Universidad de Oviedo.

Harvey, Leonard P. (1958): *The Literary Culture of the Moriscos (1492–1609). A study based on the extant manuscripts in Arabic and Aljamia*, Ph. D. D., Oxford: Magdalen College (inédito).

Harvey, Leonard P. (1981): "Leyenda morisca de Ibrahim", *Nueva Revista de Filología Hispánica*, 30(1), 1–20.

Harvey, Leonard P. (2005): *Muslims in Spain: 1500 to 1640*, Chicago: The University of Chicago Press.

Martínez de Castilla, Nuria (2010): *Una biblioteca morisca entre dos tapas*, Zaragoza: Instituto de Estudios Islámicos y del Oriente Próximo.

Mateos Paramio, Alfredo y Juan Carlos Villaverde Amieva (coords.), *Memoria de los moriscos. Escritos y relatos de una diáspora cultural*, Madrid: Sociedad Estatal de Conmemoraciones Culturales (SECC).

Morel-Fatio, Alfredo y Antonio Rodríguez Villa (eds.) (1876): *Relación del viaje hecho por Felipe II, en 1585, á Zaragoza, Barcelona y Valencia* escrita por Henrique Cock, notario apostólico y archero de la Guardia del Cuerpo Real, Madrid: Imprenta, Estereotipia y Galv.ª de Aribau y C.ª.

Nykl, Alois Richard (1929): «Aljamiado Literature. *El Rrekontamiento del Rrey Ališand*ᵉ*re*», *Revue Hispanique*, 77, 409–611.

Ribera, Julián y Miguel Asín (1912): *Manuscritos árabes y aljamiados de la Biblioteca de la Junta*, Madrid: Junta para la Ampliación de Estudios e Investigaciones Científicas, Centro de Estudios Históricos.

Roza Candás, Pablo (en prensa): *Vocabulario completo y concordancias del* Recontamiento del rey Ališandre, Oviedo: Ediuno.

Roza Candás, Pablo, Raquel Suárez García y Juan Carlos Villaverde Amieva (2021): "Sobre la aportación de los textos aljamiados al conocimiento del aragonés", *Alazet*, 33, 129–150.

Saavedra, Eduardo (1878): "Apéndice I. Índice general de la literatura aljamiada", en *Discursos leídos ante la Real Academia Española en la recepción pública del Excmo. Señor D. Eduardo Saavedra el 29 de diciembre de 1878*, Madrid: Impr. de la Compañía de Impresores y Libreros, 103–182.

Saavedra, Eduardo (1889): "Discurso que le Excmo. Sr. D. Eduardo Saavedra leyó en Junta pública de la Real Academia Española, el día 29 de diciembre de 1878, al tomar posesión de su plaza de Académico de número", en *Memorias de la Real Academia Española*, tomo VI, Madrid: Imprenta y fundición de Manuel Tello, 140–192 ["Apéndice I. Índice general de la literatura aljamiada", 237–318; "Adición al Apéndice I", 319–320].

Sánchez López, Juan Francisco (2018): "Diferencias diafásicas en el proceso de castellanización de Aragón a fines del siglo xv. El testimonio de los textos inquisitoriales", *Archivo de Filología Aragonesa*, 74, 61–97

Suárez García, Raquel (2016): *El compendio islámico de Mohanmad de Vera. Un tratado morisco tardío*, Oviedo: EDIUNO.

[TLA] Instituto de Estudios Altoaragoneses y Gobierno de Aragón (1997–2002): *Tresoro d'a Luenga Aragonesa*. Disponible en: http://diccionario.sipca.es.

Villaverde Amieva, Juan Carlos (2010): "Los manuscritos aljamiado-moriscos: hallazgos, colecciones, inventarios y otras noticias", en

Alfredo Mateos Paramio y Juan Carlos Villaverde Amieva (coords.), *Memoria de los moriscos. Escritos y relatos de una diáspora cultural*, Madrid: Sociedad Estatal de Conmemoraciones Culturales (SECC), 91–128.

Villaverde Amieva, Juan Carlos (2012): "Un papel de Francisco Antonio González sobre «códices escritos en castellano con caracteres árabes» (Real Academia de la Historia año 1816) y noticia de las copias modernas de *Leyes de Moros*", en Raquel Suárez García e Ignacio Ceballos-Viro (eds.), *Aljamías.* In memoriam *Álvaro Galmés de Fuentes y Iacob M. Hassán*, Gijón: Trea, 131–214.

Villaverde Amieva, Juan Carlos (2015): "*Historia de Muça.* Un relato aljamiado entre los descendientes de moriscos exiliados en Túnez", *Rivista di Storia e Letteratura Religiosa*, 51(3), 607–641.

Villaverde Amieva, Juan Carlos (en preparación): "The collections of Aljamiado manuscripts", en Heather Bamford y Alberto Montaner Frutos (eds.), *A Companion to Aljamiado Literature*, Leiden: Brill.

Forma y función en la escritura diglósica: a propósito de una carta de fray Juan de Zumárraga*

Form and function in diglossic writing: about a family letter by Fray Juan of Zumárraga

M.ª Consuelo Villacorta Macho
Universidad del País Vasco-EHU
ORCID iD: https://orcid.org/0000-0002-6784-4780

Resumen: El objetivo de este trabajo es el análisis sociolingüístico –desde un punto de vista histórico– de una carta diglósica (española y vasca), fechada el 15 de febrero de 1537, y enviada por el monje franciscano Juan de Zumárraga, primer arzobispo de México, a su media hermana, Catalina Ruiz de Muncharaz. Frente a la opinión más extendida en el ámbito académico (que Zumárraga utilizó la lengua castellana como herramienta formal y estilo de comunicación y el euskera como informal), hemos pretendido demostrar que el español representa, en la citada carta, el vehículo familiar de comunicación y que el euskera funciona como un "criptolenguaje" o código críptico, que permite ocultar o encubrir una información secreta, del mismo modo que los burócratas vascos o los secretarios de los reyes austriacos de España manejaban su lengua vernácula como un código secreto.

Palabras clave: Diglosia, castellano, euskera, comunicación formal/informal, lengua familiar, criptolengua

Abstract: The aim of this paper is the sociolinguistic analysis —from an historical point of view— of a diglossic (Spanish & Basque) letter, dated in 1537, 15th February, and

---

* Este trabajo se ha realizado en el marco del Proyecto de Investigación PID2020-113146GB-I00, Historia15: «La escritura elaborada en español de la Baja Edad Media al siglo xvii: lengua epistolar y cambio lingüístico», financiado por el Ministerio de Ciencia e Innovación; del Proyecto de Investigación PID2021-124356NB-I00, «Violencia y transformaciones sociales en el nordeste de la Corona de Castilla (1200–1525)», del Ministerio de Ciencia e Innovación; del Grupo Consolidado de Investigación del Gobierno Vasco IT1465-22, «Sociedades, Procesos, Culturas (siglos viii a xviii)», y del Grupo de Estudios del Mundo Rural Medieval, Unidad Asociada CSIC-UPV.

sent by the Franciscan monk Juan of Zumárraga, first Archbishop of México, to his half-sister, Catalina Ruiz of Muncharaz. Against the most extended opinion in the academic environment (that the Spanish language was used by Zumárraga as formal tool and style of communication and the Basque as the informal one), we have tried to prove that the Spanish represents, in the mentioned letter, the family vehicle of communication and that the Basque works as a cryptolanguage or cryptic code, which enables to encrypt or to envelop a secret information, just in the same way Basque bureacrats or secretaries of the Austrias kings of Spain used to handle their vernacular as a secret code.

Keywords: Diglossia, Spanish, Basque, formal/informal communication, family language, cryptolanguage

El objeto de esta investigación es el análisis (socio)lingüístico de una carta del primer obispo de México, Juan de Zumárraga, quizá la más conocida de las que incluye Richard E. Greenleaf (1979: 18–39) en su recopilación del epistolario familiar de aquel: la que dirige Zumárraga a su media hermana, Catalina Ruiz de Muncharaz, fechada el 15 de febrero de 1537, que figura en tercer lugar de la serie[1], y que incluye al final de la misma un breve codicilio o postdata en lengua vasca. Sin embargo, el texto en que basamos nuestro análisis no es el que nos ofrece Greenleaf, sino el de la transcripción de la carta por Enrique Otte (1979: 489–496), que estimamos más ajustado al manuscrito conservado. En cuanto a la adenda eusquérica y su traducción por el licenciado Juan Ortiz de Vedia, nos hemos valido de su edición por Ibon Sarasola (1990: 97–102 [231–236]), que revisa la contenida en un artículo de Antonio Tovar, Enrique Otte y Luis Michelena (1981: 5–14)[2]. Pero antes de abordar el análisis de la carta, creemos necesario añadir alguna aportación propia a lo ya sobradamente conocido y divulgado acerca de la biografía de Juan de Zumárraga.

Que no es, dicho sea de paso, mucho más de lo recogido por el historiador decimonónico mejicano Joaquín García Icazbalceta en su *Vida de Fray*

1 Es la carta número tres de un conjunto de quince, entre originales y copias, añadidas al expediente de un pleito entre dos sobrinos de fray Juan conservado en el Archivo General de Indias. AGI, Justicia, Leg. 1011, N. 2, R. 2.

2 A propósito de la carta, los autores de dicho artículo comentan: "la transcripción parece bastante fiel. También merece señalarse, en elogio de la administración de la plural Monarquía española de entonces, la facilidad con que el licenciado Juan Ortiz de Vedia hizo la 'traducción del capítulo de la carta del obispo que está en vascuence' " (Tovar, Otte, Michelena 1981: 6).

Juan de Zumárraga (1897)[3]. En rigor, conocemos muy poco de la vida del franciscano vizcaíno entre su nacimiento, en 1468, y el año crucial de 1527, en el que se encuentra en Valladolid con el Emperador, Carlos I de Habsburgo. Son casi sesenta años de oscuridad, de una ausencia casi total de datos. La vida pública de fray Juan comienza en plena ancianidad de este, pues, en el siglo XVI, los cincuenta y nueve años no son el arrabal manriqueño de senectud, sino una vejez avanzada. Lo que no obsta para que en el tramo final de su vida, que entonces comienza y se extenderá hasta su muerte en 1548, el obispo Zumárraga muestre un vigor envidiable que recuerda, en cierto sentido, al de otra figura que he podido estudiar a fondo: el banderizo vizcaíno Lope García de Salazar[4] (1399–1476), autor de una *Crónica de Vizcaya* terminada hacia 1454 y de una obra histórica monumental, el *Libro de las buenas andanças e fortunas*, que comienza como una biblia historial, en la tradición alfonsí, para concluir con una relación exhaustiva de las guerras clánicas en la región vascocantábrica durante los siglos finales de la Edad Media[5]. García de Salazar redactó las

3 Hemos utilizado la edición de las *Obras* de Joaquín García Icazbalceta, tomo V, *Vida de D .Fr. Juan de Zumárraga*, de 1897. Véase también Estanislao J. de Labayru (1880), Marcos Jiménez de la Espada (1885), los capítulos III y V que Segundo de Ispizua (1915: 70–95, 118–152) dedica a Juan de Zumárraga y Jesús de Galíndez (2003 [1948]).

4 Lope García de Salazar está considerado el primer cronista vizcaíno. Desde los dieciséis años fue activo protagonista de las guerras banderizas, convirtiéndose con el tiempo en el pariente mayor más poderoso de Las Encartaciones. Fue autor de dos libros de carácter histórico: un tratado genealógico titulado *Crónica de Vizcaya*, terminado en 1454, y el *Libro de las buenas andanças e fortunas*, conocido también como *Bienandanzas*, compuesto entre 1471 y 1476, una crónica universal dividida en veinticinco libros. En los seis últimos, García de Salazar narra el origen y sucesión de los señores de Vizcaya, la fundación de los principales linajes de la costa cantábrica y las luchas de bandos que durante la Baja Edad Media agitaron el territorio del norte peninsular. Sobre Lope García de Salazar y su obra véase Juan Carlos Guerra (1914), Sabino Aguirre Gandarias (1986, 1994), Jon Juaristi (1992, 1996), Consuelo Villacorta (2005, 2010 y 2015), Consuelo Villacorta y José Ramón Prieto (2018).

5 Las guerras de bandos o banderizas, denominadas también luchas de bandos o banderizas, fueron un conjunto de enfrentamientos sociales que se sucedieron en Álava, Guipúzcoa, Vizcaya y Cantabria durante la Baja Edad Media "en el marco de la ofensiva señorial, desatada entre otras razones por el descenso de sus rentas, y de la reacción antiseñorial protagonizada por los campesinos, por los pequeños hidalgos y las gentes de las villas" (Díaz de Durana 1998: 41).

Bienandanzas entre 1470 y 1476, encerrado por su primogénito en la casa torre de su linaje, sita en San Martín de Muñatones, en Las Encartaciones de Vizcaya.

Cuando Lope García de Salazar murió –según parece, envenenado– en 1476, Juan de Zumárraga tenía ocho años (edad que Lope doblaba cuando, a sus dieciséis, participó en su primera batalla contra un linaje enemigo, empuñando una ballesta). La primera infancia de Juan no debió de transcurrir en un clima social más pacífico. Por su línea materna, los Muncharaz, estaba vinculado a la torre del mismo nombre, en Abadiano, solar de un linaje de pequeños patrones feudales del que su hermana o medio hermana, Catalina, era cabeza o pariente mayor. Como observa el obispo en la carta a esta, su madre (la de Juan, no la de Catalina) "proçedió desa casa de nuestros antepasados e vuestra de Muncharaz" (Otte 1979: 490), dato este que arroja alguna luz sobre la intrincada complejidad agnática de los Zumárraga (linaje paterno) y los Muncharaz (materno) de Juan. Su padre, Juan López de Zumárraga, debió de haber contraído nupcias con la madre de Catalina después de la muerte de la hermana de esta (y madre del obispo), Teresa de Laúz. Seguía así la tradición del levirato (obligación de desposar a la hermana de la esposa difunta), que, en el caso del padre de Juan, implicaba una capitulación entre linajes que obligaba a los descendientes masculinos de este segundo matrimonio a llevar el apellido Zumárraga, reservando el de Muncharaz –y los derechos sucesorios que llevaba aparejados– para las hijas, lo que explica que el mayorazgo de Muncharaz recayera en Catalina. El biógrafo mejicano de fray Juan, García Icazbalceta, supone que aquel era de familia humilde, pero no debía de serlo demasiado si uno de sus miembros había desposado (y reincidido) con sendas mayorazgas del más importante linaje de la comarca (la conocida como el Duranguesado).

Durango, afirmaba Lope García de Salazar, había sido señorío antes que Vizcaya (probablemente, dependiente de Navarra). Según el cronista banderizo, su incorporación al Señorío de Vizcaya se produjo en el mismo nacimiento de este, cuando, tras la mítica batalla de Arrigorriaga, la hija del señor de Durango, Sancho de Asteguis, se casó con el flamante primer señor de Vizcaya y fundador del linaje de los Haro, Jaun Zuría[6]. No era la comarca más rica y poderosa del señorío vizcaíno en la

6 Según se puede leer en la *Crónica de Vizcaya*: "E este conde don Çuría tomó por armas con el señorío de Viscaya dos lobos encarniçados con dos carneros en las vocas e dos árboles entre ellos, e así los ovieron los señores de Viscaya todos. E en

época de fray Juan. Tenía, no obstante, tres lugares destacables: la propia villa de Durango (Villanueva de Durango), sobre la antigua puebla de Tavira, donde Juan nació en alguna de las casas que su madre poseía en las calles de Goyencale ('calle de arriba') y Artecale ('Calle de en medio'). El segundo lugar, era la torre de Muncharaz, en Abadiano, y el tercero, el santuario de San Antonio de Urquiola, también en tierras de Abadiano y de los Muncharaz (aunque en su origen, a comienzos del siglo XIV, había sido un patronazgo del linaje de Mújica-Butrón, al que pertenecía la esposa de Lope García de Salazar). El santuario debió de haberse erigido sobre una ermita dedicada a San Antonio Abad. En tiempos de fray Juan, se hallaba bajo la advocación de los dos santos Antonios, el Abad y el de Padua, franciscano portugués canonizado en 1232, cuya fama había eclipsado la de su homónimo. Natural de la Tavira portuguesa, san Antonio de Padua encontró un magnífico acomodo junto a la Tavira vizcaína. En tiempos de fray Juan, el santuario constaba de una iglesia, una casa para los guardianes y un hospital, todo ello bajo la administración de los franciscanos, que no tenían convento en Durango, aunque sí un beaterio o beguinato de terciarias.

Dicho beaterio habría jugado, según una leyenda que se resistió a morir, un papel de primer orden en la llamada "herejía de los begardos de Durango", suscitada entre 1440 y 1444 en la comarca duranguesa por el franciscano Juan Alonso de Mella, que arrastró tras de sí a muchos terciarios franciscanos, buena parte de los cuales fueron presos y condenados a muerte. Cuando Juan escribe a su hermana, el beaterio estaba gobernado por una hija de esta, Teresa González de Laúz, llamada así en honor de su tía y madre de fray Juan. La intención de este era dotar de recursos al beaterio para ponerlo al servicio de una hospedería, en el propio Durango y no en Urquiola, donde pudieran alojarse los franciscanos que visitaran la villa, y que procederían de alguno de los dos conventos de frailes menores en el Señorío de Vizcaya, los de Bilbao y Bermeo. Fue probablemente en este último donde se formó Juan de Zumárraga en su infancia y adolescencia, y en el que habría profesado como monje, a edad muy temprana. La lengua familiar del hogar paterno fue, con seguridad, el vasco, pero

esta pelea murió don Sancho Asteguis, señor de Durango, que vino en ajuda de los viscaínos, e dexó una fija legítima por heredera e non más; e casó este don Çuría con ella e ovo el señorío de Durango con ella, e después acá siempre fue con el condado e señorío de Viscaya" (Villacorta y Prieto 2018: 226).

como muchos vizcaínos de su edad debió de recibir una enseñanza esmerada de la lengua castellana en el convento, e incluso en el santuario de Urquiola. Como observa Julio Caro Baroja.

> La primera enseñanza en el País Vasco está muy mal estudiada. Es una enseñanza que depende de los santuarios, que depende de notarías y escribanías rurales, que acoge a los chicos de las villas, e incluso de las aldeas y los prepara para no solamente escribir en castellano, sino también para escribir caligráficamente, de una manera bonita, elegante, inteligible, los documentos públicos. Y además los escribanos, etc., les enseñan cuentas, la manera de llevar contabilidades, asientos, etc., etc.
>
> [...] en este mundo urbanizado de villas pequeñas, de proporciones que parecen siempre inferiores a las de otras partes del occidente, hay una verdadera preocupación por la enseñanza de estos chicos que nacen en familias completamente eusquéricas, que saben su idioma muy bien, pero que aprenden también el castellano de una manera intelectual, e incluso, superior a como se aprende en Castilla. Esa idea del vasco sobre el que pesa el idioma vernáculo, y que, por tanto, se expresa mal, es uno de los muchos lugares comunes que corren por ahí sin ningún sentido, si se atiende a lo que ha sido la burguesía vizcaína, guipuzcoana, navarra, etc., etc., desde el siglo XVI al XIX (1998: 125–126).

Aunque la escolarización monástica de Juan de Zumárraga debió de transcurrir entre 1475 y 1485 aproximadamente, y fue por tanto anterior a la gran operación, más sistemática, de hacer de los jóvenes vascos la nueva “clase escriba” de la monarquía hispánica, se situaría ya en los albores de esa transformación, de la que da fe la carta de Fernando del Pulgar al Cardenal de España sobre el estatuto guipuzcoano de la nobleza de sangre, a la que he dedicado un trabajo reciente[7]. Lo cierto es que Juan de Zumárraga llegó a su juventud con un dominio más que notable, para la época, de la lengua de Castilla, no solamente como lengua hablada, sino también como lengua escrita. Suficientemente elaborada, por lo menos,

---

7 En la *Letra XXXI. Para el Cardenal de España*, escrita en 1482 y dirigida a don Pedro González de Mendoza y Figueroa, Gran Cardenal de España, arzobispo de Toledo y personalidad dominante de la política castellana durante los veinte primeros años del reinado de los Reyes Católicos, Fernando del Pulgar se queja, en un tono agudo e irónico, del estatuto de limpieza de sangre puesto en vigor en Guipúzcoa en 1482 que prohibía el avecindamiento en su territorio a judíos y cristianos nuevos (como era su caso), al mismo tiempo que los guipuzcoanos enviaban a sus hijos a aprender el oficio de pluma a las casas de los secretarios conversos de la corte (Villacorta 2023).

para ser empleada en la administración conventual y en la homilética y, por supuesto, en la práctica epistolar: Zumárraga fue, ante todo, un prolífico escritor de cartas, si bien estuvo muy lejos de poseer la destreza retórica y la fina ironía de un Fernando del Pulgar. No fue un humanista, y es evidente que no se desenvolvía en esa lengua aprendida como pez en el agua, pero su prosa, por muy enrevesada que nos parezca en ocasiones, resulta coherente e inteligible (más que enrevesada, era redundante, como si, sobre todo en la comunicación familiar, temiese no haber sido lo bastante claro).

La lengua castellana que aprendió Zumárraga no estaba aún gramaticalizada (la *Gramática de la lengua castellana* de Nebrija vio la luz cuando el durangués contaba ya veinticuatro años). En 1527, a las puertas de su sesentena, nombrado visitador de Navarra tras haberse atraído el favor de Carlos I, intervino en un proceso contra supuestas brujas en aquel reino, en el que colaboró con un franciscano más joven, castellano, nacido en Oña a finales del siglo XV. Andrés de Olmos ya se había formado en el espíritu de la filología renacentista. Zumárraga lo llevó consigo a México en 1528, cuatro años después de la llegada de los doce apóstoles franciscanos que Cortés había solicitado para la evangelización de los indios de la Nueva España. Olmos, al que Zumárraga, como obispo de México, destinó a la comunidad cristiana indígena de Tepepuco, en la región de Texcoco, aprendió pronto el náhuatl y pudo escribir así la primera gramática de una lengua indígena, el *Arte de la lengua mexicana*[8] (que permaneció inédita hasta 1875, aunque circuló en abundantes copias manuscritas), aplicando para ello los paradigmas nebrijenses, pero no tanto los de la *Gramática de la lengua castellana*, como los de las *Introductiones Latinae* de 1481. ¿Aprendió también Zumárraga el náhuatl? Es dudoso. A sus sesenta años, y cargado de obligaciones, como protector de indios y obispo de una diócesis más poblada que la de París, metido en conflictos con el presidente de la Audiencia, Nuño de Guzmán, y con encomenderos ambiciosos y corruptos, no debió de tener ni el tiempo ni la tranquilidad de ánimo necesarios para hacer suya una lengua nueva y tan distinta de las dos que dominaba desde su niñez y mocedad. Pero debió de rodearse de *lenguas* (intérpretes indios) y, desde luego, de los jóvenes

8 El *Arte de la lengua mexicana* de Olmos fue la primera gramática de la lengua náhuatl propiamente desarrollada y la más antigua del Nuevo Mundo de la que se tiene noticia (Hernández de León Portilla y León Portilla 2002).

franciscanos que, como Olmos, se esforzaban en estudiar e incluso normalizar las lenguas indígenas[9].

Tal circunstancia resta verosimilitud a la leyenda de la decisiva intervención de Zumárraga en el "acontecimiento guadalupano", es decir, en las supuestas apariciones de la Virgen de Guadalupe al indio Juan Diego en diciembre de 1531, en las inmediaciones del santuario azteca, ya destruido tras la conquista española, dedicado a la diosa madre Tonantzin en el cerro de Tepeyac. Como es sabido, la leyenda sostiene que la Virgen habría enviado a Juan Diego al obispo, como Yahvé envió a Moisés al Faraón, para requerir de este que construyera un santuario mariano en aquel mismo lugar. Zumárraga habría exigido a Juan Diego una prueba de la veracidad de las apariciones, y el vidente indio le habría llevado en su tilma o ayate una gran cantidad de frescas rosas blancas que cayeron en cascada frente a los asombrados ojos del prelado al desplegar aquel su manto, en el que apareció impresa la imagen de la Guadalupana.

No hay que descartar que Zumárraga o los franciscanos hubieran hecho levantar una ermita dedicada a la Virgen de Guadalupe en el cerro de Tepeyac. Los primeros misioneros en Indias lo hicieron en muchos otros sitios donde existían santuarios dedicados a diosas de las religiones autóctonas. El propio Colón dedicó a la Virgen de Guadalupe toda una isla de las Antillas. Se hace difícil, sin embargo, imaginarse un diálogo entre un viejo indio (cincuenta y seis años tenía el vidente en el momento de las apariciones) y un obispo de sesenta y tres. Ni Juan Diego hablaba otra lengua que el náhuatl, ni Zumárraga otras que el castellano y el vasco. También es revelador que Zumárraga nunca se refiriera a aparición alguna. Es de sobra conocido que, siendo inquisidor apostólico de la Nueva España, Zumárraga hizo quemar vivo en 1543 a un indio acusado de restaurar los ritos de la antigua religión sacrificial mexica: Carlos Ometochtzin era hijo del señor de Texcoco, cuyo verdadero nombre indígena era Nezahualpilli. Pues bien, en la leyenda de las apariciones de Guadalupe, forjada a finales del XVI y a lo largo del XVII, se sostiene que Juan Diego era hermano del señor de Texcoco, pero se da a este el nombre de Ixtlilxochitl.

Cuando en 1537 escribe Zumárraga a su hermana Catalina Ruiz de Muncharaz no parece dominar (aparte del latín como lengua eclesiástica y litúrgica) otras lenguas que el castellano y el vasco. La carta está escrita en la primera de estas lenguas, y trata de una gran variedad de asuntos

---

9 Véase Ascensión Hernández de León Portilla y Miguel León Portilla (2009).

relacionados con numerosos miembros de la familia, que conserva todavía las dimensiones de un clan o "familia ampliada" propio del pasado banderizo, en el que la fuerza del linaje dependía de su extensión. Zumárraga se ocupa de los problemas de una red muy amplia de sobrinos poco o nada solventes, *nepotes* a los que se presta a llevar a México para convertirlos en su clientela. Además de eso, trata con su hermana de asuntos que constituyen otras preocupaciones permanentes y obsesivas: el sostenimiento del beaterio de Durango y la creación, en algunas casas familiares, de una hospedería para frailes que en su día pudiera convertirse en un nuevo convento de su Orden.

Lamentablemente, el deteriorado estado de conservación en el que se encuentra el legajo, según los responsables del Archivo General de Indias donde se halla, ha impedido su reproducción y consulta. Esta circunstancia, que espero poder solventar, y su propia condición de copia me obligan a extremar las precauciones al analizar el documento. Me limitaré a comentar algunos aspectos lingüísticos de esta carta, que, como he observado antes, presenta un alto nivel de redundancia. Ello se explica porque Zumárraga no acaba de encontrar el registro adecuado para tratar con su hermana de asuntos familiares para los cuales, en una comunicación directa, habría utilizado el vasco, en la variedad duranguesa del dialecto vizcaíno. Pero el vasco carecía de cualquier cosa que se pareciese a una norma escrita. El primer texto eusquérico en una variedad escrita elaborada es el catecismo en verso titulado *Linguae Vasconum Primitiae*, del cura bajonavarro Bernard Dechepare, impreso en Burdeos en 1545. Dada la cantidad y complejidad de los temas a tratar, Zumárraga recurre al castellano, pero le cuesta emplear en la comunicación familiar una lengua escrita que solo empleaba en la comunicación formalizada.

Contra lo que cabría temer, no hay muchos rasgos de interferencia fonética, morfológica o léxica del vasco en el texto castellano, aunque se advierte una vacilación entre las fórmulas de respeto en tercera persona del singular (*vuestra merced*) y la segunda del plural (*vos*), lo que explica la alternancia con idéntico sentido del posesivo *su* (de ella, de *vuestra merced)* y *vuestro/vuestra* (de *vos*).

(1) E esto que digo, créalo *vuestra merçed*, que no me queda otra cosa, quiero yo que *vos*, señora, bierdes que no os conbiene, o os será mejor, o más os plaze en la quedada o venyda de *vuestra* hija. (Otte 1979: 491).

(2) E quando *su* hija acordare de se quedar, no por eso la olbidaré, ni dexaré de tenerla por tal, [...]. (Otte 1979: 493).

Quizá esté obrando aquí una posible interferencia de los dos tratamientos de respeto en vasco, el de *berori*, tercera persona del singular: *bera* (él, ella + *ori*) 'ese mismo, esa misma' y el de *zu*, equivalente al voseo.

Citando por la edición de Otte, encontramos ya en el final de la carta un *hebrero* por 'febrero', con caída y aspiración de la /f/ inicial por influencia, posiblemente, del vasco, en el que se da un rechazo de la *f*- inicial románica, que se sustituye por /p/ o por una aspiración glotal, que en muchos casos evoluciona hacia la deleción.

(3) De México, a quinze de *hebrero* de mill e quinientos e treinta e siete años. (Otte 1979: 495).

No hay "vizcainismos" morfológicos, confusiones en la rección de género, ni distorsiones sintácticas por calco del vasco; la única que he encontrado es –o, más bien, podría ser– *trigo tenemos arto.*

(4) E con ayuda de Dios en el biaje podrá ganar, e a lo menos, llegado a esta çiudad, no andará buscando casa ni de comer, que *trigo tenemos arto*, e buenos carneros, e puercos. (Otte 1979: 491–492).

En ciertas expresiones formulísticas o semiformulísticas se advierten fenómenos que podrían proceder del vasco, pero también de coloquialismos castellanos muy normales. Por ejemplo, *más manso que suele*, por 'más manso de lo que suele estar' o 'más manso que de costumbre'; o *que Dios aya* por 'que Dios haya en su gloria'.

(5) Lo terçero: ayer resçibí una carta de Françisco de Urquiaga, que dize que Martín de Yraçabál no está *más manso que suele* [...]. (Otte 1979: 490).
(6) [...] que le espera allá cada día para efetuar casamiento con la esposa del hijo del bachiller de Arraçola, *que Dios aya*, [...]. (Otte 1979: 490).

Tampoco abundan frases formulísticas que ya debían ser arcaicas en esa época, como *abiendo ellos generación* ('teniendo ellos descendencia'). Algunas de ellas proceden del lenguaje jurídico de la época; así, *querernos rrescatar* ('exigirnos indemnización, rescate'), o *juro... quitará*; los 'juros al quitar' son una modalidad arcaica de deuda pública en el reino de Castilla. En la página 490, aparece una expresión coloquial curiosa, *rrapárselo del caxco*, 'quitárselo de la cabeza'.

(7) [...] e muy deseo es que aya susçesión de vuestra rrodilla en aquella casa, antes que yo baya desta vida, *abiendo ellos generaçión*. (Otte 1979: 491).

(8) [...] si está con pensamiento de *querernos rrescatar*, él se engaña [...]. (Otte 1979: 490).
(9) Vien nos a plazido que el *juro* del dinero que se tomó a Martín de Ynoso se toma en Myranda o en Vitoria, porque se piensa que no se *quitará* en ser al doble más caro que se solía dar. (Otte 1979: 490–491).
(10) Mas bien se puede descuydar, e aun *rrapárselo del caxco*. (Otte 1979: 490).

Salvo en un término aislado, *enparança*, un romanismo que, como el castellano 'amparanza', viene a significar 'espacio limitado y protegido, plaza porticada', la influencia eusquérica se reduce a algún raro hipocorístico, *Mariene*?[10], y al topónimo *Badiaño*, por *Abadiano*, cuya forma vasca es *Abadiño*.

(11) [...] e aunque costase, querría que se hiziese una *enparança* buena, donde en la trasera estubiesen las cubas de sidra [...]. (Otte 1979: 492).
(12) [...] pues que tanta gana tiene de venir, que venga, e traya consigo a *Mariene* con él. (Otte 1979: 491).
(13) E dize Sancho Garçía que vuestra merçed le enbíe una pipa de mançanas, por las pepitas, e otra pipa de castañas en sus herizos, de los de Astola, por donde vuestra merçed suele yr a *Badiaño*. (Otte 1979: 493).

Finalmente, cabe mencionar las formas sincopadas *lo rreto*, por 'lo repito', y *day*, por 'de ahí', la metátesis vulgar *probe*, por 'pobre', y dos frustrados intentos de restaurar grupos consonánticos cultos, como *aceçtar* por 'aceptar' y *trabtamiento*, que postularía un imposible 'tractamiento' o 'traptamiento'.

(14) E si obiere de benir la hija de vuestra merçed, como muchas vezes *lo rreto*, porque no tengo otra voluntad sino la vuestra [...]. (Otte 1979: 492).
(15) E asimismo querría otro paño de esta muestra que va con ésta, texido a manera de sayal, que por la conformidad con los otros rreligiosos que visten sayal lo querría, es todo será *probe*, lo que allá savrá e podrá hazer, para nos probeer *day*. (Otte 1979: 492).
(16) [...] e por eso, sino bibyere, en lo bueno dexarle será, a mi paresçer, *aceçtar* que el tiempo lo curará. (Otte 1979: 490).
(17) [...] nos paresçe que puede benir muy bien en la guarda e onestidad, e con el *trabtamiento* que es razón, en conpañía de nuestro pariente Juan de Mendiola y su muger [...]. (Otte 1979: 492).

---

10 Pero podría tratarse del nombre de una criada o esclava morisca, pues *Marién* o *Mariene* es el nombre coránico de la madre de Isa (Jesús), o incluso el nombre eusquérico de una casa familiar, *Mariene* o *Marienea*, "casa de María".

No estamos, por tanto, ante un texto con un alto índice de agramaticalidad, ni mucho menos. Puede resultar redundante, como se ha dicho, debido a la dificultad de encontrar un registro adecuado a una situación insólita, como la de una comunicación familiar, por escrito, entre gentes acostumbradas a la relación directa en una lengua distinta a la empleada en la escritura.

Al final de la carta en castellano, Zumárraga justifica los párrafos eusquéricos añadidos en la forma siguiente: "Lo de asta aquí, señora hermana, es de ajena mano. Lo que sigue es letra de vuestro hermano fray Juan. Para vuestra merced es todo lo que aquí diré, en especial lo del bascuençe" (Otte 1979: 249). Y más adelante, antes de concluir, escribe: "Porque se alegre vuestra merced, he escripto en lenguaje olbidado, no como yo quisiera, como pude" (Otte 1979: 495).

Aparentemente, el primero de estos dos párrafos podría significar que lo que hasta ahora se ha escrito ha sido dictado a un amanuense, y que lo que se escribirá en adelante, por tener un carácter más íntimo, saldrá directamente de la mano de fray Juan: en especial, lo escrito en vasco. Este es el sentido que Tovar, Otte y Michelena (1981: 8) dan a este párrafo:

> Hasta este punto (final de la p. 493 de la edición de Otte) el obispo ha dictado la carta. Para el resto advierte a Catalina que "es letra de vuestro hermano Juan". Y en esta parte autógrafa trata de las desgracias de Catalina, cuyo marido e hijos varones no han hecho sino proporcionarle sinsabores, y sólo las hijas le han servido de consuelo. Un folio más allá, y para tratar de los regalos personales, de la fundación de la hospedería de franciscanos en Durango y de los medios económicos que le destina, comienza a escribir en vascuence.

Sin embargo, poco antes, cuando comunica a su hermana que Sancho García de Larrazábal, su futuro yerno, le manda dos esclavos, Zumárraga manifiesta un atisbo de afectividad utilizando los sufijos derivativos *-ico* y *-uelo*, propios del español, para formar unos diminutivos que, más que cariño y cercanía, expresan condescendencia y paternalismo:

> Dos yndizuelos muchachos para paxezicos enbía Sancho Garçía a vuestra merçed, porque son bonycos e aplazibles en el serbiçio, que darán descanso sin enojo. Son bautizados, e el uno se llama Juanyco, e el otro Alonsico, que es criado aquí en casa desde chico, que me lo envió el obispo de Guatimala. E Juanyco se compró en quarenta castellanos, porque sepa vuestra merçed que no valen de balde los esclavos, aunque yo no los tengo por tales a los que tengo, que como hijos los trato, e ellos librarán vien con tal señora. (Otte 1979: 493).

En las líneas siguientes continúa utilizando la lengua castellana para, como hermano, y sobre todo como obispo, consolar a su hermana por su desgraciado matrimonio y por el deshonesto comportamiento de sus hijos varones:

> Bien terná memoria my hermana señora de Muncharaz doña Catalina Ruyz de lo que en sus trabajos le tengo escripto, que no la olbidava ni desanpararía, e que en my ternía hermano verdadero, e que no reçibiese o tubiese pena por lo que el vachiller hizo con ella. E abiendo vos, señora, fecho lo que por él hizistes, hizo poco de lo mucho que os prometió e ofresçió. E su hermano, vuestro marido, que en gloria sea, os dio vida no de marido, sino de tirano e furioso, trabtando vuestra noble e virtuosa persona más como sierva que como a muger legítima suya. Que él no os merecía, e yo supe las cosas no de vos, mas de otros, que me hizieron tener conpasión de vuestra persona humylde e sufrida. E así Dios a puesto en my la voluntad que os escribí para faboresçer e socorrer a vuestras nesçesidades e trabajos, en que os han puesto vuestros hijos, emytadores de su padre, para que ayáis consolación con la bondad de vuestras hijas, que os ymytan, e parescan a la madre en todo [...]. Si obiérades tenido marido a vuestro contento, e los hijos a vuestra voluntad, pudiera ser que no ubiérades tenido la paciencia ni humildad ni el exerçiçio de las virtudes. E por eso, pensando que el marido os fue alguazil de Dyos, e que quiere salbaros, pues os lleva por el camino que llebó a su hijo, os debéys alegrar, dándole las gracias por los açotes e penas, e sienpre proponiendo de nunca le ofender, e de le serbir mejor, e de hazer vuen rrostro a las adversidades, e así hos conortaréys e os bezaréys de estar conforme con él. (Otte 1979: 494).

Pero ¿por qué entonces añade el codicilio o postdata en eusquera? En realidad, lo que realmente está diciendo Zumárraga a su hermana es que preste una atención muy especial a lo que va a escribir en vasco.

¿Por qué es necesaria esa atención tan especial? En primer lugar, porque los vascófonos de esa época, aunque manejan el eusquera oral y no les cuesta entenderse en él, no están acostumbrados a escribirlo, y les resulta difícil comprender los pocos textos que se escriben en dicha lengua. Por eso hay que descifrarlos con mucha atención. Y, en segundo lugar, porque lo que va a decir Zumárraga, no con la claridad que él quisiera, sino con la que le es posible a quien no está acostumbrado a escribir en el lenguaje *olvidado,* la lengua en la que desde la infancia hablaba con su hermana Catalina, le alegrará a esta. Es decir, le dirá algo que le será muy de provecho y contento, algo distinto de la mera utilización del eusquera. Le advierte, también de un modo algo oscuro, de que el medio, en este caso, no es el mensaje.

En una situación de diglosia, la lengua B, la que no se utiliza en la comunicación formalizada, lengua que en muchos casos es puramente oral, parece tener como función la de servir para la comunicación coloquial, informal y afectiva entre los miembros del endogrupo lingüístico (o sea, entre los propios hablantes de la lengua B). Pero, respecto al exogrupo, a los que no conocen dicha lengua, sirve también para ocultar y encriptar los mensajes destinados al endogrupo. En la Europa Central se denominaba a esta función encriptadora *kannitverstan* ("no puedo entenderlo"), existían lenguas más adecuadas que otra a esta función, como el flamenco/neerlandés (*kannitverstan* es, precisamente, una expresión flamenca) o el yiddish, es decir, lenguas minoritarias, netamente distintas de las grandes lenguas koinéticas.

El vasco, indudablemente, pertenecía a este grupo de lenguas aptas para el *kannitverstan*. Como observa Julio Caro Baroja[11] en su biografía de Garibay: "Sin duda, todos estos guipuzcoanos metidos en 'cosas de pluma', hablaban con frecuencia en vascuence, que, en casos, podía ser muy bien considerado como lengua secreta: de secretarios" (1972: 132).

No sólo los guipuzcoanos, claro está. También los burócratas, militares o eclesiásticos vizcaínos o navarros podían hacer el mismo uso encriptador del eusquera, y este es el caso de fray Juan cuando escribe en *vascuence* a su hermana. Lo que le quiere comunicar en secreto, como información encriptada en la lengua no formal, familiar, es lo siguiente:

> ...orayn çeuc ene arrebea bear doçu artu errentea erjdayteco ardurea, nic varriz bidaletaco. mjlla ducat bidalduco ditugula vrte onetan njc vste: orayn vere cerbayta voa, artuco deue [...]çataco bildurraren ez gueyago, eta exilic daroaez maestruoc yrureun bana (Sarasola 1990: 233).

Que, en la traducción que hizo del texto vasco el licenciado Juan Ortiz de Vedia, reza así:

11 Curiosamente, Pío Baroja, tío de Julio Caro Baroja, ofrece un ejemplo del uso del vasco como lengua secreta en *Las inquietudes de Shanti Andía*, capítulo VIII, "Patricio Allen y el tesoro de Zaldumbide": "– [...] Hasta hace unos meses vivía en Liverpool humildemente; estaba de empleado en un almacén e iba a casarme cuando conocí a un viejo irlandés, hermano de la madre de mi novia. Este irlandés se llamaba Patricio Allen. / –¡Patricio Allen! –exclamé yo–. ¡El que ha vivido tanto tiempo aquí! / –El mismo. Allen llegó a casa de su hermana y contó la historia del tesoro del capitán Zaldumbide; dijo cómo usted le había dado la indicación exacta del lugar, que estaba escrita en vasco en un devocionario [...]. Les di la indicación, traducida del devocionario de Allen, y se fueron, después de darme las gracias efusivamente" (1983: 262–266).

> Agora vos misma, hermana, abéys menester tener el cuydado de ayar la rrenta, e yo de enbiar, pienso que enbiaremos este año mill ducados. Tanbién ba algo agora. E por miedo que no lo tomen no ba más, e en secreto lleban los maestres cada trezientos (Sarasola 1990: 234).

Lo que significa, ni más ni menos, que Zumárraga envía a su hermana Catalina Ruiz de Muncharaz seiscientos ducados de oro, una suma considerable, con los maestros artesanos Sancho de Pinaga y Juan de Ypiztico. Y no le manda más por miedo a que se lo roben, y aun lo que le manda va en secreto.

En secreto. La palabra que usa Zumárraga es *exilic*, '*ixilik'* en el vasco estándar, 'en silencio, calladamente', del verbo *ixil(du)*, 'callar'. Aparece en el párrafo anterior al citado, con idéntico sentido: "*ene erechian oba da goarda ditean exilic*" (Sarasola 1990: 232), que traduce Ortiz de Vedia por: "a mi pareçer mejor es que se goarde en secreto" (Sarasola 1990: 233). Evita usar Zumárraga el romanismo eusquérico s*ecreto / sekreto*, por ser fácilmente reconocible por un no vascófono, a pesar de que su uso es habitual en vasco, con el sentido, obviamente, de 'secreto', como en una conocida canción de contrabandistas recopilada por Resurrección María de Azkue en su *Cancionero Popular Vasco* (1968 [1919]):

Abenduaren zazpian	El siete de diciembre
sartu ginaden Frantzian:	entramos en Francia:
hogeitamar lakarri gatz	treinta sacos de sal
azukre bien erdian.	Y en medio dos de azúcar.
Ustez ***sekreto*** *handian*	Con gran **secreto**, a nuestro parecer,
pasa ginaden mendian.	pasamos por el monte

En definitiva, la intención de Juan de Zumárraga al escribir un fragmento de la carta en vasco no supone una voluntad de distinguir un discurso elaborado en castellano para expresar los asuntos más rutinarios, de otro familiar en vasco para los más íntimos y personales. Su propósito es otro: aprovechar la condición de "encriptada" de su lengua materna para transmitir a su hermana un mensaje oculto relacionado con el envío de una considerable cantidad de dinero. Es decir, en la carta que Juan de Zumárraga dirige a Catalina Ruiz de Muncharaz, el español representa el vehículo familiar de comunicación y el euskera funciona como un "criptolenguaje" o código críptico, que permite ocultar o encubrir una información secreta, del mismo modo que los burócratas vascos o los secretarios de los reyes austriacos de España manejaban su lengua vernácula como un código secreto.

Bibliografía

AGUIRRE GANDARIAS, Sabino (ed.) (1986): *Las dos primeras crónicas de Vizcaya,* Bilbao: Caja de Ahorros Vizcaína.

AGUIRRE GANDARIAS, Sabino (ed.) (1994): *Lope García de Salazar. El primer historiador de Bizkaia (1399–1476),* Bilbao: Diputación Foral de Bizkaia.

AZKUE ABERASTURI, Resurrección María de (1968 [1919]): *Cancionero Popular Vasco*, Bilbao: La Gran Enciclopedia Vasca.

BAROJA, Pío (1983): *Las inquietudes de Shanti Andía*, Madrid: Austral. Espasa-Calpe.

CARO BAROJA, Julio (1972): *Los vascos y la Historia a través de Garibay. Ensayo de biografía antropológica*, San Sebastián: Txertoa.

CARO BAROJA, Julio (1988): *Ser o no ser vasco*, edición de Antonio Carreira, Madrid: Espasa, 125–126.

DÍAZ DE DURANA, José Ramón (1998): "Historia y presente del tratamiento historiográfico sobre la Lucha de Bandos en el País Vasco. Balance y perspectivas al inicio de un nueva investigación", en: Ramón Díaz de Durana (ed.), *La lucha de bandos en el País Vasco: de los parientes mayores a la hidalguía universal. Guipúzcoa, de los bandos a la provincia (siglos XIV a XVI)* (Historia Medieval y Moderna), Bilbao: Servicio Editorial de la Universidad del País Vasco, 21–46.

GALÍNDEZ, Jesús de (2003 [1948]): "Rasgos vascos en la personalidad y obra del obispo Zumárraga", *Bibliothéque du Musée Basque de Bayonne, VII Congreso de Estudios Vascos (7. 1948. Biarritz)*, Donostia: *Eusko Ikaskuntza*, 485–511.

GARCÍA ICAZBALCETA, Joaquín (1897): *Vida de D. Fr. Juan de Zumárraga*, en Obras, tomo V, México: D. F.: Imp. de V. Agüeros, Editor.

GREENLEAF, Richard E. (ed.) (1979): *Zumárraga and his Family. Letters to Vizcaya, 1536–1548. A Collection of Documents in Relation to the Founding of a Hospice in his Birthplace*, Washington, D.C.: Academy of American Franciscan History.

GUERRA, Juan Carlos (ed.) (1914): *Crónica de siete casas de Vizcaya y Castilla escrita por Lope García de Salazar, año de 1454,* Madrid: Sucs. de Rivadeneira.
HERNÁNDEZ DE LEÓN-PORTILLA, Ascensión y Miguel LEÓN-PORTILLA (2009): *Las primeras gramáticas del Nuevo Mundo*, México, D.F.: Fondo de Cultura Económica.
ISPIZUA, Segundo de (1915): "Capítulo III. Fray Juan de Zumárraga (1528–1532)", en *Historia de los vascos en el descubrimiento, conquista y civilización de América*, tomo II, Bilbao: Imprenta y librería de José de Astuy, 70–95.
ISPIZUA, Segundo de (1915): "Capítulo V. La obra civilizadora de Zumárraga", en *Historia de los vascos en el descubrimiento, conquista y civilización de América*, tomo II, Bilbao: Imprenta y librería de José de Astuy, 118–152.
JIMÉNEZ DE LA ESPADA, Marcos (1885): *Tres cartas familiares de Fr. Juan de Zumárraga, primer Obispo y Arzobispo de México, y contestación a otra que le dirige Fr. Marcos de Niza*, Madrid: *Boletín de la Real Academia de la Historia*, Imprenta de Fortanet.
JUARISTI, Jon (1992): *Vestigios de Babel. Para una arqueología de los nacionalismos españoles,* Madrid: Siglo Veintiuno.
JUARISTI, Jon (1996): "La invención de la tradición vasca. Ensayo de síntesis", en J. A. García de Cortázar (ed.), *La memoria histórica de Cantabria,* Santander: Servicio de Publicaciones de la Universidad de Cantabria, 205–218.
LABAYRU, Estanislao J. de (1880): *Estudios y hechos de la vida del ilustrísimo y venerable vizcaíno D. Fr. Juan de Zumárraga, natural de Durango, primer Obispo y Arzobispo de Méjico*, Bilbao: Imp. De Velasco.
OLMOS, fray Andrés de (2002): *Arte de la lengua mexicana*, edición de Ascensión Hernández de León-Portilla y Miguel León-Portilla, México: UNAM. Instituto de Investigaciones Históricas.
OTTE, Enrique (1979): "Juan de Zumárraga, vasco", en *Les cultures ibériques en devenir. Essais publiés en hommage a Marcel Bataillon (1895–1977)*, Paris: Fondation Singer-Polignac, 489–496.
SARASOLA, Ibon (1990): *Contribución al estudio y edición de textos antiguos vascos* [publicado como segunda parte de la reedición de Luis

Michelena, *Textos arcaicos vascos*], Anejos del *Anuario del Seminario de Filología Vasca Julio de Urquijo*, XI: 97–102 [231–236].

Tovar, Antonio, Enrique Otte, Luis Michelena (1981): "Nuevo y más extenso texto arcaico vasco: de una carta del primer obispo de México, Fray Juan de Zumarraga", *Euskera*, 26, 1: 5–14.

Villacorta Macho, M.ª Consuelo (2005): *Edición crítica del Libro de las buenas andanças e fortunas que fizo Lope Garçía de Salazar (Títulos de los libros XIII, XVIII, XX, XXI, XXIV y XXV)* (Colección Clásicos Vascos en Castellano, 3), Bilbao: Servicio Editorial de la Universidad del País Vasco.

Villacorta Macho, M.ª Consuelo (2010): "Creando memoria: Pero López de Ayala y Lope García de Salazar", en: Jon Andoni Fernández de Larrea, José Ramón Díaz de Durana (eds.), *Memoria e Historia. Utilización política en la Corona de Castilla al final de la Edad Media*, Madrid: Sílex, 59–75.

Villacorta Macho, M.ª Consuelo (ed.) (2015): *Libro de las buenas andanças e fortunas que fizo Lope García de Salazar* (Historia Medieval y Moderna), Bilbao: Servicio Editorial de la Universidad del País Vasco.

Villacorta Macho, M.ª Consuelo, José Ramón Prieto Lasa (2018): *Lope García de Salazar (1399–1476). Antología*, Gijón: Ediciones Trea.

Villacorta Macho, M.ª Consuelo (2023): "*Aunque sois de su tierra.* Carta de Hernando del Pulgar al cardenal Mendoza", *RILCE*, 39, 1: 143–63.

PERIODO MODERNO Y CONTEMPORÁNEO

Los sufijos *-ico*, *-ito*, *-illo* en inventarios de bienes de los siglos XVIII y XIX: significado transparente y lexicalizado del diminutivo*

Suffixes -ico, -ito, -illo *in the 18th and 19th centuries inventories of goods: transparent and lexicalized meaning of diminutives*

Pilar Arrabal Rodríguez
Universidad de Granada
pilararrabal@ugr.es
ORCID-ID: https://orcid.org/0000-0003-1199-7849

Resumen: Este trabajo se aproxima a la tipología textual de los inventarios de bienes para abordar de nuevo el estudio de los diminutivos desde la lingüística de corpus y, más concretamente, para determinar el proceso de fijación léxica de algunas voces con diminutivo pertenecientes al léxico de la vida cotidiana presentes en los textos. El análisis se centra en inventarios de bienes del corpus *Oralia diacrónica del español* (ODE) de los siglos XVIII y XIX para detectar el significado transparente u opaco que aporta el diminutivo en estas palabras y proceder a su clasificación. Asimismo, se analiza el caso de algunos términos ya lexicalizados interesantes por las características que presentan. A partir de los ejemplos de corpus es posible constatar la aparición de nuevos significados lexicalizados, así como la variación en el empleo de los diminutivos incluso en voces ya fosilizadas.

Palabras clave: Diminutivos, lexicalización, inventarios de bienes, siglo XVIII y XIX

Abstract: This paper focuses on the textual typology of property inventories to approach the study of diminutives from the perspective of corpus linguistics and, more specifically,

* Este trabajo se enmarca en el Proyecto ALEA XVIII, financiado por FEDER/Junta de Andalucía-Consejería de Transformación Económica, Industria, Conocimiento y Universidades/Proyecto de referencia P18-FR-695. También se inserta en el Proyecto ALEA oriental-XVIII, financiado por FEDER/Junta de Andalucía-Consejería de Transformación Económica, Industria, Conocimiento y Universidades, Proyecto de referencia A-HUM-116-UGR20.

to determine the process of lexical fixation of some diminutive words belonging to the lexicon of everyday life present in the texts. The analysis is based on inventories of goods from the *Oralia diacrónica del español* (ODE) from the 18th and 19th centuries in order to detect the transparent or opaque meaning provided by the diminutive in these words and to proceed to their classification. It also analyses the case of some already lexicalized forms which are interesting for their characteristics. From the corpus examples, it is possible to observe the appearance of new lexicalized meanings, as well as the variation in the use of diminutives even in already fossilized words.

Keywords: Diminutives, lexicalization, inventories of goods, 18th and 19th century

1. INTRODUCCIÓN

Pocos fenómenos lingüísticos en español están sujetos a tanta variación –diacrónica, social y geográfica al mismo tiempo–, como el uso de los diminutivos. Su estudio ha despertado el interés de incontables trabajos, aunque tradicionalmente muchos análisis de índole histórica se han fundamentado sobre todo en obras literarias (Lapesa 2014: 334, Ramírez Luengo 2005, Náñez Fernández 1973), en las que la intención creativa oculta muestras cercanas a la oralidad espontánea. Actualmente, aunque siempre desde una perspectiva sociolingüística, una vertiente bastante prolífica es la que utiliza datos de corpus para el estudio del diminutivo en las distintas variedades del español actual a ambos lados del Atlántico. Sirvan de ejemplo los trabajos de Paredes García (2012) o León-Castro (2020) sobre el habla de Madrid y Sevilla, respectivamente; o los centrados en las variedades americanas, como los realizados por Silva Almanza (2010) para el habla de Monterrey (México) y los de Malaver (2018) sobre el español de Caracas. Escasean en cambio los trabajos que desde una perspectiva histórica tratan de ofrecer una distribución geográfica y cronológica del uso de los diminutivos basada en corpus lingüísticos. Pueden mencionarse al respecto los estudios de Calderón Campos (2019) o Perdiguero Villarreal (2015), a partir del análisis de inventarios de bienes del *Corpus Léxico de Inventarios* (CORLEXIN) con el fin de establecer diferencias diatópicas en el uso de los sufijos. En estos trabajos se demuestra cómo la documentación notarial permite refinar la periodización de determinados fenómenos gracias a la fidelidad de la datación de los documentos y al rigor filológico con el que se elaboran los corpus.

El estudio que aquí planteamos aborda las palabras con sufijación diminutiva presentes en un corpus de inventarios con vistas a realizar un posterior análisis diatópico y diacrónico de la cuestión. Este trabajo supone, por tanto, un paso previo y necesario de cara al tratamiento de las voces con diminutivo en el corpus. En él se lleva a cabo un acercamiento a aquellos términos con sufijación apreciativa en el corpus, no solo de los que se consideran diminutivos transparentes –en los que prima el sentido de alusión al tamaño–, sino también de las formas cuyo significado ya se ha fosilizado, las cuales no han sido por lo común objeto de tanta atención. De esta manera, se clasifican en uno de estos grupos todos los términos que presentan diminutivos. El estudio se centra en los sufijos *-ico, -ito, -illo* por ser los tres diminutivos más frecuentes en el español y aquellos que poseen mayor rendimiento. La investigación permitirá centrarnos en el uso del diminutivo prestando también atención a los procesos de lexicalización que experimentan algunos de los términos recogidos en el corpus.

1.1. El corpus de estudio

Este trabajo retoma de nuevo la tipología "inventario de bienes" como fuente especialmente valiosa para contribuir al estudio de los diminutivos desde la lingüística de corpus. Los inventarios se alzan como una fuente abundante del empleo de estos sufijos, ya que las alusiones al tamaño de los objetos eran necesarias para la tasación de los bienes, pero también suponen una muestra de cómo muchos de los términos con sufijación apreciativa acabarán por lexicalizarse, siendo el ámbito de la vida cotidiana un campo con numerosos ejemplos de ello.

Para los objetivos propuestos se ha creado específicamente un corpus de inventarios de bienes procedentes de Almería de los siglos XVIII y XIX. Con el objetivo de favorecer futuros análisis desde una perspectiva diatópica, a la documentación almeriense se han añadido inventarios de Madrid también pertenecientes al mismo marco temporal con los que poder contrastar la documentación andaluza y poder así establecer diferencias o similitudes comparativas. El análisis que aquí se presenta no se centra en establecer diferencias diatópicas, por lo que los datos mostrados pueden considerarse como integrantes de un mismo corpus conformado en su conjunto por la documentación procedente de Almería y Madrid de los siglos XVIII y XIX.

El corpus se compone de 65.500 palabras en el que se asegura el equilibrio representativo de ambas regiones tanto en el tiempo como en el espacio. El total de documentos asciende a 97 inventarios de bienes procedentes de diferentes municipios con los que se intenta cubrir gran parte de la geografía de Almería y Madrid.

Este subcorpus, a su vez, forma parte del corpus *Oralia diacrónica del español* (ODE), editado digitalmente y de acceso abierto para su consulta en línea. Entre otras tipologías textuales, ODE se compone de inventarios andaluces del siglo XVIII, por lo que el corpus creado *ad hoc* amplía las fronteras de ODE, y otorga mayor continuidad a los estudios de tipo diacrónico gracias a la inclusión de los textos del siglo XIX.

Si bien el recuento de diminutivos y voces lexicalizadas en el que se fundamenta este estudio se basa principalmente en los inventarios del subcorpus de Almería y Madrid, la consulta de documentos procedentes de otras provincias ha servido también como referencia para el análisis de algunos términos. En este sentido, la consulta de ODE ha permitido ilustrar mejor algunas de las cuestiones que se plantean a lo largo de estas páginas. Del mismo modo, los inventarios del *Corpus Léxico de Inventarios* (CORLEXIN) han enriquecido el estudio gracias a los casos que han permitido ejemplificar la evolución de determinadas palabras con diminutivos. CORLEXIN se caracteriza por incluir inventarios del Siglo de Oro, lo que posibilita ampliar el marco cronológico contemplado en ODE y asegurar la comparabilidad entre los resultados obtenidos.

La consulta de ambos corpus garantiza la fiabilidad de los datos mostrados, pues se trata de fuentes lingüísticas especialmente valiosas para los estudios de corte histórico por la calidad filológica con la que han sido seleccionados y transcritos los documentos notariales que las componen.

2. VOCES CON DIMINUTIVOS EN EL CORPUS DE INVENTARIOS

Un primer acercamiento al estudio pasa por identificar todos los casos de *-ico, -ito* e *-illo* presentes en el corpus. Sin embargo, es evidente que no en todas las palabras el sufijo cumplirá con una función propiamente diminutiva. Conviene por tanto detenerse en la consideración de "pleno diminutivo" antes de hacer una clasificación de estos derivados por sufijación, para lo que tomamos como punto de partida el criterio que establece la Real Academia. Así, conviene establecer dos grandes grupos de palabras entre todas las que contienen alguno de los tres diminutivos: aquellas cuyo significado es transparente y las que, por el contrario, muestran un significado distinto al de su base, por lo que también se las conoce como voces opacas frente a las anteriores llamadas comúnmente transparentes (NGLE § 9.3).

La clasificación se basa en la interpretación semántica que adopta el diminutivo en cada caso, de manera que su inclusión como voz transparente o voz opaca dependerá del significado. En el primer grupo de voces transparentes entrarían aquellas palabras cuyo significado puede deducirse sin acudir a un diccionario, pues depende únicamente del matiz que aporta el diminutivo a la base sobre la que se une. Además de la función disminuidora del tamaño, son muchos los valores semánticos que se le atribuyen actualmente a los diminutivos y que se relacionan con un valor apreciativo[1]. No nos detendremos en cambio en estos últimos, pues entendemos que en los casos que se localizan en el corpus de inventarios el diminutivo se identifica con una función plenamente alusiva al tamaño, esto es, una interpretación transparente del diminutivo.

En el segundo grupo se incluyen las voces opacas que contienen un diminutivo lexicalizado. En este tipo de palabras el significado ya no se deduce de la simple combinación de la raíz y el afijo (NGLE § 9.3b). Son palabras en las que el sufijo ha perdido ya su carácter valorativo referido al tamaño y la palabra conforma ya una unidad léxica por sí misma con un significado independiente que queda al margen del que aportaría el diminutivo unido a la base. Sirvan como ejemplo los numerosos casos de *mantilla* en el corpus que no se identifican con una manta pequeña (significado transparente), sino con un significado ya lexicalizado que alude a una prenda de vestir. Estos casos, a diferencia de los otros, se incluyen en el diccionario.

Fruto de esta clasificación obtenemos el siguiente recuento de diminutivos en el corpus:

1 Numerosos autores consideran que el valor afectivo del diminutivo prevalece sobre la interpretación nocional referida al tamaño (Alonso 1961: 163), incluso en palabras en las que el diminutivo designa un objeto de menor tamaño. Tampoco en estos casos el diminutivo desempeñaría una función exclusivamente disminuidora (Bosque y Demonte 1999: 4651).

Tabla 1 *Recuento de voces con pleno diminutivo en el corpus*

		Diminutivos transparentes
Sufijo	-ico	52
	-ito	145
	-illo	172
	Total	**369**

Tabla 2 *Recuento de formas lexicalizadas con diminutivo en el corpus*

		Diminutivos opacos
Sufijo	-ico	49
	-ito	11
	-illo	708
	Total	**768**

Identificar la función del diminutivo no ha sido una tarea sencilla en determinadas ocasiones. La consulta de diversas fuentes lexicográficas, así como el contexto, han sido clave para la clasificación de ciertas palabras cuyo significado no se ha podido interpretar fácilmente por diferentes causas.

En algunas ocasiones, la clasificación de una palabra como diminutivo transparente o como voz ya lexicalizada solo ha sido posible gracias al análisis del contexto. Tal y como se verá a continuación, el caso de *estufilla* es un claro ejemplo de ello. La mención de esta palabra en "vna *estufilla* ordinaria bien tratada en diez y ocho" (Madrid, 1724, ODE) no permite determinar si estamos ante un diminutivo transparente –una estufa pequeña– o bien nos encontramos ante uno de los usos ya lexicalizados de esta voz que nos proporcionan los diccionarios. El término se recoge en *Autoridades* como la prenda de abrigo que se lleva en las manos durante el invierno y también como un tipo de brasero pequeño con tapa que usan las mujeres (s.v. *estufilla*). En el ejemplo mencionado es imprescindible una lectura más amplia del texto para llegar a comprender de qué objeto se trata, pues solo así es posible la clasificación de determinados términos en el corpus de cara a al análisis de los diminutivos. La *estufilla* del ejemplo de arriba se incluye precisamente en el inventario formando parte de los vestidos[2]. Además de casacas o almillas[3], se incluyen en esta tipología otras prendas y accesorios de mujer como medias, abanicos y guantes, entre los que se menciona también la "*estufilla* ordinaria". El contexto sirve en este caso para resolver la ambigüedad que presenta el término con diminutivo y es posible determinar no solo que se trata de una forma lexicalizada, sino también con qué acepción del derivado lexicalizado se identifica.

Como se ha visto, el significado que aporta el diminutivo puede ser ambivalente en aquellas palabras en las que junto con la alusión al tamaño reducido puede darse también otro significado lexicalizado. En estos casos, solo la información contextual de cada caso resulta clave para la desambiguación, sin embargo, en otros, clasificar el valor del diminutivo no ha sido una tarea fácil, bien por la falta de descripción en el inventario, la cual dificulta la identificación del objeto al que se alude, bien porque el investigador actual desconoce por completo la realidad que se menciona y es difícil saber con certeza de qué tipo de objeto se trata.

Los siguientes apartados se dedican con mayor detalle al análisis de los dos grupos de palabras con diminutivo y a los criterios que se han tenido en cuenta para su clasificación, la cual ha dado como resultado las cifras de las Tablas 1 y 2 (*vid.* más arriba). En primer lugar, nos referiremos a aquellas palabras consideradas como diminutivos transparentes. En segundo lugar, se analizan las voces con diminutivo ya lexicalizadas en el corpus deteniéndonos en algunos casos concretos de vocablos que han planteado alguna dificultad a la hora de su clasificación.

2.1. Diminutivos transparentes

Se incluyen en este grupo las palabras cuyo significado se deduce fácilmente a partir de la combinación de la base y el sufijo (NGLE § 9.3a) como ocurre, por ejemplo, en *cofrecito, ollica, urnita* o *colchoncillo*, todas presentes en el corpus y en las que el uso del diminutivo aporta una

2 Esta clasificación aparece en el inventario escrita en el margen izquierdo. A lo largo del documento se suceden todos los bienes ordenados por tipologías entre las que se incluyen también las referidas al dinero, cosas de plata, ropa blanca, cofres, pinturas y cosas de cocina (*Bienes que Andrés de Vargas recibe como dote por su casamiento con Teresa de Mejorada*, Madrid, 1724, ODE).

3 "Especie de jubón, con mangas o sin ellas, ajustado al cuerpo" (DLE s.v. *almilla*).

diferenciación de tamaño sin matices connotativos de otro tipo. En estas palabras el significado de la base léxica y la misma base con diminutivo (*cofre* y *cofrecito*) radica principalmente en la diferencia de tamaño, de ahí que se consideren de significado transparente y no sea necesaria su inclusión en los diccionarios.

No es inusual en español que una voz transparente adquiera además uno o varios sentidos que pasen a ser opacos: *bolsillo* puede ser un bolso pequeño (interpretación transparente) o bien referirse a la abertura que se cose a una prenda de vestir (interpretación opaca). Las palabras en el corpus que cumplen con esta característica han sido precisamente las que han presentado mayores dificultades a la hora de su clasificación. El contexto de los casos considerados en (1) permite una interpretación transparente de los términos *almohadilla* y *tablilla*, mientras que en (2) se evidencia un significado ya fosilizado diferente del que se puede deducir de la unión de la base y el sufijo:

(1) a. Quatro almoadas nuebas de cotanza en quarenta reales. Vna almoadilla de cañamazo en quinze reales (Madrid, 1724, ODE).
b. Una armadura de cama de ttablillas muy antiguas de nogal (Madrid, 1701, ODE).

(2) a. Vna *almuadilla* de coser con sus tigeras (Madrid, San Lorenzo de El Escorial, 1789, ODE).
b. Seis *cortinillas* de vidriera de muselina estampada (Madrid, 1789, ODE).

En (2a) *almohadilla* ha adquirido un sentido ya lexicalizado similar al de 'acerico' (almohadilla para alfileres) que difiere del significado transparente ('almohada pequeña') que se recoge en (1a). Del mismo modo ocurre en los otros casos; (2b) refleja una interpretación opaca de *cortinilla* como un tipo de cortina que se coloca en el interior de las ventanas por oposición a la que sería una interpretación transparente de la misma voz como 'cortina pequeña'. En estos casos la lectura del contexto ha sido suficiente para discernir el sentido del derivado, pero en otros la falta de detalle del escribano al inventariar los objetos no permite identificar con exactitud la realidad nombrada, por lo que tampoco el contexto sirve de gran ayuda, tal y como se entenderá con el siguiente ejemplo:

(3) a. Un *bufettillo* de pino pequeño.
b. Ottro *bufettillo* pequeño de nogal.
c. Ottro bufette de nogal pequeño con caxon, zerradura y llaue.

d. Ottro bufette grande de nogal grande con attrabesaños de yerro (Madrid, 1701, ODE).

En este caso en concreto, la distinción entre *bufetillo* y *bufete pequeño* parece tener relevancia semántica y aludir a conceptos diferentes, sin embargo, no se tiene información suficiente para afirmar con rotundidad que el uso del diminutivo en *bufetillo* tenga un claro sentido de alusión al tamaño[4]. La misma voz puede admitir una interpretación transparente y otra opaca. Con el término *bufetillo* se entendía en la época un tipo particular de bufete que podía servir como tocador de las mujeres o como adorno en los estrados. Este sentido lexicalizado, si bien no se recoge actualmente en el DLE, sí se incluye en *Autoridades*, y es probable que sea el sentido con el que se incluye en los inventarios del corpus la gran mayoría de las ocasiones. Sin embargo, no todos los ejemplos gozan de un contexto que facilite la desambiguación, tal es el caso de (3).

A diferencia de los significados transparentes, las interpretaciones opacas sí tienen cabida en los diccionarios, por ello la consulta de las fuentes lexicográficas ha sido de especial relevancia a la hora de resolver casos de términos dudosos en el corpus: si el sentido que se evidencia en el corpus coincide con la información recogida en los diccionarios, entonces el término se ha excluido del grupo de diminutivos transparentes. El mismo criterio se ha aplicado a aquellos casos en los que la falta de contexto impide discernir si estamos ante verdaderos diminutivos.

Otra mención especial es la que merecen los términos que en el corpus poseen variación en el sufijo. Dentro de este grupo de diminutivos transparentes, no es extraño encontrar alternancia entre los sufijos que se aplican a una misma base (*orcilla*, *orcita*, *orcica*). La alternancia es habitual en numerosas palabras en el corpus, como ocurre en los sustantivos *arca, azada, barril, caja, cazo, cerdo, cofre, copa, cuadro, embudo, lámina, perol, pila, taza, vaso* o en el adjetivo *pequeño*. Se muestra a continuación una selección de ejemplos:

(4) a. Una *orzica* para tener azeite, cauida de quatro a[rrobas] (Almería, Cuevas de Almanzora, 1714, ODE).

4 El hecho de que el diminutivo vaya acompañado del adjetivo *pequeño* tampoco puede interpretarse como un claro indicador de la lexicalización. Recuérdese que en español no se percibe redundancia cuando el sustantivo con diminutivo se acompaña de adjetivos de similar significado (NGLE § 9.6.b).

b. Ytt[em] dos *orzitas* de barro y dos rebolbedores (Almería, Cuevas de Almanzora, 1766, ODE).
c. Una *orcilla* pequeña en 2 (Almería, Escúllar, 1834, ODE).
d. Dos platos de plete (sic), dos *horsillas* pequeñas, dos esportones (Málaga, Alozaina, 1748, ODE).

(5) a. Mas una *romanilla* pequeña de onzas y libras (Madrid, 1700, ODE).
b. Otra *romanita* de dos a[rrobas] conpletas (Madrid, Ambite, 1845, ODE).
c. Yt[em] una *romanica* vieja en ocho r[eal]es (Almería, Cuevas de Almanzora, 1775, ODE).

(6) a. Otra *cajita* de plata pequeña que pesa dos onzas (Madrid, 1728, ODE).
b. Vna *caxica* de Dios engasttada en plata (Almería, Fiñana, 1745, ODE).
c. Ytt[em] una *cagita* de madera pintada en dorado (Almería, Cuevas de Almanzora, 1766, ODE).
d. Una *cajica* de carton con dos pares de botones de plata (Almería, Cuevas de Almanzora, 1786, ODE).

El uso del diminutivo puede variar incluso en la misma zona geográfica, como se aprecia en los ejemplos (4a-4c), procedentes todos de Almería, o en la alternancia *romanita/romanilla* registrada en Madrid (ejemplos 5a y 5b). Sin ahondar en la distribución geográfica de los sufijos, pues no es ese el objetivo del estudio, sí conviene mencionar que las voces con mayor número de ocurrencias permiten constatar que suele ser mayoritaria la variante que coincide con el sufijo más local, tal y como se ve en los ejemplos de (6b-6d), donde el sufijo local almeriense (*-ico*) suele ser la variante habitual en aquellos casos en los que diferentes diminutivos alternan para una misma base.

La alternancia del sufijo suele ser además un indicador del sentido transparente del diminutivo, pues lo contrario conlleva por lo común la fijación del término con un sentido lexicalizado. Así lo demuestra el alto índice de los derivados en *-illo* entre los que apenas se encuentran casos de variación en el corpus cuando se trata de voces lexicalizadas. Suponen una excepción algunos casos como *cucharilla/cucharita* o *platillo/platito*, que a pesar de constituir términos ya plenamente fijados mantienen la alternancia incluso en la actualidad (cfr. CORPES XXI). Con estos casos se ha aplicado un criterio especial que detallamos seguidamente.

Cucharilla posee en el DLE una entrada independiente desde su inclusión en *Autoridades* bajo el lema *cucharita*. Sin embargo, a diferencia de las voces en las que el proceso de lexicalización conlleva un cambio en el significado, en este caso, y en otros como *platillo* o *cacillo* (todas registradas en el DLE con entrada independiente), el significado lexicalizado no deja de tener una función propiamente diminutiva alusiva al tamaño. Efectivamente, son las dimensiones de la cuchara lo que determinará su uso para mover el café o tomar una sopa, pero sigue prevaleciendo en su significado la noción al tamaño reducido aun cuando se ha lexicalizado. Estas palabras pertenecen al grupo mayoritario de lexicalizaciones en *-illo* en las que se conserva el principal valor del sufijo, esto es, el de disminuir el tamaño (Luque 2022). Esta particularidad contrasta con otras voces lexicalizadas en las que el sufijo denota cierto tipo, no necesariamente más pequeño, de la cosa designada (Pharies 2002 s.v. *-illo*). Sirvan de ejemplo los numerosos términos lexicalizados pertenecientes al campo de las telas en el corpus a los que se hará mención en el apartado siguiente.

Casos como los mencionados de *cucharilla* o *platillo* reflejan a la perfección la noción gradual de los términos transparencia y opacidad a la que se alude en la *Gramática* a propósito de la sufijación apreciativa (NGLE § 9.3c). El sentido lexicalizado de *cucharilla* resulta para el hablante mucho más transparente que el de *cortinilla* como 'cortina pequeña que se coloca en el interior de los cristales' en ejemplos como el que se indicó en (2b), a pesar de que tampoco en este caso desaparezca la referencia al tamaño reducido que aporta el diminutivo. La alternancia de *cucharilla/cucharita* o *mesilla/mesita* en el corpus denota que cuanto más estrecha es la relación semántica entre el diminutivo transparente y su opaco, mayor es la tendencia de estos términos a manifestar alternancia en el sufijo, y viceversa: cuanto menos evidente resulta relacionar los dos términos derivados, mayor fijeza léxica del diminutivo.

Aunque el grado de transparencia difiere en estos casos, el proceso completo de lexicalización queda evidenciado cuando al término le sigue algún adjetivo referido al tamaño, prueba de que el morfema apreciativo ha perdido su significado originario de aminoración, y de manera especial, cuando el adjetivo que le sigue es *grande* (véase 7c):

(7) a. Tres *platicos* pequeños finos azules (Almería, Cuevas de Almanzora, 1714, ODE).
b. Un *cazito* chico de azofar (Madrid, 1815, ODE).
c. Ytem una *cucharilla* grande en doce. Ytem otra mas pequeña, cuatro r[eale]s (Madrid, 1793, ODE).

Hoy en día la variante en *-illa* predomina sobre *cucharita*, aunque la alternancia *cucharilla/cucharita* está vigente en todo el mundo hispánico, según datos del CORPES XXI[5]. Esta alternancia en nuestro corpus de inventarios no se resuelve a favor de uno de los sufijos, sino que el número de apariciones de uno y otro está prácticamente igualado. Este hecho nos hace pensar que aun en el siglo XIX la lexicalización no se había inclinado hacia ninguno de los sufijos de manera definitiva, razón por la que todos estos casos en el corpus se han considerado como diminutivos transparentes y no como lexicalizaciones.

La alternancia en el sufijo, así como el significado del término cuando este no conlleva implicaciones semánticas más que las referidas principalmente a una disminución del tamaño han sido dos de los criterios determinantes para la inclusión de estas voces en el grupo de diminutivos transparentes.

2.2. Diminutivos lexicalizados

Como diminutivos lexicalizados u opacos se entienden aquellos vocablos "cuyo significado no se obtiene por la simple combinación de los dos componentes que los forman" (base y sufijo), lo que quiere decir que poseen un significado impredecible, en mayor o menor grado, a partir del significado del diminutivo (NGLE § 9.3b). Son voces cuyo uso se ha fosilizado y han pasado a formar parte del léxico de la lengua.

De entre el total de formas lexicalizadas en el corpus, el sufijo *-illo* es el que registra el mayor número de lexicalizaciones en el corpus con un total de 708 ocurrencias entre las que se identifican hasta 100 lemas diferentes –un 92 % de las lexicalizaciones son con este diminutivo–.

La interpretación de las voces pertenecientes a esta categoría ha presentado varias dificultades. La primera de ellas, como ya se ha señalado, estriba en la falta de contexto para desambiguar aquellos casos en los que un mismo término posee un significado transparente y otro opaco. La segunda se relaciona con aquellas voces documentadas en el corpus para las que a veces ni las fuentes lexicográficas ni la escasez de estudios o documentación sobre el término han permitido identificar fielmente la realidad del objeto que se menciona. A continuación, se llevará a cabo un análisis general de las voces lexicalizadas presentes en el corpus para

5 La forma *cucharilla* presenta en la documentación de España una frecuencia normalizada de 3,13 frente a 2,88 de *cucharita* (CORPES XXI).

continuar con el estudio de algunos casos concretos que presentan características peculiares que hemos considerado conveniente precisar. Se mencionan especialmente las palabras *mantilla, apretadillo, medianillo* y *camilla.*

En lo que respecta al léxico de la vida cotidiana, las lexicalizaciones a partir de sufijos diminutivos han resultado ser muy productivas en campos como el de las telas o el de la indumentaria. Así queda evidenciado en el corpus de inventarios, donde estos dos campos acumulan un mayor número de términos lexicalizados frente a otros.

En lo relativo a las telas, el diminutivo *-illo* confiere por lo general el significado de 'cierto tipo de'. En estos casos, el diminutivo unido a la base, más que una referencia al tamaño implica una relación de similitud con la realidad nombrada. Esta relación se evidencia en un gran número de tejidos en el corpus como *algodoncillo*, *beatilla*, *bocadillo*, *hiladillo*, *holandilla*, *espumilla*, *estopilla*, *jerguilla*, *lanilla*, *picotillo*. En estas palabras, junto al significado de 'tipo de', el sufijo podía encerrar además otras connotaciones relacionadas con la calidad o el valor de la tela, normalmente siempre de calidad inferior, e incluso también aludir a su consistencia, más ligera o más gruesa, según el caso. Así, la *jerguilla* es una tela que se parece a la jerga, la *lanilla* es un tejido más fino que la lana o el *picotillo* es un picote de calidad inferior (*vid.* DLE). El significado que aporta el diminutivo en todas estas voces ya lexicalizadas se da en términos de especialización y se trataría de una forma subjetiva de aminoración en la que el valor del sufijo no atañe al volumen sino a otras nociones como la consistencia del objeto designado (Luque 2022: 315).

El sufijo diminutivo *-illo* es el más productivo entre los sufijos derivativos para la formación de lexicalizaciones en este campo. A la anterior enumeración se pueden añadir otros tantos términos localizados en corpus complementarios y estudios sobre el tema como *caserillo, damasquillo, durancillo, telilla, rayadillo* (en ODE y CORLEXIN), *escarlatilla, cameloncillo, castorcillo, velillo* (Stala 2014), *tramadillo* o *telilla* (Perdiguero Villarreal 2015).

Los términos *albornocillo*, *batistilla*, *borloncillo* y *escamilla* se corresponden también con tipos de tejidos documentados en nuestro corpus de estudio. Estas voces no aparecen registradas en los diccionarios (DLE, NTLLE), sin embargo, sus ocurrencias en el corpus dejan ver la misma lógica que subyace a los derivados con *-illo* en nombres de telas como los anteriores. La lexicalización de cada uno de ellos como un tipo de tela del que deriva se evidencia en la coexistencia en el corpus del término base y su derivado. De esta manera, es posible localizar ejemplos de *albornoz* ("otro debantal de *albornoz*", Madrid, 1724), pero también de *albornocillo*[6] ("cinco baras de *albornoncillo* negro", Madrid, 1711), donde se aprecia ya un claro proceso de lexicalización. Lo mismo ocurre con los términos *batista* y su derivado *batistilla*[7]. Si bien *batista* solo se documenta en Madrid en seis ocasiones: "un pañuelo de *batista* bordado" (Madrid, 1852, ODE), *batistilla* únicamente aparece dos veces en un mismo inventario de Almería: "vna thoalla de *vatistilla* biexa" (Almería, Cuevas de Almanzora, 1766, ODE). Se localiza además en un inventario murciano del CORLEXIN en el año 1661: "dos paños de narizes de *batistilla* en veinte y dos reales", por lo que el término podría considerarse un regionalismo propio de esta zona oriental. Su presencia en los corpus está escasamente documentada y únicamente encontramos los ejemplos mencionados, aunque Dávila Corona (2004) la define como un tipo de tela que se vendía en las tiendas de telas vallisoletanas en 1860 (s.v. *batistilla*).

Los casos señalados ponen en evidencia que este mecanismo de derivación a partir del diminutivo *-illo* estaba ampliamente extendido para poner nombre a nuevas telas que se diferenciaban de sus equivalentes en la calidad o el grosor, lo que les confería un nuevo estatus y las convertía en un tipo diferente de tejido. El uso que de estas palabras se hace en los inventarios nos hace considerarlas ya en la época como unidades léxicas de pleno derecho en las que, unido a la consideración de un tipo de tela derivada de su análoga, se añadía también en ocasiones el de inferior calidad. En algunas zonas, estos nuevos términos prosperaron hasta el punto de dialectalizarse, sin llegar a calar en la lengua general como ocurre con *batistilla*.

Estrechamente ligados con los tejidos, son también numerosos en nuestros inventarios los términos que aluden a las diferentes técnicas de urdimbre y decoración de las telas. En este sentido, se documentan términos creados a partir del mismo proceso de derivación con el diminutivo que se refieren a los tipos de labores o adornos que podían aplicarse a almohadas, colchas, manteles, toallas o prendas de vestir: *bolillo*, *canutillo*, *confitillo*, *cordoncillo*, *felpilla*, *granillo*, *gusanillo*, *puntilla*, *vainica*.

6 "Tejido de lana o ropa hecha con lana" (Dávila Corona *et al.* s.v. *algodoncillo*).

7 "Tela parecida posiblemente a la batista, o de calidad inferior a esta, que se empleaba para confeccionar pañuelos" (Dávila Corona *et al.* s.v. *batistilla*).

En estas palabras, el diminutivo implica una referencia al tamaño como indicador de una labor menuda, aunque no necesariamente, como por ejemplo ocurre en *felpilla*, donde el diminutivo comporta una relación de similitud y adquiere de nuevo el significado de 'tipo de'. En este caso, por *felpilla* se entiende un "cordón de seda tejida en un hilo con pelo como la felpa" (DLE s.v. *felpilla*).

En el campo semántico de la vestimenta también se localizan numerosas lexicalizaciones a partir de *-illo* en prendas como *almilla*, *bolsillo*, *calzoncillo(s)*, *capotillo*, *chaquetilla*, *coletillo*, *cotilla*, *golilla*, *justillo*, *manguito*, *mantilla*, *petillo*, *ropilla* o *tontillo*. En casi todas ellas impera el significado 'tipo de' o 'especie de'; en otras, a la prenda se le confiere además un uso distinto del que ya tenía, como ocurre con *calzoncillos* (destinado a prenda interior, al contrario que los calzones), *cotilla* (usado por las mujeres, a diferencia de la cota que era para los hombres), *mantilla* (como prenda para cubrir la cabeza y los hombros) o *bolsillo* (como bolso cosido a prendas de vestir), en el que además se mantiene el significado de 'pequeño' referido al tamaño.

También se documentan términos lexicalizados en el ámbito de las joyas, como en *arillo*, *broquelillo*, *cintillo*, *gargantilla*, *horquilla*, *manilla* o *mostacilla*, donde el diminutivo conserva su alusión al tamaño, pero también un uso específico distinto al que se destina el objeto, en este caso, como accesorio ornamental generalmente usado por las mujeres.

Además de en los ámbitos mencionados, los inventarios están salpicados de numerosos términos lexicalizados correspondientes a una gran variedad de objetos domésticos relacionados con diferentes estancias de la casa y destinados a muy diversos usos. Entre ellos se encuentran algunos útiles de labranza (*escardillo*, *esportillo*, *horquillo*), herramientas de trabajo variadas (*cepillo*, *husillo*, *palomilla*, *tornillo*), instrumentos para tejer o relacionados con la costura (*almohadilla*, *bastillo*, *bolillo*, *palillo*), utensilios de cocina (*botillo*, *cocinilla*, *cuartilla*, *cuartillo*, *molinillo*, *morillo*, *paletilla*, *parrilla*, *tenacillas*), mobiliario del hogar (*banquillo*, *bufetillo*, *camilla*, *pajecillo*) o materiales para su construcción (como camas de *granadillo* y sillas con asientos de *soguilla*).

Una vez analizadas las principales tipologías que concentran un mayor número de lexicalizaciones, nos detendremos a continuación en algunos términos que despiertan interés por haber planteado alguna dificultad a la hora de determinar el carácter lexicalizado o no y con los que se entenderá la dificultad de su clasificación.

2.2.1. Camilla

Esta voz se recoge en el corpus con hasta tres significados diferentes, todos ellos lexicalizados. En primer lugar, con el sentido de 'mesa camilla', esto es, la mesa que por lo común se coloca en el comedor o salón y lleva una tarima en los pies donde se coloca el brasero (*vid.* ejemplos de 8). En segundo lugar, con el significado de 'cama estrecha y portátil' (9) y, por último, como equivalente a un enjugador para secar la ropa[8], llamado así por su parecido con una cama de cordeles (10):

(8) a. Vna mesa de pino comedor, grande, en cuar[en]ta. Otra *camilla* para comedor en veinte r[eale]s (Madrid, Ambite, 1845, ODE).
b. Una mesa larga en diez r[eale]s. Yd[em] otra de *camilla* en catorce (Madrid, Algete, 1855, ODE).
c. Una *camilla* de pino con tapete de bayeta verde (Madrid, 1877, ODE).
d. Vna mesa *camilla* con tapete y tablero para brasero, de pino y bayeta verde (Madrid, Alcalá, 1890, ODE).

(9) Una cama de pino de cinco tablas con sus pies, vieja. Una *camilla* de ruedas tanvien de pino (Madrid, 1703, ODE).

(10) a. Una *camilla* de pino para enjugar ropa (Madrid, 1832, ODE).
b. 2 telares de ancho de labor. 1 urdidor con urdidera. 2 redynas para *camillas* de lo ancho (Sevilla, 1795, ODE).

La mayoría de los ejemplos de *camilla* en el corpus se relacionan con el significado de 'mesa camilla'. En estos casos, claramente lexicalizados, se suele especificar el material del que está fabricada la mesa –por lo general de pino– y solo en uno de ellos se menciona el compuesto *mesa camilla* (8d). Los ejemplos reseñados explicarían distintas fases del proceso de lexicalización en el que el término pudo fluctuar entre 'camilla', 'mesa de camilla' y 'mesa camilla', siendo este último el que finalmente terminará por afianzarse. Cabe señalar que en los casos de (8a) y (8b) esta elisión puede verse justificada por la aparición del término *mesa* inmediatamente antes, por lo que estaríamos de nuevo ante nuevos ejemplos del compuesto sintagmático 'mesa camilla' donde se recupera el núcleo nominal apenas mencionado. Especialmente, el ejemplo de 8b supone un caso de sintagma

8 "Especie de camilla con un enrejado de cordel en la parte superior, que servía para secar y calentar la ropa" (DLE s.v. *enjugador*).

preposicional 'mesa de camilla' en lugar del sintagma nominal mucho más frecuente.

Más llamativo es el caso de (8c), donde aparece el término *camilla* sin la mención explícita de 'mesa'. En primer lugar, la referencia al tapete como un elemento decorativo ya nos hace pensar que lo más probable es que no se trate de la 'cama estrecha y portátil', tampoco de un enjugador. Un análisis más amplio del contexto nos revela que el objeto se encuentra inventariado entre el mobiliario perteneciente al cuarto de costura, entre los que se encuentran –por este orden– cuatro sillas de paja, cuatro sillas bajas, una mesa para escritorio, un armario, un costurero, dos rinconeras, una *camilla* –todo ello de madera de pino–, y un quinqué de porcelana. La distancia a la que se encuentra en este ejemplo el término *camilla* de "una mesa para escritorio" nos incita a pensar que no se trata esta vez de una elipsis de *mesa* ya mencionada con anterioridad. Todo parece indicar que en el ejemplo de 8c se alude a la 'mesa camilla', que aquí se habría sustantivado y adquiere el valor del sintagma en su conjunto.

Los ejemplos reseñados arrojarían luz a este proceso de lexicalización en el que *camilla* adquiere un nuevo significado y comienza a designar una realidad distinta hasta la entonces descrita. El sintagma admitía cierta variación y alternó entre 'mesa camilla', 'mesa de camilla' –como indica el ejemplo de 8b– y 'camilla', menos habitual. De hecho, resulta difícil encontrar para este significado la sustantivación de *camilla* con independencia del núcleo *mesa*, al contrario de lo que ocurre para las otras acepciones, donde la voz lexicalizada *camilla* sí se documenta en numerosas ocasiones (*vid.* CDH). Aunque no se han localizado otros ejemplos en los corpus consultados, los diccionarios actuales sí documentan *camilla* como una posible variante del compuesto *mesa camilla*: el DLE remite a 'mesa camilla' para la definición del término 'camilla' y el *Diccionario del español actual* (DEA) registra bajo esta voz también las variantes *mesa camilla* y *mesa de camilla* –esta última catalogada como variante popular–.

No hay duda de que la aparición del significado 'mesa camilla' que se atribuye a la voz *camilla* fue la más tardía de las acepciones que hoy en día posee esta palabra. Este hecho no solo se ratifica en los corpus, sino también en las fuentes lexicográficas, pues a diferencia de las otras, esta acepción no aparece en *Autoridades*. En efecto, los ejemplos de nuestro corpus, el más temprano de 1845, corroboran la aparición más tardía de la nueva acepción, la cual no se recoge en los diccionarios académicos hasta la edición de 1992 (*vid.* NTLLE). *Autoridades* sí refleja en cambio los otros dos significados con los que se relaciona esta voz: el de 'cama portátil' y el de 'enjugador para secar la ropa', ambos documentados en CORLEXIN. El nuevo significado se documenta a mediados del siglo XIX, fecha anterior a la que reflejan los diccionarios académicos.

2.2.2. (Lienzo) apretadillo y medianillo

Los términos *apretadillo* y *medianillo* merecen una atención especial al tratarse de los pocos casos en los que el diminutivo se adhiere a una base adjetival y no a un sustantivo. No obstante, forman parte de un compuesto sintagmático en el que se incluye el término 'lienzo' como parte de su núcleo nominal:

(11) a. Vna corttina de lienzo *aprettadillo* con varetas y manillas de yerro (Almería, Fiñana, 1745, ODE).
b. Ocho almohadas de lienzo *medianillo* (Almería, 1736, ODE).

En lo que a su significado respecta, ambos constituyen un tipo específico de lienzo. Se trata de términos no documentados lexicográficamente, por lo que el significado que aquí proporcionamos se basa en el uso atestiguado en nuestro corpus. En el caso del (*lienzo*) *apretadillo*, se alude a un tipo de lienzo en el que la trama de los hilos se realiza de manera que queden más compactos o apretados –de ahí su denominación–, dando lugar a un lienzo más grueso. El (*lienzo*) *medianillo*, por el contrario, hace referencia a un lienzo de consistencia más fina que el ordinario (Calderón Campos 2018: 325).

Los casos de (11) son los dos únicos ejemplos en el corpus en los que se hace una mención explícita de la designación 'lienzo', sin embargo, no es lo común, pues predominan aquellos en los que se produce la elipsis y el adjetivo queda como único integrante explícito del sintagma:

(12) a. Vnas naguas blancas de *aprettadillo* viexas (Almería, Fiñana, 1745, ODE).
b. Siete cuartas de *apretaillo* [...] Un cenador de *apretaillo* (Almería, Abla, 1833, ODE).
c. Dos cavezeras de *apretadillo* nuebas, tramadas de lana y pobladas en 70. Un mullidor nuebo de *apretadillo* tramado en lana con listas pagizas y blancas en 12. Otro mullidor biejo de *apretadillo* [...] Dos cabeceras biejas bacidas de *apretadillo* blancas en 10 (Almería, Fiñana, 1835, ODE).
d. Dos toallas *apretadillo* en una peseta (Almería, Fiñana, 1882, ODE).

(13) a. Ytt[em] doze tablas de manteles grandes nuevas de *medio anillo*. Ytt[em] ciento y catorze servilletas de *medio anillo* nuevas de vara de largo [...] Ytt[em] seis paños de mano del mismo *medio anillo* nuevos con rapazejo [...] Ytt[em] seis savanas de *medio anillo* nuevas (Almería, 1721, ODE).

b. Mas vna tohalla de *medianillo* con puntas (Almería, Abla, 1726).

c. [...] quatro sauanas de *medianillo* [...] una tabla de manteles de *medianillo* [...] dos dosenas de seruilletas de *medianillo* (Almería, 1736, ODE).

d. Dos almoadas de *medianillo* con botones en las vocas [...] una camisa p[ar]a hombre de *medianillo* y mangas delgadas a medio serbir [...] unos calzoncillos de *medianillo* biexos en un r[ea]l [...] vna camisa de muger de *medianillo* sin coser (Almería, Cuevas de Almanzora, 1766, ODE).

El corpus revela cómo las ocurrencias de *medianillo*[9] y *apretadillo* coexisten con las de sus respectivos compuestos –*lienzo medianillo/lienzo apretadillo*–. Este mismo patrón de comportamiento se repite en CORLEXIN, donde los ejemplos se asemejan a los casos ya descritos: siempre junto a la designación "lienzo/lienzo de" o bien como parte de la estructura 'objeto + de *medianillo*'. Esta estructura es la que nos hace pensar en un proceso a medio camino de la sustantivación. Cabe reflexionar si estamos ante un caso de a) sustantivación o bien de b) elisión en el que el adjetivo actúa como modificador de un nombre omitido sin que vea alterada su categoría gramatical de adjetivo. Estos procesos difieren sustancialmente el uno del otro; el primero de ellos consistiría en un proceso léxico de cambio de categoría y pasaría a funcionar sintácticamente como verdadero sustantivo. En el segundo, la elipsis del núcleo nominal se explica por un proceso sintáctico en el que se recupera el núcleo a partir del contexto lingüístico previo (NGLE § 13.6 f).

Los ejemplos que arrojan los corpus demostrarían que estos términos quedaron a medio camino de la sustantivación. Parece poco probable que encontremos alusiones a este tipo de tela como "un medianillo", lo que indica que no estaríamos ante un caso de sustantivación, sino de elisión. La realidad 'lienzo' queda restituida por el contexto lingüístico.

Por la distribución geográfica de ambos términos, se trataría de dos voces dialectales ampliamente documentadas en Almería. Mientras que a*pretadillo* se documenta únicamente en los inventarios almerienses de ODE, *medianillo* se encuentra también en algunos inventarios de

9 Obsérvese que en (13a) aparece la forma *medio anillo*, surgida probablemente por etimología popular.

Granada, por lo que el término, propio de esta zona oriental de Andalucía, se extiende también a zonas de esta provincia[10].

2.2.3. Mantilla

Otras veces, el corpus sirve también para la constatación de cómo algunos objetos van cambiando su significado y uso a medida que pasa el tiempo. Esta evolución se evidencia en algunos de los términos lexicalizados de los inventarios, en los cuales se especifica el material del que están hechos, el uso o la forma. Al respecto resulta interesante el caso de *mantilla*, del que se localizan en el corpus numerosos ejemplos:

(14) a. Una *mantilla* p[ar]a ombros de baieta negra (Madrid, 1711, ODE).
b. Vna *mantilla* de baieta guarnezida con liston de color de oro (Madrid, 1724, ODE).
c. Vna *mantilla* de baieta blanca con riuete negro [...] Vna *mantilla* de damasco azul zeleste antiguo con encajes forrada en olandilla (Madrid, 1728, ODE).
d. Vna *manttilla* de bayeta de Ynglaterra poco vsada (Almería, Cuevas de Almanzora, 1766, ODE).
e. Una *mantilla* de sarga de seda lisa [...] una *mantilla* de franela con cinta (Madrid, 1815, ODE).
f. Vna *mantilla*, lana color negro en diez r[eale]s (Almería, Zurgena, 1825, ODE).
g. Una *mantilla* de franela con cinta de terciopelo (Madrid, Algete, 1834, ODE).

(15) a. Vna *manttilla* de raso verde forrada en olandilla (Almería, Fiñana, 1745, ODE).
b. Una *mantilla* de mosolina mediada (Almería, Fiñana, 1822, ODE).
c. Una *mantilla*, tafetan de Francia con guarnicion de blonda en doscientos r[eale]s (Almería, Fiñana, 1824, ODE).
d. Una *mantilla* de clarin en 7. Otra id[em] mediada. Una *mantilla* de seda biexa (Almería, Abla, 1833, ODE).
e. Vna *mantilla* de encage de blonda negra nueba (Madrid, 1834, ODE).

10 El carácter dialectal de (*lienzo*) *medianillo*, junto al de (*lienzo*) *tiradizo*, también característico de la región para designar al lienzo ordinario, ya fue señalado por Calderón Campos (2018) a partir de la alta frecuencia del término en inventarios granadinos del CORDEREGRA y de otros de Córdoba, Málaga, Granada, Almería y Jaén procedentes del CORLEXIN. El elevado número de casos de *medianillo* ahora en el corpus de Almería viene a corroborar esta distribución en el extremo de Andalucía oriental y atestigua la fuerte presencia del término, al menos, hasta 1766.

f. Dos *mantillas*, una de blondas con casco rayado y otra lisa con velo (Madrid, San Lorenzo de El Escorial, 1858, ODE).

El primer significado de esta prenda de vestir utilizada por las mujeres se asocia al de prenda de abrigo que cubría cabeza, hombros y torso hasta la cintura. Este es el significado que se recoge en *Autoridades*, confeccionada "de bayeta, grana o otra tela" (s.v. *mantilla*, acep. 1). Los ejemplos más tempranos de nuestro corpus evidencian mantillas fabricadas en su gran mayoría de bayeta, pero también de lana o franela, telas gruesas y abrigadas. Pueden verse al respecto los ejemplos recopilados en (14). En consonancia con la definición que aporta *Autoridades*, los ejemplos de CORLEXIN corroboran este uso y son numerosas las mantillas de paño, bayeta y grana[11].

La alusión de *mantilla* como prenda destinada al abrigo de las mujeres desaparece en la edición de 1803 y así se mantiene en los diccionarios académicos posteriores. En la edición de 1869 ya se añade a la definición de *mantilla* la posibilidad de llevar guarnición de tul o encaje (*vid. NTLLE*), lo que la convierte en una prenda de adorno y realce para las mujeres y elaborada con tejidos de mayor lustre. En efecto, tal y como se aprecia en los casos de (15), son mayoritarios los ejemplos de corpus de finales del XVIII en adelante que aluden a mantillas de seda, blonda, tul, raso, muselina o clarín, todas ellas telas muy finas destinadas más al adorno que como abrigo, y no tanto de bayeta, lo que revelan un uso más ornamental y menos utilitario que comienza a generalizarse más tarde. Como resulta evidente, las mantillas destinadas al abrigo de las mujeres seguirán apareciendo en fechas más tardías (*vid.* 14 f y 14g), pero su uso como prenda decorativa acabará por desplazar al uso de la mantilla como prenda para el abrigo, hasta derivar en el significado actual y preferente con el que se asocia la mantilla: "Prenda de seda, blonda, lana u otro tejido, adornado a veces con tul o encaje, que usan las mujeres para cubrirse la cabeza y los hombros en fiestas o actos solemnes" (DLE s.v. *mantilla*).

La distinción de la mantilla como prenda exclusiva para eventos señalados no se incluye en el diccionario académico hasta la edición de 2001. La definición de *Autoridades* dejaría de estar vigente en torno a mediados del siglo XVIII, donde comienza a evidenciarse un cambio en los

11 En ODE, si bien es posible encontrar capas, chupas, tocas, dengues y almillas hechas de grana, solamente se registra un caso de *mantilla de grana* en Cádiz, Villamartín (1750): "una *mantilla* de paño de grana".

tejidos con los que tradicionalmente se confeccionaban las mantillas de la época. De esta manera, y de acuerdo con los ejemplos del corpus, los casos estudiados precisan una reelaboración de la definición que aglutine ambos usos como fruto de la evolución semántica de esta palabra.

3. CONCLUSIONES

El análisis llevado a cabo en este trabajo a partir de un corpus de inventarios de los siglos XVIII y XIX constituye una fase preliminar al estudio en mayor profundidad de la distribución geográfica y diacrónica de los diminutivos *-ico, -ito* e *-illo*. Este primer acercamiento a la cuestión ha pretendido centrarse también en las palabras en las que el diminutivo adquiere un sentido lexicalizado, por lo que se ha fundamentado en la clasificación de los diminutivos en dos grandes grupos: diminutivos transparentes y diminutivos lexicalizados u opacos, para realizar un análisis cualitativo más pormenorizado de algunos casos que presentan mayor interés en uno y otro grupo.

Del análisis expuesto se deduce que la lectura atenta del contexto es indispensable para una correcta clasificación de los diminutivos que plantean dudas, sobre todo en casos en los que la misma palabra posee al mismo tiempo un significado transparente y otro opaco. En estos casos, se ha constatado además que cuanto más estrecha es la relación entre estos dos significados se percibe una mayor tendencia en el corpus a la alternancia entre sufijos (*cucharilla/cucharita*).

El análisis más detallado de los términos *camilla,* (lienzo) *apretadillo/medianillo* y *mantilla* ha servido para ejemplificar la compleja tarea que ha supuesto en algunas ocasiones tomar una decisión ante los casos que más dudas han planteado a la hora de determinar el grado de lexicalización de los diminutivos. Así, se ha pretendido mostrar cómo los corpus históricos permiten precisar la aparición de determinadas palabras mejorando y ampliando en muchos casos la información que nos proporcionan las fuentes lexicográficas. Asimismo, la consulta de ODE ha permitido detectar fases intermedias situadas a medio camino de la lexicalización y determinar el proceso de cambio de significado que pasa, en algunos casos, por la creación de compuestos sintagmáticos; mientras que otras veces, un término ya lexicalizado puede experimentar cambios en su significado con el paso del tiempo, proceso que solo es posible evidenciar en los ejemplos de corpus.

Bibliografía

ALONSO, Amado (1961): *Estudios lingüísticos: temas españoles (2ª ed.)*, Madrid: Gredos.

[Autoridades] = REAL ACADEMIA ESPAÑOLA (2013 [1726–1739]): *Diccionario de autoridades.* Ed. facs., Madrid: RAE /JdeJEditores.

BOSQUE, Ignacio y DEMONTE, Violeta (dirs.) (1999): *Gramática descriptiva de la lengua española. Entre la oración y el discurso. Morfología* (vol. 3), Madrid: Espasa Calpe.

CALDERÓN CAMPOS, Miguel (2019): "La configuración de la variedad meridional en el reino de Granada" en Viorica Codita (ed.), *La configuración histórica de las normas del castellano*, Valencia: Tirant Humanidades, 109–134.

CALDERÓN CAMPOS, Miguel (2018): "Andalucismos en el corpus del reino de Granada", en D. Corbella Díaz, A. Fajardo, y J. Langenbacher-Liebgott (eds.), *Historia del léxico espanol y humanidades digitales*, Berlín: Peter Lang, 319–141.

[CDH] = REAL ACADEMIA ESPAÑOLA (2013): *Corpus del Diccionario histórico de la lengua española (CDH).* Disponible en https://apps.rae.es/CNDHE

[DEA] = SECO, Manuel; ANDRÉS, Olimpia y RAMOS, Gavino (1999): *Diccionario del español actual*, Madrid: Aguilar.

[CORLEXIN] = Morala Rodríguez, José Ramón. *Corpus léxico de inventarios* (CorLexIn). Disponible en http://web.frl.es/CORLEXIN.html

[CORPES XXI] Real Academia Española: *Corpus del español del siglo XXI.* Disponible en: https://www.rae.es/corpes/

DÁVILA CORONA, Rosa M.ª; DURAN PUJOL, Montserrat y GARCÍA FERNÁNDEZ, Máximo (2004): *Diccionario histórico de telas y tejidos*, Salamanca: Junta de Castilla y León.

[DLE] = REAL ACADEMIA ESPAÑOLA (2014): *Diccionario de la Lengua Española*, Madrid: Espasa, 23.ª ed. Disponible en https://dle.rae.es/

Lapesa, Rafael (2014 [1981]): *Historia de la lengua española*, Madrid: Gredos.

León-Castro Gómez, Marta (2020): "El empleo del diminutivo en la ciudad de Sevilla: perspectivas sociolingüística y pragmática", *Lengua y Habla*, 24, 112–131.

Luque, Rocío (2022): "Los valores del diminutivo '-illo' en el proceso de lexicalización", *Artifara*, 22/1, Monográfico *Estudios sobre el léxico del español*, 309–324.

Malaver Arguinzones, Irania (2018): "Funciones del diminutivo en el español venezolano", *Cuadernos de Lingüística*, 5 (2), 5–44.

Náñez Fernández, Emilio (1973): *Diminutivo: historia y funciones en el español clásico y moderno*, Madrid: Gredos.

[NGLE] = Real Academia Española, Asociación de Academias de la Lengua Española (2009). *Nueva gramática de la lengua española*, Madrid: Espasa.

[NTLLE] = Real Academia Española. *Nuevo Tesoro Lexicográfico de la lengua española.* Banco de datos. Disponible en https://apps.rae.es/ntlle/SrvltGUILoginNtlle

[ODE] = Calderón Campos, Miguel y García Godoy, M.ª Teresa (dirs.) *Oralia diacrónica del español* (ODE). Disponible en http://corpora.ugr.es/ode/

Paredes García, Florentino (2012): "Variación en el uso del diminutivo en el habla de Madrid: avance de un estudio sociolingüístico" en A. M. Cestero Mancera *et. al.* (eds.) *La lengua, lugar de encuentro. Actas del XVI Congreso Internacional de la Asociación de Lingüística y Filología de América Latina*, Alcalá de Henares: Servicio de Publicaciones de la Universidad de Alcalá, 3709–3719.

Perdiguero Villarreal, Hermógenes (2015): "Léxico de bienes domésticos en documentos notariales del siglo XVII: sustantivos con sufijos diminutivos y variación diatópica" en J. M. García Martín (dir.), *Actas del IX Congreso Internacional de Historia de la Lengua Española*, tomo II, Madrid: Iberoamericana-Vervuert, 1565–1578.

Pharies, David (2002): *Diccionario etimológico de los sufijos españoles*, Madrid: Gredos.

Ramírez Luengo, José Luis (2005): "Variación gramatical y tipos textuales: el diminutivo en la época de «Don Quijote»", *Revista de Estudios de Ciencias Sociales y Humanidades*, 13, 29–34.

Silva Almanza, Mayra (2010): "El uso del diminutivo según el género en el habla de Monterrey, corpus PRESEEA", *Cathedra: Revista de la Facultad de Filosofía y Letras, UANL*, VIII, 14, 33–42.
Stala, Ewa (2014): "Nombres de telas en el *Waaren-Lexicon in Zwölf Sprachen* de Ph.A. Nemnich (1797)", *Revista de Investigación Lingüística*, 17, 191–220.

Descubriendo la documentación jurídica de la familia Dragonetti en el Archivo Estatal de L'Aquila: los testamentos de Blas y Miguel Dragonet

Discovering the juridical documentation of Dragonetti's family in the State Archive of L'Aquila: the testaments of Blas and Miguel Dragonet

Marzia Bencivenga
Università degli Studi dell'Aquila
ORCID iD: https://orcid.org/0000-0003-4308-2096

Resumen: Con el presente trabajo pretendemos llevar a cabo la presentación y el análisis de las huellas documentales escritas en español dentro del Archivo Estatal de L'Aquila (Italia). Nuestra atención se enfocará sobre la documentación jurídica —prevalentemente en ámbito notarial— de la familia nobiliaria de los Dragonetti. El corpus seleccionado cuenta con un conjunto de documentos fechados entre 1727 y 1816. Se trata de las copias autorizadas de los testamentos de los militares Blas y Miguel Dragonet, de una copia simple del testamento del mismo Miguel y de una serie de documentos posteriores relativos a la partición de bienes guiada por Juan Dragonet. Trataremos de ilustrar y ordenar de forma orgánica —en los límites de lo posible— este patrimonio documental para, posteriormente, fijarnos en el análisis del nivel gráfico-fonológico de los testamentos respectivamente de padre e hijo. Trataremos de investigar los rasgos lingüísticos que perfilan el español del siglo XVIII, en particular los cambios gráficos que la lengua pudo experimentar entre primera y segunda mitad del siglo.

Palabras claves: Documentación jurídica, cotejo de testamentos, español del siglo XVIII

Abstract: The aim of this paper is presenting and analysing some documental traces written in Spanish in the State Archive of L'Aquila (Italy). We will focus on the juridical documentation —especially those related with the notarial field— of Dragonetti's family. The corpus contains documents between 1727 and 1816. It contains the authorized copies of Blas and Miguel Dragonetti's testaments, an informative copy of Miguel's testament and a set of documents which deals with the division of Dragonetti's heritage managed by Juan Dragonet. We will try to illustrate and organize the whole documental legacy to study the graphical and phonological level of father and son's testaments. We will examine the main linguistics aspects of the Spanish language in the XVIII century, above all those graphical changes that the Spanish language experimented between the first and second half of the century.

Keywords: Juridic documentation, comparation of testaments, Spanish of the XVIII century

1. INTRODUCCIÓN

La finalidad que se propone este trabajo es doble: por un lado, la presentación de un corpus de documentos inéditos del ámbito jurídico escritos en español entre 1727 y 1807, conservados en el Archivo Estatal de L'Aquila (Italia); por otro, el análisis de las características salientes de los testamentos de Blas y Miguel Dragonet con miras a extraer los rasgos lingüísticos convergentes y divergentes entre la primera y la segunda mitad del siglo XVIII relativos al nivel gráfico-fonológico.

El legado documental objeto de este estudio se conserva dentro del fondo privado de la familia De Nardis, depositado en 1999 en el Archivo Estatal de la cuidad de L'Aquila (Italia). Parte de este fondo, perteneciente hasta entonces a la familia Dragonetti-De Torres, se vendió al bibliófilo Angelo De Nardis (1937–2019) (León Gómez 2019: 189). Ahora bien, si consideramos la importancia histórica de la familia, no extraña que "un erudito e infaticabile studioso della storia patria del l'Aquila" (Lima 2021: 14) como el barón De Nardis comprara este fondo; en cambio, no podemos excluir motivos económicos detrás de la venta de estas joyas documentales por parte de la familia Dragonetti.

1.1. Breve historia del fondo Dragonetti-De Torres

En 1948, el historiador y paleógrafo Paolo Collura (1914–1997) empezó a ordenar el archivo de "i miei amici marchesi Dragonetti - de Torres" (Collura 1962: XI) cuando el fondo todavía pertenecía a la familia. Tras el estallido de la segunda guerra mundial, el fondo se movió del castillo de Pizzoli a la residencia familiar en L'Aquila (Collura 1962: 12) para evitar robos y pérdidas. En 1950, el mismo Collura presentó, por primera vez, este fondo en un ensayo (Collura 1950).

El 1970, el Archivo Estatal de L'Aquila (en adelante, ASA) compró 34 carpetas, 173 volúmenes y 22 pergaminos (Ministero per i beni cultural e ambientali 1991: 8). Posteriormente, en 1971 y en la década siguiente, otros testimonios documentales entraron en el archivo, depositados por empresas, subastas y familiares (Toraldo y Ranalli 2002: 90).

Aun así, en 1988, Raffaele Colapietra denunciaba la situación del fondo Dragonetti-De Torres describiendo su estado como "un pallido avanzo della dispersione a cui l'intero patrimonio delle due cospicue famiglie, unitesi a fine Ottocento, è andato soggetto" (1988: 745), pues el fondo seguía despojándose de sus obras más preciosas.

La fusión de los dos fondos fue en 1816, cuando la última heredera de la familia malagueña De Torres se casó con Luigi Dragonetti, nieto de Juan Felipe Dragonet y primogénito de Blas Dragonet (León Gómez 2019: 190). Al mismo Blas debemos el origen de la rama española de los Dragonet.

1.2. La rama hispana de los Dragonetti

Como numerosas fuentes atestiguan, a principios del siglo XVIII, Blas (1666–1729), hijo de Pompeo y Catalina Dragonetti, se enroló en los ejércitos del monarca de España, Felipe V, "en la primera ocupasión de alferes" (ASA, Fondo De Nardis, carp. 2, fasc. 2). Posteriormente, con el diploma del 29 de septiembre de 1704, obtuvo no solo el título de marqués, sino también el grado de teniente general por distinguirse valiosamente en muchos conflictos, entre otros, la guerra de África de 1688 y la lucha contra los portugueses de 1702 (Signorini 1948: 152). Tras su muerte, ese título lo heredaron los descendientes italianos a partir del primogénito Juan Felipe, en una línea patriarcal que prefería "el barón a la hembra y el mayor al menor" (ASA, Fondo De Nardis, carpeta 20, fasc. 2).

En 1735, Juan Felipe vuelve a la ciudad paterna y contrae nupcias con Lucia Dragonetti (Colapietra 2001: 189), hija del barón Giambattista Dragonetti, hermano de Blas. De los cinco hijos que dan a la luz, recordamos a Giambattista —en la documentación también conocido como Juan—, el cual se preocupó de establecer y mantener los contactos con España para el envío de toda la documentación concerniente el patrimonio del padre Blas y del tío difunto Miguel.

Sin lugar a dudas, la recuperación de estas joyas documentales es un punto de partida crucial para esta investigación, pues el Giovanni "archivero" contribuyó, indirectamente, a la formación del fondo familiar —por lo menos, la parte relativa a la familia Dragonetti—. Desafortunadamente, el recaudo de los documentos se hizo más complejo a causa del asedio de Badajoz durante la primera mitad del siglo XIX cuando la ciudad pacense se convirtió en un teatro de conflictos entre los portugueses, aliados de Inglaterra, y la España que apoyaba el nuevo gobierno francés. A esto hemos de añadir los muchos cambios legislativos que afectaron a la administración de las finanzas de los Gremios de Madrid, en los que Miguel había depositado sus ahorros[1] y que deseaban recaudar sus herederos.

Al interés *práctico* de Giovanni Dragonetti de recobrar la herencia familiar del tío y del abuelo, se le añadía el obstáculo *lingüístico*. No sabemos hasta qué punto Giovanni sabía español, pero es cierto que toda la documentación oficial era en español. Pese a esto, casi todo el corpus analizado, cuenta con traducciones *ad sensum* al italiano cuyo fin era agilizar la comprensión. Cabe aclarar que, durante la ocupación borbónica del reino de Nápoles, L'Aquila fue una ciudad-frontera, por lo que no extraña una situación de contacto lingüístico, destinada a ser reducirse por la decadencia de la hegemonía española (Oesterreicher 2004: 234).

1.3. Blas y Miguel: figuras históricas

Blas, como muchos otros italianos que prestaron servicios a la corte de España fueron, en buena medida, soldados de orígenes nobiliarios; de hecho, durante los siglos XVII-XVIII se duplicaron los reclutas italianos, en particular, cuando Extremadura se enfrentó con los portugueses (Rodríguez Hernández 2012: 231). Por su parte, Blas llegó a España en 1679 (Irles Vicente 1997: 169) y, tras haber participado en múltiples campañas militares, se estableció en Badajoz donde se casó con la hija del

1 Del cuerpo de hacienda Dragonet tenemos huellas no solo en el testamento de Miguel (ASA, Fondo De Nardis, car. 18 fasc. 5 y ASA, Fondo de Nardis, car. 18 fasc. 5), sino también en la partición extrajudicial de bienes (también en ASA, Fondo De Nardis, car. 18 fasc. 5).

noble Juan Chapín, Isabel, de la que tendrá nueve hijos, entre los cuales recordamos a Juan Felipe, Miguel y María Lucía. Si buena parte de estos datos biográficos se pueden extraer del mismo testamento de Blas, muchos otros nos vienen de la historia. Con sorpresa, en el manual de conducta del año 1795, tomo IV, hallamos a Miguel Dragonet, del que se dicen:

> [...] tan heroycos pensamientos el Marques Dragonet en la guerra de sucesión, habiéndole fiado diversos destacamentos, con que diferentes veces entró en el Reyno de Portugal, desempeñando siempre su obligación, hizo lo mismo en la defensa del sitio que los Portugueses pusiéron á Badajoz, habiendo quedado de Cabo subalterno de ella (Jiménez Donoso 1795: 45).

1.4. El testamento de Miguel como punto de partida

Como venimos diciendo, la muerte del teniente Miguel (1723– ¿1794?) constituye la base de una serie de problemas para recobrar la herencia familiar, puesto que Miguel había designado su ama de casa, María Ignacia Orduña de Aragón, como usufructuaria "por lo bien que me ha asistido" (ASA, Fondo de Nardis, carp. 18, fasc. 5) (Bencivenga 2021: 74). A esto hemos de añadir el inminente estallido de la guerra con Portugal que llevaría a la invasión napoleónica de Extremadura a principio del siglo XIX. Estos acontecimientos generan la dispersión de muchos ejemplares que tardan en llegar a Italia, donde Giovanni Dragonetti los sigue solicitando mediante intermediarios como el procurador Ignacio Rayn Viceras y contactos indirectos con los maridos de sus tías, Teresa y Juana Tobar —hijas de María Lucía Dragonet—, esto es, los capitanes Francisco Guiñones y Juan Guerrero. Se avisa que "formaban un volumen muy grande", por lo cual muchos ejemplares se envían en múltiples copias, tal y como ocurre con el testamento de Miguel del que "se van enviando en cada posta dos pliegos de él" (ASA, Fondo de Nardis, carp. 18, fasc.7).

Esta entrega interrumpida de los documentos se observa en los testimonios documentales que han sobrevivido y en la imposibilidad de una reconstrucción orgánica de los acontecimientos familiares que no estaba formada únicamente por protocolos jurídicos-administrativos, sino también por cartas, notas y memorias sobre los negocios familiares.

2. LA PRESENTACIÓN DEL CORPUS JURÍDICO EN EL *ASA*: NUEVOS HALLAZGOS

Aunque nuestra atención se enfoca en la documentación redactada en español, la memoria[2] de Biagio D'Antonj di Ponte escrita en italiano permite reconstruir parte de la historia del legado que presentamos, puesto que resume los asuntos principales relativos a la familia Dragonetti tras la muerte de Miguel. A este documento preliminar, se añade una nota de respuesta de Juan Carrafa a una carta del 21 de agosto de 1807 de Juan Dragonetti —que no tenemos—, fechada 10 de octubre de 1807 en la que se vuelve sobre una lista de documentos que se van a enviar a L'Aquila y que hemos podido desvelar, excepto por los títulos de marqués y consejero de colateral de Nápoles de Blas Dragonet. Se trata de un corpus de seis ejemplares que hemos ordenado, en la medida de lo posible, aplicando un criterio cronológico.

En primer lugar, en la carpeta 20, fasc. 2, encontramos una copia autorizada del testamento de Blas, ejecutada el 11 de mayo de 1730 y protocolada por el escribano Joseph Ruano Guerrero. El documento recoge muchos datos biográficos sobre la familia, su estatus social y la herencia patrimonial e incluye también la dote de la familia Chapín, indispensable para que las mujeres pudieran casarse.

Sigue, en la carpeta 18 fasc. 5, copia oficial de la partición extrajudicial de los bienes de Miguel entre sus sobrinos, esto es, los hijos del hermano Juan Felipe y las dos hijas de su hermana María Lucía, pues ambos habían fallecido. La partición está fechada el 14 de septiembre de 1807 y se halla "al folio ciento ocho del registro protocolo de ynstrumentos". Sumamente interesante es el listado de todo el patrimonio —material e inmaterial— de Miguel, con el relativo valor económico en reales de vellón. Otro dato que merece la pena citar es la casa "que poschia el excelentísimo señor difunto" la cual, en contra de la disposición de Miguel, se empeñará en la villa de Madrid.

2 Estas memorias deben interpretarse como una tipología textual *sui generis* de carácter informativo y de ágil lectura, en las que se resumían las cuestiones salientes sobre la herencia familiar de los Dragonet, con el dúplice fin de ponerlos al día y ordenar la documentación recibida.

Afortunadamente, dentro de la misma carpeta y con la misma fecha, encontramos también el documento del empeño del palacio familiar con la villa de Madrid, en el que se recoge copia oficial de la extinción de vales donde se declara el sueldo recibido por la venta de la real hacienda de los Dragonet. La gestión del asunto está guiada por el comisario del Real Fondo de Consolidación de Badajoz, Tomás Merino Ortiz, que procede con el recaudo del dinero en nombre de Juan Dragonetti, su heredero y dueño.

Siempre en la carpeta 18, fasc. 5, con fecha 14 de septiembre del1807, hallamos la solicitud de Ignacio Rayn Viceras, "principal del señor don Juan Dragonet", en la que pide copia autorizada del testamento de Miguel al escribano del número Antonio Wambaessen y Salinas, la cual se transcribe en el mismo ejemplar, junto a los procedimientos para solicitarla.

En la carpeta 142 fasc.15, se halla una copia simple del testamento militar de Miguel, sin fecha, lugar ni firma, con *terminus post quem* al 29 de marzo de 1794, día en el que se cierra la práctica testamentaria con todos los procedimientos de validación y protocolización (León Gómez 2019: 191; Bencivenga 2021: 85). Aunque desconocemos la fecha de la muerte de Miguel, puesto que hallamos solo la partida de bautismo en el Archivo Eclesiástico de Mérida-Badajoz (Archivo Eclesiástico de Mérida-Badajoz, Sagrada catedral, L.30, p. 66), en la partición extrajudicial se informa de que la tesorería debe a Miguel el dinero "por los veinte y cuatro días que supervivió en el mes de marzo el excelentísimo señor" (ASA, Fondo De Nardis, carp. 18, fasc. 5).

Por último, en la carpeta 18 fasc. 6, tenemos una copia simple de un documento administrativo en el que Juan Dragonetti pide a la tesorería de Madrid el sueldo debido al difunto teniente coronel de Cantabria, Cesidio Dragonetti, como dispuesto por el abuelo Blas y el tío Miguel Dragonet que, además, lo había nombrado albacea testamentario. En el mismo documento, se halla una cláusula de sustitución del 9 de julio de 1803 donde Juan Carrafa cede su favor a don Agustín Cortés de Pamiagna.

2.1. Los escribanos (del número)

Como es posible imaginar, parte de estos ejemplares son copias autorizadas realizadas por escribanos del número de la ciudad de Badajoz que, teniendo acceso a los protocolos oficiales, podían ejecutar las copias solicitadas, otorgándoles el mismo valor legal de los originales.

Considerados “los principales creadores de la cultura de la Edad Moderna” (Extremera Extremera 2003–2004: 205), los escribanos eran funcionarios reales con facultad autentificadora, hombres que daban valor probatorio a los documentos que rubricaban y que, además, se ocupaban de su conservación custodiando los protocolos por mandato real (Solano y Vivas 2019: 2).

Como es sabido, en época borbónica España se convirtió en una Estado burocratizado, por lo que era indispensable dar fe pública a los documentos privados, lo que convertía el oficio de escribano público entre los más rentables (Solano y Vivas 2019: 3). En el corpus analizado, los adscritos a la plaza de Badajoz eran Joseph Ruano Guerrero, el cual validó y protocolizó el testamento abierto original de Blas Dragonet de 1727— del que ejecutará una copia autorizada en 1730—, Manuel Sotero Fernández que se ocupó de la práctica testamentaria de Miguel Dragonet y, finalmente, Antonio Wambaessen y Salinas que se ocupó de validar la mayoría de la documentación relativa a los negocios de la familia Dragonetti tras la muerte de Sotero Fernández.

Ahora bien, hemos de considerar que estos copistas tenían un grado elevado de alfabetización; de hecho, sus currículos contaban con conocimientos de latín, ortografía y gramática, junto a los formularios del oficio.

Como bien comenta López Mora, los documentos notariales son “un contrato entre partes cuya validez se garantiza precisamente a partir de la formulación lingüística […]” (2015: 139), pues la lengua es la herramienta indispensable para su validación. A este propósito, hay que precisar que los escribanos no ejecutaban directamente las copias, sino que contaban con un equipo de copistas que se preocupaban de trascribir los textos que, luego, suscribía el notario (Carrasco *et alii* 2015: 356). Este dato es sumamente importante, ya que define los múltiples filtros que puede presentar un mismo ejemplar y que se han de tener en cuenta a la hora de emprender cualquier estudio lingüístico.

3. LA ARQUITECTURA DE LOS TESTAMENTOS

En este apartado fijamos nuestra atención sobre los tres testamentos que hemos presentado, esto es, una copia oficial del testamento de Blas

Dragonet y dos copias, una oficial y otra simple, del testamento de Miguel Dragonet.

Así pues, en § 3.1 se investigará la tipología testamentaria para sondear, en § 3.2, las intenciones comunicativas detrás de los dos ejemplares del testamento de Miguel Dragonet. En § 4, tras una breve explicación sobre los motivos de este análisis pasaremos, en § 4.1, al cotejo y a la descripción de estos rasgos en los dos testamentos de Miguel —fijando nuestra atención exclusivamente en los apartados comunes a las dos copias—. Luego, en § 4.2, nos detendremos sobre los rasgos del testamento de Blas para, finalmente, sacar nuestras conclusiones en § 5.

3.1. La tipología testamentaria: testamento abierto y testamento militar

Las tipologías testamentarias vigentes en el siglo XVIII retomaban, en buena medida, los modelos alfonsíes. En nuestro estudio, entran dos modelos: el testamento abierto, el cual se otorgaba delante de unos testigos (normalmente tres) y del notario y el testamento militar que, al faltar del caudal judicial, requería procedimientos previos para su validación.

Por lo general, los testamentos constan de tres partes: un protocolo inicial en el que se hallan la invocación a Dios, las generalidades del testador, el caudal judicial y la profesión de fe; sigue el cuerpo del testamento, con las cláusulas dispositivas en las que se dan instrucciones primero sobre lo concerniente el funeral —entierro, mortaja, misas y limosnas— y, luego, sobre la herencia y eventuales deudas, siempre posteriores a la encomienda del alma y del cuerpo. En este apartado también se nombran los albaceas, los herederos y eventuales usufructuarios. Por último, en el protocolo final (o escatocolo), tenemos la revocación de eventuales testamentos precedentes, la mención de los testigos presentes, lugar y fecha; sigue la validación por parte del escribano con todas las firmas (Lagunas y Romani 2009: 102–103).

Así pues, comprobamos que el esquema es relativamente fijo, con una variación mínima para el testamento de Blas; en cambio, en la práctica testamentaria de Miguel, se nota un aminoramiento de la invocación divina “en el nombre del Dios padre, hijo y espíritu santo y de María santísima” y la presencia de datos biográficos esenciales como son el nombre, el apellido y la falta de herederos. Además, a la protocolización se anteponen los procesamientos de validación con los que se le reconoce valor legal al documento.

3.2. Copia simple y copia autorizada del testamento de Miguel ¿Qué intención comunicativa?

Antes de pasar al análisis de los rasgos lingüísticos principales de las dos copias, cabe hacer unas aclaraciones, pues no se trata exclusivamente de dos ejemplares "escrito(s) de su puño y letra", sino de una transcripción de la práctica testamentaria completa que incluye procedimientos como el pedimento, la diligencia de búsqueda y dos autos. Pese a esto, el orden de presentación del texto es diferente y se resume en la tabla 1:.

Tabla 1 *Orden de presentación de los testamentos de Miguel Dragonet*

Copia simple	*Copia autorizada*
1. Testamento	1. Pedimento
2. Pedimento	2. Auto
3. Auto	3. Diligencia de busca
4. Diligencia de busca	4. Testamento
5. Auto	5. Auto

Si consideramos el orden de la copia autorizada del testamento como el más conforme a documentos de carácter notarial, es evidente que la función informativa era lo que realmente le interesaba a quien ejecutó la copia simple, pues en el testamento el otorgante *dispone* de su herencia: no solo el orden de presentación de la información es distinto, sino también las finalidades. En la copia autorizada, la validación y sucesiva protocolización eran indispensables para dar valor legal al documento, por lo que se requerían actos jurídicos antecedentes al testamento (pedimento, diligencia y auto), mientras no hacía falta una transcripción fidedigna en la copia informativa.

4. EL NIVEL GRÁFICO-FONOLÓGICO

Teniendo en cuenta este dato, pasamos al análisis del nivel gráfico-fonológico de los tres ejemplares. Este nivel es relevante porque nos permite constatar si el sistema fonológico del español moderno —que se hallaba en la etapa conclusiva de su evolución (Cano Aguilar 1988: 255)—, se había fijado realmentye en estos documentos según las reglas ortográficas de la RAE. Si eso fuera así, deberíamos hallar resultados parecidos entre las dos copias o, incluso, una fijación casi completa a principios del siglo XIX, sobre todo si consideramos el alto grado de alfabetización de los escribanos.

El estudio de este nivel, además, permite comparar ejemplares de una misma tipología documental mientras se realizaba una reforma ortográfica que llevaría a la publicación de obras como el *Diccionario de Autoridades* (1726–1739) y la primera *Ortographía* (1741), con sus ocho ediciones posteriores.

4.1. El nivel gráfico-fonológico de los testamentos de Miguel: cotejo y análisis

4.1.1. Vocalismo

Por lo que concierne al vocalismo, Lapesa afirma que ya "en el trascurso del siglo XVI van disminuyendo las vacilaciones de timbre en las vocales no acentuadas" (Lapesa 2008: 312). Notamos que este fenómeno interesa exclusivamente en la copia simple (en adelante, CS) que registra tres casos: /i/> [e] (*centurones*, *seguiente*, *defuntos*), aunque este último alterna con las formas *difunto* y *difunta*. Además, en el mismo ejemplar, hallamos un caso aislado de monoptongación en silaba tónica de /ie/> [e] (*ayuntamentos*).

4.1.2. Consonantismo

El consonantismo cuenta con una mayor riqueza de fenómenos. Como es esperable, la frecuencia de algunos rasgos lingüísticos sigue siendo elevada, sobre todo, la confusión entre las consonantes bilabiales sonoras /b/ y /ß/, la distribución de los grafemas <g>, <j> y <x> para representar el sonido fricativo /χ/ que había surgido en el español áureo del retraso de la fricativa prepalatal /ʃ/ y, por último, el grafema <h> en palabras que o bien habían evolucionado de una *f-* latina o bien lo tenían en su etimología. Con una frecuencia relativamente menor, registramos la grafía etimológica <q-> para el fonema [wa], la distribución de los grafemas <y> e <i> y casos de síncopa o epéntesis de nasales.

Confusión entre las bilabiales sonoras /b/ y /ß/. Como es sabido, la Academia se decantó por el criterio etimológico para representar gráficamente la neutralización fonológica entre la oclusiva bilabial sonora /b/ y la fricativa /ß/. Del análisis cuantitativo, notamos que el fenómeno se registra sobre todo en contexto intervocálico, con esporádicas excepciones en posición inicial (*buelta* en ambos testimonios y *vienes*, *vien* en la CS).

Pese a esto, en la CS predomina la confusión -v- > -b- (*prevendado*, *governador*, *espaviladeras*, *devo*, *haver*, *haviendo*, *escrivió*, *evilla*, *evillón*), ahí donde la copia autorizada (en adelante, CA) presenta el fenómeno contrario, esto es, un número mayor de grafías <b> por <v> (*unibersales*, *abecindados*, *pribativamente*, *respectibamente*, *cadáber*, *combento*, *combeniente*, *adbirtiéndose*, *llebándose*, *reserbaba*, *prebiene*). Desde el punto de vista cualitativo, es evidente la disonancia de voces entre CS y CA.

Distribución de los grafemas <g>, <j> y <x> para el sonido palatal /χ/. Durante el siglo XVI se asiste al retraso articulatorio de la fricativa prepalatal /ʃ/ que cambia en velar /χ/ para desambiguarse de la dental y alveolar. No obstante, a partir de los siglos XVIII y XIX, se empieza a fijar la distribución de estas grafías <x>, <g, <j> (Penny 2014: 122–123).

En la CA notamos la preferencia por el grafema <x> en detrimento de los otros dos (*Badaxoz*, *reximiento*, *correxidor*, *caxa*, *encaxes*, *reloxes*, *foxa*, *foxas*, *dexo*, *executó*), ahí donde la CS se decanta por la más innovadora <j>, con solo seis casos de grafía <x> (*reximiento*, *reloxes*, *foxa*, *foxas*, *executó*). Con una frecuencia menor hallamos ocurrencias con <g>; de hecho, aparecen tres ejemplos en la CA (*equipage*, *egercicio*, *tigeras*) y dos en la CS (*enagenar*, *tigeras*). De nuevo, se constatan divergencias entre los dos ejemplares.

Cabe señalar que, en la CS se registran tres palabras (*encales*, *hilos*, *hilas*) con un trazo del grafema <j> bastante alto, el cual no toca la caja de renglón y se asemeja a una <l>, aunque el contexto semántico deja claro que se trata de *encajes*, *hijos*, *hijas*. Fijándonos en el facsímil de la CA, notamos el mismo trazo, lo que no excluirá que se trata de un error interpretativo del copista en la transcripción del grafema <j> (figuras 1 y 2).

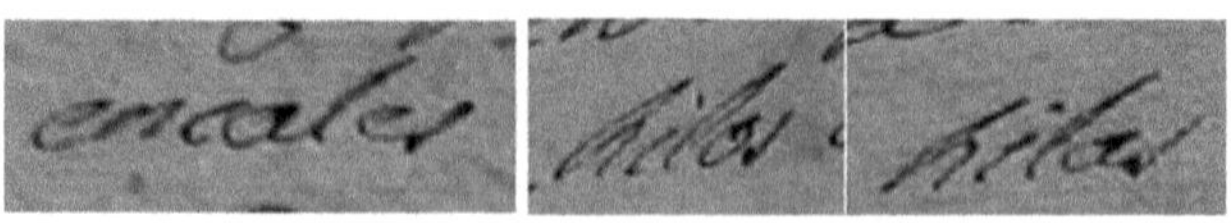

Figura 1 *Grafías copia simple testamento de Miguel Dragonet*

Figura 2 *Grafías copia autorizada testamento de Miguel Dragonet*

Grafema <h/Ø>. En línea con la RAE, la mayoría de las voces respetan el criterio etimológico; de hecho, se observa un número muy reducido de casos de omisión de <h> en posición inicial, tanto en la flexión nominal (*evilla*, *evillón* < lat. FIBŬLA) como en la verbal (*à asistido*, *a estado*, *an escritos* de la CS vs *obía colocado* y *a estado* en la CA). También aislados son los casos de supresión de <h> etimológica en posición intervocálica (*exortatorio*, *exorto*) que, en todo caso, no se hallan en la CA, excepto por *aora*.

Cabe mencionar también las dos formas ultracorrectas detectadas, aunque son esporádicas: *hallí* (CS) y *habrió* (CA).

/f/ por <h>. Afirma Lapesa que no extraña hallar formas residuales de *f-* arcaizante en la escritura de notarios del siglo XVIII (Lapesa 2008: 313) como atestiguan las dos ocurrencias (*foxa*, *foxas*) de ambos testimonios.

Mantenimiento o supresión de nasales. Este rasgo tampoco presenta muchos casos coincidentes entre las dos copias, excepto por *macerines* y *testimoniandas*. Por lo general, la CS cuenta con un caso de síncopa de /n/ (*ecotró*) y tres de epéntesis de la nasal /n/ en participios percibidos como gerundios (*interesandos*, *interesiandos*, *expresandos*). Además, se registran casos de asimilación del punto de articulación de la nasal alveolar /n/ con las bilabiales sonoras, aunque se adopte la grafía <b> en la CA (*combento*, *combeniente*) y <v> en la CS (*comvento*, *comveniente*).

La grafía etimológica <q> para el fonema [wa]. El análisis cuantitativo de la CS muestra dieciocho ocurrencias de grafías etimológicas frente a las seis de la CA (*qual*, *quantos*, *quales*, *quarto*, *quatro*). La única excepción es representada por *ebacuar* que, en ambos testimonios, lleva la grafía innovadora.

La distribución de los grafemas <y> e <i>. En posición inicial, la grafía <y> para el valor vocálico no presenta oscilaciones; en cambio, la posición interna muestra cierta alternancia cuando representa el sonido palatal /y/ en contexto sonoro, puesto que o bien se alternan las dos grafías —sobre todo con el pronombre relativo *cuyo* vs *cuio* o bien se decantan por una: *concluye* y *peynadores* en la CA frente a *concluie* y *peinadores* en la CS. En todo caso, no tiene que sorprender la incertidumbre gráfica pues, en las ediciones de 1741 y en la de 1754, la *Ortografía* prescribe <y> para la semivocal, aunque hasta entonces se había adoptado por la <i>.

En cuanto a los grupos consonánticos cultos, los dos testimonios se conforman bastante con la norma vigente durante el Siglo de Oro que optaba por su mantenimiento; de hecho, se registra el grupo consonántico /ks/ con varias grafías: el tradicional <ct> (*efecto*), <x> en la mayoría de las voces (*auxilio*, *expresa*, *expuso*, *expresamente*) y pocos casos de simplificación (*difunto*, *usufruto*). Cuantitativamente menores son los grupos /mn/ (*solemnidades*) y /pt/ (*ynfrascriptos*, *ynfrascripto*).

4.1.3. Fenómenos menores

Entre los fenómenos que merecen ser citados y que se registran con una frecuencia mucho menor, hallamos la aféresis de la vocal *e*- en palabras que empiezan por *s*- preconsonántica. El fenómeno afecta solamente a la CS con muy pocos casos (*scrivania*, *scrito*, *spadas*). Ahora, aunque la falta de esa vocal de apoyo podría considerarse un italianismo, Arnal Purroy afirma que no extraña hallar casos de "s líquida" en la primera mitad del siglo XVIII (2000: 123).

Otro rasgo ortográfico que caracteriza únicamente la CS es la separación de palabras que suelen ir unidas (*a quel*, *a' demas*, *a donde*, *des de luego*, *a de lante*), debido a una percepción de la ruptura de la cadena fónica con un descenso del tono de la voz.

Además, en ambos ejemplares se registran huellas latinizantes que aún no se han fijado en el nivel ortográfico debido también al carácter conservador de la tipología documental (*fee* < lat. FĬDEM; *propiedad* < lat. PROPRIUS), junto a latinismos adaptados gráficamente (*ytem*, *antemi*). Asimismo, la CS recoge también la negación *non* por *no* y un caso de paragoge en la forma flexiva *bastano* dentro del sintagma verbal *bastano el sueldo*.

4.1.4. Conclusiones parciales

Ahora bien, teniendo en cuenta lo que venimos diciendo, es patente que los dos testimonios comparten casi todos los fenómenos en el nivel gráfico-fonológico, aunque se observan discrepancias. Por un lado, en la copia simple se registran rasgos que están totalmente ausentes en la copia autorizada como la aféresis, la separación de palabras o la vacilación del sistema átono; por otro, se observa que las ocurrencias de un mismo fenómeno no coinciden entre las dos copias, en particular por lo que toca a la confusión de las grafías bilabiales sonoras, la distribución de <g, j, x> para el sonido fricativo velar /χ/ y el uso de la grafía etimológica <q-> para [wa].

Pese a esto, hemos de precisar que los rasgos no registrados en la copia autorizada no son necesariamente influjos del italiano, pues la oscilación en el sistema átono, como también la aféresis y la separación de palabras, caracterizaban también el español áureo. Además, la baja frecuencia con los que se registran sería índice de una reducción de esos fenómenos entre finales del siglo XVIII y principios del XIX.

Ahora bien, hace falta subrayar que la CS presenta una serie de añadidos textuales que no se registran en la CA. Si excluimos la intervención por parte de un escribano que —con cierta "licencia" derivada de su oficio— alargaba o recortaba las fórmulas, entonces podemos tratarlas como *lectio facilior*, es decir, o bien una simplificación de términos no transparentes al destinatario (p.e. "de hilo" en lugar de "de fleco") o bien como intervenciones para mostrar una sintaxis más lineal (*Si mis sobrinos de Ytalia no quisiesen admitir la vinculación de dicha casa en los mismos términos y obligaciones a el que poseiere el mayorazgo de don Fernando Tobar y de la Rocha*, se ejemplifica elidiendo la relativa explicativa: *La vinculación de dicha casa en los términos que la espeso, pasará en los mismos términos y obligaciones a el que poseiere el mayorazgo de don Fernando Tobar y de la Rocha*).

A estos datos, hemos de añadir dos formas flexivas peculiares que respaldarían la posibilidad de una mano italiana detrás de la transcripción de la CS, esto es, el gerundio *doviéndola* y el pronombre clítico en la forma *haviéndone*, pues no rastreamos casos de oscilación de /o/> /e/ en ningún corpus español consultado (CORDE, CORPES XXI), excepto por un documento de 1667 del arzobispo palermitano Fr. Martino, escrito en español y recogido en el texto *Governo di sanità del regno di Sicilia* (Sicilia Regno Suprema deputazione generale di salute publica 1749: extracto III).

Finalmente, mencionamos los esporádicos *lapsi calami* presentes en la CS que, en todo caso, no se rastrean en la CA donde hay un mayor rigor en la ejecución de la copia. Estos lapsus interesan, sobre todo, los artículos —que o bien se omiten (*[] ano de soldada*) o bien se elide algún grafema (*haviendone sacado [] no*)— y los verbos (*si [] en el mar*).

4.2. El nivel gráfico-fonológico del testamento de Blas

Redactado en la primera mitad del siglo XVIII, el testamento abierto de Blas cuenta con al menos dos filtros. Como adelantamos en § 2.1, la tipología testamentaria abierta se ejecutaba a través de un escribano —"portavoz del subconsciente de la comunidad" (Mendoza García 2010: 366–367)— que encauzaba "los deseos y disposiciones del testador dentro de un formulario tradicional empleado en las escribanías" (Mendoza García 2010: 367) para dar valor legal al documento.

Asimismo, en muchas ocasiones, los mismos escribanos contaban con amanuenses que se dedicaban a la transcripción de las copias. Aun así, vamos a adoptar la etiqueta "testamento de Blas" por comodidad, conscientes de que los rasgos lingüísticos detectados no pertenecen ni al idiolecto del escribano Joseph Juan Guerrero ni a Blas, sino a un ejecutor anónimo.

4.2.1. Vocalismo

Por lo que concierne el vocalismo, se registra cierta inestabilidad en el sistema de las vocales átonas, aunque los ejemplos son esporádicos; de hecho, solo se rastrean tres: /o/> [u] (*sepoltura*), /e/> [i] (*equebale*) e /i/ > [e]: *crío* (<*creó*). Además, se registran dos casos de monoptongación de /ie/ > [e] (*nascendo*, *adquirro*) que, en ocasiones, se alternan con formas diptongadas (*quiero*, *rrequiero*, *qualquiera*). Por otra parte, contamos con un solo caso de supresión del sonido semiconsonántico (*creendo*).

4.2.2. Consonantismo

A las mínimas variaciones que caracterizan el vocalismo, se oponen la gran cantidad de rasgos consonánticos, algunos de ellos con una frecuencia significativa.

En primera instancia, la tradicional confusión entre las bilabiales sonoras con una tendencia al uso del grafema <-u-> con valor consonántico en posición intervocálica (*beruo, enuendimento, seruido, seruir, seruicio, diuina, lleuarme, lleuen, lleuo, breue, comuento, prouinsia, susesiuamente, gouernador, gouerno, Isauel, Seuastian, nueue, rreleuo, peruenescan, saluo, Cueua, escriuano*). Ahora bien, aunque este uso se había desterrado a partir del *Proemio* de 1726 (Lapesa 2008: 355), hallamos treinta casos de *-u-* frente a los seis que usan *-b-* en lugar de *-v-* (*beruo, breue, bibos, unibersales, equebale, debengado*). Por el contrario, se registra mayor estabilidad en posición inicial con casos esporádicos de *v-* por *b-* (*vendisión, vienes*).

En segundo lugar, igualmente extendido es el uso del dígrafo <tt> para la consonante dental sorda /t/ no geminada en contexto intervocálico (*santto, santtisima, santtisimo, natturalesa, rresusittó, santta, nattural, santtos, siguentte, primeramentte, muertte, comverttir, amorttaje, abitto, sepultte, partte, rreparttan, cauttibos, platta, Ittalia, ventte, cattholico, presentte, quarentta, Cattaluña, quintto, doctte, constte, primogenitto, consentimienttos, parrienttes, esttado, canttidad, cortta, tuttora, conttinuandola, sattisfasion, estte, estta, testamentto, conttenido, pertteneser, tittulo, obttengo, faltta, anttes, executtar, testtimonio, presentte, siette, vemtte, audittor, sacrattisimo*).

Cabe recordar que también el *Diccionario de Autoridades* (1726–1739) había eliminado las grafías geminadas <tt> y <ff> y que la alta frecuencia que registra nuestro ejemplar se debe a que el documento se ejecutaba mientras estas normas se iban estableciendo, por lo cual la innovación todavía no se había extendido (Ariza 2016: 200).

Se observa también la tendencia latinizante al uso del dígrafo <th> para términos de procedencia griega (*christiano, christiana, catholica, cattholico, Phelipe*). Este rasgo, aunque se desaconsejara ya en el sistema alfonsí, todavía seguía vigente en la *Ortographía*, pese a que el cambio fonológico ya se había producido. Asimismo, mencionamos también los casos antietimológicos del dígrafo <th> (*thomando, thomar, Theresa*).

Señala Javier Medina López que la regularización ortográfica de /rr/ "[…] no aparece sino hasta principios del siglo XVII" (Medina López 1997: 148). Ahora bien, aun suponiendo que el fenómeno iba disminuyendo, nuestro documento recoge trece ocurrencias de refuerzo de la vibrante <rr-> en posición inicial (*rredension, rresusittó, rromana, rredimó, rreligiosos, rreparttan, rremunerar, rreferido, rreferida, rreferidos, rreleuo*, *rresidentte*, *rreboco*) y tres en contexto intervocálico (*parrient-tes*, *parrenta*, *adquierro*), lo que confirma fenómenos ya estudiados en la bibliografía del periodo histórico considerado.

Llama la atención también la grafía seseante, la cual refleja la neutralización de los fonemas /θ/ y /s/ a favor de este último. Como aclara Montero Curiel, este rasgo es peculiar del extremeño y se extiende en un área geográfica que va del norte de Badajoz (Alburquerque) hacia el sur de esta provincia (2006: 38), un rasgo lingüístico que define el idiolecto del escribano como puede constatarse de las cincuenta ocurrencias que se rastrean en todo el testamento (*crus*, *jusgar*, *juisio*, *selestial*, *sera*, *presiosísima*, *albaseas*, *dose*, *ofisios*, *tersia*, *paresiere*, *prouinsia*, *Abruso*, *prinsipales*, *subsesores*, *ocupasion*, *alferes*, *espasio*, *susesiuamente*, *hasienda*, *cresida*, *plasas*, *prinsipado*, *expesialmente*, *clemensia*, *quinse*, *diferensia*, *educasion*, *fiansas*, *sattisfasion*, *herensias*, *fallesió*, *fallesido*, *hisimos*, *disposisiones*, *subsedan*, *subseder*, *rason*, *pertteneser*, *vendision*, *declarasion*, *mersed*, *subseder*, *desendensia*, *prelasion*, *codilisios*, *mension*).

En último lugar, tenemos el grafema <h/Ø>. Se registran seis casos de supresión de *h-* etimológica en la flexión nominal (*umano*, *umana*, *umanidad*, *oy*) y muchos otros en la flexión verbal, con una frecuencia más alta en los tiempos compuestos (*an puesto*, *e sido*, *e continuado*, *an fallecido*, *emos procreado*, *e devengado*) y en la construcción perifrástica <haber + de + infinitivo> (*a de subseder*, *a de guardarse*, *ubo de ausentarse*). En cambio, hallamos una sola ocurrencia con los tiempos simples (*allo*). Mencionamos también algunas formas ultracorrectas (*horden*, *hedad*) y dos casos de /f-/ en posición inicial (*fecho*, *folio*).

Aunque cuantitativamente menores, el uso de la grafía etimológica <q> para el sonido [wa] se recomendaba en el *Discurso Proemial sobre la Ortographía de la Lengua Castellana d*e 1726, por lo cual los ocho casos registrados (*quando*, *quales*, *qual*, *quarentta*, *qualquiera*) se conforman con las normas ortográficas de la época.

4.2.3. Mantenimiento de las grafías cultas

En cuanto a las grafías cultas, se observa cierta confusión. Hay casos de mantenimiento de los grupos cultos (*escripto*, *efecto*, *doctte*, *digno*, *signo*), casos de adaptación gráfica (*acsiones*, *expesialmente*) o de simplificación (*esisten*, *esistenttes*). Finalmente, se registran dos usos antietimológicos del prefijo culto *sub-* (*subseder*, *subseden* < suceder).

Muy interesantes son las grafías *equaristia* 'eucaristia' y *desendren-ttes* 'descendentes' (junto al sustantivo deverbal *desendensia* y la forma flexiva *desendreren*). En el primer encontramos una metátesis, esto es, la vocal /u/ acompaña el grafema antietimológico <q>, señalando así la incertidumbre del copista en la representación gráfica de la pronunciación de este término mientras que, en el segundo, se trata de una adición de una consonante líquida en contexto sonoro (dental /d/+ vocal), junto a la anaptixis de <-e-> en el grupo consonántico [sc].

4.2.4. Fenómenos menores

Entre los fenómenos menores tenemos la confusión de las grafías <g>, <j> y <x> para /χ/, (*muger*, *executtar*, *Aguila*). En la misma línea, va también la distribución de <y> e <i>, pues casi todos los casos afectan a la posición inicial que se decanta por la <y> (*ynefable*, *yglesia*, *ymplorando*, *ymploro*, *Ysauel*, *ynstituo*, *ynsolidun*); en cambio, en posición interna, se conforma con las reglas ortográficas del *Proemio* que prescribe <i> con valor semi-vocálico (*suia*). Tampoco la distribución de las nasales muestra grandes alteraciones, pues encontramos únicamente *ponpa* y *com parrenta*.

5. COMPARACIÓN ENTRE LOS TESTAMENTOS DE MIGUEL Y BLAS

De la comparación de los tres testamentos, sacamos resultados muy interesantes que ponen de relieve como el español del siglo XVIII seguía siendo "un idioma en evolución muy activa" (Lapesa 2008: 312) sobre todo en el nivel grafemático.

Como adelantamos ya varias veces, el ejemplar del testamento de Blas se remonta a 1730 y, por tanto, presenta los rasgos lingüísticos peculiares de esa primera etapa del siglo. Si bien había una reforma ortográfica en marcha, se registra cierta estabilidad en el nivel grafico-fonológico como ya han señalado otros estudios (Arnal Purroy 2000; Ortiz Cruz 2018).

Por lo general, el análisis cuantitativo lleva a suponer que, en la primera mitad del siglo, perduraban todavía dos fenómenos: el uso del dígrafo para la geminada <tt> con ochenta y cuatro voces registradas y el uso de la doble <rr> para representar la vibrante doble /r̄/ —el cual ya se había reducido notablemente a partir del siglo anterior—, aunque contamos diecisiete casos en nuestro ejemplar. De estos dos rasgos, solo registramos dos formas residuales de <tt> en la copia oficial del testamento de Miguel (*pesetta*, *faculttades*).

Por otra parte, cabe señalar las cincuenta y cinco grafías seseantes halladas en el testamento de Blas. Este rasgo peculiar del área extremeña caracteriza el idiolecto del escribano-copista, pero no recogemos ningún caso en los ejemplares del testamento Miguel, pese a que se otorgaron en la misma área geográfica.

En cuanto al vocalismo, observamos cierta estabilidad en el sistema vocálico átono; de hecho, se registran tres casos en el testamento de Blas y tres en la CS; en cambio, no se recoge ninguno en la CA. Lo mismo ocurre con los diptongos, pues se observan muy pocos casos de monoptongación de /ie/: dos en el ejemplar de Blas y uno en la CS.

Mayor interés se halla entre los fenómenos consonánticos, pues se alejan bastante los rasgos detectados en el testamento de Blas (primera mitad del XVIII) de los dos ejemplares del testamento de Miguel (el primero de finales del XVIII y el segundo de principios del XIX).

Empezando por los rasgos salientes y comunes a los tres testimonios, observamos una prominencia del grafema <u> en contexto intervocálico para las bilabiales sonoras con treinta casos en el testamento de Blas que, por el contrario, no registramos a finales del siglo cuando la confusión solo se da entre los grafemas <b> y <v>, pues la Academia se había decantado por una distribución según el criterio etimológico. Aun así, contamos con un número bastante alto de fluctuaciones en contexto intervocálico: nueve en la CS y once en la CA. Además, en la línea de lo expuesto por Penny, la tendencia al uso de la grafía -*v*- constatada en la CA para -b- latina intervocálica, afecto al español moderno hasta finales del siglo XVIII cuando se sustituyó por los grafemas de sus étimos (Penny 2014: 120).

Por lo que concierne a las grafías <x> y <j> para la fricativa velar /χ/, la CS tiende al uso del grafema <j> con solo seis casos de uso de <x>; en cambio, la CA se decanta por <x> como demuestran los diez ejemplos hallados. En cambio, en el testamento de Blas no hallamos grandes oscilaciones, excepto en *muger* que utiliza <g> frente a la vocal palatal y que, en todo caso, son esporádicas también en la CS (*tigeras*) y en la CA (*equipage*, *egercicio*).

Cabe precisar que la ortografía académica no destierra el uso de <x> hasta la octava edición de la *Ortografía* (1815), sino que intenta distinguir gráficamente sus valores gráficos (Echenique Elizondo y Martínez Alcalde 2005: 119).

La distribución de las grafías <y> e <i> tiende al uso del grafema <y> en posición inicial con dieciséis casos en la CS, veintiún en la CA y trece en el testamento de Blas. Por otra parte, en posición interna, la CS registra seis casos de uso de <i>, mientras que en la CA encontramos tres casos con <y> y tres con <i>; en cambio, el testamento de Blas responde a las normas del *Proemio* de 1726 que recomendaba el uso de <i> con valor semivocálico.

El uso del grafema <h> tiene una distribución bastante parecida entre los dos ejemplares del testamento de Miguel pues, en posición inicial, contamos con cinco casos de omisión en la CS y dos en la CA; por su parte, en posición interna, se registran dos casos en la CS y un caso en la CA. En cambio, en el testamento de Blas contamos con diecisiete ejemplos de supresión de <h> en posición inicial y ninguno en posición interna. Por lo que toca a las formas expletivas, se localizan dos ejemplos en el testamento de Blas, uno en la CS y uno en la CA.

Lo mismo ocurre para la /f/ inicial, con casos residuales que siguen caracterizando la escritura notarial del español del siglo XVIII.

En cuanto a la distribución de <q> para [wa], registramos dieciocho casos en la CS frente a los seis de la CA y a los ocho del testamento de Blas.

Además, tenemos cinco huellas latinizantes de helenismos en el testamento de Blas mientras que, en los dos ejemplares de Miguel solo hallamos la forma *Phelipe*. Por lo que toca a las formas expletivas, se registran tres en el testamento de Blas, una en la CS y una en la CA.

En cuanto a los grupos cultos <pt>, <ct> <gn>, la tendencia es al mantenimiento, aunque hallamos formas simplificadas y adaptaciones.

6. A MODO DE CONCLUSIÓN

Para concluir, podemos afirmar que el deseo de prescribir y fijar normas ortográficas para un correcto uso de la lengua generó, durante la segunda mitad del siglo XVIII, fuertes incertidumbres en los hablantes como atestiguan los dos testimonios analizados. Paradójicamente, la primera mitad del siglo se muestra más sistemática, puesto que todavía no se habían implementado nuevas normas ortográficas, lo que redujo bastante la confusión ortográfica.

Hay que reconocer que la incesante labor que realizó la Real Academia a partir del *Proemio* de 1726 no puede ni debe quitarle importancia al siglo XVIII, pues si la revolución lingüística se había dado durante el Siglo de Oro, su mayor o menor sedimentación caracterizaría los siglos posteriores. Por consiguiente, lo que hacía falta era una reglamentación ortográfica que respondiera a la fonología del español del XVIII, un trabajo nada fácil y bien descrito por Lázaro Carreter:

> [...] es difícil que un hecho psicológico, de naturaleza tan libre y espontáneo como es la expresión oral, se vea alcanzado por una normación externa, de índole intelectual. Sin embargo, el siglo XVIII fue excepcional. Fue un siglo que creyó en las reglas, en la normación, pero que no limitó la creencia a su conocimiento, sino que quiso conducir, conforme a ella, su propia vida. [...] (1949: 39–40).

Bibliografía

Archivos

ARCHIVIO DI STATO DELL'AQUILA (ASA), *Copia oficial del testamento de Blas Dragonet*, carpeta 20, fascículo 2.

ARCHIVIO DI STATO DELL'AQUILA (ASA), *Copia oficial del testamento de Miguel Dragonet y Chapín*, carpeta 18, fascículo 5.

ARCHIVIO DI STATO DELL'AQUILA (ASA), *Copia simple del testamento de Miguel Dragonet y Chapín*, carpeta 142, fascículo 15.

Corpus

[CORDE] Real Academia Española: *Corpus diacrónico del español.* Disponible en: http://www.rae.es. Fecha de consulta: mayo 2022.

[CORPES XXI] Real Academia Española: *Corpus del Español del Siglo XXI (CORPES).* Disponible en: http://www.rae.es. Fecha de consulta: mayo 2022.

Referencias bibliográficas

Ariza, Manuel (2016): *Fonología y fonética histórica del español*, Madrid: Arco/Libros, 3ª ed.

Arnal Purroy, Marisa (2000): "Cambios grafemáticos en textos notariales aragoneses del siglo XVIII, a la luz de las reformas ortográficas de la RAE", *AFA,* LVI, 117–136.

Bencivenga, Marzia (2021): El español del siglo XVIII. Edición y estudio del testamento de Miguel Dragonet y Chapín presente en el *Archivio di Stato dell'Aquila.* Tesis de licenciatura, L'Aquila: Università degli Studi dell'Aquila.

Cano Aguilar, Rafael (1988): *El español a través de los tiempos*, Madrid: Arco/Libros, 8ª ed.

Carrasco Cantos, Inés, García Aguiar, Livia Cristina, Marchant Rivera, Alicia (2015): "La documentación notarial del siglo XVI en el CODEMA: aspectos paleográficos, diplomáticos y lingüísticos", en Juan Pedro Sánchez Méndez, Mariela de La Torre, Viorica Codita, (coord.), *Temas, problemas y métodos para la edición y el estudio de documentos hispánicos antiguos,* Valencia: Tirant Humanidades, 351–376.

Colapietra, Raffaele (1988): "Gli archivi privati e le ricerche di storia economico-sociale sull'Abruzzo ottocentesco: gli archivi Zambra e de Riseis", en Angelo Massafra (ed.), *Il Mezzogiorno preunitario: economia, società e istituzioni*, Università di Bari: Dedalo Editore, 743– 767.

Colapietra, Raffaele (2001): "Avviamento ad un profilo critico di Giacinto Dragonetti", en *Bullettino della deputazione abruzzese di storia patria, annata XCI*,185–215.

Collura, Paolo (1950): "L'archivio Dragonetti-de Torres in L'Aquila", en Ministero degli Interni (ed.), *Notizie degli Archivi di Stato,* X (I-II), Roma: Istituto Poligrafico dello Stato, 135–142.

Collura, Paolo (1962): *Elementa ad fontium editiones*, vol. 5, Roma: Institutum Historicum Polonicum Romae.

Echenique Elizondo, María Teresa, Martínez Alcalde, María José (2005): *Diacronía y gramática histórica de la lengua española*, Valencia: Tirant lo Blanch, 3ª ed.

Extremera Extremera, Miguel Ángel (2003–2004): "La pluma y la vida: escribanos, cultura escrita y sociedad en la España moderna (siglos XVI-XVIII)", *Litterae, Cuadernos sobre Cultura Escrita*, 3–4, 187–206.

Irles Vicente, María del Carmen (1997): "Italianos en la administración territorial española del siglo XVIII", *Revista de Historia Moderna. Anales de la universidad de Alicante,* 16, 157–176.

Jiménez Donoso, Juan (1795): *Despertador ó avisos sacro-morales políticos y militares*, tomo IV, Madrid: Imprenta Real.

Lagunas Ruiz, Hilda y Romani, Patrizia (2009): "Transcripción paleográfica de un testamento del siglo XVII", *La Colmena,* 63, 99–108.

Lapesa, Rafael (1981 [2008]): *Historia de la lengua española*, Madrid: Gredos.

Lázaro Carreter, Fernando (1949): *Las ideas lingüísticas en España durante el siglo XVIII.* Tesis doctoral, Madrid: Instituto Miguel de Cervantes (CSIC).

León Gómez, Magdalena (2019): "Los documentos en español del *Archivio di Stato di L'Aquila* (Italia): *Archivio Civico Aquilano* (ACA), Fondo Dragonetti- De Torres y Fondo De Nardis" en Ana María Romera Manzanares y Jimena González Gómez (coords.), *Edicion de textos desde el documento al monumento: Nuevos textos, nueva historia*, Sevilla: Universidad de Sevilla, 173–193.

Lima, Bruno (2021): "Introduzione", en Bruno Lima (ed.), *Miscellanea in memoria di Angelo de Nardis Patrizio di L'Aquila-XIV Barone di Prata. Nel II anniversario della scomparsa*, Genzano di Roma: Aracne, 13–15.

López Mora, Pilar (2015): "E, yo, escribano, doy fee": El acto notarial como macroacto de habla, en Inés Carrasco Cantos (ed.), *Aportaciones al estudio del español del siglo XVIII*, Granada: Editorial Comares, 137–154.

Medina López, Javier (1997): "El español de Canarias a través de la documentación testamentaria (siglos XVI-XVIII)", *BFUCh,* 36, 1, 163–189.

Mendoza García, Eva María (2010): "La religiosidad popular más allá de la muerte: los testamentos de los escribanos malagueños del siglo XVII", *Baetica. Estudios de Arte, Geografía e Historia,* 32, 371–393.

Ministero Per I Beni Culturali E Ambientali (1991): *Archivi di persone e famiglie. Materiali per una guida*, vol. I, Abruzzo-Liguria, Roma: Strumenti CXII.

Montero Curiel, Pilar (2006): *El extremeño,* Madrid: Arco/Libros.

Oesterreicher, Wulf (2004): "Plurilingüismo en el Reino de Nápoles (siglos XVI y XVII)", *Lexis XXVIII,* 1–2, 217–257.

Ortiz Cruz, Demelsa (2018): "Tendencias ortográficas en inventarios de bienes aragoneses del siglo XVIII", *AFA,* 74, 99–137.

Penny, Rafael (2014): *Gramática histórica del español. Edición actualizada*, Barcelona: Ariel Letras.

Real Academia Española (1741): *Orthographía Española compuesta y ordenada por la Real Academia*, Madrid: Imprenta de la Real Academia Española.

Rodríguez Hernández, Antonio José (2012): "Al servicio del rey. Reclutamiento y transporte de soldados italianos a España para luchar en la Guerra contra Portugal (1640–1668)", en Davide Maffi (ed.), *Tra Marte e Astrea. Giustizia e giurisdizione militare nell'Europa della prima età moderna (secc. XVI-XVIII)*, Milano: Franco Angeli, 229–275.

Sicilia Regno Suprema Deputazione Generale Di Salute Pubblica (1749): *Governo generale di sanità del Regno di Sicilia e instruzioni del Lazzeretto*, Palermo: Nuova stamperie dei SS. Apostoli.

Signorini, Angelo (1848): *L'archeologo nell'Abruzzo ulteriore secondo, ovvero, Prospetto storico intorno i monumenti...le vicende... le scienze, le lettere e arti belle della provincia e città di Aquila*, Aquila: Grossi.

Solano Macías, Carmen y Vivas Moreno, Agustín (2019): "Presencia del escribano en la Extremadura de finales de la Edad Moderna a través del interrogatorio de la Real Audiencia", *Anales de Documentación,* 22, 2, 1–20.

Toraldo, Franca, Ranalli, Maria Teresa (2002): *Archivi privati in Abruzzo. Carte da scoprire*, Villamagna (Chieti): Tinari, 80–91.

Cartografía de una red epistolar familiar en el siglo XIX: el papel de las mujeres (sección Correspondencia del Archivo de la Casa de Zavala)

Cartography of a family epistolary network in the nineteenth century: the role of women in the "Correspondencia" section of the Archivo de la Casa de Zavala

Émilie Cadez
Centre d'Études Ibériques et Ibéro-américaines (CEIIBA),
Université Toulouse - Jean Jaurès
ORCID: https://orcid.org/0000-0001-6237-3951

Cécile Mary Trojani
Centre d'Études Ibériques et Ibéro-américaines (CEIIBA),
Université Toulouse - Jean Jaurès
ORCID: https://orcid.org/0000-0003-4794-9451

Resumen: Este artículo presenta los primeros resultados de un proyecto de investigación colectivo en curso (CEIIBA, Université Toulouse-Jean Jaurès) que gira en torno a "Cartas de/a/sobre mujeres en el *Archivo de la Casa de Zavala* (siglo XIX)". El objetivo es reconstruir una historia familiar a través de unas correspondencias femeninas o que toman a mujeres como epicentro. El punto de partida es la constitución de una base de datos que sirve para repertoriar estas cartas de/a/sobre mujeres a partir de los fondos presentes en el *Archivo de la Casa de Zavala*. Concretamente, el proyecto se centra en torno a unas cuarenta protagonistas que evolucionan en un entorno cuyo centro es la familia de Zavala, y en particular Escolástica de Salazar y Sánchez Samaniego (1777–1855), esposa de Manuel José de Zavala (1772–1842), III^er conde de Villafuertes. Aunque fragmentario, este corpus proporciona ejemplos de prácticas epistolares familiares. Su estudio crítico permitirá tanto cartografiar una geografía epistolar física como una geografía sensible de redes interpersonales. Mediante una reconstitución cronológica, se podrán estudiar las evoluciones de dichas cartografías. Más allá de consideraciones de fondo, el proyecto presenta algunos retos a los que se aludirá en este artículo, siendo el principal el de aliar, de la forma más pertinente posible, el trabajo de investigación "clásico" con una aproximación digital, mediante la elaboración de una herramienta que pueda a la vez ayudar a la investigación y presentar sus resultados de modo explícito y directo.

Palabras clave : Correspondencias, Mujeres, Familias, Redes, Cartografía

Abstract: With this paper, we aim to present the first results of a group ongoing investigation (CEIIBA, Université Toulouse – Jean Jaurès) about "Letters from/to/about women in the *Archivo de la Casa de Zavala* (19th century)". With this project, we intend to reconstruct a family history through women correspondence or letters around/about women. The first step is the constitution of a database integrating all the letters from/to/about women that we could find in the *Archivo de la Casa de Zavala*. The project specifically focuses on forty women of the Zavala family, especially Escolástica de Salazar y Sánchez Samaniego (1777–1855), wife of Manuel José de Zavala (1772–1842), III Conde de Villafuertes. Although fragmentary, this corpus reveals epistolary practices, but also familiar ones. Its critical study will allow to map a physical epistolary geography but will also give to see a sensitive geography of interpersonal networks. By means of a chronological reconstitution, it will be possible to study the evolution of these cartographies. Beyond substantive considerations, the project presents some challenges that will be referred to in this article, the main one being to ally, in the most relevant way possible, the "classic" research work with a digital approach, by developing a tool that can both help research and show its results explicitly and directly.

Keywords: Letters, Women, Families, Networks, Mapping

1. INTRODUCCIÓN

El trabajo que se publica a continuación se inserta en una línea de trabajos relativos a la historia de la vida cotidiana y a la microhistoria, donde la esfera privada adquiere suma importancia (Ariès y Duby 1985–1987; Febvre 1941). Las escrituras del yo, y en particular las correspondencias familiares, constituyen al respecto unas fuentes privilegiadas que permiten al investigador acercarse a lo más cotidiano, a la intimidad, muchas veces banal y ordinaria, al ser la carta el receptáculo de emociones diversas[1]. Si a lo largo de la historia el hecho de escribir cartas es una práctica social

1 "Nous ne pouvons guère dire l'intime avec des trompettes et des tambours. Il ne s'accorde guère avec ce qui est grand, grandiose et grandiloquent et en architecture monumental. Une esthétique de l'intime part à la recherche non pas du rien, mais du moins" (Laplantine 2018: 78).

generalizada con gran variedad de formas (Barton y Hall 2000), los siglos XVIII y XIX presentan una evolución casi paradigmática. Desde hace muchos años, la cuestión de las redes que se tejen en torno a la *Real Sociedad Bascongada de los Amigos del País* (R.S.B.A.P.) en la segunda mitad del siglo XVIII en España constituye el centro de nuestra labor investigadora, y ello tomando los fondos epistolares como fuente privilegiada para aprehender dichas redes (Mary Trojani 2004a, 2004b, 2005, 2012). Últimamente hemos ampliado el marco cronológico de nuestras investigaciones a la primera mitad del siglo XIX, a través del estudio de una figura femenina que desempeñó un papel importante en el círculo reducido de las mujeres afrancesadas bajo el reinado de José Bonaparte: María de Pilar de Acedo, marquesa de Montehermoso[2]. Lo cual nos ha conducido a interesarnos por ciertos personajes femeninos, y en concreto por los descendientes, parientes y colaterales de los fundadores de la R.S.B.A.P. (hijas, nietas, esposas). Hacemos aquí plenamente nuestra la afirmación de Carmen de la Guardia Herrero, cuando sienta que las cartas permiten al historiador "vislumbrar a los sujetos, percibir espacios y sinuosidades poco iluminados por las fuentes históricas tradicionales, reconstruir las estrategias singulares y percibir las redes por las que fluyen las relaciones de dominación y de resistencia, de rivalidad y de complicidad, de poder e íntimas, tan necesarias para captar las afirmaciones o construcciones identitarias" (Guardia Herrero 2020: 20)· Gracias a las cartas de la marquesa de Montehermoso, por una parte, y a los testimonios epistolares cruzados de sus familiares por otra, nos ha sido posible reconstruir lo que parece oportuno denominar 'fragmentos de vida', pues la pretensión de reconstruir *in totum*, con cartas o sin cartas, la historia personal de esos olvidados de la Historia que fueron los personajes femeninos es tarea vana (Bolufer Peruga 2014: 113). Hemos, pues, de contentarnos con extender, progresiva y colectivamente, el conjunto de esos 'fragmentos'.

El trabajo al que nos referimos fue llevado a cabo a partir del fondo epistolar del *Archivo de la Casa de Zavala*, un archivo privado vasco

2 En el marco de la *Habilitation à Diriger des Recherches* defendida en la Universidad de Tours el 6 de diciembre de 2019, ante un tribunal presidido por el Profesor José Luis Gómez Urdáñez, Cécile Mary Trojani presentó un trabajo inédito titulado *Dire l'intime. Réseaux familiaux et correspondances : María del Pilar de Acedo, afrancesada (1784–1869). Fragments de vie.* La edición de la monografía correspondiente está actualmente en preparación.

extraordinariamente bien catalogado (Aguinagalde 2000). La fuente epistolar ha sido, pues, un medio de conocimiento fragmentario pero privilegiado de una realidad opaca, lo que, por supuesto, no debe llevar a ignorar sus posibles representaciones y desviaciones.

A partir de este trabajo personal sobre la marquesa de Montehermoso, ha nacido la idea de un proyecto más ambicioso, y por ende colectivo, llevado a cabo desde el Centro de Estudios Ibéricos e Iberoamericanos de la Universidad de Toulouse, con el fin de cartografiar redes epistolares familiares de finales del siglo XVIII y del siglo XIX, a partir de las cartas conservadas en el *Archivo de la Casa de Zavala.*

2. LA FAMILIA ZAVALA Y SU ARCHIVO

Lo que se conoce comúnmente bajo el término "fondo Zavala" corresponde a unos fondos perfectamente organizados en un archivo privado de San Sebastián. El fondo, amplísimo, está compuesto de diversas secciones relativas a la genealogía, los pleitos, la transmisión de bienes, la administración del patrimonio, la actividad pública y administrativa de los miembros de la familia o de sus relaciones con la Iglesia (Aguinagalde 2000: 17–88). En el seno de este fondo, la sección epistolar es muy relevante: reúne más de 13.600 cartas que cubren un periodo amplio (1772–1960). Este enorme conjunto se organiza en torno a tres figuras principales de destinatarios, que son:

- Manuel José de Zavala, III^er^ conde de Villafuertes (1772–1842);
- su esposa, Escolástica de Salazar y Sánchez Samaniego (1777–1855);
- Martín de Galarraga, preceptor del conde y luego administrador de los bienes de la pareja.

A partir de esta comprobación, se puede afirmar que el núcleo duro de dicho fondo epistolar corresponde a la primera mitad del siglo XIX (Zavala 2008). Los Zavala, viejo linaje de hacendados rurales guipuzcoanos, alcanzan, en efecto, su mayor proyección pública en el siglo XIX. Ocupan entonces un lugar de primera fila en la política vasca, proyectándose también en la política general española: primero como liberales, en los breves períodos constitucionales, y luego tomando parte muy activa en el nacimiento y desarrollo del fuerismo liberal tras la muerte de Fernando VII. Se puede resumir su trayectoria en tres etapas: fueron liberales en la primera guerra carlista y durante todo el reinado de Isabel II; a la caída de esta, pasaron a militar en el Carlismo, apoyando al Pretendiente en la última guerra por la implicación de sus hijos Ladislao y Ramón de Zavala; y, finalmente, ya dentro del mundo tradicionalista, se alinearían en el integrismo, por las posiciones adoptadas por Ramón, el hijo menor.

Tras este breve panorama, cabe centrarse en las figuras de Manuel José de Zavala y Acedo y de su esposa, Escolástica de Salazar y Sánchez Samaniego, las dos figuras principales de la sección *Correspondencia*.

Manuel José de Zavala, III^{er} conde de Villafuertes, nació en Villafranca de Ordizia en 1772, pero él y su familia se trasladaron pronto a vivir en Tolosa. Recibió una educación ilustrada, frecuentó el Seminario de Vergara, y luego formó parte de la R.S.B.A.P. Cursó estudios de química y mineralogía, estudió algún tiempo en la Sorbona (Zavala 1951: 511–524), instaló un laboratorio químico en Tolosa donde se llevaron a cabo experiencias científicas en adecuación con la educación ilustrada que había recibido. Siempre preocupado por la vertiente aplicada del desarrollo científico, en la línea de la industria popular impulsada por Campomanes, Manuel José de Zavala se involucró en la modernización de las técnicas empleadas en la siderurgia vasca. Como se ha dicho, a nivel público, fue una de las principales figuras del liberalismo en tierra vasca, e inició la trayectoria que le llevó a ser uno de los fundadores del fuerismo liberal. A nivel privado, a lo largo de su vida, llegó a poseer seis mayorazgos, lo que hacía de él una de las personas patrimonialmente más poderosas de la provincia de Guipúzcoa de la época. Murió repentinamente en 1842, a los pocos días del fallecimiento de su hijo mayor Ignacio, con lo cual el título de nobleza pasó directamente a su nieto, Federico de Zavala y Ortés de Velasco, de tan sólo cuatro años de edad (Rubio Pobes 1993).

Escolástica de Salazar y Sánchez Samaniego nació en Laguardia (Álava) en 1777. Se casó el 30 de mayo de 1796 y murió el 27 de agosto de 1855[3]. Es de notar que su hermano, José Joaquín de Salazar, casó el mismo día y en la misma parroquia con María Micaela de Zavala, hermana de Manuel José, lo que explica sin duda la nutrida correspondencia entre las

3 Se suele dar la fecha de 1859 en cuanto al fallecimiento de Escolástica de Salazar, pero es un error tal como se demostrará a continuación en este artículo.

dos mujeres, siendo a la vez la una respecto a la otra hermana del esposo y esposa del hermano.

Manuel José de Zavala y Escolástica de Salazar tuvieron siete hijos, de los cuales cinco llegaron a la edad adulta, dos hijas y tres hijos. Sin embargo, las dos hijas, Dolores y Casilda, murieron jóvenes, con veintinueve y veintiocho años respectivamente, por complicaciones de un parto en ambos casos. El hijo mayor, Ignacio, murió en 1842 de una intoxicación alimentaria, que también se llevó a su padre. En los primeros años de la *Década Ominosa*, durante el exilio y embargo de bienes de su marido – perseguido debido a su mandato como Jefe Político de la provincia en el Trienio Liberal –, Escolástica de Salazar se ocupó personalmente de gestionar los pleitos, de contratar a abogados y procuradores, etc. A partir de la muerte del conde, asumió la gestión económica de su patrimonio, así como la administración de los bienes de sus nietos Federico y José María de Zavala Ortés de Velasco, menores de edad, hijos del difunto Ignacio. Esta gestión generó una intensa actividad epistolar en el Palacio Aramburu de Tolosa, residencia habitual de los condes de Villafuertes, en el que se halló gran parte de la correspondencia de Escolástica de Salazar.

En la sección correspondencia del *Archivo de la Casa de Zavala*, predominan claramente las cartas familiares, mayoritariamente dirigidas a Manuel José de Zavala o a su esposa. Estamos, pues, en presencia de un conjunto documental cuyas características articulan un interés doble para el investigador: permiten aprehender y reconstruir una parte de la historia familiar, y, al tiempo, ponen de realce elementos determinantes de su privacidad[4].

3. CONSTITUCIÓN DEL CORPUS

Para formar el corpus que sirve de base a nuestro estudio, se decidió emprender una recolección sistemática de las cartas que giraban en torno a la matriarca, Escolástica de Salazar. Dicha recolección se realizó en dos etapas, pero siempre dentro del marco cronológico que iba del año 1796,

4 "En 1884, el diccionario de la RAE recogía la división entre las cartas familiares, intercambiadas entre parientes y amigos y trataban de la vida privada, y las cartas misivas enviadas a una persona ausente". (Guardia Herrero 2018: 36–37)

en que se casaron Manuel José de Zavala y Escolástica de Salazar, hasta 1898, cuando falleció Ramón, el hijo menor de la pareja.

La primera consistió en una búsqueda simple en la base de datos de la sección Correspondencia del *Archivo de la Casa de Zavala*, a partir de la palabra clave "Escolástica". Con esta metodología, se ha obtenido un resultado de ochocientas treinta y seis entradas, las cuales corresponden en realidad a ochocientas sesenta y cinco cartas **a**, **de** y **sobre** Escolástica de Salazar, radicando la diferencia numérica en el hecho de que algunos ficheros contienen dos, y a veces tres cartas[5]. En la segunda fase, se ha ampliado el perímetro de la búsqueda con el uso de palabras claves asociadas con personas específicas, siguiendo la genealogía de Escolástica de Salazar. De este modo, se ha asociado la palabra "esposa" con Manuel José de Zavala, la palabra "(h)ermana" con los cuatro hermanos o cuñados de Escolástica de Salazar (respectivamente José Joaquín y María Manuela de Salazar por una parte, y María Micaela de Zavala y Ramón de Urbina y Gaytán de Ayala, por otra), así como las palabras "mama", "mamá" y "abuela" con los nombres de sus cinco hijos y de sus cinco yernos o nueras.

Siguiendo este método, ha sido posible recoger un conjunto de tres mil ciento ochenta y siete cartas. Las fechas extremas de dicha correspondencia corresponden al periodo 1799–1874 habiendo sido escritas la mayoría de ellas entre 1820 y 1855, por familiares o amigos (figuras 1 y 2).

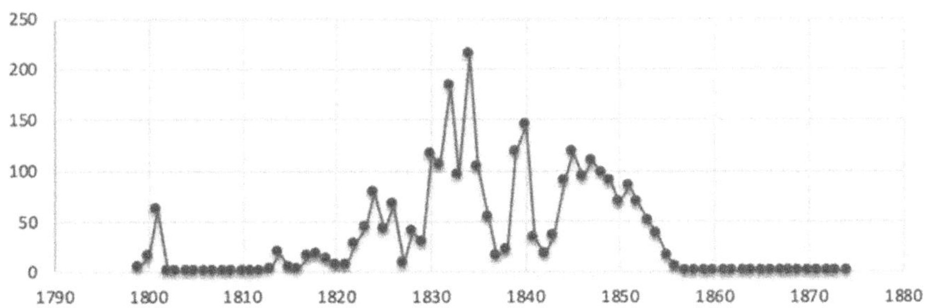

Figura 1 *Cronología de las cartas. Fechas extremas: 1799–1874*

5 Nos ha parecido interesante reunir un corpus que incluya cartas *de, a* y *sobre* la protagonista estudiada en la medida en que el conjunto así perfilado permite una aproximación más completa a su personalidad. Tal como lo afirman François Laplantine (2018), François Jullien (2013) o Michaël Fœssel (2008), la intimidad no rima con la soledad y hay que concebir el concepto en su dimensión relacional.

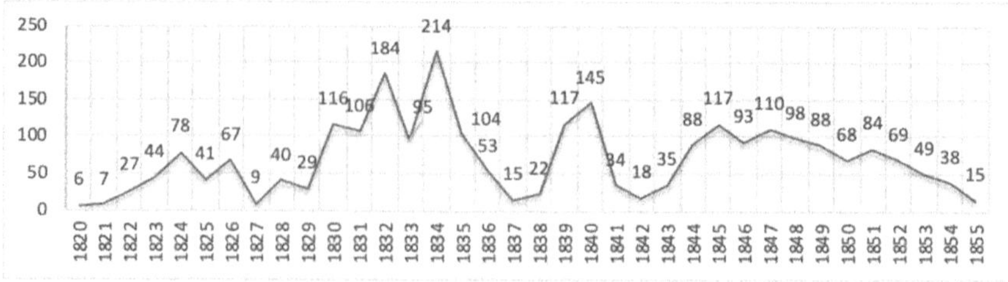

Figura 2 *Cronología de las cartas. Enfoque en el período 1820–1855*

El 89 % del conjunto representa cartas a Escolástica de Salazar, un 9 % son cartas en las que se la menciona y solo un 2 % son misivas suyas. El bajo porcentaje de cartas que escribe ella no debe sorprender en la medida en que una carta que se manda escapa normalmente al patrimonio epistolar familiar, a no ser que esté dirigida a otro miembro del núcleo de la familia Zavala, como al esposo ausente del hogar por algún tiempo, o a un hijo que esté de viaje, por ejemplo.

Las tres mil ciento ochenta y siete cartas que constituyen el corpus de estudio reúnen a ciento cincuenta y cinco remitentes y cuarenta y dos destinatarios, siendo muy lógica esta última cifra en la medida en que Escolástica de Salazar es el destinatario mayoritario. Más llama la atención el que entre las sesenta y cinco remitentes mujeres, un 5 % escriba solo a hombres, un 18 % de estas mujeres escriba a hombres y a mujeres, y un 77 % escriba solo a mujeres. La correspondencia estrictamente femenina es muy nutrida y su núcleo se conforma en torno a Escolástica de Salazar con las figuras de Margarita Garce de Acedo, esposa de un tío materno; María Ana Magallón, prima segunda de Manuel José de Zavala; María Micaela de Zavala, su doble cuñada por ser hermana de su esposo y esposa de su hermano; y María Manuela de Salazar, su hermana[6].

En el caso de la pareja formada por los condes de Villafuertes, también se encuentran en su archivo los papeles de su hijo menor Ramón y los de su yerno, Miguel María de Alcíbar, que se había casado en 1817 con la

6 "Se debe subrayar, en un contexto de omnipresencia de las cartas como principal actividad de escritura para muchas personas, que desde el siglo XVIII se produjo un proceso de feminización de las que eran denominadas en España cartas misivas o familiares (las escritas entre familiares o amigos) ". (Sánchez de Madariaga 2020: 240)

hija mayor Dolores. Cuando enviudó, Alcíbar, buen padre de familia, crio a sus numerosos hijos y no dejó de mantener una intensa comunicación epistolar con sus suegros, tal como queda documentado en el conjunto de las tres mil ciento ochenta y siete cartas recogidas (con seiscientas cuarenta y seis cartas, Miguel María de Alcíbar es quien más escribe a Escolástica de Salazar).

4. CONTENIDOS DE LAS CARTAS: ENTRE HISTORIA NACIONAL E INTIMIDAD DE LO COTIDIANO

El contenido de las cartas conforta su tipología: si los acontecimientos y los aspectos políticos aparecen a menudo en trasfondo, los intercambios se organizan sin embargo en torno a una vida mucho más banal, cotidiana e íntima. Por ejemplo, en la correspondencia de la condesa de Villafuertes con su hermana y su cuñada, numerosas son las alusiones a la crianza (embarazos, partos, lactancia, vida y muerte de los niños y de las madres), pero también a la salud (vida y muerte de los allegados, enfermedades, prácticas medicinales como la homeopatía o los baños, etc.). Sin olvidar otros fenómenos muy cotidianos como el intercambio de recetas de cocina. Para resumir, en estas cartas se recogen elementos de la cotidianeidad relacionados con la privacidad de los individuos y de las familias, otros que proporcionan indicios acerca de la sociabilidad que practicaban, de su implicación en la vida pública y política de la época, de los cargos o compromisos asumidos, y aún de los conflictos armados o los progresos técnicos.

A pesar de las pocas cartas escritas por la propia Escolástica de Salazar conservadas en el *Archivo de la Casa de Zavala*, el investigador percibe ciertos rasgos de su personalidad por tres vías distintas: suele anotar ciertas cartas de la que es destinataria; los miembros de la red que hablan de ella entre sí la describen (cartas *sobre* ella); o bien los miembros de la red que le escriben directamente subrayan algunos rasgos de su carácter (cartas *a* ella).

Así, el intercambio epistolar que mantiene entre 1835 y 1854 con Margarita Garce de Acedo, esposa de un tío materno de Manuel José de Zavala, proporciona un buen ejemplo de la percepción de la personalidad de la condesa de Villafuertes a través de las cartas de las que es destinataria. Margarita Garce de Acedo es la viuda de Ignacio de Acedo y Atodo, comandante de Marina fallecido en 1833, y se encuentra en una situación de indigencia a partir de aquel entonces, ya que cobra con muchas dificultades la pensión de su difunto marido. Vive sola con su hija Juana en Santander, luego en Madrid, y asume, por otra parte, la educación de un nieto suyo llamado Pepito. Además de los gastos inherentes a la educación que recibe el niño en un colegio militar de Toledo, Pepito padece una enfermedad que le provoca síncopes y necesita recibir tratamientos médicos muy caros. La abuela señala, por ejemplo, que una sola dosis de jarabe para curar al niño le costó un dineral. Implora pues a Escolástica de Salazar para que siga mandándole dinero:

> te ruego que por dios no dejes de mandarme los 18 duros para los seis meses como hasta aquí te has dignado mandar, pues la de Bayo bino llorando que por dios le diese algo para ayuda de su curación, y yo le dije que bería si dentro de algunos días le podría dar, pero el corazón se me parte al ber un hijo padeciendo y no poder alibiarle, pues sin tu auxilio yo no puedo darle nada. (Garce de Acedo 1849a)

Margarita Garce de Acedo también tiene dificultades para alimentarse y vestirse decentemente, con lo cual, en numerosas ocasiones, da las gracias a la condesa de Villafuertes por su ayuda económica:

> Ayer me entregó Ascensio Altuna los ochocientos reales, la media onza de Pilar y las dos que tú te dignas mandarnos, por lo que te doy un millón de gracias (…) no tienes idea cuanto te lo agradezco en esta ocasión en que tantísimo frío se experimenta aquí (…). (Garce de Acedo 1847)

> …por todo te doy un millón de gracias, pero en particular para esto último no tengo espresiones para manifestarte cuanto te lo hemos agradecido, pues no has podido enbiármelo en mejor ocasión, pues yo he estado mala ocho días con esa enfermedad de la Grippe (…) ya estoy fuera de peligro, pero con bastante tos y muy débil por lo que tengo que alimentarme con puchero de gallina, que sin tu socorro me hubiera sido imposible tomar. (Garce de Acedo 1848)

La generosidad de Escolástica de Salazar hacia Margarita de Acedo contrasta en cambio con el silencio y el desinterés de otros miembros de la familia:

> En una carta que te escribí hace tiempo (…) te dábamos las gracias por el recuerdo que tubiste hablándole a Pilar Acedo de nuestra situación, y en ella te decía que estrañamos y sentimos al mismo tiempo se hubiese desentendido enteramente, pues

con un corazón tan hermoso como el tuyo, ¡cuánto bien nos podría hacer!, siendo tan rica como es. (Garce de Acedo 1849b)

La correspondencia que intercambian los miembros de la red familiar permite de vez en cuando restablecer la verdad y llegar a la fuente de archivo que documenta el hecho histórico. Para comprobarlo, basémonos en tan solo tres ejemplos relacionados con Escolástica de Salazar. En toda la bibliografía sobre la familia Zavala, se da la fecha de 1859 como fecha de defunción de Escolástica de Salazar. Cuando el corpus de estudio quedó fijado, nos llamó la atención el hecho de que las cartas dirigidas a Escolástica no sobrepasaran la fecha de 1855. Pues bien, la consulta de tres cartas permitió fechar su fallecimiento en agosto de 1855 en vez de 1859. En una carta a sus cuñados (Ramón de Zavala y Florencia de Eznarrizaga), Miguel María de Alcíbar, yerno de la condesa, les desea que vayan "descansando, de los inimitables filiales servicios prestados a la mejor Madre del mundo, y a la privilegiada virtud de la que fué nuestro único Consuelo en la Tierra, y sera nuestra Protectora en el Cielo", y luego añade: "Esta esperanza enjugue nuestras lágrimas, y neutralice el justo Dolor de nuestros Corazones". En el mismo folio sigue otra carta en la que Ángeles, nieta de la condesa, escribe lo siguiente:

Podeis suponer los malísimos ratos que me habré llevado estos días siguiendo el curso de la enfermedad de mi querida Abuela, sin poder separar un instante mi imaginación de su cabecera, sintiendo que mis circunstancias no me hayan permitido tributarla los últimos cuidados y compartir con vosotros las amarguras de estos terribles días. (Alcíbar Zavala 1855)

La tercera y última carta la redacta Miguel María de Alcíbar un año más tarde, y en ella alude a la preparación del primer aniversario de la muerte de su suegra Escolástica de Salazar.

Efectivamente, el *Archivo histórico diocesano de San Sebastián* conserva la partida de defunción de la condesa de Villafuertes y confirma dicho dato:

Día veintiseite *(sic)* de agosto de mil ochocientos cincuenta y cinco, habiendo recibido los Santos Sacramentos murió en esta villa de Tolosa, a los setenta y ocho años de edad, Doña María Escolástica de Salazar, natural de La Guardia, Provincia de Alava, hija legítima de Don José María, natural de Manzanos y doña María Joaquina Sánchez, natural de La Guardia, viuda de don Manuel José de Zavala Idiáquez, titulado Conde de Villafuertes, natural de Villafranca. (Partida nº150)

Gracias a la lectura de otras cartas, ha sido posible sacar a luz otro dato de la historia familiar, o sea la existencia de un niño llamado José Joaquín, primer hijo varón de la pareja en el orden de descendencia, fallecido en su infancia, y que no aparece en la genealogía de la familia. En unas cartas escritas por Manuel José de Zavala a su esposa en la primavera de 1801, mientras se encuentra en París, vemos las preocupaciones de un padre alejado de su hogar pero que no deja de compartir detalles íntimos con su esposa:

> Mucho mucho me alegro que el chico prosiga también en su salud, engordando más y más después que le has destetado, tan sensiblemente que se le conoce, según me dices, aun a peso: espero encontrar en él muchas mejoras en mis propios pedazos, y también en Dolores, que ambos habrán mudado mucho durante el yntervalo de seys o siete meses; tú también estarás más nutrida y gruesa que en la crianza de Josef Joaquin, que te chuparía mucho. (Manuel José de Zavala 1801)

De la misma manera, la red familiar permite contextualizar las circunstancias de la muerte de Casilda, hija menor de los condes de Villafuertes, que se casó en 1830 con Ascencio Ignacio de Altuna. Se quedó embarazada varias veces, pero sólo sobrevivió una niña llamada Lucía nacida en 1831. A principios de diciembre de 1834, parió Casilda una niña muerta y la madre falleció a su vez dos días después, en San Juan de Luz, donde se encontraba con su esposo durante la primera guerra carlista. A Miguel María de Alcíbar, cuñado de la parturienta y yerno de los condes, le tocó comunicar la trágica noticia al hijo mayor de Manuel José de Zavala y Escolástica de Salazar, Ignacio:

> San Joan de Luz, 8 de Diciembre 1834. Mi querido Ignacio: Deven Vmds. estar noticiosos [...] del delicado estado en que encontramos a nuestra querida Casilda [...] hemos llegado Ladis y yo a ser testigos de su más sensible perdida acaecida ayer a las 8 de la noche. El viernes (dia 5), a cosa de las 9 de la noche, parió al parecer felizmente una niña muerta, quedó bastante sosegada, y nos persuadimos que era un favorable incidente, pero al día siguiente agravó su estado, y toda clase de socorros no han podido inpedir el fin, que nos tiene consternados como te puedes figurar. No podemos separar de la imaginación a la pobre Mamá, [...] meditarán Vmds. el medio de indicarle tan terrible golpe como mejor les parezca. A los recursos de su virtud deve agregarse para consuelo suyo, que su insuplible presencia se ha procurado llenar del modo posible, todo lo ha tomado asta el fin de manos de su Esposo, [...] y últimamente se ha visto rodeada de una porción de interesados, como si hubiese estado en su País, circunstancia casual seguramente en un País Estrangero [...] Ya puedes figurarte con que disgusto desenpeñaré esta funesta

comunicación, pero nos apresuramos a hacerla, de miedo que llegue por algún otro conducto, porque las fatales noticias buelan.

[Nota de Dª Escolástica Salazar:] Se recibió esta carta en Tolosa el día 11 a las 4 de la tarde. (Alcíbar 1834)

A partir de esta noticia recogida en la correspondencia de la red, fue posible recuperar el acta de defunción de Casilda Zavala en los registros del Estado civil francés:

Caselda Zavala

28 ans

L'an mil huit cent trente quatre, le huit Décembre, à neuf heures du matin, par devant nous Gracien Goyeneche, président adjoint à la Mairie, faisant fonctions de Maire, en l'absence de Mr Joseph Joachim Labrouche, Maire, officier de l'Etat Civil de St Jean de Luz, Canton et Mairie dudit lieu, Arrondissement de Bayonne, Département des Basses Pyrénées, sont comparus les Sieurs Jean Noguez, chocolatier, âgé de quarante neuf ans, et Jean Louis Goribarren, marchand, âgé de cinquante trois ans, voisins de la défunte, lesquels nous ont déclaré que Dame Caselda Zavala, âgée de vingt huit ans, native de Tolosa (Espagne) fille légitime de Sieur Manuel Joseph de Zavala et de Dame Scolastique de Salazar, mariée au Sieur Asencio Altuna, est décédée hier, à huit heures du soir, en cette ville, à la grand'rue maison n°26, et ont signé avec nous le présent acte, après que lecture leur en a été faite.

Goribaren – J. Noguez – Gn. Goyeneche

(Acte de décès 1834)

Este acontecimiento, tal y como aparece en las cartas, permite precisar ciertos elementos en el ámbito privado, pero tiene también una dimensión más global. En efecto, refleja las evoluciones que sufre la circulación del correo según los acontecimientos que tienen lugar en España. Casilda de Zavala muere en diciembre de 1834, cuando su madre Escolástica de Salazar se halla en Tolosa y su padre Manuel José de Zavala está en Madrid. Estamos en plena guerra carlista y, por si fuera poco, una epidemia de cólera causa muchos estragos. Ambos elementos tienen repercusiones en la circulación del correo. Manuel José escribe cartas a su esposa, pero sin recibir las suyas ni saber si las que él escribe llegan. Le explica a su esposa que envía las cartas por distintos circuitos, para ver si éstas llegan más rápidamente (Zavala 1834a). A su vez, Escolástica de Salazar alude a estos problemas: "antes de ayer recibí 9 cartas tuyas, y a más las inclusas para los hijos: la más reciente era del 25 de setiembre y no había recibido ninguna tuya ni de Vitoria desde el 30 de agosto: así recibí también 5 de mi ermana juntas: esto es muy sensible, pero es preciso armarse de paciencia" (Salazar 1834a). En otra misiva, fechada el 27 de noviembre del mismo año, menciona que siguen las dificultades de circulación del correo y que ella también intenta enviar sus cartas por varios circuitos: "desde el 17 de octubre carecemos de correo de Castilla, y nada sabemos de Vitoria, de ti sí, pues Ascensio me ha embiado una tuya del 5 de este [...] y me he determinado á escribirte por Francia" (Salazar 1834b). En estas circunstancias, el 8 de diciembre de 1834, Miguel María de Alcíbar escribe dos cartas para anunciar la muerte de su cuñada Casilda: una a su cuñado Ignacio de Zavala, hermano de la difunta, para que avise a Escolástica de Salazar (Alcíbar 1834), y otra a Manuel José de Zavala (aludida en Zavala 1834c). Escolástica recibe la triste noticia el día 11 y se la comunica a su marido al día siguiente (Salazar 1834c). Con los problemas de circulación del correo, Manuel José recibe la carta de Alcíbar la tarde del 23 de diciembre y la carta de Escolástica no le llega sino varios días después. Mientras tanto, Manuel José de Zavala escribió por lo menos una carta a su hija, sin saber que había fallecido (aludida en Zavala 1834b). Con lo cual es fácil darse cuenta del desfase entre la espontaneidad de los individuos y la prontitud que tienen en el momento de tomar la pluma, por una parte, y la difícil transmisión de noticias por otra. ¿Explicará este desfase la aparente frialdad y sequedad del estilo utilizado por los corresponsales en ciertas circunstancias? No cedamos a la facilidad: siguiendo a Clémentine Vidal-Naquet, no nos parece pertinente medir los sentimientos de los individuos a partir de los afectos que transparentan en sus cartas[7].

7 "La pauvreté des affects exprimés est-elle le signe de la pauvreté des sentiments ressentis ? (...) Une situation paroxystique aboutirait-elle nécessairement à l'expression paroxystique des sentiments?" (VidalNaquet 2022: 70).Ver también: Arlette Farge et Clémentine Vidal-Naquet (2019).

5. MANEJAR UN CORPUS AMPLIO: EL RECURSO DE LAS HUMANIDADES DIGITALES

Bien vemos pues que en la fuente epistolar abundan informaciones, en algunos casos infravaloradas, que permiten ver cómo pueden entrelazarse la historia familiar y la historia nacional. Mediante el análisis cruzado de las cartas, conseguimos (re)construir la historia de la familia Zavala y las redes interpersonales de sus miembros, y las dinámicas de este modo reveladas son a la vez eco y reflejo de situaciones nacionales a veces complejas.

Al tiempo, nuestra metodología gana en complejidad. Progresivamente, se irán añadiendo informaciones y cartas al corpus estudiado. Con el estudio más detallado de las cartas, se podrá precisar la fecha de redacción de algunas, así como, a veces, su lugar de procedencia o de destino. Para ello, se necesitará también examinar los sobres. El conjunto de la Sección Correspondencia del *Archivo de la Casa de Zavala* consta de trece mil seiscientas veintisiete cartas, pero no todas vinculadas con la figura de Escolástica de Salazar. Para seleccionar los documentos pertinentes, habrá que seguir una metodología precisa, articulada en torno a dos etapas principales. Primero, retomaremos el método seguido en la primera fase de constitución del corpus, ampliando la búsqueda a otras palabras claves ("Abuela", "Abuelita", "Abuelica", "Tía" y "Prima") y asociándolas a los nombres adecuados (de los hijos que escriben a los nietos, de los nietos, sobrinos y primos que escriben a Escolástica de Salazar o a otros miembros de la familia). En una segunda etapa, se ampliará el estudio a todas las mujeres presentes en la sección Correspondencia del *Archivo de la Casa de Zavala*, para observar cómo se configura su papel dentro de la red familiar. Solo con esta ampliación del espectro femenino situado en su contexto podremos avanzar algunas conclusiones pertinentes.

Para manejar una masa tan densa de documentos y de informaciones, será imprescindible recurrir a las potentes herramientas desarrolladas en el ámbito de las Humanidades Digitales. La necesidad patente de renovación de una metodología "clásica", que no permitía abarcar un corpus de la envergadura del nuestro, nos orientó hacia la elaboración de una base de datos que podríamos interrogar sobre puntos precisos y que podríamos configurar según las necesidades de la investigación. Pero más allá del trabajo básico de preparación de los documentos, con la transcripción de los manuscritos hacia el formato XML-TEI para poder interrogarlos en el marco de la base de datos en curso de elaboración, será necesario para la viabilidad del proyecto elaborar una herramienta de visualización que no se limite a la mera consulta de los textos.

Los requisitos del proyecto que nos proponemos emprender imponen que dicha herramienta conste de ciertas características indispensables. Debe proporcionar mapas para poder indicar las ciudades de procedencia y de destino de las cartas, así como los lugares citados en cada una de ellas, lo que permitirá establecer una cartografía geográfica completa de éstas, tanto verdadera como imaginada. Estos mapas indicarán también los flujos de circulación, y así se verá de forma dinámica cuáles son los centros y los circuitos privilegiados. Bien sabemos que según las situaciones que conoció España los circuitos de distribución del correo cambiaron, con lo cual se aliará el aspecto geográfico con la dimensión temporal, para poder evidenciar los cambios en los flujos e intercambios según los años. Vinculado con este aspecto geográfico-temporal, se podrá acceder a una visualización del itinerario de cada protagonista, basado en los lugares de donde envía sus cartas y en donde recibe las que se le escriben. Se podrá también visualizar una modelización dinámica de las redes interpersonales de cada uno, basada en el estudio automático de los remitentes y destinatarios de cada carta, así como en los nombres citados en ellas (estudio cuantitativo y cualitativo). Esta herramienta constará también de fichas biográficas para cada persona, lo que permitirá corregir los eventuales errores presentes en la bibliografía. Desde cada ficha, podremos también consultar el itinerario de cada uno, y podremos acceder a la lista de todas las cartas enviadas o recibidas por la persona, así como las que la mencionan. A partir de éstas, será posible igualmente visualizar una modelización de la red personal de cada uno (¿Quién le escribe? ¿A quién escribe? ¿Quién habla de él, y a quién?). Por fin, figurarán en estas fichas otros datos como las fechas límites de la correspondencia del personaje o las temáticas recurrentes del contenido de sus escritos (figura 3).

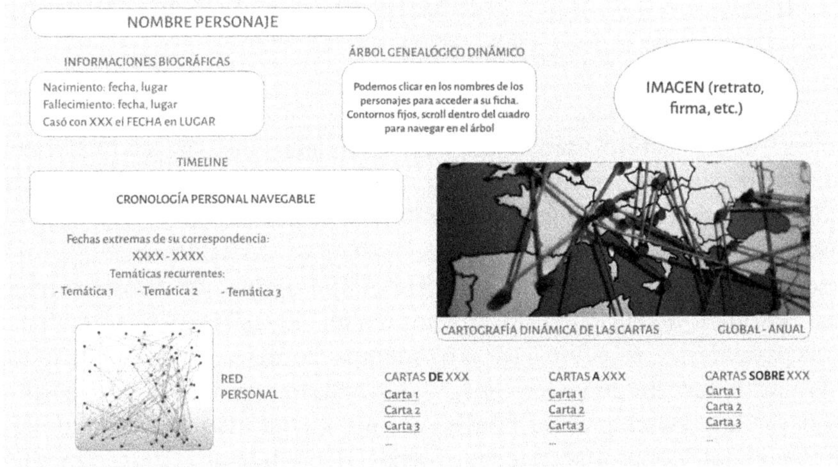

Figura 3 *Maqueta de las fichas biográficas*

Además de estas características originales, la herramienta integrará módulos más básicos, como un buscador (simple y avanzado), un visor de la edición de las cartas acompañada de los manuscritos correspondientes, y un módulo para bajar los ficheros en formatos pdf y XML-TEI (figura 4).

Figura 4 *Maqueta del visor de cartas*

6. PRIMERAS CONCLUSIONES DE UN PROYECTO EN CURSO DE REALIZACIÓN

No es ya un secreto para nadie que la fuente epistolar es una fuente extraordinaria por las informaciones que proporciona, como ha subrayado la crítica (cf. por ejemplo Castillo Gómez y Rivalan 2012, Castillo Gómez y Sierra Blas 2014, Imízcoz Beunza y Arroyo Ruiz 2011). En el caso de la familia Zavala, nuestra primera aproximación a los intercambios censados ya ha permitido corregir afirmaciones erróneas y completar otras parciales. Pero, junto a estos elementos factuales, hay otros de índole singular: la lectura de textos íntimos, espontáneos y sin adornos, permite observar la evolución de la familia de una forma distinta y más precisa de lo que autorizan otros tipos de fuentes documentales. Vemos también hasta qué punto la historia nacional encuentra un eco en la de una familia, cuyos miembros se separan y se vuelven a encontrar al hilo de los altibajos de la historia de España.

En este breve artículo solo se ha presentado el esbozo de un amplio y ambicioso proyecto en curso de elaboración cuyos contornos no están aún enteramente fijados dado la enorme masa documental reunida. A medida que nos adentramos en ella, procedemos a algunas correcciones y también a diversos enriquecimientos metodológicos. Y si adoptamos, para terminar, el prisma de *lo femenino,* sí se puede ya adelantar que esta investigación basada en la correspondencia de la red familiar Zavala va a poner de relieve el papel de unas mujeres que fueron protagonistas de primer orden, aunque fuese en un ámbito opaco. A veces quedaron invisibilizadas por el papel de los hombres. En otras ocasiones accedieron a su autonomía a través o gracias a acontecimientos imputables a los hombres. Y, finalmente, tuvieron su lugar en esta otra historia, la *de ellas*, ni separada ni separable, pero perfectamente identificable.

Bibliografía

Fuentes primarias

Acte de décès de Caselda de Zavala, Collection Départementale, Archives Départementales des Pyrénées Atlantiques (AD64), 5 MI 483/6.

Alcíbar, Miguel María de (1834): Carta a Ignacio de Zavala Salazar. San Juan de Luz, 8 de diciembre de 1834. Archivo de la Casa de Zavala, Sección "Correspondencia", Signatura: 47.4 Legajo: 7150.

Alcíbar Zavala, Ángeles de (1855): Carta a Ramón de Zavala y Florencia de Eznarrizaga Zuaznábar, Azcoitia, 29 de agosto de 1855. Archivo de la Casa de Zavala, Sección "Correspondencia", Signatura: 49.35, Legajo: 7469.

Garce de Acedo, Margarita (1847): Carta a Escolástica de Salazar. Madrid, 8 de Febrero de 1847. Archivo de la Casa de Zavala, Sección "Correspondencia", Signatura: 25.15, Legajo: 3382.

Garce de Acedo, Margarita (1848): Carta a Escolástica de Salazar. Madrid, 24 de Enero de 1848 Archivo de la Casa de Zavala, Sección "Correspondencia", Signatura: 25.16, Legajo: 3391.

Garce de Acedo, Margarita (1849a): Carta a Escolástica de Salazar. Madrid, 22 de enero de 1849. Archivo de la Casa de Zavala, Sección "Correspondencia", Signatura: 25.17, Legajo: 3397.

Garce de Acedo, Margarita (1849b): Carta a Escolástica de Salazar. Madrid, 16 de abril de 1849. Archivo de la Casa de Zavala, Sección "Correspondencia", Signatura: 25.17, Legajo: 3399.

Partida de defunción de María Escolástica de Salazar Sánchez, Archivo Histórico Diocesano de San Sebastián, DEAH/F06.141//2971/002-01(f.121r,nº150/D,1855-08-28).

Salazar, Escolástica de (1834a): Carta a Manuel José de Zavala. Tolosa, 6 de octubre de 1834. Archivo de la Casa de Zavala, Sección "Correspondencia", Signatura: 7.54, Legajo: 592.

Salazar, Escolástica de (1834b): Carta a Manuel José de Zavala. Tolosa, 27 de noviembre de 1834. Archivo de la Casa de Zavala, Sección "Correspondencia", Signatura: 7.56, Legajo: 595.

Salazar, Escolástica de (1834c): Carta a Manuel José de Zavala. Tolosa, 11 y 12 de diciembre de 1834. Archivo de la Casa de Zavala, Sección "Correspondencia", Signatura: 7.57, Legajo: 596.

Zavala, Manuel José de (1801): Carta a Escolástica de Salazar. París, 6 de abril de 1801. Archivo de la Casa de Zavala, Sección "Correspondencia", Signatura: 87.10, Legajo: 31.

Zavala, Manuel José de (1834a): Carta a Escolástica de Salazar. Madrid, 25 de septiembre de 1834. Archivo de la Casa de Zavala, Sección "Correspondencia", Signatura: 38.6, Legajo: 5684.

Zavala, Manuel José de (1834b): Carta a Escolástica de Salazar. Madrid, 20 de diciembre de 1834. Archivo de la Casa de Zavala, Sección "Correspondencia", Signatura: 38.16, Legajo: 5694.

Zavala, Manuel José de (1834c): Carta a Escolástica de Salazar. Madrid, 24 de diciembre de 1834. Archivo de la Casa de Zavala, Sección "Correspondencia", Signatura: 38.17, Legajo: 5695.

Referencias bibliográficas

Aguinagalde, Borja (2000): *Inventario del Archivo de la Casa de Zavala*, Donostia-San Sebastián: Fundación Archivo Casa Zavala, 2000, 4 vols.

Aries, Philippe y Georges Duby (dirs.) (1985–1987): *Histoire de la vie privée*, Paris: Seuil, 5 tomos.

Barton, David y Nigel Hall (eds.) (2000): *Letter writing as a social Practice*, Ámsterdam: John Benjamins.

Bolufer Peruga, Mónica (2014): "Multitudes del yo: biografía e historia de las mujeres", *Ayer*, 93(1), 85–116.

Castillo Gómez, Antonio y Christine Rivalan (coords.) (2012): *Coloquio Espacios y formas de la escritura epistolar en el área Románica*, Universidad de Alcalá, Université de Rennes II: Casa de Velázquez, 6–8 junio 2012.

Castillo Gómez, Antonio y Verónica Sierra Blas (dirs.) (2014): *Cartas - Lettres - Lettere. Discursos, prácticas y representaciones epistolares (siglos XIV-XX)*, Alcalá de Henares (Madrid): Universidad Alcalá.

Farge, Arlette y Clémentine Vidal-Naquet (dirs.) (2019): *Les Paradoxes de l'intime*. Número temático de *Sensibilités. Histoire, critique & sciences sociales*, 6.

FEBVRE, Lucien (1941): "La sensibilité et l'Histoire. Comment reconstituer la vie affective d'autrefois ?", *Annales. Histoire, Sciences sociales*, 1–2, 5–20.

FŒSSEL, Michaël (2008): *La privation de l'intime*, Paris: Seuil.

GUARDIA HERRERO, Carmen de la, PEYROU TUBERT, Florencia y Pilar TOBOSO SÁNCHEZ (eds.) (2020): *Escribir identidades. Diálogos entre historia y literatura*, Madrid: Síntesis.

GUARDIA HERRERO, Carmen de la (2018): "Epistolarios e historia. Mujeres de las vanguardias y de la posguerra a través de sus cartas", en José Teruel (ed.), *Historia e intimidad. Epistolarios y autobiografía en la cultura española del medio siglo*, Madrid y Frankfurt: Iberoamericana-Vervuet, 31–58.

IMÍZCOZ BEUNZA, José María y Lara ARROYO RUIZ (2011): "Redes sociales y correspondencia epistolar. Del análisis cualitativo de las relaciones personales a la reconstrucción de redes egocentradas", *Revista hispana para el análisis de redes sociales,* 21–4, 98–138. https://revistes.uab.cat/redes/article/view/v21-n2-imizcoz-arroyo. Fecha de consulta: 04/11/2022.

JULLIEN, François (2013): *De l'intime. Loin du bruyant amour*, Paris: Grasset.

LAPLANTINE, François (2018): *Penser le sensible*, Paris: Pocket.

MARY TROJANI, Cécile (2004a): *L'écriture de l'amitié dans l'Espagne des Lumières. La Real Sociedad Bascongada de los Amigos del País, d'après la source épistolaire (1748–1775)*, Toulouse: Presses Universitaires du Mirail.

MARY TROJANI, Cécile (2004b): "La Amistad en el Siglo de las Luces: la Real Sociedad Bascongada en las fuentes epistolares", *Boletín de la Real Sociedad Bascongada de los Amigos del País*, LX(2), 609–628.

MARY TROJANI, Cécile (2005): "Aproximación semántica a un epistolario: los tratamientos en la correspondencia entre Peñaflorida y Pedro Jacinto de Álava", en Antonio Risco y José María Urkía (eds.), *La carta como fuente y como texto. Las correspondencias societarias en el siglo XVIII. La Real Sociedad Bascongada de los Amigos del País. II Seminario Peñaflorida*, Astigarraga: Ed. RSBAP, 239–253.

MARY TROJANI, Cécile (2012): "Amitié et écriture épistolaire en Espagne au XVIIIe siècle", *L'intime. L'expression de l'intériorité: vivre et dire l'intime à l'époque moderne*, 3. http://preo.u-bourgogne.fr/intime/index.php?id=122. Fecha de consulta: 22/10/2022.

Rubio Pobes, Coro (1993): "El conde de Villafuertes (1772–1842). Biografía política de un patricio guipuzcoano en tiempos de revolución", *Historia Contemporánea*, 9, 193–217.

Sánchez de Madariaga, Elena (2020): "Mujeres y cartas. Compartir el dolor en la guerra, las posguerra y el exilio", en Carmen de la Guardia Herrero, Florencia Peyrou Tubert, Pilar Toboso Sánchez (eds.), *Escribir identidades. Diálogos entre historia y literatura*, Madrid: Síntesis, 239–261

Vidal-Naquet, Clémentine (2022): "Ecrire l'intime: le lien sentimental dans les correspondances conjugales de la Grande Guerre", en Alain Corbin y Hervé Mazurel (eds.), *Histoire des sensibilités*, Paris: La vie des idées, PUF, 69–81.

Zavala, Federico de (1951): "El conde de Villafuertes en París. 1825–1826", *Boletín de la Real Sociedad Bascongada de los Amigos del País*, 511–524.

Zavala, Luis María de (2008): *Política y vida cotidiana. La sociedad vasca del siglo XIX en la correspondencia del Archivo de la Casa de Zavala*, Lasarte-Oria: Etor-Ostoa, 2 vols.

El *Corpus Mallorca*. Una herramienta para el estudio histórico del castellano en contacto con el catalán en Mallorca*

The Corpus Majorca. *A tool for the historical study of Spanish in contact with Catalan in Mallorca*

Andrés Enrique-Arias
Universitat de les Illes Balears
0000-0001-9524-7652

Resumen: El *Corpus Mallorca* (www.corpusmallorca.es) es un corpus informatizado en línea diseñado para el estudio histórico del castellano producido por los catalanohablantes en la isla de Mallorca. El corpus se compone de documentos redactados lo más cerca posible de la lengua vernácula, como cartas personales y testimonios judiciales, compuestos por bilingües de catalán y castellano. En su estado actual, este recurso contiene más de 1200 documentos (aproximadamente 715 000 palabras de texto) fechados entre 1640 y 1909. En este capítulo se exponen las principales cuestiones filológicas y técnicas que han surgido en la creación del *Corpus Mallorca*, con especial atención a problemas como el dilema entre paleografía y normalización en la preparación de los textos, y el diseño de la máquina de búsqueda y de la aplicación de descarga y análisis de resultados. Asimismo, se incluyen ejemplos de investigaciones hechas a partir de los contenidos del corpus.

Palabras clave: Lingüística de corpus, lingüística diacrónica, contacto de lenguas, castellano de Mallorca

* Esta investigación se enmarca en los proyectos FFI2017-83899-P y PID2020-116863GB-I00 financiados por MCIN/ AEI /10.13039/501100011033/ FEDER "Una manera de hacer Europa"; asimismo la investigación ha sido parcialmente financiada por el CAIB a través de la Direcció General de Política Universitària i Recerca con fondos de la Ley de Estancias Turísticas ITS2017-006 en el marco del PDR2020/51. Agradezco a Ruth Miguel Franco, Marina Gomila Albal y Aránzazu Miró Moyna su asistencia en las diversas fases de compilación de los textos del *Corpus Mallorca* y su preparación para la edición en línea.

Abstract: The *Corpus Mallorca* (www.corpusmallorca.es) is an online electronic corpus designed for the historical study of the Spanish produced by Catalan speakers on the island of Mallorca. The corpus is made up of documents written as close as possible to the vernacular, such as personal letters and court testimonies, composed by Catalan-Spanish bilinguals. In its current state, this resource contains more than 1,200 documents (approximately 715,000 words of text) dated between 1640 and 1909. This chapter presents the main philological and technical issues that have arisen in the creation of the *Corpus Mallorca*, with special attention to problems such as the dilemma between paleography and normalization in the preparation of texts, and the design of the search engine and the application for downloading and analyzing results. Likewise, examples of research carried out based on the contents of the corpus are included.

Keywords: Corpus linguistics, diachronic linguistics, language contact, Spanish of Majorca

1. INTRODUCCIÓN

En los estudios de historia de la lengua española se ha apelado desde antiguo al contacto de lenguas y dialectos a la hora de explicar aspectos diversos de las variedades históricas del español. Los conceptos de sustrato, superestrato y adstrato, desarrollados en el campo de la lingüística románica a finales del siglo XIX, fueron adoptados tempranamente para explicar fenómenos de la evolución histórica del español supuestamente motivados por la influencia de las lenguas prerromanas. A lo largo del siglo XX, los marcos teóricos del contacto lingüístico se han ido enriqueciendo con nuevos enfoques que, aprovechando disciplinas como la psicolingüística, o estudiando situaciones extremas de contacto lingüístico como los *pidgins*, han identificado una serie de procesos que se dan cuando dos o más lenguas o dialectos comparten espacio geográfico y social de forma prolongada. En las últimas décadas han aparecido importantes estudios que han apelado a mecanismos como la criollización, la acomodación lingüística, la nivelación dialectal o la koineización para explicar la evolución lingüística del español y la difusión de cambios en el espacio geográfico en el contexto de la Reconquista, la colonización de América, o la diáspora sefardí (Penny 2000; Enrique-Arias en prensa b).

Por el contrario, la transferencia entre lenguas en contacto en el castellano hablado en territorios de habla gallega, vasca y catalana solo ha empezado a constituir un asunto de interés teórico en tiempos relativamente recientes. Si nos fijamos, por ejemplo, en el caso que nos interesa en el presente capítulo, el habla de los bilingües catalanohablantes, es evidente que, durante mucho tiempo, esta variedad solamente recibió la atención de los gramáticos y lingüistas para señalar en tono prescriptivista los "errores" de estos hablantes en su producción en castellano, y con el único objeto de corregirlos (véanse, por ejemplo, los tratados de catalanismos recogidos por Solà 1980).

El estudio del castellano de los bilingües como conjunto de fenómenos de interés teórico no llegará hasta el filo del siglo XXI, con trabajos de corte sociolingüistico, como los de Pieras (1999), Sinner (2004), Serrano Vázquez (1996–97), o Romera (2003), entre otros (véase al respecto Enrique-Arias 2022 y las referencias contenidas allí). Esta nueva ola de estudios superó por fin la idea de que el castellano hablado en Galicia, en el País Vasco, en Cataluña o en Baleares son anomalías; bien al contrario, existe ya un consenso de que nos encontramos ante variedades del español como puedan ser las habladas en Lima, Murcia o Buenos Aires, con la única particularidad de que, en las áreas bilingües de España, un amplio repertorio de rasgos de interferencia de la lengua en contacto ha pasado a formar parte de la variedad nativa castellana de la zona y son transmitidos como parte integrante de la modalidad local.

Si, como hemos visto, la investigación del castellano de las áreas bilingües de España es un hecho reciente, el estudio histórico de estas variedades lo es aún más y, consecuentemente, presenta todavía grandes lagunas. En el caso de las Baleares, los estudios sociolingüísticos de las últimas décadas han investigado los cambios inducidos por el contacto con el catalán a través de la observación sincrónica de diferentes grupos generacionales, o comparando hablantes con diferentes niveles de competencia bilingüe. Estos estudios tienen un valor incuestionable, pero no hay duda de que, para establecer que en el castellano de los territorios catalanohablantes se han producido cambios inducidos por el contacto, es preciso complementar los estudios sincrónicos con investigaciones históricas (Enrique-Arias 2010, 2014a, 2019). La incorporación de una perspectiva diacrónica enriquece así el estudio del contacto lingüístico pues, solo de esta manera, podemos responder a toda una serie de preguntas en torno a los fenómenos identificados como desviaciones de la norma monolingüe: ¿Existían estos fenómenos en las lenguas involucradas durante las situaciones previas al contacto? ¿Qué grado de generalización tenían entre los diferentes grupos sociolingüísticos? ¿Qué contextos lingüísticos favorecían su aparición? En definitiva, siempre será valioso complementar los estudios sobre el cambio lingüístico en situaciones de contacto mediante la observación directa de etapas más antiguas de las lenguas en cuestión. Para ello, es necesario proceder al análisis de documentos históricos producidos en el entorno bilingüe, de tal modo que sea posible rastrear la historia de los fenómenos de interferencia en tiempo real.

Hay que tener presente, no obstante, que para poder investigar la historia de cómo se originan y transmiten las innovaciones lingüísticas en una situación de contacto es necesario hacer estudios longitudinales en los que se observa la intensidad con que se dan los fenómenos variables en contextos de bilingüismo. Ello exige controlar no solo la procedencia geográfica y la fecha de composición de los textos, sino también el perfil sociolingüístico de los escribientes de donde proceden los datos analizados. El *Corpus Mallorca* (www.corpusmallorca.es) que presento aquí nació precisamente con la intención de complementar los estudios sincrónicos sobre la variedad del castellano hablado en Baleares con la intención de poder cumplir los siguientes objetivos generales:

a) Explorar las posibilidades que brinda la investigación histórica para el estudio del contacto lingüístico.
b) Estudiar las condiciones que conducen a la transferencia lingüística y los efectos resultantes de ella a lo largo de la historia.
c) Aplicar al estudio de las variedades de contacto un enfoque multidimensional teniendo en cuenta técnicas analíticas tanto sincrónicas como diacrónicas.
d) Enlazar la variación actual con los datos históricos para establecer generalizaciones basadas en los hechos observados.

En las páginas que siguen hago un repaso de las principales cuestiones teóricas y metodológicas en torno a la creación del *Corpus Mallorca*. En la primera sección hago un resumen de la historia sociolingüística del contacto del catalán y el castellano en Mallorca. A continuación, paso a describir los contenidos del corpus, con atención a aspectos como el número de textos, su procedencia y las tipologías representadas. La siguiente sección trata sobre las vías de acceso a los textos y las herramientas de búsqueda y presentación de resultados. Finalmente presento una muestra de datos lingüísticos procedentes del corpus para ilustrar el tipo de fenómenos que se pueden rastrear con este recurso.

2. HISTORIA DEL CONTACTO CASTELLANO-CATALÁN EN MALLORCA

La lengua catalana se introdujo en Mallorca en 1229 tras la invasión y posterior colonización de la isla por parte del rey Jaime I de Aragón en el contexto de la expansión medieval de los reinos cristianos peninsulares a expensas de territorios controlados por musulmanes. La supresión de la población local de habla árabe y su reemplazo por colonos procedentes en su mayoría de las regiones orientales de Cataluña fue un proceso rápido que se completó en cuestión de pocos años (Miralles i Montserrat 1989: 111–113). Como resultado, en las Islas Baleares, el catalán pronto se convirtió en la lengua común y, a todos los efectos prácticos, en la única utilizada en la época medieval. Por el contrario, la difusión del español entre la población mallorquina se produjo de forma mucho más gradual, a través de un proceso de siglos que se extendió de arriba hacia abajo, afectando primero a las élites cultas y al final a los campesinos y trabajadores.

La introducción del castellano en los territorios de habla catalana se inició con la llegada a la Corona de Aragón de la dinastía castellanohablante de los Trastámara a principios del siglo XV (Miralles i Montserrat 1989: 120–121). La unión dinástica de Castilla y Aragón a finales de siglo facilitó aún más la presencia de la lengua castellana en los territorios de habla catalana. Esta tendencia se hará más evidente a partir del siglo XVI, impulsada por la primacía política, económica, demográfica y cultural de Castilla sobre los demás reinos peninsulares. Como consecuencia de todo ello, hacia finales del siglo XVI la población mallorquina con cierto nivel de instrucción poseía al menos una competencia pasiva en castellano, como atestiguan numerosas noticias de ediciones de libros, así como de celebración de sermones, recitales de poesía y representaciones teatrales (Garau Amengual 1990). Además, en los territorios de habla catalana la producción literaria en lengua vernácula se redujo considerablemente en favor de la producida en castellano. Pero a pesar de esta evolución, el catalán seguía siendo no solo la lengua cotidiana de la población autóctona, sino también el vehículo habitual para usos administrativos.

El proceso de sustitución lingüística del catalán por el castellano se intensificó durante el siglo XVIII en el contexto de los cambios políticos y culturales que marcaron las políticas de los borbones desde Felipe V hasta Carlos IV. Esta nueva era se caracteriza por los valores de racionalización, pragmatismo e ilustración y por la imitación del modelo francés de estado centralista. En consecuencia, se establecen políticas encaminadas a la homogeneización del aparato administrativo de los distintos reinos peninsulares y, más concretamente, a la supresión del uso de lenguas distintas del castellano en la administración. Esta actitud, sin precedentes durante el reinado de los Austrias, pone en marcha varias iniciativas legales para sustituir al catalán en los ámbitos administrativo y educativo (Enrique-Arias 2020a).

En lo que respecta al idioma utilizado en los documentos oficiales, la proclamación del Decreto de Nueva Planta de Mallorca e Ibiza el 28 de noviembre de 1715 produjo un cambio automático de lengua para los documentos que provienen de la Real Audiencia de Mallorca, mientras que en los documentos emitidos en los pueblos la presencia de catalán es bastante habitual hasta pasada la mitad del siglo. Mayor repercusión tiene, sin duda, el Real Decreto de 1768 que obliga a utilizar exclusivamente el castellano en la administración municipal y en la enseñanza de las primeras letras. A partir de esa fecha, prácticamente todos los documentos importantes emitidos en los pueblos de la isla están escritos en castellano. Este cambio supone un considerable esfuerzo de adaptación por parte de los escribanos, como se deduce del alto grado de interferencia del catalán en los textos elaborados por algunas manos (Enrique-Arias 2020a: 49).

En cuanto a la efectividad real de estas medidas, hay que considerar que en los siglos XVIII y XIX la gran mayoría de la población no usaba la escritura y por lo tanto no se vio afectada por las nuevas normas. Las fórmulas que encontramos sistemáticamente al final de las declaraciones de los testigos en las actas de los juicios indican que con bastante frecuencia los interrogatorios se hacían en catalán, ya que era la única lengua que conocía la gente común, y luego se traducían al castellano: "y haviendosele lehida esta su declaracion, en Ydioma del Pays, dixó estar bien escrita, y ser lo mismo, que tiene declarado, se afirmó, y rattificó, â ella, y no la firmó porque dixó no saber" [Algaida, 1794].

Ahora bien, si nos centramos en esa minoría que tenía acceso a la escritura, encontramos que, a lo largo del siglo XVIII, e incluso antes, la penetración del español es bastante alta. En el campo de la correspondencia privada, que no se ve afectado por la legislación que rige la política lingüística del Reino, la introducción del español se produce muy por delante de las medidas castellanizadoras de los gobernantes borbónicos (Enrique-Arias 2020a: 56–57). Tal como ponen de manifiesto numerosos documentos recogidos en el *Corpus Mallorca*, a mediados del siglo XVII no es raro que las personas que saben escribir y tienen el catalán como lengua materna redacten cartas privadas en castellano dirigidas a otros hablantes de catalán. Por ejemplo, en los documentos procedentes del archivo epistolar de Pedro de Santacilia, mando militar mallorquín y miembro de la nobleza, encontramos varias decenas de cartas escritas entre 1640 y 1669 en las que otros mallorquines –incluso su propio hijo– le escriben en castellano. Asimismo, Juan Bautista Desbach, sacerdote mallorquín que llegó a ser obispo de Urgell en Cataluña, escribe a su amigo mallorquín Nicolás Mora i Mulet varias cartas en castellano entre 1682 y 1686. Del mismo modo, varios miembros de la familia Serralta escriben en castellano al dirigirse cartas entre hermanos y de hijo a padre entre 1688 y 1702. En todos estos casos los escritores son mallorquines residentes fuera de la isla que escriben desde Madrid, Cataluña, Italia, Malta y otros lugares, lo que puede explicar el temprano cambio al castellano. El análisis del archivo epistolar de Cecilia Zaforteza (Enrique-Arias 2014b), que abarca de 1739 a 1788, muestra que la extensión del uso del español entre los mallorquines residentes en la isla se produce algo más tarde: en la primera mitad del siglo solo un tercio de las manos implicadas utilizan el castellano mientras que, en la última parte, este porcentaje casi se ha duplicado. Además, esta tendencia no se limita a la alta nobleza: Antonio Estada, un preso mallorquín que cumple su condena en Barcelona, escribe cinco cartas a su padre y a su hermano, que residían en Calvià (Mallorca) en 1789–1780. Una vez más, somos testigos de la mano inexperta de un hablante de catalán que escribe en castellano con mucha dificultad para comunicarse con otros hablantes de catalán con los que tiene una estrecha relación de parentesco.

La actitud generalizada de adopción del español que se da entre las clases dominantes está relacionada con su condición de lengua asociada a valores prestigiosos de modernidad, progreso social y poder político y económico (González Ollé 2008: 534–36). Sin embargo, los cambios legales y las actitudes predominantes en este momento no logran extender el español más allá de la aristocracia, la alta burguesía y los intelectuales, pues a finales del siglo XVIII las clases populares, como campesinos, trabajadores manuales y artesanos, solo hablaban catalán y apenas entendían el español. Lo que sí consiguieron estas iniciativas fue relegar al catalán al estatus de lengua subordinada en una situación diglósica típica: mientras el español pasaba a ser utilizado en exclusiva en la mayoría de los usos formales en los dominios públicos, como la administración, la enseñanza y la naciente prensa escrita, el catalán quedaba arrinconado como lengua de la esfera privada. El bilingüismo (en el sentido de adquisición del español por parte de los catalanohablantes) comenzó a llegar a las clases bajas de manera paulatina después de la implementación de la Ley Moyano de 1857, que estableció la enseñanza pública obligatoria impartida en español. En cualquier caso, a pesar de los esfuerzos de las autoridades por extender la educación, la escolarización en las zonas rurales era incompleta, pues con bastante frecuencia los niños abandonaban sus estudios para trabajar en el campo.

A fines del siglo XIX, con la llegada del Romanticismo y los movimientos regionalistas y nacionalistas, hubo una renovada apreciación de las lenguas regionales en toda España, que fue particularmente influyente en Cataluña y el País Vasco, pero no tanto en las Islas Baleares. Durante este tiempo, el catalán apareció por primera vez en los periódicos y comenzó una entrada gradual en las universidades y academias científicas, pero estos movimientos no supusieron en ningún momento un contrapeso efectivo a la extensión del castellano, que siguió avanzando progresivamente entre las clases populares. El conocimiento general del español en Mallorca fue relativamente tardío; finalmente se logró en el siglo XX de la mano de la escolarización universal, el acceso a los medios de comunicación y la llegada masiva de inmigrantes castellanohablantes desde la península facilitada por el bum turístico de los años cincuenta y sesenta.

En conclusión, el español y el catalán han estado en contacto en Mallorca durante varios siglos. Esta situación prolongada ha creado las condiciones para la transferencia de rasgos entre las dos lenguas y, como resultado, la variedad regional del español que se habla actualmente en Mallorca tiene una serie de características distintivas que son en principio atribuibles a la influencia catalana. Respecto de la disponibilidad de textos producidos en el contexto bilingüe de Mallorca, las manifestaciones en castellano empiezan a darse a partir de mediados del siglo XVII, pero se reducen a cartas privadas entre nobles y documentos de instituciones supralocales como la Inquisición. Es en el último tercio del siglo XVIII cuando finalmente encontramos una amplia oferta de documentos en castellano de diferentes tipologías producidos tanto en la ciudad de Palma como en los pueblos de la isla.

3. EL CORPUS MALLORCA

Ante la falta de fuentes de datos apropiadas y de fácil acceso para el estudio histórico del español en contacto con el catalán en Mallorca ha sido necesario crear un corpus específico desde cero a partir de la localización, selección y transcripción de documentos en castellano producidos en el contexto bilingüe de la isla. El *Corpus Mallorca* es el resultado del esfuerzo de un amplio grupo de colaboradores en los últimos doce años. En su versión actual el corpus contiene 1250 textos en castellano producidos entre 1640 y 1909, con un total de más de 700 000 formas. En las siguientes páginas paso a detallar la distribución cronológica, geográfica y registral de los textos del corpus.

3.1. Distribución cronológica

La distribución cronológica de los textos del corpus no es uniforme, sino que está condicionada por la disponibilidad material de los documentos. Como ya se ha expuesto, el empleo del castellano para usos escritos en Mallorca se intensifica enormemente a partir de la Real Cédula de Aranjuez de 1768. Antes de esa fecha el uso del castellano estaba en gran medida restringido a la correspondencia entre nobles, a la documentación de instituciones supralocales como la Inquisición o a los documentos producidos en la Real Audiencia de Palma. En consecuencia, en los archivos que estaban a nuestra disposición era siempre relativamente pequeña la cantidad de textos del siglo XVII y primera mitad del XVIII. Si se agrupa el número de documentos o el número de palabras por año en el corpus (ver figura 1), la distribución es muy desigual a lo largo de los periodos representados en el corpus.

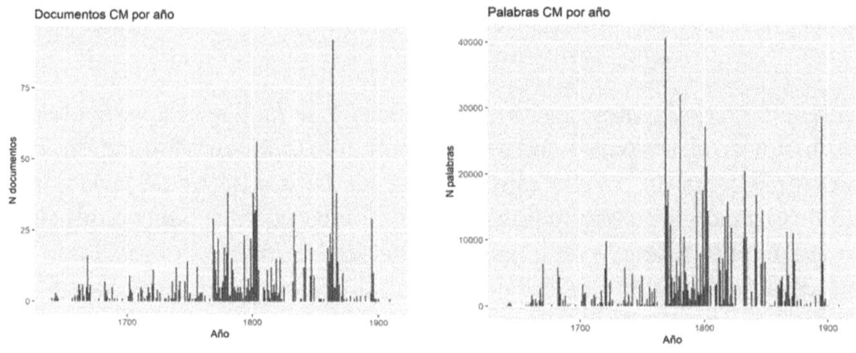

Figura 1 *Número de documentos y número de palabras por año en el Corpus Mallorca*

La figura 2, que agrupa el número de palabras por cuarto de siglo, permite apreciar mejor la distribución cronológica global de los textos. En general el criterio que se ha seguido es el de tener una representación mínima de todos los periodos del corpus y al mismo tiempo no descartar textos de interés. Si se hubiera optado por una distribución cronológica homogénea el resultado hubiera sido un corpus mucho más pequeño y en el que hubieran quedado fuera muchos textos interesantes. En definitiva, uno de los objetivos en la creación del corpus era llegar a tener una masa significativa de textos de contenidos variados, pues era la única manera de llegar a registrar una amplia nómina de fenómenos.

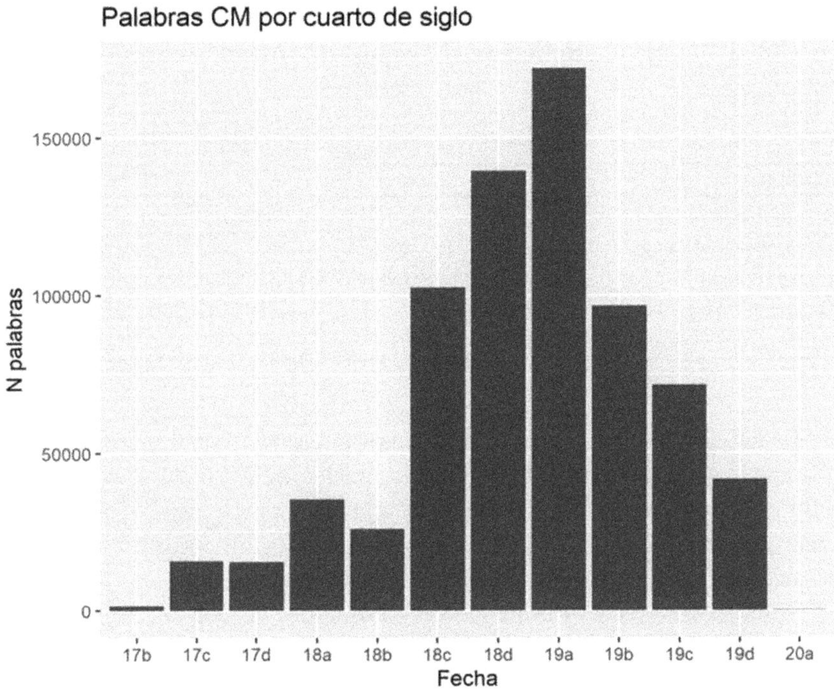

Figura 2 *Número de palabras por cuarto de siglo en el Corpus Mallorca*

3.2. Tipos documentales

En lo que respecta a las tipologías textuales reunidas en el corpus, los documentos que lo integran son en su gran mayoría cartas privadas, declaraciones judiciales e informes y relaciones. El material procede de los diferentes fondos que se encuentran en el Archivo del Reino de Mallorca (Real Audiencia, Inquisición, Escribanos), de archivos municipales de toda la isla y de colecciones privadas[1]. Como se aprecia en la Tabla 1, si consideramos el número de documentos para cada una de estas

1 En particular, se han incorporado al corpus textos procedentes de los archivos municipales de Bunyola, Calvià, Campos, Deià, Esporles, Manacor, Montuïri, Pollença, Santa María y Selva.

tres categorías principales, estamos ante grupos bastante equilibrados, de aproximadamente un tercio para cada uno, exceptuando el siglo XVII.

Tabla 1 *Distribución de los documentos por tipología en el corpus*

Unidades				
Tipo documental	XVII	XVIII	XIX	Total
Actas y declaraciones	10 (11,9 %)	155 (32,9 %)	227 (32,7 %)	392 (28,7 %)
Cartas privadas	68 (80,9 %)	169 (35,9 %)	230 (33,0 %)	467 (37,5 %)
Informes y relaciones y otros	6 (7,2 %)	147 (31,2 %)	238 (34,3 %)	391 (33,7 %)
	84	471	694	1250

La categoría de informes y relaciones encierra un grupo hererogéneo de tipologías, que incluye, por ejemplo, partes de heridas, o expedientes de limpieza de sangre. Aparte de las categorías principales hay, en mucho menor número, documentos de otro tipo, como testamentos e inventarios, certificados, notas y breves, o incluso un devocionario.

Somos conscientes del hecho bien conocido de que la lengua escrita tiende a enmascarar los rasgos más típicamente asociados al registro coloquial. Para contrarrestar esta circunstancia en la medida de los posible se ha procurado seleccionar aquellos documentos no oficiales y en cierta medida espontáneos que permiten vislumbrar el habla vernácula. Un tercio del corpus está formado por cartas personales, un género especialmente interesante por tratarse de textos que frecuentemente están redactados en un tono familiar e íntimo. Además, las declaraciones judiciales, que constituyen otro tercio de los documentos del corpus, a menudo incluyen pasajes en discurso directo que se acercan a los registros orales. Y, en general, los textos producidos por manos inexpertas (individuos con un conocimiento incompleto o informal de las convenciones de escritura) son más propensos a revelar información sobre la lengua vernácula del escritor (Miguel Franco 2022).

3.3 *Distribución geográfica*

La distribución geográfica de los documentos no es un asunto que permitiera demasiadas alternativas pues se trata de diseñar un corpus de pequeño dominio con textos producidos en el contexto bilingüe de Mallorca. Globalmente los documentos del corpus (obviamente sin contar los que se originan fuera del archipiélago balear) cubren sobre toda la isla de Mallorca y, en menor medida, Menorca e Ibiza, como se puede apreciar en la figura 3.

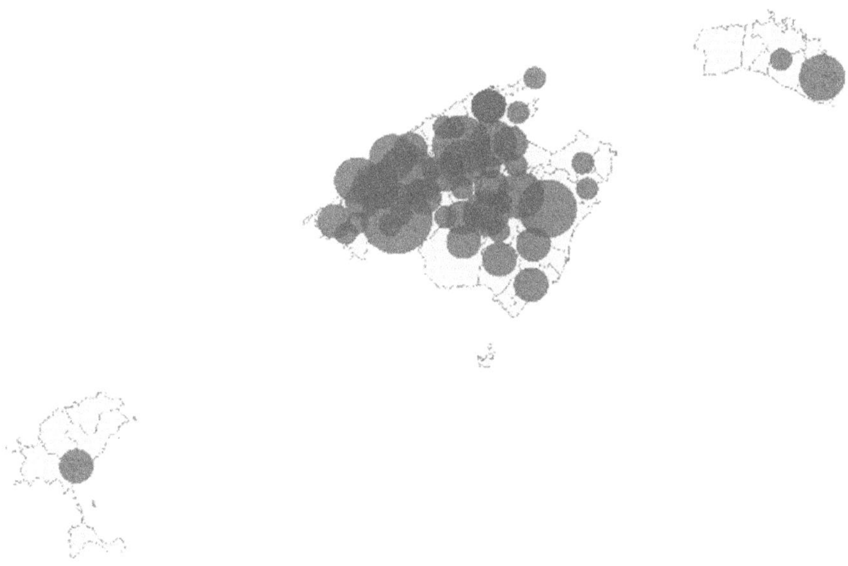

Figura 3 *Distribución geográfica total de los documentos del corpus en el archipiélago balear*

La distribución geográfica de los documentos considerando el parámetro cronológico se ve afectada por los mismos condicionantes que hemos tratado en la sección anterior. Como ya se ha expuesto, en el siglo XVII son muy pocos los documentos producidos en castellano en Mallorca; en consecuencia, como se aprecia en la figura 4, en ese siglo prácticamente todos los documentos están producidos en la ciudad de Palma, mientras que en los pueblos de la isla el castellano apenas tiene implantación. Por el contrario, a partir del siglo XVIII es posible encontrar documentos emitidos en prácticamente todos los municipios.

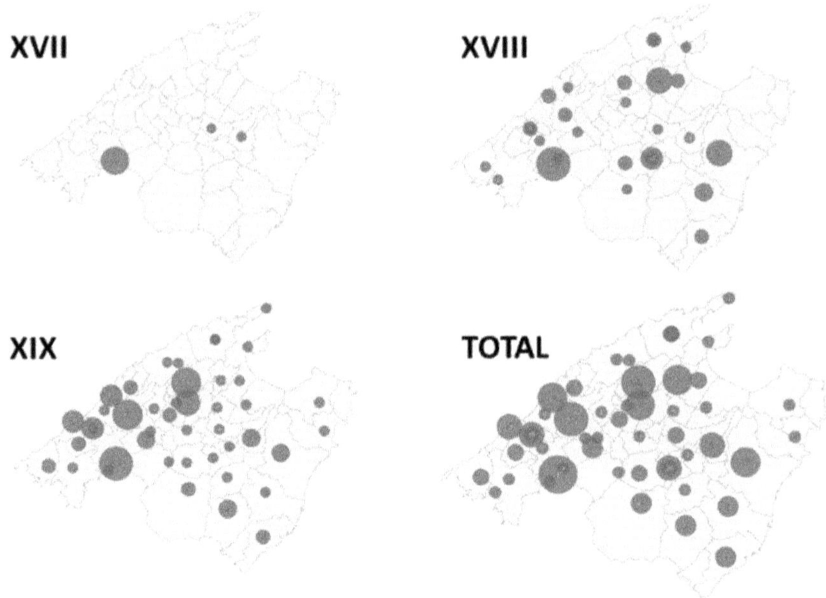

Figura 4 *Distribución por siglo de los documentos del corpus en la isla de Mallorca*

3.4 Arquitectura del corpus y criterios de edición

De acuerdo con la metodología de la red CHARTA (Corpus Hispánico y Americano en la Red), en la que se integra el presente proyecto de corpus, para cada texto se preparan dos versiones: una transcripción paleográfica que conserva las opciones gráficas del original, y una versión normalizada en la que se interviene en aspectos como la ortografía y la puntuación. Junto a los textos de la edición, los documentos disponen de una cabecera con información contextual básica, como fecha y lugar de emisión, nombre del escribiente, tipología textual y regesto del contenido[2].

Los usuarios pueden elegir buscar en cualquiera de las dos versiones o en ambas, y se puede además incluir el texto del regesto. En el formulario de búsqueda se pueden introducir palabras, partes de palabras o frases literales, o se pueden utilizar expresiones regulares. El resultado

2 Se pueden consultar las normas de edición de documentos y demás informaciones sobre la Red en el sitio https://www.redcharta.es/.

de búsqueda aparece en forma de una concordancia que incluye el ejemplo buscado con el contexto anterior y posterior, junto con un enlace que permite el acceso a una visualización del documento completo en las dos versiones, paleográfica y normalizada, con enlaces a las imágenes de los facsímiles. Los resultados de búsqueda se pueden descargar en formato de hoja de cálculo.

La combinación de estas vías de acceso (texto paleográfico y normalizado) tiene ventajas prácticas evidentes (para una argumentación detallada del sistema de edición empleado véase Enrique-Arias 2015). Las intervenciones sobre la versión normalizada no suponen una pérdida irreversible de información pues la versión paleográfica y las imágenes preservan todos los detalles escriptológicos del original. De este modo, no es necesario un etiquetado complejo para vincular ortografías alternativas de la misma palabra a un solo lema. Además, esta triple presentación constituye una buena base para desarrollos posteriores, pues, llegado el caso, la lematización y etiquetado gramatical se pueden realizar sobre la versión normalizada. Mostramos a continuación un fragmento de texto con las dos versiones, tal como aparecen en la visualización de los resultados de búsqueda del corpus, junto con la información de la cabecera:

Figura 5 *Ejemplo de visualización en paralelo de un fragmento de los documentos del corpus*

Transcripción paleográfica	Presentación crítica
{h 1r} [1] Moi Inlustre Señora [2] Ana Francisca Ghezzi se pone [3] a los pies de V.Sa. suplicandole [4] de una caridad aliandose toda [5] desnuda y con sus ycos lo qual no [6] puede salir de Casa para ir a la [7] misa de tan indicente que se alla [8] e sin tener travaco, y mi marido [9] es un povre retirado, que siempre [10] sta infermo, y tiene a cade dia dies [11] dobleros del Rey para mantener [12] muger y dos ycos y se no uviera [13] sido la gran piedad de V.Sa. [14] que se á dinado de recivir en las [15] migñonas mi ermana maria Teresa [16] que perecia de ambre para no tener [17] amparo nenguno	{h 1r} [1] Muy ilustre Señora: [2] Ana Francisca Ghezzi se pone [3] a los pies de V.Sa. suplicándole [4] de una caridad, hallándose toda [5] desnuda y con sus hijos, lo cual no [6] puede salir de casa para ir a la [7] misa de tan indecente que se halla, [8] e sin tener trabajo. Y mi marido [9] es un pobre retirado, que siempre [10] está enfermo y tiene a cada día diez [11] dobleros del Rey para mantener [12] mujer y dos hijos, y si no hubiera [13] sido la gran piedad de V.Sa. [14] que se ha dignado de recibir en las [15] miñonas mi hermana María Teresa, [16] que perecía de hambre para no tener [17] amparo ninguno.

SC06_207
Corpus Mallorca
Legajo 6, n. 207 ff 1r-1v
1788 s.m. s.d. ([Mallorca?], Islas Baleares)
Cartas privadas
Ana Francisca Ghezzi pide limosna a Cecilia Zaforteza para poderse vestir.
Ana Francisca Ghezzi (Una pobre vergoñante)
Andrés Enrique-Arias
Aránzazu Miró

Al visualizar los resultados, ambas versiones aparecen dispuestas en paralelo (figura 5). Además, la indicación de folio ({h 1r}, {h 2r}, etc.) es un enlace activo que da acceso a las imágenes digitales del manuscrito original.

La versión del texto en transcripción paleográfica permite hacer búsquedas para rastrear elementos grafo-fonéticos. Esto es especialmente necesario en la situación de bilingüismo castellano-catalán en el que se producen los documentos, donde la convivencia de dos sistemas y la interferencia mutua de uno en el otro produce grafías que se alejan de lo que es habitual en el castellano monolingüe. Por ejemplo, un rasgo que se ha señalado en descripciones del catalán de Mallorca es la articulación geminada de [ʧ] en posición intervocálica (Pradilla Cardona 2002: 303). Como explico con detalle en Enrique-Arias (2012), en los documentos antiguos producidos en Mallorca aparecen esporádicamente combinaciones gráficas, como <tch>, <cch> o <chch>, que sugieren la representación de una pronunciación alargada /ʧ:/, es decir, que este rasgo del catalán posiblemente se transfería al castellano de los escribientes. En todos los casos se trata de posición postónica intervocálica, que es el contexto que supuestamente favorece la geminación: *mutcha*, *despatche*, *dichcha*, *mutchacho*, *diccho*, etc. Es evidente que si se hubieran normalizado estas grafías no habría posibilidad de rastrear este fenómeno, ni otros que se manifiestan con grafías no convencionales.

Al mismo tiempo, el texto normalizado con grafía convencional facilita enormemente las búsquedas morfosintácticas y léxicas. En nuestros criterios de edición para la versión normalizada hemos hecho algunas adaptaciones de las normas de la red CHARTA para adecuar nuestro corpus a la situación particular del contexto billingüe de Mallorca y para que el corpus sea una herramienta efectiva para la investigación lingüística. Frente a la recomendación de mantener en la versión normalizada los rasgos gráficos que son reflejo de una pronunciación particular o que tienen significado histórico en textos dialectales[3] nuestro sistema de edición interviene para normalizar los elementos escriptológicos del original que no se corresponden con las grafías convencionales del español actual. Como expongo en detalle en Enrique-Arias (2015), el motivo principal es que cualquier elemento de la edición que mantenga opciones gráficas que se salen de lo usual y esperable frustran las posibilidades de la triple presentación, pues hace que tales estructuras sean irrecuperables por parte de los usuarios que emplean el motor de búsqueda del corpus para localizar estructuras lingüísticas.

Consideremos, por ejemplo, un fenómeno característico de los catalanohablantes con poco dominio del castellano: la articulación del /x/ castellano como /k/ por no existir la fricativa velar sorda en catalán (Enrique-Arias 2022: 148). Este fenómeno se refleja en los textos del corpus (véanse por ejemplo las formas *travaco* 'trabajo' e *ycos* 'hijos' en el fragmento de documento reproducido más arriba). Si se mantuvieran esas formas (u otras como *cugador* 'jugador', *galejo* 'chaleco' o *sajar* 'sacar') en la presentación crítica por tener un valor fonético particular se derivarían, cuando menos, dos inconvenientes. El primero es que estas formas pasarían a ser irrecuperables para los usuarios que acceden al corpus mediante herramientas de búsqueda, pues será prácticamente imposible que a nadie se le ocurra buscar formas como *travaco* o *cugador* o *sajar* para encontrar derivados de 'jugar' o formas de 'sacar'. El segundo inconveniente es la pérdida de claridad: la inmensa mayoría de los usuarios que se encuentran formas como *chalejo* o *sajar* en un texto no serán capaces de interpretarlas.

Una funcionalidad especialmente útil del corpus es la posibilidad ya mencionada de hacer búsquedas mediante expresiones regulares. Aunque el corpus no está lematizado ni anotado gramaticalmente, la normalización gráfica (con tildes y haches diacríticas) unida a la funcionalidad de búsqueda con expresiones regulares, expande enormemente las posibilidades para la investigación morfosintáctica. Por ejemplo, es posible rastrear las formas de futuro morfológico *cantaré* frente al perifrástico *voy a cantar* con tan solo las dos búsquedas que presento a continuación:

---

3 En particular las normas de edición publicadas en la web de la red (https://www.redcharta.es/criterios-de-edicion/) especifican lo siguiente: "Cuando los rasgos gráficos puedan tener valor fonético particular se prefiere su mantenimiento". "Convendrá reflejar características gráficas de los testimonios cuando estas tengan significado histórico (textos dialectales)"

Futuro morfológico

.*[aei](ré|ré|ré|rás|rá|remos|réis|rán)

Futuro perifrástico

(voy|vas|va|vamos|vais|van) a .*[aei]r

Esta búsqueda dará algunos resultados erróneos, como por ejemplo los pretéritos de algunos verbos con *-r-* en el radical (*preparé*, *cerré*, etc.) que, al no ser formas de futuro, no interesan. Pero entendemos que siempre será necesario hacer una revisión y codificación manual de los datos: por ejemplo, para distinguir los casos de *ir* + infinitivo que son futuros de aquellos en los que el verbo *ir* retiene su significado léxico de desplazamiento. En esa fase de revisión se podrán excluir los resultados no deseados. La labor de revisar y limpiar los datos resulta especialmente sencilla gracias a la posibilidad de descargar los resultados en hoja de cálculo, de modo que es especialmente cómodo localizar y eliminar las formas erróneas, así como clasificar los datos y operar con ellos usando programas de computación para el análisis estadístico y de creación de gráficos y mapas.

4. LA LENGUA DE LOS DOCUMENTOS

Como es bien sabido, el grado de competencia bilingüe de los individuos fluctúa mucho dependiendo de factores como el nivel educativo, el idioma o idiomas aprendidos durante la infancia y el grado de exposición diaria a los idiomas involucrados. En consecuencia, en los documentos históricos del corpus encontramos un continuo de variación individual que va desde textos escritos en un castellano híbrido y fuertemente catalanizado, hasta escritos que no se pueden distinguir de los producidos por castellanohablantes monolingües sin competencia en catalán. En consecuencia, no es posible hacer en el poco espacio disponible una caracterización general de la lengua del corpus, sino que me limitaré a señalar algunos de los fenómenos que permiten diferenciar el castellano producido por los mallorquines del de otras variedades (para una caracterización más detallada véase Enrique-Arias en prensa c). Por lo tanto, no voy a considerar los rasgos que son generales en el castellano de la mayoría de las variedades ni tampoco tendré en cuenta lo que se conoce como *nonce borrowings*, es decir, ejemplos ocasionales y transitorios de desviaciones de la norma monolingüe, sino que me concentraré en aquellas características que aparecen repetida y sistemáticamente en la escritura de al menos varias manos a lo largo del tiempo y, como tales, podemos suponer que en algún momento fueron adoptadas, difundidas e incluso transmitidas de generación en generación en el contexto bilingüe de Mallorca. Por ejemplo, en los textos más tempranos del corpus es posible encontrar ejemplos aislados de calcos catalanes morfosintácticos extremos, como el uso del artículo definido antes del posesivo *el nuestro ejército* (Palma, 1662), el uso de la forma *li* para la tercera persona del pronombre dativo singular *li mande* (Madrid, 1661), o el clítico adverbial catalán *ne* en uno de los escritores: *sería bueno, ya que el chocolate va tan caro, hacer-ne un poco en casa* (Madrid, 1661). Se trataría de desviaciones de la norma monolingüe que se producen de manera aislada y altamente idiosincrática para cada escribiente, y que desaparecen en cuanto el castellano se hace más presente en la isla a lo largo del siglo XVIII.

Como ya se ha indicado, el *Corpus Mallorca* está diseñado para ofrecer a los investigadores datos filológicamente fiables para estudiar la historia del castellano en el contexto bilingüe de Mallorca. La amplitud del corpus, la selección de tipologías textuales variadas (y en particular las más cercanas a la oralidad), la inclusión de estratos sociolingüísticos bajos, y la presentación múltiple con varias perspectivas o vías de acceso tienen la intención de facilitar la investigación de esta variedad. En efecto, el corpus registra una amplia nómina de fenómenos de interés teórico (ver, por ejemplo, los recogidos en Enrique-Arias, en prensa c). No obstante, todo corpus histórico hecho a partir de documentos antiguos tiene las lógicas limitaciones. Es bien sabido que los documentos escritos no reflejan directamente la lengua de las interacciones orales espontáneas, pues el filtrado de las convenciones de la escritura impide que se puedan manifestar muchos fenómenos. A modo de ilustración consideraremos la desonorización de obstruyentes en posición final (Moll 1961: 469), un rasgo de la fonética del catalán que se transfiere al castellano de los mallorquines; por consiguiente, ejemplos como *Madrid* pronunciado [maðrit̪] están muy extendidos en la variedad actual. Sin embargo, en los documentos del corpus son relativamente escasas las manifestaciones del fenómeno –apenas se da algún ejemplo suelto del tipo *salut* 'salud', *amistat* 'amistad' [Barcelona, 1742]– junto a centenares de casos con la grafía convencional con *-d*. El motivo es bien sencillo: las convenciones gráficas del castellano excluyen el uso de la grafía <t> en posición final, con lo que solo encontraremos casos aislados producidos por manos inhábiles: *calidat* 'calidad' [Montuiri, 1776]; *atmitio* 'admitió' [Montuiri, 1791]; *bondat* 'bondad' [Selva, 1802]; *solicitut* [Campos, 1875]; *paret* [Campos, 1890]. Hay además ejemplos de otras consonantes desonorizadas, como la labial en *supdelegado* 'subdelegado' [Buñola, 1834], o la velar en *dicnas* 'dignas' [Selva, 1872] y *fracmentos* 'fragmentos' [Selva, 1895].

Hay otras características fonéticas que, a pesar de ser omnipresentes en el español en contacto con el catalán, no se pueden rastrear directamente en testimonios escritos, sino que hay que recurrir a indicios indirectos. Una de ellas es la velarización de [l], como en *caldo* pronunciado [ˈkałdo] (Enrique-Arias 2022: 146), reflejada de manera excepcional en casos como la grafía *Seuva* para 'Selva' [Palma, 1860] y *auguna* 'alguna' [Palma 1864], en donde el empleo de la *u* parece reflejar una articulación oscura de la líquida. Lo mismo podemos decir de la pronunciación labiodental [v] característica del castellano de Mallorca (Enrique-Arias 2022: 147). La presencia de ejemplos de <v> para representar [f] en los documentos indica que se da una pronunciación labiodental del sonido /b/ procedente de V, -B- latinos, o lo que es lo mismo, la fricativa labiodental sorda /f/ tendría un correlato sonoro /v/ desconocido en el castellano monolingüe: *rativicado* 'ratificado' [Palma, 1724]; *conviança* 'confianza' [Palma, 1746]; *Beativicaciones* 'beatificaciones' [Roma, 1786]; *verivico* 'verificó' [Campos, 1878]. Los ejemplos mencionados de <tch> para [ʧ], <c> o <qu> para [x], *-t* en final de sílaba, <u> por –[l], o <v> por [f], aun siendo en general poco frecuentes, tienen colectivamente un gran valor, pues sirven para distinguir la escripta mallorquina de las de otras variedades coetáneas del español.

El corpus documenta además muchos otros fenómenos fonéticos por influencia del catalán de Mallorca (Enrique-Arias en prensa c, Miguel Franco y Rost Bagudanch 2014; Miguel Franco 2022; Miguel Franco y Sánchez Martín 2023). Destacan los indicios de no distinción de [s] y [θ], que se documentan profusamente en los documentos escritos por mallorquines de todas las capas sociales representadas: *piessa*, *conosida*, *carabinaso*, *nesesidad*, *ciete* [Palma, 1720]. También hay casos de rotacismo de /d/ intervocálica en formas del verbo *poder*: *poria* 'podía' [Buñola 1773]; confluencia de /a/ y /e/ átonas: *estimeremos* 'estimaremos' [Son Orlandis, 1741], *entesesores* 'antecesores' [Buñola, 1773].

En algunos casos, la distribución geográfica de las características que están presentes en los textos mallorquines puede trascender los límites territoriales de la lengua—en este caso el catalán—que se supone es la fuente de las influencias de contacto. Tal es el caso de la tendencia a los segmentos epentéticos antihiáticos, rasgo que refleja la fuerte resistencia a los hiatos del catalán de Mallorca, pero que también está presente en el aragonés. Estos segmentos son muy comunes en la conjugación de verbos cuya raíz termina en vocal, como en *desseyo* 'deseo' [Palma, 1748]; *recaien* 'recaen' [Madrid, 1785]; *seya* 'sea' [Manacor, 1787], pero pueden aparecer también con sustantivos y adverbios: *havora* 'ahora' [Bunyola, 1773]; *reyales* 'reales' [Palma, 1803]; *reyos* 'reos' [Inca, 1804].

En el nivel morfosintáctico también se registran fenómenos de interferencia del catalán, algunos de los cuales ya se han comenzado a estudiar a partir de los documentos del corpus (véase, por ejemplo, Enrique-Arias 2010, 2014a, 2019, 2020b, 2021, en prensa c; Gomila Albal 2020). Entre ellos cabe mencionar: la tendencia a una deixis de dos miembros en los demostrativos, con indistinción de *este* y *ese*: *llegamos en esse* [= 'este'] *Puerto en donde me mantengo con igual salud* [Malta, 1759]; el predominio de la perífrasis de obligación *haber de* y *tener de* frente a *tener que*: *le tengo de entregar 27 libras* [Manacor, 1787]; la doble negación preverbal: *en ninguno de estos casos* [...] *no se le ha castigado* [Selva, 1818]; desajustes en la concordancia verbal en el pretérito: *y yo le preguntó por que no se queria hir*; *y yo el declarante dixo â Jayme...* [Buñola, 1805].

Hay asimismo un buen número de fenómenos de transferencia del catalán que afectan a los usos preposicionales: uso direccional de *en*: *se fue en su casa* [Montuiri, 1771]; uso estático de *a*: *he pasado un mes y medio a Madrid* [Palma, 1864]; confusión en el uso de *en* y *con*: *no pense VM con el dinero* [Roma, 1702]; *habiéndole leído esta su declaración con idioma del país* [Montuiri, 1790]; *Miguel Bestard tenía el cuchillo con la mano mientras se reñía* [Buñola, 1833]; intercambios de *por* y *para*: *la cual declaración se le ha leído ... para mí, dicho infrascrito escribano* [Manacor, 1769]; *diez hombres que trabajaban por mí* [1815, Buñola]; empleo de locuciones prepositivas con *dentro*, *encima*, *delante*, etc. sin el enlace *de* (que calcan las expresiones equivalentes del catalán *dedins la casa*, *damunt el terrat*, *davant la casa*): *estaba dentro la casa del molino* [Palma, 1769]; *encima el tejado* [Bunyola, 1822]; *delante la casa* [Selva, 1895].

Otro fenómeno relacionado con los usos preposicionales afecta a la distribución del objeto directo preposicional. Al contrario de lo que sucede en castellano, lengua en la que la marca de objeto depende de características como la animacidad o definitud del referente, en el catalán de Baleares la presencia del objeto directo preposicional viene condicionada principalmente por el estatus informacional (Escandell 2009). En consecuencia, encontramos en los documentos la presencia de la preposición *a* con objetos dislocados, independientemente de su animacidad: *en este año hay lugarestenientes que también las hurtan, a las haces* [Montuiri, 1799]. Al mismo tiempo la marca se omite con objetos animados en contextos en que el castellano monolingüe la emplearía: *el acuerdo [...] se hizo en casa de Llabrés, a cuyo fin llamó Ø los vocales* [Selva, 1817].

Otro ámbito de la gramática en el que el corpus documenta varias estructuras motivadas por la transferencia del catalán es el de las expresiones existenciales. Así pues, encontramos *haber* precediendo a sintagmas nominales definidos en casos en los que la norma monolingüe usaría *estar*: *les parecía que entre los tres había el Juan Pou* [Selva, 1872]. Asimismo, se dan casos del uso de la cópula *ser* en lugar de *estar* en expresiones locativas: *que las sillas eran en casa del Marqués* [Felanitx, 1769].

En el nivel discursivo, la presencia ya comentada de pasajes en discurso reproducido en las declaraciones judiciales permite acercarse a la oralidad; de este modo es posible documentar fenómenos como las interrogativas directas precedidas por *que*: *y la dicha Juana Moll preguntó: "vosotras, ¿*que *no sabéis, que la ronda encontró a Juan Nicolau...?*" [Montuiri, 1799]; *y uno de ellos lo tomó y le dijo: "¿qué es esto? ¿que es un doblón?"* [1810, Andratx]. Asimismo, los documentos del corpus incluyen algunos casos de intercambio de código, especialmente en citas directas. La aparición de estos ejemplos se ve facilitada por la necesidad de informar las palabras exactas que se pronunciaron cuando se denuncian injurias o calumnias ante los tribunales: *dijo a la dicha Riera:* [Cat. *"a on me ve aquesta gata?"*], *y la misma Riera le respondió:* [Cat. *"per què em deis gata"?*] [Manacor, 1797]; *diciendo a su dicha madre*: [Cat.: *"cusa, lladre, puta i bruta*"] [Selva 1895].

Finalmente, y como es de esperar en cualquier situación de contacto lingüístico, los documentos históricos registran casos de préstamo léxico. Un aspecto que queda a medio camino entre léxico y sintaxis es el de las colocaciones del verbo *hacer* más objetos que forman combinaciones en que la norma monolingüe prefiere otros verbos (*hacer paso* por 'abrir paso', *hacer temor* por 'dar temor' o *hacer cama* por 'guardar cama'): *para hacerle temor para que no le pegase* [Sóller, 1756]. Otro caso de variante léxica que tiene repercusiones de tipo sintáctico es el uso de *pedir* con el significado y la estructura sintáctica de *preguntar*: *pide el procurador fiscal por dichas razones* [Palma, 1702]. Asimismo, son frecuentes los casos de adaptaciones de vocabulario catalán que refiere a las realidades locales mallorquinas: palabras como *safareche* 'aljibe', *misage* 'criado', *baile* 'alcalde', *oficial sache* 'alguacil', *coladuría* 'lavandería', son adaptaciones de sus equivalentes en el catalán de Mallorca: *safareig*, *missatge*, *batle*, *saig*, *bugaderia*.

5. CONCLUSIÓN

El desarrollo de corpus diacrónicos de acceso abierto está ofreciendo grandes posibilidades para avanzar en el estudio histórico del español. La disponibilidad creciente de nuevos datos y herramientas de análisis, las iniciativas de colaboración e intercambio entre equipos creadores de recursos (como es el caso de la red CHARTA) y el mayor grado de rigor y exigencia por parte de los investigadores en lo que respecta a la calidad filológica de los textos abren un panorama prometedor para el futuro de la disciplina (Enrique-Arias en prensa a).

Así pues, junto a los grandes corpus de referencia se está dando la creación de nuevos recursos de pequeño ámbito asociados a un proyecto particular. Estos corpus contribuyen a incorporar materiales novedosos de tipologías menos representadas o marginales, como determinados géneros textuales, variedades de contacto, habla de mujeres, o textos de escritores semicultos o manos inhábiles. En este contexto se enmarca la creación del *Corpus Mallorca*, concebido para complementar a otros corpus mediante la compilación de testimonios de una época insuficientemente representada, como es el caso del primer español moderno y de los siglos XVIII y XIX, y de una variedad de contacto desatendida en los corpus disponibles.

El *Corpus Mallorca* es un recurso creado por filólogos y lingüistas pensando en las necesidades de la investigación sobre variación y cambio lingüísticos en una situación de contacto de lenguas. Sus funcionalidades están diseñadas para facilitar estos objetivos: la triple presentación, la posibilidad de hacer búsquedas con expresiones regulares, los enlaces con acceso al texto completo de los documentos y a las imágenes de los facsímiles, y la posibilidad de descargar búsquedas en formato de hoja de cálculo. Por lo que respecta a los contenidos de este recurso, el *Corpus Mallorca* permite ya en su versión actual obtener una imagen bastante completa de la evolución de un buen número de fenómenos de contacto en la historia del castellano producido en el contexto bilingüe de Mallorca.

Bibliografía

ENRIQUE-ARIAS, Andrés (en prensa a): "Manejo de las fuentes: los corpus", en Steven Dworkin, Gloria Clavería Nadal y Álvaro Octavio de Toledo (eds.), *Lingüística histórica del español / The Routledge Handbook of Spanish Historical Linguistics*, Londres: Routledge, 17–27.

ENRIQUE-ARIAS, Andrés (en prensa b): "Spanish in contact with other languages in Europe, Africa and Asia", en Ángel J. Gallego y Cristina Sánchez López (eds.), *A Guide to Spanish Dialects: Descriptive and theoretical aspects of linguistic variation in the Hispanic world*, Oxford: Oxford University Press.

ENRIQUE-ARIAS, Andrés (en prensa c): "The history of Spanish-Catalan language contacts in Mallorca", en Leonardo Cerno, Hans-Jörg Döhla, Miguel Gutiérrez Maté, Robert Hesselbach y Joachim Steffen (eds.), *Contact varieties of Spanish and Spanish-lexified contact varieties*, Berlín: De Gruyter.

ENRIQUE-ARIAS, Andrés (2010): "On language contact as an inhibitor of language change: the Spanish of Catalan bilinguals in Majorca", en Anne Breitbarth, Christopher Lucas, Sheila Watts y David Willis (eds.), *Continuity and change in grammar*, Amsterdam: John Benjamins, 97–118.

ENRIQUE-ARIAS, Andrés (2012): "Retos del estudio sociohistórico del contacto de lenguas a través de un corpus documental. El caso del castellano en contacto con el catalán en Mallorca", *Revista de investigación lingüística*, 15, 23–46

ENRIQUE-ARIAS, Andrés (2014a): "Efectos del contacto de lenguas en el castellano de Mallorca: una perspectiva histórica", en Andrés

Enrique-Arias, Manuel J. Gutiérrez, Alazne Landa y Francisco Ocampo (eds.), *Perspectives in the study of Spanish language variation*, Santiago de Compostela: Anexos de Verba, 72, 271–97.

Enrique-Arias, Andrés (2014b): "Lengua y escritura en la Mallorca del XVIII: el archivo epistolar de Cecilia Zaforteza", en Antonio Castillo Gómez y Verónica Sierra Blas (eds.), *Cinco siglos de cartas. Historia y prácticas epistolares en las épocas moderna y contemporánea*, Huelva: Universidad, 313–328.

Enrique-Arias, Andrés (2015): "Edición digital y corpus diacrónicos: problemas en la edición de textos históricos producidos en un entorno bilingüe", en Juan Pedro Sánchez Méndez, Mariela de la Torre y Viorica Codita (eds.), *Temas, problemas y métodos para la edición y el estudio de documentos hispánicos antiguos*, Valencia: Tirant lo Blanch, 395–406.

Enrique-Arias, Andrés (2019): "Testing contact-induced change in the Spanish of Mallorca. Insights from a historical perspective", en Gabriel Rei-Doval y Fernando Tejedo-Herrero (eds.), *Lusophone, Galician and Hispanic Linguistics: Bridging Frames and Traditions*, Londres: Routledge, 168–183.

Enrique-Arias, Andrés (2020a): "El *idioma nacional* frente al *dialecto provincial*. Actitudes hacia el castellano y el catalán en Mallorca en los siglos XVIII y XIX", en Manuel Rivas Zancarrón y Victoriano Gaviño Rodríguez (eds.), *Creencias y actitudes ante la lengua en la España y América de los siglos XVIII y XIX*, Madrid / Frankfurt: Iberoamericana / Vervuert, 45–66.

Enrique-Arias, Andrés (2020b): "Agreement mismatches in the Spanish preterite of Catalan-dominant bilinguals in Majorca: a receding interlanguage phenomenon", en Marcel Schlechtweg (ed.), *The learnability of complex constructions. A cross-linguistic perspective*, Berlín: De Gruyter, 219–237.

Enrique-Arias, Andrés (2021): "*Vamos en Palma* 'we are going to Palma'. On the persistence (and demise) of contact features in the Spanish of Majorca", en Whitney Chappell y Bridget Drinka (eds.), *Spanish Socio-historical Linguistics: Isolation and Contact*, Amsterdam: John Benjamins, 186–203.

Enrique-Arias, Andrés (2022): "El castellano en Mallorca 60 años después: un estudio en tiempo real", *Revista Internacional de Lingüística Iberoamericana*, 20 (39), 137–163.

Escandell-Vidal, Victoria (2009): "Differential object marking and topicality. The case of Balearic Catalan", *Studies in Language* 33 (4), 832–885.

Garau Amengual, Jaume (1990): *El primer siglo de la literatura castellana en Mallorca (1589–1688)*, Palma de Mallorca: Institut d'estudis baleàrics.

Gomila Albal, Marina (2020): "La variación estilística en una situación de contacto de lenguas castellano-catalán: un estudio exploratorio", *Estudios de Lingüística del Español*, 42, 263–281.

González Ollé, Fernando (2008): "Identidad idiomática y política lingüística: 'Allá van lenguas do quieren reyes' ", en Javier Elvira, Inés Fernández Ordóñez, Javier García González y Ana Serradilla Castaño (eds.), *Lenguas, reinos y dialectos en la Edad Media ibérica: la construcción de la identidad: homenaje a Juan Ramón Lodares*, Madrid / Frankfurt: Iberoamericana / Vervuert, 531–551.

Miguel Franco, Ruth (2022): "Contacto de lenguas y usos gráficos en las cartas de un scriptor semiculto mallorquín (Antonio Estada, 1789–1790)", *Verba*, 49, 1–24.

Miguel Franco, Ruth y Assumpció Rost Bagudanch (2014): "El seseo en el castellano de Mallorca: una aproximación diacrónica", *Vox Romanica*, 73, 1, 58–69.

Miguel Franco, Ruth y David Sánchez Martín (2023): "Análisis estadístico del contacto entre lenguas: el caso de las grafías en la documentación en castellano de Mallorca (siglo XVIII)", *Spanish In Context*, 20, 1, 1–22.

Miralles i Montserrat, Joan (1989): "La llengua catalana a Mallorca (1229–1986)", en Antoni Ferrando Francés (ed.), *Congrés internacional de la llengua catalana*, Valencia: Institut de Filologia Valenciana, Vol. VIII, 111–156.

Moll, Francisco de Borja (1961): "El castellano en Mallorca", en *Homenaje ofrecido a Dámaso Alonso por sus amigos y discípulos con ocasión de su 60° aniversario*, Madrid: Gredos, Vol. 2, 469–474.

Penny, Ralph (2000): *Variación y cambio en español*, Madrid: Gredos.

Pieras, Felipe (1999): *Social dynamics of language contact in Palma de Mallorca: Attitude and phonological transfer*, Tesis doctoral, Pennsylvania State University.

Pradilla Cardona, Miguel Ángel (2002): "Ensordiment, espirantització i fenòmens que afecten les sibilants", en Joan Solà, Maria Rosa

Lloret, Joan Mascaró y Manuel Pérez Saldanya (eds.), *Gramàtica del català contemporani*, Barcelona: Empúries, 287–318.
Romera, Magdalena (2003): "La variedad del castellano actual en Baleares", *Moenia*, 9, 359–381.
Serrano Vázquez, María del Carmen (1996–97): "El castellano en contacto con el catalán en una comunidad escolar bilingüe", *Anuario de Lingüística Hispánica*, 12, 1013–1028.
Sinner, Carsten (2004): *El castellano de Cataluña. Estudio empírico de aspectos léxicos, morfosintácticos, pragmáticos y metalingüísticos*, Tübingen: Niemeyer.
Solà, Joan (1980): "Tractats de catalanismes", en Emilio Alarcos Llorach et al. (eds.), *Miscel·lània Aramon i Serra: estudis de llengua i literatura catalanes oferts a Ramon Aramon i Serra en el seu setantè aniversari*, Barcelona: Curial, vol. 2, 559–582.

Algoritmos de agrupamiento y lingüística de corpus: ortografía y léxico en documentos mallorquines del siglo XVIII*

Clustering algorithms and corpus linguistics: spelling and lexicon in 18th century Mallorcan documents

Thomas Louf
IFISC (UIB-CSIC)
https://orcid.org/0000-0002-8785-8063

David Sánchez
IFISC (UIB-CSIC)
https://orcid.org/0000-0002-2549-7071

Ruth Miguel Franco
Universitat de les Illes Balears
https://orcid.org/0000-0002-0748-5763

Resumen: El objetivo de este trabajo es aproximarnos a la caracterización de la variedad histórica de español en contacto con el catalán de Mallorca mediante la aplicación de algoritmos de clasificación. Para ello, se ha utilizado un corpus de documentación del siglo XVIII extraída de Corpus Mallorca, junto con un corpus de control de la España peninsular. Tras procesar los textos, se han aplicado a los subcorpus un algoritmo sin supervisión y otro supervisado; las listas de palabras obtenidas se han analizado estadísticamente y en el plano cronológico. Los resultados del estudio apuntan a diferencias importantes, sobre

* Este trabajo ha sido financiado por la Comunitat Autònoma de les Illes Balears a través de la Direcció General de Política Universitària i Recerca con fondos de la Ley de Estancias Turísticas ITS2017-006 en el marco del PDR2020/51 y por el MCIN/AEI/10.13039/501100011033 / FEDER, UE a través del proyecto APASOS en el marco del PID2021-122256NB-C21 y el proyecto María de Maetzu en el marco del CEX2012-001164-M.

todo en el campo de la ortografía léxica: los documentos mallorquines muestran tanto rasgos debidos al contacto con el catalán como otros, fruto de una tradición de escritura particular, ya asentados en esta época. Así, esta metodología interdisciplinar ha puesto de manifiesto características de la variedad histórica de español de Mallorca que no habían sido analizadas anteriormente.

Palabras clave: Español en contacto, Mallorca, siglo XVIII, aprendizaje automático

Abstract: The aim of this work is to characterise the historical variety of Spanish in contact with Catalan in Majorca by means of the application of classification algorithms. For this purpose, a corpus of 18th century documentation from Corpus Mallorca has been used, together with a control corpus from peninsular Spain. After processing the texts, an unsupervised and a supervised algorithm were applied to the subcorpuses; the word lists thus obtained were analysed statistically and in their chronological development. The results of the study point to important differences, especially in the field of lexical orthography: the Majorcan documents show features already well established at that moment, some due to contact with Catalan and some others related to particular writing traditions. Therefore, this interdisciplinary methodology has revealed characteristics of the historical variety of Majorcan Spanish that had not thus far been analyzed.

Keywords: Spanish in contact, Majorca, 18th century, machine learning

1. DIALECTOLOGÍA HISTÓRICA E INTELIGENCIA ARTIFICIAL

Los estudios de Lingüística Diacrónica y, en especial, la Dialectología Histórica, han conocido grandes avances gracias al trabajo con corpus de documentos históricos localizados y datados, editados con criterios científicos. La aplicación de diversas metodologías interdisciplinares a estos conjuntos de textos ha permitido ampliar nuestro conocimiento sobre el cambio lingüístico y su difusión. En concreto, el estudio histórico del español en contacto con otras lenguas ha permitido la caracterización de estas variedades de contacto, tanto desde el punto de vista de su formación como de la configuración de sus rasgos característicos. Dentro de este contexto, el estudio de los documentos históricos en castellano producidos en Mallorca ha puesto de manifiesto que presentan características peculiares que han surgido por el contacto entre el español y el catalán de la isla y que han sufrido diferentes evoluciones a lo largo del tiempo (Enrique-Arias 2014a, 2021). Por mencionar solo algunos ejemplos de los planos gráfico y gráfico-fonético, encontramos casos del fenómeno conocido como queada, esto es, la confusión de las representaciones de la oclusiva y la fricativa velar sorda por la inexistencia de esta última en catalán (*ico* por "hijo", *tiqueras* por "tijeras" o grafías inversas como *chalejo* por "chaleco"); existen numerosas muestras de seseo (*lisencia* por "licencia", *aser* por "hacer" o grafías inversas como *ciento* por "siento"); también tenemos la alternancia de <a> y <e> en posición átona por su identidad en la pronunciación del catalán de la isla (*Barsalona* por "Barcelona", *desemparado* por "desamparado"). A esto se añaden numerosos fenómenos que tienen que ver con la morfosintaxis y el léxico, como la utilización de las preposiciones *en* y *a* respectivamente como lugar *quo* y lugar *ubi* (*voy en Palma*, *estoy a Inca*) o la confusión analógica entre la primera y la tercera persona del singular del pretérito perfecto simple (*yo hiso* por "yo hice"); estos y otros fenómenos son estudiados en detalle por Enrique-Arias 2012, 2012, 2022; Gomila Albal 2020; Miguel Franco 2022a; Miguel Franco y Rost Bagudanch 2014; Tabernero Sala, Pichel Gotérrez y Enrique-Arias 2020: 199–202. Así, la combinación de estos rasgos serviría a un investigador para distinguir un documento mallorquín de otro redactado en ambiente monolingüe.

Desde el punto de vista de la inteligencia artificial, surge la pregunta de si sería posible diferenciar de forma automática, sin intervención del investigador, un documento producido en Mallorca de otro escrito en un enclave monolingüe de la Península. En caso afirmativo, ¿cuáles son las características que permitirían tal distinción? La cuestión es interesante dentro del área de la sociolingüística computacional (Nguyen, Doğruöz, Rosé y de Jong 2016). De entre las múltiples metodologías presentes en inteligencia artificial, las herramientas basadas en el aprendizaje automático suscitan un gran interés debido al excelente rendimiento (medido en porcentaje de aciertos en tareas de clasificación) que se obtiene con un mínimo esfuerzo de implementación (Mooney 2022). A modo de ejemplos recientes, podemos mencionar la división dialectal del español en América (Gonçalves y Sánchez 2014), la variación diatópica del inglés americano (Huang, Guo, Kasakoff y Grieve 2016) o el estudio de macroáreas culturales en Estados Unidos basado en la variación léxica (Louf, Gonçalves, Ramasco, Sanchez y Grieve 2022), trabajos todos ellos basados en el análisis automático de corpus extraídos de Twitter. La novedad del presente artículo es la aplicación de este método a corpus históricos elaborados a partir de documentos archivísticos.

De forma general, este trabajo se enmarca dentro del proyecto "CAFECONMIEL: Corpus Automático y Fenómenos de Contacto en Mallorca: Inteligencia, Entrenamiento y Lengua", uno de cuyos puntos de partida es la combinación de dos aproximaciones metodológicas diferentes, el análisis automático de grupos y el estudio cuantitativo y cualitativo con métodos de la lingüística de corpus. De este modo, el presente estudio pretende ahondar en el conocimiento de la variedad histórica de español de contacto de Mallorca y, en general, del contacto de lenguas, desde una perspectiva multidisciplinar.

2. APLICACIÓN DE ALGORITMOS DE CLASIFICACIÓN A DOCUMENTACIÓN HISTÓRICA MALLORQUINA

El corpus objeto de estudio consta de trescientos seis documentos redactados en castellano en Mallorca entre 1700 y 1799; en este trabajo, lo denominaremos BAL. Estos documentos pertenecen al Corpus Mallorca, un corpus en acceso abierto que recoge documentación en español de Mallorca desde el siglo XVII al XIX (Enrique-Arias 2022; Enrique-Arias y Miguel Franco 2015: 408–416; Tabernero Sala, Pichel Gotérrez y Enrique-Arias 2020: 198–199). Como corpus de control, se extrajeron doscientos treinta y ocho documentos también del siglo XVIII, pero emitidos en diferentes enclaves monolingües de la península ibérica; este corpus será denominado PEN. De estos, noventa y ocho piezas pertenecen al corpus CHARTA y ciento cuarenta a CODEA+2015. Se ha seleccionado únicamente la transcripción paleográfica, realizada según los estándares de la Red Charta. La tabla 1 resume las características generales de nuestros corpus.

Tabla 1 *Composición de PEN y BAL*

	origen	*corpus*	*documentos*	*palabras*	*total*
BAL	Mallorca	Corpus Mallorca	298		232 813
PEN	Península	Corpus Charta	144	75 972	106 205
	Ibérica	CODEA+ 2015	94	30 233	
					339 018

La preparación de los corpus se compone de distintos pasos. La primera fase es la de preprocesamiento, durante la que se limpiaron los documentos para eliminar, por ejemplo, anotaciones al margen, fragmentos en latín o indicaciones de los editores, además de topónimos y antropónimos; a continuación, se calcularon las frecuencias absolutas de todas las palabras del texto resultante. Para evitar la influencia tanto del léxico más habitual como de los hápax y términos altamente especializados, se descartaron, por un lado, las palabras presentes en más del 50 % de todos los documentos y, por otro, aquellas que se encontraron en menos de cinco piezas. Este proceso de filtrado arrojó 2 891 palabras distintas en los dos subcorpus. La tabla 2 presenta los datos, en los corpus considerados en este trabajo, de los números de palabras totales (casos) y distintas (tipos o *tokens*), tanto para los textos sin procesar como para los documentos después de la etapa de preprocesamiento. Partiendo de esta base, se determinó el Tf-idf de cada una de estas palabras distintas, es decir, su frecuencia de aparición en un documento concreto en relación con su presencia en todo el subcorpus. Así, valores altos del Tf-idf ponen de manifiesto la especificidad de esa palabra; por el contrario, las palabras muy comunes en el corpus arrojan valores bajos del Tf-idf.

Tabla 2 *Casos y tipos de palabras antes y después del procesamiento de los textos*

	texto sin procesar		***texto procesado***	
	casos	***tipos***	***casos***	***tipos***
Corpus Mallorca	232 813	15 819	85 735	2 700
Corpus CHARTA	75 972	10 261	22 111	2 209
CODEA+2015	30 233	6 712	9 308	1 726
Total		25 243		2 891

Seguidamente, se llevó a cabo un análisis de los componentes principales del listado de palabras resultante de los cálculos anteriormente descritos (Ueda 2017; Wold, Esbensen y Geladi 1987). En la investigación lingüística, se emplean diferentes algoritmos de clasificación. Un método muy útil en el aprendizaje automático es el que se lleva a cabo sin supervisión, puesto que no requiere anotación previa de los datos. A partir de las frecuencias léxicas, el sistema forma listas de palabras características que después emplea para construir grupos lingüísticamente coherentes (clústers) entre sí mediante, verbigracia, el método K-medias (MacKay 2003). También cabe la posibilidad de aplicar algoritmos de aprendizaje con supervisión, como el Perceptrón (Freund 1998), en cuyo caso el investigador anota convenientemente una fracción del corpus que posteriormente utiliza para entrenar el sistema; de este modo, se alcanzan rendimientos muy altos al clasificar los elementos del subcorpus restante. En este trabajo, hemos aplicado los dos marcos de trabajo, esto es, con y sin supervisión, y obtenido resultados similares en cuanto a las palabras más relevantes para la clasificación geográfica de los documentos, lo cual dota de solidez a la investigación.

En primer lugar, se empleó un algoritmo de agrupamiento sin supervisión para buscar dos clases. Un clasificador sencillo del tipo K-medias catalogó los documentos en dos grupos, que se corresponden a BAL y PEN con una precisión del 88 %. Las palabras características de cada grupo pueden inferirse observando las dimensiones que contribuyen más a la distancia entre sus respectivos centroides; en la tabla 3 recogemos los veinte términos más característicos de cada subcorpus.

Tabla 3 *Resultados del algoritmo no supervisado (K-medias)*

BAL	â, á, à, testigo, ha, dixo, sabe, si, verdad, parte, declarante, decir, ante, alias, contra, dixó, haver, firmó, responde, porque
PEN	acordo, deesta, rexidores, vna, vn, maior, mill, vno, escriuano, desta, entendida, dela, enel, rreales, hauer, deeste, vso, setezientos, estte, treinta

En segundo lugar, se pasó al trabajo con supervisión. Para ello, se etiquetó, según su procedencia, el 80 % de cada subcorpus y se utilizó esta información para entrenar el algoritmo. Perceptrón fue capaz de acertar con una precisión del 95 % en la clasificación del 20 % restante, esto es, identificó con un margen de error mínimo el origen geográfico de los documentos no etiquetados, asignándolos correctamente a BAL o PEN en cada caso. En este proceso, las palabras características se deducen directamente de los pesos que el algoritmo asigna a cada término durante la etapa de entrenamiento. Al igual que en el caso anterior, se muestran en la tabla 4 los veinte términos más característicos obtenidos con este método para cada subcorpus.

Tabla 4 *Resultados del algoritmo supervisado (Perceptrón)*

BAL	â, auto, haver, doy, firmó, parte, verdad, ha, alias, hijo, ante, saber, motivo, contra, mandar, edad, haviendo, ô, muchos, dixo
PEN	vna, mill, vn, deesta, dijo, derecho, rexidores, dieron, vno, enel, acordo, maior, seis, ella, dos, hauer, costumbre, sus, cuia, cada

Estas listas de palabras, resultado de la clasificación, caracterizan a los textos bien en negativo, bien en positivo, esto es, por su presencia en un grupo y a la vez por su ausencia (o escasa presencia) en el otro. Un primer examen de las listas obtenidas mediante los algoritmos y su cotejo con estudios anteriores confirma que los programas han sabido reconocer algunos de los rasgos más relevantes de la documentación de la época, como la ausencia o presencia de la hache y la uve en diferentes formas del verbo *haber*, la unión o separación de las preposiciones y los artículos y el uso de la uve como alógrafo de u en contacto con ene, especialmente en el artículo indefinido, entre otras (Ueda 2019: 171–174; 2022). Sin embargo, los estudios de ortografía léxica realizados hasta la fecha no tienen en cuenta la distribución geográfica de los rasgos en zonas de contacto[1], de modo que se hace necesario indagar ulteriormente en la distribución de estos términos en el grupo BAL, como parte de la caracterización global del castellano de Mallorca.

3. ANÁLISIS CUANTITATIVO Y CUALITATIVO DE LOS RESULTADOS DE LA CLASIFICACIÓN

La aplicación de los algoritmos de clasificación a la documentación histórica mallorquina y del corpus de control nos ha devuelto, paradójicamente, a la época del estudio directo de la documentación en papel. Como han puesto de manifiesto numerosas reflexiones sobre la metodología de la lingüística histórica, en el pasado, el estudio directo de los textos hacía que emergiesen una serie de rasgos, esperados o no, que los caracterizaban, mientras que el manejo de corpus documentales y el empleo de buscadores y otras herramientas requiere una planificación previa de las formas objeto del análisis. Mediante los algoritmos, han sido los propios textos los que han indicado una serie de rasgos que, en esta etapa de la investigación, se circunscriben a la ortografía léxica y, en menor medida, al léxico.

Sin embargo, para obtener más datos sobre el comportamiento lingüístico de los términos propios del corpus BAL, se hace necesario aplicar

1 Ueda (2022) utiliza una división bipartita entre Castilla la Vieja y Castilla la Nueva.

también el análisis cuantitativo y cualitativo propio de la lingüística de corpus. Con este objetivo, se han escogido y analizado en los dos subcorpus varios términos presentes en las dos listas BAL, esto es, reconocidos por el algoritmo supervisado y por el no supervisado como característicos del grupo balear. La metodología de búsqueda se basa sencillamente en la frecuencia de aparición de expresiones regulares; a continuación, se presentan y discuten los resultados de este estudio.

3.1. Léxico

Como es lógico, el contexto histórico y cultural en el que se redacta un documento deja sus huellas en el léxico. Parte de los términos incluidos en las tablas 1 y 2 nos dirige, más que a rasgos lingüísticos, a particularidades sociales y culturales de la época y lugares en los que se redactaron los documentos. Por ejemplo, la palabra *reales* que señala el algoritmo no supervisado para el grupo PEN nos habla de la moneda corriente en la época; en el grupo BAL, este término está ausente, ya que las cantidades monetarias se expresaban, en el s. XVIII, en libras mallorquinas.

En los dos conjuntos de resultados, supervisado y no supervisado, dentro de BAL encontramos el término *alias*. Esto se debe a que en los documentos mallorquines, además del nombre completo de las personas que participaban en el acto documentado, solía incluirse el *malnom* o apodo, precedido por esta indicación, normalmente abreviada “al<ia>s”. Esta práctica es común en toda la documentación, pero es casi sistemática en las piezas escritas en la *part forana*, la zona rural de Mallorca, donde las familias o individuos eran conocidos por su *malnom* (Miralles Monserrat 2003). También se incluye en los textos el *malnom* de mujeres y de personas con nombres no tradicionalmente mallorquines, lo que da fe de que se trataba de una práctica habitual (véanse, como ejemplos ilustrativos, las imágenes 1 y 2).

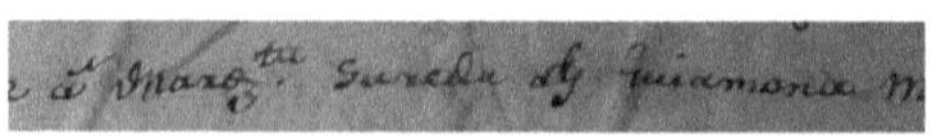

Imagen 1 *Margarita Sureda, alias Guiamona (Corpus Mallorca AMM08, Arxiu Municipal de Manacor, Cúria Real 177. Manacor, 1797)*

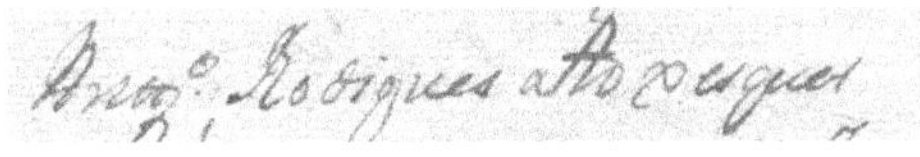

Imagen 2 *Antonio Rodríguez, alias Xesquet (Corpus Mallorca AA003_01, Arxiu del Regne de Mallorca, AA 980/12. Palma, 1724)*

Mientras que en BAL se utiliza este término doscientas ochenta y ocho veces en setenta y nueve documentos, en el corpus de control solo hay cinco apariciones en tres documentos; además, en dos de estas piezas se trata de anotaciones al margen o en el encabezado, lo que da fe de que en esta época *alias* no pertenecía a las tradiciones discursivas peninsulares al mismo nivel que en Mallorca.[2]

De este modo, como ya han señalado estudios anteriores, la variación léxica es una herramienta imprescindible para los estudios de dialectometría, tanto sincrónicos como diacrónicos (Sánchez Sierra 2017, Ueda 2013), que deben tener en cuenta no solo las palabras específicamente marcadas como dialectales, sino también otras aparentemente no dialectales pero que, como *alias*, pueden presentar particularidades en las fórmulas y tradiciones discursivas de un ámbito de redacción concreto.

3.2. Ortografía léxica

3.2.1. a / â / á / à

Entre los resultados del análisis del subcorpus BAL encontramos <â>, así como <á> y <à>, esto es, una *a* con diacríticos, que puede ser preposición o la tercera persona del presente del verbo *haber*. Esta forma ha sido analizada en trabajos anteriores en un corpus de epístolas privadas mallorquinas fechadas también en el s. XVIII (Miguel Franco 2022b). El estudio apuntó a que *a* con diacrítico se usa en las cartas mallorquinas casi la mitad de veces que aparece la preposición (un 45.3 %); en cambio, en un

2 CODEA-2466, AHN, Inquisición, carpeta 3731, exp. 106 (Murcia, 1774); en las anotaciones se encuentra en CODEA-2139, AHN, Inquisición, carpeta 3733, exp. 234 (Granada, 1750); CODEA-2127, AHN, carpeta 3733, exp. 34 (Cuenca, 1756).

corpus de control de textos peninsulares de las mismas características, el diacrítico aparece únicamente en un 24.7 % de las ocasiones.[3]

En la documentación objeto del presente estudio la situación es muy similar a la descrita para las epístolas privadas. Si se calculan las frecuencias absolutas y relativas de todas las apariciones de *a* con diferentes tildes, se puede observar que en los documentos mallorquines la frecuencia de aes con diacrítico es notablemente superior a la de los documentos peninsulares, ya que en BAL superan el 81 %, mientras que en PEN solo suponen un 15.3 % del total de apariciones. En las figuras 1a y 1b mostramos las frecuencias absolutas y relativas, respectivamente, de este rasgo. Para cerciorarnos de que la disparidad de frecuencias está, en efecto, correlacionada con el origen geográfico de los textos, se ha calculado el estadístico ji cuadrado (χ^2), cuyo valor cuantifica la asociación entre las dos variables, a saber, la frecuencia del rasgo estudiado y la procedencia del corpus. Hemos hallado un valor alto de χ^2, lo que confirma la hipótesis de dependencia de las apariciones de aes con diacrítico con respecto a la localización de la documentación.

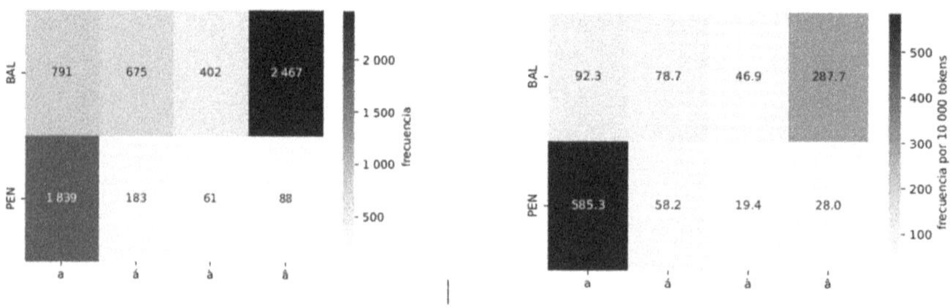

Figuras 1a y 1b *Frecuencias absoluta (Figura 1a) y relativa por 10 000 casos (Figura 1b) de <a> / <á>, <à>, <â> en BAL y PEN* ($\chi^2 = 2692$, $p = 0.0001$)

3 Cabe señalar que, tras analizar los diferentes tipos de diacríticos en los originales de los documentos, se ha decidido considerarlos todos en bloque, debido a la heterogeneidad de los trazos que encontramos sobre la *a* y a la disparidad de criterios para representarlos en las transcripciones, habida cuenta de que en numerosas ocasiones estos trazos no se corresponden exactamente con ninguna de las tildes disponibles en el teclado. El signo más habitual es semejante a un acento circunflejo pero, a falta de un estudio paleográfico más pormenorizado, consideramos que todos los trazos cumplen una función diacrítica semejante.

La distribución cronológica de las variantes es similar, como se aprecia en las figuras 2; las frecuencias mostradas son relativas al total de cada periodo:

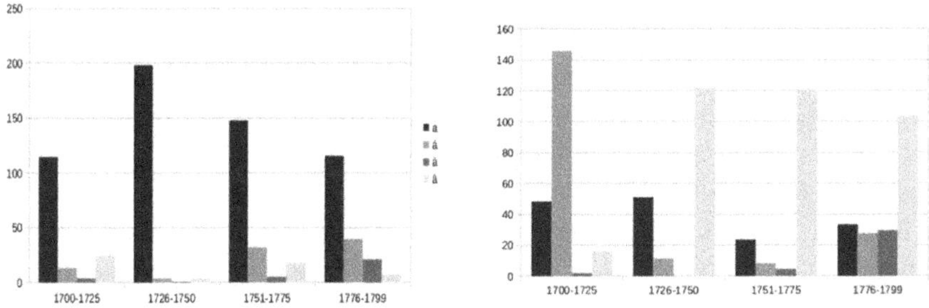

Figuras 2a y 2b *Distribución cronológica de <a> / <á> / <à> /<â> en PEN (Figura 2a) y BAL (Figura 2b)*

Tanto en PEN como en BAL la *a* se mantiene más o menos constante a lo largo de toda la centuria, pero alcanza frecuencias mucho más altas en PEN. Sucede lo mismo con las aes con diacrítico, pero a la inversa: se mantienen constantemente bajas en PEN, mientras que en BAL siempre sobrepasan a la forma sin tilde. Es de destacar el brusco descenso de *á* a partir del segundo cuarto del siglo, para ser sustituida por *â*. Curiosamente, en ninguno de los dos corpus es especialmente frecuente la *à* que privilegia la Real Academia Española en la redacción del texto de sus primeras publicaciones normativas.

3.2.2. ha / a

Otro de los términos que caracteriza el corpus mallorquín en las listas arrojadas por ambos algoritmos de clasificación está relacionado con las aes del apartado anterior: se trata de *ha* con hache. La hache muda, especialmente en las formas del verbo *haber*, ha sido objeto de interés en los estudios históricos por la variedad de posibilidades gráficas que ofrecía y los cambios en su valor fonético en textos medievales, sobre todo en lo tocante a la distinción de palabras homónimas (Marcet Rodríguez 2010: 66, Sánchez-Prieto 2004: 436–437). A partir del siglo XVI desciende el uso de la forma sin hache para el verbo *haber*, que fue la más común durante toda la Edad Media (Ueda 2019: 172–174). En el siglo XVIII, ni en las epístolas mallorquinas ni en las peninsulares es frecuente el uso de *a* sin hache para el verbo *haber.* Sin embargo, las apariciones del auxiliar sin hache en el corpus de epístolas peninsulares son más del doble que en el mallorquín (Miguel Franco 2022b).

Si interrogamos los textos documentales, vemos que la situación es semejante. La *a* como auxiliar está poco menos que ausente de los documentos mallorquines; en cambio, en el corpus de control peninsular las frecuencias relativas de esta forma verbal con y sin hache se aproximan más[4]. Los datos sobre las frecuencias absolutas se presentan en la figura 3a mientras que las relativas se pueden consultar en la figura 3b. De nuevo, obtenemos un valor alto de χ^2, confirmando la asociación entre el uso de *a* con o sin hache y la procedencia de los textos.

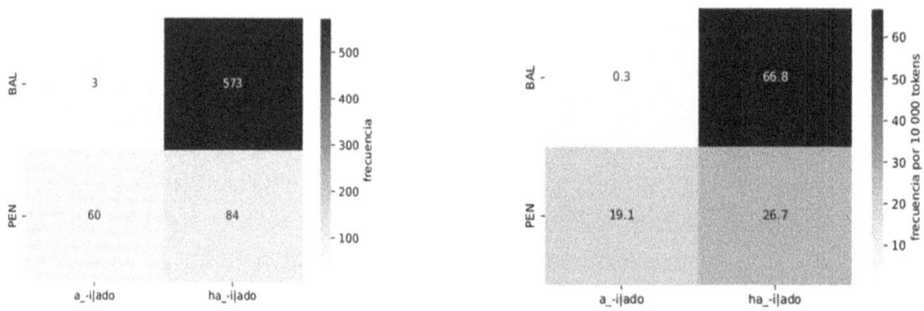

Figuras 3a y 3b *Frecuencias absoluta (Figura 3a) y relativa por 10 000 casos (Figura 3b) de ha / a (haber) en BAL y PEN (χ^2 = 227, p = 0.0001)*

Si analizamos los datos en el plano cronológico (véanse las figuras 4a y 4b), en BAL no hay apenas cambios; la forma con hache está asentada desde principios de siglo y crece en frecuencia, mientras que *a* no se documenta. En cambio en PEN la forma sin hache muestra bastante vitalidad los tres primeros cuartos de siglo, superando incluso

4 Como se indica, el corpus no está lematizado y para este cálculo se han tomado en consideración únicamente los pretéritos perfectos compuestos con participios regulares en *ado/ido* pero, al tratarse del mismo tipo de sesgo para los dos corpus, consideramos que los resultados pueden apuntar en la dirección correcta. Los datos difieren de los presentados por Ueda (2019: 172) por el conjunto de documentación tomado en consideración (Ueda 2019: 164).

a la forma etimológica y experimenta una brusca caída a finales del periodo, a pesar de que ya el *Diccionario de Autoridades* sancionaba su uso[5].

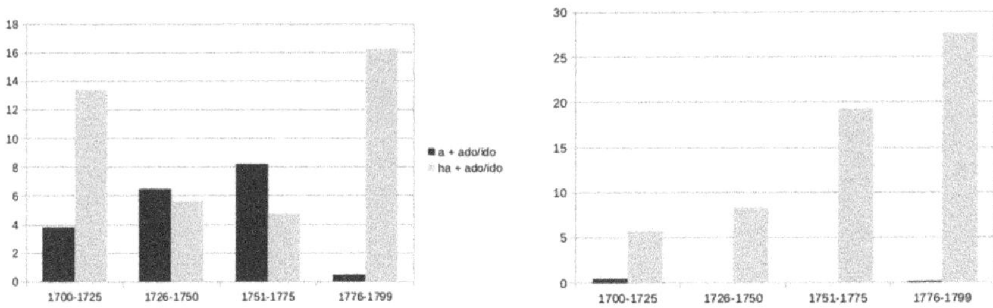

Figuras 4a y 4b *Distribución cronológica de a / ha como 3ª persona del verbo haber en PEN (Figura 4a) y BAL (Figura 4b)*

Este análisis puede hacerse extensivo también a otras formas de *haber*, como el infinitivo, que muestra porcentajes de conservación de la hache etimológica más altos en el subcorpus BAL que en PEN, aunque en el siglo XVIII se generaliza el uso de la forma con hache con respecto a épocas anteriores (Ueda 2022: 21–22). La aparición de la forma sin la hache etimológica es más esperable en el corpus peninsular (28.9 %) que en el isleño (16.5 %), ya que este último prefiere el uso de hache en el paradigma del auxiliar. Estos resultados se muestran en las figuras 5a y 5b.

5 En nuestra lengua tiene varios usos, y aunque entre ellos se haya numerado, y assi se halle freqüentemente practicado por vários Autóres, el que denóte la tercéra persóna del singulár en el tiempo presente del verbo *Haver*, assi en el significado de *tener*, como en el de ser auxiliar de otros muchos verbos, diciendo *aquel à*; trahiendo el verbo *Haver* su origen del Latino *Habére*, no hai motivo para semejante uso, porque en todos tiempos se debe escribir con H, diciendo: *Yo hé*, *tu hás*, *aquel há* (RAE 1726: L).

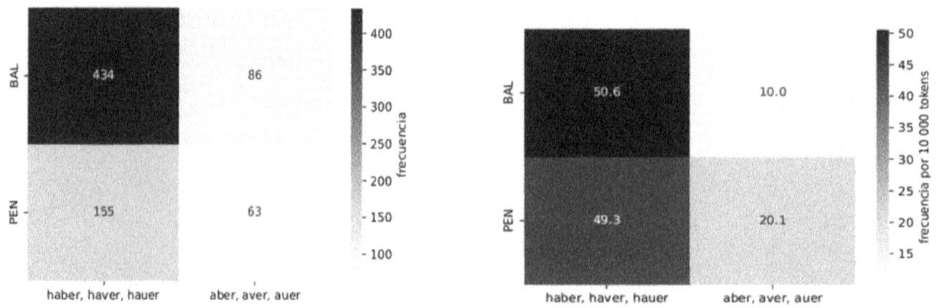

Figuras 5a y 5b *Frecuencias absoluta (Figura 5a) y relativa por 10 000 casos (Figura 5b) de ha(b)er / a(b)er en BAL y PEN* ($\chi^2 = 223$, $p = 0.0001$)

Si analizamos los datos en el plano cronológico (véanse las figuras 6a y 6b), observamos un panorama parecido al de la tercera persona del singular del presente: mientras que en PEN las formas sin hache son más o menos constantes durante todo el siglo y pueden incluso superar a las etimológicas, en BAL, excepto en el primer cuarto del siglo, no tienen una presencia significativa.

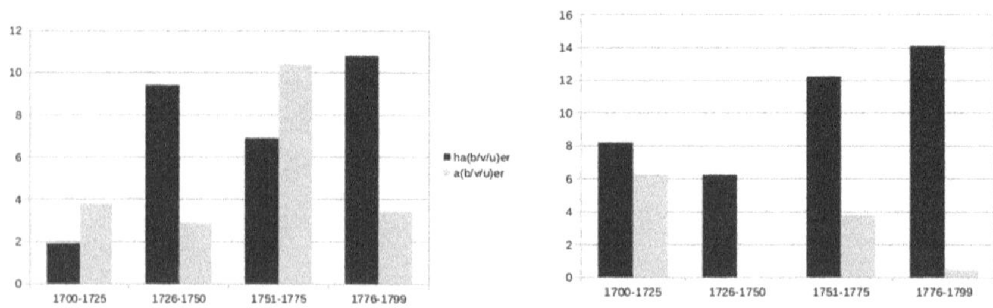

Figuras 6a y 6b *Distribución cronológica de ha(b/v/u)er y a(b/v/u)er en PEN (Figura 6a) y BAL (Figura 6b)*

Por tanto, encontramos una situación en la que los textos mallorquines tienen un sistema hipercaracterizador de las palabras homófonas *ha* y *a*, ya que tienden a asignar una marca tanto a la preposición (signos diacríticos de diferente morfología) como al verbo (conservación de la hache etimológica). En cambio, los documentos peninsulares son más heterogéneos, pero muestran cierta preferencia por un sistema simplificador, que utiliza la misma forma en los dos casos.

3.2.3. Haver

Siguiendo con el infinitivo del verbo *haber*, las formas con <v> y <u> figuraban en las listas resultado de los algoritmos como características, respectivamente, del grupo mallorquín y del grupo de control; en el análisis de los textos se han incluido también la forma con be aunque no aparezca en los listados, ya que es precisamente durante esta época cuando se promulgan y difunden las reformas académicas que sancionaban la ortografía *haber*. En las figuras 7a y 7b se muestran las frecuencias asociadas a este rasgo.

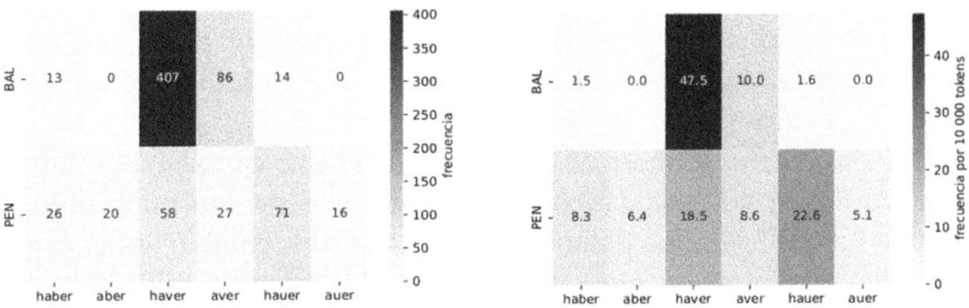

Figuras 7a y 7b *Frecuencias absoluta (Figura 7a) y relativa (Figura 7b) de las diferentes formas de haber en BAL y PEN*

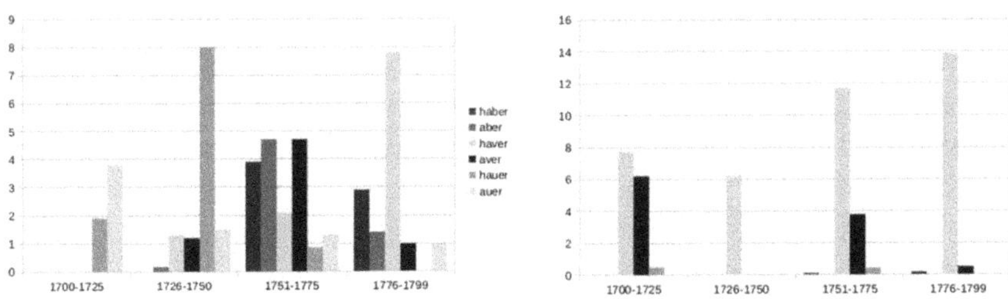

Figuras 8a y 8b *Distribución temporal de las diferentes formas ortográficas de haber en PEN (Figura 8a) y BAL (Figura 8b)*

Para empezar, la distribución de <b> y <v> es representativa de tendencias características de los documentos mallorquines que ya se han señalado en estudios anteriores. La comparación de los documentos de Corpus Mallorca y de un corpus de control de documentos producidos en enclaves monolingües de la Península ha puesto de manifiesto que los textos mallorquines presentan una distribución muy conservadora de las grafías be y uve, mientras que en los peninsulares abundan las soluciones innovadoras, que tienden fuertemente hacia be (Miguel Franco y Sánchez 2022). Por otra parte, el análisis de documentos de manos inhábiles de Mallorca (Miguel Franco 2022a: 16–17) y de una selección de epístolas del epistolario de Pedro de Santacilia (Enrique-Arias 2014b) muestra proporciones similares de grafías conservadoras. Esto tiene una base fonética, ya que en el catalán hablado en Mallorca es característica la conservación de una fricativa bilabial sonora, ausente de otras variedades (Bibiloni 2016: 114), por lo que para un hablante mallorquín la ortografía de la be o la uve es más transparente en este punto. Así pues, el resultado de los algoritmos pone de manifiesto la influencia en el plano gráfico de las particularidades fonéticas de la variedad de castellano de contacto hablada en la isla.

Por otra parte, a pesar de que en BAL la uve es más común en el infinitivo *haver*, no pasa así con el alógrafo <u>, que encontramos únicamente un 2.7 % en los documentos de BAL. En cambio, en el corpus peninsular está prácticamente al mismo nivel que la uve: 40 y 39 %, respectivamente, con <b> ocupando el 21 % restante; son datos semejantes a los que han señalado también otros estudios (Ueda 2014). Al igual que en el caso de la uve, existe un aspecto del catalán de Mallorca que puede justificar el aspecto gráfico de los textos en castellano ya que en Mallorca, como en otros lugares del dominio lingüístico catalán, alternan las realizaciones [w] y [v] de la <u> intervocálica y, en menor medida, el fenómeno contrario, la pronunciación vocálica de la <v>. Por otro lado, también se mantienen las formas antiguas de los posesivos *meua*, *teua*, *seua* (Bibiloni 2016: 97–98). Así pues, aunque la pronunciación de este verbo en concreto no se viese afectada por la alternancia descrita, la conciencia de la variación de los escribanos catalanohablantes pudo frenar el uso del alógrafo <u>.

Como se puede suponer por la propia naturaleza de los datos, el corpus PEN es menos homogéneo que el mallorquín, tanto por la procedencia geográfica como por las tipologías documentales; en consecuencia, también la variación ortográfica es mucho más acusada. En las figuras 8a y 8b presentamos la variación temporal para cada corpus. En el primer cuarto del siglo solo se documentan en PEN formas con u consonántica, con o sin hache (1.91 y 3.82 por 10 000 palabras, respectivamente). En el proemio del *Diccionario de Autoridades* se establece el reparto de u y uve para valores vocálicos y consonánticos[6]; a partir de mediados de siglo, *hauer* y *auer* descienden para desaparecer casi por completo a finales. Por tanto, después de 1726, y especialmente en la segunda mitad del siglo, compiten las formas con be y con uve; aunque en esta época se generaliza la regularización de una forma única con hache y be (Ueda 2022: 18–22), aún se aprecian en PEN oscilaciones en el plano temporal.

En resumen, estamos ante dos sistemas gráficos diferentes también en lo que respecta a <b>, <u> y <v> en el verbo *haber*. Mientras que en PEN conviven los alógrafos <u> y <v> y despunta la <b> que, tras las reformas académicas, terminaría por imponerse como grafía estandarizada de este verbo, en el corpus isleño la <v> es prácticamente la única opción, como también lo era en el verbo *haver* del catalán. La <b> tarda mucho más en generalizarse en el castellano de la isla, sin duda por la pronunciación como fricativa labiodental debida al contacto con el mallorquín; por tanto, la predominancia de la <v> en castellano y la poca presencia de la <b> y la <u> tienen una base fonética, explicable por transferencia desde el catalán local. En este caso, como ya se ha señalado en otras ocasiones, el contacto de lenguas frena el cambio, por lo que la introducción y difusión de las innovaciones es más lenta en la isla, como ya se ha demostrado con rasgos morfosintácticos (Enrique-Arias 2012, 2014a, 2019). Sin embargo, no se pueden aducir el contacto de lenguas como motivo ni para el uso etimológico de la <h> ni para el uso sistemático de diacríticos sobre la preposición *a* (figuras 1a, 1b, 2a y 2b); en estos casos, la investigación sobre contacto de lenguas debe centrarse en el plano de las tradiciones gráficas.

6 El medio para separar en lo escrito entrambos oficios es usar de la regla yá comunmente recibida de substituir, quando son consonantes, en lugar de la I la Y, y en lugar de la U abierta ò quadrada la V cerrada, que llaman de corazoncillo y esto sin la diferéncia y distinción que à cada passo se halla en qualesquiera obras impressas, de usar de la V cerrada en el princípio de las palabras, sin atender à si es consonante, ò vocál: porque en qualquiera parte que se hallen, yá sea en el medio, yá en el princípio, la que es vocál siempre es vocál, y la que es consonante es consonante: y assi no hai fundamento para confundirlas (RAE 1726, §. IV. 27).

4. CONCLUSIONES

El uso combinado de dos algoritmos de clasificación, supervisado y no supervisado, y de métodos cuantitativos de la lingüística de corpus ha revelado rasgos lingüísticos de los documentos históricos en castellano producidos en Mallorca no señalados en anteriores caracterizaciones, sobre todo en el plano de la ortografía léxica. El catálogo de rasgos analizados, aunque reducido, por tratarse de una primera aproximación, arroja ya algunas conclusiones relevantes. En primer lugar, además de los rasgos más sobresalientes que han servido tradicionalmente para caracterizar los documentos mallorquines, es necesario tomar en consideración otros factores que configuran el aspecto de estos textos, como la alta frecuencia de *a* con diacríticos o la ausencia del alógrafo <u> para <v>. En segundo lugar, no todos los rasgos que emergen en los documentos castellanos de Mallorca son debidos al contacto de lenguas en los planos fonético, morfosintáctico y léxico, sino que se deben al origen mixto de las tradiciones gráficas isleñas y a la transferencia de elementos gráficos por parte de escribanos capaces de manejarse en las dos lenguas. De este modo, en los estudios sobre contacto de lenguas debe tomarse en consideración el plano de las tradiciones gráficas (y discursivas), ya que es indicativo de cómo se pudo producir el contacto a otros niveles.

Por otra parte, el catálogo de rasgos estudiados, si bien limitado, nos informa de que en el castellano de Mallorca existía menos variación que en la Península. Los documentos mallorquines son mucho más uniformes y parecen privilegiar una única variante, mientras que en PEN encontramos mucha más diversidad, debido a las características propias del corpus. Del mismo modo, la variación cronológica es mucho menor en BAL que en PEN: aparte de las oscilaciones en el número de apariciones achacables a la naturaleza de los datos, pocos de los rasgos que se han estudiado aparecen o desaparecen en este siglo. Por el contrario, en PEN se ven cortes temporales bastante claros, sobre todo a partir de la mitad del siglo, lo que sin duda tiene relación con la publicación y difusión de las reformas ortográficas de la Real Academia Española, que vinieron a imponerse sobre tendencias ya más o menos asentadas en las tradiciones gráficas hispanas. Así pues, los resultados del presente estudio apuntan a que la variedad de español hablada en Mallorca era relativamente estable ya en esta época y estaba más definida que en la España peninsular.

En otro orden de cosas, este análisis multidisciplinar pone de manifiesto una vez más la necesidad de indagar ulteriormente en los motivos que llevaron a la adopción y difusión en la isla de estos rasgos léxicos y de este sistema gráfico en concreto; para ello, será fundamental tomar en consideración conjuntamente documentos castellanos y catalanes de Mallorca, y explorar las relaciones del sistema mallorquín con otras zonas o ámbitos de la Península. Asimismo, es imprescindible contextualizar la investigación lingüística en la historia cultural de la isla y en la formación de los escribanos públicos que redactaron los documentos del corpus, así como la relación entre notarios y escribanos profesionales y las manos privadas, de muy diferentes habilidades, que también redactaron textos en la Mallorca dieciochesca.

Finalmente, la lematización y marcado de los corpus permitirá en el futuro la exploración de más rasgos de estos documentos también en otros planos, como el morfosintáctico, lo que nos acercará a la caracterización completa del castellano histórico en contacto con el catalán de Mallorca y, en general, a nuestro conocimiento de los procesos históricos de contacto lingüístico.

Bibliografía

Corpus

[CODEA+2015] GITHE (Grupo de Investigación Textos para la Historia del Español): *Corpus de documentos españoles anteriores a 1800*. Disponible en: http://corpuscodea.es. Fecha de consulta: septiembre de 2022.

[Corpus CHARTA] Red CHARTA: *Corpus Hispánico y Americano en la Red: Textos Antiguos*. Disponible en: https://www.corpuscharta.es/consultas.html. Fecha de consulta: septiembre de 2022.

[Corpus Mallorca] (Enrique-Arias, Andrés, dir.): *Corpus Mallorca. Documentos castellanos en archivos de las Islas Baleares*. Disponible en: http://www.corpusmallorca.es. Fecha de consulta: septiembre de 2022.

Referencias bibliográficas

Bibiloni, Gabriel (2016): *El català de Mallorca. La fonètica*, Palma: Lleonard Muntaner.

Enrique-Arias, Andrés (2012): "El contacto de lenguas como inhibidor del cambio lingüístico: castallano y catalán en Mallorca", en Emilio Montero Cartelle y Carmen Manzano Rovira (coords.), *Actas del VIII Congreso Internacional de Historia de la Lengua Española*, vol. 2, Meubook: Santiago de Compostela, 2651–2662.

Enrique-Arias, Andrés (2014a): "Efectos del contacto de lenguas en el castellano de Mallorca: una perspectiva histórica", en Andrés Enrique-Arias *et al.* (coords.), *Perspectives in the Study of Spanish Language Variation: Papers in Honor of Carmen Silva-Corvalán*, Santiago de Compostela: Universidad de Santiago (*Verba: Anuario Galego de Filoloxia. Anexos*), 271–297.

Enrique-Arias, Andrés (2014b): "Lengua y escritura en la Mallorca del XVIII: el archivo epistolar de Cecilia Zaforteza", en Antonio Castillo Gómez y Verónica Sierra Blas (eds.), *Cinco siglos de cartas. Historia y prácticas epistolares en las épocas moderna y contemporánea*, Huelva: Universidad de Huelva, 313–328.

Enrique-Arias, Andrés (2019), "Testing contact-induced change in the Spanish of Mallorca. Insights from a historical perspective", en Gabriel Rei-Doval y Fernando Tejedo-Herrero (eds.), *Lusophone, Galician and Hispanic Linguistics: Bridging Frames and Traditions*, Londres: Routledge, 168–183. https://doi.org/10.4324/9781315403946-10

Enrique-Arias, Andrés (2021): "Vamos en Palma 'we are going to Palma'. On the persistence (and demise) of contact features in the Spanish of Majorca", en Whitney Chappell y Bridget Drinka (eds.), *Spanish Socio-historical Linguistics: Isolation and Contact*, Amsterdam: John Benjamins, 186–203.

Enrique-Arias, Andrés (2022): "El castellano en Mallorca 60 años después: un estudio en tiempo real", *Revista Internacional de Lingüística Iberoamericana*, 20.39, 137–163.

Enrique-Arias, Andrés y Miguel Franco, Ruth (2015): "Una nueva herramienta para el estudio histórico del castellano en contacto con el catalán en Mallorca", en Juan Pedro Sánchez Méndez, Mariela de la Torre y Viorica Codita (eds.), *Temas, problemas y métodos para*

la edición y el estudio de documentos hispánicos antiguo, València: Tirant lo Blanch, 407–426.
Freund, Yoav y Schapire, Robert E. (1998): "Large margin classification using the Perceptron algorithm", en *Proceedings of the 11th annual conference on Computational learning theory*, Madison: Association for Computing Machinery, 209–217.
Gomila Albal, Marina (2020: "La variación estilística en una situación de contacto de lenguas castellano-catalán: un estudio exploratorio", *Estudios de Lingüística del Español*, 42, 263–281.
Gonçalves, Bruno y Sánchez, David (2014): "Crowdsourcing Dialect Characterization through Twitter", *PLOS ONE* 9, E112074.
Huang, Yuan, Guo, Diansheng, Kasakoff, Alice y Grieve Jack (2016): "Understanding U.S. regional linguistic variation with Twitter data analysis", *Computers, Environment and Urban Systems*, 59, 244–255.
Louf, Thomas, Gonçalves, Bruno, Ramasco, José, J., Sánchez, David y Grieve, Jack (2022): "American cultural regions mapped through the lexical analysis of social media", arXiv:2208.07649 (prepublicación, 2022).
MacKay, David J. C. (2003): "An example inference task: Clustering", en *Information theory, inference and learning algorithms*, Cambridge University Press, 284–292.
Marcet Rodríguez, Vicente J. (2010): "De nuevo sobre los usos y valores de la grafía H en la escritura medieval leonesa", en Mª Teresa Encinas Manterola *et al.* (coords.), *Ars longa: diez años de AJIHLE*, vol. 1, Buenos Aires: Voces del Sur, 63–80.
Miguel Franco, Ruth (2022a): "Contacto de lenguas y usos gráficos en las cartas de un *scriptor* semiculto mallorquín (Antonio Estada, 1789–1790)", *Verba: Anuario Galego de Filoloxía*, 49, 1–24. DOI https://doi.org/10.15304/verba.49.7136.
Miguel Franco, Ruth (2022b): "Usos gráficos del español en epístolas privadas mallorquinas (s. XVIII)", *XII Congreso Internacional de Historia de la Lengua Española* (comunicación), León: Universidad de León.
Miguel Franco, Ruth y Rost Bagudanch, Assumpció (2014): "El seseo en el castellano de Mallorca. Una aproximación diacrónica", *Vox Romanica*, 73, 58–69.

Miguel Franco, Ruth y Sánchez, David (2023): "Análisis estadístico del contacto entre lenguas: el caso de las grafías <b> y <v> en la documentación en castellano de Mallorca (siglo XVIII)", *Spanish in Context*, 20.1, 1-25.

Miralles Monserrat, Joan (2003): "Normes per a l'aplec i l'estudi dels malnoms", en Joan Miralles Monserrat, *Estudis d'onomàstica*, Barcelona: Publicacions de l'Abadia de Montserrat, 85–97.

Mooney, R. J. (2022): "Machine Learning", en Ruslan Mitkov, *The Oxford handbook of computational linguistics* (2ª edición), Oxford: Oxford University Press, 311–313 .

Nguyen, Dong, Doğruöz, A. Seza, Rosé, Carolyn P. y de Jong, Franziska (2016): "Computational sociolinguistics: A survey", *Computational Linguistics*, 42, 537–593.

Real Academia Española (1726): *Diccionario de Autoridades*, vol. 1. Disponible en https://apps2.rae.es/DA.html. Fecha de consulta: diciembre de 2022.

Sánchez Sierra, Diego (2017): "Léxico cotidiano en documentos extremeños de los siglos XVI y XVII", en Cristina Tejedor Martínez *et al.* (coords.), *Sextas Jornadas de Jóvenes Investigadores de la Universidad de Alcalá. Humanidades y Ciencias Sociales*, Alcalá de Henares: Universidad de Alcalá, 53–65.

Sánchez-Prieto, Pedro (2004): "La normalización del castellano escrito en el siglo XIII. Los caracteres de la lengua: grafías y fonemas", en Rafael Cano Aguilar (coord.), *Historia de la lengua española*, Barcelona: Ariel, 423–448.

Tabernero Sala, Cristina, Pichel Gotérrez, Ricardo y Enrique-Arias, Andrés (2020): "El español en contacto con otras lenguas peninsulares: los corpus diacrónicos de Galicia, Navarra y Mallorca", en María Fernández Álvarez y Blanca Garrido Martín (coords.), *Lenguas y documentos para la historia del español*, ELiES (*Estudios de Lingüística del Español*) 42, 177–217.

Ueda, Hiroto (2013): "Dialectometría en el proyecto *Varilex*: historia y geografía de las voces variantes", *Estudos de lingüística galega*, 5, 127–143.

Ueda, Hiroto (2014): "Las grafías <u> y <v> en seis libros impresos de los siglos xv, xvi y xvii. Métodos de filología digital e índice de grado distintivo", en Rocío Díaz Moreno y Belén Almeida Cabrejas

(coords.), *Estudios sobre la historia de los usos gráficos en español*, Lugo: Axac, 81–94.
UEDA, Hiroto (2017): "Two statistical treatments of Spanish vocabulary: composite indices of frequency and dispersion and principal component analysis applied to ordinal frequencies", *Dialectología*, 7, 187–227.
UEDA, Hiroto (2019): "Lematización de los datos de CODEA y su utilización en análisis cuantitativos sobre la eñe y la hache muda", *Philologia Hispalensis*, 33.1, 161–178.
UEDA, Hiroto (2022): "Cambios históricos frecuentes de la ortografía léxica. Análisis de los documentos castellanos del corpus CODEA", *VII Congreso Internacional CHARTA. Universidad de Granada, 8–10, junio de 2022.* Disponible en: https://lecture.ecc.u-tokyo.ac.jp/~cueda/kenkyu/. Fecha de consulta: julio de 2022.
WOLD, Svante, ESBENSEN, Kim y GELADI, Paul (1987), "Principal component analysis", *Chemometrics and Intelligent Laboratory Systems*, 2, 37–52.

Sobre las *costillas mendosas, falsas, espurias, bastardas* y *hornecinas*. Procesos de neología en la medicina precientífica española*
About costillas mendosas, falsas, espurias, bastardas *and* hornecinas. *Processes of neology in Spanish prescientific medicine.*

ANTONIO MARTÍN-RUBIO
Universidad de Granada
ORCID iD: https://orcid.org/0000-0002-5705-9420

Resumen: La neología es principal en los procesos de cambio léxico. Esta se puede manifestar como léxico adquirido de otras lenguas (préstamo) o como creación interna, bien mediante la invención *ex nihilo* o bien mediante la multiplicación léxica (derivación y composición). Para este estudio partimos de la elaboración de un corpus digital en el que se incluyen declaraciones de cirujanos en pleitos criminales. Este tipo textual se revela crucial para el estudio léxico médico-anatómico. Para el presente artículo ofrecemos un estudio sobre las distintas combinaciones de la voz anatómica *costilla* en el español precientífico. Muchas de estas resultan ser ejemplos de préstamos de otras lenguas romances como el francés o el italiano. Además, ofrecemos un ejemplo de neologismo *ex nihilo* que testimoniamos por primera vez en la historia del español. La investigación que proponemos es un avance epistemológico en los procesos de cambio léxico en el campo de la medicina española durante la Edad Moderna.

Palabras clave: Documentación archivística, historia del léxico, léxico médico, léxico anatómico, combinaciones léxicas

---

* Este trabajo se inserta en el Proyecto *"Hispanae Testium Depositiones". Las declaraciones de testigo en la historia de la lengua española. 1492–1833.* (HISPATESD, FFI2017–83400-P, MINECO/AEI/FEDER/UE), en *ALEA XVIII*, financiado por FEDER/Junta de Andalucía-Consejería de Transformación Económica, Industria, Conocimiento y Universidades (referencia P18-FR-695) y en *ALEA oriental-XVIII*, financiado por FEDER/Junta de Andalucía-Consejería de Transformación Económica, Industria, Conocimiento y Universidades (referencia A-HUM-116-UGR20).

Abstract: Neology is central to the processes of lexical change. This can be manifested as acquired vocabulary of other languages (loan) or as an internal creation, either by means of the invention *ex nihilo* or lexical multiplication (derivation and composition). For this study we start from the elaboration of a digital corpus, in which statements of surgeons in criminal lawsuits are included. This textual type is crucial for the medical-anatomical lexical study. For this article we offer a study of the different combinations of the anatomical term *costilla* in prescientific Spanish. Many of these turn out to be examples of loans from other Romance languages such as French or Italian. We also offer an example of neologism *ex nihilo*, that we witness for the first time in the history of Spanish. This research constitutes an epistemological advance in the processes of lexical change in the field of Spanish medicine during the Modern Age.

Keywords: Historic documentation, history of Spanish lexical, medical lexical, anatomical lexical, lexical combinations

1. INTRODUCCIÓN

En este artículo presentamos el estudio diacrónico (1505–1800) de las distintas combinaciones que puede ofrecernos la voz anatómica *costilla* en la historia del español precientífico. Principalmente ofrecemos un análisis sobre la vitalidad de las combinaciones galicadas *costillas mendosas* y *costillas falsas*, encontradas en declaraciones médicas dieciochescas del corpus *Oralia Diacrónica del Español* (ODE) y que resultan ser ejemplos de neología exógena. Hasta donde hemos podido alcanzar, ambas son préstamos del francés. Destacamos que los testimonios de nuestro corpus son las primeras muestras de su uso oral en lenguaje científico-médico moderno.

Además, descubrimos tres nuevas combinaciones modernas: *costillas bastardas, espurias* y *hornecinas*. La primera de ellas resulta ser también un préstamo galicado, la segunda un italianismo y la tercera un neologismo *ex nihilo* creada por un médico español. En este artículo ofrecemos por primera vez en la historia del español un análisis lexicológico de estas variantes.

2. CORPUS TEXTUAL Y LEXICOGRÁFICO

Para realizar el estudio lexicológico que proponemos partimos de la documentación del corpus ODE. Nuestro corpus se constituye principalmente por inventarios de bienes, declaraciones de testigos y certificaciones médicas. El corpus ODE es el único para la lengua española que contiene la tipología textual *certificado médico* entre su documentación, es por tanto una herramienta útil y eficiente para el estudio de la historia del léxico científico-médico.

Se pretende incluir tipos textuales cercanos a la oralidad y a lo cotidiano (Calderón Campos y Díaz Bravo 2021). ODE es heredero del antiguo *Corpus diacrónico del español del reino de Granada* (CORDEREGRA) que contaba con documentación de las provincias que conformaban esta antigua demarcación territorial: Granada, Málaga y Almería. Los principales cambios que se han llevado a cabo en ODE son (1) la ampliación geográfica para disponer de un corpus de control y (2) la metodología de la transcripción y edición de los manuscritos[1].

Contar con un corpus de control amplio constituido por documentación procedente de las provincias occidentales andaluzas (Huelva, Cádiz y Sevilla) nos ofrece la posibilidad de manejar datos histórico-dialectales. Si los inventarios de bienes son una rica fuente del léxico cotidiano, las declaraciones médicas nos ofrecen información sobre las partes del cuerpo. La información léxica que obtenemos mediante el corpus ODE es comparable con la de los atlas lingüísticos[2] (Morala Rodríguez 2020: 78; 2012: 421–422).

El subcorpus de declaraciones constituye el 12,30 % del total de ODE. Estas serán, por el objeto de la investigación, el corpus base de nuestro análisis (tabla 1).

1 Realizamos una edición digital cuya metodología está estrictamente ligada al lenguaje de marcación XML; esto es, añadir etiquetas con un significado específico y asociarlas a segmentos textuales. De este modo hacemos explícita información textual (y extratextual) para su procesamiento informático (Vaamonde 2015a, 2015b, 2018; Vaamonde y Janssen 2020; Calderón Campos 2019; Calderón Campos y Vaamonde 2020; Calderón Campos y Díaz Bravo 2021).

2 La edición digital de ODE nos permite añadir información extratextual relativa al documento (metadatos): título otorgado, año y siglo de producción del documento, archivo de origen, fondo, referencia archivística, localización, etc. Añadir una referencia de geolocalización ofrece la posibilidad de obtener sobre un mapa información de aspectos lingüísticos como la variación dialectal del léxico, el uso referencial de pronombres átonos o el ceceo y el seseo.

Tabla 1 *Distribución de palabras por tipo textual*[3]

Tipología textual	**N.º de palabras**
Inventarios	357410 palabras
Declaraciones	197470 palabras
Certificados	66469 palabras

Como corpus de control utilizaremos el *Corpus del Nuevo Diccionario Histórico* (CDH) y el corpus *Old Spanish Textual Archive* (OSTA). Como complemento a los corpus en línea hemos constituido además un corpus textual de manuales y tratados de medicina de los períodos clásico y postclásico del español procedentes de la *Biblioteca Virtual del Patrimonio Bibliográfico* (BVPB) y *Google Libros*. De esta forma se ha hecho acopio del mayor número de datos posibles procedentes del ingente número de manuales y tratados que se publicaron a lo largo del siglo XVIII (Gómez de Enterría 2020a: 63; 2020b: 12).

Junto al corpus textual, nuestro estudio contará con un corpus lexicográfico constituido por los diccionarios accesibles en el *Nuevo Tesoro Lexicográfico de la Lengua Española* (NTLLE) —con especial atención al diccionario técnico del padre Terreros—; glosarios y vocabularios escondidos en manuales de especialidad como los de Andrés Laguna (1555), Hidalgo de Agüero (1604), Martín Martínez (1725) y Manuel de Porras (1716; el *Diccionario médico* de Suárez de Ribera (1730–1731)[4] y otras obras de referencia como el *Diccionario español de textos médicos antiguos* (*DETEMA*), el *Diccionario médico-biológico, histórico y etimológico* (*DICCIOMED*) y el *Diccionario de Términos Médicos* (*DTM*).

3. PROCESOS DE LEXICOGÉNESIS EN LA CONSTITUCIÓN DEL LÉXICO MÉDICO ESPAÑOL

El cambio léxico —con especial atención a los lenguajes de especialidad— está motivado principalmente por la neología ya sea endógena o exógena (López Vallejo 2008: 88). Esto es, los lenguajes técnicos y

3 Estado del corpus el 29 de octubre de 2022.

4 Cf. Gómez de Enterría 2020b: 11–25.

científicos pueden beneficiarse de préstamos léxicos y/o semánticos o de la multiplicación léxica mediante procesos de derivación o composición en los que actúan mecanismos internos de la lengua que los origina. En el campo de la medicina, como ocurre en otras artes o técnicas, los cambios en el léxico han estado íntimamente ligados a los cambios socioculturales: las transformaciones sociopolíticas, culturales y científicas se reflejan en el léxico en forma de neologismo (Matoré 1953; Dubois 1962)[5].

En la Edad Media, la vernacularización del lenguaje y el auge de las traducciones del latín al romance supondrían un hito esencial para la introducción de léxico médico (*cibo*, *emunctorios*, *piamáter*, *duramáter*, *cefalea*, etc.); podríamos considerar que la traducción es la causa directa del proceso de adquisición léxica en los incipientes lenguajes técnicos romances (Sánchez González de Herrero y Vázquez de Benito 2010: 79, 96). En el Renacimiento, la instauración del humanismo como pensamiento predominante y la relectura de los cánones grecolatinos permitió la inclusión de préstamos lexicosemánticos (*anastomosis*, *apophysis*, *glottis*, *pancreas*, *thyroides*) (García Jáuregui 2010: 66). Las lenguas clásicas nutrieron constantemente de préstamos cultos y semicultos a las lenguas romances. Esto convierte a la época renacentista en un período relevantísimo para la configuración de la terminología científica (López Vallejo 2008: 88, 129).

En el presente artículo atenderemos a la combinación sintagmática *costillas mendosas* cuyo origen —según nuestras primeras pesquisas— no se justifica en procesos internos de lexicogénesis, sino en un proceso exógeno mediante un préstamo léxico francés. El primer testimonio lo hallamos en una traducción coetánea de la obra original escrita en latín del médico y cirujano Henri de Mondeville:

(1) Les côtes occupant les deux côtes de la poitrine qui comme les autres membres son formées de peau et de chair lacerteuse. De chaque côté, se trouvent sept grandes côtes qui son dore les vraies côtes de la poitrines (...). Les cinq vertèbres inferieures du dos son placées immédiatement sous les précédentes, et s'y rattachent ; elles se relient les extrémités postérieures de dix *côtes* imparfaites, dites *fausses*, incomplètes, *mendeuses* (mendosae) (Henri de Monderville, *La chirurgie*, 1893 [1314], BNF)

5 Cf. Álvarez de Miranda (1992: 1–18; 2008, etc.), García-Godoy (1998, 2003, 2012, etc.), Štrbáková (2007), López Vallejo (2008) o González Sopeña (2019).

Esta cuestión responde a los postulados de Sánchez González de Herrero y Vázquez de Benito (2010): la traducción a lengua vernácula de obras escritas en latín es una vía muy fructífera para la neología exógena romance.

El interés por esta voz surge tras documentarla en dos declaraciones médicas del siglo XVIII originarias de las provincias de Granada y Jaén. Estos testimonios dieciochescos no son de ningún modo los primeros ejemplos del español, pero sí la primera constancia de uso oral.

Como leemos en el fragmento de la obra de Mondeville, *côtes mendeuses* convivió en el francés con otras combinaciones equivalentes: *~imparfaites*, *~incomplètes* y *~fausses*. En el español, *costillas mendosas* también compartió lugar en los textos con otros sinónimos: (1) *costillas falsas*, de la que también tenemos constancia de uso oral en una declaración médico-quirúrgica de la provincia de Granada, (2) *costillas menguadas*, (3) *costillas quebradas* y (4) *costillas mentirosas* (DETEMA 1996).

En este primer estadio de la investigación podríamos considerar que la combinación del sustantivo *costilla* con los adjetivos *mendoso* y *falso* son ejemplos de léxico adquirido en la medicina española.

De costillas *menguadas*, *~quebradas* y *~mentirosas* no tenemos constancia oral. Tan solo contamos con la información textual que nos ofrecen los corpus y la información lexicográfica del DETEMA.

4. LAS DECLARACIONES DE CIRUJANO PARA LA HISTORIA DEL LÉXICO PRECIENTÍFICO

Trabajos precedentes como los de Calderón Campos (2006, 2014, 2018) o García-Godoy (2015) confirman la importancia de los documentos judiciales en los estudios históricos de la lengua española toda vez que revelan una impronta oralizante. Por esta razón el corpus *Oralia dicrónica del español* (ODE) se nutre, junto a protocolos notariales, de declaraciones de testigos y certificaciones médicas en procesos penales. Normalmente en los pleitos de índole criminal se requería de una declaración de sanidad; esto es, un médico o un cirujano debía testificar en el juicio para esclarecer el origen de la herida o muerte de alguno de los implicados en el pleito. Entonces el alcalde del crimen mandaba comparecer por requerimiento a estos facultativos para que declararan:

(2) En el lugar de Velizena, en beinte y vn dias del mes de febrero de mil setezientos zincuenta y nuebe años, en bista de lo mandado por el avto antezedente, el señor alcalde d este lugar mando conparezer del orden del señor alcalde mayor del climen a don Agustin Rodrigez para que declare del estado en que se hallan las eridas de que tiene echa declarazion d esenzia en estos avtos («Certificado médico de las heridas causadas a Josefa de Arroyo y Paula Martín. Acompaña diligencia», 1759, ODE)

Esta suerte de peritaje médico-forense describe pormenorizadamente la esencia de las lesiones que pudieran padecer:

(3) D*o*n Luis Peiro (…) zirujano aprobado, quien hauiendo firmado prometio dezir verdad y siendo preguntado dijo a uisto y reconozido a un hombre (…) el qual actualmente padeze en el lado derecho del cuerpo hazia el bazio sobre las costillas mendozas, primera, segunda y terzera de la parte anterior, una ulzera herposa, produzion de humor corrosibo que de causa esterna y violenta produjo o imbio naturaleza, aquella expesie de umor corrosibo que la formo y altero otra parte la que en el dia se mantiene con bastante ymflamazion y junttamentte derramando mucho humor corrosibo por dha ulzera la que le impide oy notandolo el uso de su exerzicio, sino tambien la libre respirazion («Declaración del cirujano Luis Peiro por la úlcera exterior que tiene el mayoral Juan Manzanera sobre las costillas», 1779, ODE)

Los facultativos dictaban la deposición y un escribano ponía por escrito lo que buenamente oía. Esta particularidad evidencia que las declaraciones médicas están impregnadas de oralidad, por lo que se revelan cruciales para acercarnos a la lengua oral de los profesionales de la medicina de la Edad Moderna (Calderón Campos 2018; Calderón Campos y Díaz Bravo 2021; Martín-Rubio 2022a, 2022b).

Además de la carga oralizante, esta tipología textual es espejo de uno de los acontecimientos más relevantes de la historia del léxico. Desde el Renacimiento reconocemos una pugna terminológica entre los que defienden una vernacularización del lenguaje científico y aquellos que, movidos por el espíritu humanista, propugnaban el uso del latín como lengua de especialidad (Calderón Campos 2018; Gómez de Enterría 2020a). Nuestras declaraciones reflejan este enfrentamiento terminológico, pues entre sus líneas leemos voces romances usadas en la tradición médica española (*bermejura*, *cuero*, *encía*, *gordura*, *coronilla*, *quebradura*), voces cultas de origen grecolatino (*bálano*, *carúncula*, *cóndilo*, *dartos*, *epífisis*) e incluso voces de ámbito no restringido propias de la lengua general (*lagarto*, *nuez*, *pulpejo*, *sobaco*, *tela*, *quijada*) (Martín-Rubio 2022b).

5. SOBRE LAS *COSTILLAS MENDOSAS* Y *FALSAS* EN LA HISTORIA DEL ESPAÑOL

En la citada obra de Mondeville (1893 [1314]) encontramos combinaciones del adjetivo *mendeuse* con otras partes del cuerpo: *articulations mendeuses* y *commissures mendeuses*. No podemos pasar por alto que estas combinaciones léxicas son calcos de los textos originales escritos en latín, por lo que intuimos que MENDŌSUS se convirtió en un activo productor de léxico neolatino.

La primera aparición del adjetivo *mendoso* combinado con un término anatómico en el español la encontramos en una traducción del *Compendio de cirugía* de Lanfranco (ca. 1481), pero la combinación con *costillas* no la hallaremos hasta la segunda mitad del siglo XVI en la traducción[6] del *Libro o practica en cirugia* (1564) del médico Juan de Vigo:

(4) cabeça assi commo dicho es por tres comissuras verdaderas assi y por dos *comissuras mendosas* assi e estonçe es complida toda la composiçion de la cabeça por aquesta manera (Guido Lanfranco, *Arte complida de cirugía*, 1481, OSTA)

(5) De las *costillas mendosas* y enteras en el presente sermon no se haze mención (Juan de Vigo, *Libro o practica en cirugía*, 1564)

A partir de este momento descubrimos el uso de la combinación *costillas mendosas* en numerosos manuales y tratados de cirugía como en los *Erotemas chirurgicos* (1570) del médico vesaliano de tendencia romancista Juan Fragoso, en la *Pratica y theorica de cirugia* (1585) de Daza Chacón, en el *Compendio* (1575) y *Tratado de todas las enfermedades* (1588) de Francisco Díaz o en la *Segunda parte de la medicina y cirugía* (1599) de Juan Calvo.

(6) Dolor pesado hacia las *costillas mendosas* (Juan Fragoso, *Erotemas chirurgicos*, 1570)

(7) Si el aposte estuuiere sobre las *costillas* verdaderas, o *mendosas*, aueys de abrir al largo de la costilla; (b) su asiento tiene el reñon derecho, un poco mas arriba de la primera vertebra, que esta en subiendo las *costillas mendosas*; (c) tiene inflamación en el riñón, siente (junto a la vertebra, que esta en subiendo las *costillas mendosas*) un dolor con latidos (Dionisio Daza Chacón, *Pratica y teorica de cirugia en romance y en latin*, 1585)

6 El autor es de origen italiano, pero su obra fue escrita en latín.

(8) Quedanse sin llegar como en el ayre y por esto se llaman *costillas mendosas que quiere dezir falsas*, ansi que de cada parte son doce, que nascen estas doce costillas (Francisco Díaz, *Compendio de chirurgia*, 1575)

(9) La primera vértebra o espondil de los riñones, arriua de las *costillas mendosas*, en la parte donde estuuiere la inflamación si fuere en la parte derecha la inflamación allí será el dolor (Francisco Díaz, *Tratado, nuevamente impresso, de todas las enfermedades*, 1588)

(10) Porque las partes internas no reciban daño vna contra abertura entre la quarta y quinta costilla y no entre la tercera y quanta como algunos quieren porque el septo transverso esta muy aderente a las *costillas mendosas* (Juan Calvo, *Segunda parte de la medicina y cirugía*, 1599)

Agustín de Farfán nos revela el primer ejemplo americano en la segunda edición del *Tratado breve de medicina y de todas las enfermedades* publicado en Nueva España:

(11) Otras cinco costillas ay de cada lado y *llamanse mendosas* o *falsas* y juntanse con los Espondiles o espinazo; (b) con las costillas que llaman *mendosas o falsas* (Agustín Farfán, *Tractado brebe de medicina, y de todas las enfermedades*, 1592)

El uso del compuesto sintagmático *costillas mendosas* era usual entre los cirujanos y los médicos del siglo XVI. Paralelamente, encontramos casos (ej. 8 y 11) en los que se utiliza el equivalente *costillas falsas*: ambas combinaciones eran sinónimas, al menos en este siglo. Líneas arriba advertíamos que el compuesto *costillas falsas* aparecía también en la traducción al francés de la *Cirugía* de Mondeville (1314 [1893]); sin embargo, no aparecerá en el español hasta el siglo XV en las traducciones del *Lilio de las medicinas* (1495 [c.1400–1410]) de Gordonio, del *Arte complida de cirugía* (ca. 1450) de Lanfranco y en la traducción de la *Cirugía* (1463–1493) de Cauliaco:

(12) El que no es vero es en los lacertos: o en la carne de las costillas de parte de fuera: o en las *costillas falsas* que estan debaxo de la diaflama (Bernardo de Gordonio, *Lilio de las medicinas*, 1495, OSTA)

(13) sy cayere sobre las *falsas costillas* o fuere ferido lisiar se ha (…) E abaxo de aquestas siete costyllas son çinco costillas menguadas o *falsas*, las quales son contynuadas de la parte çaguera con los çinco espondiles de las costillas (Guido Lanfranco, *Arte compilada de cirugía*, ca.1450, OSTA)

(14) Es a saber syete costyllas verdaderas y cinco *falsas*: o myntrosas (Guido de Cauliaco, *Cirugía*, 1498, OSTA)

Adviértase en estas traducciones la presencia de dos de los equivalentes registrados en el *DETEMA*: *costillas menguadas* y *costillas myntrosas* (mentirosas).

Además de las coapariciones señaladas, debemos indicar la presencia individual de la composición *costillas falsas* en los textos anatómicos de Montaña de Montserrat, médico y cirujano del emperador Carlos I, y de Andrés de León:

(15) tiene nascimiento de los cabos de las ternillas de las *costillas falsa*s de vna parte y de otra, y de la ternilla que esta en medio en fin del huesso del pecho Esta situado segun la parte mas gruessa en el lado derecho debaxo de las *costillas falsas*, y segun la parte mas delgada. (c) Su figura es quadrangular y esta situado en la parte yzquierda debaxo de las *costillas falsas* (Bernardino Montaña de Montserrat, *Libro de la anatomía del hombre*, 1551, OSTA).

(16) Está situado al lado derecho debaxo de las *costillas falsas*. (b) Tiene el baço su sitio en el lado yzquierdo hacia la boca del estomago, debaxo de las *costillas falsas* (Andrés de León, *Tratados de medicina, cirugia y anatomía*, 1590).

En contraste con la vitalidad que muestra durante el siglo XVI, no contamos con ningún ejemplo de uso en el siglo XVII según los datos de CDH. En el siglo XVIII reaparece en la obra de Torres Villarroel:

(17) hace en ella, adquiere mayor mordacidad, con la que adquiere el quilo mas activa virtud. Los riñones son dos miembros ovalados, uno derecho y otro izquierdo, el derecho está mas elevado, su sitio es junto á la vena cava, y están asidos á los lomos del espinazo á la parte de las costillas falsas (Diego de Torres Villarroel, *Anatomía de todo lo visible e invisible*, 1738, CDH)

Frente a este único dato que ofrece el corpus de la Real Academia para el Siglo de las Luces, ODE ofrece la primera muestra oral de su reaparición en el siglo XVIII. Lo leemos en la declaración de un cirujano en un pleito criminal celebrado en 1755. El cirujano visita a Juan Clavijo, vecino de la ciudad de Granada, quien se encontraba herido junto a su mujer:

(18) don Joseph Pelaez, ziruxano y vezo de estta ciudad (…) dixo a bistto y y reconocido a Juan Clavixo de otra herida, semexantte a la anttezedente, por cima de las *costtillas falsa*s del lado diesttro y sobre la cavida del pecho pecho («Declaración de cirujano sobre las heridas causadas a Juan Clavijo y su mujer», 1755, ODE)

Según los datos que hemos manejado, esta voz se revitaliza a partir de la segunda mitad del siglo XVIII y durante el todo XIX. Según los datos de la

BVPB, el 67,11 % de apariciones de *costillas falsas* pertenece a documentación decimonónica. Esta información coincide con la que ofrece CDH y *Google Ngram Viewer* (figuras 1 y 2):

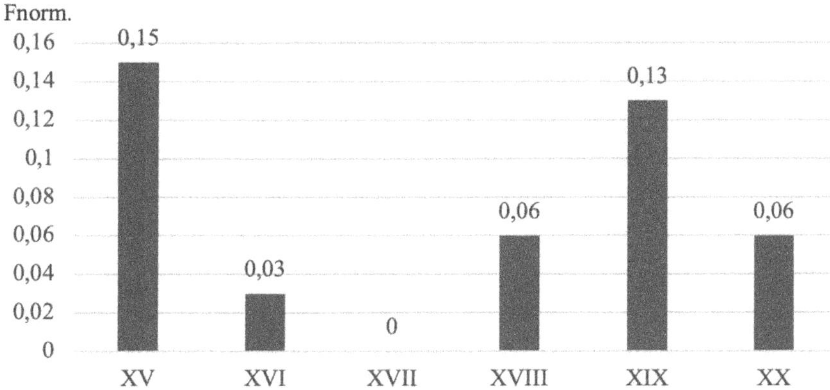

Figura 1 *Frecuencia por millón de «costillas falsas» distribuida por siglos según* CDH

Figura 2 *Frecuencia de aparición de «costillas falsas» en el corpus de Google Libros*

De la variante *costillas mendosas* sí obtenemos datos para el siglo XVII y así se refieren a ellas los médicos Méndez Nieto e Hidalgo de Agüero, y Ruyzes de Fontecha que la incluye en el diccionario que hay inserto en su tratado *Diez previlegios para mujeres preñadas* (1606):

(19) la lengua negra y un dolor intenso en las *costillas mendosas* del lado derecho, con ningún género de ganas de comer, muy afligido y apretado (...) y yo no

entiendo que es sino un dolor de costado de las *costillas mendosas* (Juan Méndez Nieto, *Discursos medicinales*, 1606–1611, CDH).

(20) Seys huessos o espondiles de los quales nacen las *costillas mendosas* (…); que esta en la parte yzquierda y en las *costillas mendosas* (Bartolomé Hidalgo de Aguero, *Tesoro de la verdadera cirugia y via particular contra la común*, 1624 [1604])

(21) Alchaiseri, las *costillas mendosas* (…) Noak, las *costillas mendosas* (Juan Alonso de Ruyzes y de Fontecha, *Diez privilegios para mujeres preñadas*, 1606, CDH)

El CDH no devuelve concordancias dieciochescas para la combinación *costillas mendosas*. Si embargo, destacamos su aparición en el *Breve curso de nueva cirugía* (1728) de Antonio de Monrava y Roca:

(22) Acad. Si el hígado está herido?/ Doct. Estará la herida debaxo las costillas mendozas, en la parte drecha; saldrá abundancia de snagre, por la herida, algunos vomitos, alguna toz y congoxas (Antonio de Monrava y Roca, *Breve curso de nueva cirugía*, 1728)

ODE registra dos testimonios dieciochescos que resultan ser las primeras pruebas de su uso oral para el español. El ejemplo (24) es el último testimonio que tenemos para este siglo de *costillas mendosas* en el español:

(23) hauiendo reconocido dha herida, vió era en el lado derecho sobre las *costillas mendozas*, al parecer hecha con instrumento punzante y cortante («Declaración del maestro de cirujano Ambrosio Fernández por la curación de Ana Ruiz», 1726, ODE)

(24) actualmente padeze en el lado derecho del cuerpo hazia el bazio sobre las *costillas mendozas* (…) una ulzera herposa («Declaración del cirujano Luis Peiro por la úlcera exterior que tiene el mayoral Juan Manzanera sobre las costillas», 1779, ODE)

6. OTRAS COMBINACIONES: *BASTARDAS*, *ESPURIAS* Y *HORNECINAS*

Señalamos anteriormente que *DETEMA* recogía otros equivalentes sintagmáticos de *costillas mendosas*, a saber: *~quebradas*, *~menguadas* y *~mentirosas*. Estas dos últimas aparecían en las traducciones de Lanfranco y Cauliaco respectivamente (ej. 13 y 14). En esta investigación hemos logrado distinguir hasta tres nuevos sinónimos modernos: *costillas bastardas*[7], *~espurias* y *~hornecinas*. Las dos primeras son ejemplos de neología exógena frente a la construcción *costillas hornecinas*, que parece ser producto de la lexicogénesis interna.

La primera constancia de la combinación *costillas bastardas* la encontramos en la traducción francesa de *De dissectione partium corporis humani* (1546 [1545]) de Charles Estienne:

(25) Les muscles qui son entre les faulses *costes que l'on appelle bastardes* on la situation de leurs filamentz tendant et declinant vers bas en façon oblique (Charles Estienne, *De dissectione partium corporis humani*. Paris. Casa de Simon de Colines, 1546 [1545])

Años más tarde encontraríamos la primera documentación en el español en la obra de Juan Fragoso, médico y cirujano de Felipe II. Asimismo, junto a este préstamo francés utiliza además la composición *costillas espurias*:

(26) Las verdaderas por ser totalmente de substancia ossuosa pero las *espurias* y falsas por la parte que esta hacia el espinazo se pueden quebrar fácilmente (...) Están asidos al espinazo, a los lomos y a las *costillas bastardas* (Juan Fragoso, *Erotemas chirurgicos*, 1570)

Si la combinación *costillas bastardas* es de origen francés, *costillas espurias* procede del italiano según los datos obtenidos hasta el momento:

(27) Le quali [le coste] finiseono i cartilágine e se inseriscono nel osso del petto, l'altre cinque sono spurie e mendose (Bartolomeo Traffichetti da Bertinoro, *L'arte di conseruare la sanità, tutta intiera trattata in sei libri*, 1565)

Durante los siglos XVII y XVIII encontramos también algunos usos anecdóticos en las obras de los cirujanos Hidalgo de Agüero, Daza Chacón, Martín Martínez y Amar y Arguedas:

(28) Todas las *costillas* se pueden quebrar pero con diferencia, que las verdaderas en qualquiera parte reciben fractura y las *espurias* no mas de en la parte de

7 El adjetivo *bastardo* también se ha aplicado en sintomatología para definir un tipo de dolor en el costado: *dolor bastardo* (*~(de costado) bastardo*) (cf. Vidos y Miró 1720: 149)

hacia el espinazo por ser huesso y en las puntas no (...) y también es el primero miembro que se engendra en el cuerpo humano, tiene su asiento en el lado derecho debaxo de las *costillas bastardas.* (Bartolomé Hidalgo de Aguero, *Tesoro de la verdadera cirugia y via particular contra la común*, 1624 [1604])

(29) En el lugar que se ha de hacer esta aperción ay diferencia que vnos quieren que se haga entre la tercera y quarta *costilla* de las *espurias*, y otros quieren que entre la quarta y la quinta (Dionisio Daza Chacón, *Segunda parte de la pratica y teorica de cirugia en romance y en latin*, 1626)

(30) uniéndose a las extremidades de las *costillas espurias* (Martín Martínez, *Anatomia completa del hombre, con todos los hallazgos, nuevas doctrinas y observaciones raras hasta el tiempo presente*, 1728)

(31) Las costillas, a que los griegos llamaron pleura, tal vez por la unión con ella, son doce en cada lado, de las que siete se llaman legítimas o verdaderas y llegan hasta el esternón, y las cinco *falsas*, *mendosas*, o *espurias*, que otros dicen *bastardas*, y Valverde *hornecinas*, las que no rematan en el esternón, sino en una ternilla (José Amar y Arguedas, *Instrucción curativa y preservativa de dolores de costado y pulmonía*, 1777)

Según este último ejemplo procedente de la obra del médico de cámara de Carlos IV, José Amar, *costillas hornecinas* fue una voz acuñada por el médico y anatomista Juan Valverde de Amusco en el siglo XVI y así lo testimoniamos en *Historia de la composición del cuerpo humano* (1556):

(32) y las puntas de las costillas hornezinas algo hacia arriba hacia su principio que es en medio del como nos muestran los dos ramos de nieruos (...) Destas costillas, las siete mas altas son enteras y se juntan el huesso del pecho, las demas medias y no llegan a el por lo qual fueron llamadas de los latinos *mendosas* o *spurias* q quiere dezir *bastardas* o *hornezinas*[8]. La acuñación de este término no tuvo éxito en el español. Se trata, por tanto, de una aparición aislada en la historia de la lengua (Juan Valverde de Amusco, *Historia de la composición del cuerpo humano*, 1556)

7. RECAPITULACIÓN Y CONCLUSIONES

La neología por préstamo léxico fue muy productiva en el español precientífico, además, la adaptación de las nuevas voces al sistema castellano

8 Cuenta con una variante semiculta: *~fornacinas* (RAE, 1899 *apud* NTLLE).

resulta sencilla si proceden de otras lenguas romances (Gómez de Enterría 2020a: 102).

En este artículo se han identificado algunos de los equivalentes léxicos de *costillas falsas* a lo largo de la Edad Moderna. La coaparición de voces sinónimas para un mismo referente revela la ausencia de univocidad y que el lenguaje científico aún está en proceso de cambio.

A pesar de la coaparición de estas voces, sí distinguimos periodos de mayor vitalidad de unas combinaciones respecto de otras: la primera documentación de *costillas mendosas* en el español data del siglo XV y goza de vitalidad durante toda la Edad Moderna en coaparición con *costillas falsas*. Este sintagma fue muy frecuente durante todo el siglo XV (*vid.* figura 1), pero a partir del siglo XVI sufre un proceso de obsolescencia y no aparecerá de nuevo hasta el siglo XVIII. Los testimonios de impronta oral que existen para el español tanto de *costillas mendosas* y como de *costillas falsas* son usos dieciochescos. Este siglo funciona como bisagra en cuanto al uso de estas voces: la documentación manifiesta una tendencia de revitalización de *costillas falsas* en detrimento de *costillas mendosas*.

Con respecto al resto de variantes, señalamos que las combinaciones de *costillas* con *quebradas*, *menguadas y mentirosas* no tienen equivalentes en otras lenguas romances hasta donde hemos podido indagar. Podrían considerarse ejemplos anecdóticos de neología endógena; sus usos se restringen a los que figuran en el *DETEMA*.

Por otro lado, la consulta de nueva documentación nos ha revelado la existencia de otras tres combinaciones posibles para referirse a las últimas cinco costillas de cada lado: *bastardas*, *espurias*, *hornecinas*. Las dos primeras son también producto de neología exógena mediante préstamo léxico: *costillas bastardas* procede del francés *costes bastardes* [*côtes bâtards*] y *costillas espurias* es un préstamo italiano de la combinación *coste spurie* y este del lat. COSTAS SPURIAS. El último de los equivalentes es un neologismo *ex nihilo* creado por el médico Valverde de Amusco quien acuña la voz *costillas hornecinas*.

A continuación, ofrecemos dos tablas: la primera de ellas (tabla 2) recoge la primera documentación con la que contamos hasta hoy de cada una de las variantes en las lenguas romances de las que proceden y en español; la segunda (tabla 3) es un resumen de la vitalidad de todas las variantes en la historia del español.

Tabla 2 *Primeras documentaciones*

Costillas ~	***1.ª doc. en romance***	***1.ª doc. en español***
~mendosas	1314 Mondeville	1564 Vigo
~falsas	1314 Mondeville	1495 Gordonio
~quebradas	1481 Fores	1481 Fores
~menguadas	1481 Lanfranco	1481 Lanfranco
~mentirosas	1498 Cauliaco	1498 Cauliaco
~espurias	1565 Trafficheti	1570 Fragoso
~bastardas	1546 Estienne	1570 Fragoso
~hornecinas	1556 Valverde de Amusco	1556 Valverde de Amusco

Tabla 3 *Resumen sobre la vitalidad y convivencia de los términos*[9]

variante	*XV*	*XVI*	*XVII*	*XVIII*	*XIX*
mendosas		+	+	↓ (+2 ODE)	↓
falsas	+	+		↑(+ 1 ODE)	↑
espurias		¿?	¿?	¿?	
bastardas		¿?	¿?	¿?	
hornecinas		1			
quebradas		¿?			
mentirosas	¿?				
menguada	¿?				

Bibliografía

Corpus digitales

[bnf] Bibliothèque Nationale de France: Gallica. Bibliothèque numérique. Disponible en: https://gallica.bnf.fr/. Fecha de consulta: octubre de 2022

9 Nomenclatura: + (vitalidad, frecuencia en los textos); ¿? (usos anecdóticos); 1 (único uso en un único autor en la historia del español); ↓ (obsolescencia); ↑ (revitalización); + *n* ode (número de ejemplos inéditos que ofrece ode)

[BVPB] Biblioteca Virtual del Patrimonio Bibliográfico: Ministerio de Cultura y Deporte. Gobierno de España. Disponible en: https://bvpb.mcu.es/es/inicio/inicio.do.

[CDH] Real Academia Española: *Corpus del Diccionario histórico de la lengua española.* Disponible en: https://apps.rae. es/CNDHE. Fecha de consulta: octubre de 2022

[*DETEMA*] Sánchez González de Herrero, Nieves & Herrera Hernández, María Teresa (1996): *Diccionario español de textos médicos antiguos*, Madrid: Arcos Libros. Fecha de consulta: septiembre de 2022

[*DICCIOMED*] Cortés Gabaudan, Francisco & Ureña Bracero, Jesús (1998–2019): *Diccionario médico-biológico, histórico y etimológico*, Salamanca: universidad de Salamanca. Disponible en : https://dicciomed.usal.es/. Fecha de consulta: octubre de 2022

[*DTM*] Real Academia Nacional de Medicina de España (2012): *Diccionario de Términos Médicos*, Editorial Médica Panamericana. Disponible en: http://dtme.ranm.es/index.aspx. Fecha de consulta: octubre de 2022

[NTLLE] Real Academia Española: *Nuevo Tesoro Lexicográfico de la Lengua Española.* Disponible en: http://ntlle.rae.es/

[ODE] Calderón Campos, Miguel & García-Godoy, María Teresa (2010–2021): *Oralia Diacrónica del Español.* Disponible en: http:// corpora.ugr.es/ode.

[OSTA] Gago Jover, Francisco & Pueyo Mena, Francisco Javier (2020): *Old Spanish Textual Archive. Hispanic Seminary of Me dieval Studies.* http://www.hispanicseminary.org/osta-en.htm.

Corpus textual

Amar y Arguedas, José (1777): *Instruccion curativa y preservativa de dolores de costado y pulmonías*, Madrid: Joaquín Ibarra. [Google Libros].

Calvo, Juan (1674): *Primera y segunda parte de la Cirugia Vniuersal*, Madrid: Antonio González de Reyes. A costa de la Hermandad del Glorioso san Jerónimo, de los mercaderes de libros de esta corte. [Google Libros].

Daza Chacón, Dionisio (1585): *Pratica y teorica de cirugia en romance y en latin*, Valladolid: En casa de Ana Vélez. [Google Libros].

Díaz, Francisco (1575): *Compendio de chirurgia: en el cual se trata de todas las cosas tocantes a la theorica y pratica della, y de la anotomia del cuerpo humano, con otro breue tratado de las quatro enfermedades*, Madrid: En casa de Pedro Cosío. [Google Libros]

Díaz, Francisco (1588): *Tratado, nuevamente impresso, de todas las enfermedades de los riñones, vexiga, y carnosidades de la verga y urina: dividido en tres libros*, Madrid: Francisco Sánchez. [Google Libros]

Estienne, Charles (1546 [1545]): *De dissectione partium corporis humani*, Paris: Casa de Simon de Colines. [Google Libros]

Farfán, Agustín (1592): *Tractado brebe de medicina, y de todas las enfermedades*, México: En casa de Pedro Ocharte. [bvpb].

Fragoso, Juan (1570): *Erotemas chirurgicos*,Madrid:Sebastián Ibáñez. [Google Libros].

Hidalgo de Agüero: Hidalgo de Agüero, Bartolomé (1654) [1604]: *Tesoro de la verdadera cirugia y via particular contra la común*, Valencia: En casa de Claudio Macè. [bvpb].

Laguna, Andrés de (1555): *Acerca de la materia medicinal y de los venenos mortí feros de Dioscórides*, Amberes: En casa de Juan Latio.

León, Andrés de (1605): *Tratados de medicina, cirugia y anatomía*, Valladolid: Impr. Luis Sánchez. [bdcyl].

Martínez, Martín (1728): *Anatomia completa del hombre, con todos los hallazgos, nuevas doctrinas y observaciones raras hasta el tiempo presente,* Madrid: Imprenta de Bernardo Peralta. [Google Libros]

Mondeville, Henri de, (1893 [1314]): *La chirurgie de maître Henri de Mondeville. Chirurgien de Philippe le Bel, roi de France. Composé de 1306–1320.* Éduard Nicaise (Tr.), *Publiée sous les auspices du Ministère de l'Instruction Publique*,Paris: Ancienne libraire Germer Bailliere et Felix Alcan, editeur. [bnf]

Monrava y Roca, Antonio de (1728): *Breve curso de nueva cirugía*. Lisboa occidental. En la Patriarcal Oficina de la música. [Google Libros]

Porras, Manuel de (1716): *Anatomia galenico-moderna*, Madrid: Imprenta de la Música.

Trafficchetti da Bertinoro, Bartolomeo (1565): *L'arte di conseruare la sanità, tutta intiera trattata in sei libri*. Girolamo Concordia. [Google Libros]

Valverde de Amusco, Juan (1556): *Historia de la composición del cuerpo humano*, Roma: Antonio Salamanca y Antonio Lafrery. [Google Libros]

Vidos y Miró, Juan (1720): *Medicina y cirugía racional, y espagírica, sin obra manual de Hierro, ni fuego, purificada con el de la caridad, en el crisol de la razón, y experiencia, para alivio de los enfermos*, Zaragoza: Por Pacual Bueno [Google Libros]

Vigo, Juan de (1564): *Libro o practica en cirugía*, Burgos: Casa de Felipe de Junta. [Google Libros]

Referencias bibliográficas

Álvarez de Miranda, Pedro (1992): *Palabras e ideas, el léxico de la Ilustración temprana en España (1680–1760)*, Madrid: Real Academia Española.

Álvarez de Miranda, Pedro (2008): "Las discontinuidades en la historia del léxico", en Concepción Company Company y José G. Moreno de Alba (coords.), *Actas del VII Congreso Internacional de Historia de la Lengua Española*, Madrid: Arco/Libros, Vol. 1. 1–44.

Calderón Campos, Miguel (2006): "El desgaste pronominal y verbal de *vos* en la primera mitad del siglo XVI", en José Jesús de Bustos Tovar y José Luis Girón Alconchel (coords.), *Actas del VI Congreso Internacional de Historia de la Lengua Española*, Marid: Arco/Libros, 557–568.

Calderón Campos, Miguel (2014): "Muestras de oralidad en el Corpus diacrónico del español del Reino de Granada (siglo XVIII)", *Oralia. Análisis del discurso oral*. 17, 117–145.

Calderón Campos, Miguel (2018): "'Las declaraciones de esencia' del siglo XVIII: un tipo textual para el estudio de la terminología anatómica", *Dynamis*, 38, 2, 427–452.

Calderón Campos, Miguel (2019): "La edición de corpus históricos en la plataforma TEITOK: el caso de Oralia diacrónica del español (ODE)", *Chimera*, 6, 21-36.

Calderón Campos, Miguel y Gael Vaamonde (2020): "Oralia Diacrónica del Español. Un nuevo corpus de la Edad Moderna", *Scriptum Digital*, 9, 167-189.

Calderón Campos, Miguel y Rocío Díaz-Bravo (2021): "An online corpus for the study of historical dialectology: Oralia diacrónica del Español", *Digital Scholarship in the Humanities*, 36, Supplement 2, 30–48.

Dubois, Jean (1962): *Le vocabulaire politique et social en France de 1869 a 1872*, París: Larousse.

García-Godoy, M.ª Teresa (1998): *Las cortes de Cádiz y América: el primer vocabulario liberal español y mejicano (1810–1814)*, Sevilla: Diputación Provincial de Sevilla.

García-Godoy, M.ª Teresa (2003): "La expresión léxica de tomar estado en documentos notariales del Reino de Granada (ss. XVI-XVIII)", en Remedios Morales Raya (ed.), *Homenaje a la profesora M.ª Dolores Tortosa Linde*, Granada: Universidad de Granada.

García-Godoy, M.ª Teresa (2012): "La lengua de las primeras constituciones hispánicas: el cambio léxico-semántico", en Teresa Bastardín Martín y Manuel Rivas Zancarrón (coords.), *Actas del IX Congreso Internacional de Historia de la Lengua Española*, Madrid/Frankfurt: Iberoamericana/Vervuert, 107–132.

García-Godoy, Mª Teresa (2015): "El cambio *vuestra merced* > *usted* desde la documentación archivística", en Juan Pedro Sánchez Méndez *et al* (coords.), *Temas, problemas y métodos para la edición y el estudio de documentos hispánicos antiguos*, Valencia: Tirant lo Blanch, 661-694.

García Jáuregui, Carlos (2010): *La formación de la terminología anatómica en español (1493–1604)*, Salamanca: Universidad de Salamanca

Gómez de Enterría, Josefa (2020a): *El vocabulario de la medicina en el español del siglo XVIII*, Bern: Peter Lang.

Gómez de Enterría, Josefa (2020b): "Los repertorios léxicos de carácter autónomo de la medicina dieciochesca en lengua española", *Études Romanes de Brno*, 41, 2, 11–25.

González Sopeña, Inmaculada (2019): *Los arabismos del reino de Granada a través de la documentación archivística (finales del siglo xv-siglo xvii)*, Granada: Universidad de Granada.

López Vallejo, María Ángeles (2008): *Historia del léxico militar en el español áureo: la conquista de Granada, el conflicto hispano-italiano y las guerras de Flandes*, Granada. Universidad de Granada.

Martín-Rubio, Antonio (2022a): "Léxico dialectal y documentación archivística: quebracía, quebrancía y quebradura" en José María García Martín et al. (eds.), *La historia de la lengua, la dialectología y el concepto de cambio lingüístico en el pensamiento de Eugenio Coseriu,* Bern: Peter Lang, 365–379.

Martín-Rubio, Antonio (2022b): "La metáfora como productora de denominaciones anatómicas en el español científico: la vena del arca o vena basílica", *Études Romanes de Brno,* 47, 2, 249–263.

Morala Rodríguez, José Ramón (2012): "Relaciones de bienes y geografía lingüística", *Cuadernos del Instituto de Historia de la Lengua,* 7, 297–328.

Morala Rodríguez, José Ramón (2020): "Léxico agrícola en el siglo XVII: herramientas de corte", *Revista de investigación lingüística,* 23, 77–103.

Matoré, Georges (1953): *La méthode en lexicologie. Domaine français*, París: Marcel Didier.

Sánchez González de Herrero, M.ª Nieves y Vázquez de Benito, M.ª Concepción (2010): "La traducción de textos médicos medievales. Cuestiones en torno al léxico", *Quadernos del Instituto Historia de la Lengua*, 4, 77—103.

Štrbáková, Radana (2007): *Procesos de cambio léxico en el español del siglo XIX: el vocabulario de la indumentaria*, Granada: Universidad de Granada.

Vaamonde, Gael (2015a): "Limitaciones en el uso de corpus diacrónicos del español. Nuevas aportaciones desde el proyecto de investigación Post Scriptum", *E-Aesla. Revista digital*, 1.

Vaamonde, Gael (2015b): "P. S. Post Scriptum. Dos corpus diacrónicos de escritura cotidiana", *Procesamiento del Lenguaje Natural*, 55, 57-64.

Vaamonde, Gael (2018): "Escritura epistolar, edición digital y anotación de corpus", *Cuadernos del Instituto Historia de la Lengua*, 11, 139-164.Vaamonde, Gael y Maarten Janssen (2020): "Da edición dixital á análise lingüística. A creación de corpus históricos na plataforma TEITOK", en Rosario Álvarez e Ernesto González Seoane (eds.), *Calen barbas, falen cartas. A escrita en galego na Idade Moderna*, Santiago de Compostela: Consello da Cultura Galega (Ensaio & Investigación), 271–292.

Estudio léxico y edición digital de ocho inventarios de bienes. Los durancillos y el sevillez/desavilles en la Huelva del siglo XVIII*

Lexical Study and Digital Edition of eight inventories of goods. The durancillos and the sevillez/desavilles in Huelva (18th century).

YISELA ORTIZ RUIZ
Universidad de Granada

Resumen: El estudio de la documentación notarial se revela indispensable para la datación, la localización y el análisis de una importante nómina de voces escasamente documentadas o incluso desconocidas en la historia de la lengua española. En esta línea, en el presente trabajo, se postula que los inventarios de bienes, etnotextos caracterizados por su proximidad a lo oral y a lo cotidiano, así como por su inmediatez y espontaneidad, constituyen un tipo textual permeable al léxico de la cultura material y de la vida cotidiana. Por ello, aunando el rigor filológico y la tecnología de vanguardia, se han transcrito, digitalizado y estudiado ocho inventarios de bienes onubenses del siglo XVIII que se encuentran recogidos en el corpus *Oralia Diacrónica del español (ODE)*. Los exponentes léxicos objeto de estudio son palabras sujetas a variación que en la provincia de Huelva constituyen una divergencia frente al español peninsular. Los dos estudios de caso que se analizan son *durancillo* y *sevillez/desavilles*. Para ello, se cotejará la información que arroja nuestro corpus base (inventarios de bienes) con el corpus de control (*Corpus del Nuevo Diccionario Histórico*, CDH, la hemeroteca digital y otros fondos documentales), a fin de contribuir a la construcción de la nueva historia no literaria del español y sus variedades diatópicas.

Palabras clave: Inventarios de bienes, siglo XVIII, documentos notariales, Huelva, vida cotidiana

* Este trabajo se enmarca en el Proyecto ALEA XVIII, financiado por FEDER/Junta de Andalucía-Consejería de Transformación Económica, Industria, Conocimiento y Universidades/Proyecto de referencia P18-FR-695. También se inserta en el Proyecto ALEA oriental-XVIII, financiado por FEDER/Junta de Andalucía-Consejería de Transformación Económica, Industria, Conocimiento y Universidades, Proyecto de referencia A-HUM-116-UGR20.

Abstract: The study of notarial documentation is indispensable for the dating, localisation and analysis of an important list of voices that are scarcely documented or even unknown in the history of the Spanish language. In this line, the present work postulates that the inventories of goods, ethnotexts characterised by their proximity to the oral and the everyday, as well as by their immediacy and spontaneity, constitute a textual type permeable to the lexicon of material culture and everyday life. For this reason, combining philological rigour and cutting-edge technology, eight inventories of 18th century Huelva goods have been transcribed, digitised and studied, which are included in the corpus Oralia Diacrónica del Español (ODE). The lexical exponents under study are words subject to variation which, in the province of Huelva, constitute a divergence from Peninsular Spanish. The two case studies to be analysed are *durancillo* and *sevillez/desavilles*. To this end, the information provided by our base corpus (property inventories) will be compared with the control corpus (CDH, digital newspaper library and other documentary collections), in order to construct the new non-literary history of Spanish and its diatopic varieties.

Keywords: Inventories of goods, 18th century, legal documents, Huelva, daily life

1. INTRODUCCIÓN

La investigación histórica del léxico, apoyada en el estudio de nuevas fuentes documentales y en los avances tecnológicos, ha brindado en los últimos años información de gran interés sobre voces escasamente documentadas o incluso imperceptibles en la historia de la lengua española. De hecho, son varios los trabajos que se han llevado a cabo con el objetivo de analizar nuevas variantes léxicas abordando un tipo textual inexplorado hasta el momento: los inventarios de bienes, documentos que albergan en su interior un valiosísimo material léxico no registrado en bancos de datos convencionales, como son los corpus académicos o los diccionarios generales.

Por este motivo, se han elaborado recientemente nuevos corpus especializados integrados por documentos notariales inéditos que revelen la variación dialectal en distintos periodos de la lengua española, como es el caso del *Corpus Léxico de Inventarios (CorlexIn)* de Morala Rodríguez, el *Corpus Diacrónico del Español del Reino de Granada (1492–1833) (CORDEREGRA)* o el *Corpus Oralia Diacrónica del español (ODE)*, en plena fase de elaboración, ambos dirigidos por García-Godoy y Calderón Campos. Sin lugar a dudas, estos corpus auxiliares han supuesto herramientas clave para estimular el interés de filólogos y lingüistas por el análisis histórico del léxico.

En el caso de Andalucía, a pesar de la aparición de algunos estudios que exhiben la importancia del léxico propio de la región, existe un vacío investigador sobre la historia de muchas voces que integran nuestro patrimonio lingüístico andaluz. Realmente, no es extraño el déficit de conocimiento de una de las parcelas más relevantes de nuestro vocabulario, teniendo en cuenta que la lexicografía española aún no ha dado sus frutos en la elaboración de un diccionario histórico que arroje luz sobre nuestro idioma. Asimismo, tampoco contamos con un diccionario histórico del andaluz y, como advierte Fernández:

> La situación en la que se encuentran hoy la lexicología y la lexicografía andaluzas debe entenderse, por tanto, como consecuencia directa del retraso de la investigación léxica diacrónica del español y en la necesidad actual de seguir con el acopio de información léxica y su análisis (Fernández 2021: 13).

En esta línea, el trabajo que ofrecemos en las siguientes páginas es un estudio léxico centrado en el siglo XVIII y fundamentado en el tipo textual "inventario de bienes", etnotexto cuyas características especiales de inmediatez y espontaneidad los hacen idóneos para localizar y datar voces provinciales relacionadas con la vida cotidiana y la cultura material.

El territorio objeto de análisis será Huelva, un enclave muy singular debido al vacío de información que presenta esta provincia en la historia del español. Así, los exponentes léxicos objeto de estudio son palabras sujetas a variación que en la provincia onubense constituyen una divergencia frente al español peninsular. La delimitación de estas voces léxicas previsiblemente serán términos del fondo patrimonial si bien no se excluyen galicismos de la vida cotidiana cuyas variantes andaluzas resultan "invisibles" en los corpus de referencia.

Además de la presente introducción, este trabajo está constituido por cinco apartados. En primer lugar, se plantean los objetivos concretos que se desarrollan en el trabajo, tanto generales como específicos. A continuación, se exponen las principales características de las relaciones de bienes, así como sus aplicaciones al estudio del léxico español. Al mismo tiempo, se ofrecen las directrices metodológicas seguidas en la recopilación de la documentación base de estudio y los corpus utilizados.

Después, se analizan e interpretan los datos sobre la historia de *durancillo* y *sevillez/desavilles* siguiendo la metodología explicada. Por último, se exponen las conclusiones extraídas del estudio y las futuras vías de investigación.

2. OBJETIVOS GENERALES Y ESPECÍFICOS

Los tres objetivos fundamentales que se persiguen en este estudio son los que formulamos a continuación:

a) Objetivo lingüístico: reconstruir la historia de dos palabras prototípicas de la vida cotidiana onubense, documentadas en inventarios de bienes del siglo XVIII: *durancillo* y *sevillez/desavilles.*
b) Objetivo filológico: transcribir y editar ocho inventarios de bienes inéditos. Esta tarea se justifica debido a la importancia de acercarse a las fuentes originales como única vía de conseguir bases documentales lo más fiables y precisas posible.
c) Objetivo tecnológico: editar digitalmente los manuscritos seleccionados. Para ello, se empleará una metodología de vanguardia en el tratamiento de los datos, empleando para ello lenguaje XML, los estándares de codificación del consorcio TEI (Text Enconding Iniciative) y la plataforma TEITOK (Janssen 2014).

Además de estos objetivos fundamentales, también se pretende cumplir con tres objetivos específicos: a) desde el punto de vista sincrónico, se pretende describir el uso de las voces seleccionadas en el siglo XVIII según la documentación de un corpus especializado (ODE); b) brindar una primera perspectiva diacrónica de los estudios de caso, cotejando para ello los datos con otros corpus, tanto especializados así como con otros recursos documentales; c) el acercamiento a la tradición discursiva de los fondos notariales, con especial interés en el tipo textual “inventario de bienes” y d) el análisis propiamente lingüístico de los rasgos diatópicos, diastráticos y diafásicos a fin de determinar el origen y la extensión geográfica —compartida o no con otros enclaves— que en este contexto tan particular exhibe el léxico acotado.

3. LOS INVENTARIOS DE BIENES DEL SIGLO XVIII: CARACTERÍSTICAS Y APLICACIONES LINGÜÍSTICAS

En los últimos años, son muchos los trabajos (Bastardín 2012, Egido 2020, Fernández 2021, Morala 2010, 2012, 2014, 2018; Ortiz 2020; Torres 2018, 2020) que han destacado la importancia de los inventarios de bienes como un tipo textual de gran interés para analizar el léxico español. Los criterios que llevan a seleccionar este tipo de documentos son los siguientes: se trata de textos inexplorados en la historia del español; es decir, constituyen un género en auge que antes no había sido revisado, y, además, están infrarrepresentados en los corpus de referencia. Ahora bien: ¿qué es un inventario o relación de bienes? Para responder a esta cuestión, veamos la siguiente definición ofrecida por Morala:

> Lo que de forma genérica denominamos relaciones de bienes son, en términos notariales, documentos de inventarios, tasaciones, partijas o repartos de herencias, almonedas o subastas públicas, cartas de dote y arras, testamentos... etc. En este tipo de documentos los escribanos registran de forma minuciosa todos los bienes muebles, inmuebles y semovientes de una persona y constituyen, por tanto, una fuente particularmente rica para conocer el léxico de la vida cotidiana referido a toda una suerte de objetos y bienes materiales (Morala 2014: 6).

Por tanto, dado el carácter notarial de este tipo de textos, el escribano recopilaba, describía y valoraba meticulosamente una larga lista de enseres materiales pertenecientes a diversos campos semánticos como la indumentaria, los muebles de una casa, diferentes herramientas agrícolas, joyas, utensilios de cocina o tipos de tela. De esta manera, han llegado a nuestras manos largas listas de haberes que contienen una enorme riqueza de vocabulario y que contribuyen a ampliar el patrimonio lingüístico del español, puesto que registran formas y variantes "que van mucho más allá de lo que podemos considerar que constituye el acervo léxico más normalizado y académico" (Morala 2012: 200).

Por consiguiente, podemos afirmar que los inventarios de bienes se convierten en testimonios realmente valiosos para detectar voces hasta entonces opacadas en la historia del español; algunas de ellas originadas en nuestra propia lengua y otras muchas importadas de otros idiomas, puesto que fueron muchos los extranjerismos que penetraron en el español por vía oral a fin de dar nombre a nuevos objetos y realidades que aparecían en la sociedad española del momento. De ahí, que frecuentemente encontremos en ellos términos importados de otros países como lusismos, italianismos o galicismos.

Asimismo, entre las características propias que presentan estos fondos documentales, debemos destacar que son textos muy próximos a lo oral y a lo cotidiano, por lo que constituyen un claro reflejo de la lengua hablada. En otras palabras, podemos afirmar que el registro escrito presente en ellos nos brinda una versión mediatizada de la lengua oral (Calderón Campos, Vaamonde 2020). Este rasgo de oralidad los convierte en un género textual clave para testimoniar voces tempranas, prácticamente desconocidas para la lexicografía diacrónica o escasamente documentadas en otros tipos textuales, como diccionarios, ensayos, tratados técnicos u obras literarias presentes en corpus convencionales como CORDE o CREA.

Finalmente, los inventarios de bienes se alzan como el género textual más proclive para trazar la variación diatópica de muchas de las voces registradas en ellos, puesto que son documentos perfectamente localizados en el espacio y el tiempo. De esta manera, ofrecen a filólogos e investigadores datos de distinta procedencia a fin de establecer comparaciones con otro tipo de repertorios dialectales, como los atlas lingüísticos ya elaborados, así como trazar isoglosas léxicas, "ya sea por diferencias formales a partir de un mismo étimo, por la variación del valor léxico que tiene una misma voz o, lo más común, por el área en el que se usan unos u otros vocablos" (Morala 2012: 300).

Por otro lado, también es necesario llamar la atención sobre otro aspecto fundamental que atañe al léxico presente en este género textual: la importancia del siglo XVIII como momento clave para rastrear los primeros indicios de voces regionales. Como veremos más adelante, el siglo XVIII se está revelando la centuria clave en la dialectización de la lengua española (Mondéjar 2009; Company 2012, Calderón 2018). De hecho, el diseño de esta investigación se funda en estos trabajos previos, especialmente en lo que concierne al tipo textual y a la cronología.

Durante mucho tiempo, este período ha permanecido olvidado en la historia del español, debido a la falsa creencia de que constituía el máximo exponente de la estabilización de nuestro idioma. Esta afirmación se sustentaba, desde el punto de vista extralingüístico en dos acontecimientos históricos muy importantes: la creación de la Real Academia Española (1713) y la publicación de las primeras obras normativas del español, como el *Diccionario de Autoridades* (1726–1737), *la Ortografía de la lengua castellana* (1741) y la *Gramática de la Lengua Castellana* (1771). Asimismo, desde el punto de vista de la historia interna, se consagra la idea de que la época moderna "supone el cese de los grandes cambios lingüísticos y el arranque de un período poco interesante, desde el punto de vista diacrónico" (García-Godoy 2012:10).

No obstante, los argumentos anteriormente señalados no son justificación suficiente para concluir que el español moderno sea una etapa de fijación idiomática, sin apenas cambios o alteraciones. Si nos remitimos a la teoría del cambio lingüístico, debemos tener en cuenta que, en español, al igual que en otras lenguas, "estabilización y cambio son procesos coexistentes en la diacronía lingüística" (García-Godoy 2012: 10), por lo que no tiene sentido dejar de lado una centuria clave para el conocimiento lingüístico de nuestra lengua. A este respecto, intelectuales como Mondéjar, ponen de relieve la importancia de la etapa moderna en relación con el estudio de las hablas andaluzas:

> Algunas de las alteraciones más profundas, que son las que hoy caracterizan más acusadamente estas hablas, ocurrieron a partir del XVIII, que es cuando los resultados de las evoluciones fonológicas medievales y las modernas se integran en un sistema (entendido en un sentido muy amplio) híbrido de unidades tradicionales y nuevas distinto del sistema del español estándar actual. Por lo tanto, y a mi entender, sólo puede hablarse de variedad lingüística andaluza relativamente cohesionada, con diferencias notables, según se trate del oriente o del occidente andaluz, a partir del XVIII (Mondéjar 2009: 102).

Por estas razones, la menor atención prestada al siglo ilustrado, una centuria impregnada de un magnífico legado léxico aún inexplorado, así como a determinadas fuentes textuales como los inventarios de bienes, hace inevitable la investigación y producción científica en esta parcela de conocimiento hasta hace muy poco relegada e ignorada.

De esta manera, teniendo en cuenta las premisas anteriormente esbozadas, nos lanzamos al reto de abordar el análisis de ocho inventarios de bienes onubenses, ubicados en una de las etapas más desconocidas en la historia de la lengua española y en la que se configuran muchos de los rasgos dialectales del español peninsular: el siglo XVIII, también conocido como "el siglo de la dialectización".

4. METODOLOGÍA

4.1. Transcripción de los manuscritos en XML-TEI

La transcripción de los inventarios de bienes seleccionados para el presente estudio se ha realizado siguiendo los criterios de transcripción del corpus ODE, donde se encuentran integrados, que a su vez toma como referencia las convenciones editoriales propuestas por la red internacional CHARTA. De esta forma, los datos se han marcado con el lenguaje informático XML adaptado al estándar TEI (*Text Enconding Iniciative*, 2007) que permite la codificación y digitalización de textos, y en particular, de los manuscritos, en el ámbito de las Humanidades digitales.

Además, la edición en lenguaje XML de las particiones de bienes se ha elaborado mediante el programa *oXigen XML Editor*, un procesador de textos que "ha facilitado sobremanera el etiquetado y ha agilizado el proceso de transcripción, ya que nos permite validar automáticamente los documentos de acuerdo con el esquema elegido y asiste al usuario en la codificación" (Arrabal 2020: 70).

En cuanto a la estructura que siguen los documentos marcados en XML-TEI, se ha de tener en cuenta que está constituida por dos elementos básicos: un <teiHeader> o cabecera, que contiene los metadatos que describen el texto, y un <text>, que alberga el texto propiamente dicho (Calderón, Vaamonde 2020: 179). Los metadatos que se integran dentro de la cabecera son los relativos al título del documento, al transcriptor, a la localización, datación o archivo del que procede el manuscrito o cuál es su tipología textual. Además de los datos de la cabecera, durante la transcripción del documento se emplean una serie de etiquetas para marcar determinados aspectos que serían imposibles de señalar en un procesador de textos convencional, tal y como se muestra en la figura 1:

```
<pb n="sf" facs="HU_0592.JPG"/>
<lb/> Ytt||Yttem|=Ítem tres camisas, una delgada y
<lb/> dos de lienzo en treinta y cinco
r<add place="above">s</add>||reales.
<lb/> Ytt||Yttem|=Ítem dos toallas con sus lanas en
<lb/> veinte y dos rr<add place="above">s</add>||reales|=reales.
<lb/> Ytt||Yttem|=Ítem dos fundas de olandilla|=holandilla
encar<lb/>nada en siete
rr<add place="above">s</add>||reales|=reales.
<lb/> Ytt||Yttem|=Ítem unas enaguas de bayeta
en<lb/>carnada en sesenta y ocho
r<add place="above">s</add>||reales.
<lb/> Ytt||Yttem|=Ítem otras de bayeta verde en
<lb/> cinquenta|=cincuenta y cinco
rr<add place="above">s</add>||reales|=reales.
<lb/> Ytt||Yttem|=Ítem tres mantillas de bayeta
<lb/> en quarenta|=cuarenta y quatro|=cuatro
rr<add place="above">s</add>||reales|=reales.
<lb/> Un corpiño y un monillo de
<lb/>  ceda|=seda en treinta y ocho
rr<add place="above">s</add>||reales|=reales.
<lb/> Ytt||Yttem|=Ítem un monillo de serení
encar<lb/>nado en nueve
r<add place="above">s</add>||reales.
<lb/> Ytt||Yttem|=Ítem unas enaguas azules de
```

Figura 1 *Transcripción en XML-TEI de un fragmento de inventario*

En el fragmento se puede observar como ciertas etiquetas nos ofrecen información paratextual sobre el comienzo de una página o una línea. Otras, como <add> o <del> nos brindan información sobre características físicas del texto, como adiciones realizadas por el escribano o el tachado de alguna letra o palabra respectivamente. También se emplean etiquetas que muestran información sobre el contenido, como es el caso de <supplied> que indica una conjetura deducida por el transcriptor en los casos en los que la palabra no se puede leer claramente o <hi>, etiqueta que se emplea cuando alguna grafía, palabra o frase aparece marcada de alguna manera especial en el texto en cuestión. Finalmente, se ha de tener en cuenta que algunas de estas etiquetas llevan adjudicado un atributo y un valor.

4.2. Edición digital en Teitok

Una vez que se ha transcrito el documento en Oxygen en lenguaje XML, hemos de llevar a cabo su edición digital y su procesamiento lingüístico para poder incorporarlo al corpus ODE. Esta labor se realiza a través de la plataforma TEITOK (Janssen 2014). En palabras de Calderón y Vaamonde:

> La plataforma TEITOK nos ofrece un sistema web para publicar, explotar y editar corpus basados en lenguaje XML-TEI. Su funcionalidad es doble: por un lado, permite al usuario navegar a través de una edición digital y, simultáneamente, crear un corpus anotado para realizar búsquedas; por otro lado, permite al administrador editar los datos en XML-TEI y aplicar herramientas de procesamiento automático de textos, desde la tokenización hasta la anotación lingüística del corpus (2020: 177).

Las tareas de tratamiento lingüístico y edición de los inventarios en TEITOK sigue las siguientes fases (figura 2):

a) Tokenización: proceso que consiste en asociar cada carácter ortográfico del texto, tanto letras como signos de puntuación, con un número único de identificación dentro de un elemento que se conoce como token. A partir de la tokenización, se irá incluyendo dentro de cada token información relativa a los distintos niveles de edición de una palabra.

b) Normalización: debido a la gran variabilidad ortográfica que presentan los manuscritos, es necesario llevar a cabo la normalización, un proceso que consiste en actualizar la transcripción paleográfica original a la ortografía actual. Esta labor se realiza para poder llevar a cabo el posterior anotado morfosintáctico y, además, ofrece la posibilidad al público general de acercarse a la lectura de este tipo de fuentes. Por esta razón, TEITOK incorpora un normalizador ortográfico que permite normalizar el texto de forma automática, si bien, siempre es necesario la revisión crítica del filólogo. El resultado “normalizado” de cada token se refleja con un nuevo atributo @nform (normalized form).

c) Anotación morfosintáctica y lematización: es la última fase del tratamiento de los datos. Consiste en la anotación morfosintáctica y en la lematización del documento, tarea que se lleva a cabo a partir de dos nuevos atributos: @pos y @lemma. Esto es posible porque la plataforma TEITOK incluye un anotador automático, Neotag (Janssen 2012), que liga una etiqueta morfosintáctica y un lema a cada token. Asimismo, es de interés destacar que el sistema de etiquetas que se emplean en los documentos del corpus ODE está basado en la propuesta del grupo EAGLES para la anotación morfosintáctica de corpus y, aunque se realiza de forma automática como ya se ha explicado anteriormente, es necesario la revisión crítica de un filólogo, pues en algunas ocasiones el anotador asocia etiquetas erróneas que es necesario corregir de manera manual. De esta manera, tal y como explica Arrabal:

Figura 2 *Transcripción, normalización, lematización y anotación morfosintáctica de un inventario onubense*

> Neotag funciona calculando la probabilidad de la etiqueta morfosintáctica POS (part-of-speech) para cada forma ortográfica teniendo como base un corpus de entrenamiento. Neotag busca en él la frecuencia de aparición de cada palabra con su respectiva etiqueta POS y en base a ella adjudicará una etiqueta u otra dependiendo de la probabilidad (2020: 70–22).

4.3. Metodología para el análisis del léxico

Como ya se ha esbozado en apartados previos, la documentación archivística de la época moderna es una fuente inagotable para el estudio de la variación diatópica y diacrónica de un importante caudal léxico asociado a la cultura material y a la vida cotidiana. Con objeto de profundizar en el estudio de estas voces presentes en inventarios de bienes del siglo XVIII, se va a seguir una metodología específica que nos permite indagar en el origen y evolución de las palabras seleccionadas, que atiende, combinadamente al parámetro documental (análisis del uso histórico documentado) y al lexicográfico (codificación del uso en la historia de los diccionarios, tanto los de ámbito general como dialectal). De esta manera, analizaremos *durancillo* y *sevillez/desavilles* con una nueva base empírica aunando el análisis cuantitativo (según los postulados de la lingüística de corpus) y cualitativo (mediante el riguroso estudio de contextos en los que cristalizan usos marcados diatópicamente) en perspectiva histórica.

El procedimiento que vamos a seguir en cada estudio de caso parte, en un primer momento, de su definición actual, utilizando para ello diccionarios de referencia como son el DEA y el DLE (para el español general) y el *Tesoro léxico de las hablas andaluzas* (para el español andaluz) (Alvar 2000). A continuación, se aplican dos parámetros fundamentales para reconstruir el origen y la cronología de las voces seleccionadas: el parámetro lexicográfico, por un lado, apoyado tanto en los diccionarios académicos como extraacadémicos y, principalmente, el parámetro documental, donde se recogen los datos arrojados por los corpus; a esta infraestructura de investigación de bancos de datos en línea unimos las hemerotecas digitales de prensa histórica consultadas en este trabajo para compensar el déficit que exhiben actualmente los corpus en el principal género estandarizador: el periodístico.

Después, trataremos de delinear la historia documental de la palabra. Para ello, analizaremos las primeras evidencias textuales aplicando los postulados metodológicos de lingüística de corpus. Así, ofreceremos los usos más tempranos del término en cuestión en nuestro corpus base (ODE) integrado por inventarios de bienes en contraste con los que arroja nuestro corpus de control, formado por tres recursos en línea, a saber: a) CorlexIn, b) el CDH y c) la hemeroteca digital. Estos datos se reflejarán en una tabla en la se recoge la fecha de primera documentación del término en cada uno de los corpus junto con un ejemplo representativo, el enclave al que se vincula su uso y la tipología documental que lo acoge.

El cotejo entre el corpus base y el corpus de control nos permitirá datar históricamente el uso de la palabra, conocer si su ámbito de uso se adscribe a un tipo textual concreto como son los inventarios de bienes o incluso trazar su isoglosa en perspectiva diacrónica.

Abordamos, como ya se ha anunciado, un estudio cualitativo de los datos, analizando meticulosamente los contextos de uso de las palabras objeto de estudio, tanto en el corpus base como en el corpus de control; con este análisis contrastivo pretendemos determinar las voces identitarias de la región explorada (corpus base), por su divergencia formal, semántica o léxico-semántica de la variedad estándar, muy mayoritaria en los bancos de datos de la RAE (corpus de referencia). De forma particular, exploramos los contextos que ilustran contienda de variantes formales y los que proporcionan glosas aclaratorias del uso.

Cronológicamente, este estudio no solo describe la sincronía dieciochesca de tres voces, sino que aplica la perspectiva diacrónica reconstruyendo etapas anteriores y posteriores. En dicha reconstrucción, se atienden a los parámetros diatópicos, diastráticos y diafásicos. Y todo ello, con el propósito de determinar el origen, la evolución y la distribución geográfica de los elementos léxicos objeto de estudio.

5. CORPUS

5.1. Corpus base

El corpus base que se ha seleccionado para nuestro estudio está formado por ocho inventarios de bienes del siglo XVIII. Se trata de documentación manuscrita e inédita, de carácter notarial. Pertenece a la serie documental "Protocolos de la notaría nº 1 de Huelva capital" – ocasionalmente, en la sección de judiciales. Los ocho protocolos notariales onubenses se encuentran integrados en el corpus Oralia diacrónica del español (ODE) de la Universidad de Granada, un corpus histórico de pequeño dominio considerado de carácter especializado porque está constituido por textos destinados a un uso específico y restringidos a un cierto tipo de comunicación (Rojo 2021: 24).

La recuperación de ejemplos extraídos del corpus base se ha llevado a cabo a partir de la transcripción, digitalización y búsqueda manual de los términos en los inventarios seleccionados. En total, nuestro corpus cuenta con un universo de aproximadamente 7300 palabras. Los documentos seleccionados figuran en la tabla 1:

Tabla 1 *Relación de los documentos seleccionados*

Documento	Título	Año	Fondo documental	Signatura	Enclave
HU1730I3503	Carta de dote de Miguel Muñoz a su mujer	1730	AHPH	4234	Huelva
HU1731I3504	Testamento de Inés Galbana	1731	AHPH	4746	Huelva
HU1730I3505	Recibo de dote de Cristóbal Arauz	1734	AHPH	4238	Huelva

Documento	Título	Año	Fondo documental	Signatura	Enclave
HU1735I3507	Inventario de bienes de Nicolasa María	1735	AHPH	4748	Huelva
HU1799I3508	Recibo de bienes de Vicente Barrera	1799	AHPH	5342	Huelva
HU1755I3509	Escritura de dote de Pedro Romero Banda	1755	AHPH	4582	Huelva
HU1743I3510	Recibo dotal de Juan Francisco Gallego	1743	AHPH	4752	Huelva
HU1787I3512	Recibo de dote de don Ambrosio	1787	AHPH	4282	Huelva

5.2. Corpus de control

Los corpus de control que se han seleccionado para este trabajo son, por un lado, el Corpus Léxico de Inventarios (CorlexIn), un corpus textual y especializado al igual que ODE que está formado principalmente por relaciones de bienes de los siglos de oro, el CDH, muy útil para obtener ejemplos de uso de los términos en documentos literarios y la hemeroteca digital. Esta última ha sido la única que ha conformado el corpus de control en el caso de *durancillo*, puesto que no se documenta esta voz ni en CorlexIn ni en el CDH, como veremos en seguida.

6. ANÁLISIS DE LOS DATOS

6.1. Durancillo

La palabra *durancillo*, documentada en nuestro corpus base, constituye casi un enigma en la historia del español por dos motivos: a) resulta invisible en los bancos de datos diacrónicos, tanto los generales (CDH), como los especializados (CorLexIn) y b) no existe registro lexicográfico alguno en la historia de los diccionarios académicos, ni en la de los extraacadémicos. Tan solo en el siglo XXI, el *Diccionario histórico de telas y tejidos* (DHTT 2004) indica que *duroi*, es un tipo de tela de lana de Holanda de origen inglés introducida en un primer momento en Amiens, Francia, y que empezó a exportarse desde allí a España a comienzos del XIX; principalmente empleada en la confección de abrigos. Además, tanto en el Fichero General de la RAE como en los materiales inéditos del diccionario histórico —recientemente disponibles en línea en la RAE, *Tesoro de los diccionarios históricos* (TDHLE) —encontramos que *durancillo* se define como 'tejido de lana lisa originario de Inglaterra'. Ninguna de estas tres definiciones aporta ejemplificación del uso en la historia del español, ni tampoco aducen el origen etimológico de *durois/durancillo*, formas emparentadas cuyo uso sinonímico se apunta en algunos textos del siglo ilustrado que hemos logrado localizar, al margen de la actual infraestructura de corpus.

Por otro lado, otros diccionarios como el *Diccionario crítico y etimológico* de Corominas (DCECH) o el *Trésor de la Langue Française* (TFL) tampoco registran *durois/durancillo* ni su etimología. El único diccionario que arroja luz sobre su origen y significado es el *Oxford English Dictionary* (OED). Mediante la entrada *duroy*, alega que el origen de esta palabra es incierto, aunque quizá procede del francés "du roi" (del rey). Además, lo define como un tipo de lana gruesa fabricada antiguamente en el oeste de Inglaterra, parecida a otro tejido conocido como "tammy", también de lana y utilizado como ropa interior.

A la luz de los datos anteriormente expuestos, postulamos que *durancillo*, diminutivo lexicalizado de *duroi*, pudo interpretarse como palabra de importación francesa, como otras del mismo ámbito de la moda. En el siglo ilustrado todo extranjerismo, fuera o no de origen francés, se conceptuaba galicismo. Respecto de la variación fonética de la segunda sílaba *duroi/durancillo* quizás sea reveladora del fenómeno de doble vía de incorporación que señala Lapesa para los extranjerismos del español moderno: la escrita (*duroi*) y la oral (*durancillo*).

En cuanto a la historia documental de la palabra, cronológicamente, el primer registro de *durancillo* lo encontramos en un texto de aranceles de 1785 así como en un tratado sevillano sobre la elaboración de las telas en 1785 y en una guía de comerciantes de la hemeroteca digital en 1795. No obstante, el ejemplo documentado en nuestro corpus base, en un inventario de bienes de Huelva en 1799 constituye la primera evidencia de uso de la palabra en la vida cotidiana, lo que demuestra que en el último año del XVIII era palabra conocida en el vernáculo onubense, y, por tanto, este documento permite matizar cualitativamente el apunte cronológico del diccionario de telas, acerca de que habría comenzado a importarse *durancillo* a principios del XIX. Además, también se documenta esta voz en el Fichero General de la RAE (18). La nómina de ejemplos encontrados es la siguiente:

(1) a. 1785 ***Durois*** o ***durancillos*** lisos, agrisetados, estampados o rayados, hasta vara de ancho, cada vara cincuenta y un maravedís (*Aranceles Reales recopilados en uno, para el más pronto y uniforme despacho en las aduanas*, Madrid).
b. 1785 El ***durancillo*** debe constar de 10.100 hilos en peyne de dos tercias y dos pulgadas, para que después de batanado quede en las dos tercias: se urde con 34 y medio liñuelos de a 32 hilos, quatro por púa de las 400 que ha de tener (Pérez Quintana, Josef. *Explicación e instrumentos de que se compone una fábrica para telillas*, Sevilla).
c. 1795 ***Durois*** o ***durancillos*** lisos, agrisetados, estampados o rayados extrangeros, hasta vara de ancho cada una (*Almanak Mercantil o Guía de Comerciantes*, Madrid, HD).
d. 1799 Ítem unas enaguas de ***durancillo*** en setenta [reales] (*Recibo de bienes de Vicente Barrera*, Huelva, ODE).
e. 1843 Un viejo ropillento que llevaba un capote de ***durancillo*** muy remendado (Tenorio, J. M.ª. *La demanda*. FG).

Finalmente, merece destacarse que en este trabajo se ofrece la primera evidencia del uso de *durancillo* en el español del siglo XVIII, en concreto en un inventario de bienes en la Huelva de 1799, en el que dicha voz designa un tipo de tejido. Este primer uso documentado en la documentación notarial andaluza cuando agoniza el setecientos ilustra de forma cabal que durancillo era voz empleada entre 1785 y 1843 en Andalucía, en concreto en el enclave de Huelva. Además, a pesar de que no existen ocurrencias de *durancillo* en los corpus generales y tampoco en el CorlexIn en este trabajo se ofrecen cinco documentaciones fechadas entre 1785 y 1843, que evidencian el uso de la palabra en el español moderno, tanto en el ámbito de la legislación como en la vida cotidiana, como revela el único testimonio hallado hasta ahora en un protocolo notarial onubense.

6.2. Sevillez, desavilles

Se trata de dos variantes formales de la voz *déshabillé*, término que procede del francés y que se utiliza, según el TFL, como un sustantivo masculino singular que alude a una "prenda casera de mujer, generalmente larga y escotada hecha de tela ligera". La invención de esta prenda se le atribuye a la esposa del monarca Luis XIV, conocida como Madame Maintenan (Štrabaková 2007: 817). Además, al igual que *durancillo*, ninguna de las dos formas presenta registros lexicográficos ni aparecen documentadas en los corpus generales.

En español, existen evidencias de este galicismo desde el siglo XVIII, que, además, exhibe una gran inestabilidad formal desde su incursión en el idioma. Tanto la lexicografía académica como extraacadémica muestran, al igual que los corpus, dos variantes ampliamente documentadas: *déshabillé* y *desabillé*. De esta manera, los diccionarios extraacadémicos consultados en el *Nuevo Tesoro Lexicográfico* (NTLLE), pioneros en el registro de esta palabra, la documentan con ambas formas (Terreros y Pando 1786, Gaspar y Roig 1853, Rodríguez Navas 1853) y *desabillé* (Núñez de Taboada 1825, Salvá 1846, Domínguez 1853, Gaspar y Roig 1853, Zerolo 1895, Pagés 1904, Toro y Gómez 1901, Alemany 1917) mientras que los diccionarios académicos únicamente la recogen con la forma *desabillé*.

Por otro lado, los corpus y la hemeroteca digital también dan testimonios de las variantes mencionadas anteriormente y aportan una nueva forma, *savillé*, todas ellas documentadas en el género literario. Asimismo, la hemeroteca digital también registra la voz *desavillé*, localizada en un periódico madrileño de 1788. Los ejemplos que ya arrojan tanto los corpus de referencia como la hemeroteca a propósito de las diferentes formas mencionadas, exhiben claramente que se trata de un término de nueva incorporación, pues en muchas ocasiones se ofrecen sinónimos o explicaciones para dejar claro qué es un déshabillé, como bien se muestra en los siguientes ejemplos:

(2) a. 1722 Un poeta moderno, en lugar de toga coa pondría el tontillo, o bata o el *deshabillé*, y en lugar de lira diría el clave o la guitarra (Cadalso, José de. *Suplemento al papel titulado Los eruditos de la Violeta*. Madrid. CDH).

b. 1794 Tomé dos tazas de té. Púseme un ***desabillé*** y bonete de noche. Hice un tour en mi jardín y leí cerca de ocho versos del segundo acto de Zaira. (Cadalso, José de. *Cartas marruecas*. Madrid. CDH).

c. 1787 Gorito, ya ha tres meses que me tratas y aunque sabes [...] soy también aseñorada, sé lo que es formalidá, y a llevar bien una bata o ***savillé*** desafío a la usía más pintada (Cruz, Ramón de la. *Los castaños picados*. Madrid. CDH).

d. 1788 La persona que hubiere recogido una niña de 11 años, que se ha huido de casa de sus padres el día 18 por la mañana, con ***desavillé*** y zagalejo de estameña, sin mantilla y el pelo negro; el que supiere de ella avisará al portero del Saladero que es su padre. (*Diario de Madrid*, Madrid, nº de noviembre, 2. HD).

Asimismo, las variantes *deshabillé*, *desabillé*, *desavillé* y *savillé*, están presentes en varios periodos del español, llegando a coexistir todas ellas durante los siglos XVIII, XIX y XX. No ocurre lo mismo con *savillé*, cuyo empleo ya no se atestigua más allá del XIX. Además, a partir del siglo XXI, las dos únicas formas que prevalecen son *deshabillé* y *desabillé*, al parecer las variantes seleccionadas en el proceso de estandarización y que, por tanto, son las que aparecen registradas en obras normativas y de referencia, como son los diccionarios.

En cuanto a los indicadores cronológicos, las variantes anteriormente citadas solamente se registran en España en sus dos primeras centurias de vida en nuestra lengua. No obstante, a partir del siglo XX también es habitual encontrarlas en el continente americano y en el siglo XXI es mucho más frecuente hallar el galicismo en América que en España. Por lo que se deduce, que en primer lugar incursionó en el español de la península y, posteriormente, se trasladó al continente americano.

Si nos centramos en las dos variantes que nos ocupan, *sevillez* y *desavilles*, es necesario destacar que se trata de voces que únicamente aparecen registradas en inventarios de bienes de la provincia de Huelva y que han permanecido "invisibles" en corpus y diccionarios hasta la fecha. Así, los dos ejemplos que arroja nuestro corpus base son los siguientes:

(3) a. 1799 Ítem un *sevillez* en treinta y ocho [reales] (*Recibo de bienes de Vicente Barrera*, Huelva, ODE).
b. 1786 Ítem un *desavilles* de terciopelo liso negro con guarnición de pieles en cincuenta y dos reales (*Recibo de dote de don Ambrosio*, Huelva, ODE).

La existencia de estas variantes prácticamente desconocidas en la historia del español, nos lleva a deducir que déshabillé fue un galicismo que penetró por vía oral al castellano y que la fonética meridional acogió con formas tan singulares como *sevillez* o desavilles. Asimismo, estas formas también pudieron ser fruto de la confusión existente entre el sustantivo *déshabillé* y el verbo "déshabiller" (*desvestirse* en francés). Esta última explicación es la que brinda Baralt (1855), quien aduce que debido a la existencia en español del verbo "desabillar" y "desabillarse", ambos procedentes de las voces francesas "déshabiller" y "se déshabiller"; el término que nos ocupa se derivó de la confusión con estos verbos para referirse al vestido ligero o bata que usaban las mujeres para dormir o estar en casa.

Sea como fuere, lo que queda claro es que las dos variantes del corpus base aportan una información diatópica de gran valor, puesto que revelan que los galicismos dieciochescos supuestamente circunscritos al español de la corte madrileña, arraigaron en los vernáculos provinciales como el onubense. Asimismo, nos brindan matices que podríamos considerar de registro diastrático, puesto que, en muchas ocasiones, el escribano que elaboraba una relación de bienes, debía tomar nota deprisa y plasmaba sobre el papel los rasgos propios de su variedad dialectal, no atendiendo a cuestiones normativas ni formales. De ahí, que dada la espontaneidad e inmediatez con la que fueron redactados, los inventarios de bienes se conviertan en pruebas fiables e indiscutibles del empleo de neologismos franceses en el ámbito regional hasta entonces ocultos en la historia del español como es el caso que aquí nos concierne. Estudios futuros, con mayor base empírica sobre el uso regional de este galicismo, podrán precisar si *sevillez* fue variante del galicismo vinculable exclusivamente con el vernáculo onubense del setecientos o si adquirió mayor arraigo la forma provincial de Andalucía y otras regiones.

7. CONCLUSIONES

La documentación archivística de impronta oral e inmediatez comunicativa se está revelando crucial para construir la nueva historia no literaria del español y sus variedades diatópicas. Especialmente idónea resulta la documentación notarial y, en concreto, los protocolos notariales para reconstruir los vernáculos regionales y los procesos de convergencia y divergencia léxica, respecto del estándar centropeninsular. Tanto es así, que, en el ámbito de la vida cotidiana, las tres voces analizadas han pasado prácticamente inadvertidas en la historia del español. De hecho, los ejemplos aquí aducidos de documentos archivísticos inéditos suponen las primeras noticias sobre el español onubense del XVIII, en el plano léxico.

Respecto a las fuentes documentales del corpus base, aunando el rigor filológico y los avances técnicos más punteros, se han transcrito y editado digitalmente ocho inventarios de bienes. En ellos se han podido rastrear la huella léxica de dos extranjerismos dieciochescos, hasta entonces opacados en corpus y diccionarios de referencia como es el caso de *durancillo* (emparentado con *durois*, extranjerismo de origen incierto) y de las variantes *sevillez* y *desavilles* (formas españolizadas del francés *deshabillé*). Los primeros indicios que se encuentran de estos términos se localizan de nuevo en los inventarios de bienes del XVIII.

En el caso de *durancillo*, nos encontramos ante un préstamo poco documentado, aunque era un tipo de tela muy utilizada en el mundo de la moda y que, como bien aclara el DHTT, desde principios del XIX, era asiduamente importado a España y destinado a la elaboración de todo tipo de prendas, sobre todo de abrigos. Pero si, en nuestro corpus base, *durancillo* se documenta como tejido en un inventario onubense de 1799 y, también figura *durois* o *durancillo* en un documento de arancel de aduana de 1785, podemos concluir que esta tela no comenzó a exportarse en la España del XIX, como consta en el DHTT, sino que fue un tejido dieciochesco que, aunque novedoso, se empleaba incluso en las provincias. La consulta de los corpus confirma la amplia difusión geográfica de *durancillo* en el español peninsular del ochocientos, en el que se consolidó definitivamente este neologismo de finales del XVIII, que ha pasado desapercibido en toda la historia de los diccionarios del español, tanto en los académicos como en los extraacadémicos.

En cuanto a *sevillez* y *desavilles*, se trata de dos variantes léxicas procedentes de la voz francesa *déshabillé*, una bata o vestido muy utilizado por las mujeres para dormir o para estar cómodas por casa y que normalmente estaba elaborado con una tela ligera y suave. Su empleo más común se corresponde con las formas *deshabillé*, *desabillé* o incluso *desavillé* y *savillé*, presente en el español desde el siglo XVIII en varias zonas de España y, posteriormente, también en América, como bien testimonian los corpus y la hemeroteca digital. El empleo de *sevillez* y *desavilles* en el español onubense del XVIII pudo deberse a la confusión fonética entre el sustantivo *déshabillé* y el verbo, también presente en español, "desabillar" (del francés *déshabiller*). Por otra parte, la fase de inestabilidad sistémica, con múltiples variantes en contienda, se revela de manera prototípica en los primeros momentos de aparición de un extranjerismo y muy particularmente de los galicismos dieciochescos que se introducen en medio oral. Por consiguiente, nada impide pensar que las variantes *sevillez*, *desavilles* revelen la primigenia aclimatación fonética del galicismo *déshabillé* en el vernáculo onubense. Además, el hecho de que en las últimas décadas del XVIII, los ajuares de las mujeres onubenses incluyan la prenda *sevillez/desavilles* es un claro indicio de que el galicismo incursionó en las variedades regionales del español dieciochesco y no solo en el español de la corte madrileña, en el que vienen ejemplificándose los galicismos del setecientos.

Los dos estudios de caso aquí explorados confirman, pues, la hipótesis de partida, toda vez que existe una correlación positiva sobre documentaciones tempranas de léxico de la vida cotidiana, en ámbito regional, y el género textual "inventario de bienes" de nuestro corpus base. Es decir, en el siglo XVIII, los protocolos notariales sí son permeables a las formas *sevillez/desavilles* ("bata") y *durancillo* ("tejido de lana fina"), mientras que los géneros de ficción (privilegiados en los macrocorpus de la RAE) inhiben estas formas en el español del setecientos.

A la luz de los resultados aquí alcanzados, y toda vez que el *Tesoro léxico de las hablas andaluzas*, por lo general, carece de ejemplificación del uso histórico, como futura vía de investigación nos proponemos el reto de ofrecer las más tempranas documentaciones de determinadas voces provinciales de Andalucía en el siglo XVIII, centuria clave en los procesos de dialectización de la lengua española. A este respecto, como continuidad de este trabajo exploraremos próximamente la diacronía del término *daguilla*, que, por cuestiones de espacio, hemos excluido en esta ocasión. Próximamente, nos proponemos aducir las primeras documentaciones de dicho término -marcado lexicográficamente como andalucismo-, cuya historia se desconoce.

Bibliografía

Corpus y diccionarios

Alvar Ezquerra, Manuel (2000): *Tesoro léxico de las hablas andaluzas*, Madrid: Arco Libros.

Baralt, Rafael María (1855): *Diccionario de los galicismos, o sea de las voces, locuciones y frases de la lengua francesa que se han introducido en el habla castellana moderna, con el juicio crítico de las que deben adoptarse y la equivalencia castiza de las que no se hallan en este caso*, Madrid: Imprenta Nacional.

CDH = Real Academia Española: *Corpus del Nuevo Diccionario Histórico del español*. En línea www.rae.es

CORLEXIN = Morala Rodríguez, José Ramón (dir.). *Corpus léxico de inventarios*. En línea https://apps2.rae.es/CORLEXIN.html

DCECH = Corominas, Joan y José Antonio Pascual (1980–1991): *Diccionario crítico y etimológico castellano e hispánico*, Madrid: Gredos.

DEA = Seco, Manuel, Olimpia Andrés y Gabino Ramos (2018): *Diccionario del español actual*, Madrid: Santillana

DHLE = Real Academia Española (1960–1996): *Diccionario histórico de la lengua española*. En línea <www. rae.es>

DHTT = Durán Pujol, Montserrat; Dávila Corona, Rosa María; García Fernández, Máximo (2004): *Diccionario histórico de telas y tejidos castellano-catalán*, Junta de Castilla y León.

FG = Fichero General. Madrid. RAE. En línea <www.rae.es/banco-dedatos/fichero-general>

HD = Hemeroteca Digital, Biblioteca Nacional de España. En línea <http://hemerotecadigital.bne.es.>

NTLLE = *Nuevo tesoro lexicográfico de la lengua española*. Madrid. RAE. En línea <http://ntlle.rae.es>

ODE = Calderón Campos, Miguel y María Teresa García Godoy (2010– 2019): *Oralia Diacrónica del español (ODE)*. En línea <http://corpora.ugr.es/ode>

OED= *Oxford English Dictionary*. En línea <https://www.oed.com>

TDHLE = *Tesoro de los diccionarios históricos de la lengua española*. Madrid. RAE. En línea <https://www.rae.es/tdhle/>

TFL = ATILF-CNRS/ Université de Lorraine (1994): *Trésor de la langue Française informatisé*. En línea <http://www.atilf.fr./tlfi>

Referencias bibliográficas

Arrabal Rodríguez, Pilar (2020): "Edición de un corpus digital de inventarios de bienes", *Procesamiento del Lenguaje Natural*, 65, 67–74.

Bastardín candón, Teresa (2012): "Léxico de los Siglos de Oro en documentos notariales: las particiones de bienes del Archivo Histórico Provincial de Cádiz", *Cuadernos del Instituto de Historia de la Lengua*, 7, 31–59.

Calderón Campos, Miguel (2018): "Andalucismos en el corpus del reino de Granada" en Dolores Corbella, Alejandro Fajardo y Jutta Langenbacher Liebgott (coords), *Historia del léxico español y Humanidades Digitales*, Berlín: Peter Lang, 317–339.

Calderón Campos, Miguel y Gael Vaamonde (2020): "Oralia Diacrónica del Español: un nuevo corpus de la Edad Moderna", *Scriptum Digital* 9, 167–189.

Company Company, Concepción (2012): "El español del siglo XVIII. Un parteaguas lingüístico entre México y España", en M.ª Teresa García-Godoy (ed.), *El español del siglo XVIII. Cambios diacrónicos en el primer español moderno*, Berna: Peter Lang, 255–291.

Egido, María Cristina (2020): "Variación diatópica en documentos notariales del siglo XVII: el asturleonés y aragonés", *Scriptum digital*, 9, 15-59.

Fernández González, Margarita (2021): *Recopilación, edición y estudio léxico de documentación notarial asidonense (1746–1800)* (tesis doctoral), Cádiz: Universidad de Cádiz.

García Godoy, M.ª Teresa (2012): "La lengua de las primeras constituciones hispánicas: el cambio léxico-semántico" en Teresa Bastardín Martín y Manuel Rivas Zancarrón (coords.), *Actas del IX Congreso Internacional de Historia de la Lengua Española*, Madrid/Frankfurt: Iberoamericana/Vervuert, 107–132.

Janssen, Maarten (2012): "Neotag: A POS Tagger for Grammatical Neologism Detection", en *Proceedings of the 8th Language Resources and Evaluation Conference (LREC 2012)*, ELRA. Estambul, Turquía, mayo de 2012, 2118– 2124.

Janssen, Maarten (2014): *TEITOK – a Tokenized TEI Environment*. Disponible en http://www.teitok.org/. Fecha de consulta: 22/02/2022.

Mondéjar, José (2009): "De la antigüedad y de la naturaleza de las hablas andaluzas". [Discurso del nuevo Doctor Honoris Causa D. José Mondéjar], en *Doctores Honoris Causa por la Universidad de Málaga. Período 2004—2008*, Málaga: Universidad de Granada, 101–112.

Morala, José Ramón (2010): "Inventario de bienes y lexicografía histórica", en Ana M.ª Medina Guerra y Marta Concepción Ayala Castro (ed. y coord.), *Los diccionarios a través de la historia*, Málaga: Universidad de Málaga, 433– 454.

Morala, José Ramón (2012): "Relaciones de bienes y geografía lingüística del siglo XVIII", *Cuadernos del Instituto de Historia de la Lengua*, 7, 297–328.

Morala, José Ramón (2014): "El CorlexIn, un corpus para el estudio del léxico histórico y dialectal del Siglo de Oro", *Scriptum Digital*, 3, 5–28.

Morala, José Ramón (2018): "El proyecto CorlexIn y la variación diatópica en el léxico del Siglo de Oro", en Dolores Corbella Díaz, Alejandro Fajardo Aguirre y Jutta Langerbancher-Liebgott (eds.), *Historia del léxico español y Humanidades digitales*, Berlín: Peter Lang, pp. 397–417.

Ortiz Cruz, Delmesa (2020): "Estudio léxico de un inventario oscense de 1643", *Estudios Humanísticos. Filología*, 42, 81–93.

Rojo, Guillermo (2021): *Introducción a la lingüística de corpus en español*, Nueva York: Routledge Chapman Hall.

Strabáková, Radana (2007): *Procesos de cambio léxico en el español del siglo XIX: El vocabulario de la indumentaria (tesis doctoral)*, Granada: Universidad de Granada.

Torres martínez, Marta (2018): "Recepción de léxico textil dieciochesco en la tradición lexicográfica del español", *Anuario de Letras. Lingüística y Filología*, vol. VI, sem.2, 197–230.

Torres martínez, Marta (2020): "En la despensa del hospital: léxico de cocina de un inventario de beneficiencia", en M.Á. Moreno Moreno (ed.), *Léxico social transmitido en las sucesiones parlamanterias, Estudios de Lingüística del español*, 22, 133–152.

La escritura femenina de mano inhábil en la correspondencia de los siglos XVII y XVIII*
Unskilled female writing in 17th and 18th collected letters

Cristina Tabernero Sala
Universidad de Navarra
ORCID iD: https://orcid.org/0000-0002-0278-7818

Resumen: En este artículo se caracterizan los universos discursivos de mujeres de nivel sociocultural medio o bajo de los siglos XVII y XVIII a partir de los resultados obtenidos del estudio de un conjunto epistolar y su contraste con otro epistolario de las mismas características. Tras la presentación del contexto social y de las condiciones de alfabetización desde las que es preciso entender la redacción de estos textos, se atiende a la información que revela la escritura de estas mujeres en torno a dos cuestiones: de un lado, la conciencia que poseen las redactoras de pertenencia a un grupo, en este caso el femenino, que obliga a la representación de una imagen en el marco de un código compartido con los destinatarios; de otro lado, la escritura como retrato de la identidad lingüística de las emisoras, en las que no existe una correlación necesaria entre nivel social y grado de instrucción.

Palabras clave: Escritura, mujer, siglos XVII y XVIII, alfabetización

Abstract: The aim of this article is to characterize the discursive universes of 17th and 18th century women from a medium or low socio-cultural level on the basis of the results obtained from a study of epistolary correspondence and its contrast with another corpus of the same features. Once presented the social context and the literacy conditions –from which it is necessary to understand these texts' composition– we focus on the information that reveals these women's writing on two issues. On the one hand, the awareness these writers have as a female group which obliges to the representation of an image within the framework of a shared code by the addressees. On the other hand, writing as a portrait

* Este trabajo es resultado del proyecto de investigación "Andaluzas y escrituras: lengua e historia en cartas femeninas de la Andalucía moderna (US-1380779)".

of the linguistic identity of the senders, in whom a necessary correlation between social status and educational level does not exist.

Keywords: Writing, woman, 17th-18th centuries, literacy

1. INTRODUCCIÓN

Hasta que los datos de un número representativo de muestras analizadas según los parámetros de la variación sociolingüística permitan hablar de escritura femenina, es evidente que esta expresión servirá únicamente para denominar la práctica escriptoria de mujeres, sin alusión a la existencia de una oposición entre el modo de escribir propio de su género y el característico de los varones. Esta perspectiva no impedirá, desde luego, atender, tras la descripción, a la comparación entre escritos de ambas manos con el fin de comprobar el papel de la variable sexo en la preferencia entre variantes y su funcionamiento aislado o en codependencia con otros factores. En cualquier caso, nuestro objetivo, al igual que el de la mayoría de los investigadores que se están ocupando de este tema desde una perspectiva histórica, no es otro que completar una parte de la historia de la lengua y de las variedades obviada hasta fechas muy recientes a causa del predominio masculino en la autoría de la historia textual. De igual modo que en las últimas décadas hemos asistido a la necesidad de completar nuestra disciplina con la información que ofrecen tipos textuales más próximos a la inmediatez comunicativa o documentaciones de diatopías distintas del centro norte peninsular, es momento de fijar la atención en otro elemento de variación, esta vez en relación con los usos lingüísticos femeninos[1].

En este trabajo partiré de la hipótesis de que no existen, en contraste con los masculinos, universos discursivos intrínseca o naturalmente femeninos; antes bien, las características particulares que las mujeres manifiestan en su producción, en este caso escrita, funcionan en codependencia con factores extralingüísticos relacionados con el papel social asumido por el género femenino en el contexto de una época histórica

1 En esta línea de estudio se han puesto en marcha distintos proyectos, que han dado lugar a numerosos encuentros y publicaciones. Ver a este respecto los trabajos y proyectos citados en Tabernero (en prensa, *b*).

concreta. A estos factores habrá que sumar, lógicamente, las características propias de la lengua en cuestión y el tipo de discurso o tradición discursiva escogida en cada caso (Conde 2007: 118), aspecto este último sobre el que otras voces han llamado la atención cuando se han acercado a la lengua epistolar femenina (Bravo 1998). En términos similares a la teoría propuesta se expresaron, por ejemplo, García Mouton (1996–1997) o Franco (2011) en su análisis de las cartas de Indias, al apuntar al diferente nivel de instrucción o a la limitación de la mujer al ámbito de la vida privada como elementos condicionantes de un discurso marcadamente femenino, que se aproxima al masculino a medida que ha ido desapareciendo parte de la distancia la distancia entre las funciones y usos sociales asumidos por cada género.

Desde la hipótesis de partida presentaré en las páginas que siguen los resultados de los análisis realizados hasta el momento sobre las misivas redactadas entre los siglos XVII y XVIII por mujeres navarras y guipuzcoanas de instrucción media o baja. En este sentido, expondré a continuación una visión de conjunto a partir de diferentes estudios parciales que he realizado sobre este tema[2], contrastándolos con un corpus de control, con el fin de averiguar en qué consisten los que hemos denominado universos discursivos femeninos. Para ello, tras describir el corpus (§ 2), esbozaré el contexto social en que se desenvuelven las mujeres de estos siglos como marco para entender la conformación de tales universos discursivos (§ 3) y atenderé, a continuación, al grado de consciencia de las mujeres de la Edad Moderna ante la redacción epistolar (§ 4), así como a la definición del retrato lingüístico que se obtiene desde el examen de cada acto de escritura (§ 5).

2. EL CORPUS

El corpus sobre el que he trabajado para dibujar esta escritura femenina está constituido por un conjunto de cartas insertas en procesos judiciales de incumplimiento de promesa matrimonial pertenecientes a los siglos XVII y, fundamentalmente, XVIII (cf. Tabernero 2022 y *en prensa a*). Estos

2 En el marco del proyecto ya concluido "Universos discursivos e identidad femenina: élites y cultura popular" (HAR2017-84615-P). Ver resultados y descripción en https://bit.ly/3Ss5eTo.

pleitos albergaban como prueba del delito imputado misivas intercambiadas entre los enamorados o entre personas del entorno de cada uno de ellos. Como era de esperar, los pleitos conservan, en general, la correspondencia emitida por una de las partes, aunque no faltan casos en los que se aducen epístolas de ambas manos. En este caso, los protagonistas de los relatos son, como ya hemos adelantado, hombres y mujeres de localidades navarras y guipuzcoanas, pertenecientes a las clases subalternas —dieciséis de treinta forman parte de este grupo social– o a miembros de la nobleza baja, eminentemente rural, o de la burguesía urbana compuesta por bachilleres, licenciados, médicos, mercaderes, maestros, etc. (cf. Elliott 1998). No tenemos muestras de personas del nivel social más elevado, miembros de la alta aristocracia o de las élites eclesiásticas y culturales, aunque sobre este perfil contamos, para establecer el contraste, con los trabajos realizados por otros investigadores, mientras que son muy escasas las aportaciones sobre manos inhábiles. Es cierto que la pertenencia a una determinada condición social orienta por lo común sobre el nivel sociocultural y el grado de destreza de los escribientes; sin embargo, dado el carácter relativamente inestable de este correlato (nivel socioeconómico= nivel de instrucción y habilidad escrituraria), resulta preciso considerar ambos datos por comprobar si tal coincidencia es aplicable a las protagonistas de este estudio.

En total, se han analizado 95 cartas de 30 emisoras, que se han comparado con 29 misivas masculinas intercambiadas con algunas de las redactoras anteriores. El lapso temporal que abarcan es de dos siglos, con reparto muy desigual, ya que son escasas —24 de 95– las muestras que se escriben en el siglo XVII. A pesar de la desproporción y de la pertenencia de todas las misivas del Seiscientos a mujeres de nuestro grupo socialmente más elevado, no las hemos excluido del análisis por el interés que poseen los datos de contraste aportados por estos textos aurisculares. En su mayoría, estas mujeres, cuya edad oscila entre los 16 y los 33 años, redactan cartas a sus prometidos; son, por tanto, relaciones de proximidad o, al menos, de solidaridad. En otras ocasiones, en cambio, existe entre los interlocutores una relación jerárquica, fundamentalmente de parentesco: hija a madre, sobrina a tío, nuera a suegro, feligresa a presbítero, y, a la inversa, suegra a nuera.

Como corpus de control se han empleado, sobre todo para los aspectos discursivos, las 92 cartas del corpus *PostScriptum* redactadas por mujeres, también de "estatus ordinario", equivalente a los dos grupos marcados en nuestros documentos. Se trata de misivas halladas en procesos judiciales incoados por distintos delitos —incumplimiento de promesa matrimonial, adulterio, etc.–, que se localizan en Sevilla, Cuenca, Soria, Zaragoza, Valencia, Cádiz, Jaén, La Rioja, Madrid y Valladolid, León y Coruña, datadas entre 1553 y 1792–1800.

3. FACTORES EXTRALINGÜÍSTICOS: ESCRITURA Y ALFABETIZACIÓN FEMENINA

Es sobradamente conocido, al menos como idea general, que la escritura femenina ha estado durante siglos muy lejos de asemejarse cuantitativamente a la masculina. Sea por no constituir una destreza necesaria en las actividades desempeñadas por las mujeres, sea por el peligro que representaba el acceso de la mujer a la palabra hablada y escrita, según la tradición asentada por los moralistas, los textos producidos por mujeres son incomparablemente menores en número que los redactados por varones y, en consecuencia, el acceso a estas muestras por parte del investigador resulta mucho más complejo, sobre todo porque la ausencia femenina de la vida pública en aquel momento impidió que sus escritos hubieran tenido el interés necesario para su conservación. Para que esta situación revierta habrá que esperar a la moda cortesana de las tertulias de salón, que llegará a España ya iniciado el XVIII (Rouvillois 2008). La entrada femenina en la actividad pública constituirá tan solo la respuesta a la reclamación, cada vez más insistente, del derecho a la instrucción y al cultivo del espíritu para las mujeres por el que diferentes voces habían clamado desde el período medieval. El motivo para negar esta necesidad de instrucción, con diferentes grados de permisividad, no era otro que el evidente influjo que el género femenino ejercía sobre hijos y esposos (cf. Castillo 2006, Navarro Bonilla 2004, Usunáriz 2019).

Según la tradición, el verdadero peligro en la escritura de mujer tenía que ver con la posibilidad de que se empleara en el desprestigiado arte de manifestar los sentimientos, sobre todo por medio de las vilipendiadas cartas de amor (Usunáriz 2019). De forma general en toda Europa, según atestiguan, por ejemplo, los manuales franceses (cf. Torras 2001), la carta se tenía como género naturalmente femenino, principalmente por la especial predisposición de las mujeres a la manifestación de los sentimientos y de las emociones, en contraste con su incapacidad para el pensamiento reflexivo e intelectual requerido por otro tipo de escritos (cf. Torras 2001 y Navarro Gala 2011). A decir de los estudiosos, esta primacía epistolográfica obedecía realmente al interés social, evidentemente masculino, por mantener a las mujeres apartadas de los ámbitos de poder y de otros tipos de cartas que pudieran influir en la vida pública (Goldsmith 1989). Tal sería la razón —parece– por la que habrían existido preceptistas de la epistolografía femenina: para orientar convenientemente la educación de los hábitos de las mujeres en esta tarea (Navarro Gala 2011).

A juzgar por la insistencia tratadística y según confirman los trabajos sobre la escritura de mujeres nobles (Almeida 2017: 10), en este grupo era habitual el manejo de la lectura y de la escritura, esencialmente como vía para mantener el contacto en relaciones "familiares o clientelares" cuando no era posible la relación presencial (cf. Castillo 2005). No se trataba, sin embargo, de una práctica común a todas las mujeres; más bien eran las nobles las que constituían una excepción en el panorama general de analfabetismo femenino, que, en España, al contrario que en otros países de Europa, afectó asimismo, incluso durante el siglo XVIII, a sectores privilegiados, como las esposas de miembros de la administración (cf. Soubeyroux 1998: espec. 247). En nuestro país tendremos que esperar de nuevo al Setecientos para que la alfabetización femenina elimine las barreras sociales y no alcance únicamente a los miembros de los estratos más privilegiados. Por lo general, de manera más acusada en España que en otros países europeos, la ciudad disfrutaba de índices de alfabetización bastante más elevados que el campo y las mujeres, por su parte, marcaban siempre una ostensible diferencia en relación con los varones, generalmente más formados. En el extremo de este colectivo femenino, las criadas, siguiendo en este caso la tendencia habitual europea, acusaban los índices más bajos de instrucción. Incluso en las ciudades importantes, como Madrid y Barcelona[3], la proporción de criadas alfabetizadas era muy bajo en relación con el progreso sufrido por el resto de niveles sociales[4].

3 En su artículo, Soubeyroux (1998: 250) habla de un 37,5 % para el Madrid de 1797 y de un 18,5 % en la Barcelona de 1750.

4 Este evidente retraso en la alfabetización femenina se prolongará durante el siglo XIX: "Le taux de 9,05 % de femmes alphabétisées dans l'ensemble du pays lors du recensement de 1860 prouve que la situation n'a guère évolué au XIXe siècle" (Soubeyroux 1998: 250).

El retraso de la alfabetización en España estaba ligado al sistema de instrucción privado observado hasta el siglo XVIII. Las familias más pudientes contrataban en sus casas los servicios de preceptores particulares y, cuando no disfrutaban de una situación holgada, acudían a las parroquias o conventos, que funcionaban como escuelas privadas de primeras letras. Será precisamente el cambio de mentalidad que opera el siglo ilustrado el que reivindique, entre otras renovaciones pedagógicas, la necesidad de la alfabetización femenina, que hasta entonces, de modo restringido, se había llevado a cabo principalmente en los beaterios para las hijas de las familias privilegiadas. A partir de esta centuria se institucionalizarán las primeras escuelas públicas de niñas en España (Cédula de Carlos III, 14 de agosto de 1768), que, de acuerdo con la Real Provisión de 1771, debían estar estrictamente separadas de los niños (Astorgano 2015: 19). No parece, sin embargo, que esta norma se observara rigurosamente, pues, según consta en la documentación, en localidades pequeñas, en las que resultaba imposible establecer la división, niñas y niños habrían tenido que compartir aula por fuerza (Laspalas 1994: 17). Aunque los estudiosos de la historia de la educación no han dejado de repetir que la ausencia de una política global de alfabetización impide ofrecer un panorama general y común a toda España (Soubeyroux 1998: 250), la mayoría de trabajos parciales coincide en señalar una escasa alfabetización femenina en los siglos XVI y XVII, situación que empezará a modificarse de forma generalizada a partir de los cambios mencionados en las ideas pedagógicas y sociales del siglo XVIII (cf. Bolufer 2007: 185).

En el proceso de alfabetización femenina llevado a cabo en España durante el reinado de Carlos III al que acabamos de referirnos, desempeñaron un papel esencial los centros femeninos, separados de los masculinos, creados desde obispados u órdenes religiosas, como la Compañía de Jesús (Nava 1995). En Navarra, por ejemplo, caso concreto que interesa a nuestro propósito, la red de escuelas de primeras letras se constituirá antes de la segunda mitad del siglo XVIII, en tanto que las escuelas de niñas tardarán en extenderse hasta las dos últimas décadas del siglo XVIII, "sin duda como consecuencia de la aprobación de la Ley LXI de las Cortes de 1780–1781" (Laspalas 2001: 93). A pesar de este cambio significativo en relación con la necesidad de instrucción femenina, en las Ordenanzas municipales de las distintas localidades, tanto urbanas como rurales, seguían vigentes los viejos propósitos de la educación femenina, que no eran otros que aprender, junto a la lectura, escritura y doctrina, las otras "cualidades mujeriles" o las "demás habilidades y labores en que comúnmente deben estar instruidas las mujeres", expresiones que confirman que el objetivo de la enseñanza de este género debía encaminarse al mismo dominio de la doctrina cristiana y del buen gobierno de la casa que ya habíamos visto en las centurias precedentes (Laspalas 1994: 17).

Las tasas de alfabetización nos indican que esta sociedad epistolar, según la denominación que ha recibido por parte de los historiadores (Castillo 2005), así como la redacción de la larga nómina de tratados y manuales epistolares que circularon durante los años de la Edad Moderna, estaban estrechamente vinculados con una sociedad cortesana y con el concepto de civilidad (Elias 2009 [1939])[5]. Sin embargo, a nadie se le escapa que muchas mujeres, todas las que pertenecían a las llamadas clases subalternas y también las de la baja nobleza, hidalgas principalmente, accedían en el mejor de los casos a la llamada instrucción elemental, sin que pudieran aspirar, ni siquiera con el cambio que representa el siglo XVIII, a una formación más amplia en los colegios, a los que económicamente les resultaría imposible acceder. Esta restricción no les afectaba, sin embargo, en el caso de la enseñanza de las primeras letras, pues quienes tenían declarada la "condición de pobreza" estaban eximidos de pagar las tasas de las escuelas municipales (Laspalas 1989: 192). Esta circunstancia nos ayudará a explicar cómo puede justificarse un manejo de la escritura, aunque sea inhábil, por parte de algunas de las redactoras a las que nos referiremos enseguida.

4. CONSCIENCIA DE LA ESCRITURA EPISTOLAR[6]

Es de sobra conocida, pues se ha destacado reiteradamente, la función de la carta como representación de un emisor ante un destinatario, que ha de

5 Ver a este propósito Castillo (2005: espec. 86).

6 Aunque no está en nuestro ánimo entrar en el concepto de identidad lingüística, muy presente en los dos epígrafes centrales de este trabajo, recuerdo que es, desde hace un tiempo, foco de atención de la sociolingüística. Se ha definido del siguiente modo: "vínculo que crea el individuo con la comunidad de habla de la que se hace miembro y cuya variedad de lengua adopta como suya propia. La identidad lingüística no es innata, sino que se va configurando, desarrollando, transformando en relación dialéctica con aspectos de la vida biológica, material y social, y posee como característica fundante la policausalidad. Tiene una génesis compleja, un

interpretar el texto a la luz de un conjunto de códigos sociales compartidos (cf. Castillo 2005: 848). Esta idea se aprecia asimismo en las mujeres de nuestro corpus, conscientes del significado de cada acto de escritura epistolar como salvaguarda de su *imagen* (Goffman 1967), según el papel que, de acuerdo con su género, les ha sido atribuido por nacimiento; es precisamente este conocimiento el que las llevará a excusarse por su escasa habilidad escriptoria[7] o a prescindir explícitamente de la efusividad de la expresión amorosa[8]. Especialmente representativo a este respecto resulta el manejo de los tratamientos de cortesía por parte de las redactoras de estas cartas (cf. Tabernero 2022), que, a pesar de permanecer ajenas al mundo cortesano de los manuales y normas de comportamiento, conocen, en cambio, el efecto que produce sobre el interlocutor y sobre ellas mismas el empleo de estrategias relacionadas con los tratamientos nominales y pronominales de cortesía. En este caso, las cartas nos ayudan a comprobar que, al menos en la correspondencia entre prometidos, la selección de un tratamiento deferencial o de familiaridad no depende de factores relacionados con el poder ni con el estatus, según la propuesta de Brown y Gilman (1960)[9], o con el nivel de formación, ni siquiera con el sexo. La complejidad de tratamientos es de todo menos azarosa y se maneja metódicamente para marcar la distancia con el interlocutor, lo que, aplicado,

desarrollo que no es lineal, que no es sólo causa/efecto, que no tiene una sola dirección, por lo que se torna indeterminada, circunstancial, más que permanente, construida dinámica y recíprocamente (Duszak 2002). Un hablante no construye una sola y unificada identidad lingüística para las distintas situaciones comunicativas. Construye identidades lingüísticas múltiples y complejas, como los mismos actos de interacción comunicativa, producto del reconocimiento anticipado" (Martínez Matos y Mora 2008). Ver, entre otros títulos, las contribuciones de varios autores sobre este tema en Bustos e Iglesias (2009).

7 Una de las redactoras, Narcisa de Haro, criada e hija de mercaderes prósperos, consciente de su escasa destreza escriptoria, pedirá disculpas del siguiente modo: "y le dar[ás] las grazias de mi parte con todas las espresiones que mereze persona de su calidad. Es berdad, io deví dárselas pero no me atrebo *por lo fatal de mi letra y así me disculparás*, pues ia lo espero" (ADP, c. 1666, nº17, Estella, 1758, fol. 20r-21v).

8 "Yo que soy muger no me está tam bien el echar flores a quien le quiero bien y estimado su fabor" (ADP, c. 1892, nº13, San Sebastián, 1741, noviembre, ¿25?, fol. 24r-25r): estas son las palabras que María Josefa de Suescun, viuda "sin caudales", escribe a su prometido, Domingo de Berástegui.

9 Para los matices sobre la consideración del estatus, ver Iglesias (2021: 77) y Calderón (2021: 35).

pongamos por caso, a la relación amorosa, significa tomar posición ante el modo en que dicha relación debe ser entendida en el ámbito público o en el privado. Estas mujeres solo se sirven del tratamiento respetuoso cuando desean proteger ante los demás, ante su interlocutor y ante sí mismas la honorabilidad de su relación y, por ende, de sus participantes; el tuteo se reserva, por el contrario, tanto en nuestro corpus de referencia como en el de control, para afianzar la relación y la intimidad existente entre los enamorados. En cambio, estas reglas se alteran cuando la correspondencia se dirige a otro tipo de interlocutor y el tema de la misiva se aparta de los asuntos de amor, incluso en los intercambios entre esposos[10]; entonces, aplicando de nuevo criterios de selección que tienen en cuenta la relación de simetría o asimetría entre emisor y destinatario, registramos los empleos respetuosos de hija a madre, de esposa a esposo, de sobrina a tío, entre otros, o el acostumbrado entre escritores en relación de solidaridad. Además, estas redactoras manejan con soltura los cambios conscientes de tratamiento (*address switching*)[11] como intensificadores de la cortesía para marcar el alejamiento del interlocutor, lo que, sobre todo en el marco de una relación amorosa, significa la ruptura de la intimidad (cf. Bentivoglio 2003), explícitamente reconocido en algún caso: "pues tan a las claras me da a entender, *pues me trata en diferente lengoage con mucha cortessía*" (Mariana de Arzallus, ADP, c. 658, nº1, Régil, s.f., s.l., fº 49r). El cambio al trato deferencial señala una distancia a medias entre la intensificación de la cortesía y el significado irónico (1) y, al contrario, la alternancia con el tratamiento tuteante funciona como reforzador de la cortesía (2):

(1) aun en esta procuro de vivir como si fuera una mujer casada, privándome de todas diverciones se entiende, como *tú* no lo inorarás. *No ce, señor mío, si vm ara eso por mí, como io lo hago por vm.* (Manuela de Garaicoechea, ADP, c. 2267, nº11, 1765, mayo, 20, Hernani, fol. 93r-94r)

(2) a. Y así disimulará *vuestra merced* mis faltas (Narcisa de Haro, ADP, c. 1666, nº17, 1757?, septiembre, 17, Estella, fol. 16r-17v)

b. e rezebido *tu* carta (Narcisa de Haro, ADP, c. 1666, nº17, 1757?, septiembre, 17, Estella, fol. 20r-21v)

10 Para la diferencia de tratamientos entre enamorados y entre esposos, ver Rígano (2007) y Hamad (2016).

11 Para la diferencia entre *address switching* o alternancia consciente y *address mixing* o alternancia inconsciente, ver Anipa (2001) y Fernández Marín (2012).

A su vez, también los tratamientos nominales, y por extensión salutaciones y despedidas, sirven para romper las normas lingüísticas oportunas en una relación de proximidad, al intensificar, mediante usos más propios de la distancia, la actitud de enfado o reproche del emisor, como se comprueba, por ejemplo, en el intercambio entre Ignacia de Olóriz (3) y Rafael de Ustáriz (4): en su respuesta a Ignacia, Rafael intenta atenuar con expresiones afectuosas el enfado que se acusa en los usos formularios de ella.

(3) "Querido Rafael", "Espero tu respuesta y que mandes a tu seruidora", "A Dios, que te guarde muchos años, tu servidora" (Ignacia de Olóriz, ADP, c. 2468, nº18, 1777, Pamplona)
(4) "Querida Ygnacia", "Mi más querida Ygnacia", "Espero tu respuesta y no como las otras y que mandes a tu affectísimo servidor y amigo", "Y darás mis afectos a todas y a lo dicho y manda a tu afecto Rafael de Uztáriz" (Rafael de Ustáriz, ADP, c. 2468, nº18, 1777, Laguardia)

En este contexto, pues, las mujeres, lo mismo que los varones, son conocedoras de los códigos sociales que rigen en la relación y en la escritura epistolar, según los cuales el respeto a las normas establecidas representa una estrategia de refuerzo de la imagen de los interlocutores. En el marco de una relación amorosa, hacen uso del tuteo como valorizador de la intimidad de la relación, entendida en su carácter privado. En el momento en que se produce una ruptura, esta se comunica con el recurso al cambio de forma (5). Esta función es la misma que cumple la diferencia entre hombres y mujeres en cuanto a la expresión de los afectos: para ellos representa un recurso de persuasión; en cambio, las mujeres, obligadas a la represión de los sentimientos[12], deber que reconocen explícitamente, emplean los usos deferenciales como salvaguarda de su propia imagen (6):

(5) Recibí tanto contento mi ánima de *vuestras* amorosas letras que renueva y nace en ello otro nuevo espíritu en aquél. Hubo momento que sea que [...] ellos [...] no hay rato ni momento que no estoy pensando en esa *vuestra* presencia. (PSCR7028, María de Torres, Sevilla 1586)
(6) Aunque en la suya no firma diciendo que más bale ser firme y no firmar, *yo que soy muger no me esta tam bien el echar flores* a quien le quiero bien y estimado su fabor (María Josefa de Suescun, ADP, c. 1892, nº13, 1741, noviembre, 25?, San Sebastián).

12 "Represión", según Muir (2002), o "control", en palabras de Elias (2012).

La reiteración de unos mismos esquemas, con ligeras variantes, en las salutaciones y despedidas (cf. Usunáriz 2012), sin grandes diferencias entre los usos de uno y otro sexo, lleva a pensar en un conocimiento generalizado de los modelos epistolares: se repiten constantemente en las epístolas analizadas los tratamientos más próximos *amigo, esposo, amado, querido, hermano*, *primo,* en combinación con sustantivos como *alma* o *corazón*, hasta el más normalizado *señor* e incluso el más común y menos marcado *Jesús y María,* coincidentes con los casos encontrados en otros corpus y otras localizaciones, como los documentos de Sevilla, Valencia o Zaragoza de *PostScriptum*. Si no de los manuales, mucho más concisos a este respecto que las muestras reales, estos usos formarían parte del acervo popular en el arte común y extendido de escribir cartas. Es decir, las redactoras de las misivas, en su mayoría, como hemos visto, mujeres con escasa formación, manejan una tradición epistolar que, de acuerdo con las conclusiones de otros estudios (Usunáriz 2012 y 2019), no habrían adquirido a través de la abundante literatura tratadística que circuló principalmente a partir del siglo xvi, sino tal vez por la imitación de unos usos ampliamente incorporados en la llamada sociedad epistolar (Tabernero, *en prensa b*). Aunque los manuales declararan explícitamente su "deseo de servir de fruto a muchos" (Juan de Icíar en su *Nuevo estilo de escrevir cartas mensageras*, 1552), los modelos propuestos se dirigían casi en exclusiva a "los miembros de una comunidad más restringida compuesta fundamentalmente por secretarios, burócratas, profesionales de la escritura y, en general los representantes de la sociedad de corte, donde más efectiva podía ser su funcionalidad retórica y social" (Castillo 2002: 186).

Si las similitudes entre salutaciones y despedidas de conjuntos epistolares diferentes, al lado de las discordancias con las propuestas de los manuales, apoyan la tesis de una transmisión popular y no libresca de los usos discursivos del género entre las clases subalternas, en la misma línea apunta el examen del cuerpo de la carta. En nuestras muestras, lo mismo que en las del corpus que hemos tomado como contraste, las expresiones de cariño, entre próximos, o de amor, en el caso de las cartas entre enamorados, se combinan con la comunicación de sucesos diarios o de avisos, que prevalecen sobre la manifestación del sentimiento amoroso, en claro contraste con los modelos de los tratados (7). En el exordio o en las despedidas (8) se respeta el interés y buenos deseos sobre el estado de salud del destinatario, dependiendo del apresuramiento en la redacción y del tipo de texto, carta o billete, de que se trate.

(7) a. Amigo y señor mío: e rezeuido una carta escrita a beinticinco de maio con grande gusto y otra a 23 de maio. Creo que será detenida en el camino. Aun con todo eso me quedo gustosa con las noticias de su caual salud. Yo quedo buena en compañía de mis padres y ermanos, a quienes se encomiendan mui de corazón. *Mis padres estiman mucho el cuidado que toma de partisipar las noticias de Simón. Lo que dize mi madre es que le aga fauor de dezir a Simón que ella dize que antes a tenido con Mariana y que avrá a de tener con sus padres y que no logrará su intento, si tienen salud, que tenga por cierto y que no le aga caso más* (Catalina de Garro, ADP, c.1833, nº18, 1721, junio, 29, Segura, fº83r-84v)

b. Querido dueño de mis entrañas. Cada vez tengo más desconsuelo y cada vez se llena más mi alma de angustia [...] *Me remitirás ese botijoncito de aceite, que no tengo nada y no tengo otro consuelo ni otro amparo más que el tuyo. Ya sabes, querido mío, que este lugar no hay cosas ninguna. Y éntrame una cosica de tu gusto, porque aquí que no hay nada ni tampoco dinero.* Y con esto, mi vida, hasta que te vea. (PSCR7875, Bernardina Martínez, 1792, Villalón de Campos, Valladolid)

(8) a. *Jesús y María:*

[...] que Dios g*uarde* a Vm los años de mi deseo y desta/ suya. En Rrégil, oy día domingo/Mariana de Arcallus/ y Loydi (rubrica) (Mariana de Arzallus, ADP, c. 568, nº1, 1624, Régil, fº 39r)

b. *Amigo Ysidro:*

No sé el motibo que tienes para dilatar tanto el viaje tan deseado, pues me tienes confusa que no se qué discurrir. Aviendo me ofrezido en la Puente la Reyna vendrías para las Pasquas y como an pasado y no venir, me tienes llena de discursos que no se adónde inclinarme, y aunque estoy en mi tierra, pero ya sabes que estoy entre cuñada, y fuera de tu presencia. Y assí te encargo me saques de este conflito lo antes que pudieres, pues las oras me parezen siglos y los instantes años.

No te digo más sino que Dios te guarde los años que yo desseo. Artajona y Abril 8 de 1714. Quien más te dessea, Francisca de Baygorretegui

(Francisca de Baigorritegui, ADP, c.1785, núm. 10, 1714, abril, 8, Artajona, fol. 34v)

5. EL RETRATO DE LA IDENTIDAD LINGÜÍSTICA FEMENINA

Las cartas reflejan, asimismo, la falta de correspondencia entre el nivel socioeconómico y el sociocultural, hecho que, por las condiciones de alfabetización, suele acompañar más a las mujeres que a los varones, como muestra la presencia de rasgos atribuibles a una escasa habilidad de escritura en el grupo de mujeres hidalgas. Así pues, a pesar de que el corpus confirma la extensión de la enseñanza de primeras letras a cualquiera de los niveles, incluso a los que poseían condición de pobreza, en sentido inverso, una posición social más elevada no aseguraba mayor grado de instrucción[13]. A este propósito llama la atención el manejo de la escritura por parte de algunas criadas en condición de pobreza, instruidas posiblemente merced a la gratuidad de la escuela elemental para quienes no podían aportar las tasas establecidas o tal vez al interés de las familias de las casas en que entraban a servir.

No puede perderse de vista, asimismo, la condición bilingüe de algunas de estas mujeres de posición intermedia y escasa destreza escriptoria, que manejaban con torpeza e interferencias del euskera un castellano que, sin embargo, habría servido como lengua vehicular de instrucción (López Atxurra 2000; Gómez Seibane 2017 y 2019): evidentemente, cuanto mayor sea el nivel de formación de las redactoras, menor será el riesgo de interferencia.

Ateniéndonos a los rasgos que, en los diferentes niveles de análisis, se identifican como marcas de inhabilidad escrituraria (cf. Díaz Moreno 2017; López López 2017 y Almeida *et al.* 2021), nuestras redactoras se mueven en un continuo que recorre distintos grados de destreza: todas ellas observan un manejo mínimo de la escritura y ninguna la practica con la estandarización que suele corresponder a los varones del mismo estatus o a las mujeres de la alta nobleza (cf. Tabernero, *en prensa a*). Según nuestro análisis, la especificidad de algunos rasgos morfosintácticos poco prestigiados (*si te sea pasado la* cólera, *fi* 'fui', *yciendo, su Vmd*) así como la construcción del discurso ("una señora *que mi ermano* tenía

13 Este es el caso, por ejemplo, de Narcisa de Haro, hija de unos mercaderes prósperos, que se maneja en sus misivas con evidente dificultad. Cf. más arriba la referencia a esta redactora.

correspondencia con ella", "deseo *me de* V el poder de casamiento") se revelan como indicadores más elocuentes sobre el retrato sociocultural de las redactoras. De hecho, la sintaxis del discurso las divide en dos grandes grupos: el primero, integrado por mujeres que, aun tratando temas privados, conforman un texto observador en ciertos puntos de los cánones de la escritura (9); hablamos en estos casos de un grado de elaboración medio, capaz de construir un discurso fluido. El segundo grupo, en cambio, está compuesto por redactoras cuyos escritos, igualmente de temática particular, manifiestan, en proporción mucho más acusada, una sintaxis oral —coordinación o yuxtaposición, ausencia de marcadores, presencia de *y* aditivo continuativo–, descrita asimismo en los textos de otras mujeres de condición idéntica o similar (10) (cf. Díaz Moreno 2017 y Almeida *et al.* 2021).

(9) Querido, en cuanto ha aquel otro cuento, no ay que acer caso por que lo que no se hizo luego dejarlo estar, y lo que te encargo que, para no tenerme con la pesadumbre que hasta aquí, me escribirás con brebedad dándome noticia de tu llegada, y juntamente [roto] resulta de tu señora madre (María Rosa Donado, ADP, c.1488, nº19, 1716, Estella, fº82r).

(10) Diego, recibí la tuya y en respuesta te digo cómo participamos perfeta salud y nos emos alegrau mucho de que estés bueno y te cora salud. Y aora te digo que te enpeñes con alguno, con algunos señores de la corte o si no con alguno para que sirva de enpeño para lo que se pide para el pleito que traía Mateo Ugarte con Miguel de Bilamayor, si acaso ubiere lugar de condenarlo con alguna parte de costas, y te encargo que lo agas como si propiamente fuese para casa, por que todos somos unos. Recibirás memorias de todos en general y de mi parte a medida de tu deseo [margen: y me escribirás con el porta[dor] y el sobrescrito para Mateo Ugarte y de mí, aunque no te escriba, no ai que acer nobedá porque ia sabes que soi algo perecosa] (Juana Antonia Chavarría, ADP, c. 2209, nº26, s.f., Sorlada-Arróniz, fol. 34r).

Frente a la ausencia de tales marcas en las cartas de nuestras manos más instruidas, es común que estas y las que lo son menos compartan algunos de los rasgos gráficos más marcados, como los fenómenos de hipersegmentación e hiposegmentación e incluso la combinación de ambos en las escriptoras mejor formadas (*des pues*, *loa pesadumbrado*, *es pero*/ *laregla*, *lindispossicionde*, *nosea*, *loque*). Ahora bien, no hemos descubierto un patrón sistemático con respecto al uso de las grafías que suelen mostrarse más vacilantes. La pérdida de la aproximante intervocálica en *-ado* hasta llegar a *-ao* e incluso *-au* (*cuidao, recao, estau, alegrau*), la alteración de sonidos (*inmaginado, rezulezion*), la elisión de segmentos de una palabra (*mana* 'mañana'; *encar* 'encargo') o la inestabilidad vocálica (*rebustes* 'robustez'), sobre todo en las misivas del siglo xviii, representan los rasgos más marcados en cuanto al nivel sociocultural de las redactoras. En el otro extremo, el del prestigio, la conservación de las consonantes implosivas y de los grupos cultos denotan, mejor que otros, un grado más elevado de habilidad o formación (cf. Almeida *et al.* 2021: 241–242). Asimismo, la elección de un sistema simplificado en *i* para todo valor vocálico o en *z* para el sonido interdental (*haze, grazias, mereziere, pinzel, zeso*) por parte de nuestras redactoras más hábiles apunta en la línea sugerida por Almeida (2017) de que sean preferencias prestigiadas características de la mano femenina.

Aunque contamos con cartas redactadas en euskera, para las que el propio escribano propone una traducción, en general las misivas de las redactoras bilingües se escriben en una subvariedad del castellano que incluye rasgos de transferencia del euskera. Esta transferencia se vuelve especialmente visible en momentos de mayor efusión, como las interpelaciones amorosas al interlocutor: "y con esto adiós, *nere biotza* ['corazón mío']". De las treinta redactoras del corpus, son diecinueve las mujeres que residen en localidades vascófonas; en sus escritos el empleo del castellano se explicará por la normativa vigente en estas zonas de que la instrucción elemental se realizase en esta lengua, a pesar de que el euskera estuviera permitido como código vehicular para la enseñanza de la doctrina. Existiría, así pues, situación de diglosia en el caso de las élites y monolingüismo vascófono entre las clases populares, apenas conocedoras del castellano. En este último caso, el resultado, dependiendo siempre del nivel de alfabetización de la escritora, será un *castellano de contacto* o aprendido con interferencias del euskera: confusión de sibilantes (Isasi, Iribar y Túrrez 2012) —*sinco, sinta, dísesme, abrasa* 'abraza', *auçençia*–, laísmo con referente de persona (Gómez Seibane 2017) —*escríbe*la, *que harto* la *debes; escríbe*la, *que* la *debes mucho*–, falta de concordancia de género o de número (Gómez Seibane 2017) —"tener amontonado caudales", "bien contadas etenido los dias", "tanbien la tengo rrecebidas quatro pesetas"–, que de la misma manera podrían ser, antes que un rasgo de otra lengua, una manifestación de la inseguridad con que se manejan en castellano hablantes vascófonas e, incluso, vacilaciones que se justifiquen no tanto por el contacto de lenguas sino por el escaso nivel de instrucción de estas mujeres. No aparecen, en cambio, indicios especialmente significativos, como el leísmo femenino o la omisión de clíticos, que se han señalado en escriptoras de nivel elevado de esta misma procedencia pertenecientes al siglo XIX (Gómez Seibane 2017).

Al acometer la tipología de estas mujeres en virtud de su habilidad escriptoria, resulta ineludible la referencia a la clasificación de A. Petrucci (2003), aunque se hace necesaria la adaptación de esta tipología a la realidad femenina (Almeida 2017: 43). Los límites de instrucción y el contexto social descritos más arriba no permiten incluir a nuestras redactoras en los tipos establecidos por Petrucci: las más diestras, pertenecientes en general a la baja nobleza o a familias que con el paso de los años han visto disminuido su patrimonio o provenientes de ámbitos de profesiones liberales o de mercaderes, pero también criadas, se aproximan a los *alfabetizados instrumentales*[14] y *profesionales*[15] en cuanto al uso de la escritura como medio de relación social (*instrumentales*) y a su nivel de formación medio-bajo (*profesionales*); las menos hábiles, aunque guardan parecido con los *semianalfabetos funcionales*[16], no se identifican con ellos. Desde luego, su conocimiento es claramente funcional, pues solo escriben por necesidad, y es probable que no practiquen la lectura; es precisamente la limitación individual y social en el uso de la escritura la que no les permite ir más allá en su destreza; sin embargo, son capaces en todos los casos de construir un discurso y de redactar con éxito una misiva. Entendemos, por ello, que no les conviene la denominación *semianalfabetas funcionales* sino *alfabetizadas funcionales*. De ahí que sean muy difusos los límites entre los dos grupos conformados (Almeida *et al.* 2021: 232),

14 "Poseen competencias de lectura y escritura de nivel medio-alto, que ejercitan por lo general de modo funcional a específicas exigencias de trabajo o relación social (correspondencia); su grado de instrucción es medio-alto y su actividad de lectura constante y a veces conscientemente selectiva" (Petrucci 2003: 30).

15 "Utilizan, con competencia técnica a veces alta y orientada predominantemente a fines profesionales de producción o reproducción textual, algunas [...] de las tipologías y técnicas gráficas en uso en su tiempo y su ambiente, sus capacidades de lectura son bastante inferiores a las de escritura y su grado de instrucción a menudo es de nivel medio-bajo" (Petrucci 2003: 30).

16 "Son aquellos que poseen limitadas competencias gráficas; escriben solo por necesidad y esporádicamente solo en su lengua materna; leen poco o poquísimo, y a veces nunca, por más que técnicamente sean capaces de hacerlo". En verdad se los puede identificar "con la inmensa mayoría de la población alfabetizada, aislada en un universo de subcultura, caracterizado por prácticas de escritura y lectura subalternas y carentes de toda posibilidad de conformación de modelos autónomos" (Petrucci 2003: 28–30).

ambos alfabetizados y separados únicamente por la destreza escriptoria y la regularidad en el uso de la escritura.

Por último, en las cartas de estas mujeres hemos podido comprobar la presencia común de algunos rasgos en los que merecerá la pena seguir indagando en el futuro como posibles identificadores del uso femenino (cf. Tabernero 2019). El principal elemento distintivo tiene que ver con la llamada "retórica del consentimiento"[17]. Son varios los mecanismos lingüísticos que se dirigen a la necesidad de contar con la cooperación del interlocutor, rasgos que, si bien puede atribuirse al carácter dialógico de la carta, resultan llamativos por su frecuencia frente a lo constatado en las misivas de los varones. Es reiterado, por ejemplo, el empleo de interpelaciones en forma de vocativos (11), de marcas gramaticales, como el enfocador de alteridad *mira* (12), en el cuerpo de la carta, y esto no solo en nuestros textos sino en los que hemos tomado como corpus de control. Los varones, en cambio, como escritores más diestros, se permiten la libertad de alterar las partes formularias —salutaciones y despedidas– en una muestra más eficaz de sus afectos. Esta interpelación puede relacionarse, asimismo, con determinados actos de habla, en especial petición o súplica, así como con el uso de los tratamientos nominales como intensificadores de la cortesía, sea esta de distancia o de proximidad, en relaciones entendidas como simétricas e incluso en otras asimétricas, como la matrimonial.

(11) a. i así digo, *primo mío*, puedes estar seguro de todo daño porque biéndote en Estella no lo an de imaginar. Io te digo, *bien mío*, que te asiguro es inposible pasar de la semana que viene (Isabel de Errazquin, ADP, Ollo, c.884, nº14, 1672, Estella, fol. 58r)

b. Yo estoy tan maravillada de la poca cuenta que VM hace de mí. No sé por qué lo hace tan mal en no me haber escrito dos años ha, que si una carta en que me enviaba a decir que se vendiesen las casas. Yo, *señor,* respondí luego que yo haría lo que me enviaba a mandar. No he visto, *señor,* otra carta vuestra. A lo que, *señor,* me escribís de la mucha pena que decís que tenéis de la ausencia mía, no se parece en haberme visitado con vuestras cartas siquiera para saber de la salud. Pídoos, *señor,* por amor de Nuestro Señor, que no lo hagáis así siquiera por quien vos, *señor,* sois y el derecho de las gentes, que

17 Concepto acuñado por Bernstein para referirse la necesidad del emisor de buscar la cooperación del interlocutor (cf. García Mouton 1999: 75).

no les parece bien[18]. (PS7004, Valladolid, 1553, Carta de María de Espinosa para su esposo Francisco de Leguizamo)

(12) a. Y *mira* que aun asta Contreras le dicen la sace de cassa, pues es nabarra, y que por eso te faborece. (Mariana de Arzallus, ADP, c.658, nº1, s.l., s.f., Régil, fº 44r)

b. *Mira*, mi bien, que te adoro y que representarme fealdades es falta de conocer lo que te estimo y adoro. Si así no es no querer acordarte de mí y si es eso no te valgas de cosas excusadas, pues para mis ojos no hay ni habrá cosa más linda ni hermosa. *Mira*, mi bien, que es verdad y que te adoro (PSCR6303, Zaragoza, 1628–1635).

c. ¡*Mira* que bien me quiere mi padre, que quisiera él que anduviera desnuda y descalza! (PS5001, 1782, Madrid)

Así como el discurso del lamento o las expresiones intensificadoras, de mayor presencia en las cartas femeninas que en las masculinas (Martínez Pasamar 2020 y Garrido 2021), pueden estar condicionados por la tipología amorosa de gran parte de las muestras consideradas, otros recursos, como la autorización externa del discurso por medio de sentencias, refranes o elementos generalizadores, la afición a los actos de habla instructivos, habitualmente expresados por medio de imperativos, una especial prolijidad en el relato (García Mouton 1996–1997) o los saltos temáticos, se presentan como constantes del discurso epistolar de estas redactoras. Evidentemente, algunos de estos rasgos —el detalle en la narración, por ejemplo– pueden deberse a características innatas o adquiridas por los modelos sociales (Martínez Pasamar y Tabernero 2016); en cambio, la vehemencia de los ruegos o las súplicas, característica manifestación de descortesía verbal, ha de responder a la coloquialidad que propician el discurso epistolar, la relación de proximidad entre los interlocutores y una baja destreza escriptoria, por lo general, como hemos visto, menor en las mujeres que en los varones.

Todos estos elementos configuran, en suma, un discurso marcado por los rasgos de la oralidad en combinación con otros elementos que no son más que el reflejo del papel asumido en la interacción social con el otro. En definitiva, esta identidad femenina se configura desde un menor grado de habilidad escriptoria que los varones, consecuencia de una instrucción

18 Las interpelaciones se repiten con insistencia en el resto de la carta, que no reproduzco en su totalidad por evidentes razones de espacio.

escasa, en el mejor de los casos, al que ha de sumarse la representación de un comportamiento vigente, respuesta a los modelos transmitidos por medios cultos o populares.

6. A MODO DE CONCLUSIÓN

La escritura de mano femenina representa, según se ha comprobado, un fiel testimonio de la consciencia de pertenecer a un grupo, cuyas normas han de respetarse como observación de la cortesanía imperante, incluso aunque quienes escriben, tal como retratan los usos lingüísticos, poco tengan que ver con la educación cortesana. Desde el análisis de aspectos diferentes —pragmáticos, como los usos corteses, y estrictamente lingüísticos–, con el refrendo de los datos obtenidos del corpus de contraste, hemos confirmado la hipótesis de inicio. No es el sexo en cuanto condición biológica el elemento determinante del comportamiento de las mujeres ante la escritura, ya se entienda tal conducta en términos de la imagen que están obligadas a asumir o en virtud de una caracterización lingüística absolutamente dependiente de su grado de habilidad escriptoria. Esta identidad es más bien el resultado de la combinación de dos factores sociales derivados de dicha condición biológica: la representación de un rol predeterminado y el retraso evidente del nivel de alfabetización.

Bibliografía

ALMEIDA, Belén (2017): "Mujeres que escriben y sistema(s) gráfico(s) en el siglo XVI: acercamiento desde un corpus de cartas", en Belén ALMEIDA, Rocío DÍAZ y Carmen FERNÁNDEZ (eds.), *"Cansada tendré a Vuestra excelencia con tan larga carta", Estudios sobre aprendizaje y práctica de la escritura por mujeres en el ámbito hispánico (1500–1900)*, Lugo: Axac, 9–53.

ALMEIDA, Belén; DÍAZ MORENO, Rocío; GONZÁLEZ DE LA PEÑA, María del Val, SÁNCHEZ-PRIETO, Pedro y Delfina VÁZQUEZ (2021), "La lengua de Madrid en los siglos XVIII y XIX", en Pedro Sánchez-Prieto, María

Jesús Torrens y Delfina Vázquez (coords.), *La lengua de Madrid a lo largo del tiempo*, Sevilla: Editorial Universidad de Sevilla, 217–316.

Anipa, Kormi (2001): *A Critical Examination of Linguistic Variation in Golden-Age Spanish*, New York: Peter Lang.

Astorgano, Antonio (2015): *La Bascongada y la fundación de la escuela de primeras letras en Antzuola (1777–1783)*, Alicante: Biblioteca Virtual Miguel de Cervantes. Disponible en: http://www.cervantes virtual.com/nd/ark:/59851/bmc738n4. Fecha de consulta: octubre de 2022.

Bentivoglio, Paola (2003): "Spanish forms of address in the sixteenth century", en Irma Taavitsainen y Andreas Jucker (eds.), *Diachronic perspectives on address term systems*, Amsterdam: John Benjamins, 177-191.

Bolufer, Mónica (2007): "Mujeres e Ilustración: una perspectiva europea", *Cuadernos de Historia Moderna*, Anejos 6, 181–201.

Bravo, Eva (1998): "Indicadores sociolingüísticos en documentación indiana (cartas e informes de particulares)", en Wulf Oesterreicher, Eva Stoll y Andreas Wesch (eds.), *Competencia escrita, tradiciones discursivas y variedades lingüísticas: aspectos del español europeo y americano en los siglos xvi y xvii*, Tübingen: G. Narr Verlag, 125–142.

Brown, Roger y Albert Gilman (1960): "The pronouns of power and solidarity", en Thomas Sebeok (ed.), *Style in language*, Cambridge: MA, The M.I.T. Press, 253–276.

Bustos, José Jesús de y Silvia Iglesias (eds.) (2009): *Identidades sociales e identidades lingüísticas*, Madrid, Universidad Complutense.

Calderón, Miguel (2021): "Cambio de estilo y proyección de estatus: tratamientos en la correspondencia cortesana de principios del s. xvi", RILCE, 37, 1, 20–45.

Castillo, Antonio (2002): "Del tratado a la práctica. La escritura epistolar en los siglos xvi y xvii", *VI Congreso internacional de la Cultura* Escrita, vol. 1, Calambur: Alcalá de Henares, 79–108.

Castillo, Antonio (2005): "*El mejor retrato de cada uno.* La materialidad de la escritura epistolar en la sociedad hispana de los siglos xvi y xvii", *Hispania*, 45/3, 221, 847–875.

Castillo, Antonio (2006): "Las dificultades de la escritura femenina", en Antonio Castillo, *Entre la pluma y la pared. Historia social de la escritura en los Siglos de Oro*, Madrid: Akal, 157–183.

[*PostScriptum*] CLUL (ed.) (2014): *P.S. Post Scriptum. Arquivo Digital de Escrita Quotidiana em Portugal e Espanha na Época Moderna*. [fecha del último cambio]. URL: http://ps.clul.ul.pt Fecha de consulta: octubre de 2022.

CONDE, Juan Camilo (2007): *Sociolingüística histórica*, Madrid: Gredos.

DÍAZ MORENO, Rocío (2017): "Las abadesas del convento de Nuestra Señora de la Santísima Faz de Alicante: lengua y discurso", en Belén Almeida, Rocío Díaz y Carmen Fernández (eds.), *"Cansada tendré a Vuestra excelencia con tan larga carta". Estudios sobre aprendizaje y práctica de la escritura por mujeres en el ámbito hispánico (1500–1900)*, Lugo: Axac, 65–83.

DUSZAK, Anna (2002): *Us and Others: Social Identities Across Languages, Discourses and Cultures*, Amsterdam: John Benjamins.

ELIAS, Norbert (2009) [1939]: *El proceso de la civilización*, México: Fondo de Cultura Económica.

ELIAS, Norbert (2012): *La sociedad cortesana*, México D.F.: Fondo de Cultura Económica.

ELLIOTT, John (1998): *La España Imperial*, Barcelona: Vicens-Vives.

FERNÁNDEZ MARTÍN, Elisabeth (2012): "La oposición *vosotros/ustedes* en la historia del español peninsular (1700–1931)". Disponible en: < https://bit.ly/3hUvA1b>. Fecha de consulta: septiembre de 2021.

FRANCO, Mariano (2011): "Cartas de mujeres en documentos americanos coloniales", *Boletín de Filología*, 46, 59–84.

GARCÍA Mouton, Pilar (1996–1997): "Las mujeres que escribieron cartas desde América (siglos XVI–XVII)", *Anuario de Lingüística hispánica*, 12–13, 1, 319–326.

GARCÍA MOUTON, Pilar (1999): *Cómo hablan las mujeres*, Madrid: Arco/Libros.

GARRIDO, Blanca (2021): "Cartas de mujeres y recursos para la intensificación y la expresión afectiva en un corpus del siglo XVIII", *Hipogrifo*, 9, 1, 1027–1048.

GOFFMAN, Erving (1967): *Interaction Ritual*, New York: Pantheon Books.

GOLDSMITH, Elisabeth C. (1989): "Authority, Authenticity and the Publication of Letters by Women", en Elisabeth C. Goldsmith (ed.), *Writing the Female Voice. Essays on Epistolary Literature*, Boston: Northeastern University Press, 46–59.

GÓMEZ SEIBANE, Sara (2017): "Cartas escritas por mujeres vascas en la primera mitad del siglo XIX", en Belén Almeida, Rocío Díaz y

Carmen Fernández (eds.), *"Cansada tendré a Vuestra excelencia con tan larga carta". Estudios sobre aprendizaje y práctica de la escritura por mujeres en el ámbito hispánico (1500–1900)*, Lugo: Axac, 133–149.

Gómez Seibane, Sara (2019): "El peso de la norma lingüística en la configuración del castellano del País Vasco: una mirada al siglo xix", en Viorica Codita (ed.), Eugenio Bustos y Juan Pedro Sánchez Méndez (coords.), *La configuración histórica de las normas del castellano*, Valencia: Tirant lo Blanch, 249–267.

Hamad, Nuur (2016): "*Mucho de mi coraçon y de mi alma y de mis entrañas*: tratamientos nominales en las relaciones amorosas en el siglo xvi", Madrid. Disponible en: <https://eprints.ucm.es/id/eprint/39781/>. Fecha de consulta: septiembre de 2022.

Iglesias, Silvia (2021): "Aportación al estudio de las formas nominales de tratamiento en el español áureo: condiciones de selección y funciones discursivas", RILCE, 37, 1, 73–101.

Isasi, Carmen, Alexander Iribar e Itziar Túrrez (2012): "Seseo vasco. Nuevas aportes", en Bruno Camus Bergareche y Sara Gómez Seibane (eds.), *El castellano del País Vasco*, Bilbao: Universidad del País Vasco-Euskal Herriko Unibertsitatea, 173–190.

Laspalas, Francisco Javier (1989): "Aspectos socio-económicos de la enseñanza de primeras letras en Pamplona (1551–1650)", *Historia de la educación: revista interuniversitaria,* 8, 181–198.

Laspalas, Francisco Javier (1994): "Ilustración y educación popular en la Navarra del siglo xviii: las ideas de los ayuntamientos en torno a la enseñanza elemental", *Tercer Congreso General de Historia de Navarra*, Pamplona: Gobierno de Navarra, 2–22.

Laspalas, Francisco Javier (2001): "Las escuelas de primeras letras en Navarra a finales del Antiguo Régimen (1780–1820)", *Primer encuentro sobres Historia de la Educación en Navarra*, Pamplona: Gobierno de Navarra, 85–98.

López Atxurra, Rafael (2000): "Historia de las instituciones educativas en Euskal Herria. La enseñanza primaria en el Antiguo Régimen: pautas para la investigación", en Rafael Mieza y Juan A. Gracia (eds.), *Haciendo historia. Homenaje a Mª Ángeles Larrea*, Bilbao: UPV, 419–446.

López López, Raquel (2017): "Las mujeres como escritoras de cartas en el siglo xviii", en Belén Almeida, Rocío Díaz y Carmen Fernández (eds.), *"Cansada tendré a Vuestra excelencia con tan larga carta". Estudios sobre aprendizaje y práctica de la escritura por mujeres en el ámbito hispánico (1500–1900)*, Lugo: Axac, 85–98.

Martínez Matos, Hernán y Elsa Mora (2008): "La identidad lingüística y los trastornos del habla", *Boletín de Lingüística*, 20, 29. Disponible en http://bitly.ws/vPHm. Fecha de consulta: agosto de 2022.

Martínez Pasamar, Concepción y Tabernero, Cristina (2016): "Lengua femenina y concepción social de la mujer. De sor Juana de la Cruz a la santa Juana", en Blanca Oteiza (ed.), *La santa Juana y el mundo de lo sagrado*, IDEA: New York/Madrid, 99–118.

Martínez Pasamar, Concepción (2020): "*Tuya, tuya, aunque no quieran.* Voz femenina e intensificación en correspondencia amorosa del español moderno", ELiEs, 42, 87–111.

Nava, Teresa (1995): "La mujer en las aulas (siglos xvi-xviii): una historia en construcción", *Cuadernos de Historia Moderna*, 16, 377–389.

Navarro Bonilla, Diego (2004): *Del corazón a la pluma. Archivos y papeles privados femeninos en la Edad Moderna,* Salamanca: Universidad de Salamanca..

Navarro Gala, María Josefa (2009): "Las vicisitudes de la carta amatoria en los tratados de retórica (ss. iv-xvi)", *Criticón*, 105, 118–138.

Navarro Gala, María Josefa (2011): "Los modelos discursivos femeninos en la preceptiva epistolar: la 'cosa nueva' de Gaspar de Texeda", *Estudios Humanísticos. Filología*, 33, 219–243.

Petrucci, Armando (2003): *La ciencia de la escritura. Primera lección de paleografía*, Buenos Aires: Fondo de Cultura económica, 2003.

Rígano, Mariela (2007): *Cortesía, ideología y grupos de poder. Análisis sociolingüístico del estilo cortés en el español peninsular (siglos xii a xvii)*, Buenos Aires: Editorial de la Universidad Nacional del Sur.

Rouvillois, Frédéric (2008): *Histoire de la politesse de 1789 à nos jours*, Paris: Flammarion, 2008.

Soubeyroux, Jacques (1998): "L'alphabétisation dans l'Espagne moderne: bilan et perspectives de recherche", *Bulletin Hispanique* 100/2, 231–254.

Tabernero, Cristina (2019): "*Larga he sido pero no cuanto deseo*: las mujeres como redactoras de cartas en la cultura escrita de la Edad Moderna", *Melisendra. Journal of Spanish Early Modernity Studies*, 1, 5–36.

TABERNERO, Cristina (2022): "*Por merced te dignes de perdonar mi tratamiento, que aonde hay fino cariño no es bien se gasten cumplimientos*: significado de las formas de tratamiento en la correspondencia amorosa de mano femenina (1624–1787)", RILI, 39, 33–51.

TABERNERO, Cristina (*en prensa, a*): "*Más muerta que viva y temblando todas mis benas*: la correspondencia de escriptoras de nivel sociocultural medio y bajo (1624–1789)".

TABERNERO, Cristina (*en prensa, b*): "De la carta de amor a la carta entre enamorados: la popularización de una tradición discursiva a partir de la escritura femenina de manos inhábiles (siglos *XVI-XVIII*)".

TORRAS, Meri (2001): *Tomando cartas en el asunto. Las amistades peligrosas de las mujeres con el género epistolar*, Zaragoza: Prensas Universitarias.

USUNÁRIZ, Jesús M. (2012), "Palabras de amor en el mundo hispánico: emociones y sentimientos en la correspondencia privada del Siglo de Oro", en Concepción Martínez Pasamar y Cristina Tabernero (eds.), "*Por seso e por maestría". Homenaje a la profesora Carmen Saralegui*, Pamplona: EUNSA, 555–597.

USUNÁRIZ, Jesús M. (2019): "Dos hidalgas enamoradas: escritura epistolar femenina, pasiones y estrategias (siglos XVI-XVIII)", *Cuadernos de Historia Moderna*, 44, 2, 607–629.

NÓMINA DE EVALUADORES

Belén Almeida Cabrejas, Universidad de Alcalá de Henares

Beatriz Arias Álvarez, Universidad Nacional Autónoma de México

Florencio del Barrio de la Rosa, Universidad de Venecia

Teresa Bastardín Candón, Universidad de Cádiz

Matteo de Beni, Università degli Studi di Verona

Ivo Buzek, Universidad Masaryk

Víctor Caballero Gómez, Universidad Alcalá de Heneres

Jesús Camacho Niño, Universidad de Jaén

Elena Carmona Yanes, Universidad de Sevilla

Francisco Carriscondo Esquivel, Universidad de Málaga

Emili Casanova Herrero, Universidad de Valencia

Viorica Codita Petrea, Universidad de Neuchâtel

Antonio Corredor Aveledo, Universität Zürich

Francisco Díaz Montesinos, Universidad de Málaga

Rocío Díaz Moreno, Universidad de Alcalá de Henares

Pedro Dono López, Universidade do Minho

Rolf Eberenz, Universidad de Lausanne

Cristina Egido Fernández, Universidad de León

Marta Fernández Alcaide, Universidad de Sevilla

Mar Garachana Camarero, Universidad de Barcelona

Amalia García Pedraza, Universidad de Granada

Patricia Giménez Eguíbar, Western Oregon University

María Nieves González Herrero, Universidad de Salamanca

Clara Grande López, Centro de Estudios de la RAE (DHLE)

Martin Hummel, Universidad de Graz

Javier Jiménez López de Eguileta, Universidad de Cádiz

Alejandro Junquera Martínez, Universidad de León

Víctor Lara Bermejo, Universidad de Cádiz

Magdalena León Gómez, Università degli studi dell'Aquila

Leyre Martín Aizpuru, Universidad de Sevilla

Aurelia Martín Casares, Universidad de Málaga

Lorena de Mattéis, Universidad Nacional del Sur

Francisca Medina Morales, Universidad de Granada

Javier Medina López, Universidad de La Laguna

Idanely Mora Peralta, Universidad Nacional Autónoma de México

María del Carmen Moral del Hoyo, Universidad de Cantabria

José Ramón Morala Rodríguez, Universidad de León

Maksim Ósipov, Universidad de Sevilla

Rafael Padrón Fernández, Universidad de la Laguna

Antonio Peláez Rovira, Universidad de Granada

Hermógenes Perdiguero Villareal, Universidad de Burgos

Manuel Pérez Saldanya, Universidad de Valencia

Marta Pérez Toral, Universidad de Oviedo

Ricardo Pichel Góterrez, Universidad de Alcalá

David Porcel Bueno, Universidad de Granada

Miguel Ángel Puche Lorenzo, Universidad de Murcia

Diego Antonio Reinaldos Miñarro, Universidad de Granada

Marcela Rivadeneira Valenzuela, Universidad de Arturo Prat

Sara Robles Ávila, Universidad de Málaga

Antonio Rafael Rubio Flores, Universidad de Granada

Engracia Rubio Perea, Universidad de Málaga

Julián Sancha Vázquez, Universidad de Cádiz

Marta Torres Fernández, Universidad de Jaén

Joan Torruella Casañas, Universidad Autónoma de Barcelona

Hiroto Ueda, Universidad de Tokio

Santiago Vicente Llavata, Universidad de Valencia

Andrzej Zielinski, Universidad Jaguelónica de Cracovia

FONDO HISPÁNICO DE LINGÜÍSTICA Y FILOLOGÍA

Colección dirigida por
Juan Pedro Sánchez Méndez & María Teresa García-Godoy

La presente colección se hace eco del interés creciente en lingüística hispánica y aborda todos los enfoques teóricos que constituyen hoy día esta materia. Asume el objetivo básico de reunir, bajo un mismo criterio científico riguroso y un mismo epígrafe, la publicación y difusión de un conjunto de obras y trabajos de investigación, tanto de autores consagrados como de jóvenes lingüistas. Sus títulos se dirigen a un público amplio, que va desde el especialista avanzado hasta el estudiante en general que se interesa por un determinado tema o enfoque. De esta manera, la colección aspira a consolidarse como una referencia importante dentro de las diversas disciplinas que integran la lingüística hispánica.

Vol. 1 Javier Elvira
Evolución lingüística y cambio sintáctico.
2010. ISBN 978-3-0343-0323-1

Vol. 2 María José Martínez Alcalde
La fijación ortográfica del español: norma y argumento historiográfico.
2010. ISBN 978-3-0343-0481-8

Vol. 3 Catalina Fuentes Rodríguez, Esperanza Alcaide Lara & Ester Brenes Peña (eds) Aproximaciones a la (des)cortesía verbal en español.
2011. ISBN 978-3-0343-0502-0

Vol. 4 Ester Brenes Peña Descortesía verbal y tertulia televisiva. Análisis pragmalingüístico.
2011. ISBN 978-3-0343-0522-8

Vol. 5 Mónica Castillo Lluch & Lola Pons Rodríguez (eds)
Así se van las lenguas variando Nuevas tendencias en la investigación del cambio lingüístico en español.
2011. ISBN 978-3-0343-0565-5

Vol. 6 Eva Bravo-García & M. Teresa Cáceres-Lorenzo
La incorporación del indigenismo léxico en los contextos Comunicativos canario y americano (1492–1550).
2011. ISBN 978-3-0343-0662-1

Vol. 7 José Luis Blas Arroyo
Políticos en conflicto: una aproximación pragmático-discursiva al debate electoral cara a cara.
2011. ISBN 978-3-0343-1005-5

Vol. 8 José J. Gómez Asencio
Los principios de las gramáticas académicas (1771–1962).
2011. ISBN 978-3-0343-1057-4

Vol. 9 Enrique Pato y Javier Rodríguez Molina (eds.)
Estudios de filología y lingüística españolas. Nuevas voces en la disciplina.
2012. ISBN 978-3-0343-1049-9

Vol. 10 Mª Teresa García-Godoy (ed.)
El español del siglo XVIII. Cambios diacrónicos en el primer español moderno.
2012. ISBN 978-3-0343-1058-1

Vol. 11 Victoria Béguelin-Argimón, Gabriela Cordone y Mariela de La Torre (eds.) En pos de la palabra viva: huellas de la oralidad en textos antiguos. Estudios en honor al profesor Rolf Eberenz.
2012. ISBN 978-3-0343-1035-2

Vol. 12 Torrens Álvarez, María Jesús y Sánchez-Prieto Borja, Pedro (eds.)
Nuevas perspectivas para la edición y el estudio de documentos hispánicos antiguos.
2012. ISBN 978-3-0343-1142-7

Vol. 13 Mercedes de la Torre y Alberto M. Arias
La ictionimia andaluza en el siglo XVIII: el caso de Cádiz y Pehr Löfling (1753).
2012. ISBN 978-3-0343-1217-2

Vol. 14 Hugo E. Lombardini y M. Enriqueta Pérez Vázquez (coords.)
Núcleos. Estudios sobre el verbo en español e italiano.
2012. ISBN 978-3-0343-1361-2

Vol. 15 Eva Bravo-García y M. Teresa Cáceres-Lorenzo
El léxico cotidiano en América a través de las Relaciones Geográficas de Indias. (Tierra Firme y América del Sur, s. XVI)
2013. ISBN 978-3-0343-1366-7

Vol. 16 Teresa Bastardín Candón
Vocabulario indígena en la Historia de fray Bernardino de Sahagún.
2013. ISBN 978-3-0343-1432-9

Vol. 17 José Ramón Gómez Molina (coord.)
El español de Valencia. Estudio sociolingüístico.
2013. ISBN 978-3-0343-1465-7

Vol. 18 José M. Bustos Gisbert y José J. Gómez Asencio (eds.)
Procedimientos de conexión discursiva en español: adquisición y aprendizaje.
2014. ISBN 978-3-0343-1498-5

Vol. 19 Hedy Penner
Guaraní aquí. Jopara allá. Reflexiones sobre la (socio)lingüística paraguaya.
2014. ISBN 978-3-0343-1579-1

Vol. 20 Clara Elena Prieto Entrialgo
Los relativos en el asturiano medieval.
2014. ISBN 978-3-0343-1578-4

Vol. 21 Ana M. Cestero Mancera, Isabel Molina Martos y Florentino Paredes García (eds.)
Patrones sociolingüísticos de Madrid.
2015. ISBN 978-3-0343-1638-5

Vol. 22 Miguel Calderón Campos
El español del reino de Granada en sus documentos (1492-1833). Oralidad y escritura.
2015. ISBN 978-3-0343-1639-2

Vol. 23 José María Buzón García y José Ramón Gómez Molina
Variabilidad en el paradigma verbal de futuro. El español de Valencia y de otras sintopías.
2015. ISBN 978-3-0343-2004-7

Vol. 24 Benjamín García-Hernández y Maria Azucena Penas Ibáñez (eds.)
Semántica latina y románica. Unidades de significado conceptual y procedimental.
2016. ISBN 978-3-0343-2102-0

Vol. 25 Pilar García Mouton & Isabel Molina Martos
Las hablas rurales de Madrid. Etnotextos.
2017. ISBN 978-3-0343-2694-0

Vol. 26 Lynn Williams (ed.)
Estudios de lengua y lingüística españolas. Homenaje a Orlando Alba.
2018. ISBN 978-3-0343-3207-1

Vol. 27 Elena Feliu Arquiola (ed.)
Problemas de demarcación en morfología y sintaxis del Español
2018. ISBN 978-3-0343-3406-8

Vol. 28 David Vásquez Hurtado
Monstruosidad y escepticismo barroco en la España Imperial
2018. ISBN 978-3-0343-3268-2

Vol. 29 Víctor Lara Bermejo
La cortesía en la Península Ibérica Dialectología del «Sprachbund» suroccidental
2018. ISBN 978-3-0343-3392-4

Vol. 30 Monica Castillo Lluch y Elena Diez del Corral Areta (eds.)
Reescribiendo la historia de la lengua española a partir de la edición de documentos
2019. ISBN 978-3-0343-3488-4

Vol. 31 Josefa Gómez de Enterría
El vocabulario de la medicina en el español del siglo XVIII
2020. ISBN 978-3-0343-3772-4

Vol. 32 Doina Repede y Marta León-Castro Gómez (eds.)
Patrones sociolingüísticos del español hablado en la ciudad de Sevilla
2020. ISBN 978-3-0343-3809-7

Vol. 33 Leyre Martín Aizpuru
La escritura cancilleresca de Fernando III, Alfonso X, Sancho IV y Fernando IV
2020. ISBN 978-3-0343-3997-1

l. 34 Guadalupe Nieto Caballero y Pablo Ruano San Segundo
Estilística de corpus: Nuevos enfoques en el análisis de textos Literarios
2020. ISBN 978-3-0343-4179-0

5 Carmen Conti Jiménez (ed.)
Cosubordinación en español
2021. ISBN 978-3-0343-4187-5

Vol. 36 María Teresa Echenique Elizondo & Francisco Pedro Pla Colomer (eds.)
DHISFRAES: Diccionario histórico fraseológico del español. Tarea lexicográfica del siglo XXI. Combinaciones de carácter Locucional prepositivo y adverbial. MUESTRA ARQUETÍPICA
2021. ISBN 978-3-0343-4231-5

Vol. 37 María de las Mercedes Soto Melgar y Anna Zholobova (eds.)
El español de Granada: Estudio sociolingüístico
2021. ISBN 978-3-0343-4414-2

Vol. 38 Borja Alonso Pascua
Variación dialectal y cambio lingüístico en el noroccidente ibérico: los perfectos del español
2023. ISBN 978-3-0343-4585-9

Vol. 39 Miguel Calderon Campos e Inmaculada González Sopeña (eds.)
Scripta manent. Historia del español, documentación archivística y humanidades digitales. Diacronía del español y documentación histórica
2023. ISBN 978-3-0343-4727-3

hod-product-compliance
Ltd.
1 3LW, UK

02B/800

9 783034 347273